MÉTODOS MULTIVARIADOS DE ANÁLISE ESTATÍSTICA

Política editorial do PROJETO FISHER

O PROJETO FISHER, uma iniciativa da Associação Brasileira de Estatística, ABE, tem como finalidade publicar textos básicos de Estatística em língua portuguesa.

A concepção do projeto se fundamenta nas dificuldades encontradas por professores dos diversos programas de bacharelado em Estatística no Brasil em adotar textos para as disciplinas que ministram.

A inexistência de livros com as características mencionadas, aliada ao pequeno número de exemplares em outro idioma existente em nossas bibliotecas impedem a utilização de material bibliográfico de uma forma sistemática pelos alunos, gerando o hábito de acompanhamento das disciplinas exclusivamente por meio de notas de aula.

Em particular, as áreas mais carentes são: Amostragem, Análise de Dados Categorizados, Análise Multivariada, Análise de Regressão, Análise de Sobrevivência, Controle de Qualidade, Estatística Bayesiana, Inferência Estatística, Planejamento de Experimentos etc.

Embora os textos que se pretende publicar possam servir para usuários da Estatística em geral, o foco deverá estar concentrado nos alunos do bacharelado. Nesse contexto, os livros devem ser elaborados procurando manter um alto nível de motivação, clareza de exposição, utilização de exemplos preferencialmente originais e não devem prescindir do rigor formal. Além disso, devem conter um número suficiente de exercícios e referências bibliográficas e apresentar indicações sobre implementação computacional das técnicas abordadas.

A submissão de propostas para possível publicação deverá ser acompanhada de uma carta com informações sobre o objetivo de livro, conteúdo, comparação com outros textos, pré-requisitos necessários para sua leitura e disciplina onde o material foi testado.

Blucher *Associação Brasileira de Estatística (ABE)*

MÉTODOS MULTIVARIADOS DE ANÁLISE ESTATÍSTICA

Rinaldo Artes
Lúcia Pereira Barroso

Métodos multivariados de análise estatística

Editora Edgard Blücher Ltda.

Publisher Edgard Blücher
Editores Eduardo Blücher e Jonatas Eliakim
Coordenação editorial Andressa Lira
Produção editorial Lidiane Pedroso Gonçalves
Revisão de texto Maurício Katayama
Imagem da capa Rinaldo Artes e Lúcia Pereira Barroso
Capa Leandro Cunha

Blucher

Rua Pedroso Alvarenga, 1245, 4º andar
CEP 04531-934 – São Paulo – SP – Brasil
Tel.: 55 11 3078-5366
contato@blucher.com.br
www.blucher.com.br

Segundo o Novo Acordo Ortográfico, conforme 6. ed. do *Vocabulário Ortográfico da Língua Portuguesa*, Academia Brasileira de Letras, julho de 2021.

Dados Internacionais de Catalogação na Publicação (CIP) Angélica Ilacqua CRB-8/7057

Artes, Rinaldo
Métodos multivariados de análise estatística / Rinaldo Artes, Lúcia Pereira Barroso. São Paulo : Blucher, 2023.
534 p.

Bibliografia

ISBN 978-65-5506-702-6

1. Estatística 2. Estatística descritiva I. Título II. Barroso, Lúcia Pereira

23-2059 CDD 519-5

Índice para catálogo sistemático:
1. Estatística

Para Amélia, Luiza, Marcelo
e Mechel

PREFÁCIO

Este livro se origina de um minicurso sobre análise multivariada ofertado pelos autores em 2003, como atividade do 10º SEAGRO[1] e 48ª RBRAS[2]. Naquela ocasião, foram discutidas a análise de agrupamentos, de componentes principais, fatorial e discriminante. O uso ainda frequente do texto desse minicurso nos motivou a retomar o projeto de escrever um livro atualizado e ampliado sobre técnicas multivariadas. O livro se beneficia da experiência dos autores em ministrar cursos sobre o tema na graduação em Estatística do Instituto de Matemática e Estatística da Universidade de São Paulo e no mestrado profissional em Administração no Insper.

O contexto das técnicas multivariadas é aquele em que, para cada elemento de um conjunto de dados, é observada uma série de variáveis e em que se deseja realizar uma análise que leve em consideração essas variáveis simultaneamente.

Buscamos ao longo do texto conciliar aspectos teóricos e aplicados de cada assunto tratado. Em todos os capítulos, os temas são introduzidos por meio de análises de dados. Em grande medida, leitores sem forte formação matemática podem também se beneficiar deste texto, evitando as demonstrações e buscando entender como cada técnica opera, o que faz e em que condições pode ser utilizada.

Fornecemos, para cada técnica, códigos em linguagem[3] R para a aplicação dos métodos multivariados. Esses códigos não são a única opção para a obtenção de resultados no R, nem pretendem explorar toda a potencialidade do ambiente R. Há livros específicos para isso.

[1]Simpósio de Estatística Aplicada à Experimentação Agronômica.

[2]Reunião Anual da Região Brasileira da Sociedade Internacional de Biometria.

[3]R Core Team (2014).

As técnicas multivariadas podem ser classificadas segundo diferentes critérios. Neste livro, começamos com uma discussão sobre técnicas de análises descritivas multivariadas que tanto podem focar a descrição do comportamento dos indivíduos como o estudo da estrutura de associação existente entre as variáveis. Além de análises gráficas e numéricas, destacam-se métodos para identificação de possíveis valores aberrantes multivariados, para avaliação da normalidade multivariada e os biplots, técnica gráfica utilizada para a representação gráfica simultânea de casos e variáveis.

Em seguida, abordamos um conjunto de técnicas cujo objetivo passa por buscar diminuir a dimensionalidade do problema, levando em conta a estrutura de associação existente em um conjunto eventualmente grande de variáveis. São apresentados capítulos sobre a análise de componentes principais, análise fatorial, escalonamento multidimensional, análise de correspondência e análise de correlação canônica.

As técnicas de análise de agrupamentos, cujo foco original é a identificação de grupos homogêneos de indivíduos, são discutidas na sequência.

Por fim, tratamos de um conjunto de técnicas cujo objetivo final é a caracterização de populações distintas e a classificação de indivíduos nessas populações (classificação supervisionada). Aqui se discutem a análise discriminante e classificatória, regressão logística e modelos baseados em árvores de decisão.

Técnicas inferenciais multivariadas não são o foco deste texto, embora o Apêndice D reproduza algumas estatísticas de testes multivariados.

Vale destacar o Apêndice E, que trata de avaliação de escalas. Comentamos sobre a criação de variáveis que pretendem medir conceitos abstratos (operacionalização de constructos), construção de escalas, confiabilidade e validade de escalas. Apesar de o assunto não estar diretamente ligado às técnicas multivariadas, é possível encontrar conexões com análise fatorial e análise discriminante (constructos, validação de escalas). Esse apêndice, exceto por alterações marginais, reproduz Artes e Barroso (2016), publicado na obra Gorenstein, Wang e Hungerbühler (2016), pela editora Artmed, a quem agradecemos a autorização para uso neste livro.

No Apêndice A apresentamos alguns conjuntos de dados utilizados em exercícios. Dois apêndices com resultados teóricos, B e C, completam este livro.

Os arquivos do Apêndice A, outros arquivos de dados utilizados no decorrer do livro e eventuais atualizações e correções estão disponíveis no site da Editora Blucher, na página do livro.

Gostaríamos de fazer agradecimento especial aos professores e amigos Clóvis de Araújo Peres e Wilton de Oliveira Bussab, que nos apresentaram pela primera vez as técnicas multivariadas. Impossível esquecer a maneira mágica e interessante como assuntos por vezes áridos eram apresentados. Com eles, era possível ver que por trás de cada método havia uma intuição simples e um por quê. Cada aula era uma descoberta.

São Paulo, março de 2023
Rinaldo Artes
Lúcia Pereira Barroso

CONTEÚDO

CAPÍTULO 1

NOTAÇÕES, RESULTADOS BÁSICOS E CONVENÇÕES

1.1 Introdução

Apresentamos neste capítulo a notação adotada e alguns resultados básicos de teoria das probabilidades.[1] O Exemplo 1.1 será utilizado na descrição de alguns resultados.

Exemplo 1.1 *A Secretaria de Segurança Pública do Estado de São Paulo, para fins administrativos, divide o território em regiões. A Figura 1.1 apresenta como era essa segmentação territorial em 2002. A Tabela 1.1 mostra as taxas de delitos por 100.000 habitantes por região.*

1.2 Notações e resultados básicos

Admitimos a existência de p variáveis observadas para n indivíduos. Vetores e matrizes são representados em negrito; utilizamos letras minúsculas para vetores e maiúsculas para matrizes.

[1] Mais detalhes sobre os resultados podem ser encontrados em Johnson e Wichern (2007), Mardia, Kent e Bibby (1979) e Dillon e Goldstein (1984), por exemplo.

Tabela 1.1: Taxa de delitos por 100.000 habitantes por divisão territorial das polícias do estado de São Paulo em 2002

Região	Homicídio doloso	Furto	Roubo	Roubo e furto de veículos
SJRP	10,85	1.500,80	149,35	108,38
RP	14,13	1.496,07	187,99	116,66
Bauru	8,62	1.448,79	130,97	69,98
Campinas	23,04	1.277,33	424,87	435,75
Sorocaba	16,04	1.204,02	214,36	207,06
SP	43,74	1.190,94	1.139,52	909,21
SJC	25,39	1.292,91	358,39	268,24
Santos	42,86	1.590,66	721,90	275,89
GSP	42,55	797,16	520,73	602,63
Média	25,25	1.310,96	427,56	332,64
Desvio padrão	14,36	239,48	330,76	275,01

Fonte: Secretaria de Segurança Pública do Estado de São Paulo.
`http://www.ssp.sp.gov.br/estatisticas/criminais/.`,
Acesso em 11 fev. 2003.
SJRP: São José do Rio Preto; Ribeirão Preto; São Paulo (capital);
SJC: São José dos Campos e GSP: Grande São Paulo, exceto SP.

Uma observação multivariada é representada por $\mathbf{x} = (X_1, \ldots, X_p)^\top$, no qual X_j, $j = 1, \ldots, p$, indicam as variáveis aleatórias consideradas no problema. Esse vetor é denominado vetor aleatório. Assumimos a existência de independência entre as observações de indivíduos diferentes.

Representamos uma matriz de dados por

$$\mathbf{X} = \begin{pmatrix} x_{11} & x_{12} & \ldots & x_{1p} \\ x_{21} & x_{22} & \ldots & x_{2p} \\ \vdots & \vdots & \ddots & \vdots \\ x_{n1} & x_{n2} & \ldots & x_{np} \end{pmatrix} = \begin{pmatrix} \mathbf{x}_1^\top \\ \mathbf{x}_2^\top \\ \vdots \\ \mathbf{x}_n^\top \end{pmatrix} = (\mathbf{x}_1, \mathbf{x}_2, \ldots, \mathbf{x}_n)^\top,$$

sendo x_{ij} o valor assumido pela variável X_j, $j = 1, \ldots, p$, para o indivíduo i, $i = 1, \ldots, n$ e $\mathbf{x}_i = (x_{i1}, \ldots, x_{ip})^\top$ o vetor de observações para o indivíduo i.

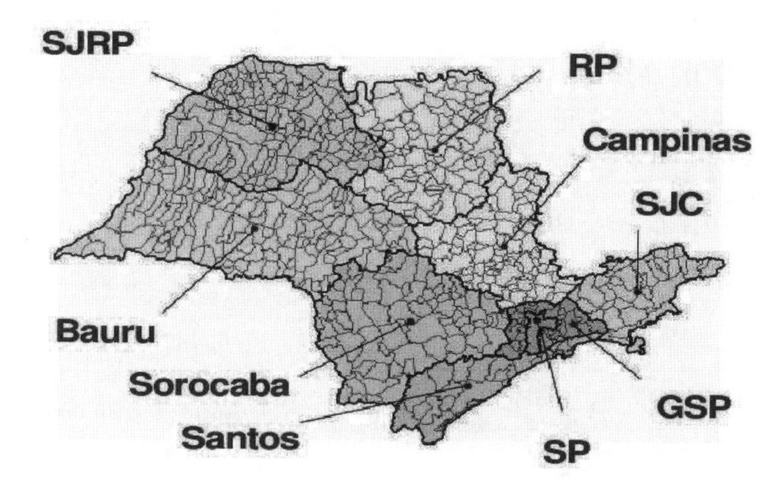

Figura 1.1: Divisão territorial das polícias do Estado de São Paulo em 2002
Fonte: http://www.ssp.sp.gov.br/estatisticas/criminais/. Acesso em: 11 fev. 2003.

Para o Exemplo 1.1, temos X_1: Taxa de homicídios dolosos, X_2: Taxa de furtos, X_3: Taxa de roubos e X_4: Taxa de roubos e furtos de veículos. Os dados relativos a SJRP são denotados por

$$\mathbf{x}_1 = (\,10{,}85 \quad 1.500{,}80 \quad 149{,}35 \quad 108{,}38\,)^\top .$$

Por fim, a matriz de dados é

$$\mathbf{X} = \begin{pmatrix} 10{,}85 & 1.500{,}80 & 149{,}35 & 108{,}38 \\ 14{,}13 & 1.496{,}07 & 187{,}99 & 116{,}66 \\ 8{,}62 & 1.448{,}79 & 130{,}97 & 69{,}98 \\ 23{,}04 & 1.277{,}33 & 424{,}87 & 435{,}75 \\ 16{,}04 & 1.204{,}02 & 214{,}36 & 207{,}06 \\ 43{,}74 & 1.190{,}94 & 1.139{,}52 & 909{,}21 \\ 25{,}39 & 1.292{,}91 & 358{,}39 & 268{,}24 \\ 42{,}86 & 1.590{,}66 & 721{,}90 & 275{,}89 \\ 42{,}55 & 797{,}16 & 520{,}73 & 602{,}63 \end{pmatrix}. \tag{1.1}$$

Definição 1.1 *Seja* $\mathbf{A} = [a_{ij}]$ *uma matriz de dimensão* $(p \times p)$ *e* $\mathbf{b} = (b_1, \ldots, b_p)^\top$, *então*

a. $\text{Diag}(\mathbf{b}) = \begin{pmatrix} b_1 & 0 & \ldots & 0 \\ 0 & b_2 & \ldots & 0 \\ \vdots & \vdots & \ddots & \vdots \\ 0 & 0 & \ldots & b_p \end{pmatrix}.$

b. $\text{diag}(\mathbf{A}) = (a_{11}, a_{22}, \cdots, a_{pp})^\top.$

c. *Considere* $b_i \geq 0$ *e defina* $\mathbf{B} = \text{Diag}(\mathbf{b})$, *então*

$$\mathbf{B}^{1/2} = \text{Diag}\left(\sqrt{b_1}, \ldots, \sqrt{b_p}\right),$$

se $b_i > 0$, *então* $\mathbf{B}^{-1/2} = \left(\mathbf{B}^{1/2}\right)^{-1}$. *O Resultado B.19, do Apêndice B, generaliza essa operação.*

Definição 1.2 *Seja* $\mathbf{x} = (X_1, \ldots, X_p)^\top$ *um vetor aleatório com* $\text{E}(X_i) = \mu_i$, $\text{Var}(X_i) = \sigma_i^2$, $\text{Cov}(X_i, X_j) = \sigma_{ij}$ *e* $\text{Corr}(X_i, X_j) = \rho_{ij}$, , $i, j = 1, \ldots, p$. *Defina*

a. *Vetor média de* $\mathbf{x}$*:* $\boldsymbol{\mu} = (\mu_1, \cdots, \mu_p)^\top$.

b. *Matriz de covariâncias de* $\mathbf{x}$*:*

$$\boldsymbol{\Sigma} = \text{E}\left[(\mathbf{x} - \boldsymbol{\mu})(\mathbf{x} - \boldsymbol{\mu})^\top\right] = \begin{pmatrix} \sigma_1^2 & \sigma_{12} & \cdots & \sigma_{1p} \\ \sigma_{21} & \sigma_2^2 & \cdots & \sigma_{2p} \\ \vdots & \vdots & \ddots & \vdots \\ \sigma_{p1} & \sigma_{p2} & \cdots & \sigma_p^2 \end{pmatrix},$$

em que $\sigma_{ij} = \sigma_{ji}$, *para i,j* $= 1, \ldots, p$, *ou seja,* $\boldsymbol{\Sigma}$ *é simétrica.*

c. *Seja* $\mathbf{V} = \begin{pmatrix} \sigma_1^2 & 0 & \cdots & 0 \\ 0 & \sigma_2^2 & \cdots & 0 \\ \vdots & \vdots & \ddots & \vdots \\ 0 & 0 & \cdots & \sigma_p^2 \end{pmatrix}$, *então a* **matriz de correlações** *de* $\mathbf{x}$ *é dada por*

$$\boldsymbol{\rho} = \mathbf{V}^{-1/2}\boldsymbol{\Sigma}\mathbf{V}^{-1/2} = \begin{pmatrix} 1 & \rho_{12} & \cdots & \rho_{1p} \\ \rho_{21} & 1 & \cdots & \rho_{2p} \\ \vdots & \vdots & \ddots & \vdots \\ \rho_{p1} & \rho_{p2} & \cdots & 1 \end{pmatrix},$$

em que $\rho_{ij} = \rho_{ji}$, *para i,j* $= 1, \ldots, p$, *ou seja,* $\boldsymbol{\rho}$ *é simétrica. Consequentemente,*

$$\boldsymbol{\Sigma} = \mathbf{V}^{1/2}\boldsymbol{\rho}\mathbf{V}^{1/2}.$$

A seguir, apresentamos alguns resultados sobre esperança e covariância de vetores aleatórios.

Resultado 1.1 *Sejam* $\mathbf{x}$ *e* $\mathbf{y}$ *vetores aleatórios de dimensão* p *com vetores médias* $\boldsymbol{\mu}_x$ *e* $\boldsymbol{\mu}_y$*, respectivamente, e com* $\text{Cov}(\mathbf{x}) = \boldsymbol{\Sigma}_x$ *e* $\text{Cov}(\mathbf{y}) = \boldsymbol{\Sigma}_y$*. Sejam* $\mathbf{a}$ *e* $\mathbf{b}$ *vetores de constantes de dimensão* p *e* $\mathbf{A}$ *uma matriz de constantes de dimensão* $(m \times p)$*. Então*

a. $\text{E}\left(\mathbf{a}^\top\mathbf{x} + \mathbf{b}^\top\mathbf{y}\right) = \mathbf{a}^\top\boldsymbol{\mu}_x + \mathbf{b}^\top\boldsymbol{\mu}_y$.

b. $\text{Cov}\left(\mathbf{A}\mathbf{x}\right) = \mathbf{A}\boldsymbol{\Sigma}_x\mathbf{A}^\top$.

Resultado 1.2 : *Seja* $\mathbf{x} = (X_1, \ldots, X_p)^\top$ *um vetor aleatório com* $\text{E}(X_i) = \mu_i$*,* $\text{Var}(X_i) = \sigma_i^2$*,* $i = 1, \ldots, p$*. Defina* $Z_i = (X_i - \mu_i)/\sigma_i$*, uma variável padronizada construída a partir de* X_i*, e* $\mathbf{z} = (Z_1, \ldots, Z_p)^\top$*. Então*

a. $\mathbf{z} = \mathbf{V}^{-1/2}(\mathbf{x} - \boldsymbol{\mu})$*, sendo* $\mathbf{V}$ *dada na Definição 1.2.*

b. $\text{E}(Z_i) = 0$ *e, consequentemente,* $\text{E}(\mathbf{z}) = (0, \ldots, 0)^T = \mathbf{0}_p$*, vetor nulo.*

c. $\text{Var}(Z_i) = 1$ *e* $\text{Cov}(\mathbf{z}) = \boldsymbol{\rho}$*.*

Prova do item c: Do item *a*, temos $\text{Cov}(\mathbf{z}) = \text{Cov}\left(\mathbf{V}^{-1/2}(\mathbf{x} - \boldsymbol{\mu})\right)$. Aplicando o item *b* do Resultado 1.1, vem que $\text{Cov}(\mathbf{z}) = \mathbf{V}^{-1/2}\text{Cov}(\mathbf{x})\mathbf{V}^{-1/2} = \boldsymbol{\rho}$.$\circ$

1.3 Resultados básicos da distribuição normal multivariada

Definição 1.3 *Dizemos que um vetor aleatório p-dimensional* $\mathbf{x}$ *segue uma distribuição normal multivariada com vetor média* $\boldsymbol{\mu}$ *e matriz de covariâncias* $\boldsymbol{\Sigma}$*, positiva definida, se sua função densidade de probabilidade for dada por*

$$p(\mathbf{x}; \boldsymbol{\mu}, \boldsymbol{\Sigma}) = \frac{1}{(2\pi)^{p/2}|\boldsymbol{\Sigma}|^{1/2}} \exp\left\{-\frac{1}{2}(\mathbf{x} - \boldsymbol{\mu})^\top\boldsymbol{\Sigma}^{-1}(\mathbf{x} - \boldsymbol{\mu})\right\}.$$

Denota-se $\mathbf{x} \sim N_p(\boldsymbol{\mu}; \boldsymbol{\Sigma})$*.*

Resultado 1.3 *Seja* $\mathbf{x} \sim N_p(\boldsymbol{\mu}; \boldsymbol{\Sigma})$, $\mathbf{a}$ *um vetor p-dimensional de constantes e* $\mathbf{A}$ *uma matriz de dimensão* $(m \times p)$ *de constantes, então*

a. $\mathbf{a}^\top \mathbf{x} \sim N\left(\mathbf{a}^\top \boldsymbol{\mu}; \mathbf{a}^\top \boldsymbol{\Sigma} \mathbf{a}\right)$.

b. $\mathbf{x} + \mathbf{a} \sim N_p(\boldsymbol{\mu} + \mathbf{a}; \boldsymbol{\Sigma})$.

c. $\mathbf{A}\mathbf{x} \sim N_m\left(\mathbf{A}\boldsymbol{\mu}; \mathbf{A}\boldsymbol{\Sigma}\mathbf{A}^\top\right)$.

Resultado 1.4 *Seja* $\mathbf{x} = \left(\mathbf{x}_1^\top, \mathbf{x}_2^\top\right)^\top$, *com* $\mathbf{x}_1$, $\mathbf{x}_2$ *de dimensão* $(m \times 1)$ *e* $(q \times 1)$, *respectivamente e* $p = m + q$. *Assuma que* $\mathbf{x} \sim N_p(\boldsymbol{\mu}; \boldsymbol{\Sigma})$, *com*

$$\boldsymbol{\mu} = \begin{pmatrix} \boldsymbol{\mu}_1 \\ \boldsymbol{\mu}_2 \end{pmatrix} \quad \boldsymbol{\Sigma} = \begin{pmatrix} \boldsymbol{\Sigma}_{11} & \boldsymbol{\Sigma}_{12} \\ \boldsymbol{\Sigma}_{21} & \boldsymbol{\Sigma}_{22} \end{pmatrix},$$

sendo que $\boldsymbol{\mu}_1$, $\boldsymbol{\mu}_2$, $\mathrm{Cov}(\mathbf{x}_1) = \boldsymbol{\Sigma}_{11}$, $\mathrm{Cov}(\mathbf{x}_2) = \boldsymbol{\Sigma}_{22}$ *e* $\boldsymbol{\Sigma}_{12} = \boldsymbol{\Sigma}_{21}^\top$ *são, respectivamente, de dimensão* $(m \times 1)$, $(q \times 1)$, $(m \times m)$, $(q \times q)$ *e* $(m \times q)$, *então*

a. $\mathbf{x}_1 \sim N_m(\boldsymbol{\mu}_1; \boldsymbol{\Sigma}_{11})$ *e* $\mathbf{x}_2 \sim N_q(\boldsymbol{\mu}_2; \boldsymbol{\Sigma}_{22})$.

b. $\mathbf{x}_1$ *e* $\mathbf{x}_2$ *são independentes se e somente se* $\boldsymbol{\Sigma}_{12} = \mathbf{0}$.

c. *A distribuição condicional de* $\mathbf{x}_1$ *dado* $\mathbf{x}_2 = \mathbf{a}$ *é normal m-variada com*

$$\mathrm{E}(\mathbf{x}_1 | \mathbf{x}_2 = \mathbf{a}) = \boldsymbol{\mu}_1 + \boldsymbol{\Sigma}_{12}\boldsymbol{\Sigma}_{22}^{-1}(\mathbf{a} - \boldsymbol{\mu}_2)$$

$$\mathrm{Cov}(\mathbf{x}_1 | \mathbf{x}_2 = \mathbf{a}) = \boldsymbol{\Sigma}_{11} - \boldsymbol{\Sigma}_{12}\boldsymbol{\Sigma}_{22}^{-1}\boldsymbol{\Sigma}_{21}.$$

Resultado 1.5 *Se* $\mathbf{x} \sim N_p(\boldsymbol{\mu}, \boldsymbol{\Sigma})$, *com* $|\boldsymbol{\Sigma}| > 0$, *então*

a. $(\mathbf{x} - \boldsymbol{\mu})^\top \boldsymbol{\Sigma}^{-1} (\mathbf{x} - \boldsymbol{\mu}) \sim \chi_p^2$.

b. *Sejam* $\mathbf{a}_i$ *e* λ_i, $i = 1, \ldots, p$, *respectivamente, os autovetores normalizados e os autovalores de* $\boldsymbol{\Sigma}$, *com* $\lambda_1 \geq \ldots \geq \lambda_p$, *então as curvas de nível da função densidade de probabilidade de* $\mathbf{x}$ *são hiperelipsoides satisfazendo*

$$(\mathbf{x} - \boldsymbol{\mu})^\top \boldsymbol{\Sigma}^{-1} (\mathbf{x} - \boldsymbol{\mu}) = k^2,$$

com centro em $\boldsymbol{\mu}$ *e eixos dados por* $\pm k\sqrt{\lambda_i}\mathbf{a}_i$.

1.3.1 Distribuição normal bivariada

Ao tomarmos $p = 2$ temos a distribuição normal bivariada, cuja função densidade de probabilidade pode ser escrita como

$$p(\mathbf{x}; \boldsymbol{\mu}, \boldsymbol{\Sigma}) = \frac{1}{2\pi\sigma_1\sigma_2\sqrt{1-\rho^2}}$$
$$\exp\left\{-\frac{1}{2(1-\rho^2)}\left[\left(\frac{x_1-\mu_1}{\sigma_1}\right)^2 - 2\rho\frac{(x_1-\mu_1)(x_2-\mu_2)}{\sigma_1\sigma_2} + \left(\frac{x_2-\mu_2}{\sigma_2}\right)^2\right]\right\},$$

na qual, $\rho = \text{Corr}(X_1, X_2)$. Em particular,

$$\begin{aligned} \text{E}(X_1|X_2 = x_2) &= \mu_1 + \beta_1(x_2 - \mu_2), \quad \text{Var}(X_1|X_2 = x_2) = \sigma_1^2\left(1-\rho^2\right), \\ \text{E}(X_2|X_1 = x_1) &= \mu_2 + \beta_2(x_1 - \mu_1), \quad \text{Var}(X_2|X_1 = x_1) = \sigma_2^2\left(1-\rho^2\right), \end{aligned} \tag{1.2}$$

com

$$\beta_1 = \rho\frac{\sigma_1}{\sigma_2} \quad \text{e} \quad \beta_2 = \rho\frac{\sigma_2}{\sigma_1}.$$

Na Figura 1.2 são apresentados os gráficos da função densidade de probabilidade e respectivas curvas de nível, de distribuições normais bivariadas com vetor média nulo. As curvas de nível são figuras concêntricas com centro em $\boldsymbol{\mu} = \mathbf{0}$. Além disso,

a. Os dois primeiros conjuntos de gráficos trazem situações em que a correlação entre as variáveis é nula; no primeiro caso, as curvas de nível são círculos e, no segundo, pelo fato de as variâncias serem diferentes, essas curvas são elipses, cujos eixos coincidem com os eixos cartesianos. Caso o vetor média não fosse nulo, esses eixos seriam paralelos aos cartesianos com intersecção no vetor média.

b. Nos dois últimos conjuntos de gráficos, a correlação entre as variáveis é diferente de zero. As curvas de nível são elipses cujos eixos coincidem com as esperanças condicionais definidas no Resultado C.3 do Apêndice C. À medida que a correlação se afasta de zero, as elipses tendem a ficar mais estreitas.

Resultados adicionais sobre álgebra matricial e vetores aleatórios são apresentados no Apêndice B.

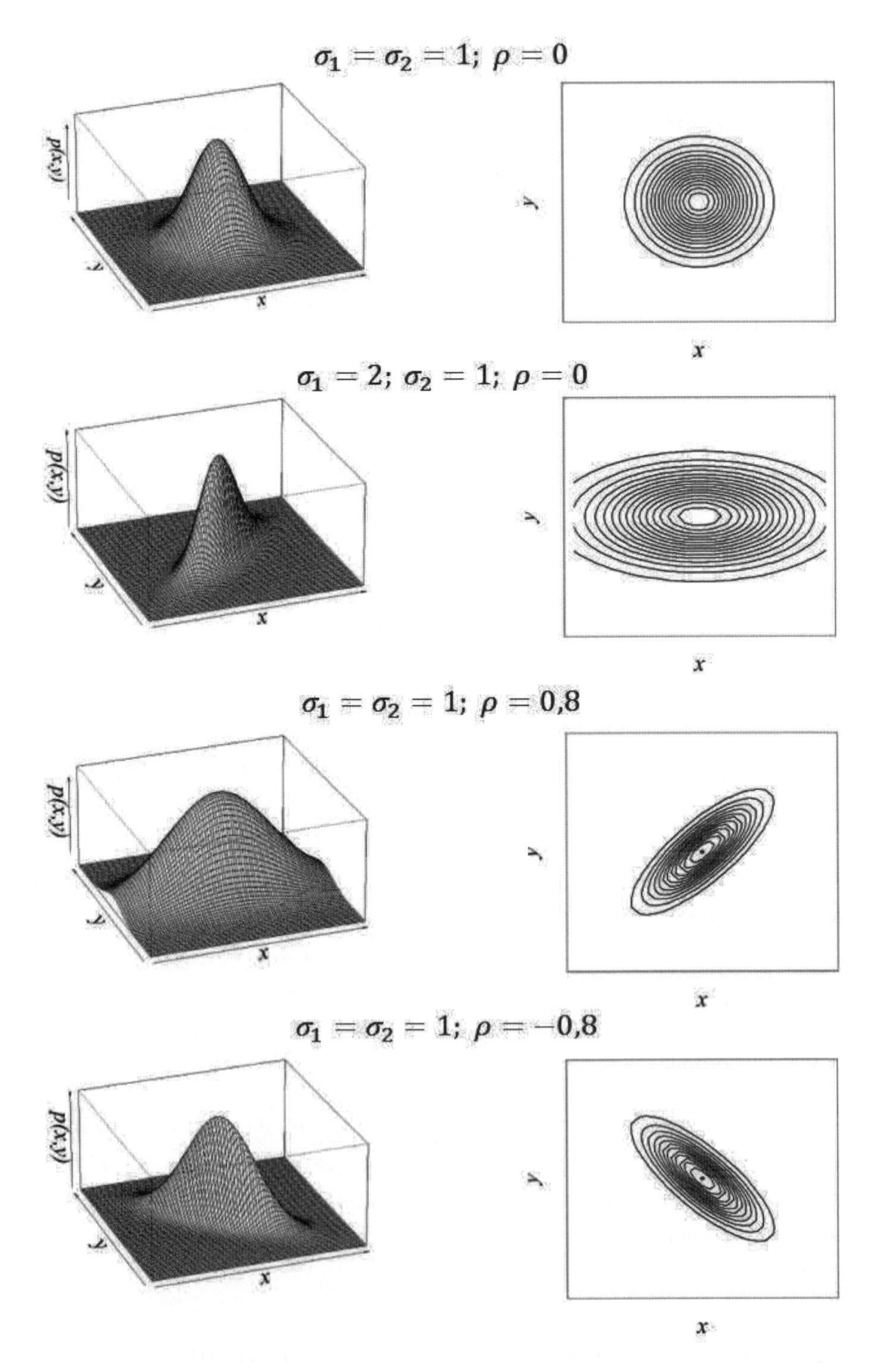

Figura 1.2: Funções densidade de probabilidade e curvas de nível de distribuições normais bivariadas com vetor média nulo

CAPÍTULO 2

ESTATÍSTICA DESCRITIVA

2.1 Introdução

Estatística descritiva (ED) compreende métodos gráficos e numéricos utilizados na descrição do comportamento de um conjunto de dados.

A análise descritiva é uma etapa importante, e muitas vezes subestimada, em uma análise de dados. É nesse momento que o analista consegue ter uma primeira ideia sobre o comportamento das variáveis, identifica associações, observações com valores inesperados e dados faltantes. É bom ressaltar que toda técnica estatística é válida sob um conjunto de suposições. Sob esse ponto de vista, ao prover uma boa descrição do comportamento do conjunto de dados, a análise descritiva é útil para embasar a correta escolha e aplicação de métodos estatísticos.

Neste capítulo, apresentamos medidas descritivas e métodos gráficos para a representação de um conjunto de dados multivariados.

2.2 Medidas descritivas

Nesta seção, apresentamos medidas descritivas básicas aplicáveis a um conjunto de dados multivariados. Utilizamos, como ilustração, os dados do Exemplo 1.1.

Duas características importantes na descrição do comportamento de uma variável quantitativa são a tendência central e a dispersão. Por tendência central entendemos a identificação de pontos ao redor dos quais se localizam as observações. Na análise de uma variável quantitativa, as medidas de tendência central usualmente utilizadas são a média (aritmética), a mediana e a moda. A dispersão, por sua vez, está ligada ao grau de heterogeneidade das observações. A variância, o desvio padrão e a amplitude são medidas univariadas de variabilidade (dispersão).

2.2.1 Vetor média amostral

Uma medida de tendência central multivariada, análoga à média aritmética, é o vetor média amostral de um conjunto de dados. Esse vetor é definido por

$$\overline{\mathbf{x}} = \sum_{i=1}^{n} \frac{\mathbf{x}_i}{n}.$$

As componentes desse vetor são as médias aritméticas das diferentes variáveis.

Para os dados do Exemplo 1.1, temos

$$\overline{\mathbf{x}} = (\,25{,}25 \quad 1.310{,}96 \quad 427{,}56 \quad 332{,}64\,)^\top.$$

Note que, em termos médios, "Furto" (X_2) é o crime de maior incidência e "Homicídio doloso" (X_1) é o menos frequente.

2.2.2 Matriz de covariâncias amostrais

O fato de termos mais de uma variável torna mais complexa a mensuração da variabilidade dos dados. Na Tabela 2.1 dispõe-se uma amostra de dois pares de variáveis, (X_1, X_2) e (Y_1, Y_2). Note que X_1 e Y_1 possuem a mesma média e o mesmo desvio padrão, ou seja, do ponto de vista univariado temos evidências de que a variabilidade desses dados é a mesma (essa conclusão se mantém mesmo se utilizarmos outras medidas de variabilidade). O mesmo acontece com X_2 e Y_2. A Figura 2.1 traz os diagramas de dispersão de X_2 em função de X_1 (Painel A) e de Y_2 em função de Y_1 (Painel B); os losangos representam os respectivos vetores médias. Apesar das conclusões tiradas sobre as variabilidades dessas variáveis, notamos que no Painel A os pontos estão mais concentrados (ocupam uma área menor no plano) e no B mais dispersos, sugerindo maior variabilidade. Dessa

Tabela 2.1: Pares de variáveis com mesmas médias e desvios padrões

Observação	X_1	X_2	Y_1	Y_2
1	8,2	8,0	0,4	8,0
2	4,1	4,6	0,7	4,6
3	6,9	8,8	1,2	8,8
4	4,1	6,2	3,5	6,2
5	9,0	9,7	4,1	0,5
6	4,2	5,8	4,1	5,8
7	8,4	7,8	4,2	7,8
8	1,2	3,0	6,6	3,0
9	0,4	0,5	6,9	9,7
10	3,5	4,3	8,2	4,3
11	6,6	7,3	8,4	7,3
12	0,7	2,2	9,0	2,2
Média	4,78	5,68	4,78	5,68
Desvio padrão	2,91	2,71	2,91	2,71

forma, a variância, calculada para cada variável separadamente, do ponto de vista multivariado, é uma medida incompleta de variabilidade.

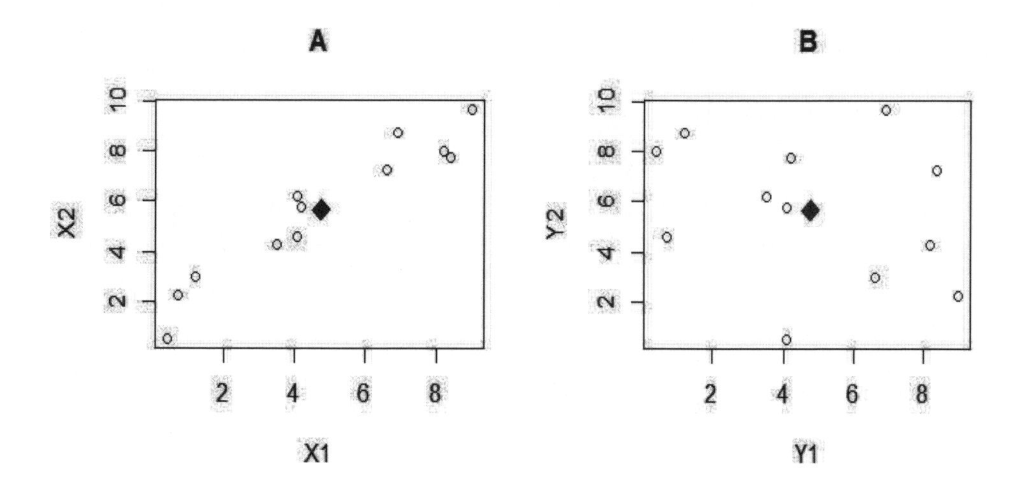

Figura 2.1: Diagramas de dispersão

Uma alternativa para representar a variabilidade de dados multivariados é a matriz de covariâncias. Trata-se de uma matriz na qual dispomos as variâncias das variáveis na diagonal principal e as covariâncias nas demais posições. Para os dados da Tabela 2.1, temos as seguintes matrizes de covariâncias

$$\begin{pmatrix} 9{,}27 & 8{,}24 \\ 8{,}24 & 7{,}99 \end{pmatrix} \quad \text{e} \quad \begin{pmatrix} 9{,}27 & -2{,}30 \\ -2{,}30 & 7{,}99 \end{pmatrix},$$

para as amostras de (X_1, X_2) e de (Y_1, Y_2), respectivamente.

Genericamente, calculamos essa matriz utilizando a expressão

$$\mathbf{S} = \sum_{i=1}^{n} \frac{(\mathbf{x}_i - \overline{\mathbf{x}})(\mathbf{x}_i - \overline{\mathbf{x}})^\top}{n-1},$$

ou mesmo

$$\mathbf{S}_n = \sum_{i=1}^{n} \frac{(\mathbf{x}_i - \overline{\mathbf{x}})(\mathbf{x}_i - \overline{\mathbf{x}})^\top}{n}.$$

Quando $\mathbf{x}_1, \ldots \mathbf{x}_n$ é uma amostra aleatória independente e identicamente distribuída de uma distribuição com vetor média $\boldsymbol{\mu}$ e matriz de covariâncias $\boldsymbol{\Sigma}$, $\mathbf{S}$ é um estimador não viesado de $\boldsymbol{\Sigma}$. Se, além disso, a distribuição for a normal multivariada, $\mathbf{S}_n$ é o estimador de máxima verossimilhança de $\boldsymbol{\Sigma}$.

A matriz de covariâncias é quadrada, simétrica e positiva definida, a não ser nos casos em que uma variável é uma combinação linear das demais; nessa situação o determinante da matriz é zero. Representamos a variância amostral de X_j por S_j^2 (ou, caso seja conveniente, por S_{jj}) e a covariância amostral entre X_j e X_k por S_{jk}.

Voltando ao Exemplo 1.1, temos

$$\mathbf{S} = \begin{pmatrix} 206{,}07 & -1.526{,}24 & 4.190{,}21 & 3.156{,}38 \\ -1.526{,}24 & 57.352{,}79 & -20.611{,}99 & -41.428{,}18 \\ 4.190{,}21 & -20.611{,}99 & 109.401{,}24 & 80.241{,}60 \\ 3.156{,}38 & -41.428{,}18 & 80.241{,}60 & 75.628{,}46 \end{pmatrix}. \tag{2.1}$$

2.2.3 Variância total e variância generalizada

Há na literatura estatística algumas tentativas de medir a variabilidade multivariada por meio de um único número. Nessa linha, temos a variância total (S_T^2) e a variância generalizada (S_G^2).

A variância total é dada por $S_T^2 = \sum_{j=1}^{p} S_j^2$, ou seja, é o traço da matriz **S**. Essa medida ignora totalmente as covariâncias, não conseguindo discriminar, por exemplo, o comportamento dos painéis A e B da Figura 2.1.

A variância generalizada, por sua vez, é dada por $S_G^2 = |\mathbf{S}|$, sendo que $|.|$ representa o determinante da matriz. Para os dados dos painéis A e B teríamos, respectivamente, 6,07 e 68,8, indicando maior dispersão para os dados do Painel B.

Para uma interpretação geométrica dessa medida, considere o caso em que existam apenas duas variáveis ($p = 2$). Para a matriz de dados ($\mathbf{X}$), considere dois vetores formados pela diferença entre os valores de cada coluna e a média da respectiva variável, denominando-os $\mathbf{a}_1$ e $\mathbf{a}_2$. A Figura 2.2 ilustra os dois vetores (linhas sólidas). Ao fazermos a soma vetorial dos dois vetores, acabamos por construir um paralelogramo. Prova-se[1] que a área dessa figura é dada por $(n-1)\sqrt{S_G^2}$. Qual é o significado prático desse fato? Imagine uma situação na qual os dois vetores tenham a mesma direção, ou seja, na qual as duas colunas de dados são idênticas, ou na qual uma seja proporcional à outra. Nesse caso, a área do paralelogramo é zero e, consequentemente, $S_G^2 = 0$. À medida que diminui a dependência entre as variáveis, o losango tenderá a tornar-se um retângulo (caso em que as variáveis são não correlacionadas), fazendo com que a área aumente.

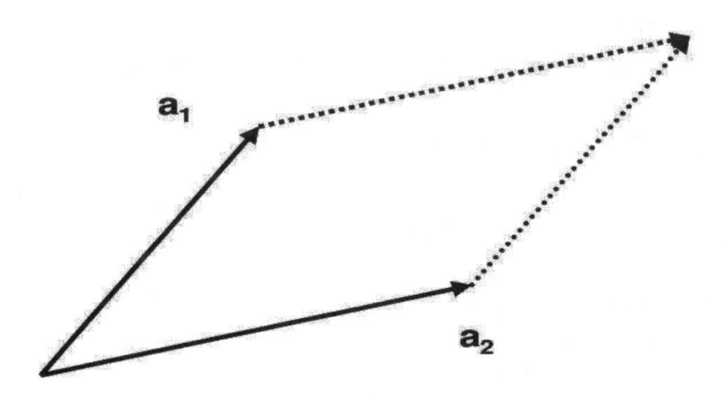

Figura 2.2: Representação gráfica da variância generalizada

No caso geral, para $p > 2$ variáveis, o quadrado do volume do sólido formado a partir da soma vetorial de $\mathbf{a}_1, ..., \mathbf{a}_p$ é dado por $(n-1)^p S_G^2$. A variância gene-

[1]Ver Johnson e Wichern (2007), por exemplo.

ralizada S_G^2 é zero sempre que uma variável puder ser escrita como combinação linear das demais.

O desvio padrão generalizado é definido como $S_G = |\mathbf{S}|^{1/2}$, cuja expressão para $p = 2$ é $S_{X_1} S_{X_2} \sqrt{1 - r^2}$, em que S_{X_i} é o desvio padrão de X_i, $i = 1{,}2$, e r é o coeficiente de correlação amostral entre X_1 e X_2. Nesse caso, se $r = 1$ todos os elementos da amostra estão alinhados e o desvio padrão generalizado é igual a zero, indicando que não há variabilidade em duas dimensões.

Peña e Rodríguez (2003) argumentam que a variância generalizada não é útil para se comparar conjuntos que tenham números distintos de variáveis e sugerem o uso da variância efetiva dada por $S_e^2 = |\mathbf{S}|^{1/p}$ e o correspondente desvio padrão efetivo dado por $S_e = |\mathbf{S}|^{\frac{1}{2p}}$.

De modo análogo ao apresentado, essas medidas podem ser definidas para um contexto populacional como $\sigma_T^2 = \sum_{j=1}^{p} \sigma_j^2 = \text{traço}(\mathbf{\Sigma})$ e $\sigma_G^2 = \mid \mathbf{\Sigma} \mid$.

2.2.4 Matriz de correlações amostrais

Quando consideramos variáveis padronizadas[2] temos que suas variâncias são iguais a um e suas covariâncias coincidem com o coeficiente de correlação (de Pearson). A matriz de covariâncias, nesses casos, terá o valor 1 nas posições da diagonal principal e as correlações nas demais posições. Tal matriz recebe o nome de matriz de correlações[3] e tem um papel de destaque nas técnicas multivariadas que buscam explicar a estrutura de associação (linear) existente entre as variáveis. Para definir a matriz de correlações amostrais, considere

$$\hat{\mathbf{V}} = \text{diag}\left\{S_1^2, \ldots, S_p^2\right\}.$$

Desse modo, a matriz de correlações amostrais ($\mathbf{R}$) pode ser obtida a partir da matriz de covariâncias como

$$\mathbf{R} = \left(\hat{\mathbf{V}}^{1/2}\right)^{-1} \mathbf{S} \left(\hat{\mathbf{V}}^{1/2}\right)^{-1}.$$

[2]Obtidas subtraindo-se a média de cada observação e dividindo-se o resultado pelo respectivo desvio padrão.

[3]Ver Definição 1.2.

Retomando a Figura 2.1, temos que as matrizes de correlações para os painéis A e B são, respectivamente,

$$\begin{pmatrix} 1{,}00 & 0{,}96 \\ 0{,}96 & 1{,}00 \end{pmatrix} \quad \text{e} \quad \begin{pmatrix} 1{,}00 & -0{,}27 \\ -0{,}27 & 1{,}00 \end{pmatrix}.$$

Para os dados do Exemplo 1.1, temos

$$\mathbf{R} = \begin{pmatrix} 1{,}00 & -0{,}44 & 0{,}88 & 0{,}80 \\ -0{,}44 & 1{,}00 & -0{,}26 & -0{,}63 \\ 0{,}88 & -0{,}26 & 1{,}00 & 0{,}88 \\ 0{,}80 & -0{,}63 & 0{,}88 & 1{,}00 \end{pmatrix}. \tag{2.2}$$

Uma interpretação geométrica do coeficiente de correlação pode ser obtida a partir do Resultado B.2, do Apêndice B. Defina $\mathbf{a} = (x_{1j} - \overline{x}_j, \ldots, x_{nj} - \overline{x}_j)^\top$ e $\mathbf{b} = (x_{1k} - \overline{x}_k, \ldots, x_{nk} - \overline{x}_k)^\top$, respectivamente os vetores observados de dados associados às variáveis X_j e X_k, centrados nas respectivas médias amostrais. Aplicando-se o resultado, vem que o cosseno entre esses vetores é dado por

$$\cos(\theta_{jk}) = \frac{\mathbf{a}^\top \mathbf{b}}{\sqrt{\mathbf{a}^\top \mathbf{a}}\sqrt{\mathbf{b}^\top \mathbf{b}}} = \frac{\sum_{i=1}^{n} (x_{ij} - \overline{x}_j)(x_{ik} - \overline{x}_k)}{\sqrt{\sum_{i=1}^{n} (x_{ij} - \overline{x}_j)^2}\sqrt{\sum_{i=1}^{n} (x_{ik} - \overline{x}_k)^2}} = r_{jk},$$

que é o coeficiente de correlação amostral de Pearson entre as observações associadas a X_j e X_k. Quanto mais próximo de zero (ou de π) estiver esse ângulo, mais forte será a correlação. Em particular, $r_{jk} = 1$ significa que esses vetores estão na mesma direção e sentido; $r_{jk} = -1$ implica que os vetores estão na mesma direção, mas em sentidos opostos; $r_{jk} = 0$, se os vetores forem ortogonais.

2.3 Representação gráfica

Os métodos gráficos para descrição de dados multivariados podem ser classificados em gráficos para representação de variáveis e gráficos para representação das unidades amostrais (casos).

2.3.1 Representação de variáveis

Os métodos de representação de variáveis objetivam descrever o comportamento das variáveis e/ou sua estrutura de associação. Os métodos a serem apresentados são adaptações de métodos utilizados na representação de dados uni e bivariados.

Diagramas de caixas ou box plots

Podemos ter uma boa ideia sobre o comportamento de uma variável analisando seus valores mínimo (Q_0), máximo (Q_4) e quartis (Q_1, Q_2 e Q_3). Dessas medidas, extraímos as seguintes informações:

a. Tendência central: expressa pelo segundo quartil (Q_2), que é a própria mediana.

b. Variabilidade: pode-se calcular a amplitude dos dados ($Q_4 - Q_0$) e a amplitude interquartil ($d_q = Q_3 - Q_1$), por exemplo.

c. Assimetria: numa distribuição assimétrica positiva, espera-se que $Q_3 - Q_2 > Q_2 - Q_1$ e, caso inexistam valores aberrantes, que $Q_4 - Q_3 > Q_1 - Q_0$. Numa distribuição assimétrica negativa, inverte-se o sinal das desigualdades. O coeficiente de Bowley[4] pode ser utilizado para medir o grau de assimetria de uma distribuição; ele é dado por

$$B = \frac{Q_3 + Q_1 - 2Q_2}{Q_3 - Q_1} = \frac{(Q_3 - Q_2) - (Q_2 - Q_1)}{Q_3 - Q_1}.$$

Temos que $-1 \leq B \leq 1$; para interpretação desse coeficiente, note que, se $Q_3 = Q_2 \neq Q_1$, temos a maior evidência possível de assimetria negativa, que pode ser obtida a partir dos quartis, nesse caso, $B = -1$; se $Q_1 = Q_2 \neq Q_3$, temos a maior evidência de assimetria positiva e, caso a distribuição seja perfeitamente simétrica, temos $(Q_3 - Q_2) = (Q_2 - Q_1)$, o que implica em $B = 0$.[5]

d. Valores aberrantes: observações maiores do que $Q_3 + 1{,}5d_q$ ou inferiores a $Q_1 - 1{,}5d_q$ são suspeitas de serem valores aberrantes. Essa regra foi construída com base na distribuição normal,[6] logo, sua aplicação a distribuições assimétricas pode levar à identificação de um número elevado de valores suspeitos. Os valores aberrantes são estudados à parte neste capítulo (ver Seção 2.4).

[4] Ver Zar (1996), por exemplo.

[5] Cabe ressaltar que o fato de B ser zero não implica em simetria da distribuição.

[6] Se a variável seguir uma distribuição normal, espera-se que 99,3% das observações estejam entre $Q_1 - 1{,}5d_q$ e $Q_3 + 1{,}5d_q$.

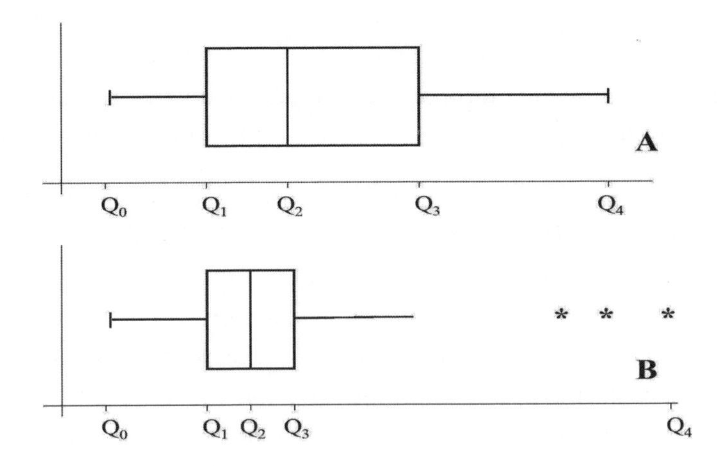

Figura 2.3: Diagramas de caixa

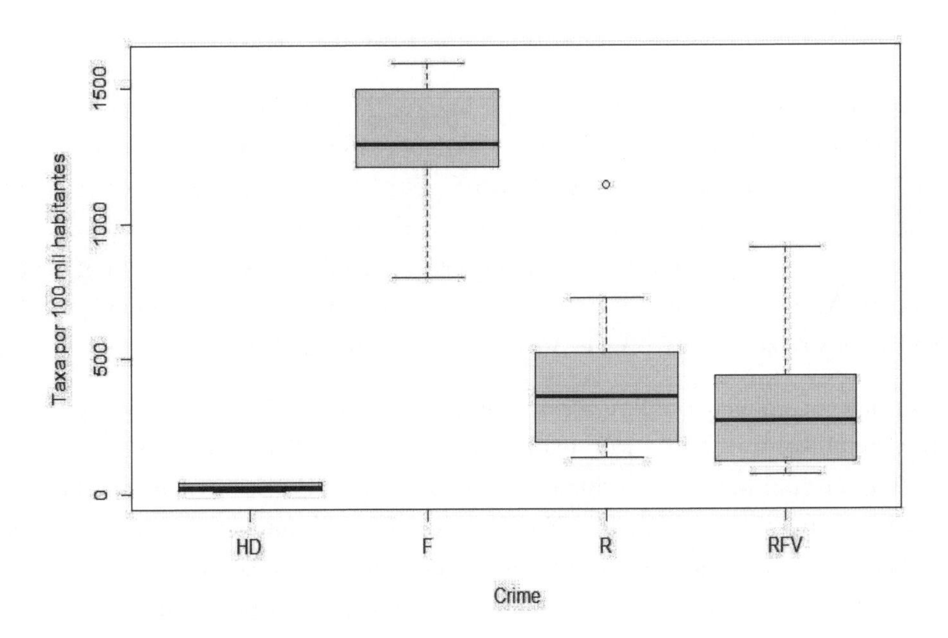

Figura 2.4: Diagramas de caixa do Exemplo 1.1

A Figura 2.3 ilustra a construção de box plots. Tome, inicialmente, a figura indicada por A. Os valores da variável estão representados no eixo horizontal. Q_1 e Q_3 definem os limites da caixa; a linha que divide a caixa em duas está posicionada em Q_2. A partir da caixa são estendidas linhas (hastes) que terminam nos valores das últimas observações não consideradas suspeitas, e no Caso A coincidem com o mínimo e máximo. Já na figura indexada por B há valores que superam os limites descritos no item (d). Tais pontos estão indicados por asteriscos.

A Figura 2.4 traz o diagrama de caixas para as variáveis do Exemplo 1.1. Esse gráfico mostra que "Homicídio doloso" tem variabilidade e valores observados bem menores do que os das outras variáveis, enquanto os valores observados para "Furto" são maiores do que os demais. A distribuição de "Roubo" e "Roubo e furto de veículos" é aproximadamente simétrica na parte central com caudas à direita (haste superior) mais longas do que as caudas à esquerda, especialmente para "Roubo e furto de veículos", sugerindo assimetria nos dados. A variável "Roubo" apresenta um dado suspeito de ser aberrante, o valor 1.139,52 do município de São Paulo.

Gráfico matriz

O gráfico matriz é uma representação da matriz de correlações. Trata-se da disposição matricial de todos os diagramas de dispersão das variáveis de interesse. A Figura 2.5 é o gráfico matriz dos dados do Exemplo 1.1. Note que no cruzamento da linha i com a coluna j temos o diagrama de dispersão com X_i no eixo das abscissas e X_j nas ordenadas. Analisando esse gráfico, notamos forte correlação linear entre X_3 e X_4 e fraca correlação linear entre X_1 e X_2. Podemos perceber também que a relação entre X_1 e X_3 não é propriamente linear.

Algumas alterações podem ser introduzidas nos gráficos matrizes a fim de facilitar sua interpretação. Por exemplo, a Figura 2.6 é uma modificação da Figura 2.5, na qual foram introduzidos os histogramas de cada variável (diagonal principal) e linhas de tendência. Na Figura 2.7, por sua vez, a parte superior dos gráficos foi substituída pelos valores dos coeficientes de correlação de Pearson para cada par de variáveis. O tamanho do número é proporcional ao valor da correlação.

A Figura 2.8 traz outra representação gráfica da matriz de correlações entre as taxas de ocorrência de crimes. Nesse gráfico, o tamanho e a intensidade das cores das elipses estão relacionados com a intensidade da associação. Quanto mais forte a cor e mais fina a elipse, maior é a correlação. A orientação define o sinal da correlação.

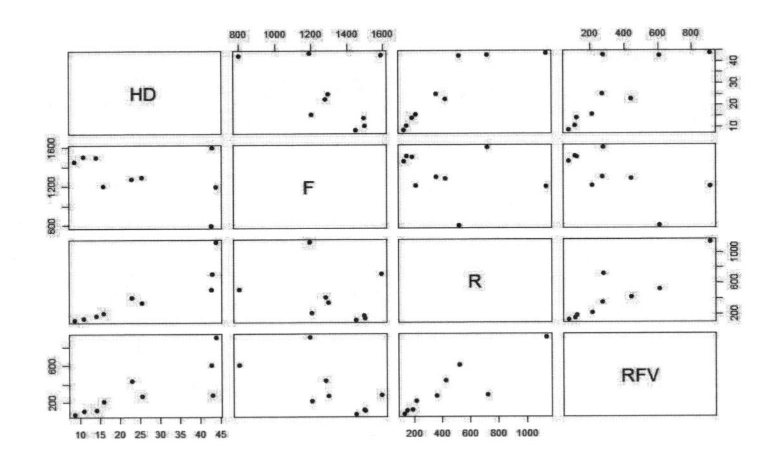

Figura 2.5: Gráfico matriz do Exemplo 1.1

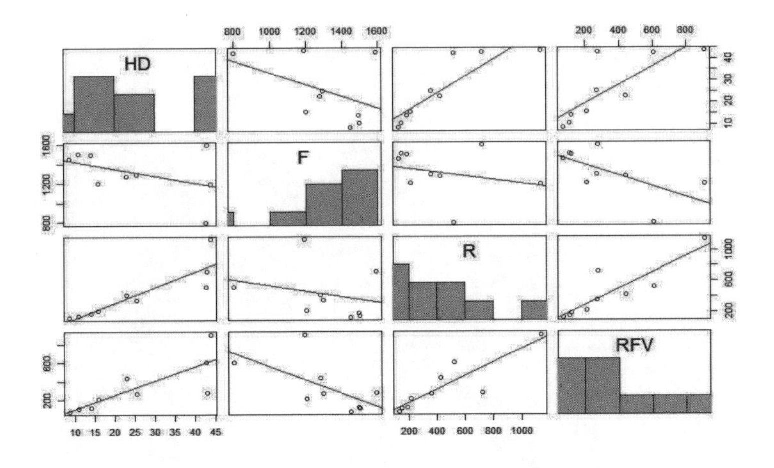

Figura 2.6: Gráfico matriz do Exemplo 1.1

2.3.2 Representação de casos

Muitas vezes, o objetivo de uma análise multivariada não está na descrição das relações existentes entre variáveis, e sim na descrição das observações. Um exemplo em que isso ocorre são as análises de segmentação de mercado. Nesses problemas, deseja-se identificar grupos de consumidores homogêneos em relação a um conjunto de variáveis. Torna-se, então, importante saber quais observações (casos) são parecidas entre si. Esse é o objetivo da representação gráfica de casos.

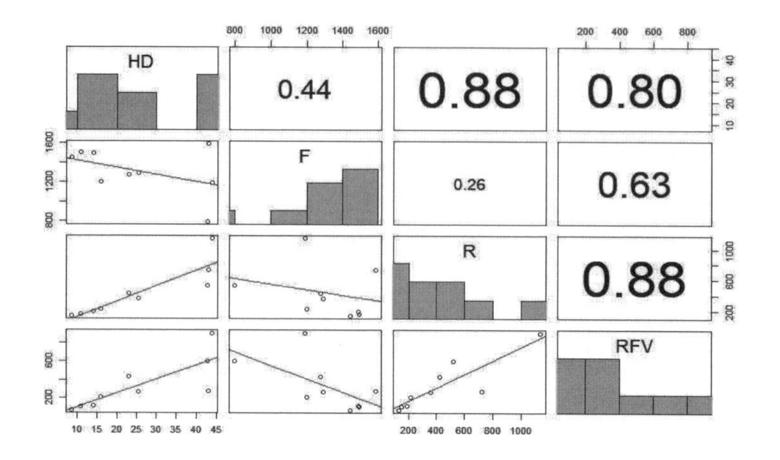

Figura 2.7: Gráfico matriz do Exemplo 1.1

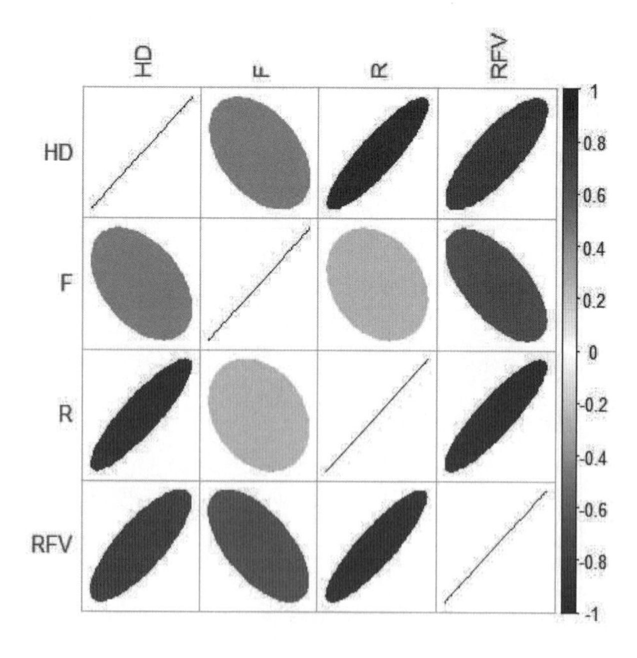

Figura 2.8: Representação gráfica da matriz de correlações do Exemplo 1.1

Faces de Chernoff

O objetivo das faces de Chernoff é construir uma representação gráfica na qual cada variável esteja associada a uma característica do rosto de uma pessoa. Ao se agregar todas as características, cada observação pode ser representada por uma face. A lógica por trás desses gráficos é que o ser humano está acostumado a comparar faces e a identificar pessoas que se pareçam, dessa forma, se uma técnica consegue transformar um conjunto de dados em faces, pode-se utilizar essa facilidade nata do ser humano na identificação de observações semelhantes.

A Figura 2.9 traz as faces de Chernoff para representar as regiões do Exemplo 1.1. Nessa figura, foi feita a seguinte associação:

a. **Homocídio doloso** – Altura da face, largura da boca, altura do cabelo, largura do nariz.

b. **Furto** – Largura da face, sorriso, largura do cabelo, largura da orelha.

c. **Roubo** – Estrutura da face, altura dos olhos, estilo de cabelo e altura da orelha.

d. **Roubo e furto de veículos** – Altura da boca, largura dos olhos, altura do nariz.

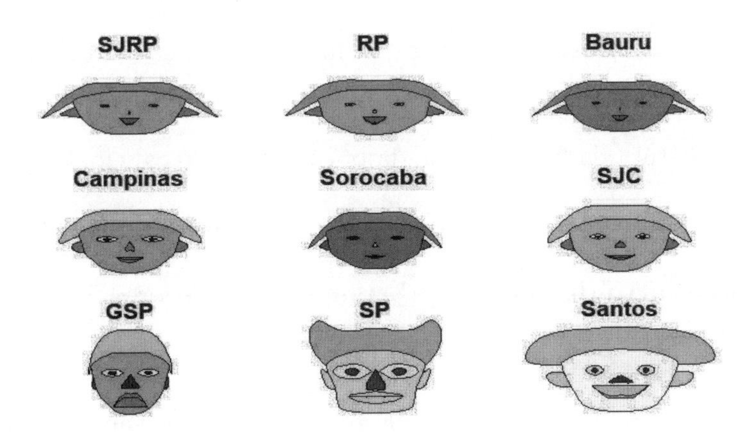

Figura 2.9: Faces de Chernoff do Exemplo 1.1

Uma particularidade dessa representação é a escolha das características da face que irão representar as variáveis. Há algumas mais marcantes que sobressaem. Dessa forma, escolhas diferentes podem levar a faces muito diferentes.

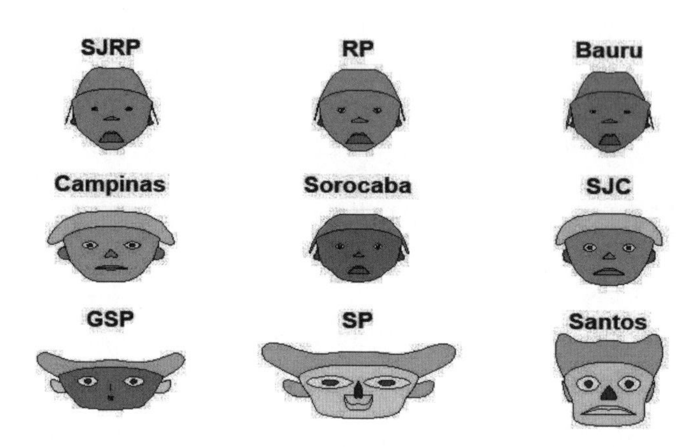

Figura 2.10: Faces de Chernoff do Exemplo 1.1

Veja, por exemplo, a Figura 2.10. Nessa figura foram feitas as seguintes associações:

a. **Homocídio doloso** – Estrutura da face, altura dos olhos, estilo de cabelo e altura da orelha.

b. **Furto** – Altura da face, largura da boca, altura do cabelo, largura do nariz.

c. **Roubo** – Altura da boca, largura dos olhos, altura do nariz.

d. **Roubo e furto de veículos** – Largura da face, sorriso, largura do cabelo, largura da orelha.

Embora as faces desenhadas nas Figuras 2.9 e 2.10 sejam diferentes, elas levariam às mesmas conclusões. Por exemplo, poderíamos agrupar as regiões de São José do Rio Preto, Ribeirão Preto, Bauru e Sorocaba e em outro grupo Campinas e São José dos Campos. As faces que representam as regiões da Grande São Paulo e de Santos, como também o município de São Paulo, são diferentes de qualquer outra.

Detalhes sobre a construção das faces podem ser obtidos em Chernoff (1973) e Huff, Mahajan e Black (1981).

Gráfico de perfis

Há várias maneiras de se definir um gráfico de perfis. A ideia comum a todas é que o valor observado em cada variável será representado por um ponto cuja altura em relação ao eixo das ordenadas seja proporcional a esse valor. Desse modo, para cada indivíduo, os pontos são dispostos lado a lado e conectados por uma linha. A Figura 2.11 foi construída a partir dos valores das quatro variáveis do Exemplo 1.1. Em cada região, representou-se X_1, X_2, X_3 e X_4 por um ponto a uma altura proporcional ao valor efetivamente observado;[7] esses pontos foram posteriormente unidos e a área sob a curva obtida foi destacada. Percebe-se, por exemplo, que, em termos relativos, a GSP apresenta menor incidência de X_2 do que as demais regiões. SP, por sua vez, apresenta altas incidências de todos os crimes, enquanto Santos apresenta baixa incidência de X_4.

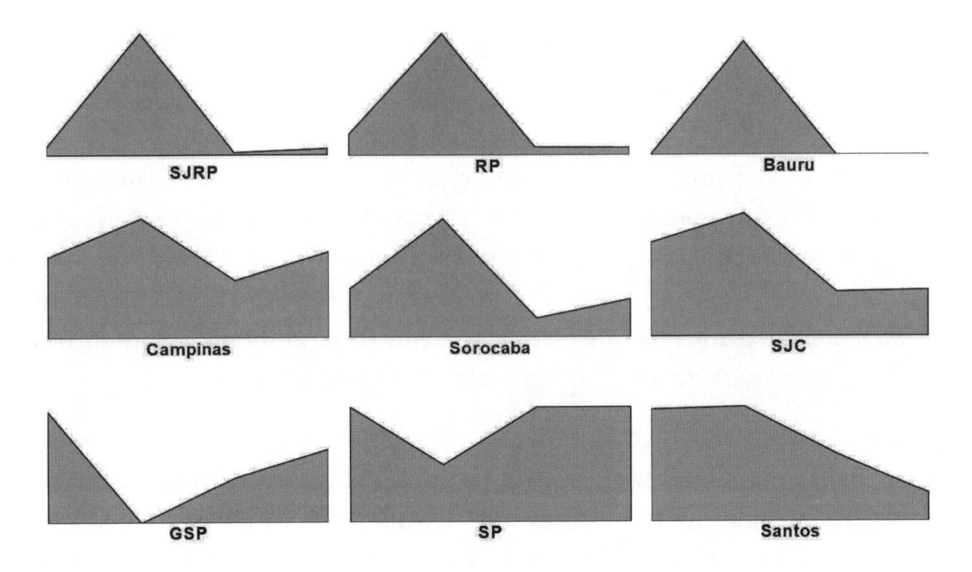

Figura 2.11: Gráfico de perfis do Exemplo 1.1

A Figura 2.12 traz uma construção alternativa do gráfico de perfis. Vale ressaltar que, na definição das alturas, deve-se tomar o cuidado de compatibilizar as escalas das diversas variáveis.

[7] A padronização utilizada foi $(X_i - min(X_i))/(max(X_i) - min(X_i))$, que varia entre 0 e 1.

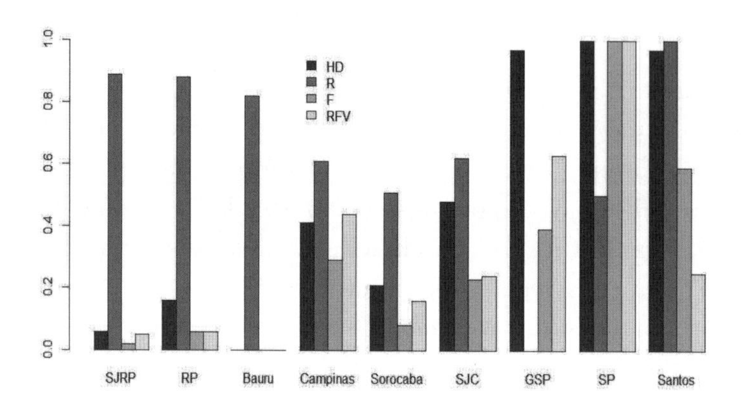

Figura 2.12: Gráfico de perfis do Exemplo 1.1

Gráfico radar (*star*)

Em um gráfico radar, os dados são representados em raios distribuídos uniformemente em um círculo. Cada raio representa uma variável. Um ponto de distância em relação ao centro proporcional ao valor assumido pela variável é marcado no raio e, ao final, esses pontos são unidos, formando uma figura em forma de estrela. Nessa representação, é importante transformar as variáveis de modo que os menores e maiores valores em cada uma delas sejam idênticos. Um modo de fazer isso é considerar o valor da variável menos o seu mínimo, dividido por sua amplitude. Assim, o valor mínimo será zero e o máximo será um.

Nesses gráficos pode-se observar que o município de São Paulo é o que apresenta a maior criminalidade em termos gerais e para todos os crimes, exceto para "Furto". Em seguida aparecem Santos e Grande São Paulo (excluindo-se São Paulo), o primeiro com valor alto para "Furto" e baixo para "Roubo e furto de veículos", o que se inverte para o segundo. As regiões com os mais baixos índices de criminalidade são Bauru, São José do Rio Preto, Ribeirão Preto e Sorocaba.

As Figuras 2.13 e 2.14 trazem duas versões de gráficos radar para os dados do Exemplo 1.1.

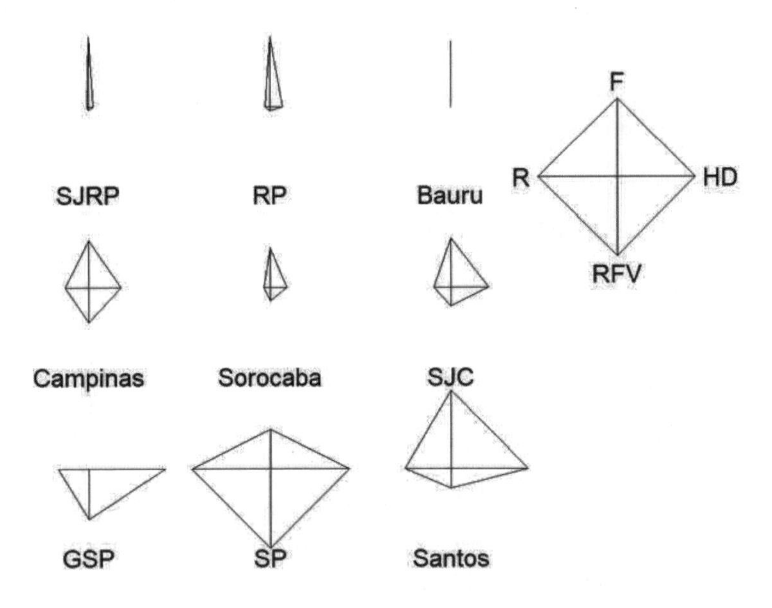

Figura 2.13: Gráfico radar do Exemplo 1.1

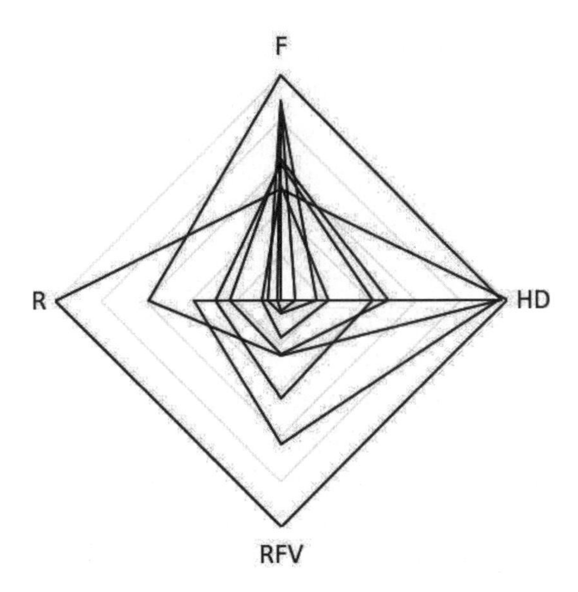

Figura 2.14: Gráfico radar do Exemplo 1.1

2.4 Valores aberrantes multivariados

Um problema comum em análise de dados é a presença de pontos (valores) aberrantes. Entende-se por ponto aberrante (*outlier*) uma observação com comportamento atípico em relação ao restante dos dados. Esses pontos também podem ser denominados como atípicos, discordantes, discrepantes ou anômalos.[8]

Quando se tem uma única variável, o valor aberrante caracteriza-se por assumir um valor muito mais alto ou muito mais baixo que os demais.

Há várias causas possíveis para a ocorrência de valores aberrantes:

a. Erros de medida.

b. Erros de transcrição ou digitação.

c. Erro ao considerar uma unidade amostral que não pertence à população de interesse, por exemplo, num estudo com portadores de determinada moléstia, observações de pacientes não portadores, erroneamente incluídos no estudo por erro de diagnóstico, podem resultar em valores aberrantes.

d. Variabilidade natural dos dados.

Com exceção do item (d), todas as demais causas estão relacionadas a erros e, consequentemente, à identificação de valores aberrantes nessas situações exige sua correção ou retirada da amostra final. Se o valor observado for correto, não há uma regra geral para exclusão ou não do dado. Cada caso deve ser analisado especificamente.

2.4.1 Valores aberrantes unidimensionais

Um valor aberrante unidimensional caracteriza-se por situar-se longe da massa dos dados. Há vários métodos de identificação de valores aberrantes. Na Seção 2.3.1 foi apresentada uma alternativa para a detecção de valores aberrantes univariados. Apresentamos, a seguir, um método que facilitará a compreensão sobre a identificação de valores aberrantes multidimensionais.

[8]Conforme o Glossário Inglês-Português de Estatística (Paulino et al., 2011), elaborado pela Sociedade Portuguesa de Estatística e pela Associação Brasileira de Estatística, disponível em: https://www.spestatistica.pt/glossario. Acesso em: 20 set. 2022.

Seja X uma variável aleatória com média μ. Pelo exposto, um valor aberrante deve se localizar distante da média. Uma maneira ingênua de identificá-los é, por exemplo, calcular as distâncias de todas as observações em relação a μ; caso uma delas seja muito maior do que as demais, estamos diante de um possível valor aberrante. Pode-se adotar, por exemplo, a distância euclidiana (D), ou a distância euclidiana ao quadrado:

$$D^2 = (X - \mu)^2.$$

Quando $X \sim N(\mu, \sigma^2)$, temos que

$$D_M^2 = \frac{D^2}{\sigma^2} = \frac{(X - \mu)^2}{\sigma^2} \sim \chi_1^2. \tag{2.3}$$

Podemos utilizar o conhecimento sobre a distribuição de D_M^2 para identificar possíveis valores aberrantes. Nesse caso, calculamos para cada observação x_i, $i = 1, \ldots, n$, a probabilidade

$$P\left(D_M^2 \geq z_i^2\right), \quad z_i = \frac{x_i - \mu}{\sigma}$$

e, caso essa probabilidade seja muito pequena, haverá indícios de que o ponto é um possível valor aberrante. Note que não se trata de um teste de hipóteses no sentido usual, é apenas uma regra de decisão. Como ponto de corte, Hair et al. (2005) sugerem a utilização do valor 0,001.

2.4.2 Valores aberrantes bidimensionais

Admita a situação em que duas variáveis são estudadas conjuntamente. Nesse caso, o que é um ponto atípico?

A Figura 2.15 apresenta um diagrama de dispersão no qual foram identificados, por meio de inspeção visual, pontos atípicos em relação à grande massa de dados, representada pela nuvem de pontos do canto inferior esquerdo. Note que todos os pontos posicionam-se num local inesperado dada a nuvem de pontos, mas nem todos estão distantes dela.

Vamos caracterizar cada um desses pontos:

i. Ponto **A**: trata-se de um valor aberrante unidimensional tanto para a variável X como para a Y.

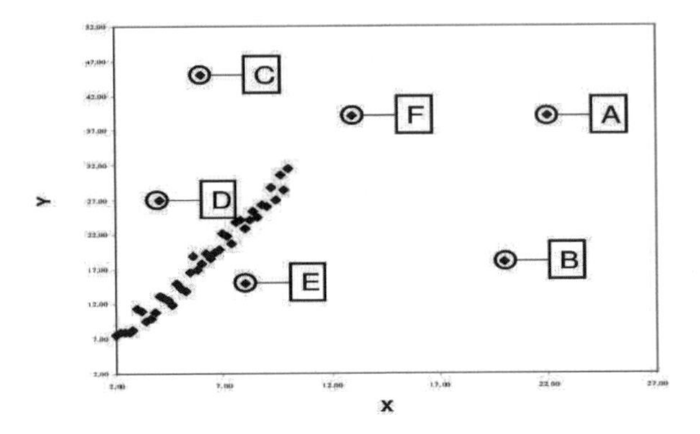

Figura 2.15: Diagrama de dispersão com identificação de valores aberrantes bidimensionais

ii. Pontos **B** e **C**: esses pontos diferenciam-se do anterior por não serem valores aberrantes unidimensionais para as duas variáveis. Note que **B** é aberrante para X, mas não para Y; o inverso ocorre com **C**.

iii. Pontos **D** e **E**: esses pontos não seriam identificados numa análise unidimensional, uma vez que não se configuram como valores aberrantes unidimensionais. No entanto, eles ocupam uma região do plano na qual não esperaríamos encontrar valores, dada a nuvem de pontos.

iv. Ponto **F**: esse ponto, assim como o **A**, seria identificado como aberrante unidimensional tanto para X como para Y, no entanto, apesar de localizar-se distante da massa de dados (o que o caracterizaria como aberrante bidimensional), ele encontra-se no prolongamento da nuvem de pontos.

Os pontos citados são valores aberrantes bidimensionais, no entanto nem todos causariam os mesmos danos em todas as possíveis análises. O ponto **F** talvez tivesse uma influência pequena na determinação dos coeficientes da reta de regressão de Y em função de X; no entanto, afetaria bastante a determinação dos valores das médias de X e Y. Os pontos **D** e **E**, ao contrário, praticamente não afetariam os valores das médias, mas, se ajustássemos um modelo de regressão, poderiam afastar a reta da massa dos dados. A identificação do tipo de valor aberrante é importante ao se decidir sobre sua exclusão ou não da amostra ou sobre as técnicas de análise adequadas aos dados. Exceto quando o valor tratar-se de um erro, não há uma regra geral sobre a exclusão de valores aberrantes da amostra, cada caso deve ser analisado especificamente.

Para a identificação de valores aberrantes bidimensionais utilizamos abordagens semelhantes às da Seção 2.4.1.

Seja $\mathbf{x} = (X_1,X_2)^\top$ um vetor aleatório com $\text{E}(\mathbf{x}) = \boldsymbol{\mu} = (\mu_1, \mu_2)^\top$. A distância euclidiana ao quadrado entre $\mathbf{x}$ e $\boldsymbol{\mu}$ é dada por

$$D^2 = (\mathbf{x} - \boldsymbol{\mu})^\top(\mathbf{x} - \boldsymbol{\mu}) = (X_1 - \mu_1)^2 + (X_2 - \mu_2)^2.$$

Para identificação de valores aberrantes, podemos determinar D^2 para todas as observações da amostra e verificar a existência de uma distância muito maior do que as demais. Em caso afirmativo, a respectiva observação seria um possível valor aberrante. Os pontos **A**, **B**, **C** e **F** poderiam ser identificados por essa estratégia. O mesmo não acontece com os pontos **D** e **E**.

Distância de Mahalanobis

Para a identificação de pontos semelhantes a **D** e **E**, definimos uma nova distância, denominada distância de Mahalanobis. Admita que $\text{Cov}(\mathbf{x}) = \boldsymbol{\Sigma}$. Define-se a distância de Mahalanobis ao quadrado entre os pontos $\mathbf{x}$ e $\boldsymbol{\mu}$ como

$$D_M^2(\mathbf{x}, \boldsymbol{\mu}) = (\mathbf{x} - \boldsymbol{\mu})^\top \boldsymbol{\Sigma}^{-1}(\mathbf{x} - \boldsymbol{\mu}). \tag{2.4}$$

Para entender a lógica dessa distância, considere a situação em que $\mathbf{x} = (1,1)^\top$, $\boldsymbol{\mu} = (0,0)^\top$ e $\boldsymbol{\Sigma} = \begin{pmatrix} 1 & \rho \\ \rho & 1 \end{pmatrix}$. Temos que

$$\boldsymbol{\Sigma}^{-1} = \frac{1}{1-\rho^2}\begin{pmatrix} 1 & -\rho \\ -\rho & 1 \end{pmatrix}.$$

Consequentemente,

$$D_M(\mathbf{x}, \boldsymbol{\mu}) = \sqrt{\frac{2}{1+\rho}}.$$

A Figura 2.16 ilustra o comportamento de D_M como função de ρ.

A distância D_M iguala-se à distância euclidiana quando $\rho = 0$. Na verdade a distância euclidiana é um caso particular da distância de Mahalanobis. Essa distância decresce à medida que ρ cresce. Ao representar esses pontos no plano,

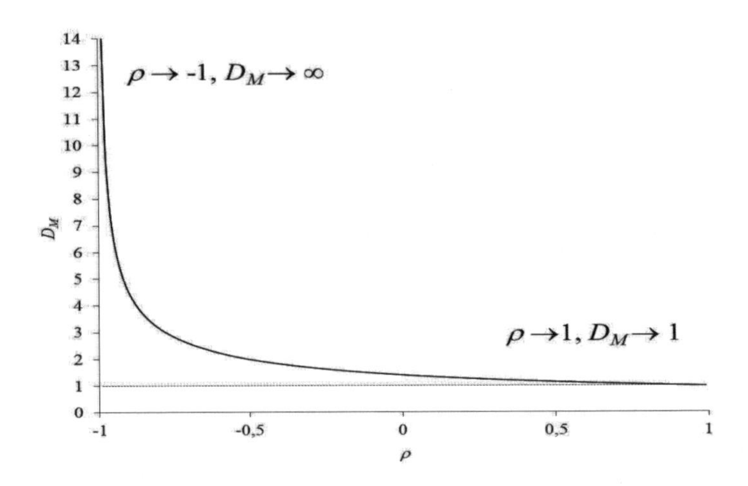

Figura 2.16: Distância de Mahalanobis

observaríamos uma tendência de crescimento de $\mathbf{x}$ em relação a $\boldsymbol{\mu}$, o que é condizente com uma situação de correlação positiva. Ela decresce para um à medida que ρ aproxima-se de um. Em contrapartida, a distância tende a infinito quando ρ tende a -1. Numa situação em que a correlação esteja próxima desse limite, muito raramente uma observação como $\mathbf{x}$ ocorreria, o que caracteriza esse ponto como atípico.

A distância de Mahalanobis leva em consideração a estrutura de correlação existente nos dados. Dessa forma, pontos que não obedeçam à estrutura geral apresentarão altas distâncias em relação à média.

Uma regra de identificação de valores aberrantes para dados bidimensionais pode ser construída se considerarmos que $\mathbf{x}$ segue uma distribuição normal bivariada.[9] Nesse caso,

$$D_M^2(\mathbf{x}, \boldsymbol{\mu}) \sim \chi_2^2.$$

Procedendo como na Seção 2.4.1, podemos calcular para cada observação x_i, $i = 1, \ldots, n$ a probabilidade

$$P\left(D_M^2(\mathbf{x}, \boldsymbol{\mu}) \geq z_i^2\right), \quad z_i^2 = D_M^2(\mathbf{x}_i, \boldsymbol{\mu}).$$

Valores pequenos dessa probabilidade, 0,001 por exemplo, identificariam prováveis valores aberrantes. Essa regra poderia identificar os pontos **A**, **B**, **C**, **D** e **E** da Figura 2.15. A identificação do ponto **F** poderia, potencialmente, ser mais difícil por estar posicionado no prolongamento da nuvem de pontos.

[9] Ver Seção 1.3.1.

2.4.3 Valores aberrantes multidimensionais

No caso multidimensional, perdemos a capacidade de representar os pontos graficamente em eixos ordenados. Nesse caso, uma alternativa para identificação de possíveis valores aberrantes são os métodos numéricos. Como nas seções anteriores, utilizamos duas abordagens: distância euclidiana para identificação de pontos distantes da nuvem dos dados e a distância de Mahalanobis.[10]

Seja $\mathbf{x} = (X_1, \ldots, X_p)^\top$ um vetor aleatório com $\mathrm{E}(\mathbf{x}) = \boldsymbol{\mu} = (\mu_1, \ldots, \mu_p)^\top$ e $\mathrm{Cov}(\mathbf{x}) = \boldsymbol{\Sigma}$. A distância euclidiana ao quadrado entre uma observação $\mathbf{x}$ e o vetor média $\boldsymbol{\mu}$ é dada por

$$D^2 = (\mathbf{x} - \boldsymbol{\mu})^\top (\mathbf{x} - \boldsymbol{\mu}) = (X_1 - \mu_1)^2 + \ldots + (X_p - \mu_p)^2.$$

Por sua vez, a distância de Mahalanobis ao quadrado é dada por

$$D_M^2(\mathbf{x}, \boldsymbol{\mu}) = (\mathbf{x} - \boldsymbol{\mu})^\top \boldsymbol{\Sigma}^{-1} (\mathbf{x} - \boldsymbol{\mu}). \tag{2.5}$$

Se $\mathbf{x}$ seguir uma distribuição normal p-variada[11]

$$D_M^2(\mathbf{x}, \boldsymbol{\mu}) \sim \chi_p^2.$$

As duas distâncias podem ser utilizadas como proposto na Seção 2.4.2.

2.4.4 Comentários de ordem prática

Os resultados apresentados pressupõem o conhecimento sobre os valores de $\boldsymbol{\mu}$ e $\boldsymbol{\Sigma}$. Na prática, isso não ocorre. Sugere-se substituir essas quantidades por seus estimadores usuais $\overline{\mathbf{x}}$ e $\mathbf{S}$. Os resultados passarão a ser aproximados, com um melhor desempenho para grandes amostras.

Os valores aberrantes podem influenciar os valores de $\overline{\mathbf{x}}$ e $\mathbf{S}$. Isso pode prejudicar sua identificação, visto que as referências de médias e covariâncias podem estar distorcidas. Para minimizar esse efeito, sugere-se, ao avaliar se um determinado ponto é aberrante, excluir a observação em questão no cálculo de $\overline{\mathbf{x}}$ e $\mathbf{S}$. Denomine $\overline{\mathbf{x}}_{-i}$ e $\mathbf{S}_{-i}$ o vetor média e a matriz de covariâncias obtidas excluindo-se

[10]Mais detalhes sobre o uso da distância de Mahalanobis e sobre outros métodos de detecção de valores aberrantes podem ser encontrados em Aggarwal (2017).

[11]Resultado C.4 do Apêndice C.

a obervação i da amostra. As distâncias euclidiana e de Mahalanobis podem ser obtidas, respectivamente, por meio de

$$\begin{aligned} D^2_{-i}(\mathbf{x}_i, \overline{\mathbf{x}}_{-i}) &= (\mathbf{x}_i - \overline{\mathbf{x}}_{-i})^\top (\mathbf{x}_i - \overline{\mathbf{x}}_{-i}) \\ D^2_{M-i}(\mathbf{x}_i, \overline{\mathbf{x}}_{-i}) &= (\mathbf{x}_i - \overline{\mathbf{x}}_{-i})^\top \mathbf{S}^{-1}_{-i} (\mathbf{x}_i - \overline{\mathbf{x}}_{-i}). \end{aligned} \tag{2.6}$$

O fato de a observação i não participar do cálculo do vetor média e da matriz de covariâncias faz com que as distâncias (2.6) tendam a ser maiores do que as anteriormente apresentadas. Quando $\mathbf{x}$ segue uma distribuição normal e a amostra for grande, sugerimos aproximar a distribuição de D^2_{M-i} por uma distribuição qui-quadrado com p graus de liberdade.

O cálculo de probabilidade para a distância de Mahalanobis só é válido sob a hipótese de normalidade e grandes amostras. Pode ser necessária a utilização de transformações para viabilizar os resultados. Caso não se obtenha a normalidade dos dados, a identificação de pontos suspeitos pode ser feita descritivamente, comparando-se os valores das distâncias calculadas na amostra e verificando se a(s) maior(es) se afasta(m) muito das demais.

É possível retirar mais de uma observação da amostra antes do cálculo do vetor média e da matriz de covariâncias.

2.4.5 Aplicação

Exemplo 2.1 *O Índice de Desenvolvimento Humano (IDH) é formado pela média aritmética de três indicadores específicos de uma população:*

IDHE: *Índice de Desenvolvimento Humano Educação – reflete a taxa de alfabetização de pessoas com mais de 15 anos de idade e o número de pessoas que frequentam algum curso em uma população.*

IDHL: *Índice de Desenvolvimento Humano Longevidade – avalia a esperança de vida ao nascer. Essa característica está ligada às condições de saúde e salubridade da população.*

IDHR: *Índice de Desenvolvimento Humano Renda – relaciona-se com a renda per capita da população.*

Em todas as parcelas, quanto maior o valor, melhores tendem a ser as condições da população.[12] *Os dados da Tabela 2.2 reproduzem esses índices para os municípios da Grande São Paulo em 2000.*

Valores aberrantes unidimensionais: a Figura 2.17 traz os box plots para os dados das três variáveis. A partir de sua análise[13] identificam-se como pontos suspeitos para:

IDHR: Santana de Parnaíba e São Caetano do Sul apresentam valores maiores do que os esperados.

IDHL: Destaque ao valor elevado para o município de São Caetano do Sul.

IDHE: Além de São Caetano do Sul, com um valor maior do que o esperado, destacam-se os municípios Biritiba Mirim e Salesópolis, com valores inferiores aos esperados.

Valores aberrantes bidimensionais: identificamos possíveis valores aberrantes bidimensionais por meio de inspeção gráfica. A Figura 2.18 traz o gráfico matriz aplicado aos dados. Os pontos referentes a São Caetano do Sul destacam-se em todos os gráficos. Com menor importância, os dados de Embu-Guaçu, nos gráficos que envolvem IDHL, têm algum destaque, e Santana de Parnaíba, nos gráficos em que aparece IDHR.

Valores aberrantes multidimensionais: a Tabela 2.3 traz os municípios ordenados pela distância de Mahalanobis em relação ao centro dos dados (três primeiras colunas) e uma ordenação feita pela distância euclidiana. Em ambas as ordenações o município de São Caetano do Sul se destaca. No que se refere à distância de Mahalanobis, ele seria identificado como possível valor aberrante pois a probabilidade de se observar um valor tão ou mais distante do que ele é da ordem de 0,001. O município de Santana de Parnaíba também requer algum cuidado do analista, apesar de a probabilidade ser superior ao limite proposto (0,001).

A análise da distância euclidiana deve ser feita com mais cuidado, já que não temos uma regra numérica para seguir. As informações sobre essa distância foram

[12]Mais detalhes podem ser encontrados em PNUD (2000).

[13]A regra de detecção de pontos suspeitos baseada nos quartis apresentada na Seção 2.3.1 pressupõe a aderência dos dados a uma distribuição normal. No caso, testes de Kolmogorov-Smirnov (Conover, 1999 e Gibbons e Chakraborti, 2021) aplicados a essas observações resultaram em *valores-p* de 0,040, 0,086 e $>$ 0,200, para IDHR, IDHL e IDHE, respectivamente. Consideramos a regra adequada para essas variáveis.

Tabela 2.2: Parcelas do IDH para municípios da Grande São Paulo em 2000

Nome	IDHR	IDHL	IDHE
Arujá	0,745	0,727	0,893
Barueri	0,808	0,772	0,899
Biritiba Mirim	0,688	0,739	0,824
Caieiras	0,736	0,785	0,917
Cajamar	0,724	0,737	0,897
Carapicuíba	0,711	0,772	0,897
Cotia	0,786	0,778	0,913
Diadema	0,721	0,749	0,901
Embu	0,691	0,750	0,874
Embu-Guaçu	0,723	0,823	0,888
Ferraz de Vasconcelos	0,674	0,755	0,887
Francisco Morato	0,636	0,717	0,862
Franco da Rocha	0,692	0,766	0,876
Guararema	0,752	0,792	0,851
Guarulhos	0,748	0,738	0,907
Itapecerica da Serra	0,712	0,761	0,877
Itapevi	0,663	0,737	0,876
Itaquaquecetuba	0,651	0,702	0,880
Jandira	0,720	0,772	0,911
Juquitiba	0,666	0,750	0,845
Mairiporã	0,784	0,747	0,877
Mauá	0,710	0,725	0,909
Mogi das Cruzes	0,767	0,725	0,910
Osasco	0,769	0,772	0,913
Pirapora do Bom Jesus	0,686	0,737	0,877
Poá	0,726	0,768	0,925
Ribeirão Pires	0,757	0,749	0,915
Rio Grande da Serra	0,654	0,749	0,890
Salesópolis	0,698	0,725	0,822
Santa Isabel	0,709	0,727	0,863
Santana de Parnaíba	0,880	0,772	0,906
Santo André	0,814	0,760	0,932
São Bernardo do Campo	0,812	0,749	0,940
São Caetano do Sul	0,896	0,886	0,975
São Lourenço da Serra	0,687	0,778	0,849
São Paulo	0,843	0,761	0,919
Suzano	0,719	0,713	0,892
Taboão da Serra	0,754	0,778	0,894
Vargem Grande Paulista	0,723	0,783	0,900

Fonte: PNUD (2000).

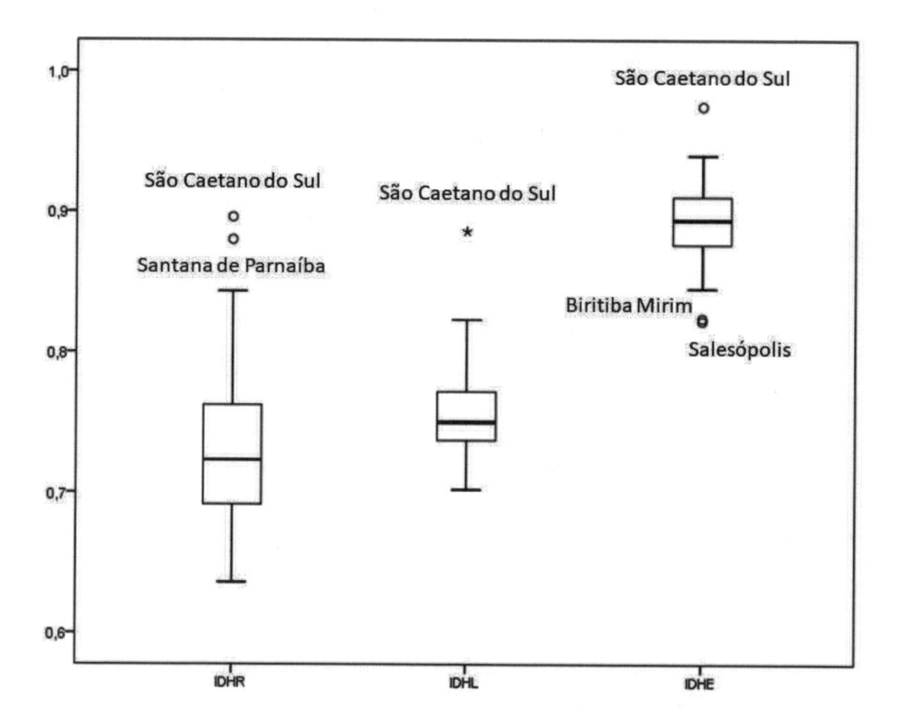

Figura 2.17: Box plots das parcelas do IDH do Exemplo 2.1

transferidas para a Figura 2.19. Os municípios foram ordenados por ela, que se encontra representada na vertical. Ao acompanhar o crescimento da curva, nota-se um aumento importante ao se passar de São Paulo para Santana de Parnaíba e ao se passar de Santana de Parnaíba para São Caetano do Sul. Logo esses dois municípios surgem como possíveis valores aberrantes.

Uma vez que há apenas três variáveis no exemplo, é possível a construção de um diagrama de dispersão tridimensional (Figura 2.20). São Caetano do Sul realmente se destaca dos demais municípios. O ponto não apenas está distante da massa de dados (distância euclidiana), como também está numa posição fora da tendência esperada dos pontos (ver plano médio na Figura 2.21).

A Tabela 2.4 apresenta os resultados baseados na Seção 2.4.4. Note que, como esperado, as distâncias obtidas nessa tabela são superiores às apresentadas na Tabela 2.3. As conclusões são semelhantes às obtidas anteriormente.

Tabela 2.3: Distâncias D_M e D das parcelas do IDH do Exemplo 2.1

Município	D_M	Prob	Município	D
São Caetano do Sul	4,129	0,001	São Caetano do Sul	0,223
Santana de Parnaíba	2,956	0,033	Santana de Parnaíba	0,147
Salesópolis	2,652	0,071	São Paulo	0,112
Embu-Guaçu	2,513	0,097	Francisco Morato	0,110
Guararema	2,495	0,101	Itaquaquecetuba	0,101
Biritiba Mirim	2,436	0,115	São Bernardo do Campo	0,092
São Paulo	2,063	0,235	Santo André	0,089
São Bernardo do Campo	2,024	0,251	Salesópolis	0,085
São Lourenço da Serra	2,001	0,261	Biritiba Mirim	0,084
Itaquaquecetuba	1,995	0,264	Juquitiba	0,083
Rio Grande da Serra	1,769	0,372	Rio Grande da Serra	0,081
Mairiporã	1,754	0,380	Itapevi	0,076
Francisco Morato	1,707	0,405	Barueri	0,076
Mogi das Cruzes	1,663	0,429	São Lourenço da Serra	0,067
Juquitiba	1,657	0,433	Embu-Guaçu	0,067
Santo André	1,650	0,436	Ferraz de Vasconcelos	0,060
Poá	1,608	0,460	Cotia	0,060
Mauá	1,596	0,467	Guararema	0,057
Suzano	1,516	0,513	Pirapora do Bom Jesus	0,054
Barueri	1,454	0,549	Mairiporã	0,053
Caieiras	1,373	0,597	Mogi das Cruzes	0,049
Ferraz de Vasconcelos	1,286	0,647	Santa Isabel	0,049
Itapevi	1,237	0,675	Embu	0,047
Santa Isabel	1,221	0,684	Suzano	0,047
Jandira	1,207	0,692	Franco da Rocha	0,046
Arujá	1,204	0,694	Mauá	0,044
Vargem Grande Paulista	1,129	0,735	Osasco	0,043
Franco da Rocha	1,039	0,782	Caieiras	0,038
Guarulhos	1,034	0,784	Poá	0,036
Ribeirão Pires	0,996	0,803	Ribeirão Pires	0,033
Carapicuíba	0,980	0,811	Arujá	0,032
Cotia	0,902	0,846	Vargem Grande Paulista	0,029
Pirapora do Bom Jesus	0,841	0,871	Taboão da Serra	0,029
Cajamar	0,793	0,890	Jandira	0,028
Embu	0,762	0,901	Carapicuíba	0,028
Osasco	0,725	0,913	Guarulhos	0,028
Taboão da Serra	0,701	0,921	Itapecerica da Serra	0,027
Diadema	0,681	0,927	Cajamar	0,023
Itapecerica da Serra	0,644	0,937	Diadema	0,018

Tabela 2.4: Distâncias D_{M-i} e D_{-i} das parcelas do IDH do Exemplo 2.1

Município	D_{M-i}	Prob.	Município	D_{-i}
São Caetano do Sul	5,693	0,000	São Caetano do Sul	0,229
Santana de Parnaíba	3,425	0,008	Santana de Parnaíba	0,151
Salesópolis	2,984	0,031	São Paulo	0,115
Embu-Guaçu	2,795	0,050	Francisco Morato	0,113
Guararema	2,770	0,053	Itaquaquecetuba	0,103
Biritiba Mirim	2,692	0,064	São Bernardo do Campo	0,094
São Paulo	2,221	0,177	Santo André	0,092
São Bernardo do Campo	2,174	0,193	Salesópolis	0,087
São Lourenço da Serra	2,146	0,203	Biritiba Mirim	0,086
Itaquaquecetuba	2,139	0,206	Juquitiba	0,085
Rio Grande da Serra	1,872	0,320	Rio Grande da Serra	0,083
Mairiporã	1,855	0,329	Itapevi	0,078
Francisco Morato	1,801	0,356	Barueri	0,078
Mogi das Cruzes	1,751	0,382	São Lourenço da Serra	0,069
Juquitiba	1,744	0,385	Embu-Guaçu	0,069
Santo André	1,736	0,389	Ferraz de Vasconcelos	0,062
Poá	1,689	0,415	Cotia	0,061
Mauá	1,675	0,422	Guararema	0,058
Suzano	1,585	0,473	Pirapora do Bom Jesus	0,056
Barueri	1,517	0,512	Mairiporã	0,054
Caieiras	1,427	0,565	Mogi das Cruzes	0,051
Ferraz de Vasconcelos	1,332	0,620	Santa Isabel	0,050
Itapevi	1,279	0,651	Embu	0,049
Santa Isabel	1,262	0,661	Suzano	0,048
Jandira	1,247	0,670	Franco da Rocha	0,047
Arujá	1,244	0,672	Mauá	0,045
Vargem Grande Paulista	1,163	0,717	Osasco	0,044
Franco da Rocha	1,068	0,767	Caieiras	0,039
Guarulhos	1,063	0,770	Poá	0,037
Ribeirão Pires	1,022	0,790	Ribeirão Pires	0,034
Carapicuíba	1,006	0,799	Arujá	0,033
Cotia	0,924	0,837	Vargem Grande Paulista	0,030
Pirapora do Bom Jesus	0,860	0,864	Taboão da Serra	0,030
Cajamar	0,810	0,883	Jandira	0,029
Embu	0,777	0,895	Carapicuíba	0,029
Osasco	0,740	0,908	Guarulhos	0,029
Taboão da Serra	0,714	0,917	Itapecerica da Serra	0,028
Diadema	0,694	0,923	Cajamar	0,024
Itapecerica da Serra	0,655	0,934	Diadema	0,018

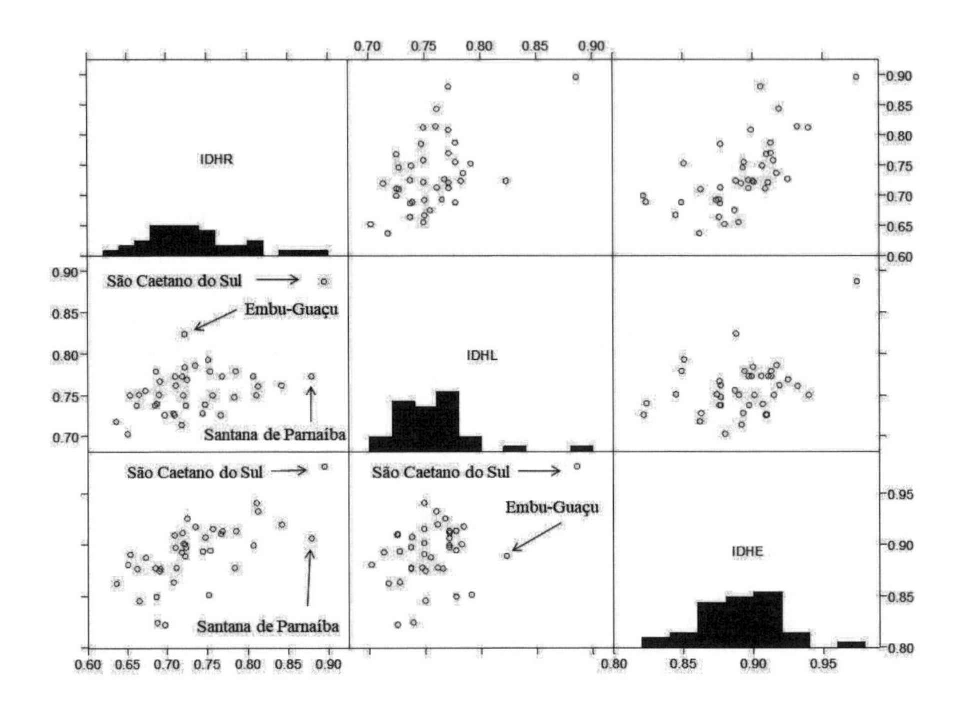

Figura 2.18: Gráfico matriz para as parcelas do IDH do Exemplo 2.1

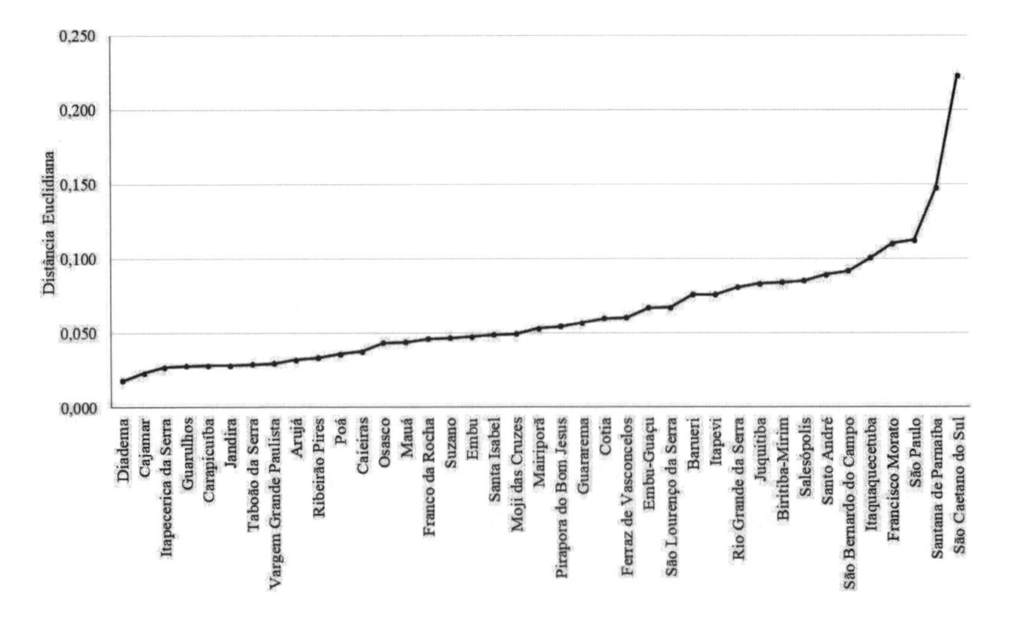

Figura 2.19: Distâncias euclidianas das parcelas do IDH do Exemplo 2.1

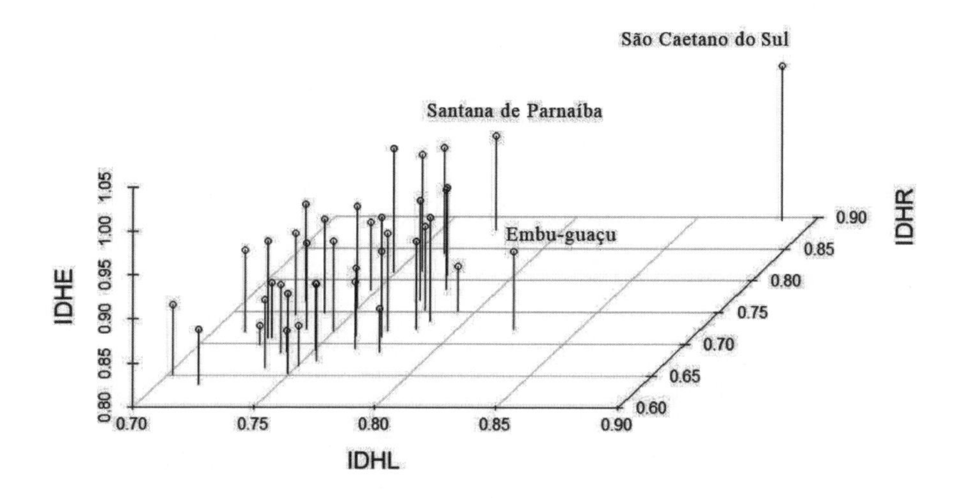

Figura 2.20: Diagrama de dispersão 3D das parcelas do IDH do Exemplo 2.1

2.5 Avaliação da normalidade multivariada

A aplicação de muitas técnicas exige que as variáveis em estudo sigam uma distribuição normal multivariada. O fato de que cada variável tenha distribuição normal não implica em que a distribuição conjunta seja normal multivariada, a menos que as variáveis sejam não correlacionadas.

Uma forma de avaliar descritivamente se as variáveis em estudo seguem uma distribuição normal multivariada aproximada é construir o gráfico QQ-plot.

Na Seção 2.4.3 vimos que se $\mathbf{x}$, um vetor de variáveis de dimensão p segue uma distribuição normal p-variada, então a distância de Mahalanobis ao quadrado dada em (2.5) tem distribuição qui-quadrado com p graus de liberdade, χ^2_p.

A lógica do QQ-plot é construir o diagrama de dispersão das distâncias de Mahalanobis ao quadrado, ordenadas, estimadas para os dados *versus* os quantis da distribuição χ^2_p correspondente a uma probabilidade acumulada de $(i-0{,}5)/n$, com $i = 1, \ldots, n$, ou seja, $Q_i = F^{-1}_{\chi^2_p}((i-0{,}5)/n; p)$, em que $F^{-1}_{\chi^2_p}$ é a função de

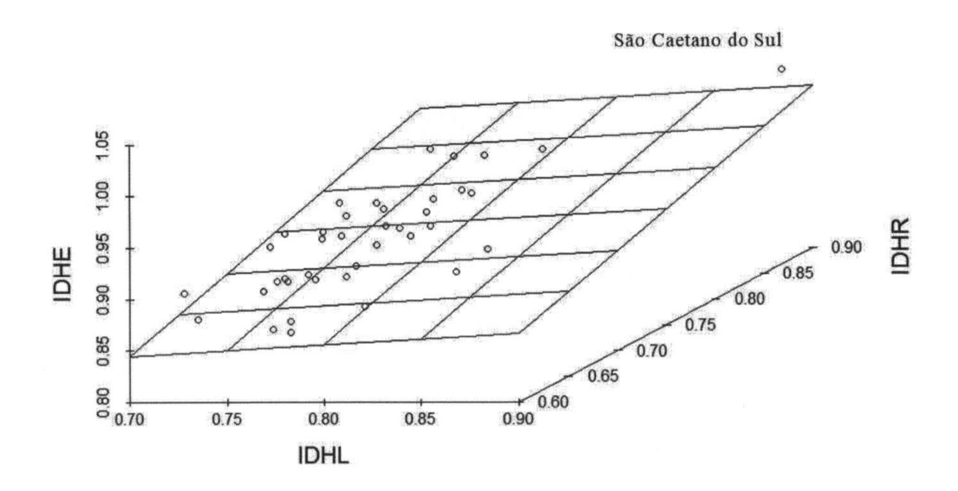

Figura 2.21: Plano médio das parcelas do IDH do Exemplo 2.1

distribuição inversa da qui-quadrado com p graus de liberdade. Se os pontos no gráfico ficarem próximos de uma reta, isso indicará proximidade da distribuição normal p-variada para o vetor de variáveis.

Considere, como exemplo, as variáveis X_1 e X_2 da Tabela 2.1. O vetor média amostral é

$$\overline{\mathbf{x}} = (\,4{,}78 \quad 5{,}68\,)^\top$$

e a matriz de covariâncias amostrais

$$\mathbf{S} = \begin{pmatrix} 9{,}27 & 8{,}25 \\ 8{,}25 & 7{,}99 \end{pmatrix}.$$

A Tabela 2.5 exibe as distâncias de Mahalanobis[14] ao quadrado entre a observação e a média ordenadas, $D^2_M(\mathbf{x}_i, \overline{\mathbf{x}})$. A menor distância, 0,265, corresponde ao quantil amostral de ordem $(1 - 0{,}5)/12 = 0{,}042$, ou seja, estima-se que 4,2% das observações sejam menores ou iguais a 0,265; já a observação 0,357 corresponde ao quantil amostral de ordem $(2 - 0{,}5)/12 = 0{,}125$ e assim por diante.

[14]Optou-se por utilizar $D^2_M(\mathbf{x}_i, \overline{\mathbf{x}})$, embora o procedimento pudesse ser feito utilizando $D^2_{M-i}(\mathbf{x}_i, \overline{\mathbf{x}}_{-i})$.

Tabela 2.5: Valores para a construção do QQ-plot

i	$D^2_M(\mathbf{x}_i, \overline{\mathbf{x}})$	$\frac{i-0,5}{12}$	Q
1	0,265	0,042	0,085
2	0,357	0,125	0,267
3	0,390	0,208	0,467
4	0,643	0,292	0,690
5	1,762	0,375	0,940
6	1,828	0,458	1,226
7	1,950	0,542	1,560
8	2,030	0,625	1,962
9	2,041	0,708	2,464
10	2,779	0,792	3,137
11	3,224	0,875	4,159
12	4,557	0,958	6,356

Os respectivos quantis da distribuição qui-quadrado com 2 graus de liberdade, correspondem aos valores esperados (coluna Q) das distâncias de Mahalanobis se os dados seguissem uma distribuição normal bivariada. Para uma amostra de tamanho n, a ordem do quantil da i-ésima distância ordenada é $(i - 0,5)/n$.

A Figura 2.22 é o QQ-plot e mostra que alguns pontos se distanciam da bissetriz, sugerindo que a distribuição conjunta de (X_1, X_2) não seja normal bivariada.

2.6 Biplots

Biplot, Gabriel (1971), é uma representação gráfica das linhas e colunas de uma matriz. Ele pode ser usado em matrizes de dados, $\mathbf{X}$, de dimensão $(n \times p)$, fornecendo uma representação simultânea das n unidades amostrais e das p variáveis (admita que $\mathbf{X}$ seja uma matriz centrada, na qual as médias de suas colunas sejam zero). O termo biplot refere-se à representação de unidades amostrais e variáveis e não à dimensão do gráfico que pode ser maior do que duas. O método pode ser aplicado a variáveis contínuas ou categorizadas.[15]

[15] A representação de variáveis categorizadas será apresentada no Capítulo 6.

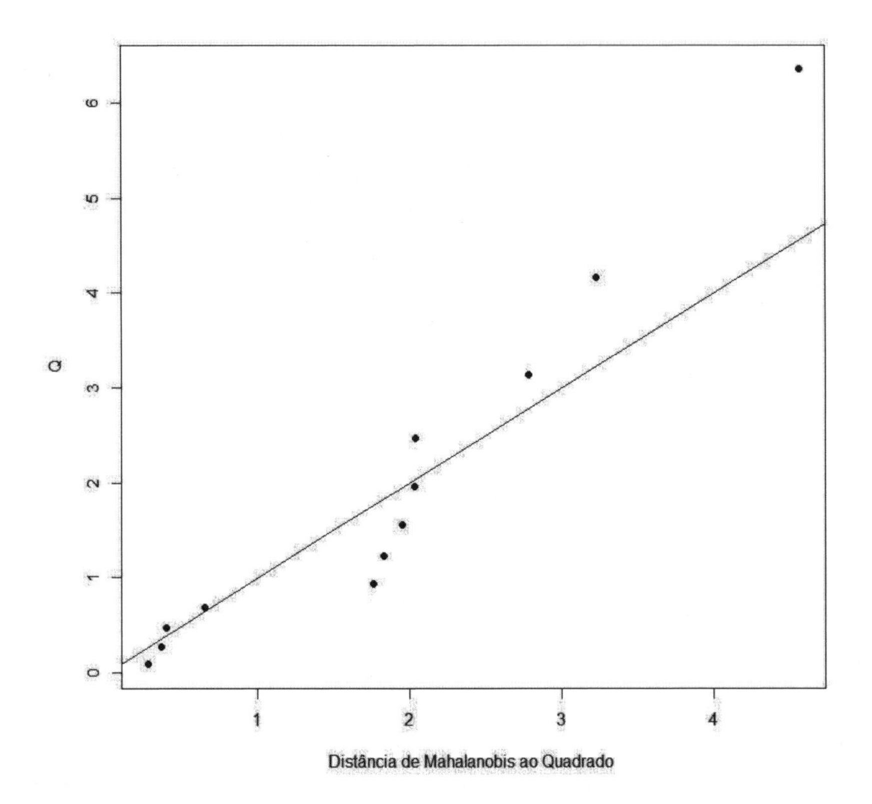

Figura 2.22: QQ-plot para X_1 e X_2

2.6.1 Dados sobre crimes

Retome o Exemplo 1.1. Temos que a matriz de dados é dada por

$$\mathbf{X} = \begin{pmatrix} 10{,}85 & 1.500{,}80 & 149{,}35 & 108{,}38 \\ 14{,}13 & 1.496{,}07 & 187{,}99 & 116{,}66 \\ 8{,}62 & 1.448{,}79 & 130{,}97 & 69{,}98 \\ 23{,}04 & 1.277{,}33 & 424{,}87 & 435{,}75 \\ 16{,}04 & 1.204{,}02 & 214{,}36 & 207{,}06 \\ 43{,}74 & 1.190{,}94 & 1.139{,}52 & 909{,}21 \\ 25{,}39 & 1.292{,}91 & 358{,}39 & 268{,}24 \\ 42{,}86 & 1.590{,}66 & 721{,}90 & 275{,}89 \\ 42{,}55 & 797{,}16 & 520{,}73 & 602{,}63 \end{pmatrix}. \tag{2.7}$$

A Figura 2.23 é a representação de um biplot bidimensional aplicado aos dados representados na matriz **X**. Em um mesmo sistema de eixos, representamos observações e variáveis. Nesse caso, as variáveis estão indicadas por vetores e as observações por pontos. A direção desses vetores indica o sentido do crescimento da variável. Ao projetar os pontos nos vetores, vemos que São Paulo (SP) encontra-se em valor extremo dos eixos "Roubo" e "Roubo e furto de veículos". De fato, retomando os dados, percebemos que é nessa localidade que esses crimes têm seus máximos. O mesmo tipo de análise pode ser feito em relação aos outros pontos. O tamanho do vetor está associado à variabilidade da variável que representa: quanto maior a variabilidade, maior tende a ser o tamanho do vetor. Mais informações sobre a interpretação são fornecidas na Seção 2.6.3.

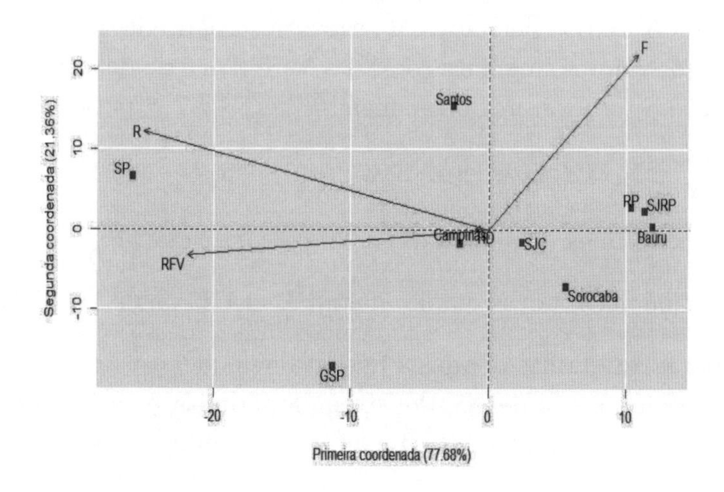

Figura 2.23: Biplot do Exemplo 1.1

2.6.2 Desenvolvimento teórico

A ideia apresentada por Gabriel (1971) parte do princípio de que qualquer matriz **X** de dimensão $(n \times p)$ e posto R pode ser escrita como o produto de duas matrizes

$$\mathbf{X} = \mathbf{L}\mathbf{C}^\top,$$

sendo L de dimensão $(n \times R)$ e C de dimensão $(p \times R)$, ambas de posto R. A observação x_{ij}, posicionada na linha i e coluna j de **X**, pode ser escrita como

$$x_{ij} = \mathbf{l}_i^\top \mathbf{c}_j,$$

na qual, $\mathbf{l}_i^\top$ é a linha i da matriz $\mathbf{L}$ e $\mathbf{c}_j$ a coluna j de $\mathbf{C}^\top$. Os vetores $\mathbf{l}_i$, $i = 1, \ldots, n$ estão associados às linhas de $\mathbf{X}$ e os vetores $\mathbf{c}_j$, $j = 1, \ldots, p$ às suas colunas. Tais vetores podem ser posicionados em mesmo espaço de dimensão R, permitindo a representação simultânea das linhas e colunas da matriz. Tal representação permite que se associem casos (linhas) e variáveis (colunas) quando $\mathbf{X}$ for uma matriz de dados.

Essa decomposição pode ser obtida por meio da decomposição em valores singulares (ver Resultado B.22, do Apêndice B) da matriz de dados, ou seja, $\mathbf{X}$ pode ser escrita como

$$\mathbf{X} = \mathbf{UDW}^\top, \tag{2.8}$$

em que $\mathbf{U}$ é a matriz de dimensão $(n \times R)$, cujas colunas são os autovetores normalizados associados aos autovalores não nulos de $\mathbf{XX}^\top$, $\mathbf{D}$ é a matriz diagonal de dimensão $(R \times R)$, cujos elementos, d_i, são a raiz quadrada dos autovalores não nulos de $\mathbf{XX}^\top$ (os valores singulares de $\mathbf{X}$) e $\mathbf{W}$ é a matriz de dimensão $(p \times R)$, cujas colunas são os autovetores normalizados de $\mathbf{X}^\top\mathbf{X}$. A partir de (2.8) temos

$$\mathbf{X} = d_1\mathbf{u}_1\mathbf{w}_1^\top + d_2\mathbf{u}_2\mathbf{w}_2^\top + \cdots + d_R\mathbf{u}_R\mathbf{w}_R^\top,$$

sendo $\mathbf{u}_i$ e $\mathbf{w}_i$ as i-ésimas colunas de $\mathbf{U}$ e $\mathbf{W}$, respectivamente.

Nesse caso, podemos, por exemplo, definir $\mathbf{L} = \mathbf{UD}^{1/2}$ e $\mathbf{C} = \mathbf{WD}^{1/2}$.

Os autovalores estão relacionados à importância que cada linha de $\mathbf{L}$ e coluna de $\mathbf{C}$ tem na decomposição de $\mathbf{X}$. Por exemplo, admita o caso em que $R = 2$ e que os valores singulares sejam $d_1 = 9$ e $d_2 = 1$. Admita também $n = 2$ e $p = 2$. Nesse caso, temos

$$\mathbf{X} = \mathbf{U}\begin{pmatrix} 9 & 0 \\ 0 & 1 \end{pmatrix}\mathbf{W}^\top,$$

logo

$$\mathbf{X} = \mathbf{U}\begin{pmatrix} 9 & 0 \\ 0 & 0 \end{pmatrix}\mathbf{W}^\top + \mathbf{U}\begin{pmatrix} 0 & 0 \\ 0 & 1 \end{pmatrix}\mathbf{W}^\top. \tag{2.9}$$

A partir de (2.9), temos

$$\mathbf{X} = 9\mathbf{u}_1\mathbf{w}_1^\top + 1\mathbf{u}_2\mathbf{w}_2^\top, \tag{2.10}$$

sendo $\mathbf{u}_1$ e $\mathbf{u}_2$ as colunas de $\mathbf{U}$ e $\mathbf{w}_1$ e $\mathbf{w}_2$ as colunas de $\mathbf{W}$. Note que a expressão (2.10) sugere um peso (importância) maior da primeira parcela do que da segunda.

Muitas vezes busca-se uma aproximação da matriz $\mathbf{X}$ por outra de posto $r < R$, utilizando-se apenas os r primeiros autovalores e autovetores. A aproximação é dada por $\mathbf{X} \approx \mathbf{U}_r\mathbf{D}_r\mathbf{W}_r^\top$, em que $\mathbf{D}_r$, de dimensão $(r \times r)$ contém os r maiores valores singulares de $\mathbf{X}$ $(d_1 \geq \cdots \geq d_r)$ e as colunas de $\mathbf{U}_r$ de dimensão $(n \times r)$ e $\mathbf{W}_r$ de dimensão $(p \times r)$ são os respectivos autovetores das matrizes $\mathbf{X}\mathbf{X}^\top$ e $\mathbf{X}^\top\mathbf{X}$. Denomine $\mathbf{L}_r = \mathbf{U}_r\mathbf{D}_r^{1/2}$ e $\mathbf{C}_r^\top = \mathbf{D}_r^{1/2}\mathbf{W}_r^\top$.

Em particular, há um grande interesse em se utilizar $r = 2$, ou $r = 3$, pois essas dimensões permitem a visualização dos pontos no plano cartesiano ou em um espaço tridimensional.

O biplot, em duas dimensões, considera os dois maiores autovalores e a representação dos dados será boa se esses autovalores representarem uma alta porcentagem da soma dos autovalores.

Considerando a dimensão 2, temos

$$\mathbf{X} \approx \mathbf{X}_2 = \mathbf{U}_2\mathbf{D}_2\mathbf{W}_2^\top.$$

Uma medida de qualidade de ajuste de um biplot é baseada na matriz de resíduos $\mathbf{E} = \mathbf{X} - \mathbf{X}_2 = \mathbf{U}\mathbf{D}\mathbf{W}^\top - \mathbf{U}_2\mathbf{D}_2\mathbf{W}_2^\top$. Prova-se que

$$\operatorname{tr}\left(\mathbf{E}^\top\mathbf{E}\right) = \sum_{i=3}^{R} \lambda_i,$$

em que λ_i é o i-ésimo autovalor de $\mathbf{X}^\top\mathbf{X}$ $(\lambda_i^{1/2} = d_i)$.

Essa medida corresponde a uma soma de quadrados residual, e, quanto menor seu valor, melhor é a representação. Outra maneira de avaliar a qualidade é calcular

$$I_Q = \frac{\lambda_1 + \lambda_2}{\sum_{i=1}^{R} \lambda_i},$$

quanto mais próximo o índice de qualidade, I_Q, for de 1, melhor é a representação.

Há várias maneiras de escrever $\mathbf{X}$ como o produto de duas matrizes. A solução geral pode ser escrita como

$$\mathbf{L} = \mathbf{U}\mathbf{D}^\alpha \quad \text{e} \quad \mathbf{C}^\top = \mathbf{D}^{1-\alpha}\mathbf{W}^\top, \quad 0 \leq \alpha \leq 1.$$

As mais utilizadas são considerar:

a. $\mathbf{L} = \mathbf{U}_2\mathbf{D}_2$ e $\mathbf{C}^\top = \mathbf{W}_2^\top$.

b. $\mathbf{L} = \mathbf{U}_2$ e $\mathbf{C}^\top = \mathbf{D}_2\mathbf{W}_2^\top$.

c. $\mathbf{L} = \mathbf{U}_2\mathbf{D}_2^{1/2}$ e $\mathbf{C}^\top = \mathbf{D}_2^{1/2}\mathbf{W}_2^\top$.

2.6.3 Interpretação do biplot

Peña (2002) interpreta um biplot da seguinte maneira:

1. As distâncias euclidianas entre os pontos no biplot são aproximadamente iguais às distâncias de Mahalanobis entre as observações.

2. O cosseno do ângulo entre os vetores que representam duas variáveis é aproximadamente igual à correlação entre elas (consequência do Resultado B.2 do Apêndice B).

3. O comprimento dos vetores está associado à variabilidade da variável correspondente.

4. Pontos próximos no gráfico indicam observações semelhantes.

Retome os dados da Tabela 1.1. Diferentemente do que fizemos na Seção 2.6.1, para evitar distorções devido às diferenças entre as variabilidades das quatro variáveis, construimos o biplot a partir de uma matriz com dados padronizados (de modo que cada observação seja obtida extraindo-se a média da variável correspondente e dividindo-se pelo desvio padrão). A matriz de dados a ser utilizada é dada por

$$\tilde{\mathbf{X}} = \begin{pmatrix} -1{,}003 & 0{,}793 & -0{,}841 & -0{,}815 \\ -0{,}774 & 0{,}773 & -0{,}724 & -0{,}785 \\ -1{,}158 & 0{,}576 & -0{,}897 & -0{,}955 \\ -0{,}154 & -0{,}140 & -0{,}008 & 0{,}375 \\ -0{,}641 & -0{,}447 & -0{,}645 & -0{,}457 \\ 0{,}010 & -0{,}075 & -0{,}209 & -0{,}234 \\ 1{,}205 & -2{,}145 & 0{,}282 & 0{,}982 \\ 1{,}288 & -0{,}501 & 2{,}152 & 2{,}097 \\ 1{,}227 & 1{,}168 & 0{,}890 & -0{,}206 \end{pmatrix}. \qquad (2.11)$$

A decomposição em valores singulares da matriz $\tilde{\mathbf{X}}$ resulta em

$$\mathbf{D} = \text{diag}\{4{,}90 \quad 2{,}53 \quad 1{,}22 \quad 0{,}25\}, \qquad (2.12)$$

$$\mathbf{U} = \begin{pmatrix} -0{,}35 & -0{,}06 & -0{,}15 & -0{,}28 \\ -0{,}31 & -0{,}09 & -0{,}04 & -0{,}26 \\ -0{,}37 & 0{,}03 & -0{,}15 & 0{,}35 \\ 0{,}04 & 0{,}07 & -0{,}26 & -0{,}55 \\ -0{,}16 & 0{,}31 & -0{,}02 & 0{,}59 \\ -0{,}04 & 0{,}06 & 0{,}17 & 0{,}06 \\ 0{,}43 & 0{,}61 & 0{,}42 & -0{,}17 \\ 0{,}65 & -0{,}26 & -0{,}56 & 0{,}20 \\ 0{,}12 & -0{,}66 & 0{,}60 & 0{,}07 \end{pmatrix} \quad (2.13)$$

e

$$\mathbf{W} = \begin{pmatrix} 0{,}53 & -0{,}21 & 0{,}77 & -0{,}28 \\ -0{,}36 & -0{,}87 & -0{,}11 & -0{,}32 \\ 0{,}53 & -0{,}44 & -0{,}23 & 0{,}69 \\ 0{,}56 & 0{,}06 & -0{,}59 & -0{,}59 \end{pmatrix}. \quad (2.14)$$

As coordenadas do biplot podem ser obtidas por meio das colunas das matrizes $\mathbf{L} = \mathbf{U}\mathbf{D}^{1/2}$ e $\mathbf{C} = \mathbf{W}\mathbf{D}^{1/2}$. A Tabela 2.6 apresenta essas matrizes. Uma representação em duas dimensões é obtida a partir das colunas 1 e 2 da tabela. Essa representação possui $I_Q = 83{,}5\%$, indicando boa qualidade. A Figura 2.24 traz a representação gráfica das duas primeiras coordenadas.

É comum representar a posição das variáveis por meio de vetores (Figura 2.25). Conforme vimos para o tipo de biplot apresentado, os cossenos dos ângulos entre os vetores representam, grosseiramente, as correlações entre as variáveis. A figura sugere correlação razoável entre as variáveis "Homicídio doloso", "Roubo" e "Roubo e furto de veículos", o que de fato se verifica, como pode ser visto em (2.2). A existência de correlação negativa razoável entre "Furto" e "Roubo e furto de veículos" também pode ser deduzida a partir dos vetores.

Os eixos, ainda que não necessariamente de maneira precisa, também auxiliam na interpretação das linhas da matriz de dados. A proximidade gráfica entre RP e SJRP sugere que os perfis de crimes nessas localidades sejam similares, o que pode ser confirmado a partir da análise dos dados. O mesmo pode ser dito entre os perfis de crimes entre SJC e Campinas.

As direções indicadas nos vetores que representam as variáveis mostram em que sentido os valores dessas variáveis tendem a aumentar. Para associar as localidades com as variáveis é necessário projetar os pontos relacionados às localidades na direção de cada vetor. Como exemplo, considere a Figura 2.26. Nesse

Tabela 2.6: Coordenadas do biplot do Exemplo 1.1

Matriz	Item	Rótulos	1	2	3	4
L	São José do Rio Preto	SJRP	-0,77	0,10	0,17	-0,14
	Ribeirão Preto	RP	-0,68	0,15	0,05	-0,13
	Bauru	Bauru	-0,83	-0,05	0,17	0,17
	Campinas	Campinas	0,08	-0,11	0,29	-0,28
	Sorocaba	Sorocaba	-0,35	-0,49	0,02	0,29
	São José dos Campos	SJC	-0,09	-0,09	-0,18	0,03
	Grande São Paulo	GSP	0,95	-0,97	-0,47	-0,08
	São Paulo	SP	1,43	0,42	0,62	0,10
	Santos	Santos	0,26	1,06	-0,66	0,03
C	Homicídio doloso	HD	1,18	0,34	-0,85	-0,14
	Furto	F	-0,80	1,38	0,12	-0,16
	Roubo	R	1,16	0,70	0,26	0,34
	Roubo e furto de veículos	RFV	1,23	-0,09	0,65	-0,29

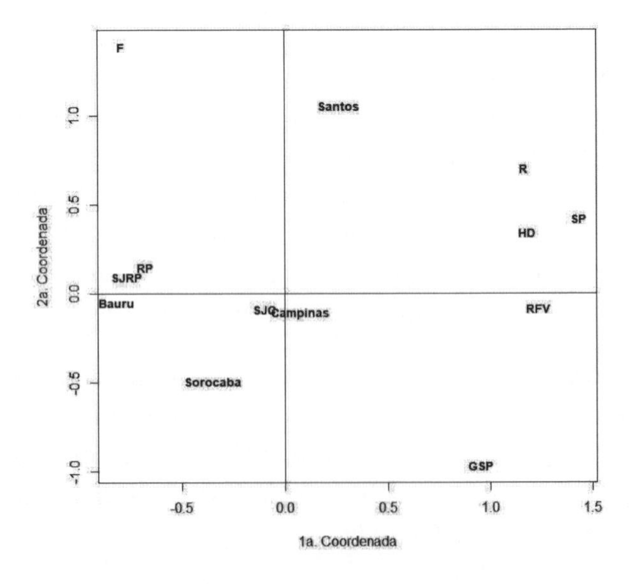

Figura 2.24: Biplot bidimensional do Exemplo 1.1

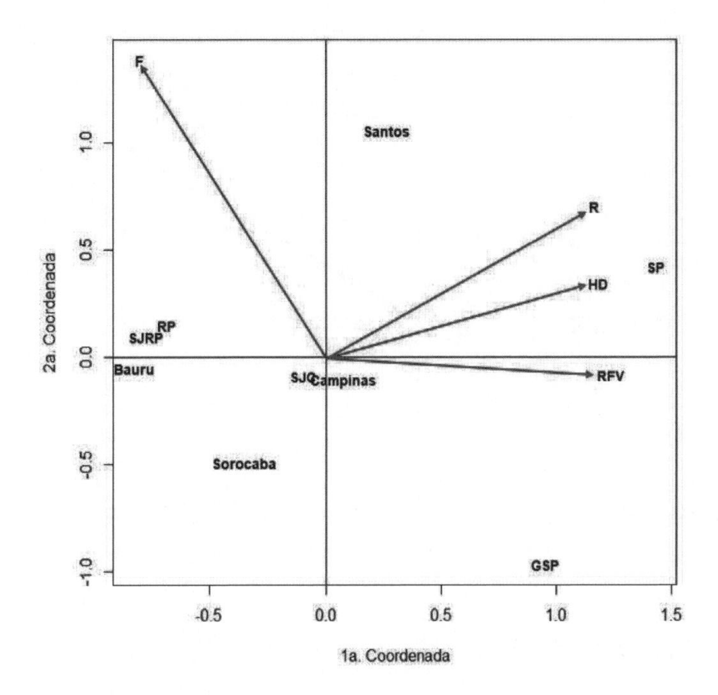

Figura 2.25: Biplot bidimensional do Exemplo 1.1

caso, as regiões foram projetadas na direção do vetor referente a roubos. A projeção sugere a seguinte ordem de incidência de roubos: Bauru < SJRP < RP < Sorocaba < SJC < Campinas < GSP < Santos < SP. Nesse caso, a ordem obtida coincide com a encontrada nos dados – isso deve-se em parte à alta qualidade da representação bidimensional obtida nesses dados. Em geral, temos uma ordem aproximada.

Vale destacar que a representação apresentada na Figura 2.23 difere da apresentada na Figura 2.25. No primeiro caso, as variáveis foram utilizadas em sua escala original e, no segundo, foram padronizadas. No primeiro, os tamanhos dos vetores são mais diferentes entre si, refletindo as grandes diferenças entre as variabilidades das variáveis.

Uma boa referência para esse assunto é Greenacre (2010).

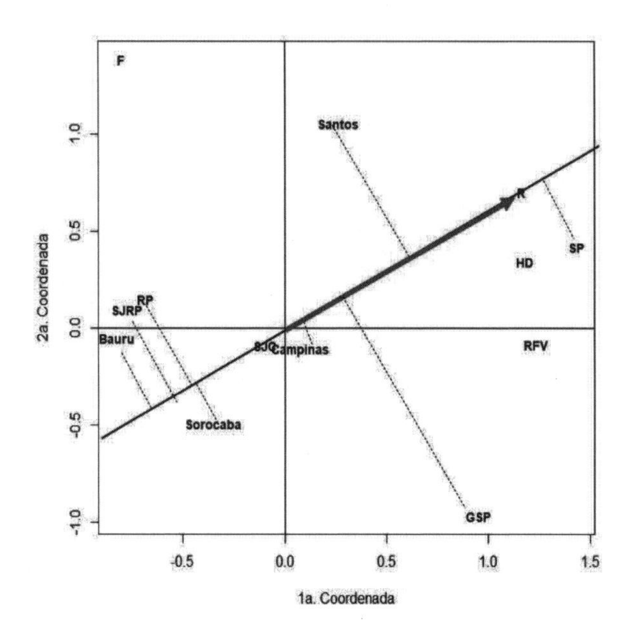

Figura 2.26: Biplot bidimensional do Exemplo 1.1

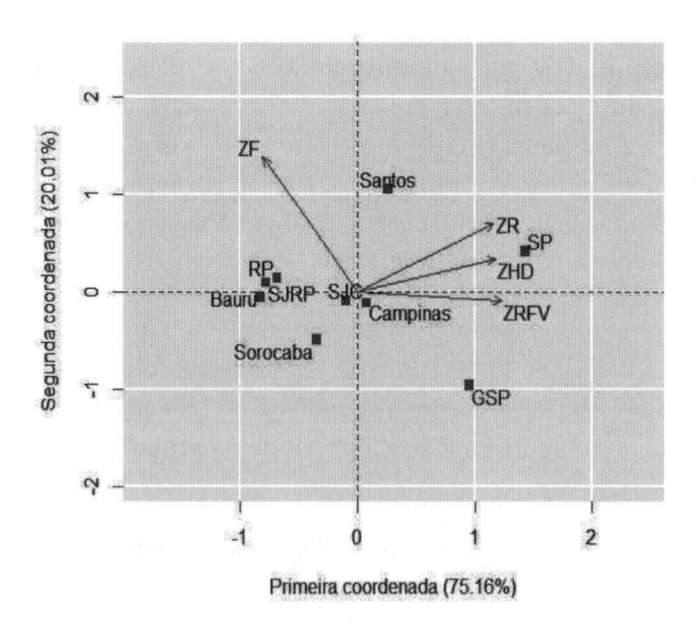

Figura 2.27: Biplot do Exemplo 1.1

2.7 Utilizando o R

Nesta seção apresentamos os comandos em R utilizados para gerar alguns resultados apresentados neste capítulo.

```
###########################
# Bibliotecas necessárias #
###########################
install.packages("readxl")  # Wickham e Bryan (2019)
install.packages("corrplot") # Wei e Simko (2021)
install.packages("aplpack")  # Wolf (2021)
install.packages("fmsb")     # Nakazawa (2021)
install.packages("MVar.pt")  # Ossani e Cirillo (2021)
```

Inicialmente, analisamos os dados da Tabela 2.1.

```
#####################
# Leitura dos dados #
#####################
library(readxl)
DD <- read_excel("DDMomentos.xlsx")

# Geração da Figura 2.1 #
par(mfrow=c(1,2))
plot(DD$X2~DD$X1, main="A", xlab="X1", ylab="X2")
points(DD$Med_2 ~DD$Med_1, col="blue", pch=18, cex=2)
plot(DD$Y2~DD$Y1, main="B", xlab="Y1", ylab="Y2")
points(DD$Med_2 ~DD$Med_1, col="blue", pch=18, cex=2)

# Cálculo das matrizes de covariâncias #
MDDX <- as.matrix(cbind(DD$X1, DD$X2)) # Matriz com colunas X1 e X2
colnames(MDDX)<-c("X1", "X2")          # Nomeando as colunas
DDCovX <- cov(MDDX)                    # Matriz de covariâncias
round(DDCovX,2)

MDDY <- as.matrix(cbind(DD$Y1, DD$Y2)) # Matriz com colunas Y1 e Y2
colnames(MDDY)<-c("Y1", "Y2")          # Nomeando as colunas
DDCovY <- cov(MDDY)                    # Matriz de covariâncias
round(DDCovY,2)

# Cálculo da variância total e da variância generalizada
sum(diag(DDCovX))       # Variância total de (X1,X2)
det(DDCovX)             # Variância generalizada de (X1,X2)
```

```
sum(diag(DDCovY))        # Variância total de (Y1,Y2)
det(DDCovY)              # Variância generalizada de (Y1,Y2)

# Cálculo das matrizes de correlações
DDCorX <- cor(MDDX)      # Matriz de correlações de (X1,X2)
round(DDCorX,2)
DDCorY <- cor(MDDY)      # Matriz de correlações de (Y1,Y2)
round(DDCorY,2)
```

Na sequência, apresentamos comandos para análise do Exemplo 1.1.

```
#####################
# Leitura dos dados #
#####################
library(readxl)
Crime <- read_excel("Dadoscrime.xlsx")

# Criação da matriz de observações
CriMat <- as.matrix(cbind(Crime$HD,Crime$F,Crime$R,Crime$RFV))
colnames(CriMat) <- c("HD", "F", "R", "RFV")

# Determinação do vetor média
Media <- as.vector(rbind(mean(CriMat[,1]), mean(CriMat[,2]),
mean(CriMat[,3]), mean(CriMat[,4])))
round(Media, 2)

# Calculando a matriz de covariâncias
CovCrim <- cov(CriMat)
round(CovCrim, 2)

# Cálculo da variância total e da variância generalizada
VarTot <- sum(diag(CovCrim))  # Variância total
VarGen <- det(CovCrim)        # Variância generalizada
VarTot
VarGen

# Cálculo da matriz de correlações
CorCrim <- cor(CriMat)
round(CorCrim,2)

#######################################################
# Geração de algumas figuras apresentadas na Seção 2.3 #
#######################################################
# Box plots - Figura 2.4
par(mfrow=c(1,1))
colnames(CriMat) <- c("HD.", "F", "R", "RFV")
```

```
boxplot(CriMat,
        xlab="Crime",
        ylab="Taxa por 100 mil habitantes",
        col="yellow")

# Gráficos matriz
pairs(CriMat, pch=19) # Figura 2.5

###################################################################
# Função panel.hist                                               #
# Acrescenta histogramas na diagonal principal do gráfico matriz  #
# Disponível em help(pairs) e em                                  #
# https://rpubs.com/melinatarituba/353262, acessado em 15/10/2020 #
###################################################################
panel.hist <- function(x, ...)
{ usr <- par("usr"); on.exit(par(usr))
par(usr = c(usr[1:2], 0, 1.5) )
h <- hist(x, plot = FALSE)
breaks <- h$breaks; nB <- length(breaks)
y <- h$counts; y <- y/max(y)
rect(breaks[-nB], 0, breaks[-1], y, col = "cyan", ...)}

# Gráfico matriz com histogramas na diagonal principal
pairs(CriMat, diag.panel = panel.hist)

###################################################################
# Função panel.lm                                                 #
# Insere as linhas de tendência no gráfico matriz. Extraída de    #
# https://rpubs.com/melinatarituba/353262, acessado em 15/10/2020 #
###################################################################
panel.lm <- function(x, y, col=par("col"), bg=NA, pch=par("pch"),
cex = 1, col.line="red") {
points(x, y, pch = pch, col = col, bg = bg, cex = cex)
ok <- is.finite(x) & is.finite(y)
if (any(ok)) {
abline(lm(y[ok]~x[ok]), col = col.line) }}

#Gráficos matriz com histogramas e linhas de tendência-Figura 2.6
pairs(CriMat, diag.panel = panel.hist,
      upper.panel = panel.lm,
      lower.panel = panel.lm)

############################################################################
# Função panel.cor                                                         #
# Acrescenta correlações ao gráfico matriz. Função retirada de help(pairs) #
# e de https://rpubs.com/melinatarituba/353262, acessado em 15/10/2020     #
############################################################################
```

```
panel.cor <- function(x, y, digits=2, prefix = "", cex.cor, ...)
{ usr <- par("usr"); on.exit(par(usr))
par(usr = c(0, 1, 0, 1))
r <- abs(cor(x, y))
txt <- format(c(r, 0.123456789), digits = digits)[1]
txt <- paste0(prefix, txt)
if(missing(cex.cor)) cex.cor <- 0.8/strwidth(txt)
text(0.5, 0.5, txt, cex = cex.cor * r)}

# Gráficos matriz com histogramas,linhas de tendência e
# correlações - Figura 2.7
pairs(CriMat, diag.panel = panel.hist,
upper.panel = panel.cor,
lower.panel = panel.lm) # Figura 2.7

#########################################################
# Gráfico de calor - Figura 2.8                         #
# Utiliza o Package corrplot do R - Wei e Simko (2021) #
#########################################################
library(corrplot)
corrplot(CorCrim, method = "ellipse") # Figura 2.8

#####################################################
# Faces de Chernoff - Figuras 2.9 e 2.10            #
# Utiliza a biblioteca aplpack do R. - Wolf (2019) #
#####################################################
library(aplpack)

Crime1 <- Crime[,2:5]
faces(Crime1, labels=Crime$Região) # Figura 2.9

Crime2<-as.data.frame(cbind(Crime$F,Crime$RFV, Crime$HD, Crime$R))
colnames(Crime2) <- c("F", "RFV", "HD", "R")
rownames<- Crime$Região

faces(Crime2,labels=Crime$Região) # Figura 2.10

####################################
# Gráficos de perfis - Figura 2.12 #
####################################
Crime1 <- data.frame(Crime1)
Crime3 <- c()
for (i in 1:length(Crime1)){
Crime3[i] <- round((Crime1[i] - min(Crime1[i])) /
(max(Crime1[i] - min(Crime1[i]))),
digit=2)}
Crime3 <- data.frame(Crime3)
```

```
colnames(Crime3) <- c("HD", "R","F","RFV")

barplot(as.matrix(t(Crime3)), names.arg=Crime$Região, beside=T,
legend=T, args.legend=list(box.lty=0, x=20))

########################################
# Gráfico radar - Figuras 2.13 e 2.14 #
########################################
stars(Crime1,key.loc=c(9,6),flip.labels=FALSE,labels=Crime$Região)

# Figura 2.14 - utiliza a biblioteca fmsb.
# Para usar a biblioteca, é preciso incluir 2 linhas no dataframe:
# Linha 1: o valor máximo da pergunta - no exemplo é um
# Linha 2: o valor mínimo da coluna - no exemplo é zero

library(fmsb)
rownames(Crime3) <- c(Crime$Região)
Crime3<-rbind(rep(1,4),rep(0,4),Crime3) #cria as 2 primeiras linhas
radarchart(Crime3) # faz todos os gráficos sobrepostos
```

Os próximos comandos geram os dados da Tabela 2.3.

```
D_M <- mahalanobis(X,colMeans(X),var(X))
PD_M <- 1-pchisq(D_M,dim(X)[2])
D_E <- mahalanobis(X,colMeans(X),diag(dim(X)[2]))
Tab <- cbind(sqrt(D_M), PD_M, sqrt(D_E))
Tab <- cbind(RMSP$Nome, Tab)
colnames(Tab)<- c("Município", "DM", "Prob", "D")
ordem <- order(Saida$Mahalanobis, decreasing = TRUE)
Tab <- Tab[ordem,]
```

A função *OutlierMult*, definida a seguir, determina as distâncias de Mahalanobis e euclidiana obtidas pelas raízes quadradas das expressões dadas em (2.6). Calcula também a probabilidade de que a distância de Mahalanobis seja maior ou igual ao valor observado, admitindo normalidade multivariada e amostra grande, conforme mencionado na Seção 2.4.4.

```
############################################################
# Função OutlierMult(X)                                    #
# Identificação de outliers multivariados - Leave-one-out #
# Parâmetros de entrada                                    #
# X: matriz com as observações                             #
############################################################
```

```
OutlierMult <- function(X)
{ d <- dim(X)
M <- Pv <- De <- matrix(0,d[1])
Ident <- diag(d[2])
for (i in 1:d[1])
{ M[i] <-mahalanobis(t(X[i,]), colMeans(X[-i,]), var(X[-i,]))
Pv[i] <- 1-pchisq(M[i],d[2])
De[i] <- mahalanobis(t(X[i,]), colMeans(X[-i,]), Ident) }
De <- sqrt(De)
M <- sqrt(M)
observacao <- 1:d[1]
Mteste <- as.data.frame(cbind(observacao,M, Pv, De))
names(Mteste) <- c("Obs", "Mahalanobis", "Probabilidade",
"Euclidiana")
Mteste}
```

Como resultado, essa função gera um arquivo de dados com as seguintes colunas:

Coluna 1 : Número da observação.

Coluna 2 : $D_{M-i}(\mathbf{x}_i, \overline{\mathbf{x}}_{-i})$.

Coluna 3 : $P\left(\chi_p^2 \geq D_{M-i}^2(\mathbf{x}_i, \overline{\mathbf{x}}_{-i})\right)$, χ_p^2 representa uma distribuição qui-quadrado com p graus de liberdade.

Coluna 4 : D_{-i}.

Os comandos a seguir ilustram a aplicação dessa função ao Exemplo 2.1.

```
##########################
# Obtenção da Tabela 2.4 #
# Leitura dos dados      #
##########################
library(readxl)
RMSP <- read_excel("RMSP2000.xlsx")
# Preparação dos parâmetros da função
X <- IDHMAT <- as.matrix(cbind(RMSP$IDHR,
RMSP$IDHL,
RMSP$IDHE)) # Matriz de dados

Saida <- OutlierMult(IDHMAT) # Arquivo com os resultados

ID <- as.vector(cbind(RMSP$Nome)) # vetor com rótulos das linhas
```

```
Saida <- cbind(RMSP$Nome, Saida[,2:4])
ordem <- order(Saida$Mahalanobis, decreasing = TRUE)
Saida[ordem,]
```

A seguir estão os comandos para obtenção dos resultados da Seção 2.5.

```
#####################
# Leitura dos dados #
#####################
library(readxl)
DD <- read_excel("DDMomentos.xlsx")

DDRed <- as.data.frame(cbind(DD$X1, DD$X2))
# Para permitir a comparação com os resultados apresentados no
# texto, optou-se por arredondar as componentes dos vetor média
# e da matriz de covariâncias usando duas casas decimais.
# Isso não deve ser feito em uma aplicação real
MedDD <- round(colMeans(DDRed),2)
VarDD <- round(var(DDRed),2)
DD_Mah <- as.data.frame(mahalanobis(DDRed, MedDD, VarDD))
names(DD_Mah)<- c("Mahalanobis")

ordem <- order(DD_Mah$Mahalanobis, decreasing = FALSE)
DD_Mah<-DD_Mah[ordem,]
n <- dim(DD)[1]
Perc <- seq((1-0.5)/n, (n-0.5)/n, length.out=n)
QQ <- qchisq(Perc,dim(DDRed)[2])
TabQQ <- as.data.frame(cbind(DD_Mah,Perc,QQ)) # Tabela 2.5
# Figura 2.22
plot(TabQQ$QQ~TabQQ$DD_Mah, pch=16,
xlab="Distância de Mahalanobis ao Quadrado",
ylab="Q")
abline(0,1)
```

A Figura 2.23 foi obtida a partir do comando Biplot da biblioteca *MVar.pt* (Ossani e Cirillo, 2021) do R. Os comandos utilizados foram:

```
#########################################################
# Construção de Biplots                                 #
# Utiliza a biblioteca MVar.pt, Ossani e Cirillo (2021) #
#########################################################
library(MVar.pt)
CriMat <- as.matrix(cbind(Crime$HD, Crime$F, Crime$R, Crime$RFV))
colnames(CriMat) <- c("HD", "F", "R", "RFV")
```

```
Dados <- as.data.frame(CriMat)
Biplot(Dados, linlab=Crime$Região)
```

A matriz (2.11) pode ser obtida pelos comandos:

```
CriMatPad <- as.matrix(
cbind(scale(Crime$HD),
scale(Crime$F),
scale(Crime$R),
scale(Crime$RFV)))
round(CriMatPad,3)
```

A decomposição em valores singulares apresentada nas expressões (2.12), (2.13) e (2.14) foi obtida com os comandos:

```
svdCrime <- svd(CriMatPad) # Decomposição em valores singulares
svdCrime$d    # Vetor com os valores singulares (2.11)
svdCrime$u    # Matriz U (2.12)
scdCrime$v    # Matriz W (2.13)
```

Os comandos a seguir geram os dados da Tabela 2.6.

```
D <- diag(svdCrime$d) # Matriz diagonal com valores singulares
L <- svdCrime$u %*% sqrt(D)  # Cria a matriz L
C <- svdCrime$v %*% sqrt(D)  # Cria a matriz C
```

A Figura 2.24 foi gerada pelos comandos:

```
Coord <- as.data.frame(rbind(L,C)) # Arquivo com matrizes L e C
Coord$Rotulos <- t(cbind(t(Crime$Região),
           "HD", "F", "R", "RFV")) # Rótulos das linhas de Coord
plot(Coord$V2~Coord$V1, col="white",
xlab="1a. Coordenada", ylab="2a. Coordenada")
abline(v=0)
abline(h=0)
text(Coord$V2 ~ Coord$V1, labels=Coord$Rotulos, cex=0.9, font=2)
```

O gráfico biplot poderia ser gerado automaticamente pelo R sem a necessidade de realizar os passos anteriores. Um dos comandos que faz isso é o comando *Biplot* da biblioteca *MVar.pt* (Ossani e Cirillo, 2021), conforme ilustra os comandos a seguir A Figura 2.27 é resultado do uso dos próximos comandos.

```
library(MVar.pt)
CriMatPad <- as.matrix(
cbind(scale(Crime$HD),
scale(Crime$F),
scale(Crime$R),
scale(Crime$RFV))) # Cria matriz com variáveis padronizadas
colnames(CriMatPad) <- c("ZHD", "ZF", "ZR", "ZRFV")
Dados <- as.data.frame(CriMatPad)
Biplot(Dados, linlab=Crime$Região)
```

2.8 Exercícios

2.1 Demonstre que a área da Figura 2.2 é $(n-1)\sqrt{S_G^2}$.

2.2 Prove que o cosseno do ângulo entre os vetores que representam duas variáveis no biplot é a correlação entre elas.

2.3 A Tabela 2.7 traz a descrição dos dados da aba **dados** do arquivo **Covid19MGSP.xlsx**, referente a dados do início da pandemia de Covid-19.[16]

a) Calcule medidas descritivas por estado (MG e SP) e compare-os.

b) Faça uma análise das correlações, incluindo medidas e gráficos, considerando MG e SP conjuntamente. Comente as relações entre as variáveis de Covid, entre as variáveis de IDH e entre os dois grupos de variáveis.

c) Investigue a normalidade multivariada das variáveis de Covid e das de IDH.

2.4 O ambiente institucional de um país interfere na estratégia e desempenho das empresas. Para avaliar esse ambiente, várias entidades internacionais criaram índices comparativos entre os países. Um deles é o Índice de Liberdade Econômica (ILE), publicado anualmente pela Fundação Heritage e o itálico: *The Wall Street Journal.* O índice é calculado por meio da avaliação de doze itens que procuram mensurar o grau de liberdade concedido aos agentes econômicos. Cada item é classificado em uma escala de 0 a 100, e quanto maior for a avaliação, mais

[16]Disponível em: `https://www.seade.gov.br`,`https://www.ibge.gov.br`,`https://www.br.undp.org`. Acesso em: 2 out. 2020.

Tabela 2.7: Variáveis disponíveis em municípios de Minas Gerais e de São Paulo

Variável	Descrição
Município	Nome do município
Casos	Casos de Covid-19 notificados até 01/10/2020
Óbitos	Óbitos por Covid-19 notificados até 01/10/2020
População	População estimada em 2020
IDHM	Índice de Desenvolvimento Humano Municipal em 2010
IDHR	Índice de Desenvolvimento Humano Renda em 2010
IDHL	Índice de Desenvolvimento Humano Longevidade em 2010
IDHE	Índice de Desenvolvimento Humano Educação em 2010
Prevalência	Casos de Covid-19 por 100.000 habitantes até 01/10/2020
Mortalidade	Óbitos por Covid-19 por 100.000 habitantes até 01/10/2020
Letalidade	Óbitos por Covid-19 por 100 casos até 01/10/2020

liberdade econômica é reconhecida institucionalmente.[17] Os dados apresentados no arquivo **ILE2020.xlsx** correspondem ao ano de 2020. A Tabela 2.8 resume os itens dessa escala.

a) Estude, por meio de análises gráficas e numéricas, as relações existentes entre as variáveis.

b) Investigue a existência de valores aberrantes.

c) Investigue se as variáveis podem ser modeladas por uma distribuição normal multivariada.

2.5 A Tabela 2.10 traz os dados da aba **Medias** de **Pizza.xlsx**,[18] com informações sobre os valores médios de características físico-químicas avaliadas em amostras de dez marcas de pizzas. A lista das características está na Tabela 2.9.

a) Baseado nesses dados, compare as marcas de pizzas utilizando as faces de Chernoff e o gráfico radar. Identifique marcas com produtos semelhantes.

b) Construa e analise um biplot para esses dados.

[17] Detalhes disponíveis em: http://www.heritage.org/index/about. Acesso em: 2 fev. 2021.
[18] Disponível em: `https://data.world/sdhilip/pizza-datasets`. Acesso em: 9 dez. 2021.

Tabela 2.8: Variáveis sobre liberdade econômica

Variável	Descrição
ID	Identificação
País	Nome do país (em inglês)
Região	Região
Classif	Classificação do país (quanto menor, maior é a liberdade econômica)
ClassifReg	Classificação do país por região
ILE	Índice de Liberdade Econômica
X1	Direitos de propriedade (quanto maior, mais direitos)
X2	Efetividade judicial (quanto maior, mais efetiva é a justiça)
X3	Integridade governamental (quanto maior, mais íntegro é o governo)
X4	Carga fiscal (quanto maior, mais justa é considerada a carga fiscal)
X5	Gastos governamentais (quanto maior, melhor é a estrutura de gastos)
X6	Saúde fiscal (quanto maior, melhor é a saúde fiscal)
X7	Liberdade de negócios (quanto maior, maior é a liberdade de negócios)
X8	Liberdade de trabalho (quanto maior, maior é a liberdade de trabalho)
X9	Liberdade monetária (quanto maior, maior é a liberdade monetária)
X10	Liberdade comercial (quanto maior, maior é a liberdade comercial)
X11	Liberdade deiInvestimentos (quanto maior, maior é a liberdade)
X12	Liberdade financeira (quanto maior, maior é a liberdade financeira)

c) Baseado no item b), o proprietário da marca I gostaria de ter produtos parecidos com os da marca C. Que mudanças ele deveria promover em seus produtos?

d) Na aba **Completo**, estão as observações originais. Faça e interprete um gráfico matriz construído a partir dos dados dessa aba.

2.6 A World Value Survey (WVS) é uma pesquisa realizada periodicamente em vários países do mundo. A sexta onda da pesquisa foi aplicada entre 2010 e 2014 em 59 países. A partir dos dados dessa pesquisa, foram construídas escalas para mensurar a confiança que as populações desses países tinham com algumas instituições; quanto maior o valor dessas escalas, maior é a confiança da população na instituição.[19] Os resultados dessas escalas encontram-se no arquivo **WVS6.xlsx**.

[19]Disponível em: `https://www.worldvaluessurvey.org/WVSDocumentationWV6.jsp`. Acesso em: 15 dez. 2019.

Tabela 2.9: Características físico-químicas avaliadas em amostras de pizzas

Variável	Descrição
Marca	Marca da pizza
Agua	Quantidade de água por 100 gramas
Prot	Quantidade de proteína por 100 gramas
Fat	Quantidade de gordura por 100 gramas
Cinza	Quantidade de cinzas por 100 gramas
Na	Quantidade de sódio por 100 gramas
Carb	Quantidade de carboidratos por 100 gramas
Cal	Quantidade de calorias por 100 gramas

Tabela 2.10: Valores médios de características físico-químicas avaliadas em amostras de pizzas

Marca	Agua	Prot	Fat	Cinza	Na	Carb	Cal
A	29,97	20,11	43,45	5,01	1,66	1,49	4,77
B	51,31	13,64	27,62	3,46	0,98	3,97	3,19
C	49,48	26,03	19,17	3,28	0,46	2,05	2,85
D	47,67	22,23	21,65	4,32	0,72	4,14	3,00
E	36,08	7,73	15,12	1,48	0,45	39,59	3,25
F	29,40	7,90	16,42	1,47	0,46	44,79	3,60
G	28,24	8,24	15,64	1,45	0,44	46,43	3,60
H	35,83	7,89	14,29	1,41	0,42	40,58	3,22
I	54,59	10,38	13,06	2,10	0,49	19,87	2,38
J	46,04	10,57	16,32	2,36	0,61	24,74	2,88

As escalas apresentadas são:

Política: confiança nas instituições políticas (de 0 a 100).
Imprensa: confiança na imprensa (de 0 a 10).
Justiça: confiança nas instituições de segurança e justiça (de 0 a 10).
ONG: confiança em organizações não governamentais (de 0 a 50).
Empresas: confiança em bancos e grandes empresas (de 0 a 10).

a) Aplicando as faces de Chernoff aos dados, identifique países com perfis similares ao Brasil.

b) Descreva o comportamento de cada variável.

c) Descreva a associação existente entre as variáveis.

d) Estude a presença de valores aberrantes nesses dados.

e) Verifique se os dados podem ser modelados por uma distribuição normal multivariada.

2.7 A Tabela 2.11 traz a descrição dos dados da aba **dados** do arquivo **CapitaisDem.xlsx**.[20] Esses dados são características demográficas das capitais dos estados brasileiros.

a) Construa os gráficos para representação de casos: faces de Chernoff, perfis e radares. Você formaria grupos de capitais com base nesses gráficos? Comente.

b) Construa e analise um biplot para esses dados.

c) Construa um gráfico matriz para descrever a associação entre as variáveis e analise-as.

d) Verifique se alguma das capitais seria considerada como outlier.

e) Construa o QQ-plot e avalie a normalidade desses dados.

2.8 A Tabela 2.12 traz a descrição dos dados da aba **dados** do arquivo **Carros.xlsx**.[21] Esses dados são características de automóveis.

a) Construa os gráficos para representação de casos: faces de Chernoff, perfis e radares. Você formaria grupos de carros com base nesses gráficos? Comente.

b) Construa e analise um biplot para esses dados.

c) Construa um gráfico matriz para descrever a associação entre as variáveis e analise-as.

---

[20] Disponível em: `https://www.ibge.gov.br/cidades-e-estados`. Acesso em: 20 jan. 2022.

[21] Disponível em: `https://www.carrosnaweb.com.br/catalogo.asp`. Acesso em: 27 jul. 2020.

Tabela 2.11: Características demográficas das capitais dos estados brasileiros

Variável	Descrição
Capital	Nome da capital
Região	Região do Brasil
Densidade	Densidade demográfica, habitantes por km quadrado em 2010
Escolarização	Percentual de pessoas de 6 a 14 anos matriculadas em 2010
IDHM	Índice de desenvolvimento humano municipal em 2010
Mortalidade	Mortalidade infantil, óbitos por 1000 nascidos vivos em 2019
PIB	Produto interno bruto per capita em 2019

Tabela 2.12: Características de automóveis

Variável	Descrição
Nome	Nome abreviado do carro
Modelo	Modelo do carro
Cilindrada	Volume interno dos cilindros do motor em cm cúbicos
Desempenho	Velocidade máxima atingida em km/hora
Consumo	Consumo urbano em km/l de gasolina
Autonomia	Número de km por tanque de gasolina
Potência	Potência máxima em cv a aproximadamente 6000 rpm
Aceleração	Tempo para chegar de 0 a 100 km/h, em segundos

d) Verifique se algum dos carros seria considerado como outlier.

e) Construa o QQ-plot e avalie a normalidade desses dados.

2.9 A Tabela 2.13 traz a descrição dos dados da aba **dados** do arquivo **Celular.xlsx**.[22] Esses dados são características de aparelhos celulares.

a) Construa os gráficos para representação de casos: faces de Chernoff, perfis e radares. Você formaria grupos de aparelhos com base nesses gráficos? Comente. Considere padronizar o peso por $(max(x_i) - x_i)/(max(x_i) - min(x_i))$ e as ou-

[22]Disponível em: `https://www.tudocelular.com/compare`. Acesso em: 23 jul. 2021.

Tabela 2.13: Características de celulares

Variável	Descrição
Código	Rótulo do aparelho
Nome	Nome do aparelho
Peso	Peso do aparelho em gramas
Ram	Memória RAM em GB
Memória	Memória máxima em GB
Pixel	Densidade de pixels em ppi
Hardware	Nota média da avaliação do hardware (de 0 a 10)
Tela	Nota média da avaliação da tela (de 0 a 10)
Câmera	Nota média da avaliação da câmera (de 0 a 10)
Desempenho	Nota média da avaliação do desempenho (de 0 a 10)

tras variáveis por $(x_i - min(x_i))/(max(x_i) - min(x_i))$. Interprete os resultados. Identifique grupos homogêneos.

b) Construa um gráfico matriz e estude a associação existente entre as variáveis.

c) Construa e analise um biplot para esses dados.

d) Verifique se algum dos celulares seria considerado como outlier.

2.10 A Tabela 2.14 traz a descrição dos dados da aba **dados** do arquivo **Ceramica.xlsx**.[23]

a) Calcule o vetor média e a matriz de covariâncias das frações de massas dos elementos químicos por sítio arqueológico. Comente.

b) Construa gráficos matrizes para representar a associação entre as variáveis por sítio arqueológico. Analise-os.

c) Verifique se algum fragmento de cerâmica seria considerado como outlier.

d) Construa o QQ-plot e avalie a normalidade desses dados.

[23] Fonte: Carvalho (2018).

Tabela 2.14: Fração de massa de elementos químicos em fragmentos de cerâmica

Variável	Descrição
Amostra	Identificação do fragmento
Sitio	Nome do sítio arqueológico
As	Fração de massa de Arsênio
Ce	Fração de massa de Cério
Cr	Fração de massa de Cromo
Eu	Fração de massa de Európio
Fe	Fração de massa de Ferro
Hf	Fração de massa de Háfnio
La	Fração de massa de Lantânio
Na	Fração de massa de Sódio
Nd	Fração de massa de Neodímio
Sc	Fração de massa de Escândio
Sm	Fração de massa de Samário
Th	Fração de massa de Tório
U	Fração de massa de Urânio

2.11 A Tabela 2.15 traz a descrição dos dados do arquivo **Covid19SP.xlsx**.[24]

a) Calcule o vetor média e a matriz de covariâncias das variáveis numéricas. Comente.

b) Construa o biplot considerando as variáveis Prevalência, Mortalidade e Letalidade. Comente.

c) Construa três gráficos matrizes considerando os seguintes conjuntos de variáveis: 1) IDHM, IDHR, IDHL e IDHE, 2) Prevalência, Mortalidade e Letalidade e 3) HabDom e GrauUrb. Comente.

d) Verifique se algum município seria considerado como outlier.

e) Construa os QQ-plots para os três grupos de variáveis descritos no item c) e avalie a normalidade desses dados.

[24]Disponível em: `https://www.seade.gov.br`, `https://www.ibge.gov.br`, `https://www.br.undp.org`. Acessos em: 21 set. 2021.

Tabela 2.15: Variáveis disponíveis para municípios de São Paulo

Variável	Descrição
Código	Código do município (codificação própria)
Município	Nome do município
GrupoPop	Grupo por faixa da população (P1 a P4)
Casos	Casos de Covid-19 notificados até 18/06/2021
Óbitos	Óbitos por Covid-19 notificados até 18/06/2021
População	População estimada em 2021
IDHM	Índice de Desenvolvimento Humano Municipal em 2010
IDHR	Índice de Desenvolvimento Humano Renda em 2010
IDHL	Índice de Desenvolvimento Humano Longevidade em 2010
IDHE	Índice de Desenvolvimento Humano Educação em 2010
Prevalência	Casos de Covid-19 por 1.000 habitantes até 18/06/2021
Mortalidade	Óbitos por Covid-19 por 10.000 habitantes até 18/06/2021
Letalidade	Óbitos por Covid-19 por 100 casos até 18/06/2021
HabDom	Número médio de habitantes por domicílio
GrauUrb	Grau de urbanização, em porcentagem

2.12 A Tabela 2.16 traz a descrição dos dados da aba **dados** do arquivo **VinhoTinto.xlsx**.[25]

a) Calcule o vetor média e a matriz de covariâncias das características numéricas dos vinhos tintos, para cada categoria da variável qualidade. Comente.

b) Construa gráficos matrizes para representar as associações existentes entre as variáveis por categoria da variável qualidade. Analise-os e compare-os.

c) Verifique se algum vinho pode ser considerado como outlier.

d) Construa o QQ-plot e avalie a normalidade desses dados.

[25] Disponível em: `https://www.kaggle.com/uciml/red-wine-quality-cortez-et-al-2009/version/2`. Acesso em: 3 fev. 2022.

Tabela 2.16: Características de amostras de vinho tinto

Variável	Descrição
f_acidez	Acidez fixa
v_acidez	Acidez volátil
c_acidez	Acidez cítrica
r_acucar	Açúcar residual
cloretos	Cloretos
l_SO2	Dióxido de enxofre livre
t_SO2	Dióxido de enxofre total
densidade	Densidade
pH	pH
sulfatos	Sulfatos
alcool	Álcool
qual_ord	Avaliação da qualidade em nota de 0 a 10 (se maior, melhor)
qualidade	0 = inferior (qual_ord ≤ 5), 1 = superior (qual_ord > 5)

CAPÍTULO 3

ANÁLISE DE COMPONENTES PRINCIPAIS

3.1 Introdução

Análise de Componentes Principais (ACP) é uma transformação que gera, a partir de um conjunto de p variáveis, outro conjunto de p variáveis ortogonais (não correlacionadas entre si), que preserva a informação contida no conjunto original (variabilidade total). Essas novas variáveis são denominadas componentes principais. Em resumo, as p variáveis originais $(X_1, \ldots, X_p)$ são transformadas em p componentes principais não correlacionadas $(Y_1, \ldots, Y_p)$, de modo que Y_1 é aquela que explica a maior parcela da variabilidade total dos dados originais, Y_2 explica a segunda maior parcela e assim por diante. Já no início do século XX, Pearson (1901) e Hotelling (1933ab) abordaram esse problema.

Os principais objetivos da análise de componentes principais são:

- Reduzir a dimensionalidade dos dados. Ao invés de trabalhar com as p variáveis originais, é possível utilizar um conjunto menor de componentes principais que explicam uma proporção preestabelecida da variabilidade total dos dados.

- Criar índices que resumam as informações contidas em um conjunto de variáveis.

- Gerar variáveis não correlacionadas a partir de um conjunto de variáveis correlacionadas, caso particularmente útil quando as variáveis originais são utilizadas como preditoras em modelos de regressão e possuem uma alta multicolinearidade.

3.2 Conceitos básicos

Para apresentar as ideias que embasam essa técnica, considere o exemplo a seguir.

Exemplo 3.1 *A Pesquisa Nacional de Saúde, realizada pelo IBGE, em sua edição de 2013,*[1] *mediu a altura (em centímetros) e o peso (em quilogramas) de uma amostra de pessoas residentes no Brasil. A Figura 3.1 ilustra o comportamento das variáveis "Logaritmo natural da altura" e "Logaritmo natural do peso de homens com 21 anos". Essas variáveis foram centradas*[2] *e denominadas, respectivamente, por X_1 e X_2. A figura sugere a existência de relação linear entre as variáveis.*

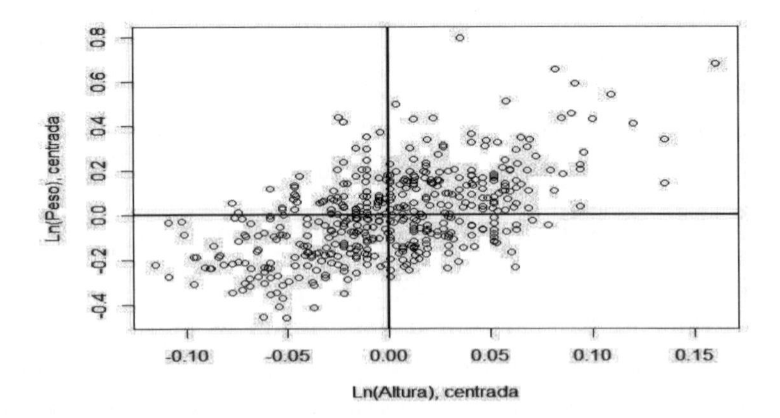

Figura 3.1: Ln(Peso) *versus* Ln(Altura) de homens com 21 anos (PNS2013)

[1] Dados disponíveis em: www.ibge.gov.br/estatisticas/sociais/saude/9160-pesquisa-nacional-de-saude.html?=&t=microdados. Acesso em: 13 out. 2020.

[2] Subtraiu-se a média de cada observação.

A matriz de covariâncias amostrais entre X_1 e X_2 é dada por

$$\mathbf{S} = \begin{pmatrix} 1{,}94 & 4{,}62 \\ 4{,}62 & 35{,}19 \end{pmatrix} \times 10^{-3}.$$

Conforme definida na Seção 2.2.3, a variância total dos dados é dada pela soma das variâncias de X_1 e X_2 ($S_T^2 = 37{,}1 \times 10^{-3}$). A correlação linear existente entre as variáveis (0,558) nos leva a crer que elas partilham informações. Na Figura 3.2, apresentamos uma rotação nos eixos de forma que o primeiro eixo (Y_1) corta o diagrama de dispersão no sentido de maior variabilidade dos dados e o segundo (Y_2) é ortogonal ao primeiro. A ortogonalidade implica que essas variáveis são não correlacionadas. Se nosso objetivo for diferenciar os pontos, o eixo associado a Y_1 é o de maior poder de discriminação – dizemos que Y_1 resume uma parcela maior das informações/variabilidade contidas nos dados do que Y_2. Aplicando a técnica de análise de componentes principais, temos que a melhor definição de Y_1 e Y_2 é dada por

$$\hat{Y}_1 = 0{,}135X_1 + 0{,}991X_2$$
$$\hat{Y}_2 = 0{,}991X_1 - 0{,}135X_2,$$

sendo que $\hat{\text{Var}}(\hat{Y}_1) + \hat{\text{Var}}(\hat{Y}_2) = (35{,}74 + 1{,}31) \times 10^{-3} = 37{,}1 \times 10^{-3} = S_T^2$, ou seja, as novas variáveis conservam a variabilidade total dos dados originais (eventuais diferenças devem-se a arredondamentos), sendo que se utilizarmos apenas $\hat{Y}_1$, estamos resumindo cerca de 96% da variabilidade total dos dados.

Algebricamente, as componentes principais são combinações lineares das variáveis originais. Geometricamente, as componentes principais são variáveis obtidas a partir da rotação do sistema de eixos originais, na direção de maior variabilidade.

A análise de componentes principais é realizada a partir da matriz de covariâncias ($\boldsymbol{\Sigma}$) ou da matriz de correlações ($\boldsymbol{\rho}$) de $X_1, \ldots, X_p$; ou, em caso dos dados serem amostrais, a partir de $\mathbf{S}$ ou $\mathbf{R}$. Não requer qualquer suposição sobre a forma da distribuição multivariada dessas variáveis.

As demonstrações deste capítulo são baseadas no texto de Johnson e Wichern (2007), em que mais detalhes podem ser encontrados.

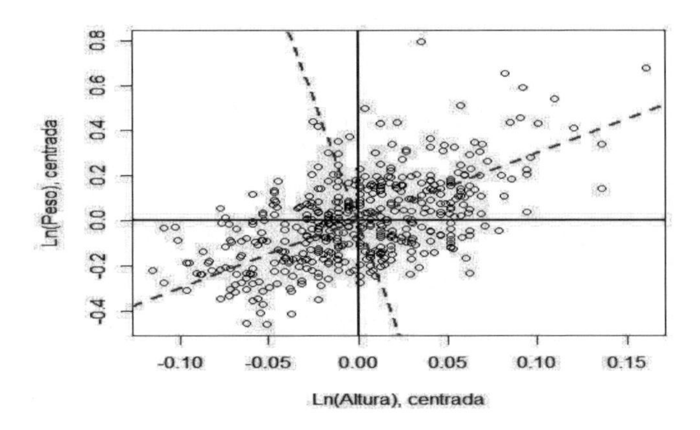

Figura 3.2: Ln(Peso) *versus* Ln(Altura) de homens com 21 anos (PNS2013)

3.3 Obtenção das componentes principais

O desenvolvimento teórico foi feito a partir da matriz de covariâncias populacionais. No entanto, quando matrizes amostrais são utilizadas, os resultados são análogos aos aqui apresentados e são estimativas dos verdadeiros.

Seja $\mathbf{x}$ o vetor das p variáveis originais $\mathbf{x}^\top = (X_1, \ldots X_p)$, com $\text{Cov}(\mathbf{x}) = \boldsymbol{\Sigma}$. Considere p combinações lineares de $X_1, \ldots, X_p$

$$\begin{aligned}
Y_1 &= \boldsymbol{\alpha}_1^\top \mathbf{x} = \alpha_{11}X_1 + \alpha_{12}X_2 + \ldots + \alpha_{1p}X_p \\
Y_2 &= \boldsymbol{\alpha}_2^\top \mathbf{x} = \alpha_{21}X_1 + \alpha_{22}X_2 + \ldots + \alpha_{2p}X_p \\
&\vdots \\
Y_p &= \boldsymbol{\alpha}_p^\top \mathbf{x} = \alpha_{p1}X_1 + \alpha_{p2}X_2 + \ldots + \alpha_{pp}X_p.
\end{aligned}$$

Então $\text{Var}(Y_i) = \boldsymbol{\alpha}_i^\top \text{Var}(\mathbf{x})\boldsymbol{\alpha}_i = \boldsymbol{\alpha}_i^\top \boldsymbol{\Sigma}\boldsymbol{\alpha}_i$ e $\text{Cov}(Y_i, Y_j) = \text{Cov}(\boldsymbol{\alpha}_i^\top \mathbf{x}, \boldsymbol{\alpha}_j^\top \mathbf{x}) = \boldsymbol{\alpha}_i^\top \boldsymbol{\Sigma}\boldsymbol{\alpha}_j$.

As componentes principais são as combinações lineares $Y_1, \ldots, Y_p$ não correlacionadas, tais que:

a. A primeira componente principal é a combinação linear $\boldsymbol{\alpha}_1^\top \mathbf{x}$ que maximiza $\text{Var}(\boldsymbol{\alpha}_1^\top \mathbf{x})$ sujeita à restrição $\boldsymbol{\alpha}_1^\top \boldsymbol{\alpha}_1 = 1$. Se essa restrição não é imposta, pode-se fazer a variância de Y_1 tão grande quanto se queira apenas aumentando o valor da primeira coordenada de $\boldsymbol{\alpha}_1$, por exemplo.

b. A segunda componente principal é a combinação linear $\boldsymbol{\alpha}_2^\top \mathbf{x}$ que maximiza $\text{Var}(\boldsymbol{\alpha}_2^\top \mathbf{x})$ sujeita às restrições $\boldsymbol{\alpha}_2^\top \boldsymbol{\alpha}_2 = 1$ e $\text{Cov}(\boldsymbol{\alpha}_1^\top \mathbf{x}, \boldsymbol{\alpha}_2^\top \mathbf{x}) = 0$. Em outras palavras, a segunda componente principal deve ser ortogonal (não correlacionada) à primeira.

c. A i-ésima componente principal é a combinação linear $\boldsymbol{\alpha}_i^\top \mathbf{x}$ que maximiza $\text{Var}(\boldsymbol{\alpha}_i^\top \mathbf{x})$ sujeita às restrições $\boldsymbol{\alpha}_i^\top \boldsymbol{\alpha}_i = 1$ e $\text{Cov}(\boldsymbol{\alpha}_i^\top \mathbf{x}, \boldsymbol{\alpha}_j^\top \mathbf{x}) = 0$, para qualquer $j < i$. Isso faz com que todas as componentes sejam não correlacionadas entre si.

Essas restrições garantem que a soma das variâncias das variáveis originais seja igual à soma das variâncias das componentes principais e que estas sejam não correlacionadas.

Resultado 3.1 *Seja* $\boldsymbol{\Sigma}$ *a matriz de covariâncias associada ao vetor de variáveis aleatórias* $\mathbf{x}$, *cuja decomposição espectral é escrita como* $\boldsymbol{\Sigma} = \boldsymbol{\Gamma}\boldsymbol{\Lambda}\boldsymbol{\Gamma}^\top$ *(ver Resultado B.16 do Apêndice B). Sejam* $(\lambda_1, \boldsymbol{\alpha}_1), \ldots, (\lambda_p, \boldsymbol{\alpha}_p)$ *os autovalores e os autovetores ortogonais normalizados, associados a* $\boldsymbol{\Sigma}$, *ordenados de modo que* $\lambda_1 \geq \lambda_2 \geq \ldots \geq \lambda_p \geq 0$. *A i-ésima componente principal é dada por*

$$Y_i = \boldsymbol{\alpha}_i^\top \mathbf{x} = \alpha_{i1}X_1 + \alpha_{i2}X_2 + \ldots + \alpha_{ip}X_p, \quad i = 1, \ldots, p.$$

Com essa escolha,

$$\begin{array}{l} \text{Var}(Y_i) = \boldsymbol{\alpha}_i^\top \boldsymbol{\Sigma} \boldsymbol{\alpha}_i = \lambda_i, \quad i = 1, \ldots, p, \\ \text{Cov}(Y_i, Y_j) = \boldsymbol{\alpha}_i^\top \boldsymbol{\Sigma} \boldsymbol{\alpha}_j = 0, \quad i \neq j \end{array}.$$

Prova: A prova desse teorema é consequência direta dos Resultados B.20 e B.21 do Apêndice B. ∘

Em resumo, as componentes principais são não corelacionadas e têm variâncias iguais aos autovalores de $\boldsymbol{\Sigma}$.

A magnitude de α_{ij} reflete o peso da j-ésima variável para a i-ésima componente principal.

Quando se decompõe a matriz de covariâncias amostrais, por exemplo, tem-se: $\mathbf{S} = \hat{\boldsymbol{\Gamma}}\hat{\boldsymbol{\Lambda}}\hat{\boldsymbol{\Gamma}}^\top$, com autovalores $\hat{\lambda}_1 \geq \hat{\lambda}_2 \geq \ldots \geq \hat{\lambda}_p \geq 0$. Representamos a i-ésima componente principal por

$$\hat{Y}_i = \hat{\boldsymbol{\alpha}}_i^\top \mathbf{x} = \hat{\alpha}_{i1}X_1 + \hat{\alpha}_{i2}X_2 + \ldots + \hat{\alpha}_{ip}X_p, \quad i = 1, \ldots, p.$$

Exemplo 3.2 *Voltando ao Exemplo 1.1 do Capítulo 1, sobre as taxas de delitos por 100.000 habitantes por regiões (Tabela 1.1), considere:*

X_1: *Homicídio doloso;*
X_2: *Furto;*
X_3: *Roubo;*
X_4: *Roubo e furto de veículos.*

O vetor média amostral e a matriz de covariâncias amostrais de $\mathbf{x}^\top = (X_1, X_2, X_3, X_4)$ são dados por:

$$\bar{\mathbf{x}} = \begin{pmatrix} 25{,}25 \\ 1310{,}96 \\ 427{,}56 \\ 332{,}64 \end{pmatrix} \quad \text{e}$$

$$\mathbf{S} = \begin{pmatrix} 206{,}07 & -1.526{,}24 & 4.190{,}21 & 3.156{,}38 \\ -1.526{,}24 & 57.352{,}79 & -20.611{,}99 & -41.428{,}18 \\ 4.190{,}21 & -20.611{,}99 & 109.401{,}24 & 80.241{,}60 \\ 3.156{,}38 & -41.428{,}18 & 80.241{,}60 & 75.628{,}46 \end{pmatrix}. \tag{3.1}$$

A decomposição espectral da matriz $\mathbf{S}$ apresenta as seguintes matrizes de autovalores e autovetores:

$$\hat{\mathbf{\Lambda}} = \begin{pmatrix} 188.433 & 0 & 0 & 0 \\ 0 & 51.813 & 0 & 0 \\ 0 & 0 & 2.327 & 0 \\ 0 & 0 & 0 & 15 \end{pmatrix} \quad \text{e} \tag{3.2}$$

$$\hat{\mathbf{\Gamma}} = \begin{pmatrix} 0{,}029 & 0{,}006 & 0{,}117 & 0{,}993 \\ -0{,}310 & 0{,}866 & -0{,}389 & 0{,}050 \\ 0{,}716 & 0{,}484 & 0{,}496 & -0{,}082 \\ 0{,}624 & -0{,}125 & -0{,}768 & 0{,}073 \end{pmatrix}. \tag{3.3}$$

As quatro componentes principais são dadas por $\hat{\mathbf{y}} = \hat{\mathbf{\Gamma}}^\top \mathbf{x}$, ou seja,

$$\begin{aligned} \hat{Y}_1 &= 0{,}029X_1 - 0{,}310X_2 + 0{,}716X_3 + 0{,}624X_4 \\ \hat{Y}_2 &= 0{,}006X_1 + 0{,}866X_2 + 0{,}484X_3 - 0{,}125X_4 \\ \hat{Y}_3 &= 0{,}117X_1 - 0{,}389X_2 + 0{,}496X_3 - 0{,}768X_4 \\ \hat{Y}_4 &= 0{,}993X_1 + 0{,}050X_2 - 0{,}082X_3 + 0{,}073X_4, \end{aligned}$$

com $\hat{\text{Cov}}(\hat{\mathbf{y}}) = \hat{\mathbf{\Lambda}}$.

Já era esperado que os coeficientes das variáveis "Roubo" e "Roubo e furto de veículos" na primeira componente principal fossem grandes em relação aos demais, pois as variâncias dessas variáveis são muito maiores do que as variâncias das demais. Elas representam 45% e 31% da variância total, respectivamente.

3.4 Propriedades das componentes principais

Resultado 3.2 *Quando a transformação proposta no Resultado 3.1 é aplicada às variáveis originais, a variância total (soma das variâncias das variáveis) não se modifica, isto é,*

$$\sigma_1^2 + \sigma_2^2 + \ldots + \sigma_p^2 = \lambda_1 + \lambda_2 + \ldots + \lambda_p,$$

sendo $\text{Var}(X_j) = \sigma_j^2$*, ou seja,*

$$\sum_{j=1}^{p} \text{Var}(X_j) = \sum_{i=1}^{p} \text{Var}(Y_i). \tag{3.4}$$

Prova: Considere $\mathbf{\Lambda}$ a matriz diagonal dos autovalores de $\mathbf{\Sigma}$ e $\mathbf{\Gamma}$ a matriz cujas colunas são os correspondentes autovetores normalizados. Pela decomposição espectral, $\mathbf{\Sigma} = \mathbf{\Gamma}\mathbf{\Lambda}\mathbf{\Gamma}^\top$ (Resultado B.16 do Apêndice B). A matriz $\mathbf{\Gamma}$ é ortogonal, isto é, $\mathbf{\Gamma}^\top\mathbf{\Gamma} = \mathbf{\Gamma}\mathbf{\Gamma}^\top = \mathbf{I}$. Usando o fato que $\text{tr}(\mathbf{AB}) = \text{tr}(\mathbf{BA})$, temos que

$$\sum_{j=1}^{p} \text{Var}(X_j) = \text{tr}(\mathbf{\Sigma}) = \text{tr}(\mathbf{\Gamma}\mathbf{\Lambda}\mathbf{\Gamma}^\top) = \text{tr}(\mathbf{\Lambda}\mathbf{\Gamma}^\top\mathbf{\Gamma}) = \text{tr}(\mathbf{\Lambda})$$

$$= \lambda_1 + \lambda_2 + \ldots + \lambda_p = \sum_{i=1}^{p} \text{Var}(Y_i). \quad \circ$$

O Resultado 3.2 estabelece que a variância total é a mesma, seja para as variáveis originais, seja para as componentes principais. Desse modo, o valor

$$\frac{\lambda_i}{\lambda_1 + \lambda_2 + \ldots + \lambda_p}, \quad i = 1, \ldots, p$$

é interpretado como a proporção da variância total explicada pela i-ésima componente principal.

Quando uma porcentagem substancial da variabilidade total for explicada pelas primeiras k componentes principais, pode-se usá-las no lugar das variáveis originais sem perder, em princípio, muita informação.[3]

Voltando ao Exemplo 3.2, temos que as proporções da variância total explicada pelas quatro componentes principais são:

$$\begin{aligned}
\% \text{ explicada por } \hat{Y}_1 &= \frac{188433}{242588} \times 100 = 77{,}68\% \\
\% \text{ explicada por } \hat{Y}_2 &= \frac{51813}{242588} \times 100 = 21{,}36\% \\
\% \text{ explicada por } \hat{Y}_3 &= \frac{2327}{242588} \times 100 = 0{,}95\% \\
\% \text{ explicada por } \hat{Y}_4 &= \frac{15}{242588} \times 100 = 0{,}01\%,
\end{aligned}$$

isto é, a primeira componente principal explica 77,68% da variabilidade total dos dados, as duas primeiras componentes principais juntas explicam em torno de 99,0%, as três primeiras componentes principais explicam praticamente a totalidade da variância total, quase nada restando para a quarta componente principal.

Resultado 3.3 *Quando a matriz de covariâncias de* $\mathbf{x}$ *tem posto* $r < p$, *a variabilidade total pode ser inteiramente explicada pelas* r *primeiras componentes principais.*

Resultado 3.4 *A correlação entre a* i*-ésima componente principal e a* j*-ésima variável é*

$$\text{Corr}(X_j, Y_i) = \frac{\alpha_{ij}\sqrt{\lambda_i}}{\sqrt{\sigma_j^2}}, \quad i, j = 1, \ldots, p,$$

isto é, α_{ij} *é proporcional à correlação entre* X_j *e* Y_i.

Prova: Para calcular essa correlação, observe que

$$\text{Var}(Y_i) = \lambda_i, \quad \text{Var}(X_j) = \sigma_j^2 \quad \text{e} \quad \mathbf{\Sigma}\boldsymbol{\alpha}_i = \lambda_i \boldsymbol{\alpha}_i.$$

Seja $X_j = \boldsymbol{l}_j^\top \mathbf{x}$, com $\boldsymbol{l}$ sendo o vetor de dimensão $(p \times 1)$ com o valor 1 na posição j e zero nas demais posições, então

$$\text{Cov}(X_j, Y_i) = \text{Cov}(\boldsymbol{l}_j^\top \mathbf{x}, \boldsymbol{\alpha}_i^\top \mathbf{x}) = \boldsymbol{l}_j^\top \mathbf{\Sigma}\boldsymbol{\alpha}_i = \boldsymbol{l}_j^\top \lambda_i \boldsymbol{\alpha}_i = \lambda_i \boldsymbol{l}_j^\top \boldsymbol{\alpha}_i = \lambda_i \alpha_{ij}.$$

[3]Informação está sendo entendida como a explicação da variabilidade total dos dados.

Logo,

$$\text{Corr}(X_j, Y_i) = \frac{\text{Cov}(X_j, Y_i)}{\sqrt{\text{Var}(X_j)\text{Var}(Y_i)}} = \frac{\lambda_i \alpha_{ij}}{\sigma_j \sqrt{\lambda_i}} = \frac{\alpha_{ij}\sqrt{\lambda_i}}{\sigma_j},$$

em que α_{ij} é o j-ésimo elemento do autovetor i. $\circ$

No Exemplo 3.2, as correlações entre as variáveis originais e as componentes principais são apresentadas na Tabela 3.1.

Tabela 3.1: Correlações entre as variáveis originais e as componentes principais do Exemplo 3.2

	$\hat{Y}_1$	$\hat{Y}_2$	$\hat{Y}_3$	$\hat{Y}_4$
X_1	0,875	0,096	0,393	0,266
X_2	-0,562	0,823	-0,078	0,001
X_3	0,940	0,333	0,072	-0,001
X_4	0,985	-0,103	-0,135	0,001

3.5 Decomposição da matriz de correlações

A análise de componentes principais gera novas variáveis que explicam a variabilidade total dos dados. Como a variância total é definida como a soma das variâncias das variáveis originais, em casos em que essas diferem muito, é possível que as variáveis com maiores variâncias predominem nas primeiras componentes[4] e as de baixa variabilidade nas últimas. Se a intenção do analista é reduzir a dimensionalidade dos dados, ele corre o risco de estar simplesmente descartando as variáveis de menor variância, como ilustra o Exemplo 3.3.

Exemplo 3.3 *Considere a matriz de covariâncias a seguir:*

$$\mathbf{\Sigma} = \begin{pmatrix} 138{,}820 & 1{,}142 & 3{,}205 \\ 1{,}142 & 1{,}178 & 0{,}337 \\ 3{,}205 & 0{,}337 & 1{,}146 \end{pmatrix}.$$

[4]Tenham coeficientes muito mais altos nas primeiras componentes.

A variância de X_1 é muito maior do que as variâncias de X_2 e X_3. Ao aplicarmos a decomposição espectral a essa matriz, obtemos os resultados descritos na Tabela 3.2. O primeiro autovalor praticamente coincide com a variância de X_1, sendo que a primeira componente sozinha explica mais de 98% da variabilidade total dos dados. Uma análise mais superficial poderia levar ao descarte das componentes 2 e 3 e à substituição dos dados originais apenas por Y_1, aparentemente com mínima perda de explicação. Contudo, perceba que a correlação entre Y_1 e X_1 é praticamente 1 e é muito baixa com X_2 e X_3, logo a primeira componente praticamente ignora essas duas variáveis e valoriza apenas aquela que possui uma variância muito maior do que as demais.

Tabela 3.2: Decomposição espectral da matriz de covariâncias do Exemplo 3.3

	Y_1	Y_2	Y_3
Autovalores	138,904	1,434	0,806
% de explicação	98,4	1,0	0,6
Autovetores	>0,999	0,021	-0,012
	0,008	-0,760	-0,650
	0,023	-0,650	0,760
Correlações			
X_1	>0,999	0,002	-0,001
X_2	0,091	-0,838	-0,538
X_3	0,256	-0,727	0,637

As componentes principais também podem ser obtidas a partir das variáveis padronizadas, ou seja, a partir da matriz de correlações. As variáveis padronizadas têm a mesma variância (um), fazendo com que todas contribuam igualmente para a variância total. Variáveis altamente correlacionadas tendem a ter altas correlações com a mesma componente principal. As variáveis padronizadas são obtidas a partir de

$$\mathbf{z} = \mathbf{V}^{-1/2}(\mathbf{x} - \boldsymbol{\mu}),$$

com $\mathbf{V}^{1/2} = \text{diag}(\sigma_1, \sigma_2, \ldots, \sigma_p)$. Desse modo, a i-ésima componente principal das variáveis padronizadas $\mathbf{z}^\top = (Z_1, \ldots, Z_p)$, $Z_i = (X_i - \mu_i)/\sigma_i$, com $\text{Cov}(\mathbf{z}) = \boldsymbol{\rho}$ é dada por

$$Y_i = \boldsymbol{\varepsilon}_i^\top (\mathbf{V}^{1/2})^{-1}(\mathbf{x} - \boldsymbol{\mu}), \quad i = 1, \ldots, p,$$

em que $\boldsymbol{\varepsilon}_i$ é o autovetor de $\boldsymbol{\rho}$ associado ao i-ésimo autovalor γ_i.

Além disso, $\sum_{i=1}^{p} \text{Var}(Y_i) = p$ e a correlação entre a j-ésima variável original e a i-ésima componente principal é

$$\text{Corr}(Z_j, Y_i) = \varepsilon_{ij}\sqrt{\gamma_i},$$

em que ε_{ij} é o j-ésimo elemento do autovetor associado ao i-ésimo autovalor.

A proporção da variabilidade total explicada pela i-ésima componente principal é γ_i/p. Para provar esse resultado basta aplicar os resultados anteriores à matriz de correlações $\boldsymbol{\rho}$.

Continuação do Exemplo 3.3: A matriz de correlações é dada por

$$\boldsymbol{\rho} = \begin{pmatrix} 1{,}000 & 0{,}089 & 0{,}254 \\ 0{,}089 & 1{,}000 & 0{,}290 \\ 0{,}254 & 0{,}290 & 1{,}000 \end{pmatrix}.$$

A Tabela 3.3 resume o resultado da análise de componentes principais aplicada a essa matriz. Ao comparar com a Tabela 3.2, percebemos que a explicação da primeira componente, que era de 98%, passa a ser 48%; além disso, Y_1 deixou de explicar apenas X_1, passando a ter correlações de ordens de grandeza semelhantes com as três variáveis. Em resumo, o predomínio de X_1 sobre a primeira componente, verificado anteriormente, era de fato fruto de sua alta variância.

Tabela 3.3: Decomposição espectral da matriz de correlações do Exemplo 3.3

	Y_1	Y_2	Y_3
Autovalores	1,432	0,912	0,656
% de explicação	47,7	30,4	21,9
Autovetores	0,504	-0,757	0,416
	0,550	0,653	0,521
	0,666	0,034	-0,746
Correlações			
X_1	0,603	-0,723	0,337
X_2	0,658	0,624	0,422
X_3	0,797	0,032	-0,604

Continuação do Exemplo 3.2: A matriz de correlações amostrais do vetor de variáveis aleatórias $\mathbf{x}$ é dada por

$$\mathbf{R} = \begin{pmatrix} 1{,}000 & -0{,}444 & 0{,}882 & 0{,}800 \\ -0{,}444 & 1{,}000 & -0{,}260 & -0{,}629 \\ 0{,}882 & -0{,}260 & 1{,}000 & 0{,}882 \\ 0{,}800 & -0{,}629 & 0{,}882 & 1{,}000 \end{pmatrix}.$$

As estimativas dos autovalores são $\hat{\gamma}_1 = 3{,}01$; $\hat{\gamma}_2 = 0{,}80$; $\hat{\gamma}_3 = 0{,}19$ e $\hat{\gamma}_4 = 0{,}01$ e dos autovetores correspondentes

$$\hat{\varepsilon}_1 = \begin{pmatrix} 0{,}533 \\ -0{,}361 \\ 0{,}526 \\ 0{,}557 \end{pmatrix}, \quad \hat{\varepsilon}_2 = \begin{pmatrix} 0{,}213 \\ 0{,}870 \\ 0{,}440 \\ -0{,}056 \end{pmatrix},$$

$$\hat{\varepsilon}_3 = \begin{pmatrix} 0{,}769 \\ -0{,}108 \\ -0{,}233 \\ -0{,}586 \end{pmatrix}, \quad \hat{\varepsilon}_4 = \begin{pmatrix} 0{,}283 \\ 0{,}317 \\ -0{,}690 \\ 0{,}586 \end{pmatrix}.$$

Com isso, as componentes principais, baseadas nas variáveis padronizadas, são:

$$\begin{aligned} \hat{Y}_1 &= 0{,}533\hat{Z}_1 - 0{,}361\hat{Z}_2 + 0{,}526\hat{Z}_3 + 0{,}557\hat{Z}_4 \\ \hat{Y}_2 &= 0{,}213\hat{Z}_1 + 0{,}870\hat{Z}_2 + 0{,}440\hat{Z}_3 - 0{,}056\hat{Z}_4 \\ \hat{Y}_3 &= 0{,}769\hat{Z}_1 - 0{,}108\hat{Z}_2 - 0{,}233\hat{Z}_3 - 0{,}586\hat{Z}_4 \\ \hat{Y}_4 &= 0{,}283\hat{Z}_1 + 0{,}317\hat{Z}_2 - 0{,}690\hat{Z}_3 + 0{,}586\hat{Z}_4 \end{aligned}$$

em que $\hat{Z}_1 = (X_1 - 25{,}25)/14{,}36$; $\hat{Z}_2 = (X_2 - 1310{,}96)/239{,}48$; $\hat{Z}_3 = (X_3 - 427{,}56)/330{,}76$ e $\hat{Z}_4 = (X_4 - 332{,}64)/275{,}01$.

Os coeficientes parecidos das variáveis "Homicídio doloso", "Roubo" e "Roubo e furto de veículos" na primeira componente principal eram esperados, pois as variáveis foram padronizadas e as correlações entre essas três variáveis, duas a duas, são altas e próximas. A segunda componente principal apresenta o maior coeficiente para "Furto".

As porcentagens da variância amostral total explicada pelas quatro componentes principais são, respectivamente, 75,2%; 20,0%; 4,6% e 0,2%, sendo as porcentagens acumuladas de 75,2%; 95,2%; 99,8% e 100%.

As estimativas das correlações entre as variáveis originais padronizadas e as componentes principais são apresentadas na Tabela 3.4.

Tabela 3.4: Correlações entre as variáveis padronizadas e as componentes principais do Exemplo 3.2

	$\hat{Y}_1$	$\hat{Y}_2$	$\hat{Y}_3$	$\hat{Y}_4$
$\hat{Z}_1$	0,924	0,190	0,331	0,025
$\hat{Z}_2$	-0,625	0,779	-0,047	0,028
$\hat{Z}_3$	0,912	0,394	-0,100	-0,061
$\hat{Z}_4$	0,965	-0,050	-0,252	0,051

3.6 Comentários gerais

As componentes principais derivadas da matriz de covariâncias $\mathbf{\Sigma}$ são, em geral, diferentes das componentes principais derivadas da matriz de correlações $\boldsymbol{\rho}$. Um conjunto de componentes principais não é uma simples função do outro.

Quando as variáveis são medidas em escalas diferentes, é recomendável usar as variáveis padronizadas, ou seja, fazer a análise sobre a matriz de correlações.

Na prática, as componentes principais são obtidas a partir da matriz de covariâncias ($\mathbf{S}$) ou da matriz de correlações ($\mathbf{R}$) amostrais e os autovalores e autovetores obtidos são, na verdade, estimativas dos verdadeiros. Se os dados seguem uma distribuição normal multivariada, a análise de componentes principais pode ser feita com base no estimador de máxima verossimilhança da matriz de covariâncias ($\mathbf{S}_n$), as estimativas dos autovalores e autovetores derivadas são as estimativas de máxima verossimilhança e são as mesmas encontradas por intermédio de $\mathbf{S}$.

3.6.1 Obtenção dos valores das variáveis originais a partir das componentes principais

As componentes principais são dadas por

$$\mathbf{y} = \mathbf{\Gamma}^\top \mathbf{x}.$$

Pré-multiplicando por $\mathbf{\Gamma}$, temos

$$\mathbf{\Gamma y} = \mathbf{\Gamma \Gamma}^\top \mathbf{x} \tag{3.5}$$

e, portanto,

$$\mathbf{x} = \mathbf{\Gamma y}, \tag{3.6}$$

ou seja, a j-ésima variável original é dada pela combinação linear

$$X_j = \alpha_{1j}Y_1 + \alpha_{2j}Y_2 + \ldots + \alpha_{pj}Y_p,$$

ou seja, é a combinação determinada pelos elementos da posição j de cada um dos autovetores.

Assim, as variâncias das variáveis originais podem ser escritas como função das variâncias das componentes principais, ou seja,

$$\text{Var}(X_j) = \sigma_j^2 = \sum_{i=1}^{p} \alpha_{ij}^2 \text{Var}(Y_i) = \sum_{i=1}^{p} \alpha_{ij}^2 \lambda_i,$$

pois as componentes principais são não correlacionadas.

Então, a porcentagem da variância de uma das variáveis originais (X_j) explicada por uma das componentes principais (Y_i) é dada por

$$\frac{\alpha_{ij}^2 \lambda_i}{\sigma_j^2},$$

ou seja, é o quadrado da correlação entre X_j e Y_i.

Continuação do Exemplo 3.2: As porcentagens das variâncias das variáveis originais explicadas pelas componentes principais estão na Tabela 3.5. Para as variáveis padronizadas, são exibidas na Tabela 3.6.

3.6.2 Número de componentes principais

Quando a intenção da análise é a redução de dimensionalidade do problema, é necessário estabelecer critérios para a determinação do número de componentes principais que devem ser retidas. Por um lado, busca-se um número pequeno, por outro também se deseja um alto grau de explicação.

Há vários critérios que auxiliam nessa tomada de decisão. Citamos abaixo alguns deles:

- Critério de Kaiser (1958). Esse critério sugere manter as componentes principais correspondentes aos autovalores maiores do que a média dos autovalores, se a análise é baseada na matriz de covariâncias, ou as componentes

Tabela 3.5: Porcentagem de explicação das variáveis pelas componentes principais criadas a partir da matriz de covariâncias (entre parênteses a porcentagem acumulada) do Exemplo 3.2

	$\hat{Y}_1$	$\hat{Y}_2$	$\hat{Y}_3$	$\hat{Y}_4$
X_1	76,9	0,9	15,4	6,8
	(76,9)	(77,8)	(93,2)	100,0)
X_2	31,6	67,8	0,6	0,0
	(31,6)	(99,4)	(100,0)	(100,0)
X_3	88,3	11,1	0,5	0,1
	(88,3)	(99,4)	(99,9)	(100,0)
X_4	97,0	1,1	1,8	0,1
	(97,0)	(98,1)	(99,9)	(100,0)

Tabela 3.6: Porcentagem de explicação das variáveis pelas componentes principais criadas a partir da matriz de correlações (entre parênteses a porcentagem acumulada) do Exemplo 3.2

	$\hat{Y}_1$	$\hat{Y}_2$	$\hat{Y}_3$	$\hat{Y}_4$
$\hat{Z}_1$	85,4	3,6	10,9	0,1
	(85,4)	(89,0)	(99,9)	(100,0)
$\hat{Z}_2$	39,2	60,5	0,2	0,1
	(39,2)	(99,7)	(99,9)	(100,0)
$\hat{Z}_3$	83,2	15,5	1,0	0,3
	(83,2)	(98,7)	(99,7)	(100,0)
$\hat{Z}_4$	93,2	0,2	6,4	0,2
	(93,2)	(93,4)	(99,8)	(100,0)

principais correspondentes aos autovalores maiores do que 1, se a matriz de correlações é usada. A lógica é que uma componente tem por objetivo reter informações, logo não seria razoável manter componentes que explicam menos do que uma variável individualmente explica.

- Reter o número de componentes principais que acumulem pelo menos certa porcentagem da variabilidade total dos dados, por exemplo, 70%.
- Reter as componentes principais que acumulem pelo menos uma certa porcentagem da variabilidade de cada uma das variáveis originais, por exemplo, 50%.

Uma ferramenta que pode auxiliar na escolha do número de componentes principais a serem retidas é o gráfico dos autovalores (scree plot). Nesse gráfico, os pares $(i, \lambda_i), i = 1, \ldots, p$ são representados por pontos, que são unidos por uma linha. Comumente, a diferença entre os primeiros autovalores é grande e diminui para os últimos. A sugestão é fazer o corte quando a variação passe a ser pequena.

Qualquer que seja o critério adotado, deve-se sempre fazer uso do bom senso e avaliar se alguma componente principal com contribuição importante está sendo descartada.

No Exemplo 3.2, se o critério escolhido fosse o de Kaiser, ou o de explicar pelo menos uma porcentagem da variabilidade total, digamos 80%, ou ainda o de explicar pelo menos uma porcentagem da variância de cada uma das variáveis originais, digamos 50%, os números de componentes retidas seriam 1, 2 e 2, respectivamente, seja a análise baseada na matriz de covariâncias ou na matriz de correlações.

As Figuras 3.3 e 3.4 são os gráficos dos autovalores das soluções com base nas matrizes de covariâncias e de correlações amostrais, respectivamente. Ambos mostram um forte decaimento até o terceiro autovalor, sugerindo o uso de dois componentes principais. Da terceira componente principal em diante, os autovalores são próximos de zero.

3.6.3 Interpretação das componentes principais

Nem sempre as componentes principais são facilmente interpretáveis. Em geral, a interpretação é feita com base nas correlações entre as variáveis e as componentes principais ou nos coeficientes das combinações lineares que levam às componentes principais. As correlações são medidas das associações de cada variável com as componentes principais; os coeficientes são medidas das contribuições de cada variável para as componentes principais, na presença das demais variáveis.

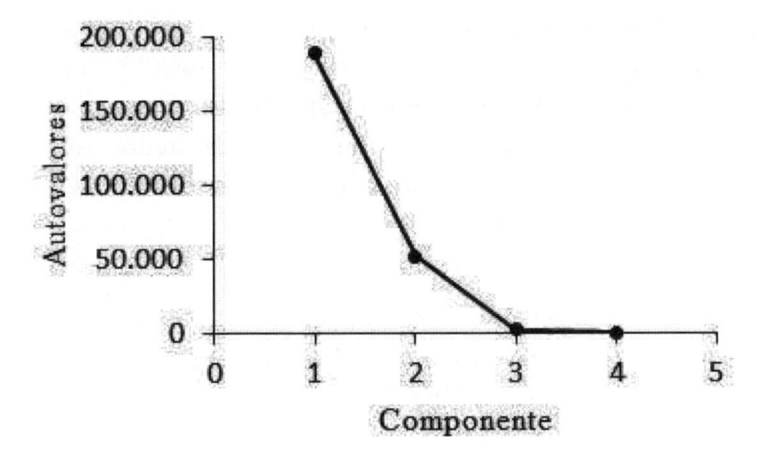

Figura 3.3: Gráfico dos autovalores da matriz de covariâncias do Exemplo 3.2

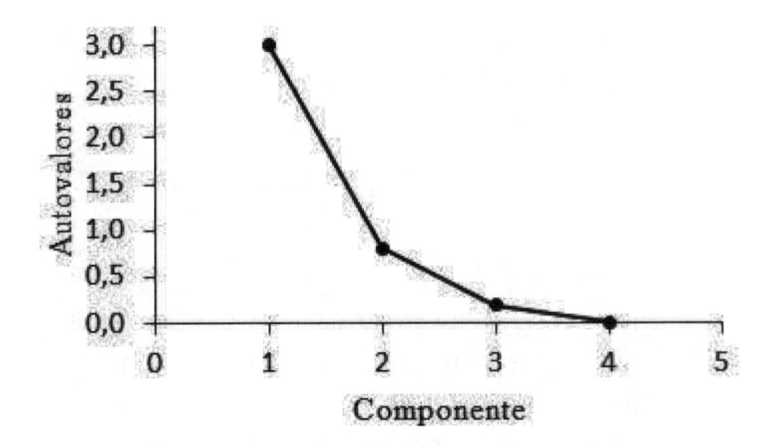

Figura 3.4: Gráfico dos autovalores da matriz de correlações do Exemplo 3.2

Voltando ao Exemplo 3.2, a primeira componente principal tem forte associação com "Homicídio doloso", "Roubo" e "Roubo e furto de veículos", crimes que pressupõem a presença da vítima no momento da ocorrência (note que X_4 não separa roubo de furto). A segunda componente principal associa-se fortemente apenas com a variável "Furto". Isso acontece tanto na análise realizada a partir da matriz de covariâncias como a partir da matriz de correlações.

Nas duas análises, os coeficientes associados às variáveis "Roubo" e "Roubo e furto de veículos" são altos na primeira componente principal e à variável "Furto" na segunda componente. A diferença está na variável "Homicídio doloso", que apresenta alto coeficiente na primeira componente na análise sobre a matriz de correlações; já para a análise feita sobre a matriz de covariâncias, esse coeficiente só é alto na quarta componente.

Exemplo 3.4 *Os dados referem-se a uma pesquisa sobre plantações de melões.*[5] *As unidades amostrais são conjuntos de meloeiros, para as quais foram tomadas medidas das seguintes variáveis: NFT (número total de melões por hectare), PT (peso médio dos melões, em kg), PROD (produção, em kg por hectare), NFP (número médio de melões por planta), IF (índice de formato, definido como o diâmetro transversal dividido pelo diâmetro longitudinal ideal) e BRIX (teor de açúcar, em graus brix).*

Foram observadas 288 unidades. Os dados de 10 unidades são apresentados na Tabela 3.7 para que o leitor tenha uma ideia da magnitude deles.

Tabela 3.7: Dados sobre plantações de melões

NFT	PT	PROD	NFP	IF	BRIX
26.250	1,2	28.701	1,1	1,1	7,0
28.750	0,5	16.113	1,2	1,1	6,1
35.000	1,5	47.943	1,4	1,1	8,2
13.750	0,8	19.366	1,0	1,2	7,3
21.250	1,2	24.628	0,9	1,1	5,6
22.500	1,1	23.773	0,9	1,1	7,0
11.250	1,4	13.526	0,5	1,2	6,3
8.750	1,5	11.303	0,4	1,1	6,3
43.750	1,3	51.096	1,8	1,2	6,1
35.000	1,1	38.023	1,4	1,2	6,3

[5]Os dados deste exemplo foram gentilmente cedidos pelo Prof. Fábio Gurgel, do Departamento de Biologia da Universidade Federal de Lavras, e, na época, doutorando do Departamento de Ciências Exatas da mesma universidade, sob orientação do Prof. Daniel Furtado Ferreira.

O vetor média e as matrizes de covariâncias e de correlações amostrais são dados a seguir.

$$\bar{\mathbf{x}}^\top = (36.306;\ 1{,}37;\ 39.451;\ 1{,}48;\ 1{,}19;\ 8{,}40),$$

$$\mathbf{S} = \begin{pmatrix} 90.866.797 & -499 & 80.415.798 & 3.553 & -77 & 2.406 \\ -499 & 0{,}077 & 2.009 & -0{,}021 & 0{,}001 & 0{,}144 \\ 80.415.798 & 2.009 & 304.001.559 & 3.098 & 39 & 8.811 \\ 3.553 & -0{,}021 & 3.098 & 0{,}141 & -0{,}003 & 0{,}086 \\ -77 & 0{,}001 & 39 & -0{,}003 & 0{,}006 & -0{,}027 \\ 2.406 & 0{,}144 & 8.811 & 0{,}086 & -0{,}027 & 2{,}458 \end{pmatrix},$$

$$\mathbf{R} = \begin{pmatrix} 1{,}000 & -0{,}189 & 0{,}484 & 0{,}993 & -0{,}103 & 0{,}161 \\ -0{,}189 & 1{,}000 & 0{,}416 & -0{,}202 & 0{,}057 & 0{,}331 \\ 0{,}484 & 0{,}416 & 1{,}000 & 0{,}473 & 0{,}029 & 0{,}322 \\ 0{,}993 & -0{,}202 & 0{,}473 & 1{,}000 & -0{,}101 & 0{,}147 \\ -0{,}103 & 0{,}057 & 0{,}029 & -0{,}101 & 1{,}000 & -0{,}223 \\ 0{,}161 & 0{,}331 & 0{,}322 & 0{,}147 & -0{,}223 & 1{,}000 \end{pmatrix}.$$

Observando a matriz de covariâncias, podemos notar que a maior variância é a da variável PROD seguida da variável NFT, sendo estas muito maiores do que as demais. Isso sugere que, se fizermos a análise com base nessa matriz, a primeira componente principal seria dominada pela variável PROD e a segunda pela variável NFT. Nesse caso, as porcentagens da variabilidade total explicada por essas componentes seriam 83,8% e 16,2%, respectivamente, explicando a totalidade da variância.

Como as escalas das variáveis são diferentes, a análise foi feita com base na matriz de correlações.

Na Tabela 3.8 são apresentados os autovalores e um resumo das porcentagens da variância total explicada pelas componentes principais.

A Figura 3.5 é o gráfico dos autovalores.

A Tabela 3.9 mostra os coeficientes das componentes principais, que devem ser aplicados às variáveis padronizadas. A Tabela 3.10 dá as correlações entre as variáveis originais e as componentes principais e a Tabela 3.11, as porcentagens das variâncias individuais explicadas pelas componentes principais.

Conforme mostra a Figura 3.5, os autovalores vão diminuindo gradativamente, com aproximadamente a mesma diferença entre eles; não existe nenhum grande

Tabela 3.8: Autovalores e explicação da variância total do Exemplo 3.4

CP	Autovalor	Explicação (%)	Explicação cumulada	Variação da explicação
1	2,438	40,6	40,6	-
2	1,572	26,2	66,8	14,4
3	1,101	18,4	85,2	7,8
4	0,583	9,7	94,9	8,7
5	0,299	5,0	99,9	4,7
6	0,007	0,1	100,0	4,9

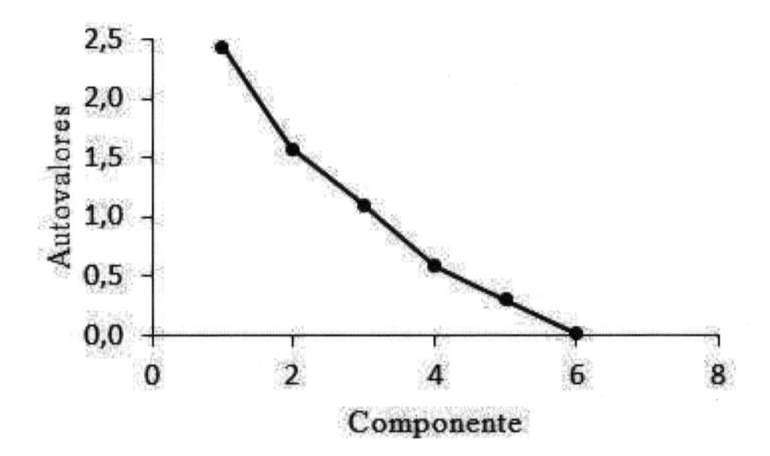

Figura 3.5: Gráfico dos autovalores do Exemplo 3.4

salto no gráfico. A Tabela 3.8 mostra que, se considerarmos as três primeiras componentes principais, explicamos 85,2% da variabilidade total dos dados, o que parece bastante razoável. Se a escolha do número de componentes a serem utilizadas fosse baseada no critério de Kaiser, esse número também seria o mesmo (somente os três primeiros autovalores são maiores do que 1). Esse número também parece bom se tomarmos como referência a Tabela 3.11, em que verificamos que, com três componentes principais, a menor porcentagem de variância individual explicada é a da variável BRIX, com 67%. Note que, se mantivéssemos somente duas componentes, a variância da variável IF teria somente 3,2% de explicação.

Tabela 3.9: Coeficientes das componentes principais do Exemplo 3.4

Variável	Y_1	Y_2	Y_3	Y_4	Y_5	Y_6
NFT	0,598	0,249	0,055	-0,016	-0,274	0,708
PT	0,024	-0,713	0,162	0,331	-0,596	-0,005
PROD	0,459	-0,360	0,267	0,317	0,699	-0,004
NFP	0,595	0,262	0,057	-0,013	-0,276	-0,706
IF	-0,114	0,006	0,872	-0,475	-0,039	0,001
BRIX	0,254	-0,480	-0,370	-0,751	0,068	-0,008

Tabela 3.10: Correlações entre as variáveis e as componentes principais do Exemplo 3.4

Variável	Y_1	Y_2	Y_3	Y_4	Y_5	Y_6
NFT	0,934	0,312	0,058	-0,012	-0,150	0,058
PT	0,037	-0,894	0,170	0,253	-0,326	-0,001
PROD	0,717	-0,451	0,280	0,242	0,382	-0,001
NFP	0,929	0,329	0,060	-0,010	-0,151	-0,057
IF	-0,178	0,008	0,915	-0,363	-0,021	0,000
BRIX	0,397	-0,602	-0,388	-0,574	0,037	-0,001

A interpretação das componentes pode ser feita com base nas Tabelas 3.9 e 3.10. A primeira componente principal apresenta altos coeficientes (e altas correlações) com as variáveis NFT, PROD e NFP e pode ser interpretada como um indicador da produção das plantas. A segunda componente tem os maiores pesos nas variáveis PT e BRIX e poderia ser um indicador das características de sabor dos frutos, pois um melão mais suculento tende a ser mais pesado. Por fim, a terceira componente pode ser interpretada como um indicador das características físicas dos frutos, e é o próprio índice de formato.

3.6.4 Multicolinearidade e componentes principais

A análise de componentes principais pode ser útil na identificação de relações de dependência linear existente nos dados.

Tabela 3.11: Porcentagem explicada das variâncias individuais (acumuladas entre parênteses) do Exemplo 3.4

Variável	Y_1	Y_2	Y_3	Y_4	Y_5	Y_6
NFT	87,2	9,7	0,4	0,0	2,3	0,4
	(87,2)	(96,9)	(97,3)	(97,3)	(99,6)	(100,0)
PT	0,2	79,9	2,9	6,4	10,6	0,0
	(0,2)	(80,1)	(83,0)	(89,4)	(100,0	(100,0)
PROD	51,4	20,4	7,8	5,8	14,6	0,0
	(51,4)	(71,8)	(79,6)	(85,4)	(100,0)	(100,0)
NFP	86,3	10,8	0,3	0,0	2,3	0,3
	(86,3)	(97,1)	(97,4)	(97,4)	(99,7)	(100,0)
IF	3,2	0,0	83,7	13,1	0,0	0,00
	(3,2)	(3,2)	(86,9)	(100,0)	(100,0)	(100,0)
BRIX	15,7	36,2	15,1	32,9	0,1	0,00
	(15,7)	(51,9)	(67,0)	(99,9)	(100,0)	(100,0)

Quando existe dependência linear num conjunto de variáveis, temos que a respectiva matriz de covariâncias é singular. Nesse caso, sabe-se que pelo menos um autovalor será igual a zero. Admita um conjunto de dados com p variáveis tal que $\lambda_p = 0$ é o menor autovalor da matriz de covariâncias. Seja Y_p a respectiva componente principal. Vimos que

$$\text{Var}(Y_p) = \lambda_p = 0,$$

consequentemente Y_p é uma constante e como Y_p é uma combinação linear das variáveis originais, é possível isolar uma delas como combinação linear das outras. O Exemplo 3.5 ilustra essa situação.

Exemplo 3.5 *Considere a matriz de covariâncias abaixo, obtida a partir de variáveis centradas em zero*

$$\mathbf{\Sigma} = \begin{pmatrix} 2{,}118 & 1{,}930 & 2{,}024 \\ 1{,}930 & 2{,}710 & 2{,}320 \\ 2{,}024 & 2{,}320 & 2{,}172 \end{pmatrix}.$$

A decomposição espectral de $\mathbf{\Sigma}$ encontra-se na Tabela 3.12.

Tabela 3.12: Decomposição espectral da matriz de covariâncias do Exemplo 3.5

	Y_1	Y_2	Y_3
Autovalores	6,538	0,462	0,000
% de explicação	93,4	6,6	0,0
Autovetores	0,534	-0,740	0,408
	0,619	0,671	0,408
	0,576	-0,034	-0,816

Como o autovalor associado a Y_3 é zero, temos que a componente Y_3 é constante, mais que isso, a partir do autovetor dessa componente, temos que

$$0{,}408X_1 + 0{,}408X_2 - 0{,}816X_3 = K_1,$$

ou seja,

$$X_3 = \frac{X_1 + X_2}{2} + K_2.$$

Em resumo, a presença de um autovalor igual a zero é indicação de multicolinearidade dos dados.

Em muitos casos, essa multicolinearidade não é tão explícita. Altas correlações entre variáveis explicativas em modelos de regressão, por exemplo, prejudicam a interpretação do modelo ajustado. Uma solução nessa situação consiste em aplicar a análise de componentes principais e depois ajustar o modelo de regressão sobre as componentes, que são não correlacionadas.

3.7 Biplot

É possível criar biplots (ver Seção 2.6) para representar as unidades amostrais e as variáveis a partir de componentes principais. Vimos em (3.6) que o k-ésimo vetor observado (admita que as variáveis foram centradas) pode ser reescrito por

$$\mathbf{x}_k = \mathbf{\Gamma}\mathbf{y}_k.$$

Temos então que

$$\mathbf{x}_k = \mathbf{\Gamma}\mathbf{\Lambda}^{1/2}\mathbf{\Lambda}^{-1/2}\mathbf{y}_k = \mathbf{\Gamma}\mathbf{\Lambda}^{1/2}\mathbf{y}_k^*, \tag{3.7}$$

em que a componente j de $\mathbf{y}_k^*$ é dada por $Y_{kj}^* = Y_{kj}/\sqrt{\lambda_j}$. Como a componente principal j tem variância λ_j, as variáveis Y_{kj}^* têm variância 1.

Seja $\mathbf{X} = (\mathbf{x}_1, \cdots, \mathbf{x}_p)^\top$ e $\mathbf{Y}^* = (\mathbf{y}_1^*, \cdots, \mathbf{y}_p^*)$. A partir de (3.7) temos que

$$\mathbf{X} = \mathbf{Y}^* \mathbf{\Lambda}^{1/2} \mathbf{\Gamma}^\top.$$

Note que $\mathbf{Y}^*$ e $\mathbf{\Gamma}$ são matrizes ortogonais e, desse modo, decompomos $\mathbf{X}$ de modo análogo à decomposição descrita em (2.8). Desse modo, a representação gráfica dos casos (observações) pode ser obtida por $\mathbf{Y}^* \mathbf{\Lambda}^{1/2}$ e a das variáveis por $\mathbf{\Gamma}$.

Obtivemos os biplots construídos a partir das análises de componentes principais aplicadas aos dados do Exemplo 3.2. A Figura 3.6 traz os biplots relativos às componentes principais obtidas a partir da matriz de covariâncias e a partir da matriz de correlações. Nesse caso, a posição relativa das localidades pouco se altera. A principal diferença está no tamanho dos vetores que representam as variáveis. Em particular, o vetor representando HD no gráfico à esquerda é substancialmente menor do que no gráfico da direita, refletindo o fato de HD ter pouco peso nas duas primeiras componentes principais.

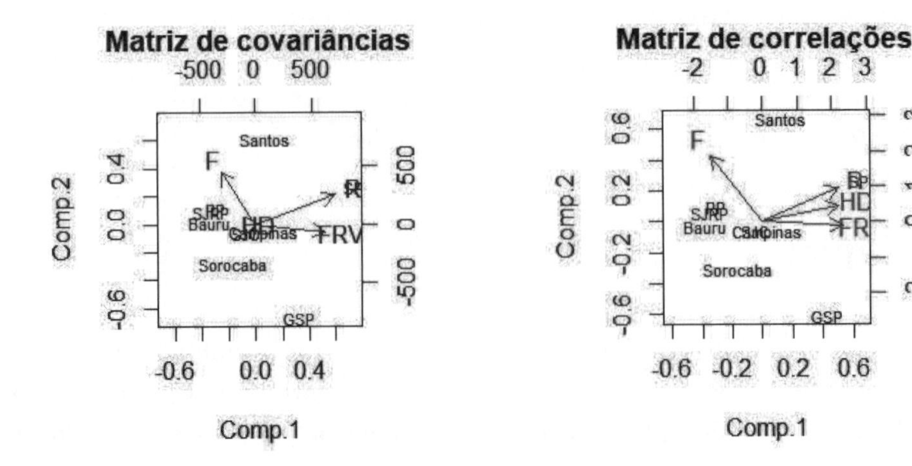

Figura 3.6: Biplots obtidos a partir da ACP construída com as matrizes de covariâncias e correlações do Exemplo 3.2

3.8 Utilizando o R

Nesta seção apresentamos os comandos em R utilizados para gerar alguns resultados apresentados neste capítulo.

```
##########################
# Biblioteca necessária #
##########################
install.packages("readxl") # Wickham e Bryan (2019)
```

As matrizes (3.2) e (3.3) podem ser geradas a partir dos comandos *eigen*, *prcomp* ou *princomp* do R. Ilustramos abaixo o uso do comando *eigen*.

```
######################
# Leitura dos dados #
######################
library(readxl)
Crime <- read_excel("Dadoscrime.xlsx")

# Criação da matriz de observações
CriMat <- as.matrix(cbind(Crime$HD, Crime$F, Crime$R, Crime$RFV))
colnames(CriMat) <- c("HD", "F", "R", "RFV")

CovCrim <- cov(CriMat)     # Criação da matriz de covariâncias
DecEsp <- eigen(CovCrim)   # Objeto com a saída do comando eigen
DecEsp$values              # Vetor com os autovalores de CovCrim
DecEsp$vectors             # Matriz com os autovetores de CovCrim
```

Esse comando gera a seguinte saída:

```
DecEsp$values              # Vetor com os autovalores de CovCrim
[1] 188433.23249  51813.17593   2327.34907     14.80357

DecEsp$vectors             # Matriz com os autovetores de CovCrim
            [,1]         [,2]       [,3]        [,4]
[1,]  0.02893144 -0.006029959 -0.1170327  0.99268825
[2,] -0.31029057 -0.866007318  0.3889564  0.04963874
[3,]  0.71632420 -0.484051588 -0.4957879 -0.08226804
[4,]  0.62430952  0.125255842  0.7676005  0.07306171
```

Note que os sinais dos autovetores representados nas colunas [2] e [3] estão com sinais invertidos em relação aos apresentados na matriz (3.3). Isso não é um problema, na medida em que as respectivas componentes principais continuam sendo ortogonais às demais e com a mesma variância apresentada anteriormente. Trata-se na verdade de uma solução equivalente.

O uso do comando *princomp* é apresentado na sequência.

```
# Uso do comando princomp para geração de uma ACP
ACPCrime <- princomp(CriMat)        # Objeto com a saída da ACP
summary(ACPCrime)                   # Saída padrão do comando
ACPCrime$sdev      # Raiz quadrada dos autovalores de CovCrim
print(ACPCrime$loadings, cutoff=0) # Autovetores de CovCrim
```

O comando *summary* gera uma saída resumida da análise. Nessa saída são apresentados:

a. $\sqrt{\lambda_i}$ – os desvios padrões das componentes principais (raiz quadrada dos autovalores da matriz de covariâncias).

b. A proporção da variância que cada componente representa da variância total. Para a componente i é dada por

$$P_i = \frac{\lambda_i}{\sum_{j=1}^{p} \lambda_j}.$$

c. A proporção acumulada que as k primeiras componentes explicam da variância total:

$$PAcum_k = \frac{\sum_{i=1}^{k} \lambda_i}{\sum_{i=1}^{p} \lambda_i}.$$

```
summary(ACPCrime)                   # Saída padrão do comando

Importance of components:
                          Comp.1   Comp.2   Comp.3      Comp.4
Standard deviation      409.2630 214.6070  45.4838  3.6275e+00
Proportion of Variance    0.7768   0.2135   0.0096  6.1023e-05
Cumulative Proportion     0.7768   0.9903   0.9999  1.0000e+00
```

O comando *APCCrime$sdev* mostra as raízes quadradas dos autovalores da matriz de covariâncias.

```
ACPCrime$sdev  # Raiz quadrada dos autovalores de CovCrim

Comp.1     Comp.2     Comp.3     Comp.4
409.263004 214.606981  45.483565   3.627496
```

Finalmente o comando *ACPCCrime$loadings* mostra os autovetores da matriz de covariâncias. Por convenção, o comando omite valores inferiores a 0,1. Desse modo, para que todas as componentes dos autovetores sejam apresentadas, optou-se por utilizar o comando *print*, conforme apresentado a seguir.

```
print(ACPCrime$loadings, cutoff=0) # Autovetores de CovCrim

Loadings:
Comp.1 Comp.2 Comp.3 Comp.4
HD   0.029  0.006  0.117  0.993
F   -0.310  0.866 -0.389  0.050
R    0.716  0.484  0.496 -0.082
FRV  0.624 -0.125 -0.768  0.073
```

Os valores das componentes principais associados a cada elemento da amostra podem ser extraídos do objeto *ACPCrime* por meio da extensão *$scores.*

```
YCrime <- ACPCrime$scores  # Gera os valores das CP por região
```

Assim, para calcular as correlações entre as variáveis e as componentes principais, Tabela 3.1, basta usar os comandos a seguir:

```
# Determinação da Tabela 3.1
cor(CriMat,YCrime)
```

Apresentamos a seguir como utilizar o comando *princomp* para gerar as componentes principais obtidas a partir da matriz de correlações dos dados do Exemplo 3.2.

```
# Uso do comando princomp para a matriz de correlações
ACPCrCor <- princomp(CriMat, cor=TRUE)  # Objeto com a saída da ACP
summary(ACPCrCor)                       # Saída padrão do comando
ACPCrCor$sdev                           # Raiz quad.dos autovalores
print(ACPCrCor$loadings, cutoff=0)      # Autovetores de CorCrim
```

Análogo ao que foi desenvolvido para a análise da matriz de covariâncias, a matriz de correlações entre as variáveis e as componentes pode ser obtida pelos comandos a seguir.

```
# Determinação da Tabela 3.4
ZCrime <- ACPCrCor$scores  # Gera os valores das CP por região
cor(CriMat,ZCrime)
```

Os próximos comandos foram utilizados na construção da Figura 3.6.

```
par(mfrow=c(1,2))
biplot(princomp(CriMat, cor=FALSE),
col=c("black","blue"),
cex=c(.7,1),
xlabs=Crime$Região,
main="Matriz de covariâncias")

biplot(princomp(CriMat, cor=TRUE),
col=c("black","red"),
cex=c(.7,1),
xlabs=Crime$Região,
main="Matriz de correlações")
```

3.9 Exercícios

3.1 Retome o Exercício 2.4.

a) Aplique a análise de componentes principais sobre a matriz de covariâncias.

b) Aplique a análise de componentes principais sobre a matriz de correlações.

c) Compare as análises obtidas nos itens a) e b).

3.2 Retome o Exercício 2.3.

a) Aplique a análise de componentes principais considerando a matriz de correlações.

b) Determine o número de componentes principais a serem mantidas na análise, considerando a variância total explicada, as variâncias de cada variável e o critério de Kaiser.

c) Interprete as componentes retidas na análise.

d) Calcule o valor das componentes retidas.

e) Faça o biplot correspondente e interprete-o.

3.3 Imputação de dados via componentes principais. Uma utilização bastante interessante da análise de componentes principais é a imputação de dados, que consiste em predizer informações omissas em conjuntos de dados. Considere o banco de dados **Tumor.xlsx**,[6] com medidas de comprimento, largura e profundidade dos tumores. Para os pacientes 5, 12, 20, 28, 33 e 53 algumas medidas foram perdidas. Faça a imputação dos dados omissos, seguindo o seguinte roteiro:

a) Calcule as médias e desvios padrões das variáveis, considerando os casos completos.

b) Aplique a análise de componentes principais aos casos completos padronizados, isto é, sobre a matriz de correlações.

c) Calcule o valor da primeira componente principal dos casos com dados omissos considerando somente as parcelas referentes às informações presentes.

d) Faça o cálculo reverso, conforme Seção 3.6.1, para obter o valor das variáveis padronizadas, considerando somente a primeira componente principal.

e) Retorne o valor para a escala original, multiplicando o valor encontrado no item anterior pelo desvio padrão da variável em imputação e somando sua média.

3.4 O arquivo **BemEstarFin.xlsx** traz parte dos dados da pesquisa National Financial Well-Being Survey[7] que tinha como um de seus objetivos avaliar o bem-estar financeiro de uma população. A Tabela 3.13 traz os itens de uma escala de bem-estar financeiro. Quanto maior o valor atribuído ao item, maior a concordância com a frase.

Obtenha, por meio da aplicação de análise de componentes principais aos dados, uma combinação linear que resuma da melhor maneira possível a variabilidade dos dados. Interprete esse índice.

[6]Dados provenientes de um estudo observacional realizado na Clínica Ginecológica do Departamento de Obstetrícia do Hospital das Clínicas da Faculdade de Medicina da Universidade de São Paulo pelo Dr. João Bosco Ramos Borges entre novembro de 1995 e outubro de 1997.

[7]Disponível em: `https://www.consumerfinance.gov/data-research/financial-well-being-survey-data/`. Acesso em: 9 dez. 2021.

Tabela 3.13: Itens da escala de bem-estar financeiro

Variável	Descrição
FWB1_1	Eu poderia lidar com uma grande despesa inesperada
FWB1_2	Estou garantindo meu futuro financeiro
FWB1_3	Por causa da minha situação financeira ... Eu nunca terei as coisas que quero na vida
FWB1_4	Posso aproveitar a vida por causa da maneira como estou administrando meu dinheiro
FWB1_5	Estou apenas sobrevivendo financeiramente
FWB1_6	Estou preocupado que o dinheiro que tenho ou economizarei não vai durar
FWB2_1	Dar um presente ... iria prejudicar minhas finanças durante o mês
FWB2_2	Eu tenho dinheiro sobrando no final do mês
FWB2_3	Estou atrasado com minhas finanças
FWB2_4	Minhas finanças controlam minha vida

3.5 Retome o enunciado do Exercício 2.6. Obtenha, por meio da aplicação de análise de componentes principais aos dados, um índice de confiança nas instituições. Interprete esse índice.

3.6 Retome o enunciado do Exercício 2.7. Aplique a análise de componentes principais à matriz de correlações. Quantas componentes você manteria para utilizar em outras análises? Interprete as componentes mantidas.

3.7 Retome o enunciado do Exercício 2.10.

a) Aplique a análise de componentes principais à matriz de correlações.

b) Quantas componentes você manteria para serem utilizadas em outras análises se considerasse o critério de Kaiser?

c) Qual é a proporção da variância total explicada pelas três primeiras componentes?

d) Qual é a proporção da variância de cada variável explicada pelas três primeiras componentes?

e) Calcule o valor das duas primeiras componentes e construa um diagrama de dispersão. Construa o biplot para esses dados. Compare esses dois gráficos.

f) Interprete as duas primeiras componentes principais.

3.8 Retome o enunciado do Exercício 2.11.

a) Aplique a análise de componentes principais à matriz de correlações das variáveis numéricas.

b) Quantas componentes você manteria para serem utilizadas em outras análises? Leve em conta a porcentagem da variância explicada, total e por variável.

c) Interprete as componentes mantidas.

d) Construa o biplot correspondente. Interprete-o.

3.9 A Tabela 3.14 traz a descrição dos dados da aba **dados** do arquivo **Otolito.xlsx**, provenientes do projeto "Estudo dos Otólitos Sagitta na Discriminação das Espécies de Peixes", submetido ao CEA Centro de Estatística Aplicada do IME-USP.[8]

a) Faça uma análise de componentes principais considerando a matriz de correlações entre as variáveis X1 a X14.

b) Repita a análise, agora considerando a matriz de covariâncias.

c) Compare as análises feitas nos itens a) e b).

Tabela 3.14: Medidas relativas de otólitos

Variável	Descrição
Espécie	Espécie do peixe
X1 a X14	Proporções das medidas em relação ao comprimento do otólito

[8]Fonte: RAE-SEA-8817, Relatório de Análise Estatística, Centro de Estatística Aplicada, IME-USP, 1988.

3.10 Retome o enunciado do Exercício 2.12.

a) Aplique a análise de componentes principais à matriz de correlações das características numéricas.

b) Quantas componentes você manteria para serem utilizadas em outras análises? Por quê?

c) Qual é a proporção da variância total explicada pelas quatro primeiras componentes?

d) Qual é a proporção da variância de cada variável explicada pelas quatro primeiras componentes?

e) Calcule o valor das duas primeiras componentes e construa um diagrama de dispersão. Comente.

f) Interprete as duas primeiras componentes principais.

CAPÍTULO 4

ANÁLISE FATORIAL

4.1 Introdução

Análise Fatorial (AF) tem como objetivo descrever a estrutura de dependência de um conjunto de variáveis por meio da identificação de variáveis latentes (não observáveis), denominadas fatores, que resumam aspectos comuns das variáveis originais.

A origem das técnicas de análise fatorial está ligada a estudos na área de psicologia. Sua criação data do início do século, quando Spearman (Spearman, 1904) desenvolveu um método para a criação de um índice geral de inteligência (fator "g") com base nos resultados de vários testes (escalas) que refletiriam essa aptidão. Tratava-se de um primeiro método de AF, adequado para a geração de um único fator. O desenvolvimento inicial de métodos de AF esteve muito ligado ao problema da avaliação de escalas cognitivas e foi responsabilidade de uma série de pesquisadores da área de psicologia (Spearman, 1904, Thurstone, 1935, 1947 e Burt, 1941, por exemplo). No início, os métodos apresentavam uma característica mais empírica do que inferencial. Em 1940, com Lawley, surge um primeiro trabalho com um maior rigor matemático, o que fez com que aumentasse a aceitação dessas técnicas nesse meio (Lawley, 1940). Vincent (1953) apresenta aspectos do desenvolvimento histórico dessa técnica até meados do século XX.

Uma situação comum em várias áreas do conhecimento é aquela na qual observa-se, para cada elemento amostral, um grande número de variáveis. Essas variáveis podem ser, por exemplo, características demográficas, um conjunto de itens de uma escala ou mesmo os resultados obtidos por um indivíduo em diferentes escalas de avaliação. Diante de um quadro como esse, o pesquisador enfrenta três problemas:

a. Caracterizar a amostra levando-se em conta um conjunto eventualmente grande de variáveis.

b. Descrever a inter-relação existente entre as variáveis, eventualmente explicitando uma estrutura de interdependência subjacente aos dados.

c. Identificar quantas e quais características (constructos) estão, de fato, sendo medidas no conjunto de dados.

A AF vem resolver esses problemas. Reis (1997) define a AF como *"um conjunto de técnicas estatísticas cujo objetivo é representar ou descrever um número de variáveis iniciais a partir de um menor número de variáveis hipotéticas"*. Trata-se de uma técnica estatística multivariada que, a partir da estrutura de dependência existente entre as variáveis (em geral representada pela matriz de correlações ou pela matriz de covariâncias), permite a criação de um conjunto menor de variáveis (variáveis latentes, ou fatores), que resumem parte da informação contida no conjunto original de dados. A técnica possibilita identificar como cada fator está associado a cada variável e o quanto o conjunto de fatores explica da variabilidade total dos dados originais. Note que isso vem ao encontro da resolução do problema (a), haja vista que, quando a AF é bem-sucedida, o pesquisador pode trabalhar com um número reduzido de variáveis sem uma perda muito grande de informações. Os problemas (b) e (c) também são solucionados, já que cada um desses fatores pode representar uma característica subjacente aos dados, constructo. Tome, por exemplo, Spearman (1904), que interpretou o fator "g" como uma medida de inteligência que estaria implicitamente ligada ao desempenho de um conjunto de testes. Esse é o espírito das técnicas que abordamos neste capítulo.

4.2 Constructos

A definição *do que* medir e *como* medir está intrinsecamente relacionada aos objetivos de uma pesquisa. Em alguns casos, o *como* medir é um problema menor. Por exemplo, se um cientista deseja avaliar o efeito de um medicamento do controle da diabetes, ele pode medir a taxa de glicemia no sangue antes e depois do tratamento com o medicamento e, a partir daí, tirar suas conclusões. No entanto, há situações em que o interesse da pesquisa não está ligado a variáveis diretamente mensuráveis.[1] Exemplos:

a. Um administrador está interessado em avaliar o nível de ansiedade de seus funcionários após a implantação de uma política de demissão voluntária e suas consequências na produtividade da empresa. Neste exemplo, nos deparamos com a dificuldade de medir a ansiedade de um funcionário. Ansiedade é um conceito abstrato que não pode ser medido diretamente.

b. Deseja-se avaliar a satisfação dos habitantes de um município com a administração municipal. O que é e como medir satisfação?

c. Deseja-se medir a variação no bem-estar de pacientes submetidos a radioterapia. Como definir bem-estar?

O aspecto comum nesses exemplos é que em todos precisamos mensurar um conceito abstrato. A esses conceitos denominamos constructos (ver Pedhazur e Schmelkin, 1991, por exemplo). Muitas vezes, um constructo não pode ser medido por meio da observação de uma única variável. No caso da ansiedade, por exemplo, a Tabela 4.1 traz os itens de um questionário denominado IDATE-T utilizado na mensuração de traços de ansiedade presentes em uma pessoa. Deve-se avaliar cada frase, atribuindo-se uma nota entre 1 e 4, na qual 1 indica que aquilo que a frase descreve nunca ocorre e 4 indica que ocorre quase sempre. A medida de ansiedade é obtida a partir da soma das notas (escores) de cada frase (para as frases que indicam aspectos positivos, utiliza-se 5-nota na soma).

Uma das utilidades da análise fatorial é a identificação dos constructos existentes em um conjunto de dados.

Exemplo 4.1 *Utilizamos parte dos dados de Andrade et al. (2001), que aplicou a escala IDATE-T a uma amostra de 1.110 estudantes universitários brasileiros. Considere, em um primeiro momento, os itens 1, 9, 10, 11, 13, 16, 17 e 18 e denomine por X_i o escore atribuído ao item i.*

[1] Ver Apêndice E, para mais detalhes sobre o assunto.

Tabela 4.1: Itens da escala IDATE-T

Item	Descrição
1	Sinto-me bem
2	Canso-me facilmente
3	Tenho vontade de chorar
4	Gostaria de ser tão feliz como as outras pessoas parecem ser
5	Perco oportunidades porque não consigo tomar decisões rápidas
6	Sinto-me descansado
7	Sinto-me calmo, ponderado e senhor de mim mesmo
8	Sinto que as dificuldades estão se acumulando de tal forma que não as consigo resolver
9	Preocupo-me demais com as coisas sem importância
10	Sou feliz
11	Deixo-me afetar muito pelas coisas
12	Não tenho confiança em mim mesmo
13	Sinto-me seguro
14	Evito ter que enfrentar crises e problemas
15	Sinto-me deprimido
16	Estou satisfeito
17	Às vezes ideias sem importância me entram na cabeça e ficam me preocupando
18	Levo as coisas tão a sério que não consigo tirá-las da cabeça
19	Sou uma pessoa estável
20	Fico tenso e perturbado quando penso em problemas do momento

Observando a matriz de correlações[2] entre essas variáveis (Tabela 4.2) formam-se dois blocos de variáveis com alta correlação entre si e baixa correlação com as variáveis do outro bloco: $(X_1, X_{10}, X_{13}, X_{16})$ e $(X_9, X_{11}, X_{17}, X_{18})$. A existência de correlações relativamente altas entre as variáveis de um mesmo bloco nos faz crer que esses itens meçam algo em comum, ou seja, estão ligados a um mesmo constructo. As variáveis do primeiro bloco estão ligadas ao constructo *Satisfação Pessoal* e as do segundo ao constructo *Dificuldade em Lidar com Problemas.*

[2]Como os itens são medidos em escala ordinal, utilizamos a matriz de correlações policóricas, ver Seção 4.10.

Tabela 4.2: Matriz de correlações policóricas do Exemplo 4.1

	X_1	X_9	X_{10}	X_{11}	X_{13}	X_{16}	X_{17}	X_{18}
X_1	1,000							
X_9	-0,177	1,000						
X_{10}	0,718	-0,167	1,000					
X_{11}	-0,280	0,474	-0,285	1,000				
X_{13}	0,502	-0,331	0,525	-0,379	1,000			
X_{16}	0,627	-0,216	0,752	-0,357	0,560	1,000		
X_{17}	-0,232	0,609	-0,223	0,473	-0,302	-0,264	1,000	
X_{18}	-0,345	0,439	-0,396	0,530	-0,346	-0,448	0,534	1,000

Essa análise permite a identificação de constructos subjacentes ao conjunto de variáveis, mas não nos mostra como medir tais constructos. A análise fatorial nos permite não só identificar constructos, como também nos fornece meios para medi-los.

4.3 Análise fatorial ortogonal

Seja $\mathbf{x} = (X_1, \ldots, X_p)^\top$ o vetor de variáveis observadas e $\mathrm{E}(\mathbf{x}) = \boldsymbol{\mu} = (\mu_1, \ldots, \mu_p)^\top$ o vetor média de $\mathbf{x}$. Um modelo padrão de análise fatorial é dado por

$$
\begin{aligned}
X_1 - \mu_1 &= \phi_{11}F_1 + \ldots + \phi_{1m}F_m + \epsilon_1\\
X_2 - \mu_2 &= \phi_{21}F_1 + \ldots + \phi_{2m}F_m + \epsilon_2\\
&\vdots\\
X_p - \mu_p &= \phi_{p1}F_1 + \ldots + \phi_{pm}F_m + \epsilon_p,
\end{aligned}
$$

no qual F_1, ..., F_m são os fatores (ou fatores comuns), ϵ_1, ..., ϵ_p são os fatores específicos e ϕ_{ij}, $i = 1,\ldots,p$, $j = 1,\ldots,m$, são as cargas fatoriais. Uma interpretação possível para os termos desses modelos é que se pretende explicar o padrão de respostas de uma pessoa pelo *valor* que ela tem nos constructos associados ao fatores comuns. As cargas fatoriais indicam a importância que cada constructo tem na determinação do valor de cada variável e os fatores específicos dão conta da parte de cada variável que não é explicada pelos fatores comuns.

A Figura 4.1 ilustra as relações existentes nesse modelo. Trata-se de um diagrama de caminho no qual as variáveis observadas são representadas por retângulos; as variáveis latentes por elipses; os erros não têm uma representação gráfica e as setas partem das variáveis latentes e atingem as variáveis observadas. Além disso, possíveis correlações devem ser indicadas por arcos (não há nenhuma indicada nesta figura).

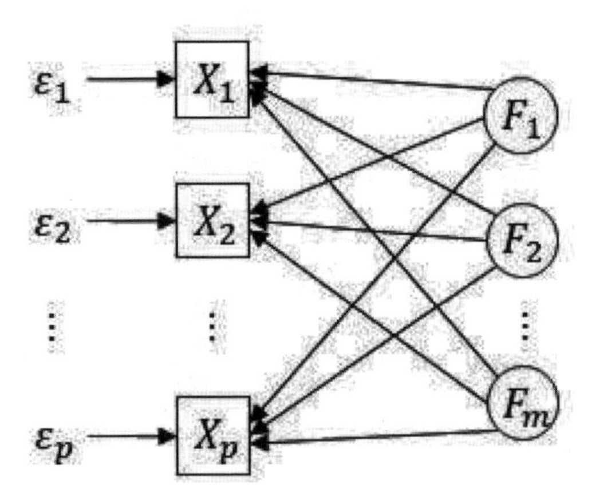

Figura 4.1: Diagrama de caminho de um modelo de análise fatorial ortogonal

Matricialmente temos

$$\mathbf{x} - \boldsymbol{\mu} = \boldsymbol{\Phi}\mathbf{f} + \boldsymbol{\epsilon}, \tag{4.1}$$

com $\mathbf{f} = (F_1, \ldots, F_m)^\top$, $\boldsymbol{\epsilon} = (\epsilon_1, \ldots, \epsilon_p)^\top$ e

$$\boldsymbol{\Phi} = \begin{pmatrix} \phi_{11} & \phi_{12} & \cdots & \phi_{1m} \\ \phi_{21} & \phi_{22} & \cdots & \phi_{2m} \\ \vdots & \vdots & \ddots & \vdots \\ \phi_{p1} & \phi_{p2} & \cdots & \phi_{pm} \end{pmatrix}.$$

Perceba que todo o segundo membro de (4.1) é desconhecido.

No modelo usual de análise fatorial ortogonal, fazemos as seguintes suposições sobre $\mathbf{f}$ e seus elementos: $\mathrm{E}(F_j) = 0$ e $\mathrm{Var}(F_j) = 1$, $j = 1, \ldots, m$. Além disso, num modelo ortogonal, admitimos:

a) $\mathrm{Cov}(\mathbf{f}) = \mathbf{I}_m$, na qual $\mathbf{I}_m$ é a matriz identidade de ordem m, ou seja, os fatores comuns são não correlacionados.

b) $\mathrm{E}(\boldsymbol{\epsilon}) = \mathbf{0}$.

c) $\mathrm{Cov}(\boldsymbol{\epsilon}) = \boldsymbol{\Psi} = \mathrm{diag}\{\psi_1, \ldots, \psi_p\}$.

d) $\mathrm{Cov}(\mathbf{f}, \boldsymbol{\epsilon}) = \mathbf{0}$.

A partir dessas suposições, é possível analisar o modelo proposto e interpretar seus termos.

4.3.1 Cargas fatoriais

A interpretação das cargas fatoriais advém de $\mathrm{Cov}(X_i, F_j)$. Temos

$$\mathrm{Cov}(X_i, F_j) = \mathrm{Cov}(\phi_{i1}F_1 + \ldots + \phi_{ij}F_j + \cdots + \phi_{im}F_m + \epsilon_i; \quad F_j).$$

Aplicando as suposições (a) e (d), vem que

$$\mathrm{Cov}(X_i, F_j) = \mathrm{Cov}(\phi_{ij}F_j, \quad F_j) = \phi_{ij},$$

de onde se conclui que as cargas fatoriais são as covariâncias medidas entre as variáveis observadas e os fatores comuns.

Para facilitar a interpretação de um fator comum, podemos medir a correlação existente entre o fator e cada variável observada. Dessa forma temos

$$\mathrm{Corr}(X_i, F_j) = \frac{\mathrm{Cov}(X_i, F_j)}{\sqrt{\mathrm{Var}(X_i)\mathrm{Var}(F_j)}} = \frac{\phi_{ij}}{\sigma_i}. \tag{4.2}$$

4.3.2 Matriz de covariâncias de x

A partir de (4.1), temos

$$\boldsymbol{\Sigma} = \mathrm{Cov}(\mathbf{x}) = \mathrm{Cov}(\boldsymbol{\Phi}\mathbf{f} + \boldsymbol{\epsilon}).$$

Aplicando as suposições do modelo, chegamos a

$$\boldsymbol{\Sigma} = \boldsymbol{\Phi}\boldsymbol{\Phi}^\top + \boldsymbol{\Psi}. \tag{4.3}$$

A expressão (4.3) é uma maneira alternativa de expressar o modelo de análise fatorial, útil na estimação de seus parâmetros.

Um resultado importante é que se $\mathbf{\Phi}$ satisfaz a relação (4.3), então há infinitas matrizes que também satisfazem essa relação. Para verificar isso, considere $\mathbf{T}$ uma matriz ortogonal[3] qualquer. Seja $\mathbf{\Phi}^* = \mathbf{\Phi}\mathbf{T}$, então,

$$\mathbf{\Phi}^*\mathbf{\Phi}^{*\top} + \mathbf{\Psi} = (\mathbf{\Phi}\mathbf{T})(\mathbf{\Phi}\mathbf{T})^\top + \mathbf{\Psi} = \mathbf{\Phi}\mathbf{T}\mathbf{T}^\top\mathbf{\Phi}^\top + \mathbf{\Psi} = \mathbf{\Phi}\mathbf{\Phi}^\top + \mathbf{\Psi} = \mathbf{\Sigma}.$$

A escolha de uma solução adequada será discutida posteriormente.

Exemplo 4.2 *Suponha que um conjunto de variáveis apresente a matriz de covariâncias*

$$\mathbf{\Sigma} = \begin{pmatrix} 4{,}00 & 0{,}80 & 1{,}68 & 2{,}16 \\ 0{,}80 & 2{,}00 & 0{,}44 & 1{,}32 \\ 1{,}68 & 0{,}44 & 2{,}00 & 0{,}96 \\ 2{,}16 & 0{,}96 & 1{,}32 & 2{,}00 \end{pmatrix}. \tag{4.4}$$

A partir de (4.4) vem que

$$\mathbf{\Phi} = \begin{pmatrix} 1{,}60 & 0{,}40 \\ 0{,}20 & 1{,}20 \\ 1{,}00 & 0{,}20 \\ 1{,}20 & 0{,}60 \end{pmatrix} \quad \mathbf{\Psi} = \begin{pmatrix} 1{,}28 & 0{,}00 & 0{,}00 & 0{,}00 \\ 0{,}00 & 0{,}52 & 0{,}00 & 0{,}00 \\ 0{,}00 & 0{,}00 & 0{,}96 & 0{,}00 \\ 0{,}00 & 0{,}00 & 0{,}00 & 0{,}20 \end{pmatrix}.$$

Fazendo com que

$$\begin{aligned} X_1 - \mu_1 &= 1{,}60F_1 + 0{,}40F_2 + \epsilon_1 \\ X_2 - \mu_2 &= 0{,}20F_1 + 1{,}20F_2 + \epsilon_2 \\ X_3 - \mu_3 &= 1{,}00F_1 + 0{,}20F_2 + \epsilon_3 \\ X_4 - \mu_4 &= 1{,}20F_1 + 0{,}60F_2 + \epsilon_4. \end{aligned}$$

4.3.3 Comunalidades e especificidades

Vamos estudar a variância das variáveis observadas. Para X_i temos:

$$\sigma_i^2 = \text{Var}(X_i) = \text{Var}(X_i - \mu_i) = \text{Var}\left(\phi_{i1}F_1 + \ldots + \phi_{im}F_m + \epsilon_i\right),$$

[3]Ou seja, $\mathbf{T}\mathbf{T}^\top = \mathbf{T}^\top\mathbf{T} = \mathbf{I}_m$.

das suposições (a), (c) e (d) vem que

$$\text{Var}(X_i) = \phi_{i1}^2 + \ldots + \phi_{im}^2 + \psi_i. \tag{4.5}$$

Nesse caso temos que a parcela da variância de X_i que é explicada pelos fatores comuns é dada por $c_i^2 = \phi_{i1}^2 + \ldots + \phi_{im}^2$ e ψ_i é a parcela não explicada. O termo c_i^2 é denominado comunalidade da variável X_i e ψ_i é sua especificidade. Num bom modelo de análise fatorial, esperamos valores altos para c_i^2.

Para facilitar a interpretação das comunalidades, sugerimos a utilização de $\bar{c}_i^2$, dado por

$$\bar{c}_i^2 = \frac{c_i^2}{\sigma_i^2}.$$

A vantagem de tal medida é que ela assume valores no intervalo [0,1], podendo ser interpretada como a proporção da variabilidade de X_i que é explicada pelos fatores comuns. Quanto mais próxima a 1 (100%), melhor é o ajuste do modelo.

Para os dados do Exemplo 4.2 temos

$$\text{Var}(X_1) = (1{,}60^2 + 0{,}40^2) + 1{,}28 = 2{,}72 + 1{,}28,$$

sendo 2,72 a comunalidade de X_1 e 1,28 sua especificidade. Sabemos então que 68% (= 2,72/4) da variabilidade de X_1 é explicada pelos dois fatores comuns. A Tabela 4.3 traz as comunalidades e especificidades das quatro variáveis. Note que a variável pior explicada pelos fatores é X_3 (52%) e a mais bem explicada é X_4 (90%).

Defina $\sigma_T^2 = \sum_{i=1}^p \sigma_i^2$ a variabilidade total dos dados (no exemplo $\sigma_T^2 = 10$). Desse modo, $\sum_{i=1}^p c_i^2$ representa a parcela de σ_T^2 que é explicada pelo conjunto de fatores. Relativizando, temos que $\sum_{i=1}^p c_i^2/\sigma_T^2$ é a proporção da variabilidade total dos dados que é explicada pelo conjunto de fatores comuns. No exemplo, temos que os dois fatores conjuntamente explicam 70,4% da variabilidade total dos dados (Tabela 4.3).

Um raciocínio análogo pode ser desenvolvido com cada fator separadamente. De (4.5) temos que ϕ_{ij}^2 é a parcela da variância de X_i que é explicada pelo fator j. Assim, $\lambda_j = \sum_{i=1}^p \phi_{ij}^2$ é a parcela de σ_T^2 explicada pelo fator j. Em termos relativos, temos que $\sum_{i=1}^p \phi_{ij}^2/\sigma_T^2$ é a proporção da variância total dos dados que é explicada pelo fator j. No exemplo, o fator 1 explica 50,4% da variabilidade total e o fator 2, 20,0% (Tabela 4.3).

Tabela 4.3: Comunalidades e especificidades para a análise do Exemplo 4.2

Variável	ϕ_{i1}^2	ϕ_{i2}^2	c_i^2	$100\bar{c}_i^2$	ψ_i
X_1	2,56	0,16	2,72	68	1,28
X_2	0,04	1,44	1,48	74	0,52
X_3	1,00	0,04	1,04	52	0,96
X_4	1,44	0,36	1,80	90	0,20
λ_j	5,04	2,00	7,04		
% de explicação	50,4	20,0	70,4		

4.3.4 Padronização das variáveis

Um dos principais objetivos de uma análise fatorial é a representação da estrutura de dependência dos dados. Ao realizar a análise sobre um conjunto de dados com variáveis com variâncias de magnitudes diferentes, podemos introduzir dificuldades na explicitação dessa dependência. Alguns métodos de estimação são muito sensíveis às diferenças entre as variâncias (por exemplo, o método das componentes principais, Seção 4.4.1). Nos casos em que exista uma grande diferença entre as variâncias das variáveis originais, sugere-se que a análise seja realizada sobre as variáveis padronizadas. Nesse caso, as covariâncias correspondem às correlações entre as variáveis originais. Desse modo, a decomposição sugerida em (4.3) deve ser feita sobre a matriz de correlações dos dados e não sobre a de covariâncias, ou seja, teremos

$$\boldsymbol{\rho} = \boldsymbol{\Phi}\boldsymbol{\Phi}^\top + \boldsymbol{\Psi},$$

na qual $\boldsymbol{\rho}$ é a matriz de correlações das variáveis originais.

Ao realizar a análise sobre a matriz de correlações, temos as seguintes adaptações de resultados anteriores:

a. De (4.2), tiramos que as cargas fatoriais são as correlações entre as variáveis originais e os fatores comuns: $\text{Corr}(X_i, F_j) = \phi_{ij}$.

b. Considere que Z_i seja uma variável padronizada construída a partir de X_i. Utilizando (4.5), temos $\text{Var}(Z_i) = 1 = \phi_{i1}^2 + \ldots + \phi_{im}^2 + \psi_i$. Isso faz com que as comunalidades possam ser interpretadas como a proporção da variabilidade das variáveis padronizadas explicada pelos fatores.

c. Como as variáveis estão padronizadas, temos que $\sigma_T^2 = p$ e, consequentemente, $\lambda_j = \sum_{i=1}^{p} \phi_{ij}^2/p$ é a proporção da variância total explicada pelo fator j. Note que trata-se da média de ϕ_{ij}^2, $i = 1, \ldots, p$.

d. Outra consequência do fato de $\sigma_T^2 = p$ é que a proporção da variabilidade total dos dados padronizados explicada pelo conjunto de fatores é $\sum_{i=1}^{p} c_i^2/p$, ou seja, é a média das comunalidades.

4.4 Métodos de obtenção de fatores

Há na literatura vários métodos para a obtenção dos parâmetros do modelo de AF. Abordamos dois dos mais populares: análise fatorial via componentes principais, que não faz suposições sobre as distribuições de probabilidades das variáveis envolvidas, e via método de máxima verossimilhança, que pressupõe que o vetor de variáveis segue uma distribuição normal multivariada.

4.4.1 Método das componentes principais

Um dos métodos mais utilizados para estimação de um modelo de análise fatorial baseia-se na análise de componentes principais. Nesta seção aplicamos o método utilizando a matriz de covariâncias amostrais ($\mathbf{S}$). Sua extensão é direta para o caso em que se utiliza a matriz de covariâncias populacionais ou algum outro estimador dessa matriz.

No Capítulo 3, estudamos o método das componentes principais. Naquele momento utilizamos a seguinte decomposição:

$$\hat{\text{Cov}}(\mathbf{x}) = \mathbf{S} = \hat{\mathbf{\Gamma}}\hat{\mathbf{\Lambda}}\hat{\mathbf{\Gamma}}^\top,$$

na qual $\hat{\mathbf{\Lambda}}$ é a matriz diagonal com os autovalores de $\mathbf{S}$ e $\hat{\mathbf{\Gamma}} = (\hat{\boldsymbol{\alpha}}_1, \ldots, \hat{\boldsymbol{\alpha}}_p)$ é a matriz com os respectivos autovetores normalizados. Desenvolvendo, temos

$$\mathbf{S} = \hat{\lambda}_1\hat{\boldsymbol{\alpha}}_1\hat{\boldsymbol{\alpha}}_1^\top + \cdots + \hat{\lambda}_m\hat{\boldsymbol{\alpha}}_m\hat{\boldsymbol{\alpha}}_m^\top + \cdots + \hat{\lambda}_p\hat{\boldsymbol{\alpha}}_p\hat{\boldsymbol{\alpha}}_p^\top. \tag{4.6}$$

Ao comparar a expressão (4.6) com (4.3), no contexto de uma matriz de covariâncias amostrais, o método baseado nas componentes principais sugere a seguinte aproximação:

$$\mathbf{S} \approx \hat{\lambda}_1\hat{\boldsymbol{\alpha}}_1\hat{\boldsymbol{\alpha}}_1^\top + \cdots + \hat{\lambda}_m\hat{\boldsymbol{\alpha}}_m\hat{\boldsymbol{\alpha}}_m^\top = \hat{\mathbf{\Phi}}\hat{\mathbf{\Phi}}^\top.$$

Segundo esse método, $\hat{\boldsymbol{\Psi}}$ pode ser obtida a partir da diagonal principal de $\mathbf{S} - \hat{\boldsymbol{\Phi}}$, ou seja, $\hat{\boldsymbol{\Psi}} = \text{Diag}\left\{S_1^2 - \sum_{j=1}^{m} \hat{\phi}_{1j}^2, \ldots, S_p^2 - \sum_{j=1}^{m} \hat{\phi}_{pj}^2\right\}$. Desse modo, uma nova aproximação pode ser obtida por

$$\mathbf{S} \approx \hat{\boldsymbol{\Phi}}\hat{\boldsymbol{\Phi}}^\top + \hat{\boldsymbol{\Psi}}.$$

Então

$$\hat{\boldsymbol{\Phi}} = \left(\sqrt{\hat{\lambda}_1}\hat{\boldsymbol{\alpha}}_1, \cdots, \sqrt{\hat{\lambda}_m}\hat{\boldsymbol{\alpha}}_m\right) = \left(\hat{\boldsymbol{\phi}}_1, \ldots, \hat{\boldsymbol{\phi}}_m\right),$$

com $\hat{\boldsymbol{\phi}}_j = \left(\hat{\phi}_{1j}, \ldots, \hat{\phi}_{pj}\right)^\top$.

Uma vez que os autovetores são ortonormais,[4] temos que $\sum_{i=1}^{p} \hat{\phi}_{ij}^2 = (\sqrt{\hat{\lambda}_j}\hat{\boldsymbol{\alpha}}_i)^\top \sqrt{\hat{\lambda}_j}\hat{\boldsymbol{\alpha}}_i = \hat{\lambda}_j$, ou seja, o autovalor expressa a parcela da variabilidade total que é explicada pelo fator j.

Uma maneira de avaliar a qualidade da solução é por meio da construção da matriz residual. Essa matriz é definida por $\mathbf{R}_{es} = \mathbf{S} - (\hat{\boldsymbol{\Phi}}\hat{\boldsymbol{\Phi}}^\top + \hat{\boldsymbol{\Psi}})$. Um resultado interessante sobre essa matriz é que a soma de quadrados de seus elementos é menor ou igual a $\hat{\lambda}_{m+1}^2 + \cdots + \hat{\lambda}_p^2$. Esse resultado pode ser utilizado, por exemplo, na escolha do número de fatores do modelo.

Admita

$$\mathbf{S} = \begin{pmatrix} 1{,}00 & 0{,}61 & 0{,}63 \\ 0{,}61 & 1{,}00 & 0{,}45 \\ 0{,}63 & 0{,}45 & 1{,}00 \end{pmatrix}.$$

A Tabela 4.4 traz os autovetores e os autovalores de **S**.

Tabela 4.4: Autovalores e autovetores de **S**

	Componentes		
	1	2	3
Autovalores	2,130	0,550	0,319
% de explicação	71 %	18 %	11 %
Autovetores	0,613	0,035	0,789
	0,555	-0,730	-0,399
	0,562	0,682	-0,467

[4] Ou seja, $\hat{\boldsymbol{\alpha}}_i^\top \hat{\boldsymbol{\alpha}}_i = 1$ e $\hat{\boldsymbol{\alpha}}_i^\top \hat{\boldsymbol{\alpha}}_j = 0$, se $i \neq j$.

Temos

$$\mathbf{S} = \left(\sqrt{\hat{\lambda}_1}\hat{\boldsymbol{\alpha}}_1, \sqrt{\hat{\lambda}_2}\hat{\boldsymbol{\alpha}}_2, \sqrt{\hat{\lambda}_3}\hat{\boldsymbol{\alpha}}_3\right)\begin{pmatrix} \sqrt{\hat{\lambda}_1}\hat{\boldsymbol{\alpha}}_1^\top \\ \sqrt{\hat{\lambda}_2}\hat{\boldsymbol{\alpha}}_2^\top \\ \sqrt{\hat{\lambda}_3}\hat{\boldsymbol{\alpha}}_3^\top \end{pmatrix}$$

$$= \begin{pmatrix} 0{,}89 & 0{,}03 & 0{,}45 \\ 0{,}81 & -0{,}50 & -0{,}20 \\ 0{,}82 & 0{,}51 & -0{,}30 \end{pmatrix}\begin{pmatrix} 0{,}89 & 0{,}81 & 0{,}82 \\ 0{,}03 & -0{,}50 & 0{,}51 \\ 0{,}45 & -0{,}20 & -0{,}30 \end{pmatrix}.$$

Portanto, para uma solução com dois fatores, as cargas fatoriais são dadas por

$$\hat{\boldsymbol{\Phi}} = \begin{pmatrix} 0{,}89 & 0{,}03 \\ 0{,}81 & -0{,}50 \\ 0{,}82 & 0{,}51 \end{pmatrix}.$$

Para obtenção das especificidades, considere

$$\hat{\boldsymbol{\Phi}}\hat{\boldsymbol{\Phi}}^\top = \begin{pmatrix} 0{,}79 & 0{,}71 & 0{,}75 \\ 0{,}71 & 0{,}91 & 0{,}41 \\ 0{,}75 & 0{,}41 & 0{,}93 \end{pmatrix},$$

consequentemente,

$$\hat{\boldsymbol{\Psi}} = \begin{pmatrix} 0{,}21 & 0{,}00 & 0{,}00 \\ 0{,}00 & 0{,}09 & 0{,}00 \\ 0{,}00 & 0{,}00 & 0{,}07 \end{pmatrix}.$$

A matriz residual é

$$\mathbf{R}_{es} = \begin{pmatrix} 0{,}00 & -0{,}10 & -0{,}12 \\ -0{,}10 & 0{,}00 & 0{,}04 \\ -0{,}12 & 0{,}04 & 0{,}00 \end{pmatrix}.$$

Retome o Exemplo 4.1 da escala IDATE-T. Aplicou-se uma análise fatorial à matriz de correlações apresentada na Tabela 4.2.[5] Na Tabela 4.5, temos os autovalores obtidos a partir da decomposição espectral da matriz de correlações. Note que as duas primeiras componentes juntas explicam 68,3% da variabilidade total das variáveis padronizadas.

[5]Lembre que isso equivale a realizar a análise sobre a matriz de covariâncias das variáveis padronizadas. Vide a Seção 4.3.4 para uma justificativa.

Tabela 4.5: Autovalores da matriz de correlações do Exemplo 4.1

Componente	Autovalor	% da Variância	% Acumulada
1	3,895	48,7	48,7
2	1,565	19,6	68,3
3	0,614	7,7	75,9
4	0,559	7,0	82,9
5	0,432	5,4	88,3
6	0,371	4,6	93,0
7	0,342	4,3	97,2
8	0,221	2,8	100,0
Soma	8,000	100,0	

A Tabela 4.6 traz as comunalidades e cargas fatoriais estimadas pelo método das componentes principais, para uma solução com dois fatores.

Note que o primeiro fator explica uma parcela de 3,895 da variabilidade total dos dados ($S_T^2 = 8$) e o segundo 1,565. Isso faz com que a solução com dois fatores explique em torno de 68,3% da variabilidade total dos dados $((3{,}895 + 1{,}565)/8)$. O primeiro fator traz uma explicação de 48,7% (3,895/8) e o segundo de 19,6% (1,565/8), conforme descrito na Tabela 4.5.

A partir da Tabela 4.6, temos que, ao considerar cada variável separadamente, notamos que 82,3% da variabilidade de X_{10} (*Sou feliz*) é explicada pelos dois fatores (variável mais bem explicada). Em contrapartida, a variável X_{13} (*Sinto-me seguro*) é a pior explicada, 54,9% de sua variabilidade é explicada pelos dois fatores.

Quanto às cargas fatoriais (Tabela 4.6), o primeiro fator (F_1) possui fortes correlações com praticamente todas as variáveis. Para as variáveis que expressam sentimentos positivos, o sinal das correlações é positivo, para as outras, negativo, temos um contraste entre dois constructos: *Sentimentos positivos* e *Sentimentos negativos*. Os três itens com maiores correlações com o fator 2 são X_9 (*Preocupo-me demais com as coisas sem importância*), X_{10} (*Sou feliz*) e X_{17} (*Às vezes ideias sem importância me entram na cabeça e ficam me preocupando*); essas três correlações são positivas, o que parece uma contradição, principalmente por conta do item X_{10}, dificultando a interpretação do fator 2.

Tabela 4.6: Comunalidades, cargas fatoriais e porcentagem de explicação dos fatores para uma solução com 2 fatores do Exemplo 4.1

Variável	Comunalidades	Cargas fatoriais	
		F_1	F_2
X_1	0,728	0,717	0,462
X_9	0,690	-0,577	0,597
X_{10}	0,823	0,757	0,500
X_{11}	0,586	-0,663	0,383
X_{13}	0,549	0,717	0,188
X_{16}	0,775	0,784	0,401
X_{17}	0,707	-0,624	0,563
X_{18}	0,602	-0,720	0,290
$\hat{\lambda}_j$	5,460	3,895	1,565
% de explicação	68,3%	48,7%	19,6%

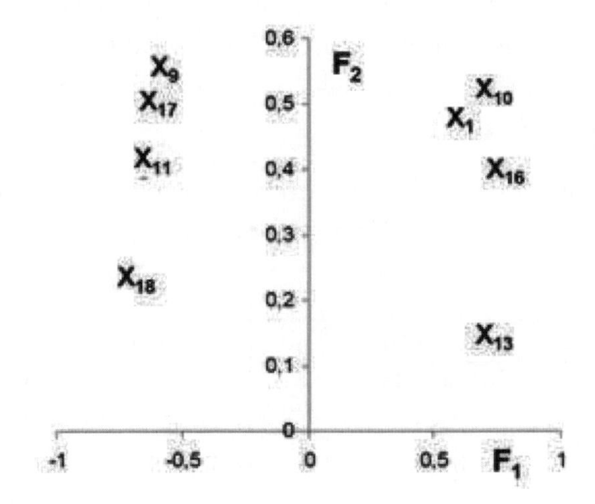

Figura 4.2: Cargas fatoriais do Exemplo 4.1

Como mencionado na Seção 4.3.2, há mais de uma solução possível para o modelo de análise fatorial em estudo. Veremos na Seção 4.6 como obter uma solução com maior potencial de interpretabilidade.

Ao aplicar o método das componentes principais sobre a matriz de covariâncias, as variáveis com maiores variabilidades podem predominar na construção dos fatores, mascarando, eventualmente, a presença de variáveis com menores variabilidades. Para ilustrar esse fato, considere o Exemplo 4.3 abaixo.

Exemplo 4.3 *A partir da matriz de correlações apresentada na Tabela 4.2, construímos uma matriz de covariâncias com* $\text{Var}(X_1) = 100^2$*, mantendo as demais variâncias iguais a um; apresentamos a matriz em (4.7).*

$$\mathbf{S} = \begin{pmatrix} 10.000 & -17{,}700 & 71{,}800 & -28{,}000 & 50{,}200 & 62{,}700 & -23{,}200 & -34{,}500 \\ -17{,}700 & 1 & -0{,}167 & 0{,}474 & -0{,}331 & -0{,}216 & 0{,}609 & 0{,}439 \\ 71{,}800 & -0{,}167 & 1 & -0{,}285 & 0{,}525 & 0{,}752 & -0{,}223 & -0{,}396 \\ -28{,}000 & 0{,}474 & -0{,}285 & 1 & -0{,}379 & -0{,}357 & 0{,}473 & 0{,}530 \\ 50{,}200 & -0{,}331 & 0{,}525 & -0{,}379 & 1 & 0{,}560 & -0{,}302 & -0{,}346 \\ 62{,}700 & -0{,}216 & 0{,}752 & -0{,}357 & 0{,}560 & 1 & -0{,}264 & -0{,}448 \\ -23{,}200 & 0{,}609 & -0{,}223 & 0{,}473 & -0{,}302 & -0{,}264 & 1 & 0{,}534 \\ -34{,}500 & 0{,}439 & -0{,}396 & 0{,}530 & -0{,}346 & -0{,}448 & 0{,}534 & 1 \end{pmatrix}. \tag{4.7}$$

Na Tabela 4.7, temos os autovalores e respectivos percentuais de explicação obtidos a partir de (4.7). A primeira componente explica 99,94% da variabilidade total, sugerindo a existência de um único fator. A Tabela 4.8 resume os resultados da análise fatorial pelo método das componentes principais, considerando a existência de um único fator.

Tabela 4.7: Autovalores da matriz de covariâncias construída para os dados do Exemplo 4.3

Componente	Autovalores	% de explicação	% Acumulada
1	10.001,44	99,94	99,94
2	2,48	0,02	99,97
3	0,94	0,01	99,98
4	0,61	0,01	99,98
5	0,54	0,01	99,99
6	0,40	0,00	99,99
7	0,36	0,00	100,00
8	0,23	0,00	100,00
Soma	10.007,00	100,00	

Tabela 4.8: Resultados de uma solução com 1 fator para o Exemplo 4.3

Variável	c_i^2	$\overline{c}_i^2$	Cargas fatoriais do fator F_1	Corr(F_1,X_j)
X_1	10000	1,000	100,000	1,000
X_9	0,031	0,031	-0,177	-0,177
X_{10}	0,516	0,516	0,718	0,718
X_{11}	0,078	0,078	-0,280	-0,280
X_{13}	0,252	0,252	0,502	0,502
X_{16}	0,393	0,393	0,627	0,627
X_{17}	0,054	0,054	-0,232	-0,232
X_{18}	0,119	0,119	-0,345	-0,345

Vimos no Capítulo 3 que o método das componentes principais busca construir variáveis (componentes) de modo que as primeiras sejam as mais informativas no sentido de explicar uma maior parcela da variabilidade total dos dados, o que justifica a existência de um único fator. Note que a variância de X_1 (10.000) é praticamente igual à variablidade total dos dados (10.007). Desse modo, é de se esperar que a primeira componente principal seja, a menos de um fator de escala, aproximadamente igual a X_1. Isso justifica o porquê de se obter aproximadamente 100% de explicação da variabilidade de X_1 (Tabela 4.8). Além disso, note que as correlações entre F_1 e as variáveis originais (última coluna da tabela) são, até a terceira casa decimal, idênticas às observadas na primeira coluna da matriz de correlações dos dados (Tabela 4.2), o que confirma a proporcionalidade (aproximada) entre X_1 e F_1. Isso nos leva a contraindicar o método de componentes principais sobre a matriz de covariâncias de conjuntos de dados que possuam variáveis com variâncias muito díspares, já que as de maiores variâncias tenderão a predominar nos primeiros fatores. Nesses casos, recomenda-se a padronização prévia das variáveis, que equivale ao uso da matriz de correlações.

4.4.2 Método da máxima verossimilhança

Um método bastante conhecido para a obtenção dos fatores é o da máxima verossimilhança (ver Johnson e Wichern, 2007, por exemplo), no qual, em sua versão usual, supõe-se que as variáveis envolvidas sigam uma distribuição normal multivariada. Esse método, em geral, não é indicado para os casos em que a suposição de normalidade das variáveis não esteja satisfeita.

Admita $\mathbf{x} \sim N_p(\boldsymbol{\mu}, \boldsymbol{\Sigma})$, com $\boldsymbol{\Sigma} = \boldsymbol{\Phi}\boldsymbol{\Phi}^\top + \boldsymbol{\Psi}$. Um problema com esse modelo é que ele é não identificável, uma vez que há infinitas matrizes $\boldsymbol{\Phi}$ que o satisfazem, como vimos na Seção 4.3.2. Isso exige a introdução de restrições de identificabilidade. Uma restrição conveniente do ponto de vista computacional é, por exemplo, $\boldsymbol{\Phi}^\top \boldsymbol{\Psi}^{-1} \boldsymbol{\Phi}$ ser uma matriz diagonal.

Considere uma amostra $\mathbf{x}_1, \ldots, \mathbf{x}_n$ de vetores independentes de $\mathbf{x}$. As estimativas de máxima verossimilhança de $\boldsymbol{\mu}$, $\boldsymbol{\Phi}$ e $\boldsymbol{\Psi}$ são obtidas a partir da maximização da função de verossimilhança abaixo

$$L(\boldsymbol{\mu}, \boldsymbol{\Sigma}) = \frac{1}{(2\pi)^{np/2}} \frac{1}{|\boldsymbol{\Sigma}|^{n/2}} \exp\left\{ -\frac{1}{2} \sum_{i=1}^{n} (\mathbf{x}_i - \boldsymbol{\mu})^\top \boldsymbol{\Sigma}^{-1} (\mathbf{x}_i - \boldsymbol{\mu}) \right\}. \qquad (4.8)$$

Não há uma solução explícita para os estimadores, o que exige o uso de métodos numéricos para a maximização da função (4.8). O estudo de tais métodos está acima do nível previsto para este texto (vide Anderson, 2003, para mais detalhes).

A vantagem de se trabalhar com estimadores de máxima verossimilhança é que a inferência estatística nos garante, sob condições de regularidade, sua consistência e normalidade assintótica, permitindo a construção de intervalos de confiança e testes de hipóteses para grandes amostras.

Um teste de interesse refere-se à avaliação da escolha do número de fatores. Trata-se de um teste de razão de verossimilhanças que considera as seguintes hipóteses:

$$\begin{aligned} \mathrm{H}_0 &: \boldsymbol{\Sigma} = \boldsymbol{\Phi}\boldsymbol{\Phi}^\top + \boldsymbol{\Psi} \\ \mathrm{H}_1 &: \boldsymbol{\Sigma} \neq \boldsymbol{\Phi}\boldsymbol{\Phi}^\top + \boldsymbol{\Psi}. \end{aligned}$$

Sejam

$$\mathbf{S}_n = \sum_{k=1}^{n} \frac{(\mathbf{x}_k - \overline{\mathbf{x}})(\mathbf{x}_k - \overline{\mathbf{x}})^\top}{n} \quad \text{e} \quad \hat{\boldsymbol{\Sigma}} = \hat{\boldsymbol{\Phi}}\hat{\boldsymbol{\Phi}}^\top + \hat{\boldsymbol{\Psi}},$$

na qual $\hat{\boldsymbol{\Phi}}$ e $\hat{\boldsymbol{\Psi}}$ são os estimadores de máxima verossimilhança de $\boldsymbol{\Phi}$ e $\boldsymbol{\Psi}$, respectivamente. A estatística do teste é dada por

$$TRV = -2 \ln \left(\frac{|\hat{\boldsymbol{\Sigma}}|}{|\mathbf{S}_n|} \right).$$

Sob a hipótese nula, TRV segue uma distribuição qui-quadrado com $g = \frac{1}{2}\{(p - m)^2 - p - m\}$ graus de liberdade. Valores altos de TRV levam à rejeição da hipótese nula.

4.5 Escolha do número de fatores

A escolha do número de fatores é uma das tarefas mais importantes em uma análise fatorial. Hair et al. (2005) discutem que, se o pesquisador opta por um número muito reduzido, ele pode não identificar estruturas importantes existentes nos dados, o mesmo acontecendo se o número de fatores for excessivo. Existem na literatura vários critérios que auxiliam na determinação do número de fatores que, invariavelmente, quando empregados em um mesmo conjunto de dados, conduzem a resultados diferentes. Como regra geral, o analista deve procurar um compromisso entre o número de fatores (que, a princípio, deve ser o menor possível) e a capacidade de interpretá-los. É comum, em situações práticas, simplesmente comparar soluções com diferentes números de fatores e fazer a escolha com base no bom senso do usuário da técnica. Nesses casos, os critérios apresentados na sequência, alguns já mencionados no Capítulo 3, podem ser utilizados como ponto de partida para a obtenção de uma solução final.

Para ilustração dos métodos, considere a análise fatorial descrita no Exemplo 4.1. Os métodos de escolha, que passamos a descrever, têm um caráter apenas indicativo, não existindo uma hierarquia entre eles.

a. **Critério da porcentagem da variância explicada** – O número é determinado de modo que o conjunto de fatores comuns explique uma porcentagem predefinida da variabilidade total, por exemplo, desejamos explicar pelo menos 70% da variabilidade total dos dados. Nesse caso, se esse critério (70% de explicação) fosse aplicado aos dados da Tabela 4.5, o método nos levaria à escolha de três fatores.

b. **Critério da comunalidade explicada** – Esse critério determina que os fatores comuns expliquem uma porcentagem predefinida da variância de cada variável individualmente, ou seja, as comunalidades. No exemplo, se o valor fosse fixado em 50%, teríamos a escolha de dois fatores, conforme a Tabela 4.6.

c. **Critério de Kaiser** – Esse critério, desenvolvido por Kaiser (1958), também conhecido como critério da raiz latente, determina que, no caso de análise de dados padronizados, o número de fatores deve ser igual ao número de λ_j maiores ou iguais a um.[6] Nesses casos, o valor 1 corresponde à variância de cada variável padronizada e, consequentemente, esse critério descarta os fatores que tenham um grau de explicação inferior ao de uma variável isolada. Quando a análise é realizada sobre a matriz de covariâncias, sugerimos que, ao invés de 1, adote-se como ponto de corte a média das variâncias das variáveis analisadas, ou a menor variância observada. Esse é o método usado em alguns *softwares*, por simplicidade. Na Tabela 4.5 são apresentados os autovalores da matriz de correlações descrita na Tabela 4.2. Como apenas os dois primeiros autovalores são maiores do que 1, nos ateríamos a uma solução com dois fatores somente.

d. **Critério do gráfico dos autovalores** – É comum que a diferença de explicação entre os primeiros fatores de uma AF seja grande e que tenda a diminuir com o aumento no número de fatores. Por esse critério, o número ótimo de fatores é obtido quando a variação da explicação entre fatores consecutivos passa a ser pequena. A Figura 4.3 traz uma representação gráfica dos autovalores da Tabela 4.5 que facilita a aplicação deste método. Denominamos tal gráfico de *gráfico dos autovalores (scree plot)*. Na ordenada representamos os autovalores e na abscissa o número da respectiva componente. Note que a partir do terceiro fator os ganhos são pequenos e praticamente constantes. Isso nos levaria a adotar uma solução com dois fatores.

d. **Métodos inferenciais** – Outros métodos foram desenvolvidos para os casos nos quais as variáveis originais seguem uma distribuição normal. Esses métodos consistem no desenvolvimento de testes estatísticos que se alicerçam na suposição de normalidade e, dessa forma, não são, em princípio, adequados à análise de dados não normais. Apesar disso, esses métodos podem ser utilizados com um fim puramente indicativo, sendo que a significância obtida nessas situações não pode ser interpretada ao pé da letra. Dentre esses testes destacamos o de Bartlett (apresentado na Seção 4.4.2), que verifica a adequação do modelo de AF estimado (pelo método da máxima verossimilhança) para representar a estrutura de dependência dos dados.

[6] Os λ_j coincidem com os autovalores da matriz de correlações quando se aplica o método das componentes principais.

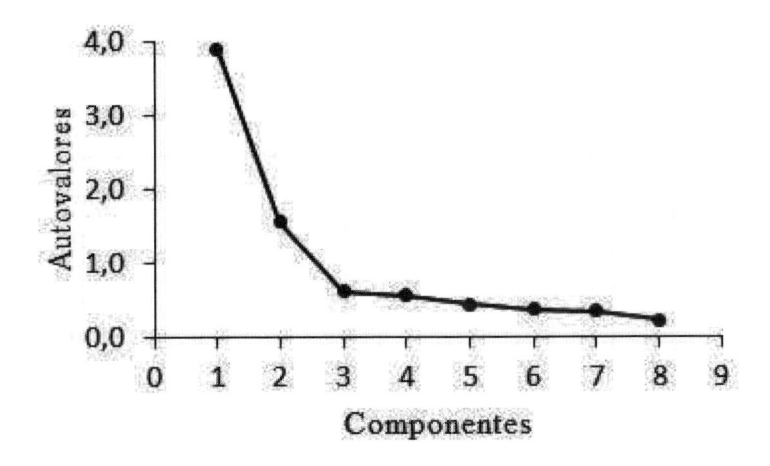

Figura 4.3: Gráfico dos autovalores para o Exemplo 4.1

4.6 Rotações ortogonais

Como vimos na Seção 4.3.2, se $\mathbf{\Phi}$ é uma solução para o modelo de análise fatorial, então $\mathbf{\Phi}^* = \mathbf{\Phi}\mathbf{T}$, sendo $\mathbf{T}$ uma matriz ortogonal, também o será. Geometricamente, a operação de pós-multiplicar a matriz $\mathbf{\Phi}$ por uma matriz ortogonal equivale a rotacionar os eixos. Em termos práticos, esses novos eixos equivalem a novos fatores (fatores rotacionados). Esse resultado é útil principalmente quando a solução inicial de uma análise fatorial não for facilmente interpretável. Nesse caso, podemos procurar rotações que nos levem a melhores soluções. Por exemplo, na Figura 4.4 temos as cargas fatoriais da Tabela 4.6. As cargas são fortes (distantes de zero) para o fator 1, com sinais positivos e negativos. Para o fator 2, há cargas fortes e fracas. Isso dificulta a interpretação da solução. No entanto, se aplicássemos uma rotação aos dados de modo a obter os eixos tracejados da Figura 4.5, os respectivos fatores seriam mais facilmente interpretados, uma vez que cada um deles teria carga fatorial alta com um conjunto de variáveis e baixa com as demais.

Nesta seção estudamos rotações ortogonais, ou seja, os fatores rotacionados continuarão a ser não correlacionados. Nessas rotações, as comunalidades e especificidades das variáveis estão preservadas. A rotação é feita após se determinar o número de fatores, como indicado na Seção 4.5.

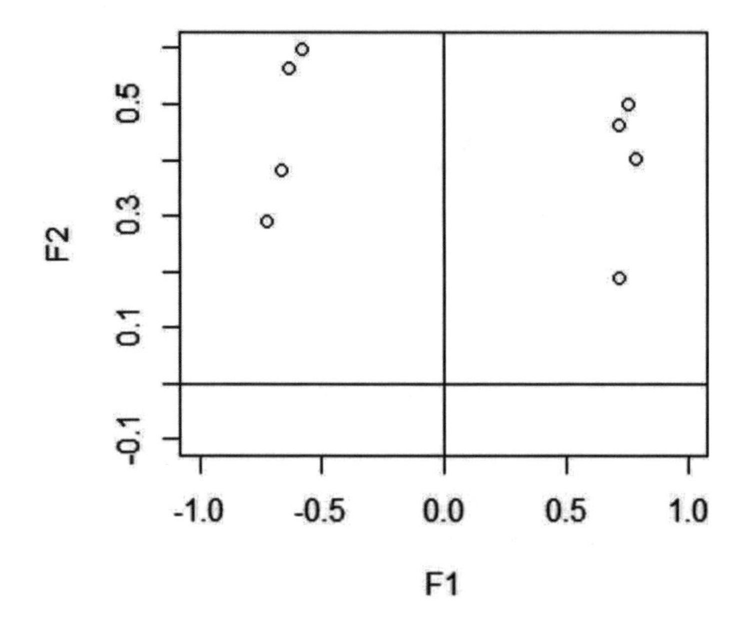

Figura 4.4: Cargas fatoriais do Exemplo 4.1

Há uma variedade de rotações que geram fatores correlacionados – rotações oblíquas (ver Rummel, 1970; e Johnson, 1998, por exemplo) – e que não são tratadas neste texto.

Rotação varimax

A rotação varimax (Kaiser, 1958) é uma das rotações ortogonais mais utilizadas em análise fatorial. Intuitivamente, ela busca maximizar as correlações de cada variável com apenas um fator.

Sejam $\hat{\alpha}^*_{ij}$, $i = 1, \ldots, p$, $j = 1, \ldots, m$ as cargas fatoriais rotacionadas. Defina

$$\hat{\beta}_{ij} = \frac{\hat{\alpha}^{*2}_{ij}}{\hat{c}^2_i} \quad \text{e} \quad \overline{\beta}_j = \sum_{i=1}^{p} \frac{\hat{\beta}_{ij}}{p}.$$

Note que $\hat{\beta}_{ij}$ pode ser interpretada como a proporção da comunalidade de X_i que é explicada pelo fator j. A matriz de rotação $\mathbf{T}$ será uma que maximize

$$V = \sum_{j=1}^{m} V_j, \qquad V_j = \sum_{i=1}^{p} \frac{\left(\hat{\beta}_{ij} - \overline{\beta}_j\right)^2}{p}. \tag{4.9}$$

Detalhes sobre o procedimento numérico de maximização não são abordados neste texto.

A quantidade V_j é a variância amostral de $\hat{\beta}_{ij}$, $i = 1, \ldots, p$. Logo, ao maximizar V, caminhamos no sentido de maximizar as V_j. Idealmente, V_j assumirá um valor alto quando tivermos valores muito altos para alguns $\hat{\beta}_{ij}$, $i = 1, \ldots, p$ e baixos para os demais. Isso tenderá a fazer com que as cargas fatoriais (em módulo) sejam ou muito altas ou muito baixas, o que facilita a interpretação dos fatores, na medida em que um conjunto de variáveis teria correlação alta com o fator, enquanto as demais tenderiam a ter correlações baixas. É claro que numa situação real, na qual os constructos não são muito claros, esse comportamento esperado pode não ocorrer.

A Tabela 4.9 traz a rotação varimax aplicada aos dados da Tabela 4.6. A Figura 4.5 é uma representação gráfica dessas cargas. As linhas tracejadas representam a rotação dos fatores.

Ao analisar a Tabela 4.9, notamos que a coluna das comunalidades não sofreu alteração, o que era esperado, uma vez que a solução rotacionada não altera as especificidades. Já ao analisar cada fator separadamente, suas porcentagens individuais de explicação sofreram alterações. No que se refere às cargas fatoriais, note que o primeiro fator tem forte correlação com os sentimentos positivos e o segundo com os negativos. Logo podem estar relacionados, respectivamente, aos constructos *Satisfação pessoal* e *Dificuldade em lidar com problemas.*

4.7 Escores fatoriais

Quando o objetivo final da análise de dados é a descrição e o entendimento da estrutura de correlação das variáveis, o que vimos sobre análise fatorial pode levar às respostas desejadas. Outras vezes, entretanto, os objetivos da pesquisa podem envolver análises posteriores aplicadas aos fatores identificados nos dados. É suposto que cada indivíduo na amostra tenha um valor para cada um dos fatores

Tabela 4.9: Comunalidades, cargas fatoriais e porcentagem de explicação dos fatores rotacionados para uma solução com dois fatores do Exemplo 4.1

Variável	Comunalidades	Cargas fatoriais	
		F_1	F_2
X_1	0,728	0,846	-0,113
X_9	0,690	-0,052	0,829
X_{10}	0,823	0,900	-0,109
X_{11}	0,586	-0,256	0,721
X_{13}	0,549	0,668	-0,322
X_{16}	0,775	0,857	-0,202
X_{17}	0,707	-0,111	0,834
X_{18}	0,602	-0,360	0,687
λ_j	5,460	2,917	2,544
% de explicação	68,3%	35,6%	31,8%

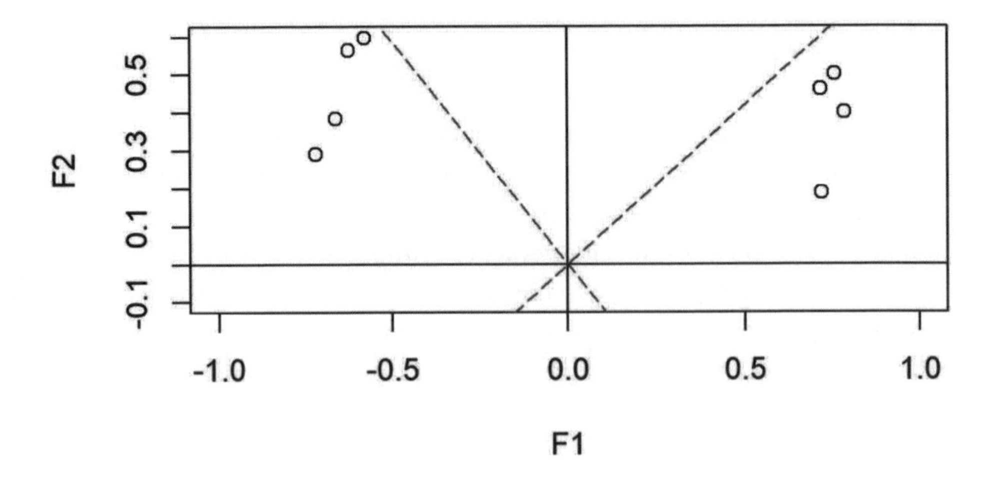

Figura 4.5: Cargas fatoriais rotacionadas (varimax) do Exemplo 4.1

comuns, que, como já foi dito, não são diretamente observáveis. Esses valores são os chamados escores fatoriais, que, no exemplo desenvolvido por Spearman (1904), são os valores do fator g (índice geral de inteligência) para os indivíduos submetidos à análise. Nosso objetivo agora é predizer os escores fatoriais individuais. Apresentamos dois métodos de predição dos escores fatoriais: o método dos mínimos quadrados Ponderados e o método da regressão.

4.7.1 Método dos mínimos quadrados ponderados

Retomemos o modelo de análise fatorial ortogonal. Temos para a observação k:

$$\mathbf{x}_k - \boldsymbol{\mu} = \boldsymbol{\Phi}\mathbf{f}_k + \boldsymbol{\epsilon}_k.$$

Queremos, para cada elemento amostral, predizer o valor de $\mathbf{f}_k$. Para isso, admitimos que $\boldsymbol{\mu}$ e $\boldsymbol{\Phi}$ sejam conhecidas.[7] Note que, encarado dessa forma, o modelo acima assemelha-se a um modelo de regressão linear, no qual $\mathbf{x}_k - \boldsymbol{\mu}$ desempenha o papel da variável resposta, $\boldsymbol{\Phi}$ o da matriz de variáveis regressoras, $\mathbf{f}_k$ o do vetor de parâmetros e $\boldsymbol{\epsilon}_k$ o vetor de erros.

Lembre que $\text{Cov}(\boldsymbol{\epsilon}_k) = \boldsymbol{\Psi}$, ou seja, fazendo uma analogia com modelos de regressão, os erros são heterocedásticos. Em situações como essas, admitindo $\boldsymbol{\Psi}$ conhecida, recomenda-se a utilização do método dos mínimos quadrados ponderados ao invés de mínimos quadrados ordinários. Nesse método, o preditor de $\mathbf{f}_k$ será aquele que minimizar

$$\sum_{k=1}^{n} (\mathbf{x}_k - \boldsymbol{\mu} - \boldsymbol{\Phi}\mathbf{f}_k)^\top \boldsymbol{\Psi}^{-1} (\mathbf{x}_k - \boldsymbol{\mu} - \boldsymbol{\Phi}\mathbf{f}_k).$$

O preditor será dado por

$$\hat{\mathbf{f}}_k = \left(\hat{\boldsymbol{\Phi}}^\top \hat{\boldsymbol{\Psi}}^{-1} \hat{\boldsymbol{\Phi}}\right)^{-1} \hat{\boldsymbol{\Phi}}^\top \hat{\boldsymbol{\Psi}}^{-1} (\mathbf{x}_k - \overline{\mathbf{x}}).$$

4.7.2 Método da regressão

Este método prediz $\mathbf{f}_k$ pela esperança condicional de $\mathbf{f}$ dado $\mathbf{x}_k$. Uma outra suposição exigida pelo método é que $\mathbf{f}$ e $\boldsymbol{\epsilon}$ sejam normalmente distribuídos. Do Resultado C.3 do Apêndice C, temos que

$$\mathbf{f} \sim N_m(\mathbf{0}, \mathbf{I}_m), \quad \boldsymbol{\epsilon} \sim N_p(\mathbf{0}, \boldsymbol{\Psi}) \Rightarrow \begin{pmatrix} \boldsymbol{\epsilon} \\ \mathbf{f} \end{pmatrix} \sim N_{p+m}\left(\mathbf{0}, \begin{pmatrix} \boldsymbol{\Psi} & \mathbf{0} \\ \mathbf{0} & \mathbf{I}_m \end{pmatrix}\right),$$

[7]Na prática utilizamos as estimativas, mas não fazemos nenhuma correção adicional.

além disso, do item c do Resultado C.2 do Apêndice C, vem que

$$\mathbf{x} - \boldsymbol{\mu} = \boldsymbol{\Phi}\mathbf{f} + \boldsymbol{\epsilon} \sim N_p\left(\mathbf{0}, \boldsymbol{\Phi}\boldsymbol{\Phi}^\top + \boldsymbol{\Psi}\right).$$

Daí,

$$\begin{pmatrix} \mathbf{x} - \boldsymbol{\mu} \\ \mathbf{f} \end{pmatrix} \sim N_{p+m}\left(\mathbf{0}, \begin{pmatrix} \boldsymbol{\Sigma} & \boldsymbol{\Phi} \\ \boldsymbol{\Phi}^\top & \mathbf{I}_m \end{pmatrix}\right), \quad \text{com} \quad \boldsymbol{\Sigma} = \boldsymbol{\Phi}\boldsymbol{\Phi}^\top + \boldsymbol{\Psi}.$$

Como $\mathbf{f}$ e $\mathbf{x}_k$ seguem uma distribuição normal, temos que (item c do Resultado C.3 do Apêndice C)

$$\mathbf{f}|\mathbf{x}_k \sim N_m\left(\boldsymbol{\Phi}^\top\boldsymbol{\Sigma}^{-1}(\mathbf{x}_k - \boldsymbol{\mu}), \mathbf{I}_m - \boldsymbol{\Phi}^\top\boldsymbol{\Sigma}^{-1}\boldsymbol{\Phi}\right).$$

Portanto o preditor de $\mathbf{f}_k$ será dado por

$$\hat{\mathbf{f}}_k = \hat{\boldsymbol{\Phi}}^\top\hat{\boldsymbol{\Sigma}}^{-1}(\mathbf{x}_k - \overline{\mathbf{x}}) = \hat{\boldsymbol{\Phi}}^\top\left(\hat{\boldsymbol{\Phi}}\hat{\boldsymbol{\Phi}}^\top + \hat{\boldsymbol{\Psi}}\right)^{-1}(\mathbf{x}_k - \overline{\mathbf{x}}),$$

sendo $\hat{\boldsymbol{\Sigma}}$ o estimador de $\boldsymbol{\Sigma}$ sob o modelo.

4.8 Estudo da adequabilidade da AF

Nem sempre a aplicação de uma análise fatorial aos dados é bem-sucedida. Em alguns casos, o grau de interdependência entre as variáveis é tão baixo que impossibilita uma identificação consistente de fatores. Em outros casos, a própria existência de fatores é questionável. Nesta seção apresentamos algumas medidas adicionais para aferir a viabilidade da aplicação de uma análise fatorial a um conjunto de dados.

4.8.1 Matriz anti-imagem

Uma das premissas de uma análise fatorial é que exista uma estrutura de dependência clara entre as variáveis envolvidas. No modelo estudado, essa estrutura é expressa pela matriz de covariâncias ou de correlações. A existência de tal estrutura implica que uma variável pode, dentro de certos limites, ser prevista pelas demais. Para verificar esse fato, pode-se calcular os coeficientes de correlação parcial entre os pares de variáveis, eliminado o efeito das demais variáveis. Espera-se que os valores obtidos sejam baixos. A matriz anti-imagem é construída com esses coeficientes com sinais invertidos.

A Tabela 4.10 é a matriz anti-imagem da matriz de correlações da Tabela 4.2. Note que os valores das correlações parciais são, em sua grande maioria, baixos, indicando a adequação da aplicação da análise fatorial aos dados.

Tabela 4.10: Matriz anti-imagem do Exemplo 4.1

Variável	X_1	X_9	X_{10}	X_{11}	X_{13}	X_{16}	X_{17}	X_{18}
X_1	-							
X_9	-0,021	-						
X_{10}	-0,453	-0,045	-					
X_{11}	0,020	-0,197	-0,041	-				
X_{13}	-0,150	0,160	-0,105	0,129	-			
X_{16}	-0,125	-0,033	-0,486	0,078	-0,223	-		
X_{17}	0,040	-0,438	-0,016	-0,124	0,020	-0,015	-	
X_{18}	0,007	-0,091	0,089	-0,278	-0,043	0,157	-0,285	-

4.8.2 MSA: measure of sampling adequacy

As medidas MSA_i partem do mesmo princípio da matriz anti-imagem, ou seja, que as correlações parciais entre pares de variáveis, eliminado o efeito das demais, devem ser pequenas se o modelo for adequado. Desejamos verificar a possibilidade de existir uma estrutura fatorial nos dados. A expressão (4.10) traz a definição da medida MSA para a i-ésima variável do conjunto de dados.

$$\text{MSA}_i = \frac{\sum_{j \neq i}^{p} r_{ij}^2}{\sum_{j \neq i}^{p} r_{ij}^2 + \sum_{j \neq i}^{p} a_{ij}^2}, \tag{4.10}$$

em que a_{ij} é a correlação parcial entre X_i e X_j, eliminado o efeito das demais variáveis. O objetivo da medida é verificar se uma dada variável pode ser bem explicada pelas demais, o que é esperado num modelo fatorial. Valores baixos de MSA_i são indícios de que a respectiva variável pode ser retirada da análise sem maiores prejuízos. Esse índice pode ser interpretado utilizando os mesmos limites descritos na Tabela 4.12.

A Tabela 4.11 traz os valores de MSA$_i$ para o Exemplo 4.1, da escala IDATE-T. Note que todos os valores são bastante aceitáveis, o que indica que existe um potencial de a análise fatorial explicar bem todas as variáveis.

Tabela 4.11: MSA do Exemplo 4.1

Variável	MSA$_i$
X_1	0,854
X_9	0,789
X_{10}	0,783
X_{11}	0,881
X_{13}	0,911
X_{16}	0,837
X_{17}	0,797
X_{18}	0,871
Média	0,841

Apenas como medida resumo, podemos calcular a média dos MSA_i para termos uma ideia do desempenho do conjunto das variáveis,

$$\overline{\text{MSA}} = \sum_{i=1}^{p} \frac{\text{MSA}_i}{p}.$$

4.8.3 KMO: Kaiser-Meyer-Olkin

O coeficiente KMO (Kaiser, 1970) tem bastante similaridade com os coeficientes MSA_i, sendo dado por

$$\text{KMO} = \frac{\sum_{i=1}^{p}\sum_{j\neq i}^{p} r_{ij}^2}{\sum_{i=1}^{p}\sum_{j\neq i}^{p} r_{ij}^2 + \sum_{i=1}^{p}\sum_{j\neq i}^{p} a_{ij}^2},$$

em que a_{ij} é a correlação parcial entre X_i e X_j, eliminado o efeito das demais variáveis. É desejável que os valores a_{ij}^2 sejam pequenos em relação a r_{ij}^2, portanto valores altos de KMO indicam bom ajuste do modelo de análise fatorial.

Na Tabela 4.12 apresentamos algumas sugestões extraídas da literatura estatística para auxiliar na interpretação do KMO. A primeira parte da tabela foi proposta por Kaiser e Rice (1974).

Tabela 4.12: Interpretação da KMO

KMO	Interpretação
0,90-1,00	Excelente
0,80-0,90	Ótimo
0,70-0,80	Bom
0,60-0,70	Regular
0,50-0,60	Ruim
0,00-0,50	Inadequado
0,80-1,00	Excelente
0,70-0,80	Ótimo
0,60-0,70	Bom
0,50-0,60	Regular
0,00-0,50	Insuficiente

Para os dados da escala IDATE-T, temos KMO=0,838, indicando uma boa perspectiva na aplicação da análise fatorial aos dados.

4.8.4 Teste de esfericidade de Bartlett

A condição necessária, embora não suficiente, para que uma análise fatorial produza resultados aceitáveis é a existência de correlações não nulas entre as variáveis analisadas. O teste de esfericidade de Bartlett verifica se isso ocorre. Seja $\boldsymbol{\rho}$ a matriz de correlações populacionais das variáveis do estudo. O teste de Bartlett verifica as seguintes hipóteses:

$$H_0 : \boldsymbol{\rho} = \mathbf{I}_p \quad \text{vs} \quad H_1 : \boldsymbol{\rho} \neq \mathbf{I}_p,$$

sendo p o número de variáveis e $\mathbf{I}_p$ uma matriz identidade de ordem p. A estatística do teste é dada por

$$Q = -\left[(n-1) - \frac{2p+5}{6}\right] ln \mid \mathbf{R} \mid,$$

sendo $\mid \mathbf{R} \mid$ o determinante da matriz de correlações amostrais dos dados.

Admitindo que as variáveis sigam uma distribuição normal multivariada e que haja independência entre as observações de diferentes indivíduos, demonstra-se, para grandes amostras, que a distribuição de Q se aproxima de uma distribuição qui-quadrado com $p(p-1)/2$ graus de liberdade. Valores altos de Q sugerem a rejeição da hipótese nula.

O teste de esfericidade foi desenvolvido utilizando-se a matriz de correlações de Pearson. No Exemplo 4.1 foram utilizadas correlações policóricas, assim, os resultados do teste de esfericidade devem ser encarados como uma informação puramente descritiva. No caso, temos $Q = 1.820{,}36$, se as suposições do teste fossem válidas, o *valor-p* do teste seria inferior a 0,001, o que rejeitaria a hipótese nula.

É bom ressaltar que a existência de correlações fracas entre as variáveis limita a qualidade dos resultados de uma análise fatorial.

4.9 Avaliação do ajuste do modelo

A avaliação da qualidade do ajuste de um modelo de análise fatorial passa inicialmente pela análise das comunalidades. Altas comunalidades para todas as variáveis já prenunciam um bom ajuste. Nesta seção, apresentamos uma abordagem complementar que tem sua inspiração no estudo de modelos de regressão. Em geral o ajuste de um modelo de regressão é avaliado pelo comportamento de seu resíduo. Essa ideia foi adaptada para modelos de análise fatorial.

Para verificar a qualidade do ajuste de um modelo de análise fatorial podemos comparar a matriz de covariâncias amostrais observada com a estimada sob o modelo, dada em (4.11).

$$\hat{\boldsymbol{\Sigma}} = \hat{\boldsymbol{\Phi}}\hat{\boldsymbol{\Phi}}^\top + \hat{\boldsymbol{\Psi}}. \tag{4.11}$$

Caso haja um bom ajuste, espera-se que esses valores sejam próximos. Note que ao utilizar (4.11), os valores da diagonal principal, estimados sob os dois métodos, são os mesmos. Uma prática comum é apresentar as comunalidades na diagonal da matriz, ou seja, utilizar

$$\tilde{\boldsymbol{\Sigma}} = \hat{\boldsymbol{\Phi}}\hat{\boldsymbol{\Phi}}^\top.$$

Essa estratégia de análise pode ser utilizada quando desejamos comparar diferentes soluções de uma análise fatorial, quer sejam obtidas por diferentes métodos, quer se refiram a soluções com diferentes números de fatores. No último caso, deve-se levar em conta que, sempre que tivermos mais fatores, esperamos melhores resultados; desse modo, deve-se analisar se a melhora ao se acrescentar um fator é substancial.

A Tabela 4.13 traz a matriz de correlações estimada sob o modelo da análise fatorial apresentada no Exemplo 4.1. Essa matriz deve ser comparada com a matriz de correlações original (Tabela 4.2).

Tabela 4.13: Matriz de correlações estimada sob o modelo, com comunalidades na diagonal principal, do Exemplo 4.1

	X_1	X_{10}	X_{13}	X_{16}	X_9	X_{11}	X_{17}	X_{18}
X_1	0,728							
X_9	-0,137	0,690						
X_{10}	0,774	-0,138	0,823					
X_{11}	-0,298	0,611	-0,310	0,586				
X_{13}	0,601	-0,301	0,636	-0,403	0,549			
X_{16}	0,747	-0,212	0,794	-0,365	0,637	0,775		
X_{17}	-0,188	0,697	-0,191	0,629	-0,342	-0,264	0,707	
X_{18}	-0,382	0,589	-0,400	0,588	-0,462	-0,448	0,613	0,603

Para facilitar a análise da matriz estimada sob o modelo, define-se a matriz residual como

$$\mathbf{R}_{es} = \mathbf{S} - \hat{\mathbf{\Sigma}}.$$

Em uma situação em que o ajuste é bom, são esperados valores pequenos para os elementos de $\mathbf{R}_{es}$.

A Tabela 4.14 traz os resíduos correspondentes da análise do Exemplo 4.1. Ao analisar essa matriz percebemos valores pequenos para boa parte dos elementos, embora existam valores ao redor de 0,15, indicando um ajuste de razoável a mediano.

Para resumir as informações da matriz residual, Sharma (1996) sugere a construção de um indicador denominado raiz do quadrado médio residual ($RQMR$),

Tabela 4.14: Matriz de resíduos do Exemplo 4.1

	X_1	X_{10}	X_{13}	X_{16}	X_9	X_{11}	X_{17}	X_{18}
X_1	**0,272**							
X_9	-0,040	**0,310**						
X_{10}	-0,055	-0,030	**0,177**					
X_{11}	0,018	-0,137	0,024	**0,414**				
X_{13}	-0,099	-0,029	-0,112	0,024	**0,451**			
X_{16}	-0,121	-0,003	-0,042	0,009	-0,077	**0,225**		
X_{17}	-0,045	-0,088	-0,032	-0,157	0,040	-0,001	**0,293**	
X_{18}	0,037	-0,149	0,003	-0,058	0,116	0,000	-0,079	**0,397**

dado pela raiz quadrada da média dos resíduos ao quadrado:

$$RQMR = \sqrt{\frac{\sum_{i=1}^{p-1}\sum_{j>i}^{p}(r_{ij} - \hat{\rho}_{ij})^2}{p(p-1)/2}}.$$

Aplicada aos dados, chegamos a $RQMR = 0{,}074$, indicando um erro (ajuste) mediano, dada a magnitude das correlações originais.

4.10 Variáveis ordinais

Muitas técnicas multivariadas baseiam-se na matriz de correlações dos dados. O coeficiente de correlação de Pearson é uma medida adequada para avaliar a associação linear existente entre variáveis quantitativas (escala intervalar ou razão). Problemas podem surgir quando as variáveis de interesse não são de natureza numérica. É muito frequente, principalmente em ciências humanas, o uso de escalas ordinais[8] para avaliar a intensidade de um fenômeno, por exemplo, pode-se querer medir a satisfação de um cliente com um serviço oferecido. É comum que essa satisfação seja expressa por meio de escalas ordinais como:

[8] Ver Apêndice E para mais detalhes.

1. Totalmente insatisfeito;
2. Insatisfeito;
3. Indiferente;
4. Satisfeito;
5. Totalmente satisfeito.

É impossível afirmar que um cliente que se diz satisfeito (resposta 4) tenha o dobro da satisfação de um insatisfeito (resposta 2).[9] As operações matemáticas usuais (soma, multiplicação, por exemplo) não poderiam ser utilizadas nesse caso, o que impediria o cálculo do coeficiente de correlação de Pearson, entre outras operações. O próprio exemplo dos itens da escala IDATE-T (ver Tabela 4.1) se enquadra nessa situação.

Considere X_i, $i = 1, \ldots, p$, variáveis aleatórias ordinais, assumindo valores $1, \ldots, c_i$. Admita que, associada a cada variável ordinal, exista uma variável contínua, X_i^*, tal que

$$X_i = \begin{cases} 1, & \text{se } X_i^* \leq \tau_{i1} \\ 2, & \text{se } \tau_{i1} < X_i^* \leq \tau_{i2} \\ \vdots & \\ c_i, & \text{se } X_i^* > \tau_{i(c_i-1)}. \end{cases}$$

As variáveis X_i^*, $i = 1, \ldots, p$, não são diretamente observáveis (variáveis latentes).

Assumindo que $\mathbf{x}^* = \left(X_1^*, \ldots, X_p^*\right)^\top$ segue uma distribuição normal multivariada (ver Definição C.2, no Apêndice C), a correlação policórica entre X_i e X_j, ρ_{ij}^{pol}, é dada por

$$\rho_{ij}^{pol} = \text{Corr}(X_i^*, X_j^*).$$

Define-se a matriz de correlações policórica por $\boldsymbol{\rho}^{pol} = \left[\rho_{ij}^{pol}\right]$, $i,j = 1, \ldots, p$. O estimador dessa matriz, $\mathbf{R}^{pol}$, pode ser obtido pelo método de máxima verossimilhança. Detalhes podem ser encontrados em Olson (1979) e Drasgow (1986), por exemplo.

Na parte inferior da Tabela 4.15, em negrito, encontram-se as correlações policóricas para as variáveis do Exemplo 4.1. A parte superior traz os coeficientes de correlação de Pearson. Neste exemplo em particular, os coeficientes de

[9] Veja mais detalhes no Apêndice E.

correlações policóricas foram, em média, 15% mais altos do que os respectivos coeficientes de correlação de Pearson.

Tabela 4.15: Matriz de correlações policóricas (em negrito) e de Pearson do Exemplo 4.1

	X_1	X_{10}	X_{13}	X_{16}	X_9	X_{11}	X_{17}	X_{18}
X_1	1,000	0,622	0,429	0,542	-0,157	-0,246	-0,194	-0,304
X_{10}	**0,718**	1,000	0,455	0,665	-0,141	-0,250	-0,188	-0,347
X_{13}	**0,502**	**0,525**	1,000	0,501	-0,282	-0,329	-0,258	-0,297
X_{16}	**0,627**	**0,752**	**0,560**	1,000	-0,192	-0,319	-0,227	-0,393
X_9	**-0,177**	**-0,167**	**-0,331**	**-0,216**	1,000	0,413	0,541	0,381
X_{11}	**-0,280**	**-0,285**	**-0,379**	**-0,357**	**0,474**	1,000	0,418	0,459
X_{17}	**-0,232**	**-0,223**	**-0,302**	**-0,264**	**0,609**	**0,473**	1,000	0,472
X_{18}	**-0,345**	**-0,396**	**-0,346**	**-0,448**	**0,439**	**0,530**	**0,534**	1,000

Na Tabela 4.16 encontram-se os autovalores obtidos a partir da matriz de correlações policóricas e da matriz de correlações de Pearson. Ao comparar esses resultados, observa-se um maior grau de explicação nos dois primeiros fatores. Ambas as análises sugerem a existência de dois fatores.

Tabela 4.16: Autovalores da matriz de correlações do Exemplo 4.1

Fator	Solução a partir da matriz de correlações					
	Policóricas			de Pearson		
	Autovalor	% Var.	% Acum.	Autovalor	% Var.	% Acum.
1	3,895	48,7	48,7	3,525	44,1	44,1
2	1,565	19,6	68,3	1,504	18,8	62,9
3	0,614	7,7	75,9	0,664	8,3	71,2
4	0,559	7,0	82,9	0,615	7,7	78,8
5	0,432	5,4	88,3	0,511	6,4	85,2
6	0,371	4,6	93,0	0,444	5,6	90,8
7	0,342	4,3	97,2	0,425	5,3	96,1
8	0,221	2,8	100,0	0,311	3,9	100,0
Soma	8,000	100,0		8,000	100,0	

As comunalidades e cargas fatorias obtidas com rotação varimax a partir da matriz de correlações policóricas e de Pearson podem ser observadas na Tabela 4.17. As interpretações dos fatores obtidos a partir das duas soluções são as mesmas. Para esse conjunto de dados em particular, observa-se um poder de explicação um pouco maior na solução obtida a partir das correlações policóricas (68,3% contra 62,9%), com maiores comunalidades para todas as variáveis.

Tabela 4.17: Comunalidades, cargas fatoriais e porcentagem de explicação dos fatores para uma solução com dois fatores, após rotação varimax, das variáveis do Exemplo 4.1

Variável	Solução a partir da matriz de correlações					
	Policóricas			de Pearson		
	Comuna-lidades	Cargas fatoriais F_1	Cargas fatoriais F_2	Comuna-lidades	Cargas fatoriais F_1	Cargas fatoriais F_2
X_1	0,728	0,846	-0,113	0,657	0,804	-0,103
X_9	0,690	-0,052	0,829	0,644	-0,037	0,802
X_{10}	0,823	0,900	-0,109	0,758	0,866	-0,094
X_{11}	0,586	-0,256	0,721	0,536	-0,242	0,691
X_{13}	0,549	0,668	-0,322	0,498	0,640	-0,296
X_{16}	0,775	0,857	-0,202	0,718	0,825	-0,191
X_{17}	0,707	-0,111	0,834	0,670	-0,083	0,814
X_{18}	0,602	-0,360	0,687	0,548	-0,339	0,658
λ_j	5,460	2,917	2,544	5,029	2,670	2,359
% explicação	68,3%	36,5%	31,8%	62,9%	33.4%	29.5%

4.11 Análise fatorial confirmatória

O que foi dito até este ponto aplica-se a uma modalidade de análise fatorial que poderia ser denominada exploratória. Uma análise fatorial exploratória (AFE) não exige a formulação de hipóteses a priori a respeito da estrutura de dependência dos dados. Essa estrutura, se existir, será um dos resultados da AFE. Em algumas situações, o pesquisador quer verificar se os itens de uma escala comportam-se segundo uma estrutura predefinida. Às vezes, estudos anteriores podem indicar, por exemplo, a existência de dois fatores em uma escala e quais itens associam-se a cada um desses fatores. Essa é a situação ideal para a aplicação de uma AF confirmatória (AFC). O que diferencia uma AFE de uma AFC é que na segunda o usuário indica que estrutura ele imagina existir nos dados e, a partir da aplicação da técnica, terá indícios objetivos para concluir se aquela estrutura é ou não aceitável para explicar o comportamento deles.

Retome o Exemplo 4.1, da escala IDATE-T. A Figura 4.6 traz os diagramas de caminho da AFE executada e de uma possível AFC. Note que, na AFC, tentamos isolar os itens apenas nos fatores dos quais sofrem influências. Uma vantagem de tal análise é a existência de testes e medidas de ajuste. Livros introdutórios sobre esse assunto são Long (1983) e Bollen (1989).

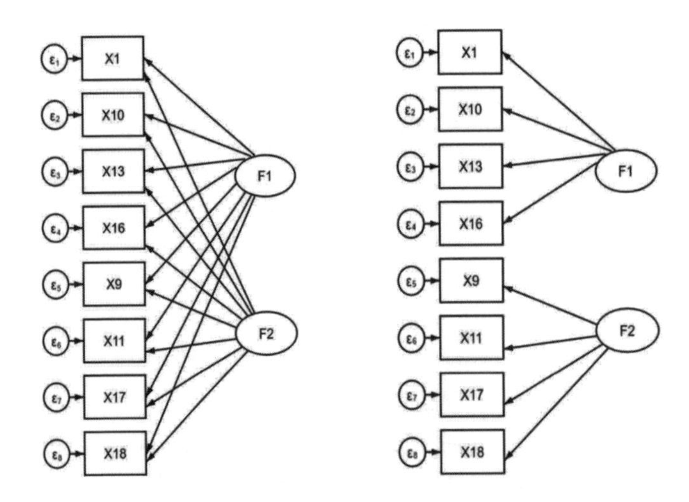

Figura 4.6: Diagramas de caminho para a AFE (esquerda) e AFC (direita) do Exemplo 4.1

4.12 Comentários gerais

Uma análise fatorial envolve a estimação de um grande número de parâmetros e, para que isso seja feito com um mínimo de qualidade, é necessário um tamanho amostral relativamente grande em comparação ao número de variáveis envolvidas. Há, na literatura estatística, uma série de sugestões para a escolha desse tamanho amostral. Em geral, essas opções baseiam-se na experiência pessoal dos diversos autores que, em alguns casos, sugerem um tamanho amostral da ordem de vinte vezes o número de variáveis envolvidas (ver Hair et al., 2005). Reis (1997, p. 274) e Hair et al. (2005) sugerem que o número de observações deva ser de no mínimo cinco vezes o número de variáveis, além disso, indicam que preferencialmente a análise seja feita com pelo menos cem observações. Hair et al. (2005) enfatiza que ela não deve ser utilizada em amostras inferiores a cinquenta observações.

O sucesso de uma análise fatorial está diretamente ligado aos objetivos iniciais do pesquisador; por exemplo, se a intenção é a simples redução do número de variáveis, ela será bem-sucedida se for possível determinar um pequeno conjunto de fatores que consiga explicar uma parte considerável da variabilidade do conjunto original de variáveis. De qualquer modo, há algumas propriedades que são desejáveis a uma solução de uma análise fatorial:

a. Encontrar um número relativamente pequeno de fatores que possuam um alto grau de explicação da variabilidade original dos dados.

b. Encontrar fatores interpretáveis.

Dentre as razões que explicariam o insucesso de uma análise fatorial, destacamos:

i. Tamanho insuficiente da amostra – Uma amostra pequena pode não conseguir refletir de maneira precisa a estrutura de interdependência dos dados.

ii. Variáveis com uma fraca interdependência – Por exemplo, considere uma escala composta por itens, na qual cada item mede um aspecto diferente do constructo de interesse. Nesse caso é possível que uma análise fatorial não consiga identificar fatores com um grau razoável de interpretação. Hair et al. (2005) discutem que para o sucesso de uma análise fatorial é necessário que exista um número razoável de correlações superiores (em módulo) a 0,30, caso contrário a estrutura de interdependência será muito tênue para produzir resultados satisfatórios.

iii. A estrutura de dependência pode não ser homogênea em toda a amostra – Considere, como ilustração, itens de uma escala que se associam diferentemente (possuem estruturas de dependência diferentes) para homens e mulheres, nesse caso, uma análise fatorial aplicada apenas a um dos sexos pode ser bem-sucedida, mas aplicada à amostra total não. Parece razoável que, no caso de insucesso e quando existirem razões teóricas para isso, se faça uma análise fatorial para cada subgrupo de interesse de uma amostra.

Discutimos, neste texto, aspectos essenciais ligados a uma análise fatorial ortogonal (exploratória). Sugerimos aos interessados na aplicação dessa técnica a leitura de Hair et al. (2005), que descreve a análise fatorial de modo bastante informal; o livro trata, basicamente, da análise fatorial baseada na matriz de correlações (que parece ser a mais utilizada na prática). O livro de Reis (1997) também traz uma interessante introdução à técnica com uma abordagem um pouco mais formal. O texto de Reyment e Jöreskog (1996) é indicado para aqueles que já possuem bons conhecimentos básicos sobre AF e desejam aprofundar-se no assunto. Para quem busca um texto um pouco mais formal do ponto de vista estatístico, mas com boas ilustrações, sugerimos os livros de Johnson e Wichern (2007), Johnson (1998), Dillon e Goldstein (1984), Mardia, Kent e Bibby (1979), Hawkins (1982) e Sharma (1996).

4.13 Utilizando o R

Nesta seção apresentamos comandos do R que geram os resultados apresentados neste capítulo.

```
############################
# Bibliotecas necessárias #
############################
install.packages("readxl") # Wickham e Bryan (2019)
install.packages("psych")  # Revelle (2021)
```

Inicialmente, apresentamos os comandos para a análise do Exemplo 4.1.

```
######################
# Leitura dos dados #
######################
library(readxl)
Idate <- read_excel("Idatet.xlsx")
Dados <- cbind(Idate$X1, Idate$X9, Idate$X10, Idate$X11,
               Idate$X13, Idate$X16, Idate$X17, Idate$X18)
colnames(Dados) <- c("X1", "X9", "X10", "X11", "X13", "X16",
                     "X17", "X18")
```

```
################################################################################
# Geração da matriz de correlações policóricas apresentadas na Tabela 4.2.    #
# Para que os resultados do livro pudessem ser reproduzidos, foram utilizadas #
# apenas 3 casas decimais. Na prática, não se deve fazer o arredondamento.    #
################################################################################
library(psych)
CorPol <- polychoric(Dados)
CorP<-round(CorPol$rho,3)  # Tabela 4.2

###########################
# Geração da Tabela 4.5 #
###########################
A8 <- principal(CorP, nfactors = 8, rotate="none")
colunas <- c("Autovalor", "% a Variância", "% Acumulada")
cbind(A8$Vaccounted[1,], 100*A8$Vaccounted[2,],
100*A8$Vaccounted[3,])

###########################
# Geração da Tabela 4.6 #
###########################
A2 <- principal(CorP, nfactors = 2, rotate="none")
cbind(A2$communality, A2$loadings[,1], A2$loadings[,2])

###########################
# Geração da Tabela 4.9 #
###########################
A2 <- principal(CorP, nfactors = 2, rotate="varimax")
Tabela2 <- cbind(A2$communality, A2$loadings[,1], A2$loadings[,2])
round(Tabela2, 3)

####################################################
# Matriz de correlações anti-imagem - Tabela 4.13 #
####################################################
K <- KMO(CorP)
round(K$Image,3)

#######################
# MSAi - Tabela 4.14 #
#######################
round(K$MSAi,3)
mean(K$MSAi)

#######
# KMO #
#######
K$MSA
```

```
######################################
# Teste de esfericidade de Bartlett #
######################################
cortest.bartlett(CorP, n=500)

##############################################################
# Matriz de correlações estimada sob o modelo - Tabela 4.13 #
##############################################################
PreVCor <- CorP-A2$residual
round(PreVCor,3)

####################################
# Matriz de resíduos - Tabela 4.17 #
####################################
A2 <- principal(CorP, nfactors = 2, rotate="none")
round(A2$residual, 3)

########
# RQMR #
########
round(A2$rms, 3)
```

4.14 Exercícios

4.1 Clientes de uma rede de lojas do setor de vestuário avaliaram a qualidade dos pontos de venda (dados fictícios). Foram atribuídas notas (de 0 a 10) aos seguintes atributos (quanto maior a nota, maior é a percepção de que o ponto de venda possui o atributo):

X_1 : Cordialidade dos vendedores;

X_2 : Limpeza da loja;

X_3 : Falta de agilidade no atendimento;

X_4 : Demora na concessão de crédito;

X_5 : Vendedores bem informados sobre os produtos da loja.

Para entender o padrão de respostas observado na amostra, aplicou-se uma análise fatorial à matriz de correlações dessas variáveis. A Tabela 4.18 apresenta as cargas fatoriais obtidas após uma rotação varimax.

a) Determine e interprete as comunalidades e as porcentagens de explicação dos fatores. Critique a escolha do número de fatores.

b) Interprete os fatores rotacionados.

c) Construa um diagrama de caminho que descreva a análise realizada. Descreva as respectivas equações.

d) Um analista reservou os dois fatores e determinou seus escores fatoriais. O diagrama de dispersão apresentado na Figura 4.7 descreve o comportamento desses escores. Nesse diagrama foi destacado um ponto (vide a flecha) referente a um determinado consumidor. Como você interpretaria a percepção desse consumidor em relação aos demais? O analista concluiu que se tratava de um valor aberrante multidimensional. Essa conclusão faz sentido?

Tabela 4.18: Cargas fatoriais rotacionadas

	F_1	F_2
X_1	-0,79	0,43
X_2	-0,07	0,96
X_3	0,90	-0,18
X_4	0,92	0,22
X_5	-0,64	0,40

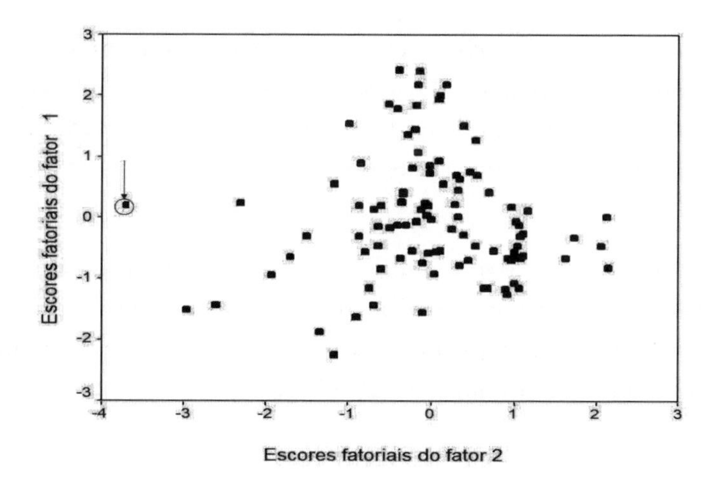

Figura 4.7: Diagrama de dispersão dos escores fatoriais

4.2 Realizou-se uma pesquisa para conhecer a opinião dos frequentadores de uma região de um município sobre as condições urbanas da região. A Tabela 4.19 traz os resultados da aplicação de uma análise fatorial (após rotação varimax) feita a partir da matriz de correlações de avaliações realizadas sobre um conjunto de características (coluna Variável). As avaliações foram feitas a partir de notas e, quanto maior a nota, mais bem avaliada era a variável. Faça uma análise completa desses dados.

Tabela 4.19: Cargas fatorias após rotação varimax

Variável	F1	F2	F3
Presença de policial	0,803	0,035	0,227
Iluminação pública	0,651	0,387	-0,016
Conservação das calçadas	0,476	0,517	-0,059
Coleta de lixo	0,484	0,550	-0,059
Qtde de vendedores ambulantes	0,218	-0,069	0,716
Qtde de moradores de rua	-0,017	0,264	0,745
Conservação dos prédios	-0,026	0,800	0,257
Conservação das praças	0,282	0,715	0,146
Serviço de ônibus	0,436	0,411	-0,159
Sensação de segurança nas ruas	0,720	0,139	0,266

4.3 Retome o enunciado do Exercício 2.5. Aplique uma análise fatorial pelo método das componentes principais utilizando a matriz de correlações policóricas. O conjunto de fatores deve explicar pelo menos 70% da variabilidade total dos dados. Faça uma análise completa dos resultados.

4.4 Retome o enunciado do Exercício 3.4. Aplique uma análise fatorial pelo método das componentes principais utilizando a matriz de correlações policóricas. O conjunto de fatores deve explicar pelo menos 70% da variabilidade total dos dados. Faça uma análise completa dos resultados.

4.5 Retome o enunciado do Exercício 2.6. Aplique uma análise fatorial aos dados garantindo que o conjunto de fatores explique no mínimo 70% de cada variável. Interprete os resultados.

4.6 O arquivo **WVS6b.xlsx** traz informações sobre algumas variáveis da sexta onda da pesquisa World Value Survey realizada em sessenta países, entre 2010 e 2014.[10] Os dados apresentados correspondem às médias observadas para cada país. A aba **Dicionário WVS** traz um resumo das perguntas que originaram os dados. As variáveis V131 a V139 refletem as opiniões dos entrevistados sobre quais seriam as características essenciais de uma democracia; quanto maior o valor, mais importante é a característica. Essas perguntas são reproduzidas na Tabela 4.20.

Aplique uma análise fatorial às variáveis V131 a V139 pelo método das componentes principais. Faça uma análise completa da solução rotacionada. Não deixe de nomear os fatores.

Tabela 4.20: Características importantes em uma democracia

Variável	Descrição
V131	O governo cobra impostos dos ricos e dá dinheiro aos pobres
V132	Autoridades religiosas interpretam as leis
V133	O povo escolhe seus líderes em eleições livres
V134	O povo recebe seguro-desemprego do governo
V135	As forças armadas assumem o governo quando ele for incompetente
V136	Direitos do cidadão protegem a liberdade do povo contra a opressão
V137	O Estado faz com que a renda das pessoas seja igual
V138	As pessoas obedecem aos seus governantes
V139	As mulheres têm os mesmos direitos que os homens

4.7 Retome o enunciado do Exercício 3.9.

a) Faça a análise fatorial considerando a matriz de correlações das variáveis X1 a X14. Use o método de máxima verossimilhança.

b) Compare a análise do item a) com a análise feita no Exercício 3.9.

c) Verifique se a suposição de normalidade multivariada é razoável para esses dados.

[10]Disponível em: `https://www.worldvaluessurvey.org/WVSDocumentationWV6.jsp`. Acesso em: 15 dez. 2019.

4.8 A Tabela 4.21 traz algumas frases que fazem parte de um questionário que foi respondido por atletas de basquete com o objetivo de avaliar o que lhes causa stress. Quanto maior o valor da variável, maior é a percepção do atleta de que a característica é estressante. Os dados estão armazenados na aba **dados** do arquivo **Stress.xlsx**, provenientes do projeto "Stress e Basquetebol de Alto Nível e Categorias Menores", submetido ao CEA Centro de Estatística Aplicada do IME-USP.[11]

a) Faça uma análise fatorial considerando a matriz de correlações policóricas entre as variáveis X1 a X14.

b) Construa o gráfico dos autovalores. Quantos fatores você escolheria se quisesse explicar pelo menos 70% da variabilidade total dos dados?

c) Qual é o valor das comunalidades se fossem considerados o número de fatores fixado no item b)? Você acredita que esse número seria suficiente? Por quê?

d) Interprete os fatores escolhidos.

[11]Fonte: RAE-CEA-00P02, Relatório de Análise Estatística, Centro de Estatística Aplicada, IME-USP, 2000.

Tabela 4.21: Frases avaliadas em uma escala de 0 a 6, segundo a intensidade do stress causado

Variável	Descrição
X1	Necessidade de sempre jogar bem
X2	Perder
X3	Autocobrança exagerada
X4	Pensamentos negativos sobre sua carreira
X5	Perder jogo praticamente ganho
X6	Repetir os mesmos erros
X7	Cometer erros que provocam a derrota da equipe
X8	Adversário desleal
X9	Arbitragem prejudica você
X10	Falta de humildade de um companheiro de equipe
X11	Pessoas com pensamento negativo
X12	Companheiro desleal
X13	Diferenças de tratamento na equipe
X14	Falta de confiança por parte do técnico

4.9 Refaça o exercício anterior com base na matriz de correlações de Pearson. Compare os resultados.

CAPÍTULO 5

ESCALONAMENTO MULTIDIMENSIONAL

5.1 Introdução

Escalonamento multidimensional (EM) é uma técnica de representação gráfica de matrizes de dissimilaridades ou de similaridades, que, como a análise fatorial, teve origem em estudos da área de psicometria. No escalonamento multidimensional os dados de entrada não precisam ser provenientes de medidas feitas diretamente sobre variáveis, podem ser opiniões sobre a semelhança entre dois objetos.

A matriz de dissimilaridades pode ser composta por escores determinados por um juiz indicando o quanto dois objetos são parecidos, de acordo com uma escala fixada predefinida.

A análise fatorial estuda a estrutura de uma matriz de correlações (ou covariâncias) de um conjunto de p variáveis e o escalonamento multidimensional a de uma matriz de dissimilaridades entre n unidades amostrais (objetos).

A ideia no escalonamento multidimensional é representar os objetos graficamente como pontos, em um espaço euclidiano, de maneira que a distância euclidiana representada no gráfico seja compatível com a medida de dissimilaridade da matriz original, ou seja, objetos considerados semelhantes estariam próximos e objetos considerados diferentes estariam afastados (ver Cox e Cox, 2001).

Greenacre e Underhill (1982) usaram, como exemplo, distâncias aéreas entre aeroportos da África do Sul; Mardia, Kent e Bibby (1979) usaram distâncias rodoviárias de cidades da Inglaterra e Peña (2002) distâncias rodoviárias entre cidades da Espanha. Todos tentaram reproduzir a localização das cidades em um mapa. Neste texto, consideramos distâncias entre cidades brasileiras.

Exemplo 5.1 *A Tabela 5.1 mostra as distâncias aéreas (em km) entre algumas capitais de estados brasileiros. A partir dessa matriz, deseja-se obter um mapa com a localização geográfica dessas cidades.*

Tabela 5.1: Distâncias aéreas entre capitais

	SP	RJ	MN	NT	PA	BR	SA	RB	CB	BH
SP	0	347	2689	2320	852	873	1453	2704	1326	489
RJ	347	0	2849	2085	1123	933	1209	2982	1575	339
MN	2689	2849	0	2765	3132	1932	2605	1149	1453	2556
NT	2320	2085	2765	0	3172	1775	875	3616	2524	1831
PA	852	1123	3132	3172	0	1619	2303	2814	1679	1341
BR	873	933	1932	1775	1619	0	1060	2246	873	624
SA	1453	1209	2605	875	2303	1060	0	3206	1915	964
RB	2704	2982	1149	3616	2814	2246	3206	0	1414	2786
CB	1326	1575	1453	2524	1679	873	1915	1414	0	1372
BH	489	339	2556	1831	1341	624	964	2786	1372	0

Fonte: http://www.itatrans.com.br. Acesso em: 16 ago. 2021.

SP: São Paulo, RJ: Rio de Janeiro, MN: Manaus,

NT: Natal, PA: Porto Alegre, BR: Brasília, SA: Salvador,

RB: Rio Branco, CB: Cuiabá, BH: Belo Horizonte.

A Figura 5.1 apresenta a representação das distâncias da Tabela 5.1. Pode-se notar uma semelhança com a localização das capitais no mapa do Brasil, lembrando que as distâncias aéreas não são distâncias euclidianas e, por isso, são aproximadas na representação gráfica.

Com o auxílio do escalonamento multidimensional, pode-se analisar as similaridades entre unidades e verificar se há uma estrutura de grupos e se existem unidades que poderiam ser consideradas discrepantes.

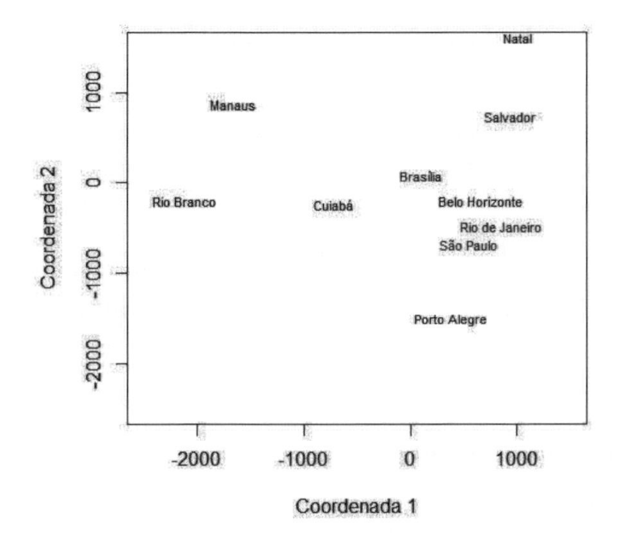

Figura 5.1: Representação do EM métrico do Exemplo 5.1

Suponha que temos um conjunto de n objetos e que dispomos de uma matriz de dimensão $(n \times n)$ de dissimilaridades entre eles, representada pelo elemento δ_{kj} (dissimilaridade entre o k-ésimo e o j-ésimo objeto).

Serão apresentadas as versões métrica e não métrica de EM. Na métrica, a matriz de dissimilaridades é tratada como se fosse uma matriz de distâncias euclidianas.[1] Em um EM não métrico as dissimilaridades não precisam ser distâncias. Quando as dissimilaridades são obtidas a partir do julgamento de um respondente, é comum que surjam incoerências tal como: o objeto A é parecido com o objeto B, que, por sua vez, se parece com o objeto C; no entanto, A e C são muito diferentes. Esse tipo de incoerência não pode aparecer quando se tem distâncias.

5.2 Escalonamento multidimensional métrico

Queremos representar pontos em um gráfico e conhecemos somente a matriz de dissimilaridades entre eles, neste caso considerada uma matriz de distâncias, mas não as coordenadas originais.

[1]Na Seção 8.2.1 define-se o que é uma distância do ponto de vista matemático.

O quadrado da distância euclidiana entre os objetos k e j é dado por

$$\delta_{kj}^2 = \sum_{i=1}^{p}(y_{ki} - y_{ji})^2 = (\mathbf{y}_k - \mathbf{y}_j)^\top(\mathbf{y}_k - \mathbf{y}_j),$$

em que $\mathbf{y}_k$ é o vetor de dimensão $(p \times 1)$ de p variáveis, observadas para o k-ésimo objeto e y_{ki} o i-ésimo elemento desse vetor. Não necessariamente conhecemos os valores dos vetores $\mathbf{y}_k$.

O problema que temos a resolver é: conhecidos os valores de δ_{kj}^2, gostaríamos de conhecer os valores das coordenadas originais que levariam a essas distâncias e assim poder representá-los em um gráfico.

5.2.1 Desenvolvimento teórico

Por facilidade de cálculo, consideremos as coordenadas centralizadas na origem, pois qualquer translação dos dados não altera as distâncias entre eles. Essa operação é feita calculando-se

$$\mathbf{X} = \mathbf{HY},$$

em que $\mathbf{Y}$ de dimensão $(n \times p)$ é a matriz de coordenadas originais, $\mathbf{X}$ de dimensão $(n \times p)$ é a matriz de coordenadas centralizadas e $\mathbf{H}$ de dimensão $(n \times n)$ é a matriz centralizadora, dada por $\mathbf{H} = \mathbf{I} - n^{-1}\mathbf{1}\mathbf{1}^\top$, em que $\mathbf{1}$ é o vetor de uns de dimensão $(n \times 1)$.

Queremos representar os n pontos de $\mathbf{X}$ em um gráfico. Seja $\mathbf{B}$ a matriz de produtos cruzados, positiva semidefinida de posto p, dada por

$$\mathbf{B} = \mathbf{X}\mathbf{X}^\top,$$

cujo elemento característico é $b_{kj} = \sum_{i=1}^{p} x_{ki}x_{ji} = \mathbf{x}_k^\top \mathbf{x}_j$, que também pode ser escrito em função do ângulo θ_{kj} formado entre $\mathbf{x}_k$ e $\mathbf{x}_j$ como

$$b_{kj} = \|\mathbf{x}_k\| \; \|\mathbf{x}_j\| \cos(\theta_{kj}),$$

em que $\| \; \|$ indica a norma do vetor (ver Resultado B.1 do Apêndice B).

Se $\mathbf{B}$ é conhecida, então é possível determinar as coordenadas $\mathbf{X}$ por meio da decomposição espectral de $\mathbf{B}$. Vejamos então como encontrar $\mathbf{B}$.

Suponha que $\mathbf{D} = [d_{kj}]$ a matriz de dissimilaridades, conhecida inicialmente, seja a matriz de distâncias euclidianas entre os pontos definidos em $\mathbf{X}$. Queremos escrever $\mathbf{B}$ como função de $\mathbf{D}$. Considere $\mathbf{D}_2 = [d_{kj}^2]$ a matriz dos quadrados dessas distâncias.

Então

$$
\begin{aligned}
d_{kj}^2 &= (\mathbf{x}_k - \mathbf{x}_j)^\top (\mathbf{x}_k - \mathbf{x}_j) \\
&= (\mathbf{x}_k^\top - \mathbf{x}_j^\top)(\mathbf{x}_k - \mathbf{x}_j) = (\mathbf{x}_k^\top \mathbf{x}_k + \mathbf{x}_j^\top \mathbf{x}_j - 2\mathbf{x}_k^\top \mathbf{x}_j).
\end{aligned} \tag{5.1}
$$

Como $b_{kj} = \mathbf{x}_k^\top \mathbf{x}_j$, temos

$$
b_{kj} = \frac{1}{2}\left(-d_{kj}^2 + \mathbf{x}_k^\top \mathbf{x}_k + \mathbf{x}_j^\top \mathbf{x}_j\right). \tag{5.2}
$$

Somando-se (5.1) com relação a k e dividindo-se o total por n, temos

$$
\frac{1}{n}\sum_{k=1}^{n} d_{kj}^2 = \frac{1}{n}\sum_{k=1}^{n} \mathbf{x}_k^\top \mathbf{x}_k + \mathbf{x}_j^\top \mathbf{x}_j \Rightarrow \mathbf{x}_j^\top \mathbf{x}_j = \frac{1}{n}\sum_{k=1}^{n} d_{kj}^2 - \frac{1}{n}\sum_{k=1}^{n} \mathbf{x}_k^\top \mathbf{x}_k, \tag{5.3}
$$

pois $\sum_{k=1}^{n} \mathbf{x}_k^\top \mathbf{x}_j = 0$, uma vez que os dados estão centralizados.

Analogamente, somando-se (5.1) com relação a j e dividindo-se o total por n, temos

$$
\frac{1}{n}\sum_{j=1}^{n} d_{kj}^2 = \frac{1}{n}\sum_{j=1}^{n} \mathbf{x}_j^\top \mathbf{x}_j + \mathbf{x}_k^\top \mathbf{x}_k \Rightarrow \mathbf{x}_k^\top \mathbf{x}_k = \frac{1}{n}\sum_{j=1}^{n} d_{kj}^2 - \frac{1}{n}\sum_{j=1}^{n} \mathbf{x}_j^\top \mathbf{x}_j. \tag{5.4}
$$

Agora somamos (5.3) com relação a j, dividimos por n (isso equivale a tirar a média dos d_{kj}^2) e temos como resultado

$$
\frac{1}{n^2}\sum_{k=1}^{n}\sum_{j=1}^{n} d_{kj}^2 = \frac{1}{n}\sum_{k=1}^{n} \mathbf{x}_k^\top \mathbf{x}_k + \frac{1}{n}\sum_{j=1}^{n} \mathbf{x}_j^\top \mathbf{x}_j. \tag{5.5}
$$

Substituindo (5.3) e (5.4) em (5.2),

$$
b_{kj} = \frac{1}{2}\left(-d_{kj}^2 + \frac{1}{n}\sum_{j=1}^{n} d_{kj}^2 - \frac{1}{n}\sum_{j=1}^{n} \mathbf{x}_j^\top \mathbf{x}_j + \frac{1}{n}\sum_{k=1}^{n} d_{kj}^2 - \frac{1}{n}\sum_{k=1}^{n} \mathbf{x}_k^\top \mathbf{x}_k\right) \tag{5.6}
$$

e, substituindo-se (5.5) em (5.6), temos finalmente

$$
b_{kj} = \frac{1}{2}\left(-d_{kj}^2 + \frac{1}{n}\sum_{j=1}^{n} d_{kj}^2 + \frac{1}{n}\sum_{k=1}^{n} d_{kj}^2 - \frac{1}{n^2}\sum_{j=1}^{n}\sum_{k=1}^{n} d_{kj}^2\right). \tag{5.7}
$$

Assim, $\mathbf{B}$ está escrita como função de $\mathbf{D}$, que é conhecida.

Considerando a seguinte notação:

$$d_{k\bullet}^2 = \frac{1}{n}\sum_{j=1}^{n} d_{kj}^2, \quad d_{\bullet j}^2 = \frac{1}{n}\sum_{k=1}^{n} d_{kj}^2 \quad \text{e} \quad d_{\bullet\bullet}^2 = \frac{1}{n^2}\sum_{k=1}^{n}\sum_{j=1}^{n} d_{kj}^2,$$

isto é, $d_{k\bullet}^2$ é a média dos elementos da k-ésima linha, $d_{\bullet j}^2$ a média dos elementos da j-ésima coluna e $d_{\bullet\bullet}^2$ a média de todos os elementos d_{kj}^2 dos quadrados das distâncias euclidianas, elementos ao quadrado de $\mathbf{D}$, temos

$$b_{kj} = \frac{1}{2}\left(-d_{kj}^2 + d_{k\bullet}^2 + d_{\bullet j}^2 - d_{\bullet\bullet}^2\right),$$

que depende somente dos elementos de $\mathbf{D}_2$, todos conhecidos. Assim, é possível obter $\mathbf{B}$ a partir da matriz de dissimilaridades.

Na forma matricial, $\mathbf{B}$ pode ser escrita como

$$\mathbf{B} = -\frac{1}{2}\mathbf{H}\mathbf{D}_2\mathbf{H}.$$

Fazendo a decomposição espectral de $\mathbf{B}$, temos

$$\mathbf{B} = \boldsymbol{\Gamma}\boldsymbol{\Lambda}\boldsymbol{\Gamma}^\top,$$

em que $\boldsymbol{\Lambda} = \text{diag}(\lambda_1, \ldots, \lambda_n)$ e $\lambda_1 \geq \lambda_2 \geq \ldots \geq \lambda_n$, ou seja, $\boldsymbol{\Lambda}$ é a matriz diagonal dos autovalores ordenados de $\mathbf{B}$ e $\boldsymbol{\Gamma}$ é a matriz cujas colunas são os correspondentes autovetores normalizados.

Podemos escrever $\mathbf{B} = \boldsymbol{\Gamma}\boldsymbol{\Lambda}^{1/2}\boldsymbol{\Lambda}^{1/2}\boldsymbol{\Gamma}^\top$ e, considerando $\mathbf{X} = \boldsymbol{\Gamma}\boldsymbol{\Lambda}^{1/2}$, temos $\mathbf{B} = \mathbf{X}\mathbf{X}^\top$.

As colunas de $\mathbf{X}$ são as coordenadas que estamos procurando. Usualmente fazemos a representação em um espaço bidimensional, isto é, representamos as duas primeiras colunas de $\mathbf{X}$.

Para obter $\mathbf{X}$ a partir de $\mathbf{B}$ é necessário calcular a matriz raiz quadrada $\boldsymbol{\Lambda}^{1/2}$, ou seja, é necessário que os autovalores envolvidos sejam não negativos, o que significa que $\mathbf{B}$ deve ser uma matriz positiva semidefinida. Peña (2002) mostra que $\mathbf{B}$ é positiva semidefinida se e somente se $\mathbf{D}$ é construída por meio de uma métrica euclidiana.

Desse modo, os passos de um escalonamento multidimensional são:

- Calcular a matriz $\mathbf{D}_2 = [d_{kj}^2]$ dos quadrados das dissimilaridades.
- Calcular $\mathbf{B} = -\frac{1}{2}\mathbf{H}\mathbf{D}_2\mathbf{H}$.
- Obter os autovalores de $\mathbf{B}$ e a matriz diagonal formada por eles $\boldsymbol{\Lambda}$.
- Obter a matriz cujas colunas são os autovetores correspondentes $\boldsymbol{\Gamma}$.
- Calcular a matriz $\mathbf{X} = \boldsymbol{\Gamma}\boldsymbol{\Lambda}^{1/2}$.
- Representar as primeiras colunas de $\mathbf{X}$ no gráfico (na prática é comum construir o gráfico em duas dimensões, isto é, representar as duas primeiras colunas de $\mathbf{X}$).

Para se avaliar a qualidade da representação em K dimensões, as seguintes medidas são usuais e podem ser interpretadas como a porcentagem das dissimilaridades representadas no gráfico.

$$P_{1K} = \left(\frac{\sum_{i=1}^{K}\lambda_i}{\sum_{i=1}^{n}|\lambda_i|}\right) \times 100\%,$$

$$P_{2K} = \left(\frac{\sum_{i=1}^{K}\lambda_i}{\sum_{i=1}^{n}\max(\lambda_i,0)}\right) \times 100\%,$$

$$P_{3K} = \left(\frac{\sum_{i=1}^{K}\lambda_i^2}{\sum_{i=1}^{n}\lambda_i^2}\right) \times 100\%.$$

5.2.2 Aplicação

Um problema comum em marketing analítico é descobrir o posicionamento de uma marca em relação aos concorrentes, ou seja, quem são as marcas que, segundo os consumidores, têm características semelhantes; quem são os concorrentes diretos. O EM é uma alternativa para fazer isso. Nesse tipo de aplicação é usual denominar o gráfico produzido a partir de um EM de *mapa*; em muitos casos, quando os dados representam a percepção das pessoas, de *mapa perceptual*. Há mais de uma maneira de obter dados para esse tipo de problema. Uma delas é ilustrada no Exemplo 5.2.

Exemplo 5.2 *Com base em notas dadas por passageiros, um site*[2] *criou um ranking de companhias aéreas. As empresas eram avaliadas segundo a pontualidade, qualidade dos serviços e presteza no atendimento de reclamações. Deseja-se, com base nessas informações, construir um mapa em que empresas com avaliações semelhantes estejam próximas. A Tabela 5.2 traz as notas médias atribuídas a esses atributos.*

Tabela 5.2: Avaliação de companhias aéreas do Exemplo 5.2

Cia. aérea	Código	Pontualidade	Serviço	Atendimento de reclamações
American Airlines	AA	7,5	7,9	8,8
LATAM Airlines	LA	7,7	8,1	8,2
Emirates	EM	7,5	8,9	7,1
KLM	KLM	7,8	8,1	7,4
United Airlines	UA	7,4	7,1	8,5
Delta Air Lines	DA	8,0	7,7	7,2
Air France	AF	6,7	8,2	7,9
British Airways	BA	7,1	8,2	7,3
Lufthansa	LU	6,5	8,0	8,1
Azul Airlines	AZ	8,4	8,3	5,0
Iberia	IB	8,2	8,0	5,3
Gol	GOL	7,8	8,1	3,1
TAP	TAP	5,2	7,7	5,3
Aerolineas Argentinas	AAR	8,0	8,1	1,8

O primeiro passo para a elaboração de um EM métrico é, com base nos dados da Tabela 5.2, construir uma matriz de distâncias euclidianas entre as variáveis. A Tabela 5.3 traz essa matriz de distância.

O passo seguinte é aplicar EM métrico para gerar o mapa das marcas, também conhecido como mapa perceptual. A Tabela 5.4 traz os autovalores associados à matriz de distâncias. Note que os autovalores 4 a 13 são iguais a zero. Isso era esperado, uma vez que a matriz de distâncias foi gerada a partir dos valores de

[2]Disponíel em: `https://www.airhelp.com/en-int/airline-ranking/`. Acesso em: 1 out. 2021.

Tabela 5.3: Matriz de distâncias euclidianas do Exemplo 5.2

	AA	LA	EM	KLM	UA	DA	AF	BA	LU	AZ	IB	GOL	TAP	AAR
AA	0,00													
LA	0,66	0,00												
EM	1,97	1,37	0,00											
KLM	1,45	0,81	0,91	0,00										
UA	0,86	1,09	2,28	1,54	0,00									
DA	1,69	1,12	1,30	0,49	1,55	0,00								
AF	1,24	1,05	1,33	1,21	1,44	1,56	0,00							
BA	1,58	1,09	0,83	0,71	1,66	1,03	0,72	0,00						
LU	1,22	1,21	1,68	1,48	1,33	1,77	0,35	1,02	0,00					
AZ	3,93	3,28	2,36	2,48	3,83	2,32	3,36	2,64	3,65	0,00				
IB	3,57	2,94	2,13	2,14	3,42	1,93	3,01	2,29	3,28	0,47	0,00			
GOL	5,71	5,10	4,09	4,30	5,51	4,12	4,93	4,26	5,17	2,00	2,24	0,00		
TAP	4,19	3,85	3,16	3,37	3,93	3,38	3,04	2,80	3,10	3,27	3,01	3,43	0,00	
AAR	7,02	6,41	5,38	5,60	6,80	5,41	6,24	5,57	6,48	3,23	3,51	1,32	4,50	0,00

três variáveis, logo o gráfico teria no máximo três dimensões. Além disso, como todos os autovalores são não negativos, $P_{1K} = P_{2K}$. Os dados sugerem que uma solução com duas dimensões seria bastante adequada.

Tabela 5.4: Autovalores referentes às três primeiras dimensões do EM métrico do Exemplo 5.2

	Dimensão		
Dimensão	Autovalor	$P_{1K} = P_{2K}$	P_{3K}
1	58,37	84,8%	97,8%
2	8,55	97,3%	99,9%
3	1,88	100,0%	100,0%
4 a 13	0,00	100,0%	100,0%
Soma	68,81		

A Tabela 5.5 e a Figura 5.2 trazem, respectivamente, as coordenadas da solução em duas dimensões e o mapa perceptual correspondente. No Painel A da figura, temos o gráfico gerado automaticamente pelo software R. Note que as escalas dos eixos são diferentes; isso dificulta uma análise correta, já que esta baseia-se nas distâncias entre os pontos. O Painel B traz a representação gráfica utilizando-se a mesma escala nos eixos, como indicado em um mapa. A primeira conclusão é sobre a importância das duas dimensões: note que as distâncias são maiores no sentido horizontal do que no vertical – isso indica maior importância da dimensão 1. Esse fato está refletido nas informações da Tabela 5.4 – a dimensão 1 tem valor de P_{1K} ao redor de 85% e de P_{3K} próximo a 98%. A interpretação dos eixos pode ser feita projetando-se os pontos em cada eixo e observando-se a ordenação resultante; em alguns casos os eixos podem indicar preço, sofisticação, popularidade etc. A correta interpretação depende do conhecimento do problema, devendo, nesse caso, ser feita por especialistas.

Em seguida, no Painel B, as marcas foram agrupadas segundo a proximidade dos pontos. Note que a TAP está isolada, uma vez que apresenta um perfil de resposta muito diferente das demais. Outros grupos isolados, identificados no mapa, são [AAR, GOL] e [AZ, IB]. Além desses, os pontos que se encontram à direita do eixo y estão relativamente próximos, formando um grande grupo de companhias aéreas. Nesse grande grupo, identificam-se os seguintes subgrupos: [DA,KLM, EM, BA], [LA, AA, UA] e [AF, LU]. Em marketing, dependendo do conjunto de variáveis que originam os mapas, pertencer ao mesmo grupo significa que os consumidores percebem poucas diferenças entre as marcas, logo identificam quem são os concorrentes diretos ou marcas que têm uma imagem semelhante.

Quando a matriz de distâncias é gerada a partir de variáveis conhecidas, como no caso do Exemplo 5.2, uma maneira de facilitar a interpretação dos resultados é construir um biplot a partir da matriz de dados – Tabela 5.2, no caso.

A Figura 5.3 traz o biplot para os dados desse exemplo. O gráfico da esquerda foi gerado a partir de comando do R e o da esquerda foi construído apenas para as companhias aéreas, sendo as dimensões dos eixos iguais.

As coordenadas dos eixos x e y dos gráficos da Figura 5.3 e da Figura 5.2 são proporcionais. A coordenada da abscissa de um ponto dos gráficos da Figura 5.2 é aproximadamente $-2{,}76$ vezes a respectiva coordenada dos gráficos da Figura 5.3; em relação ao eixo das ordenadas essa razão é de cerca de 1,71. Isso faz que as informações dessas duas técnicas sejam equivalentes. Detalhes sobre como interpretar o biplot podem ser obtidos na Seção 3.7.

Tabela 5.5: Coordenadas nas duas primeiras dimensões do EM métrico do Exemplo 5.2

Companhia	Dimensão 1	Dimensão 2
AA	2,28	0,32
LA	1,66	0,47
EM	0,56	0,23
KLM	0,85	0,48
UA	2,02	0,11
DA	0,65	0,62
AF	1,46	-0,54
BA	0,82	-0,21
LU	1,69	-0,74
AZ	-1,60	0,84
IB	-1,27	0,65
GOL	-3,42	0,03
TAP	-0,95	-2,35
AAR	-4,73	0,09

5.3 Escalonamento multidimensional não métrico

O escalonamento multidimensional não métrico em geral é aplicado a matrizes de dissimilaridades ou de similaridades obtidas de avaliações feitas por juízes. Pode ser uma distância estimada por juízes, ou ordenação dos elementos que estão sendo analisados segundo algum critério (ver Cox e Cox, 2001).

5.3.1 Desenvolvimento teórico

Supõe-se que as dissimilaridades δ_{kj} estejam relacionadas com distâncias euclidianas d_{kj} entre variáveis não observadas que explicam as diferenças entre os objetos. A relação é feita por intermédio de uma função f monótona, ou seja,

$$\delta_{kj} = f(d_{kj}), \text{ sob a restrição: } \delta_{kj} < \delta_{uv} \Rightarrow f(\delta_{kj}) \leq f(\delta_{uv}).$$

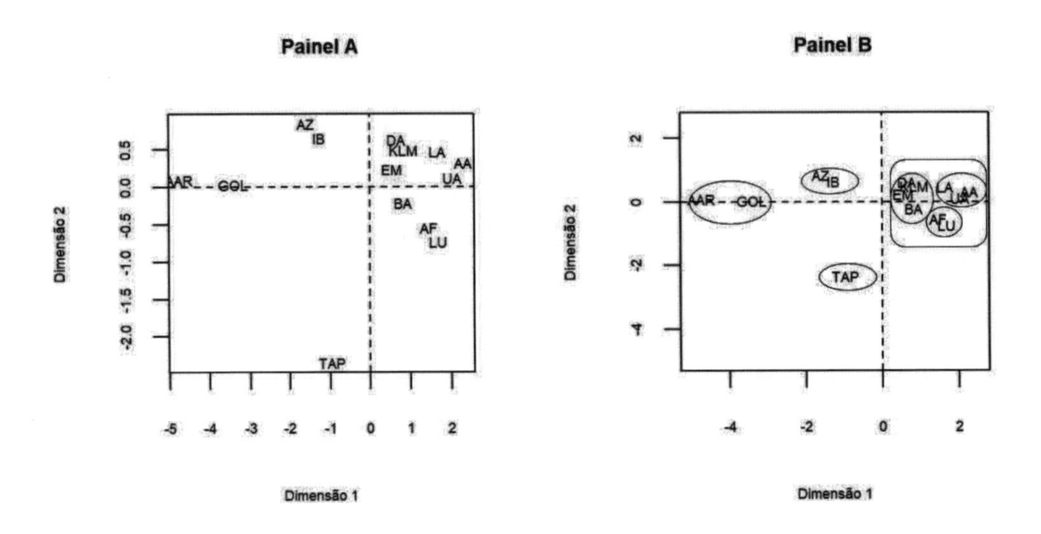

Figura 5.2: EM métrico do Exemplo 5.2

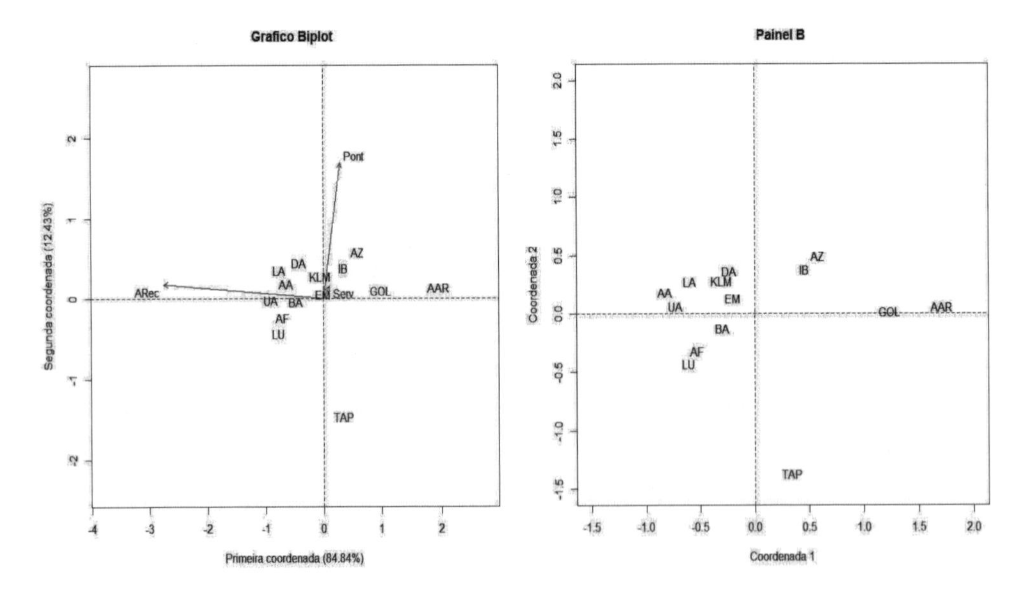

Figura 5.3: Biplot do Exemplo 5.2

A função f é obtida a partir da otimização de alguma medida de qualidade.[3] O objetivo é encontrar uma representação gráfica que reproduza essas dissimilaridades, ou seja, coordenadas cartesianas.

[3]Esse procedimento é denominado regressão isotônica (ver detalhes em Barlow et al., 1972).

Esse problema não tem solução única e a mais utilizada é encontrar as coordenadas que minimizam a soma dos quadrados das diferenças $\sum_{k=1}^{n}\sum_{j=1}^{n}(\delta_{kj}-d_{kj})^2$ entre a medida de dissimilaridade e a de distância de todos os elementos da matriz $\mathbf{D}$, cujo elemento característico é $[d_{kj}]$.

O critério de qualidade do ajuste baseia-se na medida de stress, S^2, dada por

$$S^2 = \sqrt{\frac{\sum_{k<j}(\delta_{kj} - d_{kj})^2}{\sum_{k<j}\delta_{kj}^2}},$$

em que d_{kj} é a distância derivada das coordenadas principais, dada por

$$d_{kj}^2 = \sum_{i=1}^{p}(x_{ki} - x_{ji})^2,$$

que é a distância euclidiana ao quadrado entre os objetos k e j, ou seja, obtêm-se as coordenadas x_{ki}, de maneira que S^2 seja mínimo. O método é iterativo.

Há outras formas de definir o stress. Uma referência da qualidade da representação (ver Johnson e Wichern, 2007) é dada na Tabela 5.6.

Tabela 5.6: Valores de referência para o stress

Stress	Qualidade
20%	Pobre
10%	Regular
5%	Boa
2,5%	Excelente
0%	Perfeita

5.3.2 Aplicação

Exemplo 5.3 *Foi realizada uma pesquisa para caracterizar, por meio da aplicação de EM, a percepção de leitores sobre estilos literários de ficção. Os estilos Romance, Suspense, Policial, Terror, Drama, Humor e Ficção científica foram apresentados aos pares e o respondente deveria atribuir uma nota entre 0 e 10. Nota 0 significa que o leitor não vê diferença entre os estilos; nota 10 significa que os estilos são completamente diferentes. A Tabela 5.7 traz as respostas médias da pesquisa.*

Tabela 5.7: Matriz de dissimilaridades do Exemplo 5.3

Estilo	Romance	Suspense	Policial	Terror	Drama	Humor	F.Cient.
Romance	0	8,3	8,1	9,5	2,6	8,7	7,2
Suspense	8,3	0	3,2	2,4	5,4	7,9	3,7
Policial	8,1	3,2	0	4,6	3,4	8,6	4,3
Terror	9,5	2,4	4,6	0	6,2	9,7	3,7
Drama	2,6	5,4	3,4	6,2	0	8,2	5,7
Humor	8,7	7,9	8,6	9,7	8,2	0	8,8
F.Cient.	7,2	3,7	4,3	3,7	5,7	8,8	0

A Tabela 5.8 traz as coordenadas dos pontos representados na Figura 5.4. O mapa à esquerda traz a saída da aplicação do EM não métrico aos dados e, no mapa à direita, o mesmo gráfico é construído utilizando-se a mesma escala nos eixos x e y e, além disso, estão destacados grupos de estilos percebidos como semelhantes por essa técnica. Destaca-se o isolamento do estilo Humor. De fato, as dissimilarides entre Humor e os demais estilos realmente são bastante elevadas. Os estilos Terror, Ficção Científica, Suspense e Policial são percebidos como semelhantes, assim como os estilos Drama e Romance. O stress dessa solução foi de 4,56%, indicando boa qualidade de ajuste.

Tabela 5.8: Coordenadas do EM não métrico do Exemplo 5.3

	Dimensão	
Estilo	1	2
Romance	4,29	4,38
Suspense	-2,02	-1,56
Policial	-0,74	0,26
Terror	-4,80	-0,76
Drama	2,20	2,03
Humor	4,07	-6,23
Ficção científica	-2,99	1,88

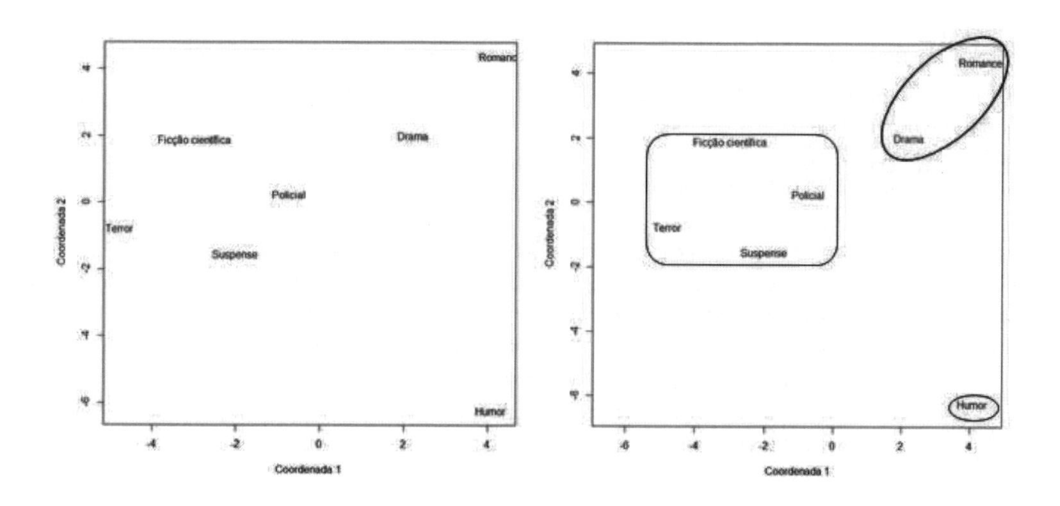

Figura 5.4: EM não métrico do Exemplo 5.3

5.4 Utilizando o R

Nesta seção apresentamos códigos escritos em R para a aplicação de escalonamento multidimensional aos dados dos Exemplos 5.2 e 5.3.

```
############################
# Bibliotecas necessárias #
############################
install.packages("readxls") # Wickhamm e Bryan (2019)
install.packages("MVar.pt") # Ossani e Cirillo (2021)
install.packages("MASS")    # Ripley (2021)
```

Iniciamos com a análise dos dados do Exemplo 5.2.

```
######################
# Leitura dos dados #
######################
library(readxl)
Aereas <- read_excel("Aereas.xlsx")

################################################################
# Obtenção da matriz de distâncias euclidianas - Tabela 5.3 #
################################################################
DistAerea <- dist(cbind(Aereas$Pont, Aereas$Serv, Aereas$ARec),
                  method="euclidian", diag=TRUE)
DA <- as.matrix(DistAerea) # Matriz de distâncias
rownames(DA)<- Aereas$Cod
colnames(DA)<- Aereas$Cod
```

Comandos para o EM métrico e para a criação dos gráficos da Figura 5.2:

```
##############
# EM Métrico #
##############
par(mfrow=c(1,2))
EMD_aereas<- cmdscale(DA, eig=TRUE, k=2)
x <- EMD_aereas$points[,1]
y <- EMD_aereas$points[,2]

# Geração da Figura 5.2

# Painel à esquerda
plot(x,y, type="n",
     xlab="Dimensão 1",
     ylab="Dimensão 2",
     main="Painel A")
text(x, y, rownames(DA),  cex=1)
abline(h=0, lty=2)
abline(v=0, lty=2)

# Painel à direita - sem identificação dos grupos
plot(x,y, type="n",
     xlab="Dimensão 1",
     ylab="Dimensão 2",
     xlim=c(-5,2.5),
     ylim=c(-5,2.5),
     main="Painel B")
```

```
text(x, y, rownames(DA),  cex=1)
abline(h=0, lty=2)
abline(v=0, lty=2)
```

Comandos para a criação dos biplots da Figura 5.3:

```
##########
# Biplot #
##########
library(MVar.pt)
AirMat <- as.matrix(cbind(Aereas$Pont, Aereas$Serv, Aereas$ARec))
rownames(AirMat) <- Aereas$Cod
colnames(AirMat) <- c("Pont", "Serv", "ARec")
Dados <- as.data.frame(AirMat)

par(mfrow=c(1,2))
# Figura 5.3 - Painel à esquerda
A <- Biplot(Dados, linlab=Aereas$Cod, size=0, grid=FALSE)

# Figura 5.3 - Painel à direita
x <- A$coorI[,1]
y <- A$coorI[,2]
plot(x, y, type="n",
     xlab="Coordenada 1",
     ylab="Coordenada 2",
     main="Painel B",
     xlim=c(-1.5,2),
     ylim=c(-1.5,2))
text(x, y, rownames(DA),  cex=1)
```

Comandos para a aplicação do EM não métrico aos dados do Exemplo 5.3:

```
#####################
# Leitura dos dados #
#####################
library(readxl)
EA <- read_excel("EstiloLiterário.xlsx")

DEA <- as.matrix(EA[,2:8]) # Matriz com os dados

library(MASS)
EM_DEA<- isoMDS(DEA,  k=2)  # Comando gera o EMD
EM_DEA$points # Tabela 5.8
EM_DEA$stress $ Stress
```

```
# Geração da Figura 5.4
par(mfrow=c(1,2))
x <- EM_DEA$points[,1]
y <- EM_DEA$points[,2]

# Painel à esquerda - Figura 5.4
plot(x, y,
     xlab="Coordenada 1",
     ylab="Coordenada 2",
     type="n")
text(x, y, labels = EA$Estilo, cex=1)

# Painel à direita - Figura 5.4 - sem identificação dos grupos
plot(x, y,
     xlab="Coordenada 1",
     ylab="Coordenada 2",
     xlim=c(-6.5,4.5),
     ylim=c(-6.5,4.5),
     type="n")
text(x, y, labels = EA$Estilo, cex=1)
```

5.5 Exercícios

5.1 Consumidores de cerveja avaliaram alguns atributos, relacionados a diferentes marcas, segundo uma escala Likert de pontos. Pontuações altas representam avaliações positivas a cada um dos atributos. Foram avaliadas as satisfações dos clientes em relação ao Preço, Sabor, Qualidade e Propaganda. A Tabela 5.9 resume as avaliações médias observadas.[4]

a) Realize um EM métrico utilizando os dados da Tabela 5.9.

b) Avalie a qualidade da solução em duas dimensões.

c) Interprete os eixos de uma solução em duas dimensões.

d) Faça uma análise completa dos resultados, identifique grupos de marcas percebidas como semelhantes e caracterize os grupos. Sugestão: utilize o biplot.

[4]Esses dados foram extraídos de Araujo e Estéban (2018).

Tabela 5.9: Avaliação média de atributos associados a marcas de cervejas

Marca	Preço	Sabor	Qualidade	Propaganda
Brahma	3,61	3,19	3,39	2,54
Skol	3,48	2,81	2,88	2,76
Budweiser	3,40	4,09	4,03	2,57
Heineken	3,48	4,22	4,14	3,03
Stella Artois	3,37	4,10	4,04	2,52
Antarctica	3,24	2,64	2,74	2,30
Original	3,39	3,99	3,95	2,33

5.2 O site Laptop Mag avalia marcas de laptops disponíveis no mercado americano. O arquivo **Notebook.xlsx** traz um resumo de avaliações realizadas em 2020, apresentadas na Tabela 5.10. As avaliações[5] foram convertidas para uma escala de 0 a 10. Avalie as marcas utilizando um mapa perceptual.

Tabela 5.10: Avaliação média de atributos associados a marcas de notebooks

Marca	Qualidade	Design	Suporte	Inovação	Variedade
Asus	9,00	10,00	6,50	10,00	9,33
Dell	9,00	8,00	7,00	9,00	9,33
HP	8,25	9,33	6,00	9,00	9,33
MSI	8,50	8,67	6,00	8,00	7,33
Lenovo	7,75	8,00	7,00	6,00	9,33
Acer	7,75	7,33	5,50	9,00	9,33
Razer	8,25	8,00	9,00	6,00	4,67
Samsung	7,75	9,33	7,00	8,00	5,33
Alienware	8,25	8,67	7,50	7,00	4,67
Apple	8,25	7,33	8,50	6,00	4,00
Microsoft	7,75	7,33	7,50	4,00	6,00

[5]Disponível em: `https://www.laptopmag.com/articles/laptop-brand-ratings`. Acesso em: 4 out. 2021.

5.3 Retome o enunciado do Exercício 2.5, utilizando só dados da Tabela 2.10.

a) Construa uma matriz de distâncias euclidianas entre as marcas de pizzas.

b) Aplique escalonamento multidimensional métrico à matriz obtida no item a).

c) Compare os resultados do item b) com um biplot construído para esses dados.

5.4 Retome o enunciado do Exercício 2.6. A Tabela 5.11 traz os valores médios dos indicadores associados à política (pol), imprensa (imp), justiça (jus), ong e empresas (emp), escalonada de zero a cinco.

a) Realize um escalonamento multidimensional sobre esses dados. Analise os resultados.

b) Segundo o gráfico, qual região tem a maior confiança na imprensa?

c) Construa um biplot a partir desses dados. Analise os resultados.

d) Segundo o biplot, qual variável tem maior poder para discriminar as regiões?

Tabela 5.11: Valores médios do nível de confiança em instituições, em uma escala de 0 a 5, por região

Região	Código	pol	imp	jus	ong	emp
América	AME	3,02	2,77	2,81	2,37	2,65
Ásia e Pacífico	APC	2,33	2,34	2,17	2,23	2,21
Europa	EUR	2,82	2,68	2,5	2,44	2,65
Oriente Médio e Norte Africano	OMA	2,89	2,71	2,28	2,59	2,58
África Subsaariana	ASS	2,55	2,33	2,44	2,27	2,17

5.5 Periodicamente, a CAPES avalia a produção intelectual dos docentes de instituições de ensino e pesquisa, envolvidos em cursos de pós-graduação stricto senso oferecidos no Brasil. O arquivo **PublicDoutor.xlsx** traz o número médio de publicações por docente, nos triênios 1998-2001 e 2007-2010. As informações estão classificadas segundo a área de conhecimento do programa de pós-graduação e o tipo de publicação. Foram consideradas as seguintes áreas de conhecimento: agr: Ciências Agrárias, bio: Ciências Biológicas, sau: Ciências da Saúde, ext: Ciências Exatas e da Terra, hum: Ciências Humanas, sap: Ciências Sociais Aplicadas, eng: Engenharias e lla: Linguística, Letras e Artes. Para cada área estavam disponíveis as quantidades dos seguintes tipos de publicações: I: artigos internacionais, N: artigos nacionais, L: livros, C: capítulos de livros e A: anais de congressos.

a) Utilizando escalonamento multidimensional e biplots, construa mapas para os dados dos dois triênios separadamente.

b) Com base nos mapas, descreva como era a produção científica de cada área do conhecimento no período 1998-2001.

c) Com base nos mapas, identifique as mudanças e semelhanças observadas no período 2007-2010, em relação a 1998-2001.

5.6 Retome o enunciado do Exercício 2.7.

a) Calcule a matriz de distâncias euclidianas com base nas variáveis disponíveis.

b) Construa o gráfico do escalonamento multidimensional métrico com base nessa matriz.

c) Compare esse gráfico com o biplot construído no Capítulo 2.

5.7 Retome o enunciado do Exercício 2.8.

a) Calcule a matriz de distâncias euclidianas com base nas variáveis disponíveis.

b) Construa o gráfico do escalonamento multidimensional métrico com base nessa matriz.

c) Compare esse gráfico com o biplot construído no Capítulo 2.

5.8 Retome o enunciado do Exercício 2.9.

a) Construa o gráfico do escalonamento multidimensional métrico com base na distância euclidiana calculada com as variáveis Peso, Ram, Memória e Pixel.

b) Construa o gráfico do escalonamento multidimensional métrico com base na distância euclidiana calculada com as variáveis Hardware, Tela, Câmera e Desempenho.

c) Compare esses gráficos.

CAPÍTULO 6

ANÁLISE DE CORRESPONDÊNCIA

6.1 Introdução

Análise de Correspondência (AC) é uma técnica descritiva para representar graficamente o cruzamento de duas ou mais variáveis categorizadas. Nesse contexto, cada unidade amostral pode ser classificada em apenas uma categoria de cada variável. A tabela gerada a partir do cruzamento das variáveis categorizadas é denominada tabela de contingência.

Embora a aplicação de análise de correspondência a dados categorizados seja a mais frequente, ela pode ser estendida a outros tipos de dados, desde que sejam mensurados na mesma escala. Neste texto consideramos a análise de tabelas de contingência.

A análise de correspondência de uma tabela de dupla entrada é chamada análise de correspondência simples (ACS) e de uma tabela com mais de duas variáveis categorizadas análise de correspondência múltipla (ACM). Essa técnica foi proposta por Benzécri (1973) e estendida por vários autores. Tem aplicabilidade em várias áreas do conhecimento, sendo muito utilizada nas áreas de medicina e saúde. Algumas das principais referências são Benzécri (1973, 1983), Greenacre (1984, 2007), Lebart et al. (1984, 1998), Escofier e Pagès (2016), Escofier (2003) e Gower e Hand (1996).

A análise de correspondência é um método de visualização de dados e seus resultados são apresentados em um mapa de pontos, que é um diagrama de dispersão em que as variáveis representadas são similares e têm escalas comparáveis. Assim sendo, a distância entre dois pontos no mapa pode ser interpretada como uma medida de dissimilaridade entre eles. Os pontos representados na análise de correspondência são os valores relativos das linhas e colunas da tabela de contingência e a proximidade entre eles indica a similaridade entre linhas, similaridade entre colunas e associação entre linhas e colunas.

Exemplo 6.1 *Os dados da Tabela 6.1 são os números de domicílios particulares permanentes nas seis maiores cidades do Brasil por faixas de rendimentos, em 2010.*

Tabela 6.1: Número de domicílios particulares permanentes (em milhares) por faixa de rendimentos (em salários mínimos)

Rendimento	SP	RJ	DF	Sa	Fo	BH
Sem rendimento	246	122	26	49	31	24
Até 0,5 SM	27	22	7	29	19	6
De 0,5 a 1 SM	168	134	40	101	76	44
De 1 a 2 SM	480	323	105	186	166	102
De 2 a 5 SM	1159	691	224	266	238	253
De 5 a 10 SM	753	419	147	121	96	162
De 10 a 20 SM	435	255	116	64	50	98
Mais de 20 SM	305	180	110	43	34	74

Fonte: IBGE – Instituto Brasileiro de Geografia e Estatística.
Disponível em: https://www.cidades.ibge.gov.br. Acesso em: 19 jul. 2021.
SP: São Paulo, RJ: Rio de Janeiro, DF: Distrito Federal,
Sa: Salvador, Fo: Fortaleza, BH: Belo Horizonte.

A Figura 6.1 é o mapa simétrico da ACS derivado da Tabela 6.1. O eixo principal (dimensão 1) avança de acordo com a graduação de redimentos, exceto para a categoria *sem rendimentos* (SR). Pode-se notar a proximidade das cidades de Fortaleza e Salvador, São Paulo, Rio de Janeiro e Belo Horizonte, com Distrito Federal mais isolado. Fortaleza e Salvador estão mais associadas com salários mais

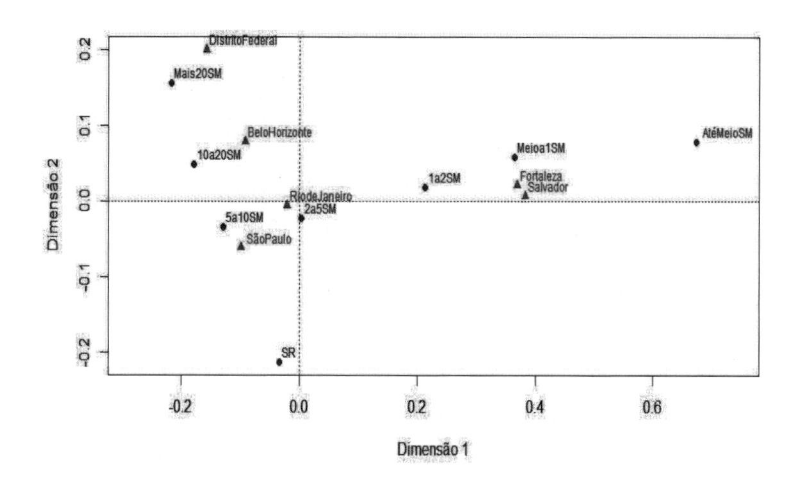

Figura 6.1: Mapa da análise de correspondência do Exemplo 6.1

baixos e Distrito Federal com os mais altos. Rio de Janeiro está mais próximo do perfil médio dos salários (próximo da origem).

6.2 Análise de correspondência simples

A análise de correspondência simples (ACS) é a análise aplicada a uma tabela de contingência de dupla entrada, isto é, com duas variáveis categorizadas, em que a variável alocada nas linhas da tabela tem I possíveis categorias e a variável alocada nas colunas, J categorias. Assim, a tabela de contingência $\mathbf{N}$, derivada dos dados, tem dimensão $I \times J$.

Exemplo 6.2 *Suponha, hipoteticamente, que uma pesquisa foi realizada com 400 pessoas, em quatro países (A, B, C, D), e a cada uma delas foi perguntada a preferência por um de 3 filmes (X, Y, Z). As contagens estão na Tabela 6.2.*

Nesse caso, $I = 4$, $J = 3$ e $n = 400$.

No país A, todas as 120 pessoas consultadas preferem o filme X, enquanto que no país D, dentre as 80 pessoas, as preferências foram de 40 para o filme X e 40 para o filme Z.

Tabela 6.2: Frequências da preferência por filmes

País	X	Y	Z	Total
A	120	0	0	120
B	20	10	70	100
C	0	50	50	100
D	40	0	40	80
Total	180	60	160	400

Como os números de pessoas consultadas em cada país não são iguais, devemos calcular as frequências relativas dadas em proporções ou porcentagens para podermos fazer comparações entre os países. A Tabela 6.3 mostra as proporções correspondentes à Tabela 6.2.

Por essa tabela tem-se que 20% das pessoas consultadas no país B preferem o filme X enquanto 50% das pessoas do país C preferem o filme Y. As linhas da Tabela 6.3 são chamadas perfis linhas (perfis dos países), isto é, o perfil do país A é (1,0 0,0 0,0). Notamos que os países têm perfis diferentes. O perfil correspondente aos totais das colunas da Tabela 6.2 é o perfil linha médio e no caso do Exemplo 6.2 é igual a (0,45 0,15 0,40). Isso significa que, de todas as 400 pessoas consultadas, 45% preferem o filme X, 15% o filme Y e 40% o filme Z.

Tabela 6.3: Proporções da preferência por filmes

País	X	Y	Z	Total	Massa das linhas
A	1,0	0,0	0,0	1,0	0,30
B	0,2	0,1	0,7	1,0	0,25
C	0,0	0,5	0,5	1,0	0,25
D	0,5	0,0	0,5	1,0	0,20
Perfil linha médio	0,45	0,15	0,40	1,0	1,0

As proporções apresentadas na Tabela 6.3 foram calculadas tomando como base os totais das linhas da Tabela 6.2, uma vez que as amostras foram tomadas em cada país. Outra possibilidade seria calcular as frequências relativas tomando como base os totais das colunas e, nesse caso, teríamos os perfis colunas (perfis dos filmes) definidos analogamente aos perfis linhas. A análise de correspondência pode ser executada tanto usando os perfis linhas como os perfis colunas.

Como resultado da aplicação da técnica, os dados da Tabela 6.3 podem ser representados em um espaço de 3 dimensões, isto é, cada linha da tabela tem as coordenadas nos 3 eixos correspondentes aos 3 filmes. A representação está apresentada na Figura 6.2.

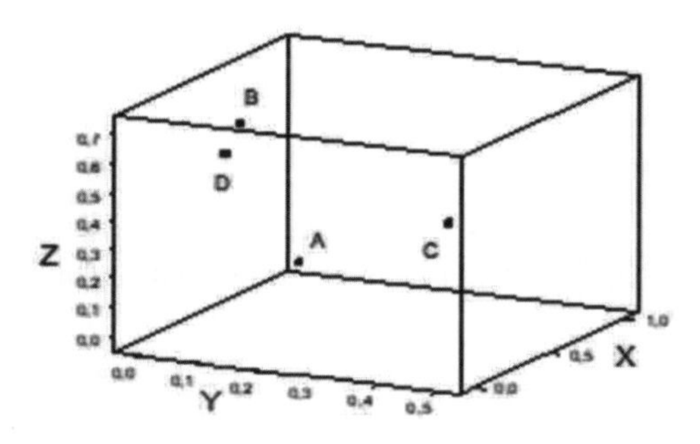

Figura 6.2: Representação dos países no espaço dos filmes

Todos os pontos da tabela estão dentro da área do cubo definida pelas coordenadas (1, 0, 0), (0, 1, 0) e (0, 0, 1), limitada pelo fato de que a soma das coordenadas é igual a 1. O fato de a soma das linhas ser igual a um faz com que a terceira coordenada seja redundante, o que permite a exata representação dos pontos em um espaço de dimensão 2, ou seja, no triângulo definido pelos pontos (1, 0, 0), (0, 1, 0) e (0, 0, 1). Esse triângulo é denominado simplex regular de 3 vértices.

A representação no simplex é dada na Figura 6.3. No simplex, os vértices do triângulo representam as categorias de uma variável (filmes) – são as coordenadas-padrão. Os pontos representados no simplex são as categorias da outra variável (países) – são as coordenadas principais.[1] O perfil do país tende a estar mais próximo do vértice (filme) para o qual ele apresenta o maior valor.

[1]Essa representação será vista adiante nos mapas assimétricos da análise de correspondência.

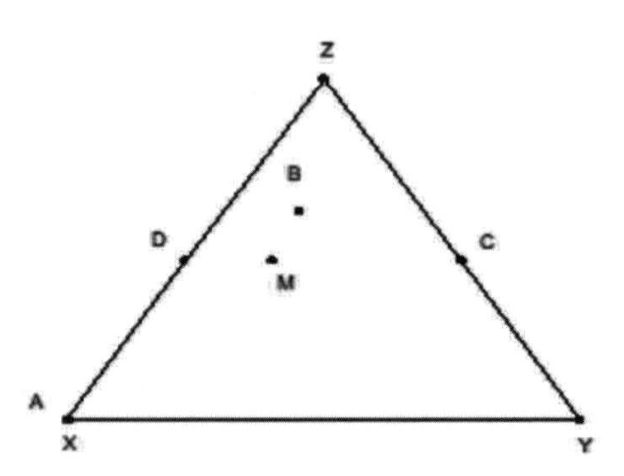

Figura 6.3: Representação dos países no simplex

Uma tabela de contingência com I linhas e J colunas pode ser exatamente representada em um plano com dimensão igual ao mínimo entre $I-1$ e $J-1$.

A massa de uma linha é a proporção de observações nessa linha com relação ao número total de observações. A última coluna da Tabela 6.3 exibe as massas das linhas no Exemplo 6.2.

A medida qui-quadrado (χ^2) é bastante conhecida e utilizada em testes para verificar a existência de associação entre variáveis categorizadas. Antes de defini-la, consideremos alguma notação:

$\mathbf{N} = [n_{ij}]$: matriz de contagens – tabela de contingência excluindo os totais
n_{ij}: número de elementos na i-ésima linha e j-ésima coluna de $\mathbf{N}$
n_{+j}: total da j-ésima coluna da tabela
n_{i+}: total da i-ésima linha da tabela
n: total geral da tabela
$\mathbf{P} = [p_{ij}]$: matriz de proporções (em relação ao total geral)
$p_{ij} = n_{ij}/n$: proporção de elementos na i-ésima linha e j-ésima coluna de $\mathbf{P}$
$r_i = p_{i+} = n_{i+}/n$: massa da i-ésima linha
$c_j = p_{+j} = n_{+j}/n$: massa da j-ésima coluna
$x_{ij} = n_{ij}/n_{i+}$: o j-ésimo elemento do perfil da i-ésima linha
$y_{ij} = n_{ij}/n_{+j}$: o i-ésimo elemento do perfil da j-ésima coluna

Usando essa notação, a medida χ^2 é definida como (ver Bussab e Morettin, 2012)

$$\chi^2 = \sum_{i=1}^{I}\sum_{j=1}^{J} \frac{\left(n_{ij} - \frac{n_{i+}n_{+j}}{n}\right)^2}{\frac{n_{i+}n_{+j}}{n}}, \tag{6.1}$$

em que n_{ij} é o valor observado na i-ésima linha e j-ésima coluna e $(n_{i+}n_{+j})/n$ é o respectivo valor esperado sob a condição de que não existe associação entre as variáveis.

A Tabela 6.4 contém os valores esperados para o Exemplo 6.2.

Tabela 6.4: Valores esperados da preferência por filmes

País	X	Y	Z	Total
A	54	18	48	120
B	45	15	40	100
C	45	15	40	100
D	36	12	32	80
Total	180	60	160	400

A medida χ^2 nesse caso é

$$\chi^2 = \frac{(120-54)^2}{54} + \frac{(0-18)^2}{18} + \frac{(0-48)^2}{48} + \ldots + \frac{(40-32)^2}{32} = 328{,}33.$$

Se dividirmos o numerador e o denominador de cada parcela dessa soma pelo respectivo total da linha ao quadrado, temos

$$\chi^2 = 120\left[\frac{(\frac{120}{120}-\frac{54}{120})^2}{\frac{54}{120}} + \frac{(\frac{0}{120}-\frac{18}{120})^2}{\frac{18}{120}} + \frac{(\frac{0}{120}-\frac{48}{120})^2}{\frac{48}{120}}\right] + \ldots + 80\left[\ldots + \frac{(\frac{40}{80}-\frac{32}{80})^2}{\frac{32}{80}}\right]$$

$$= 120\left[\frac{(1-0{,}45)^2}{0{,}45} + \frac{(0-0{,}15)^2}{0{,}15} + \frac{(0-0{,}40)^2}{0{,}40}\right] + \ldots + 80\left[\ldots + \frac{(0{,}50-0{,}40)^2}{0{,}40}\right].$$

A inércia é definida como

$$I_n = \frac{\chi^2}{n}. \tag{6.2}$$

Se todas as proporções observadas forem iguais às esperadas, a inércia é igual a zero. Quanto maior o valor da inércia, maior é o valor do qui-quadrado, podendo indicar associação entre as variáveis.

No Exemplo 6.2, a inércia é dada por

$$I_n{=}0{,}3\left[\frac{(1-0{,}45)^2}{0{,}45}+\frac{(0-0{,}15)^2}{0{,}15}+\frac{(0-0{,}40)^2}{0{,}40}\right]+\ldots+0{,}2\left[\ldots+\frac{(0{,}50-0{,}40)^2}{0{,}40}\right].$$

A inércia é uma soma de IJ parcelas que podem ser agrupadas em I parcelas, cada uma tendo J componentes. A inércia é a média ponderada dos quadrados das distâncias qui-quadrado dos perfis linha ao perfil linha médio, sendo que o peso da i-ésima linha é sua massa. Isso também pode ser escrito analogamente em função das colunas. A inércia é uma medida de variabilidade em relação ao perfil médio.

$$I_n = \sum_{i=1}^{I} r_i \sum_{j=1}^{J} \frac{(x_{ij} - c_j)^2}{c_j} = \sum_{j=1}^{J} c_j \sum_{i=1}^{I} \frac{(y_{ij} - r_i)^2}{r_i}. \tag{6.3}$$

A quantidade $\sum_{j=1}^{J}(x_{ij} - c_j)^2/c_j$ é o quadrado da distância qui-quadrado do perfil da i-ésima linha ao perfil linha médio. Analogamente, $\sum_{i=1}^{I}(y_{ij} - r_i)^2/r_i$ é o quadrado da distância qui-quadrado do perfil da j-ésima coluna ao perfil coluna médio.

No Exemplo 6.2, $[(1-0{,}45)^2/0{,}45] + [(0-0{,}15)^2/0{,}15] + [(0-0{,}40)^2/0{,}40]$ é o quadrado da distância qui-quadrado do perfil da primeira linha (país A) ao perfil médio (0,45 0,15 0,40). Essa distância está multiplicada pelo peso 0,30, que é a massa da primeira linha.

Uma outra forma de escrever o quadrado da distância qui-quadrado da primeira linha é

$$\left[\left(\frac{1}{\sqrt{0{,}45}}-\frac{0{,}45}{\sqrt{0{,}45}}\right)^2+\left(\frac{0}{\sqrt{0{,}15}}-\frac{0{,}15}{\sqrt{0{,}15}}\right)^2+\left(\frac{0}{\sqrt{0{,}40}}-\frac{0{,}40}{\sqrt{0{,}40}}\right)^2\right],$$

que é o quadrado da distância euclidiana ponderada do perfil da primeira linha ao perfil linha médio, tendo como peso a raiz quadrada do respectivo elemento do perfil linha médio, ou massa da coluna correspondente.

Essa divisão pode ser vista como uma padronização dos perfis e é útil para a visualização das distâncias qui-quadrado, pois agora falamos de distâncias euclidianas.

A análise de correspondência é muitas vezes uma representação da tabela de contingência em algum espaço de dimensão menor do que a da representação exata, analogamente à análise de componentes principais. Uma diferença é que na análise de componentes principais a distância utilizada na representação é a distância euclidiana, enquanto na análise de correspondência é a distância qui-quadrado.

A análise de correspondência pode ser vista como uma análise de componentes principais aplicada à tabela de proporções centralizadas e padronizadas pelo valor esperado sob ausência de associação, ou seja, é a análise de componentes principais aplicada à tabela cujo termo geral é dado por

$$\frac{p_{ij}-p_{i+}p_{+j}}{p_{i+}p_{+j}},$$

em que os pesos das linhas são p_{i+}, $i=1,...,I$ (métrica no espaço-coluna) e os pesos das colunas são p_{+j}, $j=1,...,J$ (métrica no espaço-linha).

Outra interpretação da análise de correspondência é análoga à do escalonamento multidimensional, no sentido em que associa valores numéricos às variáveis qualitativas.

Exemplo 6.3 *Considere que uma pesquisa foi feita com 1500 pessoas e a cada uma delas foi perguntada a idade, distribuída em 4 faixas etárias, de 18 a 25 anos, de 26 a 40 anos, de 41 a 60 anos, e acima de 60 anos, e a preferência por um de 5 produtos (A, B, C, D, E). A tabela de contingência está exibida na Tabela 6.5.*

Tabela 6.5: Frequência da preferência por produtos

Produto	18-25	26-40	41-60	+ 60	Total
A	110	122	68	24	324
B	102	110	66	35	313
C	98	98	60	48	304
D	61	82	82	87	312
E	31	42	82	92	247
Total	402	454	358	286	1500

Tabela 6.6: Perfis linhas da preferência por produtos

Produto	18-25	26-40	41-60	+ 60	Total	Massa das linhas
A	0,340	0,376	0,210	0,074	1	0,216
B	0,326	0,351	0,211	0,112	1	0,209
C	0,322	0,322	0,198	0,158	1	0,202
D	0,195	0,263	0,263	0,279	1	0,208
E	0,126	0,170	0,332	0,372	1	0,165
Perfil linha médio	0,268	0,303	0,239	0,190	1	

Tabela 6.7: Perfis colunas da preferência por produtos

Produto	18-25	26-40	41-60	+ 60	Perfil coluna médio
A	0,273	0,269	0,190	0,084	0,216
B	0,254	0,242	0,184	0,122	0,209
C	0,244	0,216	0,168	0,168	0,202
D	0,152	0,181	0,229	0,304	0,208
E	0,077	0,092	0,229	0,322	0,165
Total	1	1	1	1	1
Massa das colunas	0,268	0,303	0,239	0,190	

A Tabela 6.6 traz os perfis linhas e suas massas; já a 6.7 mostra o mesmo para colunas. A massa das linhas é igual ao perfil coluna médio e vice-versa.

A análise pode ser feita comparando os perfis linhas com o perfil linha médio ou então os perfis colunas com o perfil coluna médio, verficando se são equivalentes. A escolha depende do que é de maior interesse, linhas ou colunas da tabela. No primeiro caso, as colunas são as coordenadas-padrão (vértices) e as linhas as coordenadas principais (pontos representados no mapa); no outro, o contrário. Ambas as análises têm a mesma inércia total, a mesma inércia explicada pelos eixos (a proporção da inércia devida ao eixo em relação à inércia) e a mesma dimensionalidade. A diferença entre as representações é que as coordenadas de uma delas são a outra em nova escala, que foi obtida a partir da multiplicação pela raiz quadrada da respectiva inércia do eixo, que é interpretada como um coeficiente de correlação canônica. Em especial, o fator de escala do primeiro eixo (a raiz quadrada da inércia principal) é a máxima associação que pode ser obtida entre linhas e colunas quando se designam valores numéricos para as categorias das variáveis. Tais representações são denominadas gráficos assimétricos.

A ideia na redução da dimensionalidade é encontrar o eixo tal que a soma dos quadrados das distâncias perpendiculares ao plano, ponderadas pela massa, $\sum_{i=1}^{I} r_i d_i^2$, seja mínima. Isso está representado na Figura 6.4. A quantidade que se deseja minimizar está relacionada com as distâncias perpendiculares dos pontos ao eixo, diferentemente do modelo de regressão linear, em que as distâncias minimizadas são paralelas ao eixo da variável resposta (Figura 6.5).

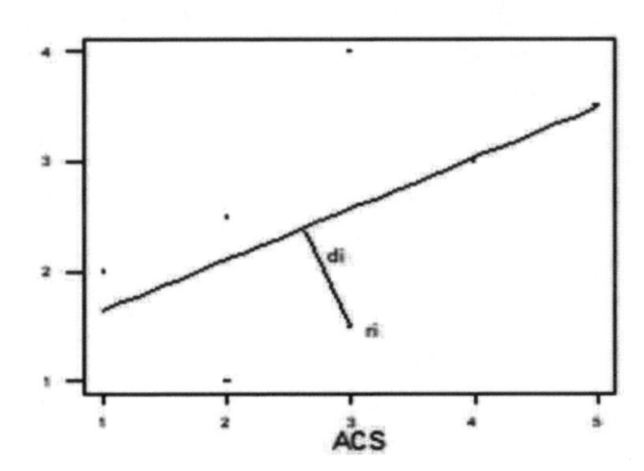

Figura 6.4: Representação da análise de correspondência

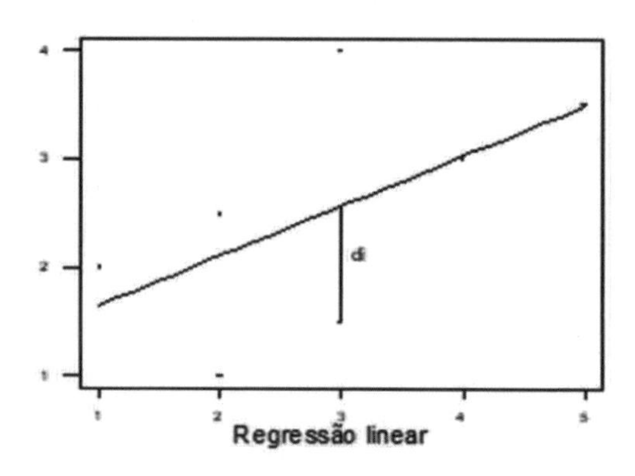

Figura 6.5: Representação da regressão linear

Obtida uma representação em dimensão menor do que a original, a sua acurácia é medida pela proporção da inércia que é explicada pelos eixos, analogamente ao coeficiente de determinação na análise de regressão linear e à proporção da variabilidade explicada na análise de componentes principais.

O próximo passo é mostrar como a representação gráfica é feita, e ela pode ser feita sempre, seja a associação entre as variáveis significante ou não. Existem várias maneiras de se obter a solução da análise de correspondência. A decomposição em valores singulares (DVS) é uma delas, sendo a escolhida neste texto.

Conforme o Resultado B.22 do Apêndice B, uma matriz $\mathbf{A}$ pode ser decomposta como

$$\mathbf{A} = \mathbf{U}\boldsymbol{\Delta}\mathbf{V}^\top,$$

em que $\boldsymbol{\Delta}$ é a matriz diagonal dos valores singulares de $\mathbf{A}$, ou seja, raiz quadrada dos autovalores de $\mathbf{A}\mathbf{A}^\top$ ou de $\mathbf{A}^\top\mathbf{A}$, dispostos em ordem decrescente. As colunas de $\mathbf{U}$ são os autovetores normalizados de $\mathbf{A}^\top\mathbf{A}$ e as colunas de $\mathbf{V}$ são os autovetores normalizados de $\mathbf{A}\mathbf{A}^\top$.

Na análise de correspondência consideramos a matriz $\mathbf{P}$ de dimensão $(I \times J)$ das proporções com relação ao total geral da tabela de contingência. Como visto neste capítulo, a inércia é a soma ponderada de distâncias euclidianas ponderadas ao quadrado. Cada distância euclidiana de um perfil ao perfil médio é uma distância ponderada pelo que chamamos peso em ACS (o próprio perfil médio).

Essas distâncias dos perfis são então ponderadas pela massa. Como esses valores estão ao quadrado, toma-se a raiz quadrada de pesos e massas.

Escrevendo em notação matemática, seja $\mathbf{D}_w$ a matriz diagonal das massas e $\mathbf{D}_q$ a matriz diagonal dos pesos. O mapa é derivado de $\mathbf{A}$, dada por

$$\mathbf{A} = \mathbf{D}_w^{1/2}(\mathbf{X} - \mathbf{1}\bar{\mathbf{x}}^\top)\mathbf{D}_q^{-1/2},$$

em que $\mathbf{X}$ é a matriz de proporções com base em uma marginal da tabela de contingência (por exemplo, a Tabela 6.3 é a matriz de proporções com base na soma das linhas, no Exemplo 6.2), $\bar{\mathbf{x}}$ é o vetor que contém as médias das linhas e $\mathbf{1}$ é um vetor de uns.

Na análise de componentes principais as massas são iguais, ou seja, $\mathbf{D}_w = 1/n\mathbf{I}$ e os pesos são iguais se as variáveis consideradas na análise são as originais ($\mathbf{D}_q = \mathbf{I}$) ou são $\mathbf{D}_q = \text{diag}(1/\sigma_{\text{i}}^2)$ se as variáveis são padronizadas.

Considerando o problema das linhas, os perfis são dados por $\mathbf{D}_r^{-1}\mathbf{P}$, com massa $\mathbf{r}$, em um espaço definido por $\mathbf{D}_c^{-1}$, em que

$\mathbf{r}$: vetor cujos elementos são os r_i's, $i = 1, ..., I$,
$\mathbf{c}$: vetor cujos elementos são os c_j's, $j = 1, ..., J$,
$\mathbf{D}_r$: matriz diagonal de $\mathbf{r} = \text{Diag}(\mathbf{r})$,
$\mathbf{D}_c$: matriz diagonal de $\mathbf{c} = \text{Diag}(\mathbf{c})$.

A matriz $\mathbf{A}$ passa então a ser

$$\mathbf{A}_1 = \mathbf{D}_r^{1/2}(\mathbf{D}_\mathbf{r}^{-1}\mathbf{P} - \mathbf{1}\mathbf{r}^\top\mathbf{D}_r^{-1}\mathbf{P})\mathbf{D}_c^{-1/2},$$

em que $\mathbf{r}^\top\mathbf{D}_r^{-1}\mathbf{P} = \mathbf{1}^\top\mathbf{P} = \mathbf{c}^\top$ é o centroide dos perfis linhas, e então

$$\mathbf{A}_1 = \mathbf{D}_r^{-1/2}(\mathbf{P} - \mathbf{D}_r\mathbf{1}\mathbf{c}^\top)\mathbf{D}_c^{-1/2},$$

$$\mathbf{A}_1 = \mathbf{D}_r^{-1/2}(\mathbf{P} - \mathbf{r}\mathbf{c}^\top)\mathbf{D}_c^{-1/2}.$$

Se o problema for tratado por coluna,

$$\mathbf{A}_2 = \mathbf{D}_c^{-1/2}(\mathbf{P}^\top - \mathbf{c}\mathbf{r}^\top)\mathbf{D}_r^{-1/2},$$

ou seja, $\mathbf{A}_2$ é a transposta de $\mathbf{A}_1$, o que significa que a representação de linhas ou colunas é dada pela DVS da mesma matriz, chamada matriz de resíduos, simplesmente representada por $\mathbf{A}$,

$$\mathbf{A} = \mathbf{D}_r^{-1/2}(\mathbf{P} - \mathbf{r}\mathbf{c}^\top)\mathbf{D}_c^{-1/2}.$$

Os elementos de $\mathbf{A}$ são $a_{ij} = (p_{ij} - r_i c_j)/\sqrt{r_i c_j}$, que são as raízes quadradas das parcelas da estatística qui-quadrado, isto é, $\chi^2 = n \sum_{i=1}^{I} \sum_{j=1}^{J} a_{ij}^2$ ou $I_n = \sum_{i=1}^{I} \sum_{j=1}^{J} a_{ij}^2$.

As coordenadas principais das linhas estão na matriz $\mathbf{F} = \mathbf{D}_r^{-1/2}\mathbf{U}\boldsymbol{\Delta}$, ou seja, as coordenadas nos dois primeiros eixos do mapa são as duas primeiras linhas de $\mathbf{F}$. As coordenadas-padrão das linhas estão em $\mathbf{F}_1 = \mathbf{F}\boldsymbol{\Delta}^{-1} = \mathbf{D}_r^{-1/2}\mathbf{U}$.

As coordenadas principais das colunas estão na matriz $\mathbf{G} = \mathbf{D}_c^{-1/2}\mathbf{V}\boldsymbol{\Delta}$ e as coordenadas-padrão das colunas estão em $\mathbf{G}_1 = \mathbf{G}\boldsymbol{\Delta}^{-1} = \mathbf{D}_c^{-1/2}\mathbf{V}$.

A transição das coordenadas do s-ésimo eixo de linhas e colunas é feita da seguinte forma:

$$F_s(i) = \frac{1}{\sqrt{\lambda_s}} \sum_{j=1}^{J} \frac{p_{ij}}{p_{i+}} G_s(j),$$

$$G_s(j) = \frac{1}{\sqrt{\lambda_s}} \sum_{i=1}^{I} \frac{p_{ij}}{p_{+j}} F_s(i).$$

O mapa pode ser feito com $\mathbf{F}$ (pontos) e $\mathbf{G}_1$ (vértices) ou $\mathbf{F}_1$ (vértices) e $\mathbf{G}$ (pontos) dependendo se estamos representando as linhas no espaço das colunas, ou as colunas no espaço das linhas.

Voltando ao Exemplo 6.3, o miolo da Tabela 6.8 das proporções com relação ao total geral, é a matriz $\mathbf{P}$.

Os vetores $\mathbf{r}$ e $\mathbf{c}$ são

$$\mathbf{r}^\top = (0{,}216 \;\; 0{,}209 \;\; 0{,}202 \;\; 0{,}208 \;\; 0{,}165),$$

$$\mathbf{c}^\top = (0{,}268 \;\; 0{,}303 \;\; 0{,}239 \;\; 0{,}190).$$

Tabela 6.8: Proporções da preferência por produtos

Produto	18-25	26-40	41-60	+ 60	Total
A	0,074	0,081	0,045	0,016	0,216
B	0,068	0,074	0,044	0,023	0,209
C	0,065	0,065	0,040	0,032	0,202
D	0,040	0,055	0,055	0,058	0,208
E	0,021	0,028	0,055	0,061	0,165
Total	0,268	0,303	0,239	0,190	1

Os perfis linhas ($\mathbf{D}_r^{-1}\mathbf{P}$) são dados na Tabela 6.6 e os perfis colunas ($\mathbf{D}_c^{-1}\mathbf{P}$) na Tabela 6.7. A Tabela 6.9 apresenta os resíduos padronizados, ou seja, os elementos da matriz **A**.

Tabela 6.9: Resíduos padronizados da preferência por produtos

Produto	18-25	26-40	41-60	+ 60
A	-0,070	-0,061	0,029	0,124
B	-0,051	-0,042	0,027	0,084
C	-0,047	-0,015	0,038	0,033
D	0,067	0,032	-0,024	-0,093
E	0,110	0,098	-0,078	-0,167

As matrizes (6.4), (6.5) e (6.6) são as componentes da DVS de **A**.

$$\mathbf{\Delta} = \begin{pmatrix} 0{,}332 & 0 & 0 \\ 0 & 0{,}037 & 0 \\ 0 & 0 & 0{,}024 \end{pmatrix} \tag{6.4}$$

$$\mathbf{U} = \begin{pmatrix} -0{,}466 & 0{,}512 & 0{,}019 \\ -0{,}331 & 0{,}155 & 0{,}011 \\ -0{,}190 & -0{,}790 & 0{,}321 \\ 0{,}360 & -0{,}135 & -0{,}799 \\ 0{,}712 & 0{,}265 & 0{,}508 \end{pmatrix} \tag{6.5}$$

$$\mathbf{V}^\top = \begin{pmatrix} 0{,}480 & 0{,}382 & -0{,}283 & -0{,}736 \\ 0{,}406 & -0{,}104 & -0{,}764 & 0{,}506 \\ -0{,}583 & 0{,}745 & -0{,}330 & 0{,}122 \end{pmatrix} \quad (6.6)$$

As matrizes $\mathbf{F}$, $\mathbf{F}_1$, $\mathbf{G}$ e $\mathbf{G}_1$ são apresentadas nas Tabelas 6.10, 6.11, 6.12 e 6.13, respectivamente.

Tabela 6.10: Coordenadas principais de linhas da preferência por produtos

Produto	Eixo 1	Eixo 2	Eixo 3
A	-0,333	-0,041	0,001
B	-0,240	-0,013	0,001
C	-0,140	0,065	0,017
D	0,262	0,011	-0,042
E	0,582	-0,024	0,030

Tabela 6.11: Coordenadas-padrão de linhas da preferência por produtos

Produto	Eixo 1	Eixo 2	Eixo 3
A	-1,003	-1,102	0,041
B	-0,724	-0,339	0,024
C	-0,423	1,758	0,714
D	0,789	0,296	-1,752
E	1,753	-0,652	1,251

Tabela 6.12: Coordenadas principais de colunas da preferência por produtos

Faixa etária	Eixo 1	Eixo 2	Eixo 3
18-25	-0,308	0,029	-0,027
26-40	-0,230	-0,007	0,033
41-60	0,192	-0,058	-0,016
+ 60	0,560	0,043	0,007

Tabela 6.13: Coordenadas-padrão de colunas da preferência por produtos

Faixa etária	Eixo 1	Eixo 2	Eixo 3
18-25	-0,928	0,784	-1,127
26-40	-0,694	-0,188	1,354
41-60	0,579	-1,563	-0,676
+ 60	1,688	1,161	0,280

Um dos mapas assimétricos de duas dimensões é construído com as duas primeiras colunas de $\mathbf{F}$ e as duas primeiras colunas de $\mathbf{G}_1$. O outro com as duas primeiras colunas de $\mathbf{G}$ e as duas primeiras colunas de $\mathbf{F}_1$. Para o Exemplo 6.3, os mapas assimétricos são mostrados nas Figuras 6.6 e 6.7. O mapa simétrico da Figura 6.8 é construído com base nas duas primeiras colunas de $\mathbf{F}$ e as duas primeiras colunas de $\mathbf{G}$.

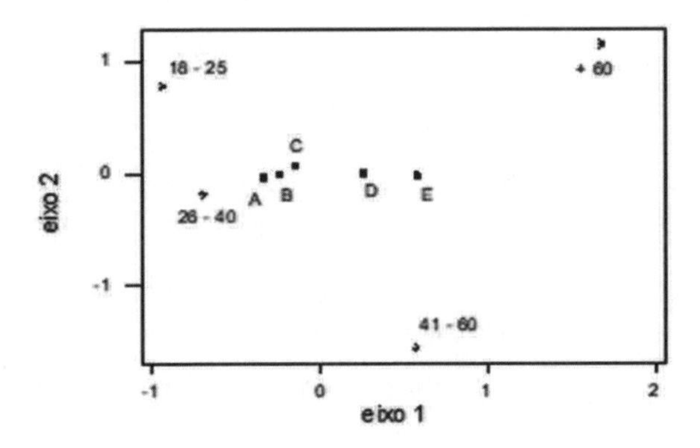

Figura 6.6: Mapa assimétrico dos produtos no espaço das faixas etárias

Nos mapas assimétricos, linhas e colunas são exibidas no mesmo espaço euclidiano. Nos simétricos, as representações de linhas e colunas são sobrepostas em dois espaços diferentes, logo a interpretação das distâncias entre linhas e colunas deve ser feita com cautela. Nos assimétricos, é possível interpretar as distâncias, portanto é importante que os eixos tenham a mesma escala. Nos simétricos, interpretamos somente as direções.

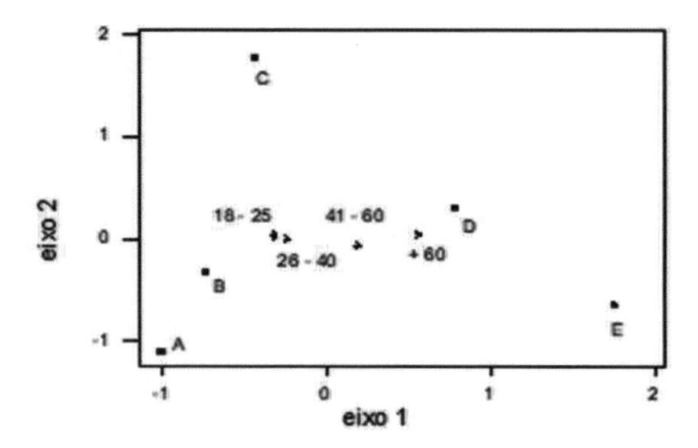

Figura 6.7: Mapa assimétrico das faixas etárias no espaço dos produtos

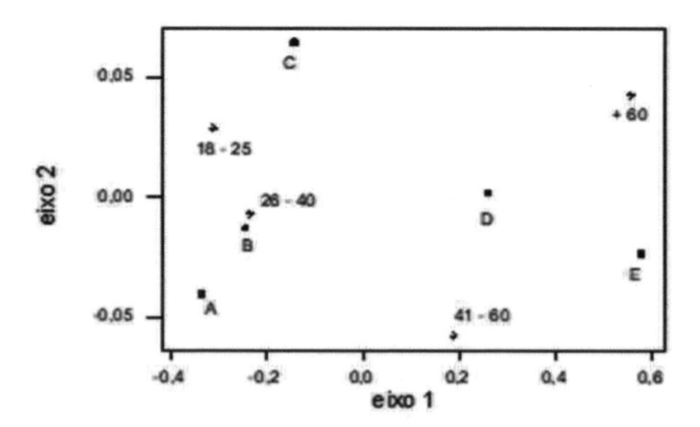

Figura 6.8: Mapa simétrico de produtos e faixas etárias

Nos mapas assimétricos, os vértices são empregados para dar nomes aos eixos em que os pontos são interpretados. As distâncias entre os pontos são aproximações da distância qui-quadrado, a proximidade entre os pontos nos dá ideia sobre a similaridade entre linhas, entre colunas e da associação entre linhas e colunas.

Observando-se a projeção dos pontos no primeiro eixo da Figura 6.8, verifica-se que os produtos A, B e C estão mais associados aos mais jovens e os produtos D e E aos mais idosos. Se tivéssemos que escolher produtos para relacionar com as faixas de idade, a projeção no eixo 1 nos levaria a escolher o produto A para a faixa de 18 a 25 anos, os produtos B e C para a faixa de 26 a 40 anos, o produto D para a faixa de 41 a 60 anos e o produto E para as pessoas com mais de 60 anos. Outra possibilidade seria escolher os produtos A, B e C para as pessoas com até 40 anos e os produtos D e E para pessoas acima dessa idade. Neste exemplo, o número de categorias de ambas as variáveis é pequeno, e essas associações podem ser visualizadas diretamente das tabelas de proporções. Em casos com variáveis com número maior de categorias já não é tão simples entender as associações existentes, tornando a análise de correspondência uma ferramenta útil.

Decomposição da inércia

Mostramos nesta seção como a inércia total pode ser decomposta. Tratamos do assunto por linhas; para colunas a decomposição é análoga.

Uma inércia total baixa indica que o grau de associação entre as variáveis representadas nas linhas e colunas é baixo.

Como vimos anteriormente, a inércia total é dada por (6.3). Agora vemos que

$$I_n = \sum_{i=1}^{I} r_i \sum_{k=1}^{K} f_{ik}^2.$$

A Tabela 6.14 mostra como a inércia total pode ser decomposta nas inércias correspondentes a cada casela, ou seja, a inércia do i-ésimo ponto no k-ésimo eixo da representação gráfica. As somas das colunas da Tabela 6.14 são as inércias dos pontos correspondentes e as somas das linhas são as inércias dos eixos correspondentes, chamadas inércias principais. Estas são dadas pelos autovalores (λ_k) da matriz $\mathbf{AA}^\top$, ou seja, pelo quadrado dos valores singulares.

A inércia da i-ésima linha da tabela de contingência é $\sum_{k=1}^{K} r_i f_{ik}^2$ e é igual à soma dos quadrados dos elementos da i-ésima linha de $\mathbf{A}$, isto é,

$$\sum_{k=1}^{K} r_i f_{ik}^2 = \sum_{j=1}^{J} a_{ij}^2 = \sum_{j=1}^{J} \frac{(p_{ij} - r_i c_j)^2}{r_i c_j}.$$

Tabela 6.14: Decomposição da inércia

Linhas	Eixo 1	$\cdots$	Eixo K	Total
1				
$\vdots$		$r_i f_{ik}^2$		$r_i d_i^2$
I				
Total	λ_1	$\cdots$	λ_K	I_n

A inércia do k-ésimo eixo é $\sum_{i=1}^{I} r_i f_{ik}^2$, que tem a propriedade de ser igual a λ_k. A porcentagem da inércia do k-ésimo eixo explicada pelo i-ésimo ponto é $r_i f_{ik}^2/\lambda_k$.

A porcentagem da inércia do i-ésimo ponto explicada pelo k-ésimo eixo, ou correlação, é $r_i f_{ik}^2/r_i d_i^2 = (f_{ik}/d_i)^2$. Essa quantidade é igual ao quadrado do cosseno do ângulo formado entre o perfil linha e o eixo em questão. A correlação da linha com o eixo é a raiz quadrada da contribuição relativa, mantendo o sinal da coordenada principal.

Quando se reduz a dimensão para K^* eixos, pode-se medir a qualidade da representação pela proporção da inércia explicada pelos eixos considerados, isto é,

$$\frac{\sum_{k=1}^{K^*} r_i f_{ik}^2}{\sum_{j=1}^{J} a_{ij}^2}.$$

A qualidade pode ser interpretada como o quadrado do cosseno entre o ângulo formado pelo perfil linha e o subespaço definido pelos K^* eixos e é equivalente à comunalidade na análise fatorial.

Em geral, os gráficos são feitos em duas dimensões. A contribuição auxilia na identificação de pontos mal representados no gráfico. Se os pontos não estão bem representados nas duas primeiras dimensões, é recomendado usar outros eixos e construir, por exemplo, gráficos do eixo 1 *versus* o eixo 3 e eixo 2 *versus* o eixo 3.

A Tabela 6.15 mostra a decomposição da inércia por linhas e eixos do Exemplo 6.3, enquanto a Tabela 6.16 mostra o mesmo para colunas.

Tabela 6.15: Decomposição da inércia por linhas da preferência por produtos

Produto	Eixo 1	Eixo 2	Eixo 3	Total
A	0,0239	0,0004	0,0000	0,0243
B	0,0120	0,0000	0,0000	0,0120
C	0,0040	0,0009	0,0001	0,0050
D	0,0143	0,0000	0,0004	0,0147
E	0,0559	0,0001	0,0001	0,0561
Total	0,1101	0,0014	0,0006	0,1121

Tabela 6.16: Decomposição da inércia por colunas da preferência por produtos

Faixa etária	Eixo 1	Eixo 2	Eixo 3	Total
18-25	0,0255	0,0002	0,0002	0,0259
26-40	0,0161	0,0000	0,0003	0,0164
41-60	0,0089	0,0008	0,0001	0,0098
+ 60	0,0596	0,0004	0,0000	0,0600
Total	0,1101	0,0014	0,0006	0,1121

A Tabela 6.17 mostra as inércias principais dos três eixos e a porcentagem explicada por cada um deles no Exemplo 6.3. O primeiro eixo explica 98,2% da inércia total e os dois primeiros eixos, representação em duas dimensões, 99,5%.

Tabela 6.17: Inércias principais da preferência por produtos

Eixo	Inércia principal	% explicada
1	0,1101	98,22
2	0,0014	1,25
3	0,0006	0,53
Total	0,1121	100,00

A contribuição das linhas e colunas para as inércias principais no Exemplo 6.3 é dada nas Tabelas 6.18 e 6.19, respectivamente.

Tabela 6.18: Inércias principais explicadas pelas linhas da preferência por produtos (em %)

Produto	Eixo 1	Eixo 2	Eixo 3	Total
A	21,71	28,57	0,00	21,68
B	10,90	0,00	0,00	10,71
C	3,63	64,29	16,67	4,46
D	12,99	0,00	66,66	13,11
E	50,77	7,14	16,67	50,04
Total	100,00	100,00	100,00	100,00

Tabela 6.19: Inércias principais explicadas pelas colunas da preferência por produtos (em %)

Faixa etária	Eixo 1	Eixo 2	Eixo 3	Total
18-25	23,16	14,29	33,33	23,11
26-40	14,62	0,00	50,00	14,63
41-60	8,09	57,14	16,67	8,74
+ 60	54,13	28,57	0,00	53,52
Total	100,00	100,00	100,00	100,00

A correlação ao quadrado das linhas com eixos no Exemplo 6.3 é dada na Tabela 6.20 e das colunas na Tabela 6.21.

Tabela 6.20: Contribuição dos eixos principais para linhas da preferência por produtos

Produto	Eixo 1	Eixo 2	Eixo 3	Total
A	0,9835	0,0165	0,0000	1
B	1,0000	0,0000	0,0000	1
C	0,8000	0,1800	0,0200	1
D	0,9728	0,0000	0,0272	1
E	0,9964	0,0018	0,0018	1

Tabela 6.21: Contribuição dos eixos principais para colunas da preferência por produtos

Faixa etária	Eixo 1	Eixo 2	Eixo 3	Total
18-25	0,9846	0,0077	0,0077	1
26-40	0,9817	0,0000	0,0183	1
41-60	0,9082	0,0816	0,0102	1
+ 60	0,9933	0,0067	0,0000	1

A qualidade de cada linha (coluna) na representação de duas dimensões é dada pela soma das contribuições na Tabela 6.20 (Tabela 6.21) das parcelas correspondentes aos dois primeiros eixos. Essas qualidades, para o Exemplo 6.3, são apresentadas nas Tabelas 6.22 e 6.23 respectivamente, para linhas e colunas.

Tabela 6.22: Qualidade das linhas em duas dimensões da preferência por produtos

Produto	Qualidade
A	1,0000
B	1,0000
C	0,9800
D	0,9728
E	0,9982

Tabela 6.23: Qualidade das colunas em duas dimensões da preferência por produtos

Faixa etária	Qualidade
18-25	0,9923
26-40	0,9817
41-60	0,9898
+ 60	1,0000

As correlações entre linhas (colunas) e eixos são as raízes quadradas dos valores da Tabela 6.20 (Tabela 6.21) com o sinal da coordenada correspondente dada na Tabela 6.10 (Tabela 6.12) e são apresentadas nas Tabelas 6.24 e 6.25.

Tabela 6.24: Correlações das linhas e eixos da preferência por produtos

Produto	Eixo 1	Eixo 2	Eixo 3
A	-0,992	-0,128	0,000
B	-1,000	-0,000	0,000
C	-0,894	0,424	0,141
D	0,986	0,000	-0,165
E	0,998	-0,042	0,042

Tabela 6.25: Correlações das colunas e eixos da preferência por produtos

Faixa etária	Eixo 1	Eixo 2	Eixo 3
18-25	-0,992	0,088	-0,088
26-40	-0,991	-0,000	0,135
41-60	0,953	-0,286	-0,101
+ 60	0,997	0,082	0,000

O resumo dos resultados de uma ACS é, em geral, dado em uma tabela. Apresentamos a seguir a análise do Exemplo 6.3 no aplicativo R e as Figuras 6.9 e 6.10 contêm os resultados apresentados na saída. Note que na Figura 6.10 os valores apresentados devem ser divididos por 1000. Diferenças com relação aos valores apresentados anteriormente são devidas a arredondamentos. Os gráficos correspondentes são dados nas Figuras 6.11, 6.12 e 6.13.

Pontos suplementares são linhas ou colunas adicionais que podem ser incluídas na análise. Eles não contribuem para a inércia pois têm massa zero e assim não interferem no cálculo das coordenadas. Se uma categoria tem distribuição muito rara, pode ser incluída na análise como ponto suplementar. Somente a contribuição COR tem sentido para esses pontos (Greenacre, 2007).

```
Principal inertias (eigenvalues):
dim   value      %    cum%   scree plot
1     0.109769 98.2  98.2   *************************
2     0.001495  1.3  99.6
3     0.000473  0.4 100.0
      -------- -----
Total: 0.111738 100.0
```

Figura 6.9: Inércia explicada pelos eixos da preferência por produtos (R).

```
Rows:
     name   mass  qlt  inr    k=1 cor ctr    k=2 cor ctr
1 |     A |  216 1000  216 | -331 982 216 |   45  18 296 |
2 |     B |  209 1000  105 | -237 998 107 |   10   2  13 |
3 |     C |  203  992   46 | -143 815  38 |  -67 177 602 |
4 |     D |  208  978  127 |  258 976 126 |  -12   2  19 |
5 |     E |  165  998  507 |  585 996 514 |   25   2  70 |
Columns:
     name   mass  qlt  inr    k=1 cor ctr    k=2 cor ctr
1 |  1825 |  268  994  228 | -306 983 229 |  -32  11 182 |
2 |  2640 |  303  985  147 | -231 983 147 |    9   1  16 |
3 |  4160 |  239  994   84 |  189 905  77 |   59  89 561 |
4 |    60 |  191 1000  540 |  561 994 547 |  -44   6 242 |
```

Figura 6.10: Resumo dos resultados pelos eixos da preferência por produtos (R)

6.3 Análise de correspondência para múltiplas tabelas

Nas seções anteriores tratamos da análise de tabelas de contingência de dupla entrada, ou seja, contagens envolvendo duas variáveis. Entretanto, muitas vezes, é de interesse representar associações em tabelas com mais variáveis. Isso pode ser obtido pela análise de correspondência múltipla (ACM), que engloba várias possíveis soluções.

6.3.1 Análise de correspondência para tabelas justapostas

Caso deseje-se estudar a associação entre variáveis categorizadas em que se têm mais de uma tabela com as mesmas linhas, mas com colunas possivelmente diferentes, ou vice-versa, podemos fazer a análise sobre as tabelas justapostas.

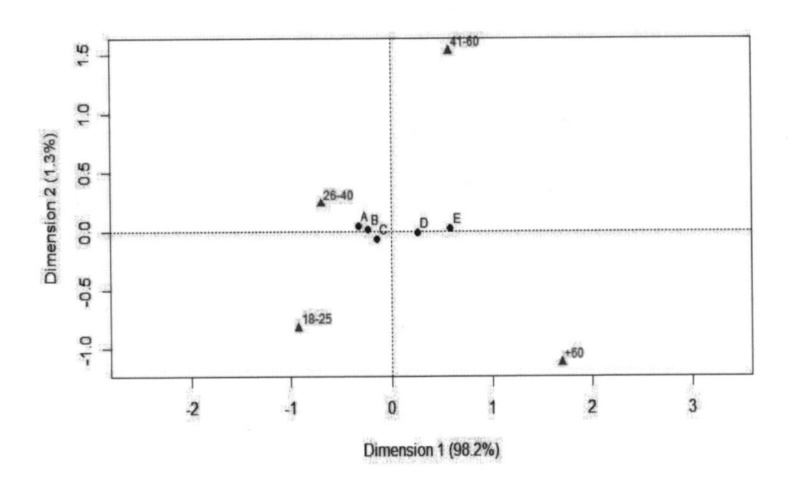

Figura 6.11: Mapa assimétrico dos produtos no espaço das faixas etárias (R)

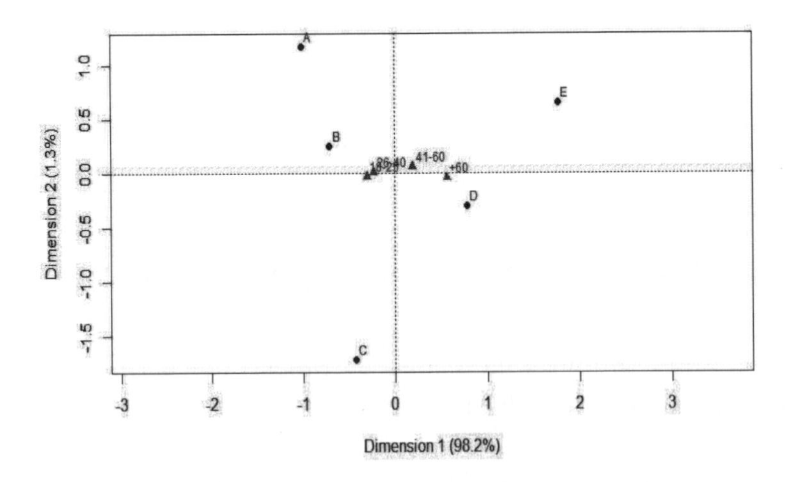

Figura 6.12: Mapa assimétrico das faixas etárias no espaço dos produtos (R)

Um exemplo dessa situação foi apresentado por Bécue-Bertraut e Pagès (2004), que estudaram a preferência por comidas em três cidades, Paris, Tóquio e Nova York. Nesse estudo, as categorias de linha são combinações de sexo com três faixas etárias e as categorias de coluna são diversas palavras que caracterizavam os hábitos alimentares de cada cidade, sendo, portanto, diferentes.

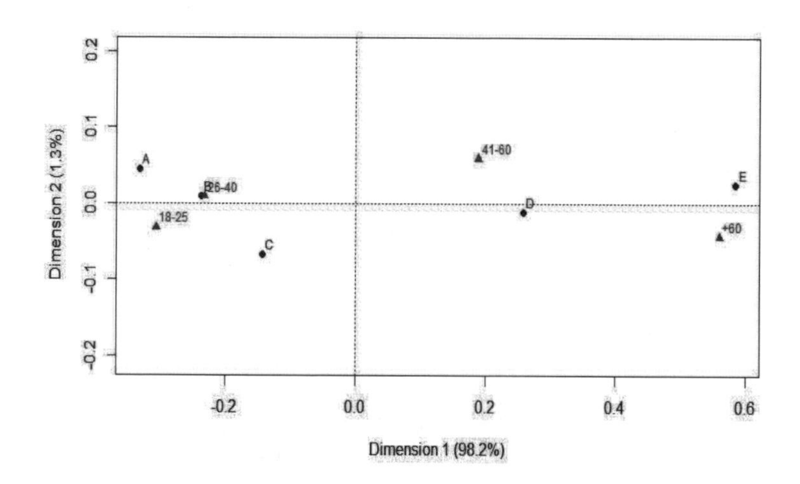

Figura 6.13: Mapa simétrico de produtos e faixas etárias (R)

Uma outra situação, que pode ser traduzida por tabelas desse tipo, ocorre quando se observam variáveis categorizadas no tempo. Poderíamos ter uma tabela de contingência para cada instante de observação e, nesse caso, é comum que as tabelas tenham as mesmas linhas e mesmas colunas. Baltar et al. (2004) utilizaram esse tipo de análise para estudar a associação entre áreas do conhecimento científico dos pesquisadores brasileiros com os setores de atividade econômica em que suas pesquisas são aplicadas. Os dados são do Diretório do CNPq. Cada respondente desse questionário escolheu três setores, em ordem de preferência. Para a análise foram construídas três tabelas contendo a primeira, a segunda e a terceira escolha dos pesquisadores.

O exemplo a seguir apresenta dados genéricos utilizado para exibição da análise passo a passo.

Exemplo 6.4 *Considere 3 tabelas de contingência, cada uma de dupla entrada com 3 linhas e 3 colunas* [2]*, sendo que as categorias de linha a, b e c são comuns para as 3 tabelas e as categorias de coluna são diferentes.*

As Tabelas 6.26 e 6.27 contêm o mesmo número de respondentes (110) e apresentam associação oposta uma à outra (o teste qui-quadrado de ambas resulta

[2] Não é necessário que o número de linhas e colunas seja o mesmo.

Tabela 6.26: Frequências absolutas da amostra 1

	A1	B1	C1	Total
a	25	10	5	40
b	10	10	10	30
c	7	10	23	10
Total	42	30	38	110

Tabela 6.27: Frequências absolutas da amostra 2

	A2	B2	C2	Total
a	5	10	25	40
b	10	10	10	30
c	23	10	7	10
Total	38	30	42	110

Tabela 6.28: Frequências absolutas da amostra 3

	A3	B3	C3	Total
a	136	134	130	400
b	100	100	100	300
c	130	134	136	400
Total	366	368	366	1100

em *valor-p* $< 0{,}001$). A Tabela 6.28 tem 10 vezes o número de respondentes das outras e não apresenta qualquer associação entre linhas e colunas (*valor-p* $= 0{,}991$).

Uma possível maneira de analisar essas múltiplas tabelas é aplicar a análise de correspondência à tabela global (tabelas justapostas), que contém as várias tabelas lado a lado. Para analisar conjuntamente as 3 tabelas do Exemplo 6.4, poderíamos aplicar a análise de correspondência simples à Tabela 6.29.

Tabela 6.29: Frequências absolutas das tabelas justapostas

	A1	B1	C1	A2	B2	C2	A3	B3	C3	Total
a	25	10	5	5	10	25	136	134	130	480
b	10	10	10	10	10	10	100	100	100	360
c	7	10	23	23	10	7	130	134	136	480
Total	42	30	38	38	30	42	366	368	366	1320

A representação gráfica dessa tabela justaposta é influenciada tanto pela inércia dentro das tabelas como pela inércia entre tabelas.

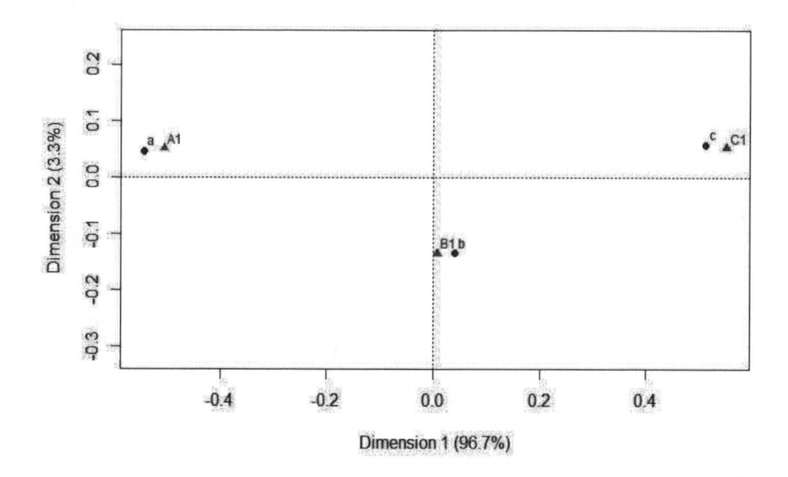

Figura 6.14: Mapa simétrico das categorias da Tabela 6.26.

Para exemplificar, começamos com a análise individual de cada tabela. As Figuras 6.14, 6.15 e 6.16 e a Tabela 6.30 mostram esses resultados. As figuras representam os perfis das tabelas em duas dimensões (mapas simétricos). Temos três categorias tanto de linha como de coluna e a representação é exata.

Nos três casos, a inércia de cada linha da tabela é explicada pelas primeiras e terceiras linhas, pois a segunda linha tem o mesmo número de respondentes nas três colunas das tabelas. Como era esperado, as inércias da primeira e terceira colunas são trocadas nas Tabelas 6.26 e 6.27, pois essas colunas foram permutadas de uma tabela a outra; as inércias de linha não se modificam.

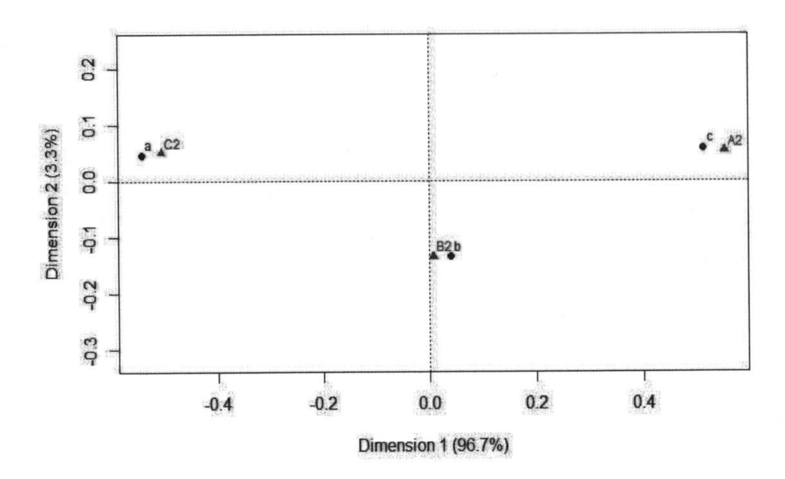

Figura 6.15: Mapa simétrico das categorias da Tabela 6.27

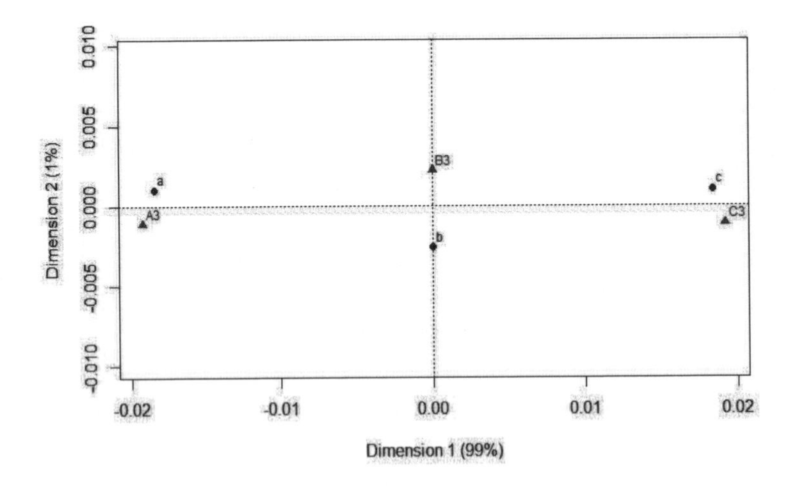

Figura 6.16: Mapa simétrico das categorias da Tabela 6.28

O primeiro eixo do gráfico explica 96,7% da inércia e o segundo os restantes 3,3% para a análise das Tabelas 6.26 e 6.27. Já para a Tabela 6.28, o primeiro eixo explica 99,0% e o segundo 1,0%. Como era esperado, a Figura 6.14 mostra uma forte associação entre a primeira linha e a primeira coluna (categorias a e A1) e entre a terceira linha e terceira coluna (categorias c e C1), exatamente o oposto da Figura 6.15. Os dados da categoria b são igualmente repartidos entre

Tabela 6.30: Contribuição das linhas e colunas para a inércia

Linha	Inércia - linha	Coluna	Inércia - coluna
Referente a Tabela 6.26			
a	0,514	A1	0,469
b	0,026	B1	0,024
c	0,460	C1	0,507
Referente a Tabela 6.27			
a	0,514	A2	0,507
b	0,026	B2	0,024
c	0,460	C2	0,469
Referente a Tabela 6.28			
a	0,496	A3	0,496
b	0,008	B3	0,008
c	0,496	C3	0,496

as três categorias de coluna nas três tabelas, seu perfil é próximo do perfil linha médio e, por isso, aparece no centro dos três gráficos. A Figura 6.16 mostra que não há associação entre as categorias da Tabela 6.28 (note que a escala da Figura 6.16 é diferente das outras e todos os pontos estão próximos da origem).

Mostramos a seguir a análise conjunta das Tabelas 6.26 e 6.27 e depois das Tabelas 6.26 e 6.28, justapostas.

Os resultados da primeira análise são apresentados na Figura 6.17. O primeiro eixo representa 96,7% da inércia total. Pode-se verificar que houve uma sobreposição das Figuras 6.14 e 6.15. Ficaram próximos os pontos a, A1 e C2; b, B1 e B2 e c, C1 e A2. Os perfis linha são agora calculados com relação ao dobro do número de respondentes.

A Figura 6.18 mostra o resultado da análise das Tabelas 6.26 e 6.28 justapostas. O primeiro eixo explica 96,7% da inércia total. Aqui, as fortes associações contidas na Tabela 6.26 são enfraquecidas. Isso ocorre porque a Tabela 6.28 tem um número de respondentes muito maior (dez vezes) e, portanto, predomina na análise. Note que as categorias a e c foram deslocadas para o centro do mapa e as associações entre a e A1 e c e C1 da Tabela 6.26 já não podem ser visualizadas com clareza.

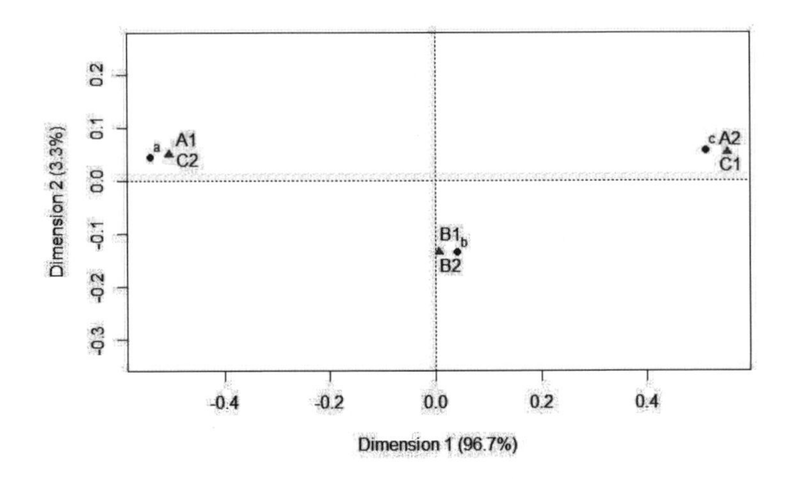

Figura 6.17: Mapa simétrico das categorias das Tabelas 6.26 e 6.27 justapostas

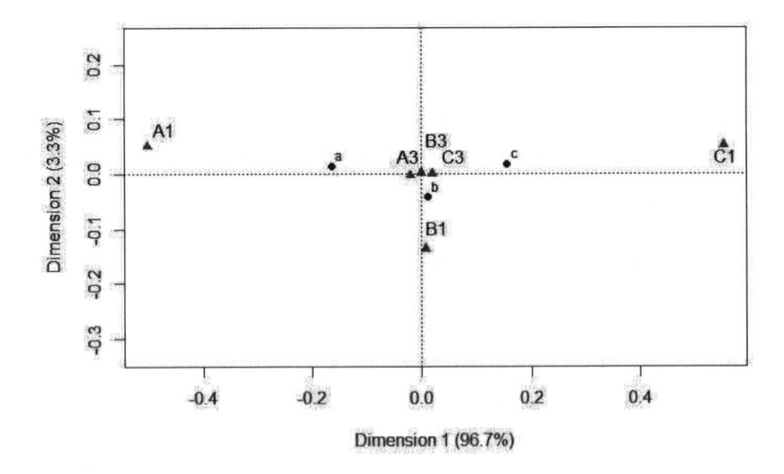

Figura 6.18: Mapa simétrico das categorias das Tabelas 6.26 e 6.28 justapostas

Antes de apresentarmos as expressões das inércias para essa análise, necessitamos introduzir alguma notação adicional. Considere que tenhamos K tabelas de proporções $\mathbf{P}_k, k = 1, ..., K$, em que todas elas têm I linhas e a k-ésima tabela tem J_k colunas.

Considere $\mathbf{P}$ a tabela global das proporções relativas ao total geral das K tabelas e $\mathbf{P}_k$ a k-ésima tabela componente de $\mathbf{P}$. A quantidade p_{ijk} é a proporção de observações da i-ésima linha e j-ésima coluna da tabela $\mathbf{P}_k$, dividido pelo número total de observações (n), e tem a propriedade de que a soma dos p_{ijk}'s é igual a 1.

Os totais são denotados da seguinte forma:

p_{i++}: soma das colunas na i-ésima linha da tabela $\mathbf{P}$,
p_{+jk}: soma das linhas na j-ésima coluna da tabela $\mathbf{P}_k$,
p_{i+k}: soma das colunas na i-ésima linha da tabela $\mathbf{P}_k$,
p_{++k}: soma dos termos da tabela $\mathbf{P}_k$.

O i-ésimo perfil linha é $p_{ijk}/p_{i++}, j = 1, \ldots, J_k, k = 1, \ldots, K$ e o j-ésimo perfil coluna da k-ésima tabela é $p_{ijk}/p_{+jk}, i = 1, \ldots, I$.

A inércia da análise feita nas tabelas justapostas é calculada como

$$I(ACJ) = \sum_{k=1}^{K} I_k(ACJ),$$

em que

$$I_k(ACJ) = \sum_{j=1}^{J_k} \sum_{i=1}^{I} \frac{(p_{ijk} - p_{i++}p_{+jk})^2}{p_{i++}p_{+jk}}.$$

Exemplo 6.5 *Em pesquisa realizada com 2.916 estudantes universitários foram perguntadas questões sociodemográficas, entre elas faixa etária, área de estudo e renda. Essas variáveis foram categorizadas e codificadas da seguinte forma:*

Faixa etária *(FE): 18 a 20 anos (F1), 21 e 22 anos (F2), 23 a 25 anos (F3) e 26 a 55 anos (F4).*
Área de estudo *(AE): Ciências Biológicas (BI), Ciências Exatas (EX) e Ciências Humanas (HU).*
Renda *(RE): Sem renda (SR), 1 e 2 salários mínimos (R1), 3 a 6 salários mínimos (R2) e 7 a 20 salários mínimos (R3).*

As Tabelas 6.31, 6.32 e 6.33 são as tabelas de contingência dessas variáveis, duas a duas. Os testes qui-quadrado de independência sobre essas tabelas resultaram em *valor-p* $< 0{,}001$, indicando que, duas a duas, são não independentes.

As Figuras 6.19 e 6.20 contêm a saída e o mapa simétrico da análise de correspondência realizada sobre as Tabelas 6.31, 6.32 e 6.33 justapostas. Pode-se

Tabela 6.31: Número de estudantes por área de estudo e faixa etária

	Faixa etária				
Área de estudo	F1	F2	F3	F4	Total
BI	413	333	234	234	1.214
EX	119	86	84	261	550
HU	271	200	153	528	1.152
Total	803	619	471	1.023	2.916

Tabela 6.32: Número de estudantes por área de estudo e renda

	Renda				
Área de estudo	SR	R1	R2	R3	Total
BI	389	417	170	238	1.214
EX	124	234	142	50	550
HU	263	579	211	99	1.152
Total	776	1.230	523	387	2.916

Tabela 6.33: Número de estudantes por faixa etária e renda

	Renda				
Faixa etária	SR	R1	R2	R3	Total
F1	324	267	96	116	803
F2	210	238	70	101	619
F3	121	236	64	50	471
F4	121	489	293	120	1.023
Total	1.230	523	387	776	2.916

ver que o primeiro e o segundo eixos explicam 81,7% e 13,5%, respectivamente, da inércia total de 0,0767.

Pode-se perceber as seguintes associações: entre a área de Ciências Humanas (HU), a faixa etária de 23 a 25 anos (F3) e a faixa de renda de 1 a 2 salários mínimos (R1); entre a área de Ciências Exatas (EX), a faixa de 26 a 55 anos (F4) e a faixa de renda de 3 a 6 salários mínimos (R2); a área de Ciências Biológicas (BI), a faixa estária de 18 a 22 anos (F1 e F2) e a faixa de renda de 7 a 20 salários mínimos (R3) e sem renda (SR).

```
Principal inertias (eigenvalues):

dim  value     %   cum%  scree plot
1    0.062678  81.7  81.7  ********************
2    0.010386  13.5  95.2  ***
3    0.003676   4.8 100.0  *
     -------- -----
Total: 0.076740 100.0

Rows:
    name  mass qlt inr   k=1  cor ctr   k=2 cor ctr
1 | F1  | 138 926 199 | -319 918 223 |   31   9  13 |
2 | F2  | 106 972  76 | -230 967  90 |   17   5   3 |
3 | F3  |  81 809  33 |   23  17   1 |  157 793 191 |
4 | F4  | 175 999 355 |  379 926 402 | -107  73 192 |
5 | BI  | 208 970 175 | -222 765 164 | -115 205 265 |
6 | EX  |  94 715  66 |  195 705  57 |  -23   9   5 |
7 | HU  | 198 995  96 |  141 530  62 |  132 465 331 |

Columns:
    name  mass qlt inr   k=1 cor ctr   k=2 cor ctr
1 | R1  | 422 942 151 |  139 703 130 |   81 239 266 |
2 | R2  | 179 951 293 |  327 851 305 | -112 101 218 |
3 | R3  | 133 912 162 | -221 521 103 | -191 392 469 |
4 | SR  | 266 973 395 | -330 957 462 |   43  16  47 |
```

Figura 6.19: Resultado da análise de correspondência das tabelas justapostas do Exemplo 6.5

A análise de correspondência de todas as tabelas justapostas como exemplificada acima proporciona a comparação das linhas e colunas como um todo, em uma estrutura global. Não permite visualizar a estrutura interna de cada tabela.

6.3.2 Análise de correspondência interna

Uma generalização da análise de correspondência, chamada análise de correspondência interna (ACI), que permite centralizar cada tabela em seu próprio centroide, foi sugerida por Benzécri (1983) e Escofier e Drouet (1983) e generalizada por Cazes e Moreau (1991, 2000). Entretanto, essa técnica tem a limitação de representar as linhas das tabelas como um todo, na tabela global.

Para solucionar esse problema, Pagès e Bécue-Bertraut (2004) sugerem a análise fatorial múltipla para tabelas de contingência (AFMTC), propiciando a aná-

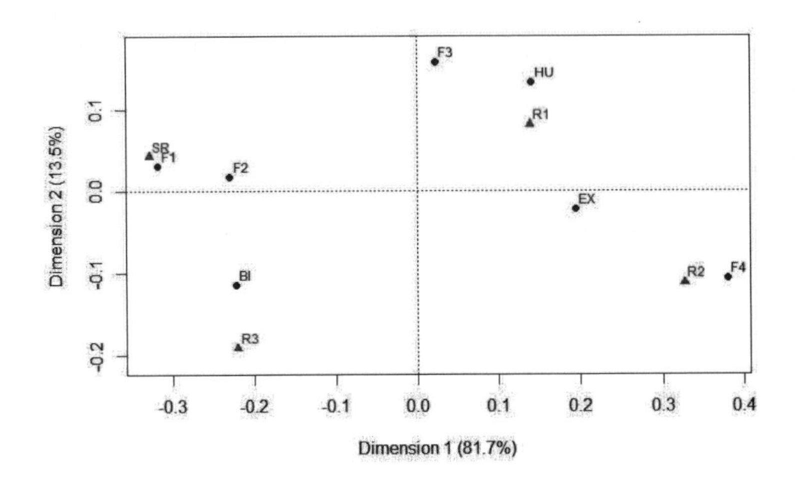

Figura 6.20: Mapa simétrico da análise de correspondência das tabelas justapostas do Exemplo 6.5

lise global das tabelas como também a análise de cada uma delas, permitindo a comparação entre elas. Essa técnica é um tipo de análise de correlação canônica generalizada (para mais de dois grupos) para variáveis categorizadas.

Na análise de correspondência interna, o modelo de independência global é substituído pelo modelo de independência dentro das tabelas.

Se os perfis internos das linhas das tabelas são iguais, a análise de correspondência interna leva à representação equivalente à da análise de correspondência simples aplicada às tabelas justapostas.

Como vimos anteriormente a análise de correspondência pode ser vista como uma análise de componentes principais aplicada aos dados centralizados e padronizados

$$\frac{p_{ij} - p_{i+}p_{+j}}{p_{i+}p_{+j}}.$$

No caso da análise da tabela **P**, que contém K tabelas, a análise de correspondência interna é igual à análise de componentes principais aplicada a dados cujo termo geral é

$$\frac{p_{ijk} - \left(\frac{p_{i+k}}{p_{++k}}\right) p_{+jk}}{p_{i++}p_{+jk}}, \tag{6.7}$$

ou seja, $p_{i++}, i = 1, \ldots, I$ são os pesos das linhas e $p_{+jk}, j = 1, \ldots, J_k, k = 1, \ldots, K$ são os pesos das colunas.

A análise de correspondência interna centraliza a nuvem de pontos de cada uma das K tabelas na sua própria marginal e reflete o desvio do modelo de independência dentro de cada tabela. A análise de correspondência da tabela $\mathbf{P}$ (K tabelas justapostas) centraliza na marginal global e reflete o desvio do modelo de independência global. Se as análises são feitas separadamente para cada tabela, cada uma tem seu próprio centro; a análise de correspondência interna recentraliza todas elas.

As Tabelas 6.34, 6.35 e 6.36 mostram, respectivamente, os dados das Tabelas 6.26, 6.27 e 6.28 transformados por (6.7). A análise de componentes principais foi aplicada a essas tabelas justapostas. A Tabela 6.37 exibe os autovalores dessa análise. Pode-se ver que a primeira componente explica 59,4% da variabilidade total e a segunda explica 40,6%.

Tabela 6.34: Frequências transformadas da Tabela 6.26

	A1	B1	C1	Total
a	0,0189	0,0076	0,0038	0,0303
b	0,0076	0,0075	0,0076	0,0227
c	0,0053	0,0076	0,0174	0,0303
Total	0,0318	0,0227	0,0288	0,0833

Tabela 6.35: Frequências transformadas da Tabela 6.27

	A2	B2	C2	Total
a	0,0038	0,0076	0,0189	0,0303
b	0,0076	0,0075	0,0076	0,0227
c	0,0174	0,0076	0,0053	0,0303
Total	0,0288	0,0227	0,0318	0,0833

Tabela 6.36: Frequências transformadas da Tabela 6.28

	A3	B3	C3	Total
a	0,1030	0,1015	0,0985	0,3030
b	0,0758	0,0758	0,0758	0,2274
c	0,0985	0,1015	0,1030	0,3030
Total	0,2773	0,2788	0,2773	0,8334

Tabela 6.37: Autovalores da ACP das Tabelas 6.34, 6.35 e 6.36.

Eixo	Autovalor	% explicada	% explicada acumulada
1	5,3501	59,4	59,4
2	3,6499	40,6	100,0

Quando aplicada a análise da tabela pela ACI, a inércia da tabela k é

$$I_k(ACI) = \sum_{j=1}^{J_k} \sum_{i=1}^{I} \frac{\left(p_{ijk} - \frac{p_{i+k}}{p_{i++}} p_{+jk}\right)^2}{p_{i++} p_{+jk}}$$

e a inércia total

$$I(ACI) = \sum_{k=1}^{K} I_k(ACI).$$

A análise de correspondência interna tem uma limitação que é o fato de que uma única tabela pode determinar os eixos principais na representação dos dados. Assim sendo, é necessário ponderar a influência das K tabelas. A solução sugerida é aplicar a análise fatorial múltipla às tabelas de contingência, que consiste na ponderação das colunas da tabela $\mathbf{P}$ conforme a tabela $\mathbf{P}_k$ a que a coluna pertence.

6.3.3 Análise fatorial múltipla para tabelas de contingência

A análise fatorial múltipla é uma análise de componentes principais aplicada a vários conjuntos de variáveis, medidas em um mesmo grupo de indivíduos. Cada conjunto é ponderado pela inércia máxima dos eixos, ou seja, pela inércia do eixo principal. A maior inércia de eixo de cada conjunto é normalizada para que a soma seja igual a 1, isto é, é dividida pelo maior autovalor da análise de componentes principais do conjunto correspondente.

Uma vantagem dessa análise é que a estrutura dentro das tabelas não é modificada. Além disso, tabelas com alta dimensionalidade (muitas categorias) teriam pouca influência na análise global, pois o primeiro eixo seria pouco explicado por suas categorias em comparação com tabelas de baixa dimensionalidade. A ponderação proposta corrige isso.

A análise fatorial múltipla para tabelas de contingência com marginais-linha idênticas foi proposta por Abdessemed e Escofier (1996) e foi generalizada por Bécue-Bertraut e Pagès (2004), que relaxaram essa restrição. A técnica é uma combinação da análise de correspondência interna com a análise fatorial múltipla.

O método pode ser visto como uma análise de componentes principais, com os seguintes passos:

• Aplicar a análise de componentes principais a cada tabela $\mathbf{P}_k, k = 1, \ldots, K$, em que o termo geral da tabela é dado por (6.7), ou seja, o peso das linhas é p_{i++} e o das colunas p_{+jk}. Essa parte da análise é a análise de correspondência interna das tabelas.
• Obter o primeiro autovalor de cada análise ($\lambda_k, k = 1, \ldots, K$).
• Manter os pesos das linhas (p_{i++}) na análise de correspondência interna e dividir (padronizar) os pesos das colunas p_{+jk} por λ_k.
• Aplicar a análise fatorial múltipla à tabela global, cujo termo geral é

$$z_{ijk} = \frac{p_{ijk} - \left(\frac{p_{i+k}}{p_{++k}}\right) p_{+jk}}{p_{i++}p_{+jk}} \sqrt{\frac{p_{+jk}}{p_{++k}}}.$$

O último passo é equivalente a aplicar a análise de componentes principais à tabela global, cujo termo geral é

$$z_{ijk} = \frac{p_{ijk} - \left(\frac{p_{i+k}}{p_{++k}}\right) p_{+jk}}{p_{i++}p_{+jk}} \sqrt{\frac{1}{\lambda_k}},$$

em que λ_k é o maior autovalor da análise da k-ésima tabela.

As distâncias entre categorias de linhas podem ser interpretadas como semelhanças das categorias de uma forma global de todas as K tabelas, pois todas têm as mesmas linhas. O peso $1/\lambda_k$ pondera a influência da k-ésima tabela.

As distâncias entre duas categorias de colunas de uma mesma tabela pode ser interpretada como a diferença entre os perfis dessas categorias, exatamente como na análise de correspondência simples. As distâncias entre as categorias de colunas de tabelas diferentes também podem ser interpretadas como distâncias entre os perfis, pois as influências das tabelas são ponderadas.

No Exemplo 6.4, os primeiros autovalores para as três tabelas são 1,8256; 1,8256 e 2,9524, respectivamente. A análise global deve ser feita sobre a tabela total, ou seja, a Tabela 6.29, sendo cada uma das tabelas componentes dividida pela raiz quadrada do respectivo autovalor.

6.3.4 Análise de correspondência múltipla

A análise de correspondência múltipla (ACM) permite representar associações em tabelas de contingência com mais de duas variáveis.

A ACM pode ser aplicada sobre uma matriz de variáveis indicadoras de cada categoria de interesse (matriz binária) ou sobre a matriz de Burt.

Análise de correspondência múltipla sobre a matriz binária (ACMB)

A Tabela 6.38 mostra a codificação para os cinco primeiros estudantes da amostra no Exemplo 6.5 na matriz binária.

Tabela 6.38: Exemplificação da matriz binária do Exemplo 6.5

Questão			Categorias										
FE	AE	RE	F1	F2	F3	F4	BI	EX	HU	SR	R1	R2	R3
F1	EX	SR	1	0	0	0	0	1	0	1	0	0	0
F4	BI	R3	0	0	0	1	1	0	0	0	0	0	1
F2	BI	R2	0	1	0	0	1	0	0	0	0	1	0
F3	HU	R1	0	0	1	0	0	0	1	0	1	0	0
F1	EX	R2	1	0	0	0	0	1	0	0	0	1	0

Sob essa estratégia de análise, a ACM é a análise de correspondência simples aplicada à matriz binária de dimensão (2916×11) dos elementos da amostra.

Para o exemplo, a Figura 6.21 apresenta o mapa simétrico da análise de correspondência sobre a matriz binária, em que o primeiro eixo explica 18,9% e o segundo 13,8% da inércia total de 2,6667. Nessa figura os triângulos representam as categorias das variáveis área de estudo, faixa etária e renda e os círculos os estudantes. As mesmas associações representadas na análise sobre as tabelas justapostas são visíveis nesse mapa.

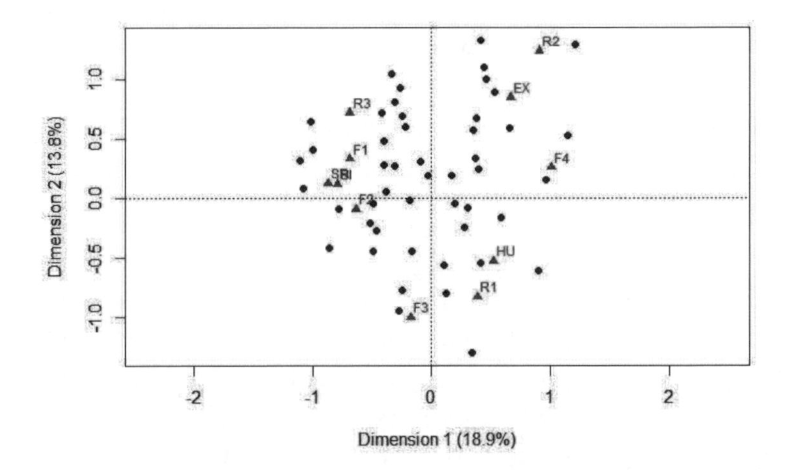

Figura 6.21: Mapa simétrico da análise de correspondência da tabela binária do Exemplo 6.5

A inércia é calculada por

$$I(ACMB) = \frac{J - K}{K},$$

em que K é o número de variáveis originais e $J = \sum_{k=1}^{K} J_k$, J_k é o número da categorias da variável k.

No exemplo, $K = 3$, $J_1 = 3$, $J_2 = 4$, $J_3 = 4$, $J = 11$ e

$$I(ACMB) = \frac{11 - 3}{3} = 2{,}6667.$$

Análise de correspondência múltipla sobre a matriz de Burt

A matriz de Burt é uma matriz de tabelas de contingência, que contém todas as tabelas, duas a duas. É uma matriz bloco-simétrica, que pode ser obtida da seguinte maneira.

Considere $\mathbf{Z}$ a matriz binária de dimensão $(n \times J)$ definida anteriormente. A matriz de Burt é dada por

$$\mathbf{B} = \mathbf{Z}^\top \mathbf{Z}.$$

A matriz de Burt para o Exemplo 6.5 está apresentada na Tabela 6.39.

Tabela 6.39: Matriz de Burt do Exemplo 6.5

	BI	EX	HU	F1	F2	F3	F4	SR	R1	R2	R3
BI	1214	0	0	413	333	234	234	389	417	170	238
EX	0	550	0	119	86	84	261	124	234	142	50
HU	0	0	1152	271	200	153	528	263	579	211	99
F1	413	119	271	803	0	0	0	324	267	96	116
F2	333	86	200	0	619	0	0	210	238	70	101
F3	234	84	153	0	0	471	0	121	236	64	50
F4	234	261	528	0	0	0	1023	121	489	293	120
SR	389	124	263	324	210	121	121	776	0	0	0
R1	417	234	579	267	238	236	489	0	1230	0	0
R2	170	142	211	96	70	64	293	0	0	523	0
R3	238	50	99	116	101	50	120	0	0	0	387

Sob essa estratégia de análise, a ACM é a análise de correspondência simples aplicada à matriz de Burt. As categorias das variáveis estão tanto nas linhas como nas colunas da tabela.

Para o Exemplo 6.5, a Figura 6.22 apresenta o mapa simétrico da análise de correspondência, em que o primeiro eixo explica 27,0% e o segundo 14,3% da inércia total de 0,9407. Note que os pontos que representam as linhas ficam sobrepostos com os pontos que representam as colunas quando se trata da mesma categoria.

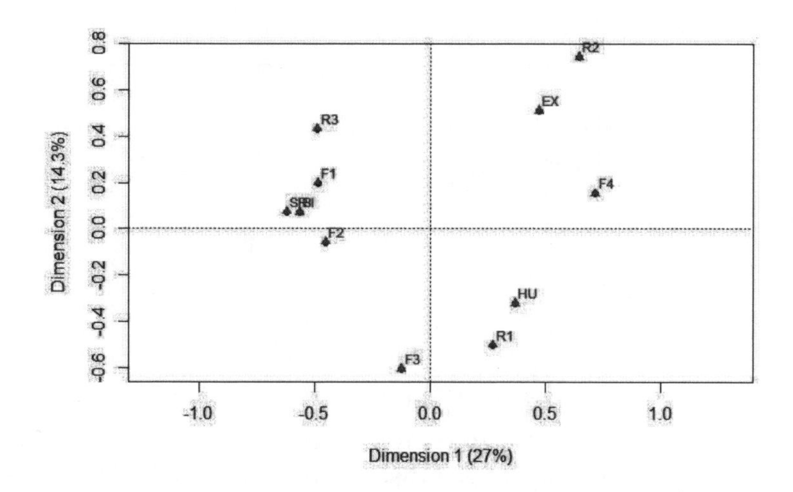

Figura 6.22: Mapa simétrico da análise de correspondência da tabela de Burt do Exemplo 6.5

Nesse mapa é possível ver as mesmas associações comentadas anteriormente nas análises feitas sobre as tabelas justapostas ou sobre a tabela binária.

Análise de correspondência para tabelas combinadas

Se o interesse é avaliar a associação de uma das variáveis com as demais, a análise poderia ser feita sobre as tabelas combinadas.

Digamos que no Exemplo 6.5 desejamos verificar a associação entre renda e a combinação de faixa etária com área de estudo, como se estivéssemos avaliando o efeito de interação entre essas variáveis.

A Tabela 6.40 é a tabela de contingência das variáveis combinadas e a Figura 6.23 é o mapa simétrico resultante da análise. O eixo 1 explica 69,9% e o eixo 2 24,2% da inércia total de 0,1511 e mostra conclusões similares às encontradas nas outras análises, entretanto, nesse mapa é possível visualizar as categorias combinadas de faixa etária e área de estudo.

Tabela 6.40: Tabela de contingência combinada do Exemplo 6.5

	SR	R1	R2	R3
BI-F1	166	119	49	79
BI-F2	121	95	40	77
BI-F3	70	94	27	43
BI-F4	32	109	54	39
EX-F1	56	40	17	6
EX-F2	27	45	10	4
EX-F3	17	46	19	2
EX-F4	24	103	96	38
HU-F1	102	108	30	31
HU-F2	62	98	20	20
HU-F3	34	96	18	5
HU-F4	65	277	143	43

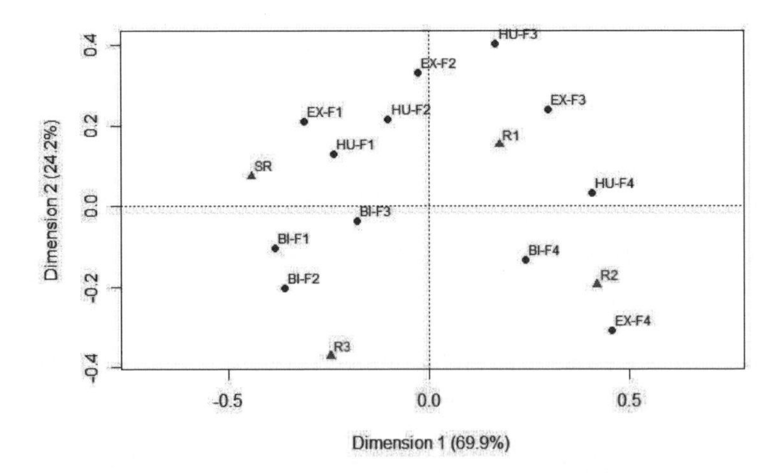

Figura 6.23: Mapa simétrico da análise de correspondência das tabelas combinadas do Exemplo 6.5

6.4 Utilizando o R

A análise apresentada nas Figuras 6.9, 6.10, 6.11, 6.12 e 6.13, pode, a menos de arredondamentos, ser gerada a partir dos comandos a seguir.

```
############################
# Bibliotecas necessárias #
############################
install.packages("readxl") # Wickham e Bryan (2019)
install.packages("ca")     # Grenacre, Nenadic e Friendly (2020)

##########################
# Criação da Tabela 6.5 #
##########################
tabela <- matrix(c(110, 102, 98, 61, 31, 122, 110, 98, 82, 42,
                   68, 66, 60, 82, 82, 24, 35, 48, 87, 92),
                   nrow=5)
rownames(tabela) <- c("A","B","C","D","E")
colnames(tabela) <- c("18-25","26-40","41-60","+60")
tabela

########################################
# Tabela 6.6 - Porcentagens por linha #
########################################
tabelal <- prop.table(tabela,1)
print(tabelal, digits=3)

#########################################
# Tabela 6.7 - Porcentagens por coluna #
#########################################
tabelac <- prop.table(tabela,2)
print(tabelac, digits=3)

#########################################
# Tabela 6.8 - Porcentagens pelo total #
#########################################
tabelap <- prop.table(tabela)
print(tabelap, digits=3)

############################################################
# Qui-quadrado e inércia total para os dados da Tabela 6.5 #
############################################################
tabela.rowsum <- apply(tabela, 1, sum)
tabela.rowsum # Última coluna da Tabela 6.5
tabela.colsum <- apply(tabela, 2, sum)
tabela.colsum # Última linha da Tabela 6.5
tabela.sum <- sum(tabela)
tabela.sum # Total de observações da Tabela 6.5
# Valores esperados associados aos dados da Tabels 6.5:
tabela.esp <- tabela.rowsum %*% tabela.colsum / tabela.sum
tabela.esp
```

```
chi <- (tabela - tabela.esp)^2/ tabela.esp
chi
chi2 <- sum(chi)
chi2 # Estatística Qui-quadrado para os dados da Tabela 6.5
inercia <- chi2 / tabela.sum
inercia # Inércia para os dados da Tabela 6.5
```

Os comandos seguintes podem ser utilizados para gerar uma análise de correspondência simples.

```
######################################
# Análise de correspondência simples #
######################################
library(ca)
ac <- ca(tabela)
ac
summary(ac)  # Figuras 6.9 e 6.10

################################
# Mapa simétrico - Figura 6.13 #
################################
plot(ac)

######################
# Mapas assimétricos #
######################
plot(ac, map="rowprincipal") # Figura 6.11
plot(ac, map="colprincipal") # Figura 6.12

##############################################################################
# Para incluir pontos suplementares, indicar os números das linhas ou colunas #
# desses pontos na tabela, por exemplo se forem a linha 4 e a coluna 3        #
##############################################################################
ac <- ca(tabela, suprow=4, supcol=3)
```

A tabela de contingência pode ser construída a partir de um arquivo de dados convencional com as observações associadas a cada indivíduo da amostra.

```
# Leitura do arquivo de dados
estudantes <- read_excel("estudantes.xlsx")

################################################
# Tabela 6.32 - cruzamento entre área e renda #
################################################
tabelaar <- table(estudantes$area, estudantes$renda) # Tabela 6.32
rownames(tabelaar) <- c("BI", "EX", "HU")
colnames(tabelaar) <- c("R1","R2","R3","SR")
tabelaar  # Tabela 6.32
```

As análises deste capítulo podem ser feitas com os comandos exemplificados acima; basta fazer a leitura da tabela adequada. Para a análise baseada nas matrizes binária e de Burt, é possível utilizar os seguintes comandos.

```
##################
# Matriz binária #
##################
# Opção 1 - Figura 6.21
# criar tabela binária e usar o comando ca
# as unidades amostrais também são representadas no gráfico
tabelabin <- read_excel("estudantes.xlsx", sheet = "binaria")
acbin <- ca(tabelabin)
plot(acbin)

# Opção 2 - fazer a leitura das colunas originais
# usar o comando mjca - as unidades amostrais não são representadas
# no gráfico
estudantes <- read_excel("estudantes.xlsx")
acind <- mjca(estudantes[,3:5], lambda="indicator")
plot(acind)

#####################################################
# Matriz de Burt - leitura dos dados                #
# A aba Burt de estudantes.xlsx traz a Tabela 6.39 #
#####################################################
# Opção 1 - Figura 6.22
# criar a tabela de Burt e usar o comando ca
tabelaburt <- read_excel("estudantes.xlsx", sheet = "Burt")
acburt <- ca(tabelaburt[,2:12])
plot(acburt)

# Opção 2 - fazer a leitura das colunas originais
# usar o comando mjca
acBurt <- mjca(estudantes[,3:5], lambda="Burt")
plot(acBurt)
```

6.5 Exercícios

6.1 Retome o enunciado do Exercício 2.11.

a) Categorize as variáveis Prevalência, Mortalidade e Letalidade com base em seus quartis.

b) Faça os mapas da análise de correspondência simples de cada uma das variáveis categorizadas no item a) *versus* a variável GrupoPop. Interprete os resultados.

c) Faça a análise de correspondência múltipla das quatro variáveis consideradas no item b).

d) Compare as análises feitas nos itens b) e c).

6.2 A Tabela 6.41 traz a descrição dos dados da aba **dados** do arquivo **Mochila.xlsx**, provenientes do projeto "Caracterização Postural de Crianças de 7 e 8 Anos das Escolas Municipais da Cidade de Amparo/SP", realizado na Faculdade de Medicina da Universidade de São Paulo pela Dra. Patrícia Jundi Penha. [3]

a) Faça uma análise de correspondência simples considerando as variáveis TipoMochila e Escoliose. Comente.

b) Agrupe as categorias da variável ModoCarregar em três categorias (1: nos dois ombros + no tronco, 2: em um ombro + na mão direita + na mão esquerda, 3: outros) e com elas faça uma análise de correspondência simples *versus* Escoliose. Comente.

c) Faça uma análise de correspondência para avaliar Escoliose *versus* TipoMochila e ModoCarregar, usando tabelas combinadas.

d) Faça uma análise de correspondência para avaliar Escoliose *versus* TipoMochila e ModoCarregar, usando tabelas justapostas.

e) Compare todas as análises feitas.

6.3 A Tabela 6.42 é a tabela de contingência de cor dos olhos e cor dos cabelos de uma amostra de 5.387 crianças do Condado de Caithnes, na Escócia.[4]

[3]Fonte: RAE-CEA-06P24, Relatório de Análise Estatística, Centro de Estatística Aplicada, IME-USP, 2006.

[4]Fonte: Beh (2004).

Tabela 6.41: Características de mochilas e de escoliose

Variável	Descrição
Sexo	Sexo da criança – M: masculino, F: feminino
Peso	Peso da criança em quilogramas
Altura	Altura da criança em metros
TipoMochila	Tipo da mochila – E: escapular, L: lateral, C: carrinho
ModoCarregar	Modo de carregar a mochila – 1: dois ombros, 2: um ombro, 3: no tronco, 4: mão direita, 5: mão esquerda, 6: outros
Escoliose	Lado da escoliose – D: direito, E: esquerdo, A: ausente

a) Faça os mapas da análise de correspondência simples de cor dos olhos *versus* cor dos cabelos em duas dimensões. Interprete os resultados.

b) Qual é a porcentagem da inércia principal explicada por cada um dos eixos?

c) Qual é a qualidade da representação de cada categoria de cor de olhos e de cor dos cabelos?

d) Qual é a cor de olhos e cor dos cabelos que mais explicam as inércias dos eixos do mapa? De quanto?

e) Qual é a contribuição dos eixos para cada categoria de cor de olhos? E de cor dos cabelos?

Tabela 6.42: Tabela de contingência: cor dos olhos *versus* cor dos cabelos

Olhos/Cabelos	Loiro	Vermelho	Castanho- -claro	Castanho- -escuro	Preto	Total
Verde	688	116	584	188	4	1.580
Azul	326	38	241	110	3	718
Castanho	343	84	909	412	26	1.774
Preto	98	48	403	681	85	1.315
Total	1.455	286	2.137	1.391	118	5.387

6.4 Um banco alemão deseja construir um modelo para concessão de crédito a seus clientes. Ele conta com informações sobre o crédito anteriormente concedido a 1000 clientes. As variáveis disponíveis na planilha **BancoAlemao.xlsx**[5] são descritas na Tabela 6.43.

a) Faça os mapas da análise de correspondência simples do "Motivo do crédito" (X4) *versus* "Sexo" e "Estado civil" (X9). Interprete os resultados.

b) Faça os mapas da análise de correspondência simples do "Motivo do crédito" (X4) *versus* "Ocupação" (X17). Interprete os resultados.

c) Faça a análise de correspondência para tabelas justapostas considerando "Motivo do crédito" (X4) *versus* "Sexo" e "Estado civil" (X9) e "Ocupação" (X17).

d) Compare as análises feitas nos itens a), b) e c).

6.5 A Tabela 6.44 mostra a estimativa do número de habitantes (em milhares) por região do Brasil, de acordo com a faixa etária, em 2021.

a) Agrupe o número de habitantes de acordo com as seguintes faixas etárias: até 17 anos, de 18 a 29 anos, de 30 a 49, de 50 a 64 e 65 ou mais anos. Faça os mapas da análise de correspondência simples de região *versus* faixa etária. Interprete os resultados.

b) Quantos eixos seriam necessários para explicar 100% da inércia total?

c) Qual é a porcentagem da inércia principal explicada por cada um dos eixos?

d) Qual é a qualidade da representação de cada categoria de região e de faixa etária?

e) Qual é a região que mais explica a inércia dos eixos do mapa? De quanto?

f) Qual é a contribuição dos eixos para cada categoria de faixa etária?

6.6 A Tabela 6.45 mostra a estimativa do número de domicílios por região do Brasil, de acordo com o número de moradores, em 2019.

a) Faça os mapas da análise de correspondência simples de região *versus* número de moradores por domicílio. Interprete os resultados.

[5]Disponível em: `https://online.stat.psu.edu/stat857/node/215/`. Acesso em: 25 out. 2021.

Tabela 6.43: Variáveis disponíveis

Variável	Descrição
Y Status	1=Bom, 0=Mau
X1 Saldo na conta	1=Negativo, 2=<$200, 3≥$200, 4= Sem conta
X2 Duração do crédito	em meses
X3 Histórico de crédito	0=Todos os créditos pagos
	1=Todos os créditos com o banco pagos
	2=Créditos existentes pagos até agora
	3=Atraso no pagamento em créditos passados
	4=Crítico/Possui créditos com outros bancos
X4 Motivo do crédito	0=Carro zero, 1=Carro usado, 2=Móvel,
	3=Rádio/TV, 4=Aparelhos domésticos,
	5=Reparos, 6=Educação, 7=Viagem/Férias,
	8=Cursos, 9=Negócios, 10=Outros
X5 Valor do crédito	em unidades monetárias
X6 Investimentos	1=< $100, 2=$100 |- $500, 3=$500 |- 1000,
	4= $1000 |-, 5= Desconhecido/Não tem
X7 Tempo no emprego	1=Desempregado, 2=0|-1,
atual (em anos)	3= 1|- 4, 4=4|-7, 5=7|-
X8 Taxa de parcelamento	em percentual do rendimento disponível
X9 Sexo e Estado civil	1=M-divorciado/separado
	2=F-divorciada/separada/casada
	3=M-solteiro, 4=M-casado/viúvo, 5=F-solteira
X10 Fiadores/codevedores	1=Nenhum, 2=Codevedor, 3=Fiador
X11 Tempo na residência atual	1 a 4
X12 Ativo mais valioso que possui	1 a 4
X13 Idade (anos)	em anos
X14 Créditos concorrentes	1=Bancos, 2=Lojas, 3=Nenhum
X15 Habitação	1=Alugada, 2=Própria, 3=Cedida
X16 Número de créditos no banco	número
X17 Ocupação	1=Desempregado/não qualificado/não residente
	2=Não qualificado/residente, 3=Qualificado
	5=Gestor/autônomo/altamente qualificado
X18 Responsáveis pela manutenção	número de pessoas
X19 Telefone	1=Não registrado, 2=Registrado
X20 Trabalhador estrangeiro	1=Sim, 2=Não

Tabela 6.44: Tabela de contingência: faixa etária *versus* região

Etária/Região	Norte	Nordeste	Sudeste	Sul	C.Oeste	Total
0 a 4 anos	1.591	4.136	5.593	2.037	1.300	14.657
5 a 13 anos	2.771	7.832	10.028	3.516	2.132	26.279
14 a 17 anos	1.337	3.711	4.717	1.589	954	12.308
18 a 19 anos	642	1.798	2.433	776	491	6.140
20 a 24 anos	1.683	4.830	6.961	2.181	1.349	17.004
25 a 29 anos	1.704	4.695	6.766	2.392	1.401	16.958
30 a 39 anos	2.951	9.099	14.390	4.983	2.730	34.153
40 a 49 anos	2.363	7.848	12.983	4.209	2.359	29.762
50 a 59 anos	1.693	6.046	10.831	3.773	1.816	24.159
60 a 64 anos	613	2.202	4.605	1.560	661	9.641
65 anos ou mais	1.231	5.325	10.304	3.343	1.388	21.591
Total	18.579	57.522	89.611	30.359	16.581	212.652

Fonte: IBGE – Pesquisa Nacional por Amostra de Domicílios Contínua.
Disponível em: *https://www.sidra.ibge.gov.br*. Acesso em: 30 jan. 2023.

b) Quantos eixos seriam necessários para explicar 100% da inércia total?

c) Qual é a porcentagem da inércia principal explicada por cada um dos eixos?

d) Qual é a qualidade da representação de cada categoria de região e de número de moradores?

e) Qual é a região que mais explica a inércia dos eixos do mapa? De quanto?

f) Qual é a contribuição dos eixos para cada categoria de número de moradores?

6.7 A Tabela 6.46 mostra a estimativa do número de habitantes (em milhares) por região do Brasil, de acordo com algumas categorias de cor/raça, em 2021.

a) Faça os mapas da análise de correspondência simples de região *versus* raça. Interprete os resultados.

b) Quantos eixos seriam necessários para explicar 100% da inércia total?

c) Qual é a porcentagem da inércia principal explicada por cada um dos eixos?

Tabela 6.45: Tabela de contingência: número de moradores *versus* região

Moradores/Região	Norte	Nordeste	Sudeste	Sul	C.Oeste	Total
1	627	2.592	4.918	1.680	772	10.589
2	1.105	4.475	8.301	3.089	1.447	18.417
3	1.269	5.015	8.228	2.975	1.409	18.896
4	1.119	3.699	6.067	1.933	1.120	13.938
5	605	1.681	2.144	686	463	5.579
6 ou mais	561	1.054	1.082	305	223	3.225
Total	5.286	18.516	30.740	10.668	5.434	70.644

Fonte: IBGE – Pesquisa Nacional por Amostra de Domicílios Contínua.
Disponível em: *https://www.sidra.ibge.gov.br*. Acesso em: 30 jan. 2023.

d) Qual é a qualidade da representação de cada categoria de região e de raça?

e) Qual é a região que mais explica a inércia dos eixos do mapa? De quanto?

f) Qual é a contribuição dos eixos para cada categoria de raça?

6.8 Construa a tabela justaposta reunindo as tabelas dos exercícios 6.5 e 6.7. Faça a análise de correspondência conjunta e compare com os resultados obtidos nos exercícios anteriores.

6.9 A Tabela 6.47 mostra a estimativa do número de pessoas de 18 anos ou mais de idade que se envolveram em acidentes de trânsito com lesões corporais nos últimos 12 meses e deixaram de realizar quaisquer de suas atividades habituais em decorrência desse acidente (em milhares) por região do Brasil, de acordo com o grau de instrução, em 2013.

a) Faça os mapas da análise de correspondência simples de região *versus* grau de instrução. Interprete os resultados.

b) Quantos eixos seriam necessários para explicar 100% da inércia total?

c) Qual é a porcentagem da inércia principal explicada por cada um dos eixos?

d) Qual é a qualidade da representação de cada categoria de região e de grau de instrução?

Tabela 6.46: Tabela de contingência: região *versus* cor/raça

Região/Raça	Branca	Preta	Parda	Total
Norte	3.279	1.388	13.640	18.307
Nordeste	14.190	6.572	36.323	57.085
Sudeste	45.438	8.580	34.642	88.660
Sul	22.813	1.321	6.041	30.175
Centro-Oeste	5.746	1.437	9.256	16.439
Total	91.466	19.298	99.902	210.666

Fonte: IBGE – Pesquisa Nacional por Amostra de Domicílios Contínua.
Disponível em: *https://www.sidra.ibge.gov.br*. Acesso em: 30 jan. 2023.

Tabela 6.47: Tabela de contingência: grau de instrução *versus* região

Grau de instrução/Região	Norte	Nordeste	Sudeste	Sul	C.Oeste	Total
Fundamental incompleto	125	356	155	53	69	758
Médio incompleto	56	108	124	60	59	407
Superior incompleto	91	240	259	103	79	772
Superior completo	16	55	76	28	18	193
Total	288	759	614	244	225	2.130

Fonte: IBGE – Pesquisa Nacional de Saúde.
Disponível em: *https://www.sidra.ibge.gov.br*. Acesso em: 30 jan. 2023.

e) Qual é a região que mais explica a inércia dos eixos do mapa? De quanto?

f) Qual é a contribuição dos eixos para cada categoria de grau de instrução?

CAPÍTULO 7

ANÁLISE DE CORRELAÇÃO CANÔNICA

A *análise de correlação canônica* (ACC) tem por objetivo quantificar a intensidade da associação linear existente entre dois conjuntos de variáveis. A técnica foi inicialmente proposta por Hotelling (1936).

Várias técnicas estatísticas podem ser estudadas como subprodutos da análise de correlação canônica, entre elas, a análise de regressão linear, análise de variância multivariada (MANOVA) e análise discriminante (Capítulo 9).

Como nos capítulos anteriores, a técnica[1] é inicialmente apresentada por meio de um exemplo, no qual são omitidos aspectos teóricos, apresentados na sequência.

7.1 Exemplo

Exemplo 7.1 *A admissão de alunos de uma instituição de ensino superior é feita com base no desempenho em seis diferentes provas: Lógica (Y_1), Matemática (Y_2), Conhecimentos Gerais (Y_3), Linguagens (Y_4), Língua estrangeira (Y_5) e Redação (Y_6). O desempenho nos testes é medido por notas que variam entre 0 e 10. No primeiro semestre do curso, os alunos cursam cinco disciplinas, sendo avaliados*

[1] Esse tópico é usualmente abordado em livros sobre análise multivariada, como os já citados neste texto. Além desses, destacamos os textos introdutórios de Thompson (1984) e Levine (1977).

por notas numa escala de 0 a 10; a saber: Matemática (W_1), Estatística (W_2), Humanidades (W_3), Economia (W_4) e Computação (W_5). Deseja-se saber em que grau as notas das provas de seleção estão relacionadas ao desempenho nas disciplinas.

A análise de correlação canônica busca avaliar o grau de associação linear existente entre os dois blocos de notas: $\mathbf{y} = (Y_1, Y_2, Y_3, Y_4, Y_5, Y_6)^\top$ e $\mathbf{w} = (W_1, W_2, W_3, W_4, W_5)^\top$. O coeficiente de correlação de Pearson (ou a covariância) é, por excelência, uma medida indicada para avaliar associação linear. A questão é que não se está lidando com um único par de variáveis. Ao observar a matriz de correlações amostrais, $\mathbf{R}$, para $(\mathbf{y}^\top, \mathbf{w}^\top)^\top$, pode-se decompô-la como:

$$\mathbf{R} = \begin{pmatrix} \mathbf{R}_{yy} & \mathbf{R}_{yw} \\ \mathbf{R}_{wy} & \mathbf{R}_{ww} \end{pmatrix},$$

com

$$\mathbf{R}_{yy} = \widehat{\text{Corr}}(\mathbf{y}) = \begin{pmatrix} 1{,}000 & 0{,}346 & -0{,}013 & -0{,}049 & -0{,}092 & 0{,}061 \\ 0{,}346 & 1{,}000 & -0{,}140 & 0{,}060 & -0{,}030 & 0{,}054 \\ -0{,}013 & -0{,}140 & 1{,}000 & -0{,}071 & -0{,}048 & 0{,}015 \\ -0{,}049 & 0{,}060 & -0{,}071 & 1{,}000 & -0{,}088 & 0{,}032 \\ -0{,}092 & -0{,}030 & -0{,}048 & -0{,}088 & 1{,}000 & -0{,}209 \\ 0{,}061 & 0{,}054 & 0{,}015 & 0{,}033 & -0{,}209 & 1{,}000 \end{pmatrix}$$

$$\mathbf{R}_{ww} = \widehat{\text{Corr}}(\mathbf{w}) = \begin{pmatrix} 1{,}000 & 0{,}762 & 0{,}603 & 0{,}738 & 0{,}650 \\ 0{,}762 & 1{,}000 & 0{,}735 & 0{,}798 & 0{,}726 \\ 0{,}603 & 0{,}735 & 1{,}000 & 0{,}712 & 0{,}678 \\ 0{,}738 & 0{,}798 & 0{,}712 & 1{,}000 & 0{,}698 \\ 0{,}650 & 0{,}726 & 0{,}678 & 0{,}698 & 1{,}000 \end{pmatrix}$$

$$\mathbf{R}_{yw} = \widehat{\text{Corr}}(\mathbf{y}, \mathbf{w}) = \begin{pmatrix} 0{,}120 & 0{,}134 & -0{,}001 & 0{,}079 & 0{,}132 \\ 0{,}214 & 0{,}172 & -0{,}052 & 0{,}101 & 0{,}126 \\ -0{,}032 & -0{,}132 & -0{,}078 & -0{,}022 & -0{,}107 \\ 0{,}053 & 0{,}170 & 0{,}178 & 0{,}106 & 0{,}157 \\ -0{,}059 & -0{,}048 & -0{,}117 & -0{,}083 & -0{,}155 \\ -0{,}021 & -0{,}008 & 0{,}046 & -0{,}014 & 0{,}082 \end{pmatrix}$$

A matriz $\mathbf{R}_{yw}$ traz informações sobre a associação linear entre as variáveis dos dois grupos. Nota-se, de um modo geral, correlações bastante baixas. Chama a atenção o fato de as correlações entre a nota na prova de Conhecimentos Gerais (Y_3) (terceira linha da matriz) e as notas nas provas das matérias do primeiro semestre serem todas, apesar de baixas, negativas; o mesmo acontece com a prova de Língua Estrangeira (Y_5).

A análise de correlação canônica busca, para cada conjunto de variáveis, identificar combinações lineares das variáveis originais (variáveis canônicas), de tal sorte que a correlação entre elas seja a maior possível. Desse modo, a correlação entre essas variáveis canônicas pode ser entendida como o grau máximo de associação linear existente entre combinações lineares dos dois conjuntos de variáveis.

Pode-se formalizar o problema da seguinte forma: encontrar os vetores $\hat{\boldsymbol{\alpha}}_1 = (\hat{\alpha}_{11}, \cdots, \hat{\alpha}_{16})^\top$ e $\hat{\boldsymbol{\beta}}_1 = (\hat{\beta}_{11}, \cdots, \hat{\beta}_{15})^\top$, a partir dos quais definem-se $\hat{U}_1 = \hat{\alpha}_{11}Y_1 + \cdots + \hat{\alpha}_{16}Y_6$ e $\hat{V}_1 = \hat{\beta}_{11}W_1 + \cdots \hat{\beta}_{15}W_5$ de modo que $\text{Corr}(\hat{U}_1, \hat{V}_1)$ seja máxima.

Para o exemplo, obteve-se

$$\hat{U}_1 = -0{,}272Y_1 - 0{,}924Y_2 - 0{,}031Y_3 + 0{,}160Y_4 - 0{,}124Y_5 + 0{,}173Y_6$$
$$\hat{V}_1 = 0{,}380W_1 + 0{,}457W_2 - 0{,}801W_3 - 0{,}060W_4 + 0{,}037W_5.$$

Tem-se também que $\text{Corr}(\hat{U}_1,\hat{V}_1) = 0{,}381$, que pode ser interpretada como o grau máximo de associação linear que pode ser capturada por combinações lineares entre os itens avaliados nos testes de admissão e os avaliados nas disciplinas do primeiro semestre. O baixo valor da correlação sugere uma baixa associação linear entre os resultados dos testes de admissão e o desempenho nas disciplinas do primeiro semestre.

Há semelhanças entre a análise de componentes principais e a análise de correlação canônica. Em ambas são criadas combinações lineares das variáveis originais. A diferença fundamental é que em análise de componentes principais deseja-se que a primeira componente resuma ao máximo a variabilidade total dos dados; já o primeiro par de variáveis canônicas tenta refletir ao máximo o grau de associação linear entre os conjuntos de variáveis.

Nem sempre toda a associação linear existente entre os dados é capturada pelo primeiro par de variáveis canônicas. No exemplo, é possível construir até cinco pares de variáveis canônicas (cinco refere-se ao menor número de variáveis presentes nos dois conjuntos de variáveis). Esses pares são construídos de modo a serem não correlacionados entre si e tal que a correlação existente em cada par seja decrescente. A Tabela 7.1 resume esses dados.

Tabela 7.1: Coeficientes das variáveis canônicas do Exemplo 7.1

	$\hat{U}_1$	$\hat{U}_2$	$\hat{U}_3$	$\hat{U}_4$	$\hat{U}_5$
Y_1	-0,272	-0,409	0,038	-0,137	0,861
Y_2	-0,924	0,090	0,248	0,109	-0,427
Y_3	-0,031	0,539	0,385	0,428	0,237
Y_4	0,160	-0,695	-0,320	0,614	0,056
Y_5	-0,124	0,157	-0,773	-0,240	0,131
Y_6	0,173	-0,161	0,298	-0,593	-0,005
	$\hat{V}_1$	$\hat{V}_2$	$\hat{V}_3$	$\hat{V}_4$	$\hat{V}_5$
W_1	0,380	0,403	-0,282	0,034	-0,572
W_2	0,457	-0,671	0,820	-0,089	0,084
W_3	-0,801	-0,148	0,023	0,263	-0,496
W_4	-0,060	0,449	-0,194	0,870	0,626
W_5	0,037	-0,403	-0,459	-0,406	0,165
Correlações Canônicas	0,381	0,324	0,181	0,099	0,038

Para entender o significado de cada variável canônica, analogamente à análise de componentes principais, a interpretação pode ser feita analisando-se as correlações entre as variáveis originais e as canônicas. Essas correlações recebem o nome de cargas canônicas. A Tabela 7.2 traz essa informação.

A variável canônica $\hat{U}_1$ é expressiva e negativamente correlacionada com Y_1 e Y_2, variáveis que indicam as notas obtidas nas provas de matérias quantitativas. Isso sugere que, quanto maior o valor de $\hat{U}_1$, menor tende a ser o desempenho dos alunos nessas duas provas, principalmente. Por sua vez, $\hat{V}_1$ tem uma correlação mais forte e negativa com a nota de Matemática (W_1) e, num grau menor, com a de Estatística (W_2). Isso sugere que a correlação canônica de 0,381 deve-se, em grande parte, à associação existente entre as provas de matérias quantitativas do vestibular e as matérias quantitativas do primeiro semestre.

A análise pode ser repetida para os pares de variáveis restantes. Na Seção 7.5 será apresentado um teste de hipóteses para verificar o número de correlações canônicas significativas.

Tabela 7.2: Cargas canônicas do Exemplo 7.1

	Cargas canônicas				
	$\hat{U}_1$	$\hat{U}_2$	$\hat{U}_3$	$\hat{U}_4$	$\hat{U}_5$
Y_1	-0,511	0,325	0,187	0,127	0,748
Y_2	-0,921	0,171	0,175	-0,004	-0,249
Y_3	0,093	-0,601	0,357	-0,400	0,377
Y_4	0,129	0,687	-0,168	-0,543	-0,055
Y_5	-0,167	-0,303	-0,854	0,222	0,130
Y_6	0,184	0,266	0,460	0,617	-0,018
	$\hat{V}_1$	$\hat{V}_2$	$\hat{V}_3$	$\hat{V}_4$	$\hat{V}_5$
W_1	-0,524	0,260	0,339	-0,567	-0,471
W_2	-0,381	0,697	-0,065	-0,585	-0,152
W_3	0,269	0,605	0,162	-0,633	-0,367
W_4	-0,210	0,353	0,276	-0,863	0,099
W_5	-0,189	0,757	0,562	-0,276	-0,016

Uma alternativa para obter uma interpretação das variáveis é analisar o quadrado das cargas canônicas (Tabela 7.3). Essa medida equivale ao coeficiente de determinação de uma regressão linear simples, na qual a variável canônica faz o papel de regressora. Podemos interpretar a média desses coeficientes como a porcentagem média da variabilidade total das variáveis originais explicada pela variável canônica. Assim, temos que $\hat{U}_1$ explica, em média, 19,9% da variabilidade das variáveis do primeiro conjunto; já $\hat{V}_1$ explica, em média, 11,4% da variabilidade das variáveis do segundo conjunto. Um fato curioso é que as variáveis canônicas não se encontram ordenadas pelo seu poder de explicação da variabilidade total (como acontece em análise de componentes principais). Note, por exemplo, que a explicação média de $\hat{V}_2$ é superior à explicação média de $\hat{V}_1$. Isso não surpreende, uma vez que o objetivo final da técnica é explicar o grau de associação linear existente entre os conjuntos de variáveis e não sua variabilidade.

As cargas canônicas cruzadas, que aparecem na Tabela 7.4, são as correlações entre as variáveis canônicas de um dos conjuntos de variáveis com as variáveis do outro conjunto. Elas são úteis para um melhor entendimento da estrutura de associação que existe nos dados. No exemplo apresentado, espera-se que o desempenho nos testes de admissão influenciem no desempenho nas disciplinas

Tabela 7.3: Cargas canônicas ao quadrado do Exemplo 7.1

	$\hat{U}_1$	$\hat{U}_2$	$\hat{U}_3$	$\hat{U}_4$	$\hat{U}_5$
Y_1	26,1%	10,6%	3,5%	1,6%	55,9%
Y_2	84,8%	2,9%	3,1%	0,0%	6,2%
Y_3	0,9%	36,1%	12,8%	16,0%	14,2%
Y_4	1,7%	47,2%	2,8%	29,4%	0,3%
Y_5	2,8%	9,2%	73,0%	4,9%	1,7%
Y_6	3,4%	7,1%	21,1%	38,1%	0,0%
Média	19,9%	18,8%	19,4%	15,0%	13,1%
	$\hat{V}_1$	$\hat{V}_2$	$\hat{V}_3$	$\hat{V}_4$	$\hat{V}_5$
W_1	27,5%	6,8%	11,5%	32,1%	22,2%
W_2	14,5%	48,6%	0,4%	34,2%	2,3%
W_3	7,2%	36,6%	2,6%	40,1%	13,5%
W_4	4,4%	12,5%	7,6%	74,5%	1,0%
W_5	3,6%	57,3%	31,5%	7,6%	0,0%
Média	11,4%	32,3%	10,7%	37,7%	7,8%

do primeiro semestre do curso. A Tabela 7.4 apresenta baixas correlações entre $\hat{U}_1$ e as notas do primeiro semestre: as duas mais fortes são -0,200 (com Matemática) e -0,145 (com Estatística), o que está de acordo com a definição de $\hat{U}_1$. Baixas correlações também são encontradas ao se analisar as cargas entre $\hat{V}_1$ e $\mathbf{y}$.

A Tabela 7.5 apresenta as cargas canônicas cruzadas ao quadrado. A medida possibilita realizar uma análise semelhante à feita para os dados da Tabela 7.3. Temos que $\hat{U}_1$ explica, em média, 1,7% da variabilidade do segundo conjunto de variáveis e $\hat{V}_1$ explica, em média, 2,9% da variabilidade do primeiro conjunto.

7.2 Obtenção das correlações canônicas populacionais

Admita a existência de dois conjuntos de variáveis: Y_1, ..., Y_p e W_1, ..., W_q. Essas variáveis são reunidas em dois vetores aleatórios $\mathbf{y} = (Y_1, ..., Y_p)^\top$ e $\mathbf{w} = (W_1, ..., W_q)^\top$. Admita ainda que $\text{E}(\mathbf{y}) = \boldsymbol{\mu}_y$, $\text{E}(\mathbf{w}) = \boldsymbol{\mu}_w$, $\text{Cov}(\mathbf{y}) = \boldsymbol{\Sigma}_{yy}$, $\text{Cov}(\mathbf{w}) = \boldsymbol{\Sigma}_{ww}$ e $\text{Cov}(\mathbf{y}, \mathbf{w}) = \boldsymbol{\Sigma}_{yw} = \boldsymbol{\Sigma}_{wy}^\top = \text{Cov}^\top(\mathbf{w},\mathbf{y})$.

Tabela 7.4: Cargas canônicas cruzadas do Exemplo 7.1

	Cargas canônicas				
	$\hat{V}_1$	$\hat{V}_2$	$\hat{V}_3$	$\hat{V}_4$	$\hat{V}_5$
Y_1	-0,194	0,105	0,034	0,013	0,028
Y_2	-0,350	0,055	0,032	0,000	-0,009
Y_3	0,035	-0,195	0,065	-0,040	0,014
Y_4	0,049	0,223	-0,030	-0,054	-0,002
Y_5	-0,064	-0,098	-0,155	0,022	0,005
Y_6	0,070	0,086	0,083	0,061	-0,001
	$\hat{U}_1$	$\hat{U}_2$	$\hat{U}_3$	$\hat{U}_4$	$\hat{U}_5$
W_1	-0,200	0,084	0,061	-0,056	-0,018
W_2	-0,145	0,226	-0,012	-0,058	-0,006
W_3	0,102	0,196	0,029	-0,063	-0,014
W_4	-0,080	0,114	0,050	-0,086	0,004
W_5	-0,072	0,245	0,102	-0,027	-0,001

Defina $U_j = \boldsymbol{\alpha}_j^\top \mathbf{y}$ e $V_j = \boldsymbol{\beta}_j^\top \mathbf{w}$. As componentes de $\boldsymbol{\alpha}_j$ e $\boldsymbol{\beta}_j$ são denominadas *pesos canônicos*. Temos então que $\text{Var}(U_j) = \boldsymbol{\alpha}_j^\top \boldsymbol{\Sigma}_{yy} \boldsymbol{\alpha}_j$, $\text{Var}(V_j) = \boldsymbol{\beta}_j^\top \boldsymbol{\Sigma}_{ww} \boldsymbol{\beta}_j$ e $\text{Cov}(U_j, V_j) = \boldsymbol{\alpha}_j^\top \boldsymbol{\Sigma}_{yw} \boldsymbol{\beta}_j$. Assim

$$\varrho_j = \text{Corr}(U_j, V_j) = \frac{\boldsymbol{\alpha}_j^\top \boldsymbol{\Sigma}_{yw} \boldsymbol{\beta}_j}{\sqrt{\boldsymbol{\alpha}_j^\top \boldsymbol{\Sigma}_{yy} \boldsymbol{\alpha}_j} \sqrt{\boldsymbol{\beta}_j^\top \boldsymbol{\Sigma}_{ww} \boldsymbol{\beta}_j}}. \tag{7.1}$$

A análise de correlação canônica gera $m = min(p,q)$ pares de variáveis canônicas que satisfazem as seguintes propriedades:

i. O primeiro par de variáveis canônicas (U_1, V_1) é obtido a partir dos vetores $\boldsymbol{\alpha}_1$ e $\boldsymbol{\beta}_1$ que maximizam (7.1).

ii. O segundo par de variáveis canônicas (U_2, V_2) é obtido a partir dos vetores $\boldsymbol{\alpha}_2$ e $\boldsymbol{\beta}_2$ que maximizam (7.1), sujeitos às restrições $\text{Cov}(U_1, U_2) = \text{Cov}(U_1, V_2) = \text{Cov}(V_1, U_2) = \text{Cov}(V_1, V_2) = 0$.

iii. O j-ésimo par de variáveis canônicas (U_j, V_j) é obtido a partir dos vetores $\boldsymbol{\alpha}_j$ e $\boldsymbol{\beta}_j$ que maximizam (7.1), sujeitos às restrições $\text{Cov}(U_i, U_j) = \text{Cov}(U_i, V_j) = \text{Cov}(V_i, U_j) = \text{Cov}(V_i, V_j) = 0$, $j > i$.

Tabela 7.5: Quadrado das cargas canônicas cruzadas do Exemplo 7.1

	$\hat{V}_1$	$\hat{V}_2$	$\hat{V}_3$	$\hat{V}_4$	$\hat{V}_5$
Y_1	3,8%	1,1%	0,1%	0,0%	0,1%
Y_2	12,3%	0,3%	0,1%	0,0%	0,0%
Y_3	0,1%	3,8%	0,4%	0,2%	0,0%
Y_4	0,2%	5,0%	0,1%	0,3%	0,0%
Y_5	0,4%	1,0%	2,4%	0,0%	0,0%
Y_6	0,5%	0,7%	0,7%	0,4%	0,0%
Média	2,9%	2,0%	0,6%	0,1%	0,0%
	$\hat{U}_1$	$\hat{U}_2$	$\hat{U}_3$	$\hat{U}_4$	$\hat{U}_5$
W_1	4,0%	0,7%	0,4%	0,3%	0,0%
W_2	2,1%	5,1%	0,0%	0,3%	0,0%
W_3	1,0%	3,8%	0,1%	0,4%	0,0%
W_4	0,6%	1,3%	0,2%	0,7%	0,0%
W_5	0,5%	6,0%	1,0%	0,1%	0,0%
Média	1,7%	3,4%	0,4%	0,4%	0,0%

Demonstra-se que ϱ_j^2, $j = 1, \cdots, m$ são os autovalores de $\boldsymbol{\Sigma}_{yy}^{-1}\boldsymbol{\Sigma}_{yw}\boldsymbol{\Sigma}_{ww}^{-1}\boldsymbol{\Sigma}_{wy}$, que coincidem com os autovalores de $\boldsymbol{\Sigma}_{ww}^{-1}\boldsymbol{\Sigma}_{wy}\boldsymbol{\Sigma}_{yy}^{-1}\boldsymbol{\Sigma}_{yw}$. Além disso, $\boldsymbol{\alpha}_j$ é um autovetor de $\boldsymbol{\Sigma}_{yy}^{-1}\boldsymbol{\Sigma}_{yw}\boldsymbol{\Sigma}_{ww}^{-1}\boldsymbol{\Sigma}_{wy}$ associado ao autovalor ϱ_j^2 e $\boldsymbol{\beta}_j$ é um autovetor de $\boldsymbol{\Sigma}_{ww}^{-1}\boldsymbol{\Sigma}_{wy}\boldsymbol{\Sigma}_{yy}^{-1}\boldsymbol{\Sigma}_{yw}$ associado a ϱ_j^2 (ver Corolário B.2 do Apêndice B).

Pode-se escolher $\boldsymbol{\alpha}_j$ e $\boldsymbol{\beta}_j$ de modo que $\text{Var}(U_j) = \text{Var}(V_j) = 1$; para tanto basta seguir os seguintes passos:

a. Determine $\boldsymbol{\alpha}_j^*$ e $\boldsymbol{\beta}_j^*$ autovetores de $\boldsymbol{\Sigma}_{yy}^{-1}\boldsymbol{\Sigma}_{yw}\boldsymbol{\Sigma}_{ww}^{-1}\boldsymbol{\Sigma}_{wy}$ e de $\boldsymbol{\Sigma}_{ww}^{-1}\boldsymbol{\Sigma}_{wy}\boldsymbol{\Sigma}_{yy}^{-1}\boldsymbol{\Sigma}_{yw}$, respectivamente, associados ao autovalor ϱ_j^2. Então $U_j^* = \boldsymbol{\alpha}_j^*\mathbf{y}$ e $V_j^* = \boldsymbol{\beta}_j^*\mathbf{w}$ são as respectivas variáveis canônicas.

b. Determine $\text{Var}(U_j^*) = \boldsymbol{\alpha}_j^{*\top}\boldsymbol{\Sigma}_{yy}\boldsymbol{\alpha}_j^*$ e $\text{Var}(V_j^*) = \boldsymbol{\beta}_j^{*\top}\boldsymbol{\Sigma}_{ww}\boldsymbol{\beta}_j^*$.

c. Defina $\boldsymbol{\alpha}_j = \dfrac{\boldsymbol{\alpha}_j^*}{\sqrt{\boldsymbol{\alpha}_j^{*\top}\boldsymbol{\Sigma}_{yy}\boldsymbol{\alpha}_j^*}}$ e $\boldsymbol{\beta}_j = \dfrac{\boldsymbol{\beta}_j^*}{\sqrt{\boldsymbol{\beta}_j^{*\top}\boldsymbol{\Sigma}_{ww}\boldsymbol{\beta}_j^*}}$.

Assim, tanto U_j como V_j terão variância unitária. Essa solução traz simplificações em desenvolvimentos teóricos posteriores.

7.3 Cargas canônicas

O simples estabelecimento da correlação canônica não resume todo o potencial da análise. Um passo importante para entender o significado dos valores obtidos é conseguir interpretar cada variável canônica. Para ajudar nessa tarefa, assim como em análise de componentes principais e análise fatorial, podemos calcular as correlações existentes entre as variáveis canônicas e as variáveis originais $\mathbf{y}$ e $\mathbf{w}$.

Seja α_{jk} a componente k de $\boldsymbol{\alpha}_j$, $\rho_{y;ki} = \text{Corr}(Y_i, Y_k)$, $\sigma_{y;ki} = \text{Cov}(Y_i, Y_k)$, $\sigma^2_{y;k} = \text{Var}(Y_k)$. Admita que as variáveis canônicas tenham variância unitária. Temos

$$\text{Cov}(U_j; Y_k) = \text{Cov}\left(\sum_{i=1}^{p} \alpha_{ji} Y_i; Y_k\right) = \sum_{i=1}^{p} \alpha_{ji}\sigma_{y;ki},$$

de onde vem que

$$\text{Corr}(U_j; Y_k) = \frac{\sum_{i=1}^{p} \alpha_{ji}\sigma_{y;ki}}{\sigma_{y;k}}.$$

Desse modo, se $\mathbf{D}_{yy} = \text{diag}(\sigma^2_{y;1}, \cdots, \sigma^2_{y;p})$ então

$$\text{Corr}(\mathbf{y}; U_j) = \mathbf{D}_{yy}^{-1/2} \boldsymbol{\Sigma}_{yy} \boldsymbol{\alpha}_j \tag{7.2}$$

são as cargas canônicas de U_j.

Analogamente, as cargas canônicas de V_j são dadas por

$$\text{Corr}(\mathbf{w}; V_j) = \mathbf{D}_{ww}^{-1/2} \boldsymbol{\Sigma}_{ww} \boldsymbol{\beta}_j, \tag{7.3}$$

sendo $\mathbf{D}_{ww} = \text{diag}(\sigma^2_{w;1}, \cdots, \sigma^2_{w;q})$.

Ao elevar uma carga canônica ao quadrado temos o coeficiente de determinação de uma regressão linear, que tem a variável canônica como regressora. Assim, $\text{Corr}^2(U_j; Y_k)$ pode ser interpretada como a porcentagem da variabilidade total de Y_k explicada por U_j. Desse modo, a porcentagem da variabilidade de $\mathbf{y}$, explicada por U_j, é dada por

$$\%\ \text{explicação da variabilidade de } \mathbf{y} \text{ por } U_j = \frac{\sum_{i=1}^{p} \text{Corr}^2(U_j; Y_i)}{\sum_{i=1}^{p} \sigma^2_{y;i}} \tag{7.4}$$

e a porcentagem da variabilidade de $\mathbf{w}$, explicada por V_j, é dada por

$$\%\ \text{explicação da variabilidade de } \mathbf{w} \text{ por } V_j = \frac{\sum_{i=1}^{q} \text{Corr}^2(V_j; W_i)}{\sum_{i=1}^{q} \sigma^2_{w;j}}. \tag{7.5}$$

7.4 Cargas canônicas cruzadas

As cargas canônicas cruzadas informam o quanto uma variável canônica referente a um conjunto de variáveis explica das variáveis do outro conjunto de dados. Analogamente à seção anterior, são definidas como $\text{Corr}(U_j, W_k)$ e $\text{Corr}(V_j, Y_k)$.

Definindo $\sigma_{yw;ki} = \text{Cov}(Y_k, W_i)$, temos, para variáveis canônicas de variâncias unitárias, que

$$\text{Cov}(U_j; W_k) = \text{Cov}\left(\sum_{i=1}^{m} \alpha_{ji} Y_i; W_k\right) = \sum_{i=1}^{m} \alpha_{ji}\sigma_{yw;ki},$$

então

$$\text{Corr}(U_j; W_k) = \frac{\sum_{i=1}^{m} \alpha_{ji}\sigma_{yw;ki}}{\sigma_{w;k}}.$$

Logo,

$$\text{Corr}(\mathbf{w}; U_j) = \mathbf{D}_{ww}^{-1/2}\boldsymbol{\Sigma}_{wy}\boldsymbol{\alpha}_j. \tag{7.6}$$

Analogamente,

$$\text{Corr}(\mathbf{y}; V_j) = \mathbf{D}_{yy}^{-1/2}\boldsymbol{\Sigma}_{yw}\boldsymbol{\beta}_j. \tag{7.7}$$

Assim como em (7.4) e (7.5), podemos calcular a porcentagem de explicação que as variáveis canônicas de um conjunto de variáveis explica do outro conjunto de variáveis. Assim:

$$\%\text{ explicação da variabilidade de } \mathbf{y} \text{ por } V_j = \frac{\sum_{i=1}^{p} \text{Corr}^2(V_j; Y_i)}{\sum_{i=1}^{p} \sigma_{y;i}^2}$$

e

$$\%\text{ explicação da variabilidade de } \mathbf{w} \text{ por } U_j = \frac{\sum_{i=1}^{q} \text{Corr}^2(U_j; W_k)}{\sum_{i=1}^{q} \sigma_{w;i}^2}.$$

7.5 Teste de Bartlett

Em geral, temos uma amostra de tamanho n, em que $(\mathbf{y}_i^\top, \mathbf{w}_i^\top)^\top$ corresponde à i-ésima realização do vetor aleatório $(\mathbf{y}^\top, \mathbf{w}^\top)^\top$.

A obtenção das variáveis canônicas e respectivas correlações canônicas é feita de modo direto, substituindo-se as matrizes de covariâncias populacionais por amostrais. Sejam $\hat{U}_j = \hat{\boldsymbol{\alpha}}_j^\top \mathbf{y}$ e $\hat{V}_j = \hat{\boldsymbol{\beta}}_j^\top \mathbf{w}$ as variáveis canônicas definidas a partir da amostra e $\hat{\varrho}_j$ a respectiva estimativa da correlação canônica entre $\hat{U}_j$ e $\hat{V}_j$.

Por se tratar de um resultado amostral, torna-se importante a realização de inferências sobre o que acontece na população. O teste de hipóteses proposto por Bartlett (ver Mardia, Kent e Bibby, 1979; e Johnson e Wichern, 2007, por exemplo) foi construído para verificar as seguintes hipóteses para $k = 0, \cdots, m-1$:

$$\begin{aligned} &\mathrm{H}_{0k} : \varrho_{k+1} = \cdots = \varrho_m = 0 \\ &\mathrm{H}_{1k} : \varrho_i \neq 0, \text{ para pelo menos um } i = k+1, \cdots, m. \end{aligned}$$

Se $\mathbf{y}$ e $\mathbf{w}$ seguirem distribuições normais multivariadas, a estatística do teste é dada por

$$Q_k = -\left\{ n - \frac{1}{2}(p + q + 1) \right\} \ln(\Lambda_k),$$

sendo $\Lambda_k = \prod_{i=k+1}^{m}(1 - \varrho_i^2)$; sob a hipótese nula $Q_k \sim \chi^2_{(p-k)(q-k)}$. Valores altos da estatística levam à rejeição da hipótese nula. A estatística Λ_k é conhecida como Lambda de Wilks.

Esse método se origina em um teste que visava verificar a hipótese $\boldsymbol{\Sigma}_{yw} = \mathbf{0}$, que equivale a todas as correlações canônicas serem nulas. Esse teste corresponde a utilizar $k = 0$. A estatística do teste original segue uma distribuição de Wilks e foi aperfeiçoada por Bartlett, que propôs o teste apresentado (detalhes no Capítulo 10 de Mardia, Kent e Bibby, 1979).

Na Tabela 7.6 são apresentados os resultados dos testes para os dados do Exemplo 7.1, assumindo que as variáveis originais sigam uma distribuição normal. A linha correspondente a $k = 0$ indica que pelo menos uma das correlações canônicas difere de zero (*valor-p* $< 0{,}001$). Temos indícios de que a primeira correlação canônica é significante (*valor-p* $< 0{,}001$) e que a segunda é marginalmente significativa (*valor-p* $= 0{,}074$).

7.6 Dados padronizados

As matrizes de covariâncias de dados padronizados são iguais às matrizes de correlações obtidas a partir das variáveis originais. Sejam $\mathbf{z}_y$ e $\mathbf{z}_w$ as variáveis padronizadas obtidas, respectivamente, de $\mathbf{y}$ e $\mathbf{w}$. Defina $\mathrm{Corr}(\mathbf{y}) = \boldsymbol{\rho}_{yy}$, $\mathrm{Corr}(\mathbf{w}) = \boldsymbol{\rho}_{ww}$ e $\mathrm{Corr}(\mathbf{y}, \mathbf{w}) = \boldsymbol{\rho}_{yw} = \boldsymbol{\rho}_{wy}^\top = \mathrm{Corr}^\top(\mathbf{y},\mathbf{w})$. Retomando a Seção 7.2, temos que

Tabela 7.6: Testes de hipóteses aplicados ao Exemplo 7.1

k	H_0	Λ_k	Q_k	g.l.	*valor-p*
0	$\varrho_j = 0;\ \ j = 1, \ldots, 5$	0,732	137,31	30	$< 0{,}001$
1	$\varrho_1 \neq 0$ e $\varrho_\text{j} = 0;\ \ \text{j} = 2, \ldots, 5$	0,856	68,46	20	$< 0{,}001$
2	$\varrho_i \neq 0,\ i = 1{,}2$ e $\varrho_\text{j} = 0;\ \ \text{j} = 3, 4, 5$	0,956	19,67	12	0,074
3	$\varrho_i \neq 0,\ i = 1, \ldots, 3$ e $\varrho_\text{j} = 0;\ \ \text{j} = 4, 5$	0,989	5,01	6	0,543
4	$\varrho_i \neq 0,\ i = 1, \ldots, 4$ e $\varrho_5 = 0;$	0,999	0,63	2	0,730

as correlações canônicas e os coeficientes das variáveis canônicas são obtidos a partir dos autovalores e autovetores de $\boldsymbol{\rho}_{yy}^{-1}\boldsymbol{\rho}_{yw}\boldsymbol{\rho}_{ww}^{-1}\boldsymbol{\rho}_{wy}$, que coincidem com os autovalores de $\boldsymbol{\rho}_{ww}^{-1}\boldsymbol{\rho}_{wy}\boldsymbol{\rho}_{yy}^{-1}\boldsymbol{\rho}_{yw}$.

Considere $\mathbf{D}_{yy}$ e $\mathbf{D}_{ww}$ matrizes diagonais cujas diagonais principais coincidem com as diagonais principais de Σ_{yy} e Σ_{ww}, respectivamente. Podemos escrever

$$\boldsymbol{\Sigma}_{yy} = \mathbf{D}_{yy}^{1/2}\boldsymbol{\rho}_{yy}\mathbf{D}_{yy}^{1/2}, \ \ \boldsymbol{\Sigma}_{ww} = \mathbf{D}_{ww}^{1/2}\boldsymbol{\rho}_{ww}\mathbf{D}_{ww}^{1/2} \text{ e } \boldsymbol{\Sigma}_{yw} = \mathbf{D}_{yy}^{1/2}\boldsymbol{\rho}_{yw}\mathbf{D}_{ww}^{1/2}.$$

Sabemos, do Corolário B.2 do Apêndice B, que

$$\boldsymbol{\Sigma}_{yy}^{-1}\boldsymbol{\Sigma}_{yw}\boldsymbol{\Sigma}_{ww}^{-1}\boldsymbol{\Sigma}_{wy}\boldsymbol{\alpha}_j = \varrho_j^2\boldsymbol{\alpha}_j, \tag{7.8}$$

mas

$$\begin{aligned}\boldsymbol{\Sigma}_{yy}^{-1}\boldsymbol{\Sigma}_{yw}\boldsymbol{\Sigma}_{ww}^{-1}\boldsymbol{\Sigma}_{wy} &= \mathbf{D}_{yy}^{-1/2}\boldsymbol{\rho}_{yy}^{-1}\mathbf{D}_{yy}^{-1/2}\mathbf{D}_{yy}^{1/2}\boldsymbol{\rho}_{yw}\mathbf{D}_{ww}^{1/2}\mathbf{D}_{ww}^{-1/2}\boldsymbol{\rho}_{ww}^{-1}\mathbf{D}_{ww}^{-1/2}\mathbf{D}_{ww}^{1/2}\boldsymbol{\rho}_{wy}\mathbf{D}_{yy}^{1/2}\\ &= \mathbf{D}_{yy}^{-1/2}\boldsymbol{\rho}_{yy}^{-1}\boldsymbol{\rho}_{yw}\boldsymbol{\rho}_{ww}^{-1}\boldsymbol{\rho}_{wy}\mathbf{D}_{yy}^{1/2}.\end{aligned}$$

Retornando a (7.8) vem

$$\begin{aligned}&\mathbf{D}_{yy}^{-1/2}\boldsymbol{\rho}_{yy}^{-1}\boldsymbol{\rho}_{yw}\boldsymbol{\rho}_{ww}^{-1}\boldsymbol{\rho}_{wy}\mathbf{D}_{yy}^{1/2}\boldsymbol{\alpha}_j = \varrho_j^2\boldsymbol{\alpha}_j\\ &\mathbf{D}_{yy}^{1/2}\mathbf{D}_{yy}^{-1/2}\boldsymbol{\rho}_{yy}^{-1}\boldsymbol{\rho}_{yw}\boldsymbol{\rho}_{ww}^{-1}\boldsymbol{\rho}_{wy}\mathbf{D}_{yy}^{1/2}\boldsymbol{\alpha}_j = \varrho_j^2\mathbf{D}_{yy}^{1/2}\boldsymbol{\alpha}_j\\ &\boldsymbol{\rho}_{yy}^{-1}\boldsymbol{\rho}_{yw}\boldsymbol{\rho}_{ww}^{-1}\boldsymbol{\rho}_{wy}\left(\mathbf{D}_{yy}^{1/2}\boldsymbol{\alpha}_j\right) = \varrho_j^2\left(\mathbf{D}_{yy}^{1/2}\boldsymbol{\alpha}_j\right)\\ &\boldsymbol{\rho}_{yy}^{-1}\boldsymbol{\rho}_{yw}\boldsymbol{\rho}_{ww}^{-1}\boldsymbol{\rho}_{wy}\boldsymbol{\alpha}_j^* = \varrho_j^2\boldsymbol{\alpha}_j^*.\end{aligned}$$

Portanto, podemos concluir que as correlações canônicas obtidas a partir de dados padronizados coincidem com as obtidas dos dados originais e, mais ainda, se $U_j^* = \boldsymbol{\alpha}_j^*\mathbf{z}_y$ e $V_j^* = \boldsymbol{\beta}_j^*\mathbf{z}_w$ são as variáveis canônicas obtidas das matrizes de correlação, então $\boldsymbol{\alpha}_j^* = \mathbf{V}_{yy}^{1/2}\boldsymbol{\alpha}_j$ e $\boldsymbol{\beta}_j^* = \mathbf{V}_{ww}^{1/2}\boldsymbol{\beta}_j$.

Tabela 7.7: Pesos canônicos amostrais calculados a partir das matrizes de correlações do Exemplo 7.1

	$\hat{U}_1$	$\hat{U}_2$	$\hat{U}_3$	$\hat{U}_4$	$\hat{U}_5$
Y_1	-0,510	0,156	0,297	0,573	0,401
Y_2	-0,708	-0,230	-0,008	-0,536	-0,275
Y_3	0,046	-0,836	-0,331	0,350	0,137
Y_4	0,025	0,343	-0,024	0,662	-0,562
Y_5	0,209	-0,483	0,805	-0,015	-0,319
Y_6	0,002	-0,244	-0,279	0,041	-0,684
	$\hat{V}_1$	$\hat{V}_2$	$\hat{V}_3$	$\hat{V}_4$	$\hat{V}_5$
W_1	-0,937	0,304	-0,893	-0,740	0,925
W_2	-0,549	0,100	-0,230	1,813	-0,636
W_3	1,116	0,836	-0,560	-0,237	0,197
W_4	-0,031	-0,592	0,052	-1,045	-1,447
W_5	0,097	0,354	1,701	-0,015	0,589

A Tabela 7.7 traz os pesos canônicos obtidos a partir das matrizes de correlações amostrais dos dados do Exemplo 7.1.

Note que ao se trabalhar com variáveis padronizadas, as expressões das cargas canônicas e cargas canônicas padronizadas (7.2), (7.3), (7.6) e (7.7) podem ser reescritas, respectivamente, como

$$\begin{aligned}&\text{Corr}(\mathbf{z}_y; U_j^*) = \boldsymbol{\rho}_{yy}\boldsymbol{\alpha}_j^*, \text{Corr}(\mathbf{z}_w; V_j^*) = \boldsymbol{\rho}_{ww}\boldsymbol{\beta}_j^*,\\ &\text{Corr}(\mathbf{z}_w; U_j^*) = \boldsymbol{\rho}_{wy}\boldsymbol{\alpha}_j^* \text{ e } \text{Corr}(\mathbf{z}_y; V_j^*) = \boldsymbol{\rho}_{yw}\boldsymbol{\beta}_j^*.\end{aligned}$$

7.7 Análise de correlação canônica e regressão linear múltipla

Admita o modelo de regressão linear múltipla

$$y_i = \beta_0 + w_{1i}\beta_1 + \ldots + w_{qi}\beta_q + \epsilon_i,$$

sendo β_j os parâmetros do modelo e ϵ_i os erros, com $\text{E}(\epsilon_i) = 0$, $\text{Var}(\epsilon_i) = \sigma^2$ e $\text{Cov}(\epsilon_i, \epsilon_k) = 0$, para $i \neq k$.

Por simplicidade, considere que as variáveis Y e W_j, $j = 1, \ldots, q$ sejam centradas, ou seja, tenham médias iguais a zero. Nesse caso, $\beta_0 = 0$ e os demais parâmetros não se alteram. Em termos matriciais, o modelo de regressão linear múltipla pode ser escrito como

$$\mathbf{y} = \mathbf{W}\boldsymbol{\beta} + \boldsymbol{\epsilon}, \tag{7.9}$$

sendo $\boldsymbol{\beta}$ o vetor de parâmetros; $\boldsymbol{\epsilon} = [\epsilon_i]$ o vetor de erros. Nesses termos, o estimador de mínimos quadrados de $\boldsymbol{\beta}$ é dado por

$$\hat{\boldsymbol{\beta}} = \left(\mathbf{W}^\top \mathbf{W}\right)^{-1} \mathbf{W}^\top \mathbf{y},$$

com $\mathbf{y} = (Y_1, \ldots, Y_p)^\top$, $\mathbf{w}_j = (W_{1j}, \ldots, W_{qj})^\top$ e $\mathbf{W} = (\mathbf{w}_1, \ldots, \mathbf{w}_n)^\top$. É possível demonstrar que

$$\hat{\boldsymbol{\beta}} = \mathbf{S}_{ww}^{-1} \mathbf{S}_{wy} \tag{7.10}$$

e que o coeficiente de determinação do modelo de regressão linear múltipla pode ser escrito como

$$R^2 = \mathbf{R}_{yw} \mathbf{R}_{ww}^{-1} \mathbf{R}_{wy}, \tag{7.11}$$

sendo $\mathbf{R}_{yw}$, $\mathbf{R}_{ww}$ e $\mathbf{R}_{wy}$ os estimadores usuais de $\boldsymbol{\rho}_{yw}$, $\boldsymbol{\rho}_{ww}$ e $\boldsymbol{\rho}_{wy}$, respectivamente (ver Dillon e Goldstein, 1984, por exemplo).

Na Seção 7.6 vimos que as **correlações** canônicas e as variáveis canônicas podem ser obtidas por meio da decomposição da matriz $\boldsymbol{\rho}_{yy}^{-1} \boldsymbol{\rho}_{yw} \boldsymbol{\rho}_{ww}^{-1} \boldsymbol{\rho}_{wy}$, que na amostra é igual a (7.11), uma vez que, no caso, $\mathbf{y}$ é um vetor e $\boldsymbol{\rho}_{yy} = 1$. Nesse contexto, prova-se que a correlação canônica é igual a $\sqrt{R^2}$ e que os coeficientes das variáveis canônicas são proporcionais às estimativas de mínimos quadrados dos parâmetros do modelo de regressão linear múltipla.

A análise de correlação canônica também tem relação com outras técnicas multivariadas como a análise discriminante e MANOVA[2] (Glahn, 1968; Mardia, Kent e Bibby, 1979, p. 330; e Rencher e Christensen, 2012, cap. 11.6).

7.8 Utilizando o R

```
############################
# Bibliotecas necessárias #
############################
install.packages("readxl") # Wickham e Bryan (2019)
install.packages("CCA")    # González e Déjean (2021)
```

[2] *Multivariate analysis of variance.*

O arquivo *Admissao.xlsx* traz os dados do Exemplo 7.1.

```
#####################
# Leitura dos dados #
#####################
library(readxl)
Admis <- read_excel("Admissao.xlsx")
```

Apresentamos três opções para a geração das correlações e variáveis canônicas: a primeira utilizando os resultados de álgebra linear apresentados no capítulo, a segunda por meio do comando **cancor** e a terceira utilizando a biblioteca **CCA**.

Nas três alternativas, as correlações canônicas encontradas são, exceto por arredondamentos, iguais. O mesmo não acontece com os coeficientes das variáveis canônicas. Apesar de não serem iguais, esses coeficientes são, devido ao uso de diferentes algoritmos, proporcionais, ou seja, os resultados são equivalentes.

A biblioteca **CCA** permite a obtenção das cargas canônicas de modo direto.

7.8.1 Alternativa 1: Álgebra linear

```
###############################################################################
# Geração das matrizes de covariâncias das provas de admissão (covyy), das notas #
# do primeiro semestre (covww) e da matriz de covariâncias cruzada (covyw)     #
###############################################################################
coyy <- cov(cbind(Admis$y1, Admis$y2, Admis$y3, Admis$y4, Admis$y5, Admis$y6))
coww <- cov(cbind(Admis$w1, Admis$w2, Admis$w3, Admis$w4, Admis$w5))
coyw <- cov(cbind(Admis$y1, Admis$y2, Admis$y3, Admis$y4, Admis$y5, Admis$y6),
        cbind(Admis$w1, Admis$w2, Admis$w3, Admis$w4, Admis$w5))

###################################################################
# Geração dos dados da Tabela 7.1                                 #
# Os objetos ALFA e BETA  agregam as seguintes informações:       #
# - Quadrado das correlações canônicas ALFA$values ou BETA$values #
# - Coefientes das variáveis canônicas referentes                 #
#     às notas nos testes de admissão: ALFA$vectors.              #
# - Coeficientes das variáveis canônicas referentes               #
#     às notas de desempenho no primeise semestre do curso.       #
###################################################################
M1 <- solve(coyy) %*% coyw %*% solve(coww) %*% t(coyw)
ALFA <- eigen(solve(coyy) %*% coyw %*% solve(coww) %*% t(coyw))
BETA <- eigen(solve(coww) %*% t(coyw) %*% solve(coyy) %*% (coyw))
BETA$values^(1/2) # Correlações canônicas
```

```
round(ALFA$vectors,5) # Variáveis canônicas U
round(BETA$vectors,5) # Variáveis canônicas V
```

7.8.2 Alternativa 2: Comando cancor

O comando **cancor** gera as correlações canônicas e os coeficientes das variáveis canônicas, conforme o exemplo a seguir.

O objeto **CCAdmis** contém os resultados da aplicação da análise de correlação canônica aos dados do exemplo. Dessa forma temos:

```
##########################################################
# O objeto CCAdmis reúne as seguintes informações:       #
# - Correlações canônicas: CCAdmis$cor.                  #
# - Coeficientes das variáveis canônicas U: CCAdmis$xcoef #
# - Coeficientes das variáveis canônicas V: CCAdmis$ycoef #
##########################################################
CCAdmis <- cancor(cbind(Admis$y1,Admis$y2,Admis$y3,Admis$y4,Admis$y5,Admis$y6),
                  cbind(Admis$w1, Admis$w2, Admis$w3, Admis$w4, Admis$w5))
CCAdmis$cor            # Correlações canônicas
round(CCAdmis$xcoef, 5) # Variáveis canônicas U
round(CCAdmis$ycoef, 5) # Variáveis canônicas V
```

A seguir apresentamos os resultados obtidos. Os dados das matrizes **U** e **V** são diferentes dos apresentados na Tabela 7.1, embora sejam proporcionais a eles.

```
#########################
# Correlações canônicas #
#########################
> CCAdmis$cor
[1] 0.38059718 0.32395653 0.18111177 0.09966058 0.03780799
################################################################
# Coeficientes das variáveis canônicas U, com 5 casas decimais #
################################################################
> round(CCAdmis$xcoef, 5)
[,1]      [,2]     [,3]     [,4]     [,5]     [,6]
[1,]  0.00458 -0.00696 -0.00051  0.00228 -0.01915 -0.00419
[2,]  0.03111  0.00304 -0.00664 -0.00367  0.01901  0.00977
[3,]  0.00070  0.01224 -0.00689 -0.00957 -0.00701  0.01126
[4,] -0.00360 -0.01576  0.00574 -0.01371 -0.00165  0.01133
[5,]  0.00419  0.00534  0.02077  0.00801 -0.00583  0.01252
[6,] -0.00388 -0.00363 -0.00535  0.01317  0.00014  0.01175
```

```
#######################################################################
# Coeficientes das variáveis canônicas U, com 5 casas decimais #
#######################################################################
> round(CCAdmis$ycoef, 5)
[,1]      [,2]      [,3]      [,4]      [,5]
[1,]  0.01849  0.01692 -0.01497 -0.00138  0.03248
[2,]  0.02225 -0.02816  0.04353  0.00355 -0.00477
[3,] -0.03896 -0.00621  0.00121 -0.01052  0.02814
[4,] -0.00291  0.01884 -0.01030 -0.03474 -0.03556
[5,]  0.00181 -0.01691 -0.02435  0.01620 -0.00936
```

7.8.3 Alternativa 3: Biblioteca CCA

```
##############################################################################
#  O objeto Can2, resultado da aplicação do comando cc, agrega os resultados #
#  - Correlações canônicas: Can2$cor.                                        #
#  - Coeficientes das variáveis canônicas U: Can2$xcoef                      #
#  - Coeficientes das variáveis canôncias V: Can2$ycoef                      #
##############################################################################
library(CCA)
Can2<- cc(cbind(Admis$y1, Admis$y2, Admis$y3, Admis$y4, Admis$y5, Admis$y6),
          cbind(Admis$w1, Admis$w2, Admis$w3, Admis$w4, Admis$w5))
Can2$cor              # Correlações canônicas
round(Can2$xcoef,5) # Variáveis canônicas U
round(Can2$ycoef,5) # Variáveis canônicas V
```

```
################################################################################
# O objeto Carga, criado por meio do comando comput, agrega:                   #
# - as cargas canônicas entre as notas dos testes de admissão e U:corr.X.xscores #
# - as cargas canônicas entre as notas de desempenho no primeiro semestre e    #
#   V:corr.Y.yscores                                                           #
# - as cargas cruzadas entre as notas dos testes de admissão e Y:corr.X.yscores #
# - as cargas cruzadas entre as notas de desempenho no primeiro semestre e     #
#   U:corr.Y.xscores                                                           #
################################################################################
Carga <- comput(cbind(Admis$y1, Admis$y2, Admis$y3, Admis$y4, Admis$y5, Admis$y6),
                cbind(Admis$w1, Admis$w2, Admis$w3, Admis$w4, Admis$w5), Can2)
```

Resultados obtidos:

```
#########################
# Correlações canônicas #
#########################
> Can2$cor
[1] 0.38059073 0.32396364 0.18107845 0.09947746 0.03781533

##################################################################
# Coeficientes das variáveis canônicas U, com 3 casas decimais #
##################################################################
> round(Can2$xcoef,3)
       [,1]   [,2]   [,3]   [,4]   [,5]
[1,] -0.193  0.293  0.022  0.097  0.808
[2,] -0.656 -0.064  0.140 -0.077 -0.401
[3,] -0.022 -0.387  0.219 -0.302  0.222
[4,]  0.114  0.499 -0.181 -0.433  0.052
[5,] -0.088 -0.113 -0.438  0.169  0.123
[6,]  0.123  0.115  0.169  0.418 -0.005

##################################################################
# Coeficientes das variáveis canônicas V, com 3 casas decimais #
##################################################################
> round(Can2$ycoef,3)
       [,1]   [,2]   [,3]   [,4]   [,5]
[1,] -0.390 -0.357  0.316 -0.029 -0.685
[2,] -0.470  0.594 -0.918  0.075  0.101
[3,]  0.822  0.131 -0.026 -0.222 -0.594
[4,]  0.061 -0.397  0.218 -0.733  0.750
[5,] -0.038  0.357  0.513  0.342  0.198
```

Cargas canônicas:

```
#######################
# Dados da Tabela 7.2 #
#######################
> round(Carga$corr.X.xscores, 3)
       [,1]   [,2]   [,3]   [,4]   [,5]
[1,] -0.511  0.325  0.187  0.127  0.748
[2,] -0.921  0.171  0.175 -0.004 -0.249
[3,]  0.093 -0.601  0.357 -0.400  0.377
[4,]  0.129  0.687 -0.168 -0.543 -0.055
[5,] -0.167 -0.303 -0.854  0.222  0.130
[6,]  0.184  0.266  0.460  0.617 -0.018
```

```
> round(Carga$corr.Y.yscores, 3)
       [,1]  [,2]   [,3]   [,4]   [,5]
[1,] -0.524 0.260  0.339 -0.567 -0.471
[2,] -0.381 0.697 -0.065 -0.585 -0.152
[3,]  0.269 0.605  0.162 -0.633 -0.367
[4,] -0.210 0.353  0.276 -0.863  0.099
[5,] -0.189 0.757  0.562 -0.276 -0.016

#######################
# Dados da Tabela 7.4 #
#######################
> round(Carga$corr.X.yscores, 3)
       [,1]   [,2]   [,3]   [,4]   [,5]
[1,] -0.194  0.105  0.034  0.013  0.028
[2,] -0.350  0.055  0.032  0.000 -0.009
[3,]  0.035 -0.195  0.065 -0.040  0.014
[4,]  0.049  0.223 -0.030 -0.054 -0.002
[5,] -0.064 -0.098 -0.155  0.022  0.005
[6,]  0.070  0.086  0.083  0.061 -0.001

> round(Carga$corr.Y.xscores, 3)
       [,1]  [,2]   [,3]   [,4]   [,5]
[1,] -0.200 0.084  0.061 -0.056 -0.018
[2,] -0.145 0.226 -0.012 -0.058 -0.006
[3,]  0.102 0.196  0.029 -0.063 -0.014
[4,] -0.080 0.114  0.050 -0.086  0.004
[5,] -0.072 0.245  0.102 -0.027 -0.001
```

7.8.4 Teste de Bartlett

Os comandos a seguir geram os resultados da Tabela 7.6.

```
#########################################################
# Testes de Bartlett  - Tabela 7.6                      #
# RoCan é o objeto que contém as correlações canônicas  #
#########################################################
RoCan<- Can2$cor
Lambda <- matrix(0,5,1)
Qk <- matrix(0,5,1)
Valorp <- matrix(0,5,1)
gl <- matrix(0,5,1)
n <- dim(Admis)[1]
p<-6
q<-5
for (k in 0:4)
```

```
{ Lambda[k+1] <- prod(1-RoCan[(k+1):5]^2)
Qk[k+1] <- -(n-0.5*(p+q+1))*log(Lambda[k+1])
gl[k+1] <- (p-k)*(q-k)
Valorp[k+1] <- 1-pchisq(Qk[k+1], gl[k+1])}
Ind <- seq(0,4)
Tab <- cbind(Ind, round(Lambda,3), round(Qk,2),gl, round(Valorp,4))
colnames(Tab)<- c("k", "Lambda_k", "Q_k", "g.l.", "valor-p")
Tab     # Tabela 7.6
```

7.9 Exercícios

7.1 A matriz (7.12) representa as correlações entre as variáveis Y_1, Y_2, W_1 e W_2.

$$\begin{array}{c} \\ Y_1 \\ Y_2 \\ W_1 \\ W_2 \end{array} \begin{array}{c} \begin{array}{cccc} Y_1 & Y_2 & W_1 & W_2 \end{array} \\ \begin{pmatrix} 1 & \alpha & \rho & \rho \\ \alpha & 1 & \rho & \rho \\ \rho & \rho & 1 & \alpha \\ \rho & \rho & \alpha & 1 \end{pmatrix} \end{array} \tag{7.12}$$

a) Determine a primeira correlação canônica entre (Y_1, Y_2) e (W_1, W_2).

b) Estude o comportamento da correlação canônica em função de α e ρ.

7.2 Retome o Exercício 2.9.

a) Faça uma análise de correlação canônica, considerando os dois conjuntos de variáveis, Conjunto 1: Peso, Ram, Memória, Pixel; Conjunto 2: Hardware, Tela, Câmera e Desempenho.

b) Quantos conjuntos de variáveis canônicas você considera suficientes para entender a correlação entre esses dois grupos de variáveis? Interprete-as.

c) Considerando essa análise, seria possível explicar as notas de avaliação dos aparelhos com base em suas características físicas? Como?

7.3 Retome o enunciado do Exercício 2.11.

a) Faça a análise de correlação canônica entre os grupos de variáveis 1) IDHM, IDHR, IDHL e IDHE *versus* 2) Prevalência, Mortalidade e Letalidade. Comente.

b) Faça a análise de correlação canônica entre os grupos de variáveis 1) HabDom e GrauUrb *versus* 2) Prevalência, Mortalidade e Letalidade. Comente.

c) Seria possível tirar conclusões avaliando as análises feitas nos itens a) e b) conjuntamente? Quais?

CAPÍTULO 8

ANÁLISE DE AGRUPAMENTOS

Análise de agrupamentos (AA) é o nome dado a um conjunto de técnicas utilizadas na identificação de padrões de respostas em um conjunto de dados por meio da formação de grupos homogêneos de casos ou, eventualmente, de variáveis. Essas técnicas têm aplicabilidade em várias áreas do conhecimento. Apresentamos abaixo alguns problemas cuja solução passa pela aplicação de métodos de análise de agrupamentos.[1]

Problema 1: A Pesquisa Emprego-Desemprego do Dieese/Seade é um levantamento amostral realizado na Região Metropolitana de São Paulo. Na sua fase de planejamento, constatou-se que os municípios da Grande São Paulo e os distritos administrativos da capital não eram homogêneos em relação a dados sobre o tipo de ocupação da população residente. Levar em conta a heterogeneidade da população num plano amostral acarreta um aumento na eficiência dos estimadores. Uma maneira de considerar essa heterogeneidade é realizar uma amostra estratificada. Cada estrato seria formado por municípios (ou distritos administrativos, no caso da capital) cujas populações tivessem um perfil ocupacional semelhante. É necessário então saber como definir estratos, quantos estratos existem e quais são os municípios (distritos) de cada estrato (Bussab e Dini, 1985).

Problema 2: Um arqueólogo tem a localização de restos de cerâmica encontrados em um sítio arqueológico. Para conhecer como era a organização espacial da tribo que lá habitava, ele necessita ter uma ideia mais precisa da dispersão dessas peças. Há locais com alta concentração de peças? Quantos? (Tanaka e Matos, 2000).

---

[1] O problema 1 foi extraído do relatório de iniciação científica de Yamamoto (2002).

8.1 Conceitos básicos

Considere a Tabela 8.1, obtida a partir dos dados do Exemplo 1.1, retirando-se a região GSP[2] (Grande São Paulo com exclusão do município de São Paulo). Admita que se deseja identificar regiões que sejam semelhantes em relação à incidência de Homicídios dolosos e Furtos.

Tabela 8.1: Taxa de delitos por 100 mil habitantes por divisão territorial das polícias do estado de São Paulo, em 2002

Código	Região	Homicídio doloso	Furto	Roubo	Roubo e furt de veículo
SR	SJRP	10,85	1.500,80	149,35	108,3
RP	RP	14,13	1.496,07	187,99	116,6
B	Bauru	8,62	1.448,79	130,97	69,9
C	Campinas	23,04	1.277,33	424,87	435,7
S	Sorocaba	16,04	1.204,02	214,36	207,0
SP	SP	43,74	1.190,94	1.139,52	909,2
SC	SJC	25,39	1.292,91	358,39	268,2
ST	Santos	42,86	1.590,66	721,90	275,8
Média		23,08	1.375,19	415,92	298,9
DP		13,69	152,05	351,62	273,3

Fonte: Secretaria de Segurança Pública do Estado de São Paulo

Disponível em: *http://www.ssp.sp.gov.br/estatisticas/criminais/*. Acesso em: 11 fev. 2003.

SJRP: São José do Rio Preto; RP: Ribeirão Preto; SP: São Paulo (capital); SJC: São José dos Camp

Uma vez que consideramos apenas duas variáveis, podemos visualizar os dados em um diagrama de dispersão bidimensional (Figura 8.1). O primeiro passo de uma análise de agrupamentos é definir um critério para a formação dos grupos. Parece ser razoável considerar a proximidade entre os pontos. Pontos próximos representam regiões com perfis semelhantes no que se refere às variáveis do gráfico, ou seja, regiões que podem fazer parte de um mesmo grupo. Uma simples inspeção visual pode sugerir a formação dos seguintes grupos: (Santos), (Bauru, RP, SJRP), (Campinas, SJC) e (Sorocaba, SP), conforme a Figura 8.2.

[2]A estratégia de apresentação desta seção é semelhante à utilizada em Bussab, Miazaki e Andrade (1990) e Yamamoto (2002).

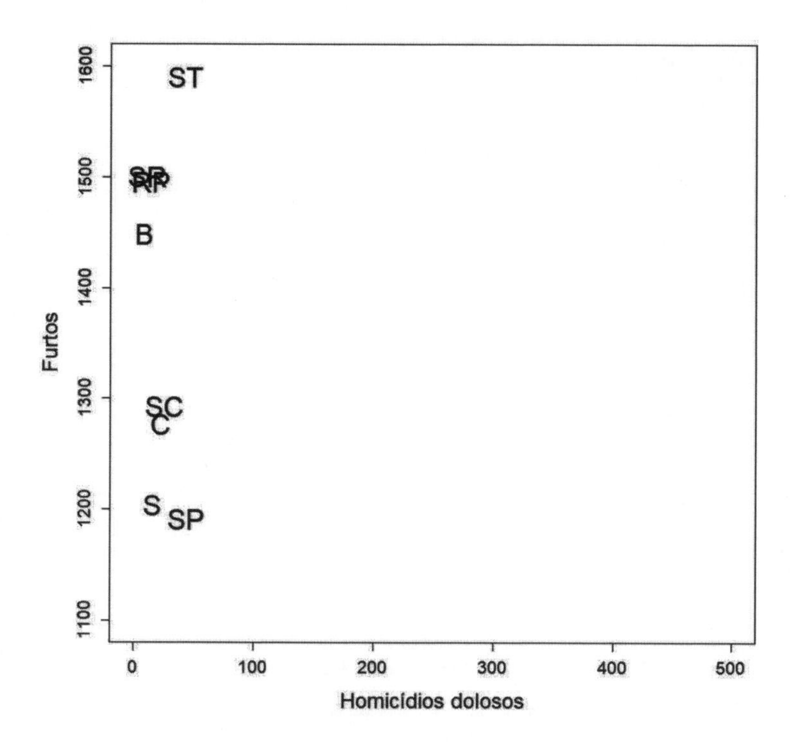

Figura 8.1: Diagrama de dispersão de Furtos em função de Homicídios dolosos

No entanto, as distâncias no sentido vertical são muito maiores do que no sentido horizontal (Figura 8.3), o que reflete o fato de a variabilidade da variável Furtos ser muito maior do que a de Homicídios dolosos (Tabela 8.1). Em termos práticos, a variável Homicídios dolosos contribuiu muito pouco para a definição dos grupos. Logo os agrupamentos foram obtidos dando alta importância à variável Furtos e pouca importância a Homicídios dolosos. E se quisermos dar igual importância às duas variáveis?

Há várias maneiras de lidar com esse problema. Uma das mais populares é o uso de variáveis padronizadas. Os dados padronizados podem ser visualizados na Tabela 8.2 e Figura 8.4. Nota-se agora que as distâncias no sentido vertical e horizontal são da mesma ordem de grandeza (Figura 8.5), o que garante que as duas variáveis estão sendo consideradas com importâncias equivalentes.

A Figura 8.6 sugere a existência de quatro ou cinco grupos. Ao dividir os pontos em quatro grupos, obtemos: (SP), (Santos), (Campinas, SJC, Sorocaba), (Bauru, RP, SJRP). Esses grupos diferem dos identificados na Figura 8.2.

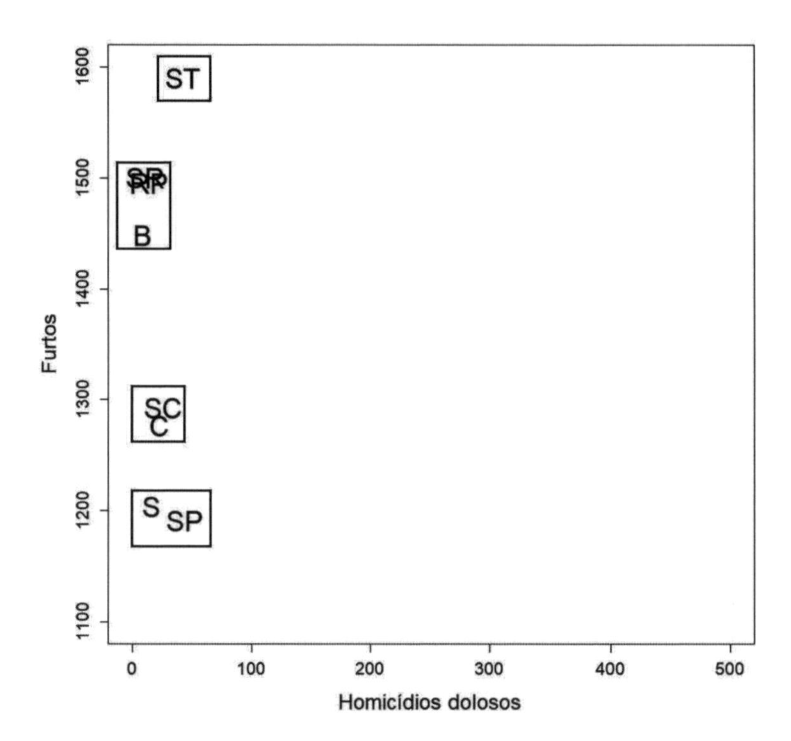

Figura 8.2: Diagrama de dispersão de Furtos em função de Homicídios dolosos

A partir desse exemplo é possível identificar algumas das etapas da aplicação de uma análise de agrupamentos:

1. **Escolha do critério de parecença** – Nessa etapa, define-se se as variáveis devem ou não ser transformadas (por exemplo, padronizadas) e o critério que será utilizado na determinação dos grupos; no exemplo, os grupos foram formados baseados na proximidade entre os pontos (distância euclidiana entre as observações).

2. **Definição do número de grupos** – O número de grupos pode ser definido por meio de algum conhecimento a priori sobre os dados (por exemplo, se os dados referem-se a características de espécimes de insetos e sabe-se que existem três espécies, o pesquisador pode forçar a criação de três grupos), conveniência de análise (ao segmentar um mercado, o analista pode, por simplicidade, estar interessado na construção de apenas dois agrupamentos) ou ainda pode ser definido a posteriori com base nos resultados da análise.

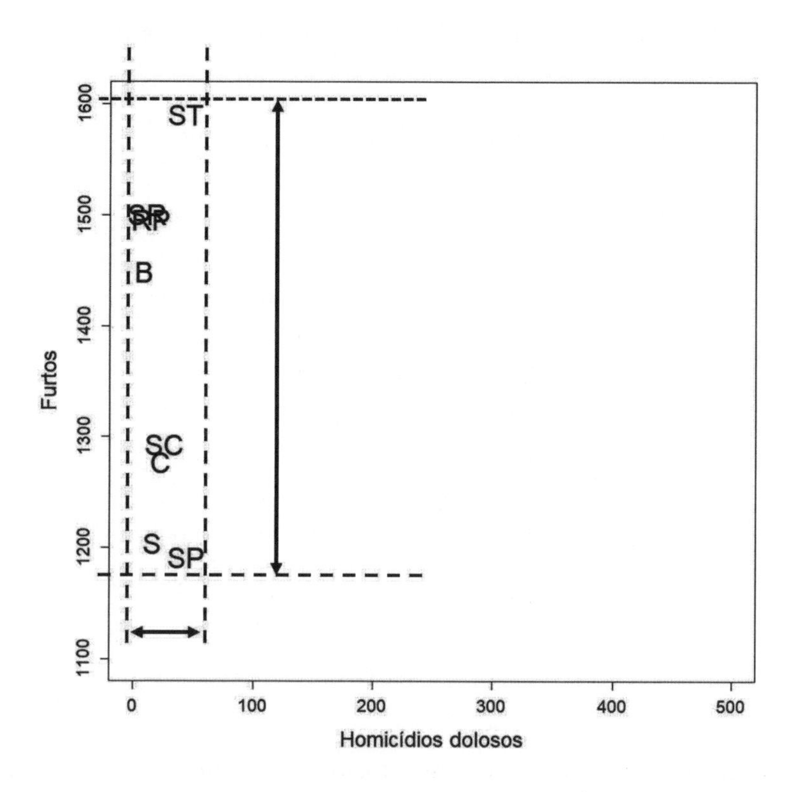

Figura 8.3: Diagrama de dispersão de Furtos em função de Homicídios dolosos

3. **Formação dos grupos** – Define-se o algoritmo que será utilizado na identificação dos grupos.

4. **Validação do agrupamento** – Deve-se garantir que de fato as variáveis tenham comportamentos diferenciados nos diversos grupos. É comum supor que cada grupo seja uma amostra aleatória de alguma subpopulação e aplicar técnicas inferenciais para compará-las.

5. **Interpretação dos grupos** – Em muitas aplicações, ao final do processo de formação de grupos é importante caracterizar os grupos formados. O uso de estatísticas descritivas é recomendado para esta fase da análise.

O exemplo utilizado foi bastante reduzido, permitindo a identificação de grupos a partir de uma simples inspeção visual. O que fazer quando se tem uma grande amostra, ou um número maior de variáveis? Obviamente a visualização dos dados estará prejudicada, dificultando a construção de grupos por meio de

Tabela 8.2: Taxa de delitos por 100 mil habitantes padronizadas

Código	Região	Homicídio doloso	Furto
SR	SJRP	-0,89	0,83
RP	RP	-0,65	0,80
B	Bauru	-1,06	0,48
C	Campinas	0,00	-0,64
S	Sorocaba	-0,51	-1,13
SP	SP	1,51	-1,21
SC	SJC	0,17	-0,54
ST	Santos	1,44	1,42
Média		0,00	0,00
DP		1,00	1,00

Fonte: Secretaria de Segurança Pública – SP.

procedimentos tão ingênuos. É necessário formalizar o problema para a aplicação da técnica a uma maior variedade de situações.

8.2 Notação e medidas de parecença

As medidas de parecença têm um papel central nos algoritmos de análise de agrupamentos. Por meio delas, são definidos critérios para avaliar se dois pontos estão próximos e, portanto, podem fazer parte de um mesmo grupo ou não.

Há dois tipos de medidas de parecença: **medidas de similaridade** (quanto maior o valor, maior a semelhança entre os objetos) e **medidas de dissimilaridade** (quanto maior o valor, mais diferentes são os objetos).

Seja $\mathbf{x}_i = (X_{i1}, \cdots, X_{ip})^\top$ o vetor de observações do indivíduo i, $i = 1, \ldots, n$, no qual X_{ij} representa o valor assumido pela variável X_j para o indivíduo i. Por razões didáticas, dividimos o estudo das medidas de parecença para dados numéricos, dados categorizados e conjuntos de dados com variáveis numéricas e variáveis categorizadas.

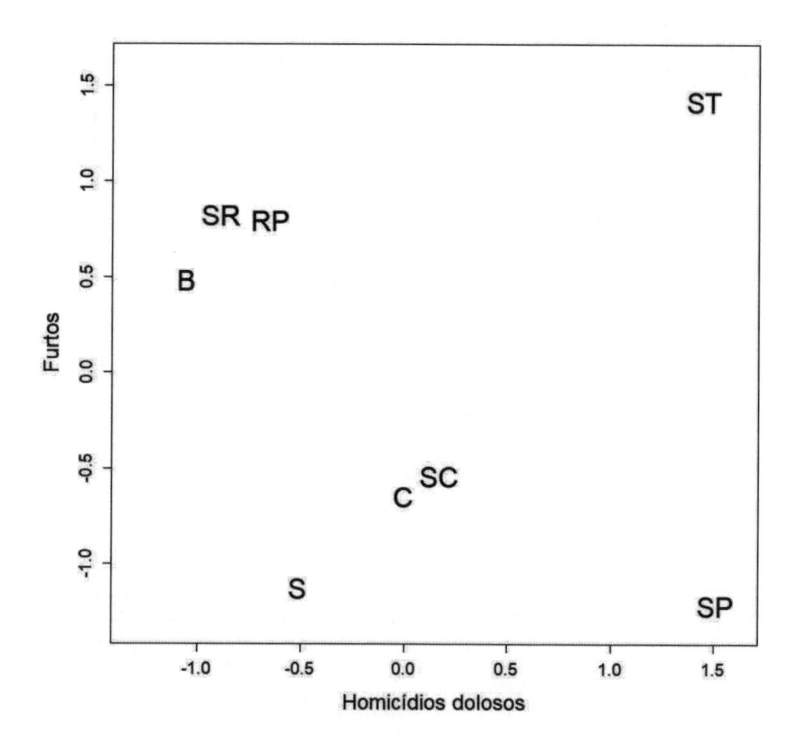

Figura 8.4: Diagrama de dispersão de Furtos em função de Homicídios dolosos – dados padronizados

8.2.1 Dados numéricos

As distâncias são as medidas de dissimilaridade mais utilizadas no estudo de bancos de dados com variáveis quantitativas.

Uma medida d_{ik} representa uma distância entre os pontos $\mathbf{x}_i$ e $\mathbf{x}_k$ se:

a. $d_{ik} \geq 0$ para qualquer escolha de $\mathbf{x}_i$ e $\mathbf{x}_k$.

b. $d_{ik} = 0 \Leftrightarrow \mathbf{x}_i = \mathbf{x}_k$.

c. $d_{ik} = d_{ki}$.

d. $d_{ik} \leq d_{im} + d_{mk}$.

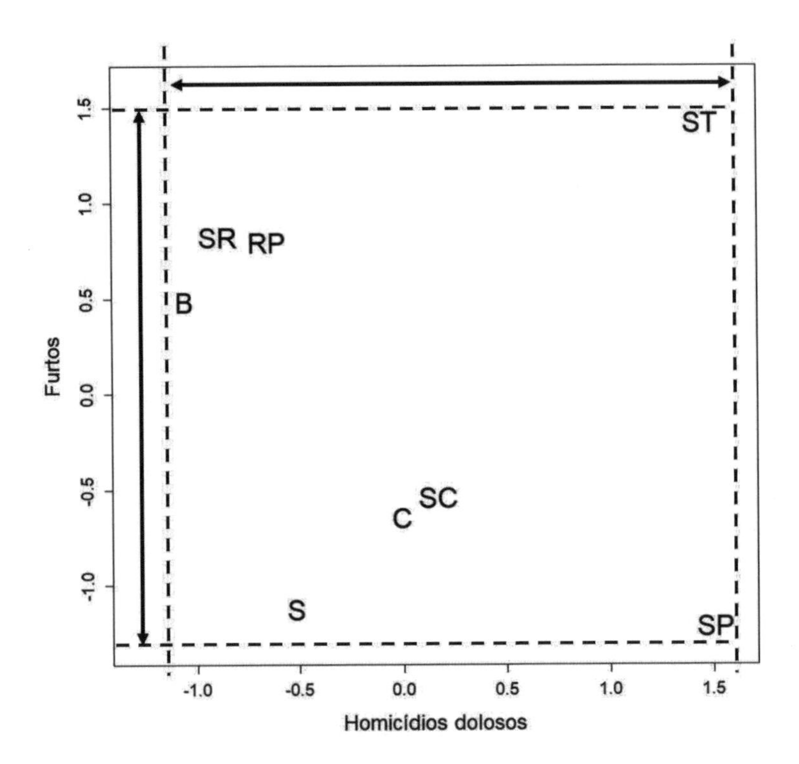

Figura 8.5: Diagrama de dispersão de Furtos em função de Homicídios dolosos – dados padronizados

A distância euclidiana entre os indivíduos i e k é dada por

$$d_{ik} = d_{ik}^{(2)} = \sqrt{(\mathbf{x}_i - \mathbf{x}_k)^\top (\mathbf{x}_i - \mathbf{x}_k)} = \sqrt{\sum_{j=1}^{p} (X_{ij} - X_{kj})^2}. \tag{8.1}$$

Cada observação é representada por um ponto num espaço euclidiano. A fórmula (8.1) nos dá a distância física entre os pontos, conforme ilustrado na Figura 8.7; a distância d_{AB} é obtida a partir da aplicação do teorema de Pitágoras.

A distância Manhattan ou quarteirão (*city block*) é definida por

$$d_{ik}^{(1)} = \sum_{j=1}^{p} \mid X_{ij} - X_{kj} \mid . \tag{8.2}$$

Kaufman e Rousseeuw (1990) comentam sobre a origem desse nome.Imagine uma cidade na qual os quarteirões sejam quadrados de lados com comprimento um, como na Figura 8.8, se quisermos nos mover entre os pontos A e B percorreremos,

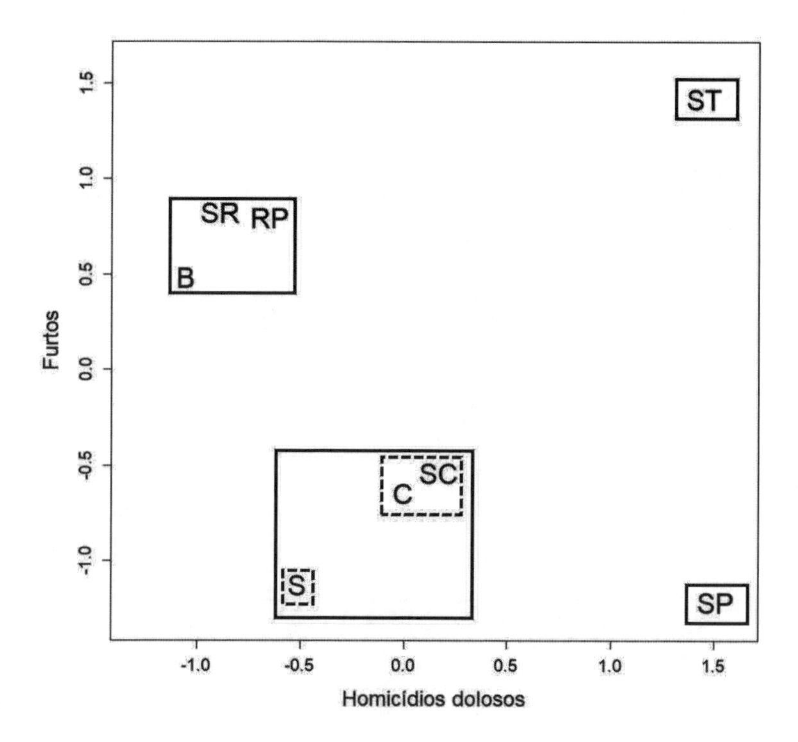

Figura 8.6: Diagrama de dispersão de Furtos em função de Homicídios dolosos – dados padronizados

no mínimo, uma distância 3, uma vez que não podemos cruzar um quarteirão. Esse valor é obtido a partir da expressão (8.2).

Tanto a distância euclidiana como a quarteirão são casos particulares da distância de Minkowsky, definida por

$$d_{ik}^{(m)} = \sqrt[m]{\sum_{j=1}^{p} |X_{ij} - X_{kj}|^m}, \quad m \geq 1.$$

Diferenças de escalas entre as variáveis podem ser consideradas na escolha da distância a ser utilizada na análise. Por exemplo, ao se padronizar as variáveis:

$$Z_{ij} = \frac{X_{ij} - \overline{X}_j}{S_j}, \ i = 1, \ldots, n; j = 1, \ldots, p,$$

em que $\overline{X}_j$ é a média amostral da variável j e S_j, seu desvio padrão amostral.

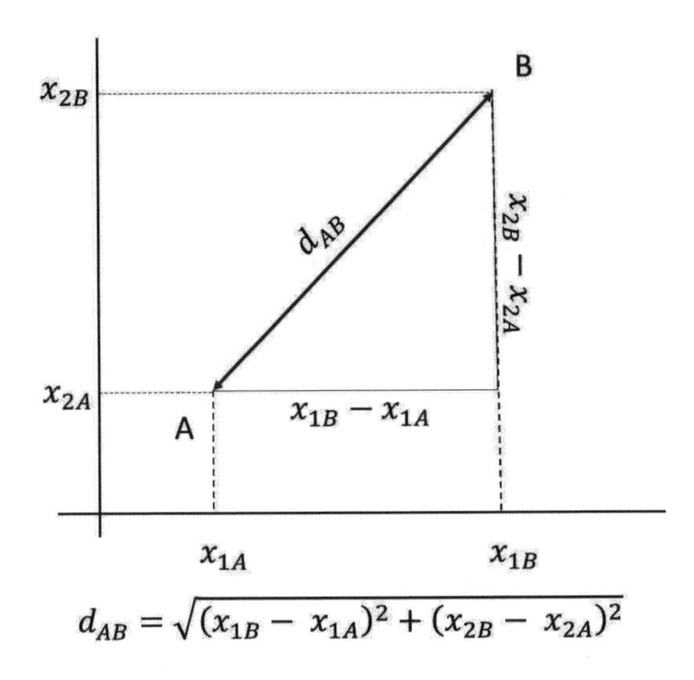

Figura 8.7: Distância euclidiana entre os pontos A e B

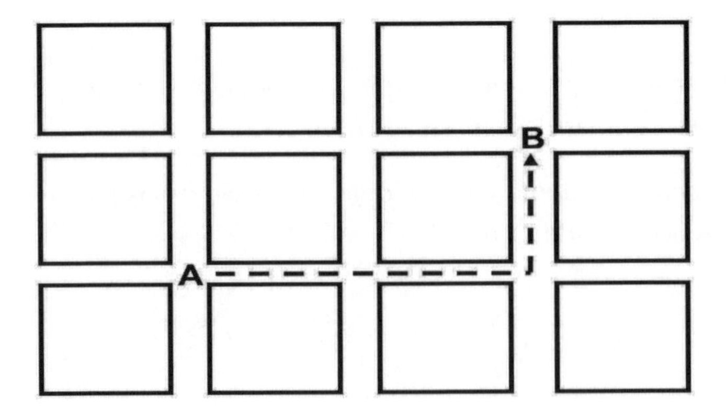

Figura 8.8: Distância quarteirão entre os pontos A e B

Nesse caso, a distância de Minkowski entre as observações dos indivíduos i e k é

$$d_{Pik}^{(m)} = \sqrt[m]{\sum_{j=1}^{p} |Z_{ij} - Z_{kj}|^m} = \sqrt[m]{\sum_{j=1}^{p} \left| \frac{X_{ij} - X_{kj}}{S_j} \right|^m}.$$

Para $m = 2$, temos

$$d_{Pik}^{(2)} = \sqrt{\sum_{j=1}^{p} \left(\frac{X_{ij} - X_{kj}}{S_j} \right)^2} = \sqrt{(\mathbf{x}_i - \mathbf{x}_k)^\top [\text{Diag}(\mathbf{S})]^{-1} (\mathbf{x}_i - \mathbf{x}_k)}, \quad (8.3)$$

denominada distância euclidiana padronizada. Trata-se de um tipo de distância que é invariante a mudanças de escala nas variáveis originais.

Em (8.3), ao utilizar $\mathbf{S}^{-1}$ no lugar de $[\text{Diag}(\mathbf{S})]^{-1}$, obtemos

$$d_{Mik}^{(2)} = \sqrt{(\mathbf{x}_i - \mathbf{x}_k)^\top \mathbf{S}^{-1} (\mathbf{x}_i - \mathbf{x}_k)},$$

a distância de Mahalanobis amostral, apresentada e discutida na Seção 2.4.

Uma alternativa para a mudança de escala das variáveis é utilizar

$$W_{ij} = \frac{X_{ij} - \min(\mathrm{X_j})}{\max(\mathrm{X_j}) - \min(\mathrm{X_j})}, \quad i = 1, \ldots, n; j = 1, \ldots, p,$$

sendo $\min(\mathrm{X_j})$ o valor mínimo assumido pela variável X_j e $\max(\mathrm{X_j})$ o valor máximo. Nesse caso $0 \leq W_{ij} \leq 1$. Utilizando essa transformação, a distância de Minkowsky entre os indivíduos i e k é dada por

$$d_{Gik}^{(m)} = \sqrt[m]{\sum_{j=1}^{p} \left| \frac{X_{ij} - X_{kj}}{\max(\mathrm{X_j}) - \min(\mathrm{X_j})} \right|^m}.$$

Tomando $m = 1$, vem que

$$d_{Gik}^{(1)} = \sum_{j=1}^{p} \left| \frac{X_{ij} - X_{kj}}{\max(\mathrm{X_j}) - \min(\mathrm{X_j})} \right|. \quad (8.4)$$

Nesse caso, $0 \leq d_{ik} \leq p$.

A partir de (8.4) é possível construir o coeficiente de Gower, que é dado por

$$G_{ik} = -\log_{10} \left(1 - \frac{d_{Gik}^{(1)}}{p} \right),$$

que pode assumir qualquer valor positivo.

Várias medidas de parecença foram geradas a partir de estudos na área de ecologia. Considere X_{ij} a quantidade de elementos da espécie j, presentes na comunidade i. Nesse contexto, o coeficiente de Bray-Curtis,[3]

$$\mathrm{BC_{ik}} = \frac{\sum\limits_{j=1}^{p} |\mathrm{X_{ij}} - \mathrm{X_{kj}}|}{\sum\limits_{j=1}^{p} (\mathrm{X_{ij}} + \mathrm{X_{kj}})},$$

é uma medida de dissimilaridade entre as comunidades i e k. O numerador desse coeficiente corresponde à distância quarteirão entre as observações das comunidades i e k. O denominador reflete o total de espécimes presentes nas duas comunidades e tem a função de relativizar a distância obtida no numerador. A Tabela 8.3 traz dados que ajudam a ilustrar esse fato. A distância quarteirão entre as comunidades 1 e 2 é a mesma observada para as comunidades 3 e 4 (50). No entanto, as espécies são mais abundantes no primeiro par de locais, 1210 espécimes contra 90 espécimes no segundo. Levando isso em conta, esse coeficiente sugere que as comunidades 1 e 2 podem ser consideradas mais parecidas entre si do que 3 e 4. Os coeficientes de Bray-Curtis para esses casos são dados por

$$\mathrm{BC_{12}} = \frac{50}{1210} = 0{,}041 \quad \text{e} \quad \mathrm{BC_{34}} = \frac{50}{90} = 0{,}556.$$

Tabela 8.3: Exemplo hipotético da incidência de três espécies em diferentes comunidades biológicas

	Espécies			
Comunidade	1	2	3	Total
1	200	220	180	600
2	180	230	200	610
$\lvert X_{1j} - X_{2j} \rvert$	20	10	20	50
$X_{1j} + X_{2j}$	380	450	380	1210
3	10	5	25	40
4	30	15	5	50
$\lvert X_{3j} - X_{4j} \rvert$	20	10	20	50
$X_{3j} + X_{4j}$	40	20	30	90

[3]Bray e Curtis (1957).

Analogamente, foram definidas outras medidas com propriedades similares, como o coeficiente de Canberra

$$\mathrm{CA_{ik}} = \frac{1}{\mathrm{p}}\sum_{\mathrm{j=1}}^{\mathrm{p}} \mathrm{a_{ik}}, \quad \mathrm{a_{ik}} = \begin{cases} 0 & \text{se } \mathrm{X_{ij} + X_{kj} = 0} \\ \dfrac{|X_{ij} - X_{kj}|}{X_{ij} + X_{kj}} & \text{se } \mathrm{X_{ij} + X_{kj} \neq 0} \end{cases}$$

e o coeficiente de Sokal e Sneath

$$\mathrm{SS_{ik}} = \sqrt{\frac{1}{\mathrm{p}}\sum_{\mathrm{j=1}}^{\mathrm{p}} (\mathrm{a_{ik}})^2}.$$

Para os dados do exemplo, temos

$$\mathrm{CA_{12}} = 0{,}042, \quad \mathrm{CA_{34}} = 0{,}556, \quad \mathrm{SS_{12}} = 0{,}045 \ \text{ e } \ \mathrm{SS_{34}} = 0{,}561.$$

Apesar de no exemplo os dados apresentados serem contagens, os coeficiente de Bray-Curtis, Canberra e Sokal e Sneath podem ser calculados para outros tipos de variáveis não negativas.

Há outras medidas de similaridade ou dissimilaridade além das apresentadas. Na Seção 8.7.2, por exemplo, apresentamos um exemplo no qual se utiliza o coeficiente de correlação como medida de similaridade.

8.2.2 Dados categorizados

Apresentamos, nesta seção, medidas de parecença para variáveis qualitativas. Inicialmente, analisamos separadamente as variáveis nominais e ordinais.

Exemplo 8.1 *A Tabela 8.4 traz informações sobre clientes de um posto de gasolina. As informações referem-se ao veículo que estava sendo abastecido no momento da realização do cadastro e de seu condutor. Ao analisar as variáveis desse cadastro, notamos a presença de variáveis qualitativas nominais (Câmbio e Modelo), ordinais (Classe social e Potência) e quantitativas (Idade e Número de carros).*

O tratamento básico das variáveis qualitativas consiste no uso de variáveis indicadoras (*dummies*) para codificar suas respostas. Desse modo,

$$N_1 = \begin{cases} 1, \text{ se Automático} \\ 0, \text{ se Manual} \end{cases}, \quad N_2 = \begin{cases} 1, \text{ se Esporte} \\ 0, \text{ se Não} \end{cases}, \quad N_3 = \begin{cases} 1, \text{ se Luxo} \\ 0, \text{ se Não} \end{cases},$$

Tabela 8.4: Cadastro de clientes de um posto de gasolina

Cliente	Idade	N. de carros	Classe social	Potência	Câmbio	Modelo
1	20	1	A	Baixa	Automático	Esporte
2	37	3	A	Alta	Automático	Luxo
3	22	2	B	Média	Automático	Esporte
4	26	2	B	Alta	Automático	Esporte
5	45	2	C	Média	Manual	Standard
6	42	1	D	Baixa	Manual	Standard

$$O_1 = \begin{cases} 1, & \text{se Classe A} \\ 0, & \text{se Não} \end{cases}, \quad O_2 = \begin{cases} 1, & \text{se Classe B} \\ 0, & \text{se Não} \end{cases}, \quad O_3 = \begin{cases} 1, & \text{se Classe C} \\ 0, & \text{se Não} \end{cases},$$

$$O_4 = \begin{cases} 1, & \text{se Potência Média} \\ 0, & \text{se Outra potência} \end{cases} \quad \text{e} \quad \text{O}_5 = \begin{cases} 1, & \text{se Potência Alta} \\ 0, & \text{se Outra Potência} \end{cases}$$

A Tabela 8.5 traz os dados codificados segundo as variáveis indicadoras recém definidas.

Tabela 8.5: Codificação das variáveis qualitativas

Cliente	N_1	N_2	N_3	O_1	O_2	O_3	O_4	O_5
1	1	1	0	1	0	0	0	0
2	1	0	1	1	0	0	0	1
3	1	1	0	0	1	0	1	0
4	1	1	0	0	1	0	0	1
5	0	0	0	0	0	1	1	0
6	0	0	0	0	0	0	0	0

Para construção das medidas de parecença, as observações da Tabela 8.5 referentes a dois indivíduos podem ser agregadas conforme mostra a Tabela 8.6.

Tabela 8.6: Comparação entre os indivíduos i e k

	Cliente k		
Cliente i	1	0	Total
1	a	b	$a+b$
0	c	d	$c+d$
Total	$a+c$	$b+d$	m

Dois indivíduos com comportamentos semelhantes terão valores elevados na diagonal principal. Por outro lado, se os comportamentos diferirem muito, os valores mais elevados estarão da diagonal secundária. Baseado nesse raciocínio, são sugeridas as seguintes medidas de similaridade e dissimilaridade, respectivamente,

$$s_{ik} = \frac{a+d}{m} \quad \text{e} \quad \delta_{ik} = \frac{b+c}{m}, \tag{8.5}$$

sendo s_{ik} a proporção de concordâncias entre as variáveis indicadoras, também denominado coeficiente de concordância simples, e δ_{ik} a de discordâncias.

A Tabela 8.7 traz a comparação entre os indivíduos 1 e 2 (ver dados na Tabela 8.5). Das oito combinações, cinco encontram-se na diagonal principal e três na secundária. Para esses indivíduos, $s_{12} = 5/8 = 0{,}625$ e $\delta_{12} = 3/8 = 0{,}375$.

Tabela 8.7: Comparação entre os indivíduos 1 e 2

	Cliente 2		
Cliente 1	1	0	Total
1	2	1	3
0	2	3	5
Total	4	4	8

O quadrado da distância euclidiana entre a primeira e a segunda linha da Tabela 8.5 coincide com o numerador de δ_{12}. A quantidade δ_{ik} corresponde à distância euclidiana ao quadrado média entre os vetores de variáveis indicadoras dos indivíduos i e k.

Considere a variável Modelo, representada pelas coluna N_2 e N_3 da Tabela 8.5. Os indivíduos 4 e 5 possuem carros de modelos diferentes, no entanto, ao considerar N_3, eles têm a mesma resposta. Essa falsa concordância é considerada em (8.5), estando incluída na parcela d. O coeficiente de Jaccard, dado por

$$\mathrm{J}_{ik} = \frac{a}{a+b+c},$$

contorna esse problema. Essa medida só considera pares de observação nos quais em pelo menos um indivíduo há a sinalização de presença de algum atributo.

Ao aplicar o coeficiente de Bray-Curtis às variáveis indicadoras, obtém-se a seguinte medida de dissimilaridade:

$$\mathrm{BC}_{ik} = \frac{b+c}{2a+b+c}.$$

A partir dessa medida, podemos construir o coeficiente de similaridade de Sorensen, dado por

$$\mathrm{CS}_{ik} = \frac{2a}{2a+b+c} = 1 - \mathrm{BC}_{ik}.$$

Em Bussab et al. (1990), Kaufman e Rousseeuw (1990) e Ferreira (2011) são apresentadas outras alternativas para mensurar a parecença entre variáveis qualitativas.

Variáveis ordinais

O procedimento de criação de variáveis indicadoras anteriormente descrito apresenta algumas deficiências no que se refere às variáveis ordinais, uma vez que não leva em conta sua ordinalidade. Considere, por exemplo, o coeficiente de concordância simples; ao comparar um indivíduo da classe social A com um da B temos a indicação de uma similaridade menor do que entre um indivíduo da classe A com D. No entanto, A e B são mais parecidas do que A e D. Uma maneira de contornar esse problema é utilizar a característica ordinal das variáveis na construção das variáveis indicadoras. Considere, por exemplo,

$$O_1^* = \begin{cases} 1, & \text{se Classe A} \\ 0, & \text{se Não} \end{cases}, \quad O_2^* = \begin{cases} 1, & \text{se B ou A} \\ 0, & \text{se Não} \end{cases} \quad \text{e } \mathrm{O}_3^* = \begin{cases} 1, & \text{se C, B ou A} \\ 0, & \text{se Não} \end{cases}$$

e

$$O_4^* = \begin{cases} 1, & \text{se Potência Média} \\ 0, & \text{se Não} \end{cases}, \quad O_5^* = \begin{cases} 1, & \text{se Potência Média ou Alta} \\ 0, & \text{se Não} \end{cases}$$

A Tabela 8.8 mostra os valores das variáveis O_1^*, O_2^*, O_3^*, O_4^* e O_5^* obtidas segundo esse critério. Não levando em conta a ordinalidade da variável, temos que a dissimilaridade entre alguém da classe A e B é 2/3 e entre pessoas das classes A e D é 1/3. Levando-se em conta a ordinalidade, entre A e B temos uma dissimilaridade de 1/3 e entre A e D 3/3, resultado mais razoável do que o anterior.

Tabela 8.8: Codificação das variáveis ordinais

Cliente	Classe social	O_1^*	O_2^*	O_3^*	Potência	O_4^*	O_5^*
1	A	1	1	1	Baixa	0	0
2	A	1	1	1	Alta	0	1
3	B	0	1	1	Média	1	1
4	B	0	1	1	Alta	0	1
5	C	0	0	1	Média	1	1
6	D	0	0	0	Baixa	0	0

8.2.3 Dados categorizados e numéricos

A Tabela 8.4 traz tanto variáveis categorizadas como quantitativas. Nesta seção, discutimos como determinar uma medida de parecença que simultaneamente envolva os dois tipos de variáveis.

Na seção anterior, afirmamos que δ_{ik} era a distância euclidiana ao quadrado média entre os vetores formados com as variáveis indicadoras. Uma solução para a mistura de variáveis encontrada nesses dados seria calcular também a distância euclidiana ao quadrado média utilizando as variáveis quantitativas e ponderar o resultado com a distância obtida utilizando as variáveis indicadoras. O problema é que δ_{ik} está restrita entre zero e um, o que não é comparável com as distâncias baseadas nas variáveis Idade e Número de carros. Uma saída é padronizar as variáveis quantitativas por meio da seguinte fórmula:

$$W = \frac{X - \min(X)}{\max(X) - \min(X)},$$

com $0 \leq W \leq 1$. Para a variável Idade, $W_1 = \dfrac{\text{Idade} - 20}{45 - 20}$ e para Número de carros, $W_2 = \dfrac{\text{N. de Carros} - 1}{3 - 1}$. A Tabela 8.9 traz esses cálculos.

Tabela 8.9: Cadastro de clientes de um posto de gasolina

Cliente	Idade	N. de carros	W_1	W_2
1	20	1	0,00	0,00
2	37	3	0,68	1,00
3	22	2	0,08	0,50
4	26	2	0,24	0,50
5	45	2	1,00	0,50
6	42	1	0,88	0,00
mínimo	20	1	0	0
máximo	45	3	1	1

A distância euclidiana média entre os clientes 1 e 2, com base em W_1 e W_2, é dada por

$$d_{P12}^2 = \frac{(0{,}00 - 0{,}68)^2 + (0{,}00 - 1{,}00)^2}{2} = 0{,}731.$$

A questão que se coloca é como definir uma medida de dissimilaridade que leve em conta δ e d_P^2. Uma possível solução seria construir uma distância ponderada do tipo

$$d_{ik} = w_q \delta_{ik} + w_n d_{Pik}^2,$$

na qual w_q é um peso atribuído às variáveis qualitativas e w_n um peso atribuído às numéricas. Uma sugestão de ponderação seria utilizar o número de variáveis de cada tipo no banco de dados, no caso,

$$d_{ik} = 4\delta_{ik} + 2d_{Pik}^2.$$

Ao ponderar a parte referente às variáveis qualitativas, considerou-se apenas o número de variáveis originais e não o número de variáveis indicadoras. A distância entre os indivíduos 1 e 2 seria dada por $d_{12} = 2{,}962$.

Outra alternativa é calcular distâncias separadamente para as variáveis nominais, ordinais e numéricas para, em seguida, ponderá-las, criando assim uma outra medida agregada de distância.

8.2.4 Outras abordagens

Há outras maneiras de obter medidas de similaridade ou de dissimilaridade, pode-se, por exemplo, apresentar os objetos aos pares e pedir aos entrevistados que avaliem o grau de semelhança ou dissemelhança entre eles pela atribuição de um escore. Desse modo, é possível construir para cada elemento da amostra uma matriz de parecença. Para a amostra como um todo, pode-se utilizar uma matriz de parecença média utilizando os dados de todas as pessoas, ou de pessoas que pertençam a grupos uniformes (por exemplo, residam numa mesma área). Métodos de agrupamento podem ser aplicados a essas matrizes.

8.3 Algoritmos de agrupamentos

Apresentamos duas famílias de algoritmos utilizados na formação dos agrupamentos, os denominados métodos hierárquicos e os métodos de partição.

8.3.1 Métodos hierárquicos aglomerativos

Nesses métodos, os agrupamentos são formados a partir de uma matriz de parecença. Num primeiro passo, a matriz é utilizada para identificar o par de objetos que mais se parece. A partir desse instante esse par é agrupado e será considerado como sendo um único objeto. Isso requer que se defina uma nova matriz de parecença; em seguida identifica-se o par mais semelhante, que formará um novo grupo, e assim sucessivamente até que todos os objetos estejam reunidos num mesmo grupo. A partir da análise do histórico do agrupamento, pode-se inferir a posteriori o número de grupos existentes nos dados.

O que diferencia esses métodos é a regra para a atualização da matriz de parecença a cada união de pares de objetos. Como ilustração, mostramos uma aplicação passo a passo de uma dessas técnicas aos dados de cinco regiões do Exemplo 1.1, conforme a Tabela 8.10. São utilizadas as variáveis padronizadas.

A Tabela 8.11 traz as distâncias euclidianas calculadas entre os pares de regiões. O primeiro passo da análise é identificar os pares mais semelhantes. Observa-se a menor distância entre SJRP e Bauru (0,55). Essas duas regiões passam a fazer parte do primeiro agrupamento e a ser consideradas como uma única até o final do procedimento.

Tabela 8.10: Taxa de delitos por 100 mil habitantes em cinco regiões do estado de São Paulo, em 2002

Região	Dados brutos		Dados padronizados	
	Homicídio doloso	Furto	Homicídio doloso	Furto
SJRP	10,85	1.500,80	-0,66	0,85
RP	14,13	1.496,07	-0,07	0,81
Bauru	8,62	1.448,79	-1,07	0,47
Campinas	23,04	1.277,33	1,53	-0,79
Sorocaba	16,04	1.204,02	0,27	-1,33
Média	14,54	1.385,40	0,00	0,00
DP	5,55	136,16	1,00	1,00

Fonte: Secretaria de Segurança Pública do Estado de São Paulo

Tabela 8.11: Matriz de distâncias

Região	SJRP	RP	Bauru	Campinas	Sorocaba
SJRP	0,00				
RP	0,59	0,00			
Bauru	**0,55**	1,05	0,00		
Campinas	2,74	2,27	2,89	0,00	
Sorocaba	2,37	2,17	2,24	1,37	0,00

O próximo passo é a obtenção de uma nova matriz de distâncias. O problema está em definir a distância entre o grupo (SJRP, Bauru) e as demais regiões. Tome, por exemplo, RP, temos que d[SJRP, RP]= 0,59 e d[Bauru, RP] = 1,05. Como definir d[(SJRP, Bauru), RP]?

É neste ponto que os métodos hierárquicos se diferenciam. Sejam G_1 e G_2 dois grupos de objetos, com g_1 e g_2 objetos, respectivamente. Na sequência apresentamos a definição da distância $d[G_1, G_2]$ segundo alguns métodos hierárquicos de agrupamento.

1. **Método do vizinho mais próximo** (MVP). A distância é a menor distância observada entre um elemento de G_1 e um elemento de G_2, ou seja,

$$d[G_1, G_2] = \min_{i \in G_1 \ k \in G_2} d_{ik},$$

esse método também é conhecido como método da ligação simples.

2. **Método do vizinho mais distante** (MVD). Define-se a distância como a maior distância observada entre um elemento de G_1 e um elemento de G_2, ou seja,

$$d[G_1, G_2] = \max_{i \in G_1 \ k \in G_2} d_{ik},$$

conhecido também como método da ligação completa.

3. **Método das médias das distâncias** (MMD). Nesse caso, calcula-se a média das distâncias entre os elementos de G_1 e os de G_2.

$$d[G_1, G_2] = \sum_{i \in G_1} \sum_{k \in G_2} \frac{d_{ik}}{g_1 g_2}.$$

4. **Método do centroide** (MC). Este método define a coordenada de cada grupo como sendo a coordenada média de seus objetos. Uma vez obtida essa coordenada, denominada centroide, a distância entre os grupos é obtida pelo cálculo das distâncias entre os centroides.

$$d[G_1, G_2] = d\left[\overline{\mathbf{x}}_{G_1}, \overline{\mathbf{x}}_{G_2}\right]; \text{ com } \overline{\mathbf{x}}_{\mathrm{G_j}} = \sum_{\mathrm{i \in G_j}} \frac{\mathbf{x}_{\mathrm{i}}}{\mathrm{g_j}}, \ \mathrm{j} = 1{,}2.$$

5. **Método de Ward** (MW). A alocação de um elemento a um grupo é feita de modo a minimizar uma medida de homogeneidade interna dos grupos após a alocação. O método é descrito adiante.

A seguir construímos os grupos utilizando alguns desses métodos descritos.

Método do vizinho mais distante

Temos $d[\text{SJRP}, \text{RP}] = 0{,}59$ e $d[\text{Bauru}, \text{RP}] = 1{,}05$, aplicando o método do vizinho mais distante chega-se a $d[(\text{SJRP}, \text{Bauru}), \text{RP}] = \max\{0{,}59; 1{,}05\} = 1{,}05$. Procedendo desse modo, encontramos a nova matriz de dissimilaridades reproduzida na Tabela 8.12.

Tabela 8.12: Matriz de distâncias obtida pelo MVD a partir do agrupamento de SJRP e Bauru

Região	SJRP,Bauru	RP	Campinas	Sorocaba
SJRP, Bauru	0,00			
RP	**1,05**	0,00		
Campinas	2,89	2,27	0,00	
Sorocaba	2,37	2,17	1,37	0,00

Analisando a nova matriz, temos que as regiões mais próximas são (SJRP, Bauru) e RP, que passam a fazer parte do mesmo grupo. Redefinida a matriz de distâncias (Tabela 8.13), notamos que a menor distância é 1,37, entre as regiões de Campinas e Sorocaba, doravante agrupadas.

Tabela 8.13: Matriz de distâncias obtida pelo MVD a partir do agrupamento de SJRP, Bauru e RP

Região	SJRP, Bauru, RP	Campinas	Sorocaba
SJRP, Bauru, RP	0,00		
Campinas	2,89	0,00	
Sorocaba	2,37	**1,37**	0,00

Por fim, agrupamos todas as regiões a uma distância de 2,89.

A Tabela 8.14 traz um resumo do procedimento. Ela pode ser utilizada para definir o número de grupos existentes. Ao analisar esse resumo, notamos um grande aumento na distância entre os passos 3 e 4. Isso sugere que a partir do passo 4 começamos a agrupar regiões muito diferentes, ou seja, que deveríamos ter encerrado o algoritmo no passo 3. Somos levados a formar dois grupos (SJRP, Bauru, RP) e (Campinas, Sorocaba). Para facilitar a identificação do número de grupos, podemos construir um gráfico denominado dendrograma (Figura 8.9). Nesse gráfico, dispomos no eixo das abscissas os objetos e no eixo das ordenadas as distâncias em que as uniões se realizaram. A altura das barras coincide com a distância que levou ao agrupamento dos objetos. Ao analisar o gráfico, buscamos observar grandes saltos. Esses saltos indicam a união de objetos heterogêneos.

Tabela 8.14: Resumo do procedimento MVD

Passo	Grupo	Distância
1	SJRP, Bauru	0,55
2	SJRP, Bauru, RP	1,05
3	Campinas, Sorocaba	1,37
4	SJRP, Bauru, RP, Campinas, Sorocaba	2,89

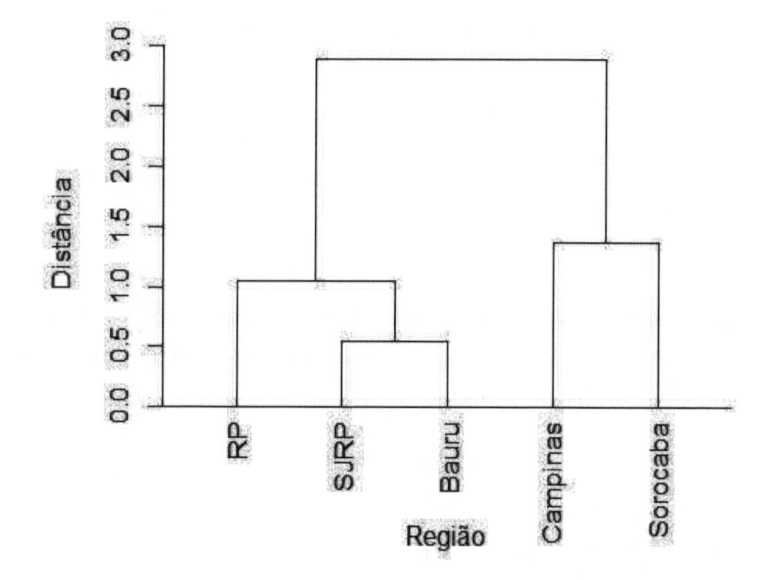

Figura 8.9: Dendrograma construído a partir dos resultados do MVD.

Método do centroide

Assim como no método do vizinho mais distante, a partir da matriz de distâncias (Tabela 8.11), temos que a SJRP e Bauru devem ser unidas no primeiro passo. Em seguida, devemos atualizar a matriz de dados substituindo as coordenadas de SJRP e Bauru por sua média.

A Tabela 8.16 traz a matriz de distâncias obtida a partir da Tabela 8.15. O passo seguinte é unir SJRP, Bauru e RP a uma distância 0,81.

Tabela 8.15: Coordenadas obtidas a partir da união SJRP/Bauru

Região	Homicídio doloso	Furto
SJRP, Bauru	**-0,86**	**0,66**
RP	-0,07	0,81
Campinas	1,53	-0,79
Sorocaba	0,27	-1,33

Tabela 8.16: Matriz de distâncias obtida partir dos dados da Tabela 8.15

Região	SJRP,Bauru	RP	Campinas	Sorocaba
SJRP, Bauru	0,00			
RP	**0,81**	0,00		
Campinas	2,80	2,27	0,00	
Sorocaba	2,29	2,17	1,37	0,00

A Tabela 8.17 apresenta as novas coordenadas obtidas após a junção de SJRP, Bauru e RP. Note que para o cálculo do centroide devemos utilizar as coordenadas originais, apresentadas na Tabela 8.10:

$$\text{Homicídio doloso: } -0{,}60 = \frac{-0{,}66 - 0{,}07 - 1{,}07}{3}.$$

$$\text{Furto: } 0{,}71 = \frac{0{,}85 + 0{,}81 + 0{,}47}{3}.$$

Tabela 8.17: Coordenadas obtidas a partir da união SJRP/Bauru/RP

Região	Homicídio doloso	Furto
SJRP, Bauru, RP	**-0,60**	**0,71**
Campinas	1,53	-0,79
Sorocaba	0,27	-1,33

A matriz de distâncias obtida a partir da Tabela 8.17 é dada na Tabela 8.18. O próximo passo é unir Campinas e Sorocaba a uma distância 1,37.

Tabela 8.18: Matriz de distâncias obtida partir dos dados da Tabela 8.17

Região	SJRP, Bauru, RP	Campinas	Sorocaba
SJRP, Bauru, RP	0,00		
Campinas	2,61	0,00	
Sorocaba	2,22	**1,37**	0,00

A nova matriz de dados está na Tabela 8.19 e a respectiva matriz de distâncias na Tabela 8.20.

Tabela 8.19: Coordenadas obtidas a partir da união SJRP/Bauru/RP e Campinas/Sorocaba

Região	Homicídio doloso	Furto
SJRP, Bauru, RP	-0,60	0,71
Campinas, Sorocaba	**0,90**	**-1,06**

Tabela 8.20: Matriz de distâncias obtida partir dos dados da Tabela 8.19

Região	SJRP, Bauru, RP	Campinas, Sorocaba
SJRP, Bauru, RP	0,00	
Campinas, Sorocaba	2,32	0,00

A Tabela 8.21 resume a aplicação do método do centroide aos dados e a Figura 8.10 ilustra o último passo do algoritmo. Os quadrados representam os centroides dos grupos SJRP/Bauru/RP e Campinas/Sorocaba, respectivamente (-0,60, 0,71) e (0,90, -1,06), e a linha sólida, de comprimento 2,32, representa a distância entre esses dois grupos.

Método de Ward

A cada etapa do método de Ward, busca-se unir objetos que tornem os agrupamentos formados o mais homogêneos possível segundo uma medida de homoge-

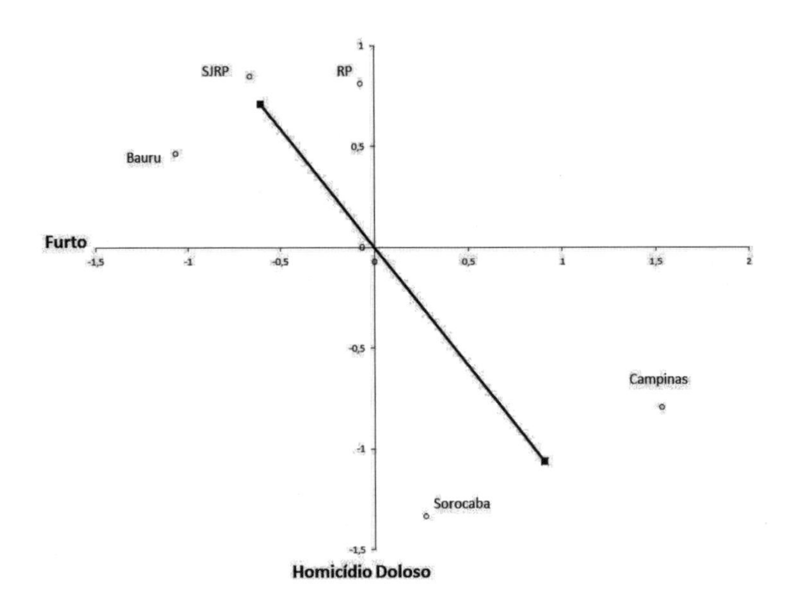

Figura 8.10: Representação gráfica do Passo 4 da aplicação do método do centroide

Tabela 8.21: Resumo da aplicação do método do centroide

Passo	Grupo	Distância
1	SJRP, Bauru	0,55
2	SJRP, Bauru, RP	0,81
3	Campinas, Sorocaba	1,37
4	SJRP, Bauru, RP, Campinas, Sorocaba	2,32

neidade. A medida de homogeneidade utilizada origina-se na partição da soma de quadrados total de uma análise de variância. Como ilustração, considere apenas a primeira variável do vetor de observações (X_1) e admita a formação de k grupos $(G_1, \ldots, G_k)$. Nesse caso a partição da soma de quadrados total será dada por

$$\text{SQT}(1) = \text{SQE}(1) + \text{SQD}(1)$$

$$\sum_{j=1}^{k} \sum_{i \in G_j} \left(X_{i1} - \overline{X}_1\right)^2 = \sum_{j=1}^{k} n_j \left(\overline{X}_{j1} - \overline{X}_1\right)^2 + \sum_{j=1}^{k} \sum_{i \in G_j} \left(X_{i1} - \overline{X}_{j1}\right)^2,$$

sendo $\text{SQT}(1) = \sum_{j=1}^{k} \sum_{i \in G_j} \left(X_{i1} - \overline{X}_1 \right)^2$ a soma de quadrados total da variável X_1, $\text{SQE}(1) = \sum_{j=1}^{k} n_j \left(\overline{X}_{j1} - \overline{X}_1 \right)^2$ a soma de quadrados entre grupos de X_1, $\text{SQD}(1) = \sum_{j=1}^{k} \sum_{i \in G_j} \left(X_{i1} - \overline{X}_{j1} \right)^2$ a soma de quadrados dentro de grupo da variável X_1, G_j o conjunto que indica os elementos do grupo j, n_j o número de elementos do grupo j, $\overline{X}_1$ a média da variável X_1 e $\overline{X}_{j1}$ a média da variável X_1 no grupo j. Nessa partição, SQD(1) mede o grau de homogeneidade interna dos grupos em relação a X_1, enquanto que SQE(1) mede o grau de heterogeneidade entre os grupos. Desse modo, uma boa partição para X_1 seria a que minimizasse SQD(1) e, consequentemente, maximizasse SQE(1). Para considerar todas as variáveis simultaneamente, define-se a soma de quadrados da partição como:

$$\text{SQDP} = \sum_{\ell=1}^{\text{p}} \text{SQD}(\ell). \tag{8.6}$$

O primeiro passo do procedimento consiste na construção de $n - 1$ grupos, sendo n o número total de observações. A Tabela 8.22 traz a soma de quadrados da partição para os possíveis agrupamentos obtidos para os dados do exemplo. O agrupamento 2 é o que apresenta a menor SQDP, o que indica que SJRP e Bauru devem ser unidas.

Tabela 8.22: Primeiro passo do método de Ward

Agrupamento	Grupos	SQD(1)	SQD(2)	SQDP
1	(SJRP,RP), (B), (C), (S)	0,174	0,001	0,175
2	(SJRP,B), (RP), (C), (S)	0,081	0,073	**0,154**
3	(SJRP,C), (RP), (B), (S)	2,410	1,347	3,757
4	(SJRP,S), (RP), (B), (C)	0,437	2,375	2,812
5	(SJRP), (RP,B), (C), (S)	0,492	0,060	0,552
6	(SJRP), (RP,C), (B), (S)	1,287	1,290	2,577
7	(SJRP), (RP,S), (B), (C)	0,059	2,300	2,359
8	(SJRP), (RP), (B,C), (S)	3,372	0,793	4,165
9	(SJRP), (RP), (B,S), (C)	0,893	1,616	2,509
10	(SJRP), (RP), (B), (C,S)	0,795	0,145	0,940

Os próximos passos consistem na formação de $(n - 2)$, $(n - 3)$, ..., 1 grupos, sendo que o critério de seleção é a escolha do agrupamento com menor SQDP em cada passo. Retomando o Exemplo 1.1, a Tabela 8.23 descreve os passos restantes do procedimento. Em negrito, destaca-se a partição com menor SQDP em cada passo.

Tabela 8.23: Demais passos do método de Ward

Passo 2	Grupos	SQD(1)	SQD(2)	SQDP
1	(SJRP,B,RP), (C), (S)	0,498	0,089	**0,587**
2	(SJRP,B,C), (RP), (S)	3,908	1,475	5,383
3	(SJRP,B,S), (RP), (C)	0,940	2,709	3,649
4	(SJRP,B), (RP,C), (S)	1,368	1,363	2,731
5	(SJRP,B), (RP,S), (C)	0,140	2,373	2,513
6	(SJRP,B), (RP), (C,S)	0,875	0,218	1,093
Passo 3	Grupos	SQD(1)	SQD(2)	SQDP
1	(SJRP,B,RP,C), (S)	3,908	1,782	5,690
2	(SJRP,B,RP,S), (C)	1,068	3,213	4,281
3	(SJRP,B,RP), (C,S)	1,292	0,234	**1,527**
Passo 4	Grupos	SQD(1)	SQD(2)	SQDP
1	(SJRP,B,RP,C,S)	4	4	8

A Tabela 8.24 resume a aplicação do método ao exemplo. A escolha do número de grupos é feita de maneira similar à indicada no método do vizinho mais distante. No caso, notamos que no passo 4 temos um salto muito maior do que o observado nos passos anteriores. Isso sugere a escolha de dois grupos: (SJRP, Bauru, RP) e (Campinas, Sorocaba).

Tabela 8.24: Resumo da aplicação do método de Ward

Passo	União	SQDP	$\sqrt{\text{SQDP}}$
1	SJRP, Bauru	0,154	0,392
2	SJRP, Bauru, RP	0,587	0,766
3	Campinas, Sorocaba	1,527	1,236
4	SJRP, Bauru, RP, Campinas, Sorocaba	8,000	2,828

Para a construção do dendrograma (Figura 8.11) optamos por colocar na ordenada a raiz quadrada da SQDP de cada passo. Essa opção garante que a escala de medida da distância seja a mesma das observações originais. Não há, no entanto, a obrigatoriedade de se proceder desse modo.

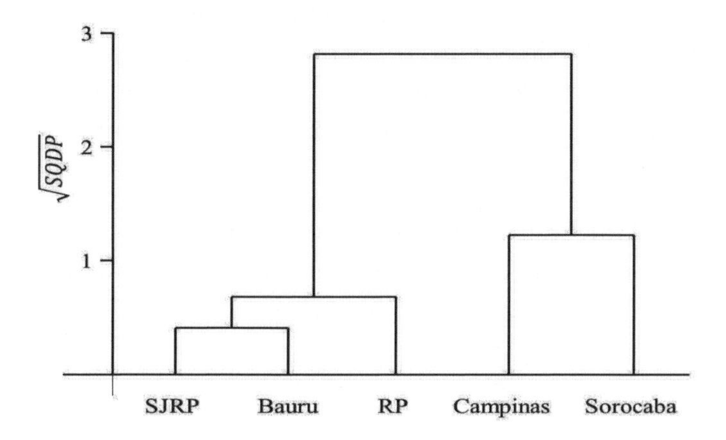

Figura 8.11: Dendrograma construído a partir dos resultados do método de Ward

Comparação dos métodos hierárquicos

O método do vizinho mais distante tende a formar grupos mais homogêneos do que o método do vizinho mais próximo. Isso se deve ao fato de utilizar um critério bastante exigente, uma vez que uma distância pequena entre dois grupos implica na proximidade de todos os elementos desses grupos. A primeira coluna da Figura 8.12 representa a distância entre dois grupos de objetos calculada pelo critério do vizinho mais distante. Para que os dois grupos sejam considerados próximos, é necessário que a linha que os une tenha comprimento pequeno, o que só aconteceria se todos os pontos representados por círculos estivessem próximos aos pontos representados por quadrados. Já a segunda coluna representa a distância obtida pelo método do vizinho mais próximo. Apesar de a distância ser pequena há pontos, nos dois grupos, que diferem muito entre si. O método das médias das distâncias posiciona-se entre os dois.

O método do vizinho mais próximo pode ser utilizado na detecção de pontos suspeitos de serem aberrantes multivariados, uma vez que se espera que um ponto aberrante multivariado do tipo que se caracteriza por estar muito distante dos demais (veja Seção 2.4) tenda a ser agrupado apenas nas últimas etapas do algoritmo. Como exemplo, represente por a um ponto que foi agrupado apenas na última etapa da aplicação do método do vizinho mais próximo. Seja G_k o grupo formado na etapa k do processo hierárquico; como o ponto a só é unido a um grupo na última etapa do processo[4], para qualquer $k < n$, existe pelo menos um ponto b tal que $d(b, G_k) \leq d(a, G_k)$, sendo $d(x,G)$ a distância entre um ponto x e um grupo G. Ocorrendo tais situações, sugere-se a confirmação da condição de ser um valor aberrante multivariado utilizando, por exemplo, as metodologias apresentadas na Seção 2.4.

O método de Ward é atraente por basear-se numa medida com forte apelo estatístico e por gerar grupos que, assim como os do método do vizinho mais distante, possuem uma alta homogeneidade interna.

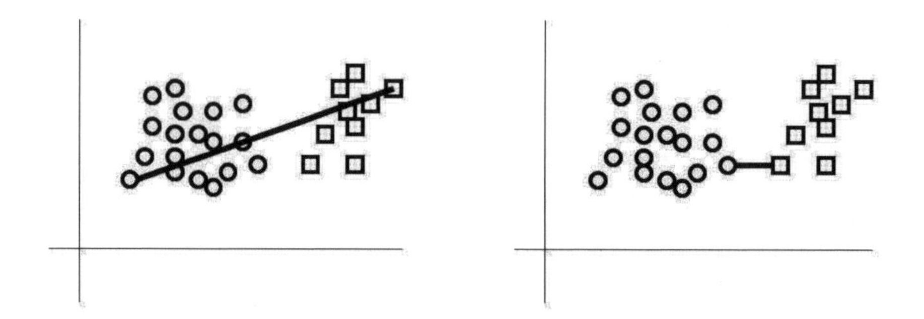

A. Distância entre os grupos pelo método do vizinho mais distante

B. Distância entre os grupos pelo método do vizinho mais próximo

Figura 8.12: Distância entre dois grupos calculadas por MVD e MVP

[4]Lembre que a aplicação do MVP apresentada é constituída por n etapas, sendo n o número de pontos a serem agrupados.

8.3.2 Métodos de partição

Considere a existência de quatro objetos: A, B, C e D. De quantas maneiras podemos formar grupos distintos com esses objetos? Cada uma dessas maneiras recebe o nome de partição. A Tabela 8.25 apresenta todas as partições possíveis desses quatro objetos.

Tabela 8.25: Partições de quatro objetos

Partição	Grupos formados	Número de grupos
1	{A} {B} {C} {D}	4
2	{A,B} {C} {D}	3
3	{A,C} {B} {D}	3
4	{A,D} {B} {C}	3
5	{B, C} {A} {D}	3
6	{B, D} {A} {C}	3
7	{C, D} {A} {B}	3
8	{A,B,C} {D}	2
9	{A,B,D} {C}	2
10	{A,C,D} {B}	2
11	{B,C,D} {A}	2
12	{A,B} {C,D}	2
13	{A,C} {B,D}	2
14	{A,D} {B,C}	2
15	{A,B,C,D}	1

Intuitivamente, podemos realizar uma análise de agrupamentos avaliando todas as possíveis partições e identificando a melhor delas segundo algum critério de qualidade. Tal procedimento sempre levaria à melhor divisão em grupos. Apesar de eficaz, esse processo é extremamente ineficiente, uma vez que o número de partições a serem avalidas é $2^n - 1$, sendo n o número de objetos em consideração. Desse modo, para uma amostra pequena, com apenas 10 objetos, teríamos que avaliar 1023 partições; se a amostra fosse de 40 objetos, o número de partições a serem avaliadas é da ordem de 10^{12}. Do ponto de vista computacional, tal método é de aplicação inviável para amostras não muito grandes.

Os métodos de partição reúnem algoritmos que permitem a identificação de boas partições segundo critérios de qualidade específicos.

Método das k-médias

Para diminuir o espectro das possíveis partições, o método das k-médias exige que se estipule a priori o número de grupos que devem ser gerados.

Critério de qualidade da partição

Denote por $\mathbf{x}_i = (X_{i1}, \ldots, X_{ip})^\top$ o vetor de observações do objeto i.

Os métodos de partição buscam encontrar a partição cujos grupos apresentem alta homogeneidade interna (observações parecidas) e que sejam diferentes entre si. Os critérios de qualidade procuram avaliar essa propriedade.

O critério empregado pelo método das k-médias baseia-se na partição da soma de quadrados total de uma análise de variância, como empregada no método de Ward. O critério de qualidade adotado busca encontrar a partição que minimize a soma de quadrados da partição, como definida em (8.6). Uma partição será considerada ótima se minimizar SQDP.

Algoritmo de formação dos grupos

Para ilustar um algoritmo utilizado no método das k-médias, considere os dados padronizados da Tabela 8.10. Admita que desejamos formar dois grupos.

O algoritmo começa com a formação de uma partição inicial. Uma maneira de obter essa partição é adotar duas observações como pontos de partida, também denominadas *sementes* (por exemplo, as duas primeiras do banco de dados, no caso, SJRP e RP). A partição inicial é obtida a partir das distâncias entre cada observação e as sementes. Desse modo, cada observação pertencerá ao grupo com a semente mais próxima. No exemplo, SJRP gerará a formação inicial do Grupo 1 e RP do Grupo 2. As distâncias euclidianas entre cada ponto e as sementes estão na Tabela 8.26.

Tabela 8.26: Distâncias entre os pontos e as sementes

Região	Distância euclidiana		Grupo mais
	d(ponto, SJRP)	d(ponto, RP)	próximo
Bauru	0,55	1,05	1
Campinas	2,74	2,27	2
Sorocaba	2,37	2,17	2

A análise da Tabela 8.26 sugere a formação dos seguintes grupos:

Grupo 1: SJRP e Bauru,

Grupo 2: RP, Campinas e Sorocaba.

A Tabela 8.27 apresenta um resumo dos grupos formados. A SQDP correspondente é 5,30. Por se tratar de um grupo inicial, é bem possível que existam partições melhores do que essa. A investigação a esse respeito toma por base a distância entre cada observação e os vetores médias dos grupos, denominados de centroides. A Tabela 8.28 traz esses dados.

Tabela 8.27: Análise da partição inicial

	Grupo 1			Grupo 2	
Região	Z_1	Z_2	Região	Z_1	Z_2
SJRP	-0,66	0,85	RP	-0,07	0,81
Bauru	-1,07	0,47	Campinas	1,53	-0,79
			Sorocaba	0,27	-1,33
Média	-0,86	0,66	Média	0,73	0,01
Variância	0,08	0,07	Variância	1,29	1,29
n	2	2	n	3	3
SQD(j)	0,08	0,07	SQD(j)	2,57	2,58
	0,15			5,15	

Tabela 8.28: Distâncias entre os pontos e os centroides

Região	Distância euclidiana até o centroide G_1	G_2	Grupo	Grupo mais próximo
SJRP	0,28	1,63	1	1
RP	0,81	1,14	2	1
Bauru	0,28	1,85	1	1
Campinas	2,80	1,14	2	2
Sorocaba	2,29	1,42	2	2

Notamos que RP está mais próxima do centroide do Grupo 1 do que do centroide de seu próprio grupo (Tabela 8.28), o que sugere que ela está em grupo errado. A Tabela 8.29 resume o que acontece ao mudar RP de grupo.

Tabela 8.29: Análise da segunda partição

	Grupo 1			Grupo 2	
Região	Z_1	Z_2	Região	Z_1	Z_2
SJRP	-0,66	0,85	Campinas	1,53	-0,79
Bauru	-1,07	0,47	Sorocaba	0,27	-1,33
RP	-0,07	0,81			
Média	-0,60	0,71	Média	0,90	-1,06
Variância	0,25	0,04	Variância	0,79	0,14
n	3	3	n	2	2
SQD(j)	0,50	0,09	SQD(j)	0,79	0,14
	0,59			0,94	

Ao mudar RP do Grupo 2 para o Grupo 1, há uma forte redução na SQDP (de 5,30 para 1,53), indício de que a nova partição é melhor do que a anterior.

O próximo passo da análise é procurar identificar novas mudanças que possam levar a uma melhora na partição. Para tanto, calculamos a distância entre cada observação e os centroides dos dois grupos. A análise desses dados, Tabela 8.30, não sugere nenhuma alteração adicional.

Tabela 8.30: Distâncias entre os pontos e os centroides da segunda partição

Região	Distância euclidiana até o centroide		Grupo	Grupo mais próximo
	G_1	G_2		
SJRP	0,15	2,47	1	1
RP	0,54	2,11	1	1
Bauru	0,52	2,49	1	1
Campinas	2,61	0,69	2	2
Sorocaba	2,22	0,69	2	2

A escolha do número de grupos

Uma restrição na aplicação do método das k-médias é a necessidade de se definir a priori o número de grupos a serem formados, informação nem sempre disponível em situações reais.

Para identificação do número de grupos a serem formados, é necessária a utilização do algoritmo para a obtenção de partições com diferentes números de grupos. Em seguida, sugere-se analisar o comportamento da SQDP conforme se aumenta o número de partições.

Método das k-medoides

O método das k-medoides[5] é um método de partição baseado numa matriz de distância entre objetos. A medoide de um grupo é definida como as coordenadas do objeto que possui a menor distância euclidiana média em relação aos demais membros do grupo. O critério de qualidade utilizado no método consiste na minimização da soma das distâncias entre as observações e as respectivas medoides.

Sendo k o número de grupos a serem formados, o algoritmo busca identificar k pontos que sejam representativos dos grupos (medoides). Desse modo, busca-se

[5]Kaufman e Rousseeuw (1990) apresentam uma boa descrição do método.

a partição e respectivas medoides que minimizem a quantidade

$$C = \sum_{i=1}^{k} \sum_{j \in C_i} d[m_i, j],$$

na qual C_i é o conjunto de objetos alocados no grupo i, $d[m_i,j]$ representa a distância entre a medoide do grupo i (m_i) e a observação j. Uma vez identificados esses pontos, aloca-se cada objeto ao grupo de medoide mais próxima.

Apresentamos o algoritmo descrito na Seção 2.1 de Chu et al. (2002). Ilustramos o algoritmo utilizando os dados da Tabela 8.11.

Admita que desejamos formar dois grupos. O primeiro passo consiste num chute inicial para as duas medoides. Admita a escolha de Campinas e Bauru. A Tabela 8.31 traz as distâncias entre cada observação e as medoides, a distância mínima e a alocação de cada observação ao grupo definido pelas medoides.

Tabela 8.31: Distâncias entre cada observação e as medoides iniciais

	Medoide		Distância	Grupo
Região	Campinas	Bauru	mínima	alocado
SJRP	2,74	0,55	0,55	2
RP	2,27	1,05	1,05	2
Bauru	2,89	0,00	0,00	2
Campinas	0,00	2,89	0,00	1
Sorocaba	1,37	2,24	1,37	1
		C	2,97	

Por se tratar de uma escolha inicial, é possível que existam agrupamentos melhores do que o apresentado. Para verificar isso, sugere-se avaliar a escolha de cada medoide separadamente. Inicialmente, mantemos Campinas como medoide e substituímos Bauru pelas outras regiões. A cada substituição, determinamos C. Caso encontremos algum valor menor do que 2,97, devemos substituir Bauru pela região que acarretar o menor C. A Tabela 8.32 ilustra esse processo.

Analisando os dados da Tabela 8.32, vemos que a escolha de SJRP como medoide minimiza C. No próximo passo, mantemos SJRP como medoide e substituímos Campinas (Tabela 8.33).

Observando a Tabela 8.33 não identificamos nenhuma melhora em relação às medoides anteriores. Na verdade o valor de C para as medoides SJRP e Sorocaba é o mesmo observado para Campinas e SJRP. O que nos faculta escolher qualquer um desses pares como medoides. Note que, neste caso, os grupos formados a partir das duas escolhas são exatamente iguais.

Tabela 8.32: Substituição da primeira medoide

	Medoide		Distância	Grupo
Região	Campinas	SJRP	mínima	alocado
SJRP	2,74	0,00	0,00	2
RP	2,27	0,59	0,59	2
Bauru	2,89	0,55	0,55	2
Campinas	0,00	2,74	0,00	1
Sorocaba	1,37	2,37	1,37	1
		C	2,51	
Região	Campinas	RP		
SJRP	2,74	0,59	0,59	2
RP	2,27	0,00	0,00	2
Bauru	2,89	1,05	1,05	2
Campinas	0,00	2,27	0,00	1
Sorocaba	1,37	2,17	1,37	1
		C	3,01	
Região	Campinas	Sorocaba		
SJRP	2,74	2,37	2,37	2
RP	2,27	2,17	2,17	2
Bauru	2,89	2,24	2,24	2
Campinas	0,00	1,37	0,00	1
Sorocaba	1,37	0,00	0,00	2
		C	6,78	

8.4 Comparação dos métodos

A cada passo do método das k-médias e das k-medoides, verifica-se se os objetos estão alocados da melhor maneira possível; se não estiverem, eles podem ser rea-

Tabela 8.33: Substituição de Campinas como medoide

Região	Medoide		Distância mínima	Grupo alocado
	SJRP	Bauru		
SJRP	0,00	0,55	0,00	1
RP	0,59	1,05	0,59	1
Bauru	0,55	0,00	0,00	2
Campinas	2,74	2,89	2,74	1
Sorocaba	2,37	2,24	2,24	2
		C	5,57	
Região	SJRP	RP		
SJRP	0,00	0,59	0,00	1
RP	0,59	0,00	0,00	2
Bauru	0,55	1,05	0,55	1
Campinas	2,74	2,27	2,27	2
Sorocaba	2,37	2,17	2,17	2
		C	4,99	
Região	SJRP	Sorocaba		
SJRP	0,00	2,37	0,00	1
RP	0,59	2,17	0,59	1
Bauru	0,55	2,24	0,55	1
Campinas	2,74	1,37	1,37	2
Sorocaba	2,37	0,00	0,00	2
		C	2,51	

locados. Essa é sua principal vantagem, que não é compartilhada pelos métodos hierárquicos. Nos métodos hierárquicos, uma vez que dois objetos são agrupados, eles passam a pertencer ao mesmo grupo até o final do procedimento. Não se leva em conta que a introdução de novos elementos aos grupos pode fazer com que um ponto acabe ficando mais próximo a um agrupamento vizinho.

Os métodos hierárquicos, por sua vez, não requerem que se conheça a priori o número de grupos a serem formados. Essa vantagem sugere a utilização de um método hierárquico de agrupamento para determinação de um número inicial de grupos, para a posterior utilização do método das k-médias (ou k-medoides). Nesse caso, recomenda-se que a adoção dos métodos do vizinho mais distante ou de Ward, uma vez que esses tendem a formar grupos mais homogêneos internamente. O método de Ward tem a vantagem adicional de utilizar como critério de agrupamento a mesma medida que é utilizada pelo método das k-médias.

O método das k-médias é mais sensível à presença de valores aberrantes, fazendo com que sua prévia identificação seja necessária.

A aplicação de métodos hierárquicos a grandes massas de dados pode ser proibitiva, tanto em termos computacionais como, muitas vezes, na análise dos resultados obtidos. Nessas circunstâncias os métodos de partição, em particular o k-médias, parecem ser mais indicados.

Uma recomendação que deve ser seguida por aplicadores das técnicas de agrupamento é a utilização de mais de um método sobre um mesmo conjunto de dados. Posteriormente, por meio da comparação dos grupos formados, pode-se adotar a solução que se apresentar mais consistente com a teoria.

8.4.1 Outros métodos

O conteúdo apresentado não constitui a totalidade de métodos utilizados para formação de grupos. Optamos por apresentar métodos que são bastante utilizados e que trazem um forte apelo descritivo.

Não foram abordados, por exemplo, métodos que se baseiam em densidades e mistura de distribuições; tais métodos podem ser encontrados em Jain e Dubes (1992), Everitt et al. (2011); Hennig et al. (2015); Wierzchoń e Kłopotek (2018); e Bouveyron et al. (2019), por exemplo.

Tópicos como análise de agrupamentos para dados funcionais e dados espaciais são abordados, por exemplo, em Hennig et al. (2015) e Bouveyron et al. (2019).

O tema análise de agrupamentos também é tratado em livros voltados à análise de grandes conjuntos de dados, como Hastie, Tibshirani e Friedman (2009), Izbicki e Santos (2020), James et al. (2021) e Morettin e Singer (2022).

8.5 Validação e interpretação

Validar o agrupamento significa certificar-se de que os grupos realmente diferem. Nesta etapa da análise, podem ser empregados vários testes estatísticos desde univariados para comparação de médias até testes multivariados, por exemplo, a MANOVA (ver Johnson e Wichern, 2007, por exemplo), no qual se busca verificar se há diferença estatisticamente significante entre os vetores médias dos grupos. A análise discriminante é uma outra técnica multivariada que pode ser utilizada na validação dos agrupamentos (ver Capítulo 9).

8.5.1 Correlação cofenética

A correlação cofenética é uma medida de validação utilizada principalmente nos métodos de agrupamentos hierárquicos. A ideia básica é realizar uma comparação entre as distâncias efetivamente observadas entre os objetos e distâncias previstas a partir do processo de agrupamento.

Para ilustrar a obtenção da distância prevista, considere a Tabela 8.14, que resume a aplicação do método do vizinho mais distante aos dados da Tabela 8.10. Observe que SJRP e Bauru foram unidas a uma distância de 0,55; essa será a distância prevista entre essas duas regiões. No Passo 2, RP foi unida ao grupo anterior, isso faz com que a distância prevista entre RP e SJRP e entre RP e Bauru seja de 1,05. Procedendo desse modo, podemos construir a matriz cofenética (Tabela 8.34) que resume todas as distâncias previstas.

Tabela 8.34: Matriz cofenética

Região	SJRP	RP	Bauru	Campinas	Sorocaba
SJRP	0,00				
RP	1,05	0,00			
Bauru	0,55	1,05	0,00		
Campinas	2,89	2,89	2,89	0,00	
Sorocaba	2,89	2,89	2,89	1,37	0,00

Num bom agrupamento espera-se que as distâncias previstas respeitem a ordem determinada pelas distâncias observadas, ou seja, se duas observações estão próximas, espera-se que a distância prevista entre elas seja pequena. Para avaliar a ocorrência desse comportamento, define-se a correlação cofenética como sendo a correlação entre as distâncias efetivamente observadas e as previstas.

A Tabela 8.35 e a Figura 8.13 trazem as distâncias observadas no exemplo (Tabela 8.11) e as apresentadas na matriz cofenética (distâncias previstas). No caso, a correlação cofenética foi de 0,95, indicando um agrupamento de boa qualidade.

Tabela 8.35: Comparação da matriz de distâncias e a matriz cofenética

Região		Distâncias observadas	Distâncias previstas
SJRP	RP	0,59	1,05
SJRP	Bauru	0,55	0,55
SJRP	Campinas	2,74	2,89
SJRP	Sorocaba	2,37	2,89
RP	Bauru	1,05	1,05
RP	Campinas	2,27	2,89
RP	Sorocaba	2,17	2,89
Bauru	Campinas	2,89	2,89
Bauru	Sorocaba	2,24	2,89
Campinas	Sorocaba	1,37	1,37
Correlação cofenética		0,95	

8.5.2 Gráfico da silhueta

O gráfico da silhueta, proposto por Rousseeuw (1987), é um procedimento descritivo para verificar a qualidade dos agrupamentos formados. A ideia do método é verificar se um ponto está mais próximo dos elementos do seu próprio grupo ou de elementos de grupos vizinhos. Ele baseia-se no cálculo de duas medidas: $a(i)$ a distância média entre o objeto i e os elementos de seu próprio grupo e $b(i)$, a distância média entre o objeto i e os elementos do grupo mais próximo do de i, que não seja o seu próprio grupo.

Seja $G(i)$ o grupo que contém o objeto i, admita a existência de $n_{G(i)}$ observações neste grupo. Temos então que

$$a(i) = \frac{\sum\limits_{k \in G(i),\ \ k \neq i} d_{ik}}{n_{G(i)} - 1},$$

na qual d_{ik} é a distância euclidiana entre os objetos i e k.

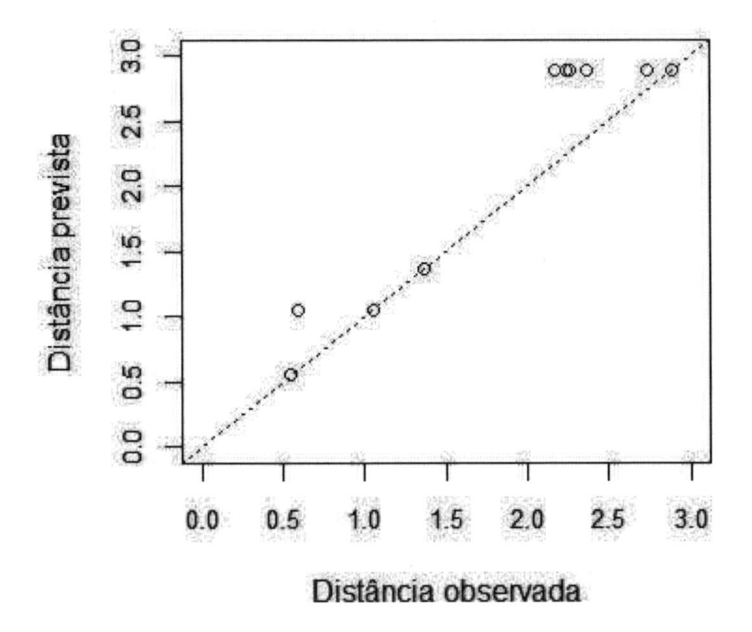

Figura 8.13: Diagrama de dispersão da distância prevista em função da distância observada

Para cada grupo diferente de $G(i)$, determine a distância média entre seus elementos e i. Defina o grupo $H(i)$ como o de menor distância média entre seus elementos e o ponto i, admita que a cardinalidade de $H(i)$ seja $n_{H(i)}$. O grupo $H(i)$ é denominado vizinho de i. Assim, temos

$$b(i) = \frac{\sum\limits_{k \in H(i), \quad k \neq i} d_{ik}}{n_{H(i)}}.$$

O valor da silhueta no ponto i é definido por

$$s(i) = \frac{b(i) - a(i)}{\max\{a(i), b(i)\}}.$$

Essa medida reflete quão adequada foi a alocação de i em seu grupo. Note que $s(i)$ é um número que varia entre -1 e 1. Valores próximos de 1 indicam boa alocação do ponto, uma vez que, nesse caso, $b(i) >> a(i)$; por outro lado, valores negativos sugerem má alocação, uma vez que o ponto está, em média, mais próximo dos elementos do grupo vizinho do que de seu próprio grupo.

Como ilustração, retomemos o agrupamento obtido pelo método das k-medoides. Tínhamos a formação dos seguintes grupos: G_1=(SJRP, RP, Bauru) e G_2=(Campinas, Sorocaba).

A Tabela 8.36 apresenta o resumo dos cálculos necessários para a determinação da silhueta. Por exemplo, para SJRP, temos

$$a(SJRP) = \frac{0{,}59 + 0{,}55}{2} = 0{,}57 \quad \text{e} \quad \text{b(SJRP)} = \frac{2{,}74 + 2{,}37}{2} = 2{,}56.$$

Tabela 8.36: Cálculo da silhueta

Região	$a(i)$	$b(i)$	$s(i)$
SJRP	0,57	2,56	0,78
RP	0,82	2,22	0,63
Bauru	0,80	2,56	0,69
Campinas	1,37	2,63	0,48
Sorocaba	1,37	2,26	0,39

Analisando a Tabela 8.36, percebemos que todos os valores da silhueta são positivos, o que indica uma boa alocação das regiões aos grupos.

Em grandes amostras, pode ser inviável a análise de cada valor de silhueta encontrado. Nesse caso, recomenda-se a construção de um gráfico que permita a análise geral dos resultados.

O gráfico da Figura 8.14 é denominado de gráfico da silhueta. Para sua construção, devemos dividir os objetos em grupos, de acordo com o resultado da análise de agrupamentos. Em cada grupo, ordenamos os objetos em ordem decrescente segundo o valor da silhueta. Cada objeto é representado por uma barra horizontal, cujo comprimento é o valor da silhueta. Entre um grupo e outro, recomenda-se deixar um espaço. Analisando o gráfico, chegamos a conclusões equivalentes às tiradas da análise da tabela.

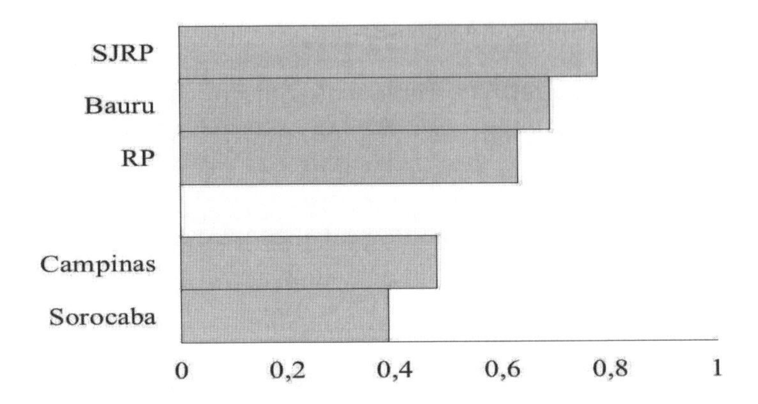

Figura 8.14: Gráfico da silhueta do Exemplo 1.1

8.5.3 Replicabilidade

Em alguns casos o analista pode estar interessado não apenas em classificar as unidades amostrais de sua amostra, mas também saber se há evidências de que os grupos identificados realmente existem na população em estudo. Em outras palavras, deseja-se saber em que extensão os resultados observados numa análise de agrupamento são estáveis.

Uma maneira de verificar a estabilidade dos grupos é dividir a amostra total em duas partes. Em cada parte, aplica-se o método escolhido de agrupamento. Por fim, as solução obtidas devem ser comparadas. Deseja-se responder às seguintes questões: o número de grupos é o mesmo? Os grupos formados têm interpretações semelhantes? Em caso afirmativo, teremos indícios de que a divisão realmente faz sentido.

Outro método consiste em aplicar a análise de agrupamento aos dados e dividir a amostra em duas partes. Na primeira, gera-se um modelo de análise discriminante/classificatória (ver Capítulo 9) para prever o grupo ao qual cada observação pertence. Aplica-se esse modelo à segunda parte da amostra. Deve-se analisar se há correspondência entre os grupos previstos e observados. Uma alta taxa de classificação correta é indício de estabilidade do agrupamento.

Saunders (1994) traz um apanhado geral sobre análise de agrupamentos e sugere métodos aqui mencionados. Cabe ressaltar que os métodos descritos nesta seção exigem uma grande amostra.

8.6 Interpretação

Na fase de interpretação dos resultados, busca-se obter uma caracterização dos grupos. Nesse momento deve-se ressaltar as diferenças e semelhanças encontradas nos diferentes agrupamentos. Para isso, é necessário lançar mão de técnicas descritivas (medidas descritivas e gráficos) e eventualmente utilizar os resultados dos testes de validação como balisa da interpretação.

8.6.1 Representação gráfica de casos

Para facilitar a interpretação dos grupos, pode-se utilizar representações gráficas multivariadas das médias observadas para as variáveis em cada grupo. Como ilustração, utilizamos os resultados da aplicação do método do vizinho mais distante aos dados padronizados, obtidos a partir da padronização dos dados da Tabela 1.1. Foram formados três grupos: G1:(GSP, SP), G2: (SJRP, RP, Bauru, SJC, Campinas, Sorocaba) e G3: (Santos). A Tabela 8.37 apresenta as médias observadas em cada grupo. Ao analisar esses dados, notamos que:

a. G1 caracteriza-se por possuir as mais altas taxas médias de Homicídios dolosos, Roubos e Roubos e furtos de veículos e a mais baixa de Furtos.

b. G2 possui as menores incidências médias de crime, exceto para Furtos.

c. G3 destaca-se por elevadas taxas de Homicídios dolosos, Furtos e Roubos, mas apresenta taxa relativamente baixa de Roubos e furtos de veículos.

Quando o número de variáveis é muito alto, fica difícil interpretar uma tabela como a 8.37. Nesse contexto, a utilização de gráficos de representação de casos facilita a observação de semelhanças e dissemelhanças entre os grupos. São apresentados os gráficos de perfil e radar (ver Seção 2.3.2), em ambos é conveniente que os valores máximos de cada variável não difiram muito. Para garantir a igualdade dos valores máximos, os gráficos são construídos com os dados da

Tabela 8.38, que foram obtidos dividindo-se o valor de cada média pela maior média observada para a variável.

Tabela 8.37: Médias segundo grupos

Variável	G1	G2	G3
Homicídio doloso	43,15	16,35	42,86
Furto	994,05	1369,99	1590,66
Roubo	830,13	244,32	721,90
Roubo e furto de veículos	755,92	201,22	275,89

Gráfico de perfis

No gráfico de perfis as observações de cada grupo são representadas separadamente. No eixo x indicamos as variáveis. O eixo das ordenadas traz as escalas de medida. Cada média é representada por um ponto nos eixos cartesianos. Unindo-se os pontos obtêm-se os perfis de cada grupo (Figura 8.15). Essa figura ilustra bem as conclusões tiradas anteriormente.

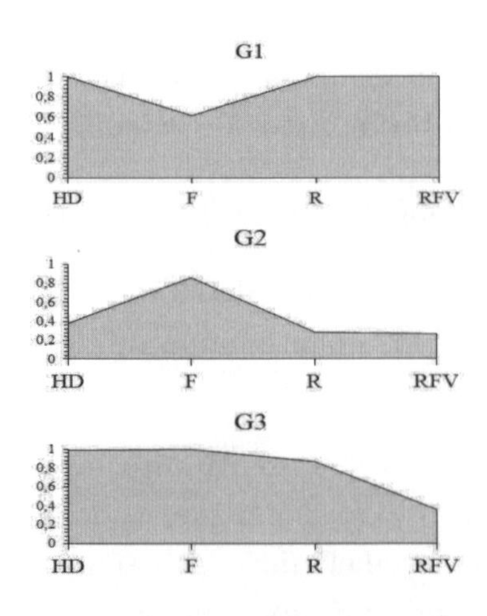

Figura 8.15: Gráfico de perfis para os dados da Tabela 8.38

Tabela 8.38: Médias transformadas

Variável	G1	G2	G3
Homicídio doloso	1,00	0,38	0,99
Furto	0,62	0,86	1,00
Roubo	1,00	0,29	0,87
Roubo e furto de veículos	1,00	0,27	0,36

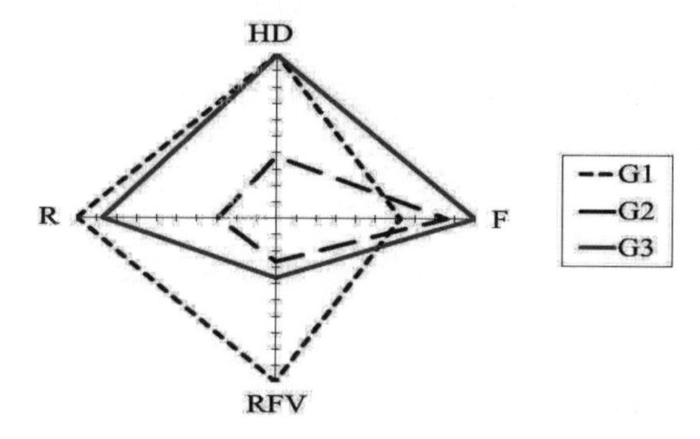

Figura 8.16: Gráfico radar para os dados da Tabela 8.38

Gráfico radar

A Figura 8.16 ilustra o gráfico radar construído para as médias dos três grupos. Quanto maior o raio, maior a incidência do crime.

8.7 Aplicações

Nesta seção apresentamos algumas aplicações de análise de agrupamentos à solução de problemas reais.

8.7.1 Eleição presidencial

Exemplo 8.2 *A Tabela 8.39 traz o perfil dos votos válidos*[6] *à presidência do Brasil no primeiro turno da eleição de 2010, por estado. Deseja-se identificar grupos de estados com perfis semelhantes, por meio da aplicação do método do vizinho mais distante aos dados padronizados.*

A Tabela 8.40 traz o resumo dos passos da aplicação do método e a Figura 8.17 o respectivo dendrograma. A partir desses dados, decidiu-se adotar a solução com três grupos. Foram formados os seguintes grupos:

G1 : PA, SE, AL, RS, PR, RO, GO, MS, MT, RR, SC, ES, SP, AC.

G2 : PB, RN, MG, TO, MA, PI, BA, PE, CE, AM.

G3 : AP, RJ, DF.

Na etapa de validação da análise, encontrou-se um coeficiente de correlação cofenética de 0,75.

Na Tabela 8.41 são apresentadas estatísticas descritivas para as variáveis da análise por grupo. A partir dessa tabela e das Figuras 8.18 e 8.19, percebe-se:

G1 : Tendência de altas votações para os candidatos do PT e do PSDB. É o grupo em que o candidato do PSDB recebe, em geral as maiores votações.

G2 : Alta votação para o candidato do PT e pior resultado para candidatos de outros partidos.

G3 : Destaca-se uma alta votação no candidato do PV.

Método do vizinho mais próximo

O método do vizinho mais próximo também foi aplicado aos dados padronizados com distância euclidiana. A Figura 8.20 é o dendrograma que resume a aplicação da técnica. Note que o estado do Acre foi o último a ser incorporado a algum grupo e a uma distância bastante alta. Isso sugere tratar-se de valor aberrante.

[6]Excluídos os votos brancos e nulos.

Tabela 8.39: Porcentagem de votos obtidos por candidatos à presidência do Brasil no primeiro turno da eleição de 2010

Sigla	Estado	Partido político do candidato			
		PT	PSDB	PV	Outros
AC	Acre	23,9	52,1	23,4	0,5
AL	Alagoas	50,9	36,4	11,5	1,1
AM	Amazonas	64,9	8,4	25,7	0,8
AP	Amapá	47,1	21,3	29,8	1,5
BA	Bahia	62,6	20,9	15,7	0,6
CE	Ceará	66,2	16,3	16,3	0,9
DF	Distrito Federal	31,7	24,3	41,9	2,0
ES	Espírito Santo	37,2	35,4	26,2	1,0
GO	Goiás	42,2	39,4	17,1	1,1
MA	Maranhão	70,6	15,0	13,5	0,6
MG	Minas Gerais	46,9	30,7	21,2	1,0
MS	Mato Grosso do Sul	39,8	42,2	16,9	0,9
MT	Mato Grosso	42,9	44,1	11,9	0,9
PA	Pará	47,9	37,6	13,4	0,9
PB	Paraíba	53,2	28,4	17,6	0,7
PE	Pernambuco	61,7	17,3	20,3	0,5
PI	Piauí	67,0	20,9	11,4	0,5
PR	Paraná	38,9	43,9	15,9	1,2
RJ	Rio de Janeiro	43,7	22,4	31,5	2,1
RN	Rio Grande do Norte	51,7	28,1	19,1	0,9
RO	Rondônia	40,7	45,2	12,8	1,1
RR	Roraima	28,7	51,0	18,7	1,4
RS	Rio Grande do Sul	46,9	40,5	11,3	1,1
SC	Santa Catarina	38,7	45,7	13,9	1,5
SE	Sergipe	47,6	38,0	13,2	1,0
SP	São Paulo	37,3	40,6	20,7	1,2
TO	Tocantins	50,9	27,9	20,5	0,4

Fonte: Valores calculados a partir de dados obtidos no site IPEADATA. Disponível em: http://www.ipeadata.gov.br/. Acesso em: 9 abr. 2013.

Tabela 8.40: Resumo do MVD aos dados padronizados da Tabela 8.39

Passo	Unir		Distância
1	PA	SE	0,24
2	AL	RS	0,48
3	PR	RO	0,53
4	PB	RN	0,53
5	GO	MS	0,57
6	AL,RS	PA,SE	0,61
7	MA	PI	0,69
8	CE	PE	0,75
9	GO,MS	PR,RO	0,79
10	GO,MS,PR,RO	MT	0,96
11	ES	SP	1,00
12	MG	PB,RN	1,04
13	BA	CE,PE	1,17
14	RR	SC	1,18
15	BA,CE,PE	MA,PI	1,35
16	AL,RS,PA,SE	GO,MS,PR,RO,MT	1,37
17	AP	RJ	1,48
18	MG,PB,RN	TO	1,49
19	AC	ES,SP	2,26
20	AM	BA,CE,PE,MA,PI	2,36
21	AP,RJ	DF	2,44
22	AL,RS,PA,SE,GO MS,PR,RO,MT	RR,SC	2,53
23	AM,BA,CE,PE,MA,PI	MG,PB,RN,TO	2,77
24	AC,ES,SP	AL,RS,PA,SE,GO,MS, PR,RO,MT,RR,SC	3,40
25	AC,ES,SP,AL,RS, PA,SE,GO,MS,PR, RO,MT,RR,SC	AM,BA,CE,PE,MA, PI,MG,PB,RN,TO	5,17
26	AC,ES,SP,AL,RS, PA,SE,GO,MS,PR, RO,MT,RR,SC, AM,BA,CE,PE,MA, PI,MG,PB,RN,TO	AP,RJ,DF	6,28

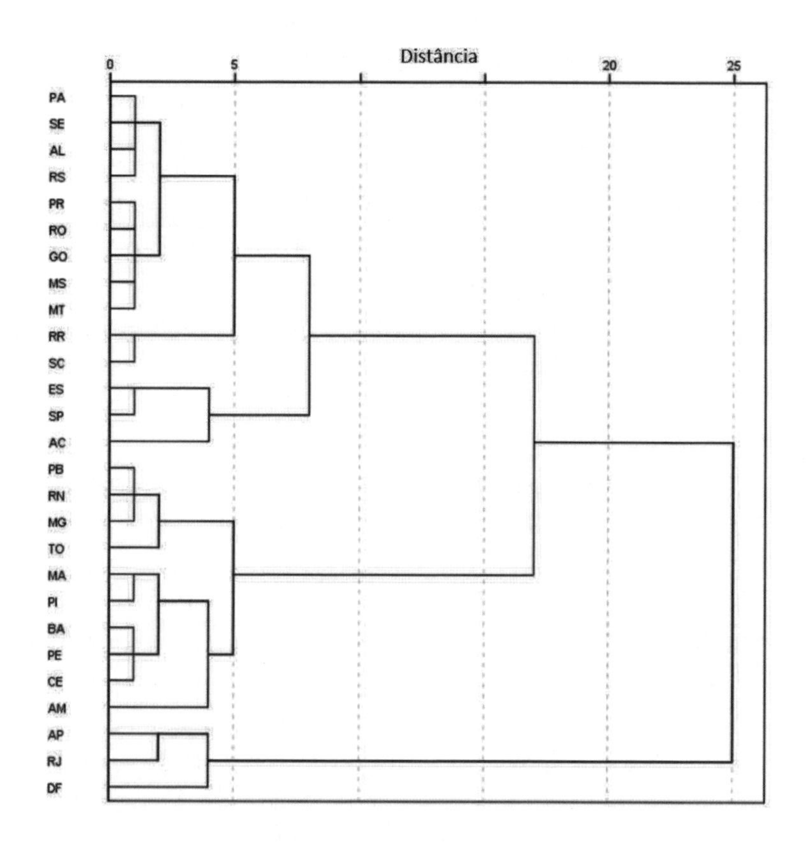

Figura 8.17: Dendrograma obtido a partir do MVD aos dados padronizados da Tabela 8.39

De fato, ao observarmos seu perfil de votos, trata-se do estado com a pior votaçao do candidato do PT, a melhor do candidato do PSDB e uma das piores dos candidatos dos outros partidos. O Distrito Federal é também um estado que se destaca, sugerindo também tratar-se de um valor aberrante. É a unidade da federação com maior votação no candidato do PV e nos candidatos dos outros partidos. Conforme já mencionado, o método do vizinho mais próximo auxilia na identificação de valores aberrantes multivariados.

8.7.2 Tipologia de agricultores familiares

Apresentamos a análise de dados executada por Barroso e Gabriel (1996), que utilizou o coeficiente de correlação como medida de similaridade.

Tabela 8.41: Votos obtidos por candidatos à presidência do Brasil no primeiro turno da eleição de 2010 (em %)

		Partido político do candidato			
Grupos	Estatística	PT	PSDB	PV	Outros
G1	Média	40,3	42,3	16,2	1,1
	Desvio padrão	7,4	5,1	4,6	0,2
	Mínimo	23,9	35,4	11,3	0,5
	Máximo	50,9	52,1	26,2	1,5
	n	14	14	14	14
G2	Média	59,6	21,4	18,1	0,7
	Desvio padrão	8,2	7,3	4,1	0,2
	Mínimo	46,9	8,4	11,4	0,4
	Máximo	70,6	30,7	25,7	1,0
	n	10	10	10	10
G3	Média	40,8	22,7	34,4	1,9
	Desvio padrão	8,1	1,5	6,6	0,3
	Mínimo	31,7	21,3	29,8	1,5
	Máximo	47,1	24,3	41,9	2,1
	n	3	3	3	3
Amostra completa	Média	47,5	32,4	18,9	1,0
	Desvio padrão	12,0	11,9	7,2	0,4
	Mínimo	23,9	8,4	11,3	0,4
	Máximo	70,6	52,1	41,9	2,1
	n	27	27	27	27

Exemplo 8.3 *Define-se como agricultor familiar moderno uma unidade de produção voltada principalmente para o mercado interno e cujo trabalho é exercido predominantemente por membros de uma família. Deseja-se identificar tipologias de agricultores familiares uruguaios em função do uso de estufa. Um aumento no uso da estufa favorece uma melhora na produção.*

Há dados sobre a área cultivada (m^2) sob estufa em 1990, 1992 e 1994, para quarenta agricultores da região de Salto (norte do Uruguai). Desejava-se identificar padrões de comportamento, assim, mais importante do que o tamanho da área cultivada é saber o padrão dessa variável ao longo do tempo. Por exemplo,

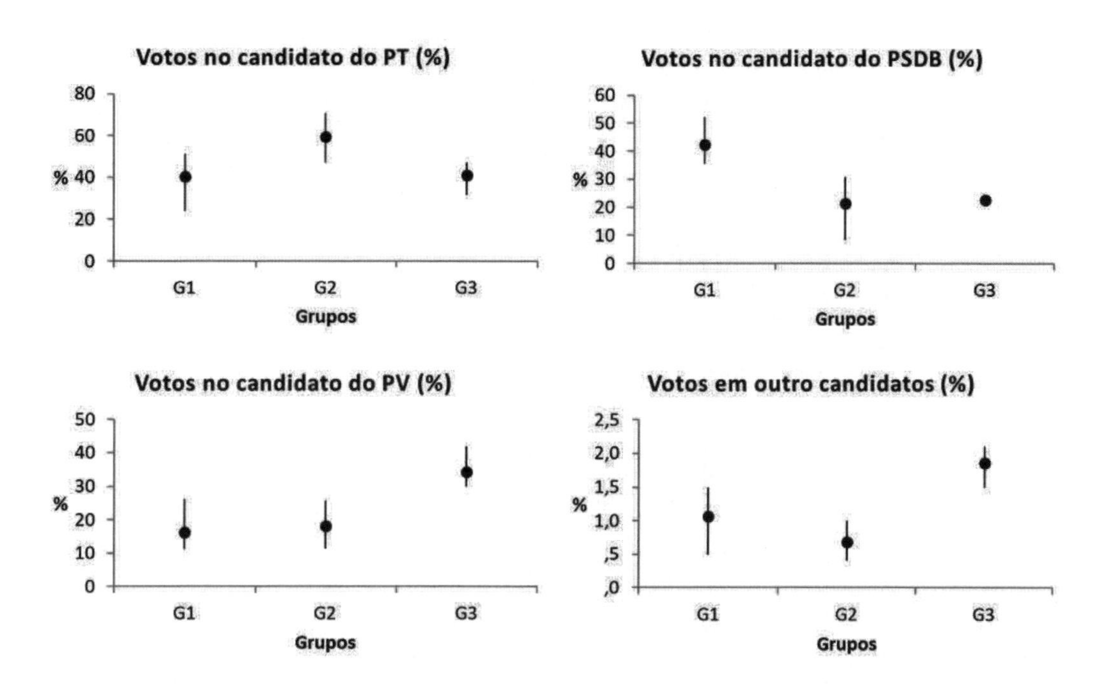

Figura 8.18: Percentuais médio, mínimo e máximo de votos entre os grupos

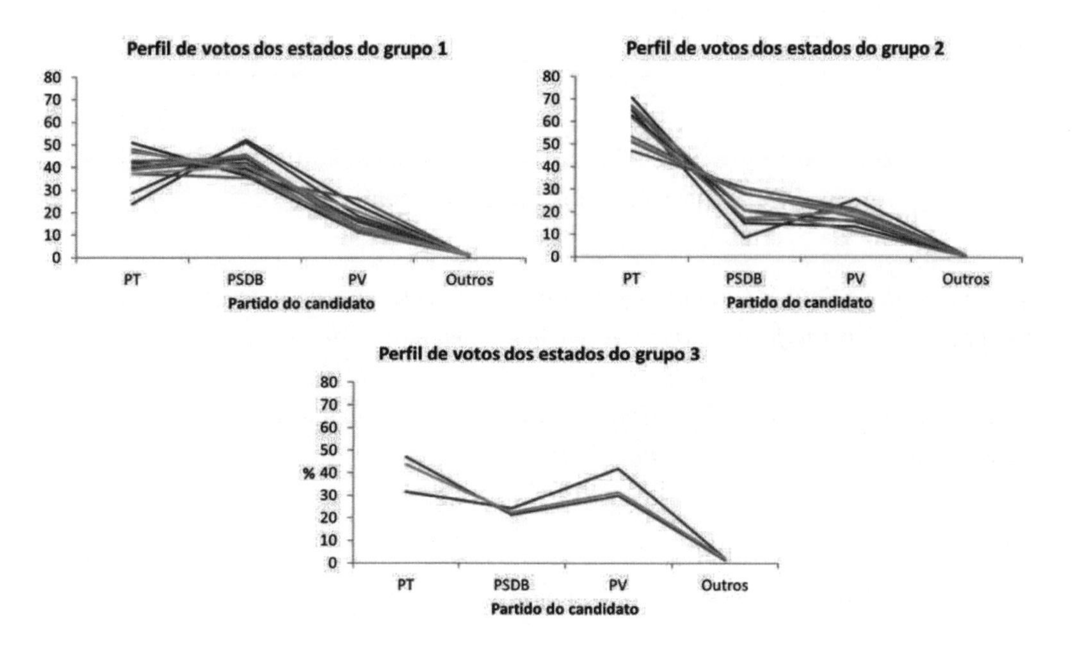

Figura 8.19: Perfil de votos por estado e por grupo

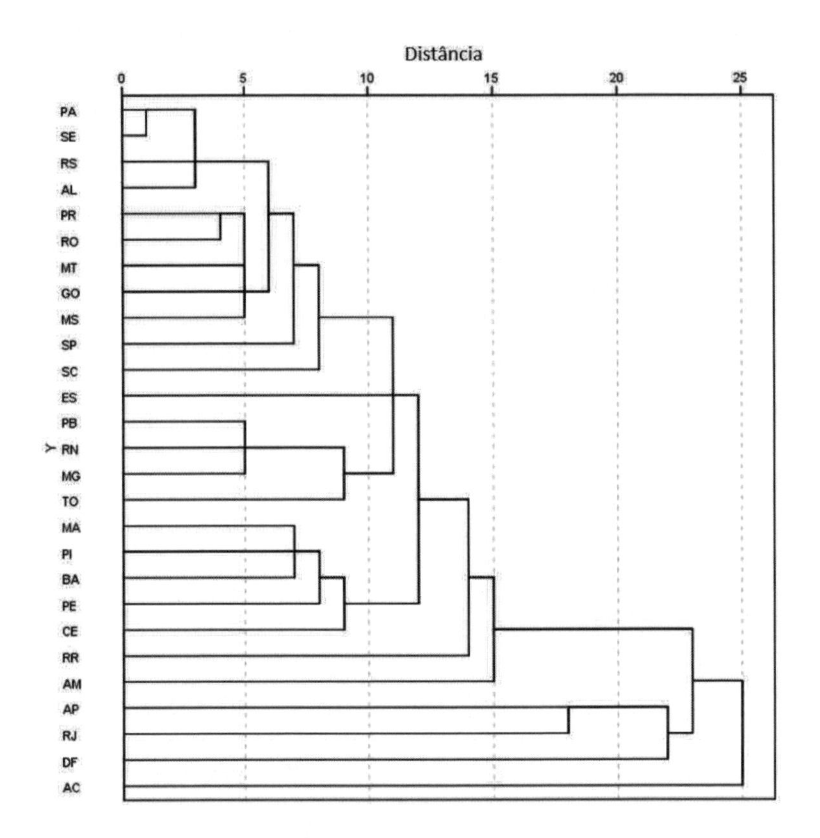

Figura 8.20: Dendrograma obtido a partir da aplicação do MVP aos dados padronizados da Tabela 8.39

dois agricultores que apresentassem um crescimento na área cultivada ao longo do tempo poderiam fazer parte da mesma tipologia. Devido a isso, utilizou-se como medida de similaridade o coeficiente de correlação de Pearson: quanto mais próximo de 1, maior a similaridade entre os agricultores e, quanto mais próximo de -1, maior a dissimilaridade.[7]

Foi utilizado o método do vizinho mais distante, com o auxílio do aplicativo SPSS. O dendrograma (Figura 8.21) sugere a existência de três grupos.

Admitindo a solução com três grupos, o Grupo 1 conta com 23 agricultores

[7]Para transformar a correlação numa medida de dissimilaridade basta efetuar a seguinte operação $d = 1 - r$, sendo r o coeficiente de correlação. Fazendo assim, temos que d varia entre 0 e 2, sendo 0 quando $r = 1$ e 2 quando $r = -1$.

que, em geral, apresentam crescimento na área plantada sob estufa (Figura 8.22). O Grupo 2 é formado por doze agricultores que, em geral aumentaram a área plantada em 1992 em relação a 1990, mas diminuíram essa área em 1994 (Figura 8.22). Por fim, o Grupo 3, com cinco agricultores, apresenta, em geral, um decrescimento na área plantada sob estufa, principalmente quando se compara 1992 e 1990 (Figura 8.22). A Figura 8.23 traz os comportamentos médios dos três grupos.

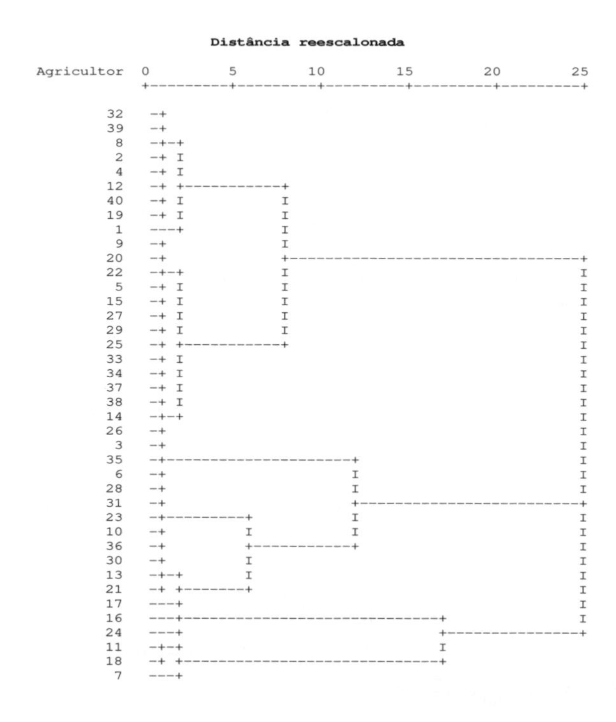

Figura 8.21: Dendrograma do Exemplo 8.3

8.7.3 Identificação da cultura organizacional

Define-se como cultura organizacional de uma empresa os mecanismos de adaptação e comportamento adotados para lidar com os problemas de ajuste ao ambiente externo e de integração interna. Está ligada ao clima existente no ambiente de trabalho. Neste estudo, considerou-se a possibilidade de existirem quatro tipos de cultura:

a. **Cultura grupal:** trata-se de uma cultura voltada principalmente para o ambiente interno. Tem como características gerais a flexibilidade combi-

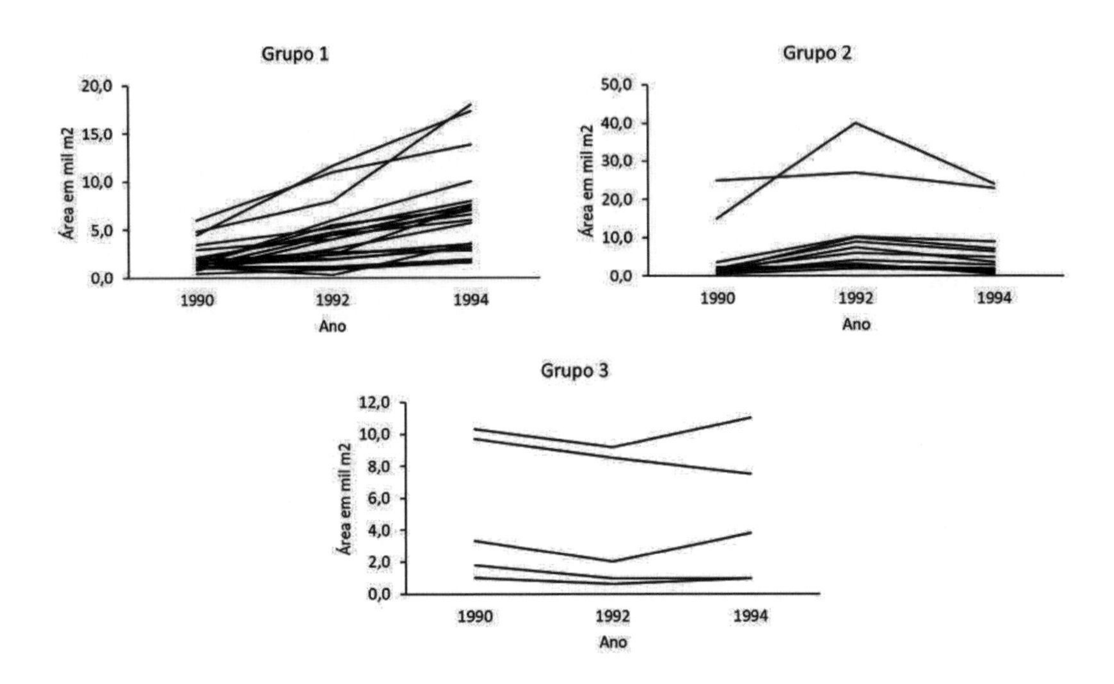

Figura 8.22: Gráficos de perfis para os dados do Exemplo 8.3, por grupo

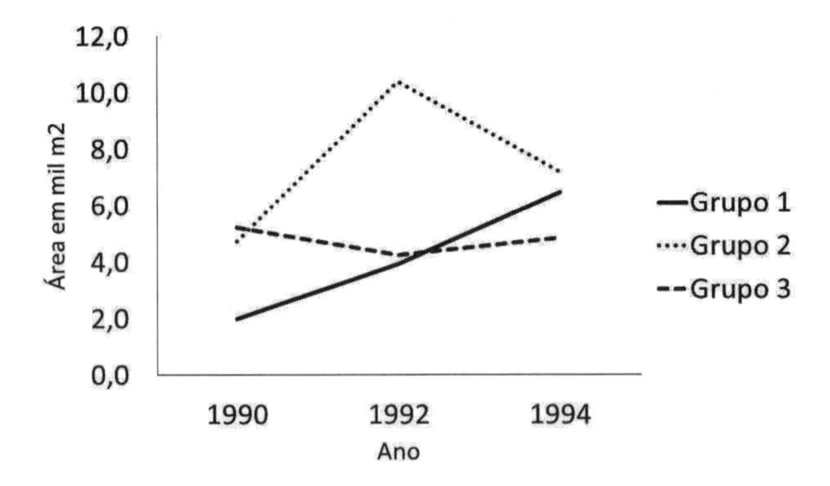

Figura 8.23: Perfis médios dos grupos do Exemplo 8.3

nada com a preocupação com o ambiente interno. Suas metas são o desenvolvimento do potencial humano e o pleno desenvolvimento do indivíduo.

b. **Cultura sistêmica:** esse tipo de cultura caracteriza-se pela flexibilidade e pela preocupação com o ambiente externo. Visa o crescimento da empresa, a aquisição de recursos e a adaptação ao ambiente externo. Suas metas são o crescimento, desenvolvimento de novos mercados e aquisição de recursos.

c. **Cultura hierárquica:** caracteriza-se pela preocupação com o controle e com o ambiente interno. Ela objetiva o controle das relações e dos processos e visa a estabilidade.

d. **Cultura racional:** também caracteriza-se pela importância dada ao controle, mas suas preocupações voltam-se ao ambiente externo. Tem como metas o planejamento e a produtividade.

Uma teoria afirma que um ambiente organizacional saudável é obtido quando as quatro culturas coexistem de maneira intensa.

Exemplo 8.4 *Barroso, Artes e Kurauti (1991) analisaram dados de uma pesquisa realizada com membros do corpo gerencial de 13 empresas do setor têxtil com ações na BOVESPA. A amostra foi composta por 478 funcionários que deveriam preencher um questionário. A partir da análise do questionário media-se o grau da presença das quatro culturas (de 6 a 30) que era percebido pelo respondente. O objetivo era identificar grupos de funcionários que tinham percepções semelhantes sobre suas empresas. Mais detalhes sobre a pesquisa em Santos (1998).*

A Tabela 8.42 traz algumas medidas descritivas para as variáveis de interesse. Note que suas variâncias são muito próximas, indicando ser desnecessário padronizar as variáveis para a aplicação do método de agrupamentos.

Tabela 8.42: Medidas descritivas por indicador de cultura

Cultura	Mínimo	Máximo	Média	Variância
Grupal	6	30	20,0	19,2
Sistêmica	6	30	20,6	18,8
Hierárquica	6	30	23,1	16,0
Racional	6	30	21,3	17,6

O primeiro problema do método das k-médias é a definição do número de grupos. Uma maneira de fazê-lo é obter soluções para vários números de grupos e a partir da soma de quadrados da partição decidir se vale a pena aceitar um número de grupos mais alto. Para fazer essa comparação, utilizamos o seguinte índice:

$$G_{k+1} = \frac{\text{SQDP(k)} - \text{SQDP(k+1)}}{\text{SQDP(k+1)}},$$

no qual SQDP(k) é a soma de quadrados dentro dos grupos da partição (soma de quadrados da partição) para uma solução com k grupos. Quanto menor o valor de G, menor é a vantagem de se trabalhar com um número maior de grupos.

A Tabela 8.43 traz valores da soma de quadrados da partição e do índice G para soluções com diferentes números de grupos.

Tabela 8.43: Comparação de agrupamentos formados com diferentes números de grupos

Grupos	SQDP	G
1	34.156,5	-
2	16.109,9	1,12
3	11.175,0	0,44
4	9.761,7	0,14
5	9.040,8	0,08
6	8.078,3	0,12
7	7.549,0	0,07
8	6.837,6	0,10

A Figura 8.24 ilustra o comportamento do índice G. Note que G estabiliza, ao redor de um valor baixo, a partir de uma solução com 4 grupos. Isso indica pouca vantagem ao se passar de uma solução de 4 para 5, 5 para 6 e assim sucessivamente. Isso nos leva a adotar uma solução com 4 grupos.

O passo seguinte é a validação da análise. Para isso, considerando cada grupo como uma amostra de uma população, aplicou-se um teste F de comparação de médias para cada variável. Todos os níveis descritivos foram inferiores a 0,001, indicando haver diferenças entre as médias dos grupos.

A Tabela 8.44 traz algumas medidas descritivas para auxiliar na interpretação dos grupos. A Figura 8.25 é o gráfico radar construído com as médias das variáveis.

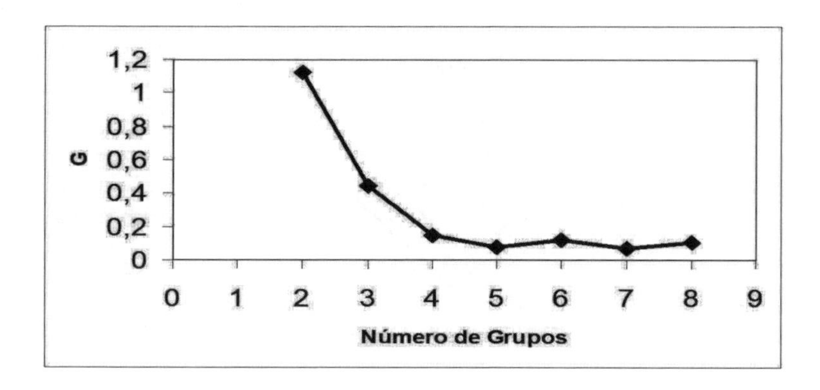

Figura 8.24: Ganho na soma de quadrados da partição

Tabela 8.44: Comparação dos grupos - (média ± desvio padrão)

Grupos	Variável				n
	Grupal	Sistêmica	Hierárquica	Racional	
1	16,6 ± 2,2	16,9 ± 1,9	20,1 ± 2,3	17,6 ± 2,5	105
2	24,6 ± 2,4	25,4 ± 2,4	27,0 ± 1,9	25,6 ± 2,5	137
3	12,5 ± 2,5	13,7 ± 2,4	15,6 ± 2,7	15,2 ± 3,5	44
4	20,4 ± 2,3	20,7 ± 2,2	23,6 ± 1,9	21,7 ± 2,1	192

Observando a Tabela 8.44 e a Figura 8.25, concluímos que os grupos diferem no nível da presença das quatro culturas. Assim, o Grupo 2 é aquele com os funcionários que percebem uma forte presença das quatro culturas e o Grupo 3, no outro extremo, é formado por gerentes que, em média, não identificam a presença das quatro culturas de maneira forte.

8.8 Comentários adicionais

Quando se aplica uma análise de agrupamentos a uma base de dados com muitas variáveis, podem surgir algumas dificuldades de ordem prática. Uma delas é a interpretação dos grupos. O excesso de variáveis a serem comparadas entre

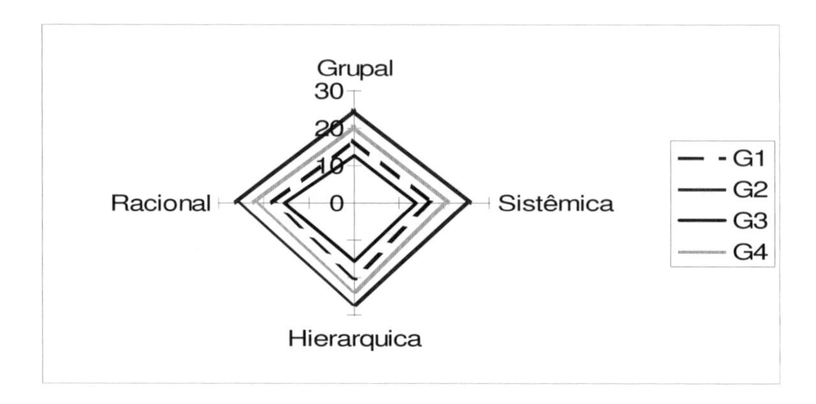

Figura 8.25: Gráfico radar das médias da Tabela 8.44

grupos pode trazer complexidade a esse processo.

Outro problema relacionado a essa situação está ligado ao número de constructos que existem na base de dados. Considere a situação em que um número elevado de variáveis esteja ligado a um único constructo (denomine-o primeiro constructo), enquanto poucas variáveis se relacionem a cada um dos demais constructos da base de dados. Em situações como essa, o primeiro constructo poderá ser dominante no processo de formação de grupos em detrimento dos demais. Os grupos podem ser homogêneos em relação ao primeiro constructo, mas não em relação a outros.

Uma forma de atenuar esses problemas é realizar previamente uma análise fatorial e aplicar a análise de agrupamentos aos escores fatorias. Isso traz uma redução no número de variáveis a serem consideradas na interpretação e faz como que o peso dos diferentes constructos seja equilibrado. O ponto negativo dessa abordagem é que apenas a parte da variabilidade capturada pelos fatores será considerada na análise. Cabe ao analista ponderar as consequências de utilizar o conjunto original de variáveis ou os escores fatoriais na análise dos dados.

8.9 Utilizando o R

Nesta seção apresentamos códigos escritos em R para gerar alguns resultados apresentados. São utilizados os dados exibidos na Tabela 8.10.

```
############################
# Bibliotecas necessárias #
############################
install.packages("readxl")  # Wickham e Bryan (2019)
install.packages("cluster") # Maechler et al. (2021)

######################
# Leitura dos dados #
######################
library(readxl)
crime <- read_excel("Crimes_Grp.xlsx")
dados <- crime[1:5,1:3]
dadosp <- scale(dados[,2:3])
rownames(dadosp) <- crime$Região[1:5]
```

Iniciamos com comandos para a aplicação de métodos hierárquicos.

```
######################################################
# Construção da matriz de distâncias da Tabela 8.11 #
######################################################
d<-dist(dadosp, method = "euclidean")
d

################################################
# Opções de distâncias do subcomando "method" #
# Detalhes em help(dist)                       #
# euclidean, maximum, manhattan, canberra,     #
# binary e minkowski                           #
################################################
##################################
# Método do vizinho mais distante #
##################################
hc<-hclust(d,method="complete")

####################################
# Métodos disponíveis - hclust     #
# ward.D                           #
# ward.D2                          #
# single  - Vizinho mais próximo   #
# complete - Vizinho mais distante #
# average - Média das distâncias   #
# mcquitty                         #
# median                           #
# centroid - Método do centróide   #
####################################
```

```
###############
# Dendrograma #
###############
plot(hc, labels = dados$Região)
# plot(hang=-1) - com mudança de escala
plot(hc, hang=-1, labels = dados$Região)

# Comandos alternativos para Dendrograma - Figura 8.9:
MVL_Dend <- as.dendrogram(hc)
plot(MVL_Dend,
xlab="Região",
ylab="Distância")
abline(h=0)
# Acrescentar uma linha horizontal na altura h=2.5
# Útil para vizualizar o número de grupos
abline(h = 2.5, col = 'blue')
# Destacar os dois grupos k=2:
rect.hclust(hc , k = 2)

###############################################
# Identificar em que grupo estão as unidades #
###############################################
grupo <- cutree(hc,2)
grupo
Tabela <- cbind(dados$Região,grupo)
Tabela <- cbind(grupo)
colnames(Tabela) <- c("Grupo")
rownames(Tabela) <- dados$Região
Tabela

#####################################################################
# Mostrar a sequência da formação dos grupos - Grupo na Tabela 8.14 #
# O número indica a linha do arquivo de dados:                      #
# 1=SJRP/ 2=RP/ 3=Bauru/ 4=Campinas/ 5=Sorocaba                     #
# Sinal "-" indica junção de casos e sem sinal, junção de grupos    #
#####################################################################
hc$merge
#####################################################
# Indicar a distância em que foi realizada a junção #
# Coluna Distância da Tabela 8.14                   #
#####################################################
hc$height
Tabela <- cbind(hc$merge, hc$height) # Dados da Tabela 8.14
colnames(Tabela) <- c("Unir 1", "Unir 2", "Distância")
Tabela
# Mostra a ordem para construir dendrograma:
hc$order
```

```
################################################
# Cálculo das medidas descritivas por grupo #
################################################
dadosd <- data.frame(dados, grupo)
tapply(dadosd$HD, dadosd$grupo, summary)
tapply(dadosd$F, dadosd$grupo, summary)
```

Apresentamos códigos para calcular a correlação cofenética e gerar o gráfico da silhueta.

```
###################################################
# Cálculo da correlação cofenética - Tabela 8.34 #
###################################################
d.coph <- cophenetic(hc)  # Tabela 8.34
cor(d, d.coph)            # Correlação cofenética

#######################
# Gráfico de silhueta #
#######################
library(cluster)
silhueta <- silhouette(cutree(hc,2), d)
silhueta  # Coluna s(i) da Tabela 8.36
plot(silhueta) # Figura 8.14
```

Em seguida, apresentamos os comandos utilizados para aplicação do método k-médias.

```
##########################
# K-MÉDIAS para 2 grupos #
##########################
km<-kmeans(dadosp,2)
km

# Dados da Tabela 8.29
km$centers # Média das variáveis por grupo
km$withinss # Soma de quadrados dentro de grupo
km$size # Tamanho dos grupos

####################################################################
# Plotar os dados considerando as duas primeiras variáveis.        #
# O comando col indica que cada grupo será representado por uma cor #
####################################################################
```

```
plot(dadosp, col = km$cluster)
# Acrescentar o centro dos grupos:
points(km$centers, col = 1:4, pch = 8, cex=2)
```

8.10 Exercícios

8.1 Retome o enunciado do Exercício 2.5. Utilizando os dados da Tabela 2.10:

a) Construa grupos de marcas pelo método do vizinho mais distante. Analise os resultados.

b) Construa grupos de marcas pelo método de Ward. Analise os resultados.

c) Compare os resultados obtidos nos itens anteriores.

8.2 Retome o enunciado do Exercício 3.4.

a) Identifique grupos homogêneos de respondentes pelo método das k-médias, aplicando a técnica a escores fatoriais resultantes de uma solução de dois fatores obtida sobre uma matriz de correlações policóricas.

b) Interprete e valide os resultados obtidos.

8.3 Retome o enunciado do Exercício 2.6. Forme grupos homogêneos de países em relação à confiança nessas instituições utilizando o método das k-médias. Deixe claro o critério que você utilizar para a definição do número de grupos. Interprete os grupos obtidos e valide os resultados por meio de métodos inferenciais.

8.4 Retome o Exercício 4.6. Utilizando os escores fatorias, aplique uma análise de agrupamentos pelo método de Ward. Determine o número de grupos (justifique sua escolha), valide-os utilizando métodos inferenciais e interprete os grupos obtidos.

8.5 O arquivo **ExpVida.xlsx** traz informações sobre a expectativa de vida em 195 países entre 1950 e 2015, em intervalos de cinco anos.[8] Deseja-se identificar

[8] Banco de dados construído a partir de informações de: `https://www.gapminder.org/data/`. Acesso em: 29 dez. 2021.

países com trajetórias semelhantes em relação à evolução da expectativa de vida. Para isso, sugere-se a aplicação de uma análise de agrupamentos utilizando-se como medida de dissimilaridade entre dois países *um menos a correlação* entre suas observações.

Aplique uma análise de agrupamentos aos dados pelo método de Ward. Identifique o número de grupos e caracterize-os.

Sugestões: Utilize o comando *agnes* da biblioteca *cluster* do R. Trabalhe com o logaritmo natural da expectativa de vida.

8.6 Retome o enunciado do Exercício 2.7.

a) Faça uma análise de agrupamentos das capitais usando o método do vizinho mais distante. Interprete os resultados.

b) Faça uma análise de agrupamentos das capitais usando o método de Ward. Interprete os resultados.

c) Compare as análises feitas nos itens a) e b).

d) Compare com os grupos formados no Exercício 2.7.

8.7 Retome o enunciado do Exercício 2.8.

a) Faça uma análise de agrupamentos dos carros usando o método do vizinho mais distante. Interprete os resultados.

b) Faça uma análise de agrupamentos dos carros usando o método do vizinho mais próximo. Interprete os resultados.

c) Faça uma análise de agrupamentos dos carros usando o método das médias das distâncias. Interprete os resultados.

d) Compare as análises feitas nos itens a), b) e c).

e) Compare com os grupos formados no Exercício 2.8

8.8 Retome o enunciado do Exercício 2.9.

a) Faça uma análise de agrupamentos dos celulares usando o método de Ward e as variáveis Peso, Ram, Memória e Pixel. Interprete os resultados.

b) Faça uma análise de agrupamentos dos celulares usando o método de Ward e as variáveis Hardware, Tela, Câmera e Desempenho. Interprete os resultados.

c) Compare os grupos formados nos itens a) e b).

d) Compare com os grupos formados no Exercício 2.9

8.9 Retome o enunciado do Exercício 2.10.

a) Faça uma análise de agrupamentos dos fragmentos de cerâmica usando o método do centroide. Interprete os resultados.

b) Faça uma análise de agrupamentos dos fragmentos de cerâmica usando o método das k-médias. Interprete os resultados.

c) Compare as análises feitas nos itens a) e b).

8.10 Retome o enunciado do Exercício 2.11.

a) Faça uma análise de agrupamentos dos municípios usando o método do vizinho mais distante e as variáveis Prevalência, Mortalidade e Letalidade. Quantos grupos você formaria?

b) Repita a análise do item a), agora usando o método de Ward. Quantos grupos você formaria?

c) Qual das análises dos itens anteriores você usaria? Por quê?

d) Faça uma análise descritiva dos grupos formados na análise escolhida. Inclua o gráfico de radar para as médias nos grupos.

8.11 Retome o enunciado do Exercício 2.12.

a) Faça uma análise de agrupamentos das amostras de vinho tinto utilizando o métodos das k-médias.

b) Quantos grupos você formaria? Caracterize-os.

c) Calcule as médias das características numéricas para cada grupo formado e construa gráficos radares e faces de Chernoff.

CAPÍTULO 9

ANÁLISE DISCRIMINANTE E CLASSIFICATÓRIA

9.1 Introdução

Análise discriminante e análise classificatória (ADC) são utilizadas com o objetivo de identificar funções das variáveis originais que melhor discriminem populações diferentes (discriminação) e buscar a criação de regras de decisão que permitam classificar uma observação em algum grupo predefinido (classificação).

Uma das diferenças entre análise discriminante e análise de agrupamentos é que na análise de agrupamentos deseja-se formar K grupos homogêneos na amostra, sem o conhecimento a priori da alocação dos objetos nos grupos. Na análise discriminante, conhece-se a priori a quais populações pertencem os objetos da amostra. Para a aplicação de uma análise de agrupamentos é necessária uma amostra para a qual foram observadas p variáveis aleatórias. Para a análise discriminante, uma amostra de cada uma de g populações é coletada e, além das p variáveis observadas para cada objeto, é preciso saber de qual população cada amostra provém. Esses dois métodos são largamente utilizados como ferramentas de *data mining* e aprendizado estatístico. A análise discriminante é um dos chamados métodos supervisionados, sendo que a análise de agrupamentos é um método não supervisionado. Os principais objetivos da análise discriminante e classificatória são:

- **Discriminação:** consiste em encontrar funções das variáveis observadas (funções discriminantes) que tenham comportamentos diferentes nas g populações.

- **Classificação ou alocação:** consiste em determinar regras baseadas nas variáveis observadas que permitam classificar novos objetos em uma das g populações.

Na prática, as funções discriminantes são determinadas com base na amostra e são utilizadas para fazer a classificação de objetos extra-amostra em uma das populações.

Uma característica das técnicas de classificação é que um novo objeto será classificado em uma das populações em estudo, mesmo que ele venha de outra população não considerada na análise.

Neste capítulo, consideramos que as p variáveis observadas são quantitativas. Situações em que variáveis qualitativas estejam presentes são mencionadas na Seção 9.6, ao final deste capítulo.

Apresentamos a seguir alguns problemas em que a ADC pode ser utilizada.

Problema 1: Uma das atribuições do Banco Central do Brasil é fiscalizar as instituições financeiras do país com a finalidade de detectar possíveis problemas de liquidez. A ideia é desenvolver métodos estatísticos que possibilitem classificar essas instituições como "com" ou "sem" problemas e alertar o Banco Central para uma fiscalização mais rigorosa das instituições classificadas em "com problemas". Esse estudo foi tratado na dissertação de mestrado de Oliveira (2000).[1] e no trabalho de iniciação científica de Vincenzi (2002).[2]

Problema 2: A concessão de crédito a consumidores é uma prática realizada por bancos, supermercados, lojas de varejo e outras organizações. A decisão sobre a concessão ou não a um novo cliente é usualmente baseada em técnicas de classificação e consiste em rotular o cliente como "bom" ou "mau" pagador. Dentre as variáveis que em geral as decisões de concessão de crédito estão as variáveis socioeconômicas, por exemplo, estado civil, nível educacional, sexo, se o cliente é proprietário da casa em que reside etc. Esse problema foi tratado nas dissertações de mestrado de Rosa (2000) e Ohtoshi (2003).

[1]Nesse trabalho foram utilizados dezessete indicadores econômico-financeiros.

[2]Nesse trabalho foram utilizados cinco indicadores econômico-financeiros.

Problema 3: No Exemplo 3.4 do Capítulo 3, os dados coletados sobre as plantações de melões referem-se a frutos com nove genótipos diferentes. Uma questão que poderia ser de interesse é verificar a possibilidade de prever o genótipo dos frutos tendo como base as variáveis observadas, isto é, o número total de melões por hectare, o peso médio dos melões, o peso total médio por hectare, o número médio de melões por planta, o índice de formato e o teor de açúcar. Isso poderia ser tentado por meio da aplicação de uma análise discriminante. Se essas variáveis discriminam bem as nove populações, elas poderiam ser usadas para classificar novos frutos e assim prever seu genótipo.

Exemplo 9.1 *Uma parte dos dados do Problema 1 estão apresentados na Tabela 9.1 e são aqui considerados para ilustração das técnicas. Nessa tabela, há informação de quatro indicadores econômico-financeiros* $\mathbf{x} = (X_1, X_2, X_3, X_4)^\top$*, especificados abaixo, de vinte instituições, dez com problemas e dez sem problemas. Os dados foram coletados no período de agosto de 1994 a agosto de 1998. Os valores considerados na amostra representam a pior situação da instituição financeira observada nos seis meses anteriores à identificação de sua condição. Para o grupo de bancos "com problemas", os dados foram coletados até o período anterior à intervenção do Banco Central. Admita que queiramos obter uma regra de discriminação com base nessas quatro variáveis.*

Os indicadores considerados neste livro são:

X_1: Liquidez imediata.
X_2: Participação dos depósitos interfinanceiros no total operacional.
X_3: Participação das exigibilidades no ativo operacional.
X_4: Participação das rendas de prestação de serviços em relação às despesas administrativas.
As definições desses indicadores podem ser encontradas em Oliveira (2000). As condições 1 e 2 indicam o seguinte:

Condição 1: banco sem problemas.
Condição 2: banco com problemas (sob intervenção do Banco Central).

Como ilustração consideramos somente os indicadores X_1 e X_2. Para visualizar esses dados, um diagrama de dispersão é apresentado na Figura 9.1. Pode-se verificar que se considerarmos somente a variável "Liquidez imediata" (projeção dos dados no eixo das abscissas), as instituições dos dois grupos ficam misturadas e é difícil discriminá-las. O mesmo ocorre se considerarmos apenas a "Participação dos depósitos interfinanceiros no total operacional" (projeção no eixo das ordenadas). Seria possível obter a representação de dados em algum outro eixo de modo que as populações pudessem ser discriminadas?

Nota-se que os pontos correspondentes às duas condições ocupam majoritariamente regiões diferentes no gráfico.

A Figura 9.2 mostra o mesmo diagrama de dispersão da Figura 9.1, entretanto, na nova figura, a projeção dos dados é feita em um terceiro eixo no qual as instituições sem e com problemas são mais bem discriminadas. Esse novo eixo, Y, é uma combinação linear das variáveis originais, no qual as populações podem ser mais bem diferenciadas.

Tabela 9.1: Indicadores econômico-financeiros

Banco	Condição	X_1	X_2	X_3	X_4
Banco Real	1	0,8888	0,7391	1,0255	0,3938
Banco Garantia	1	1,6655	0,7268	0,8780	0,0004
Citibank	1	2,2111	0,9166	0,9492	0,3420
Chase Manhattan	1	1,4351	0,9133	0,9577	0,2325
Unibanco	1	2,1414	0,0020	1,0245	0,3966
Santander Noroeste	1	1,1920	0,4972	1,0340	0,3095
Banco Itaú	1	1,5895	0,2593	1,0453	0,5570
Francês e Brasileiro	1	1,3272	0,4126	1,0448	0,3482
Banco Sogeral	1	1,8847	0,3880	0,9864	0,0337
Banco Itamarati	1	0,5229	0,9473	1,1244	0,1180
Banco Banorte	2	0,4922	0,3166	1,1127	0,1628
Banco Est. Alagoas	2	1,4427	0,0589	0,9019	0,1355
Banco Econômico	2	0,5438	0,5358	1,0300	0,1481
Banco Nacional	2	0,1904	0,7087	0,9917	0,2625
Banco Progresso	2	0,1102	0,7378	1,5280	0,0783
Banerj	2	2,0060	0,0414	1,0321	0,0816
Banco Rosa	2	0,2321	0,9234	0,9753	0,0045
Banco Open	2	0,9019	0,1634	1,1414	0,5485
Banespa	2	1,9757	0,3395	0,9997	0,0751
Banco Bamerindus	2	0,7276	0,3139	1,1077	0,2957

Fonte: Oliveira (2000).

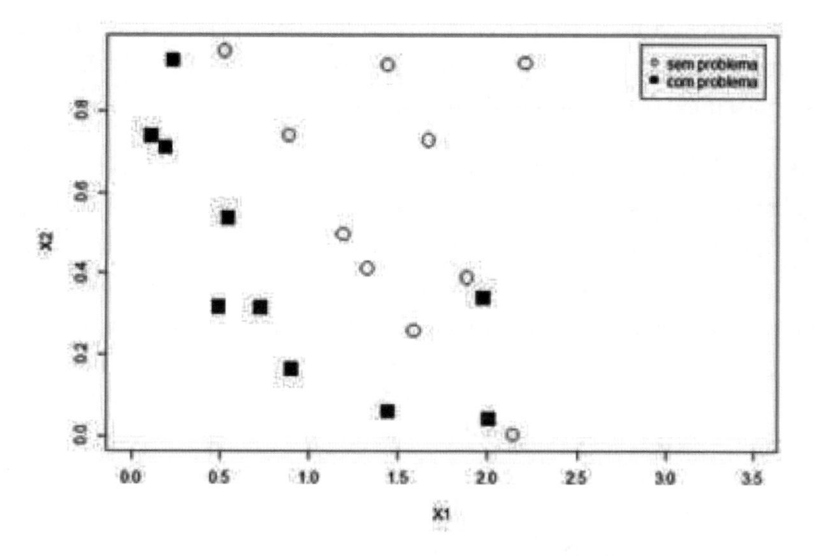

Figura 9.1: Diagrama de dispersão dos bancos

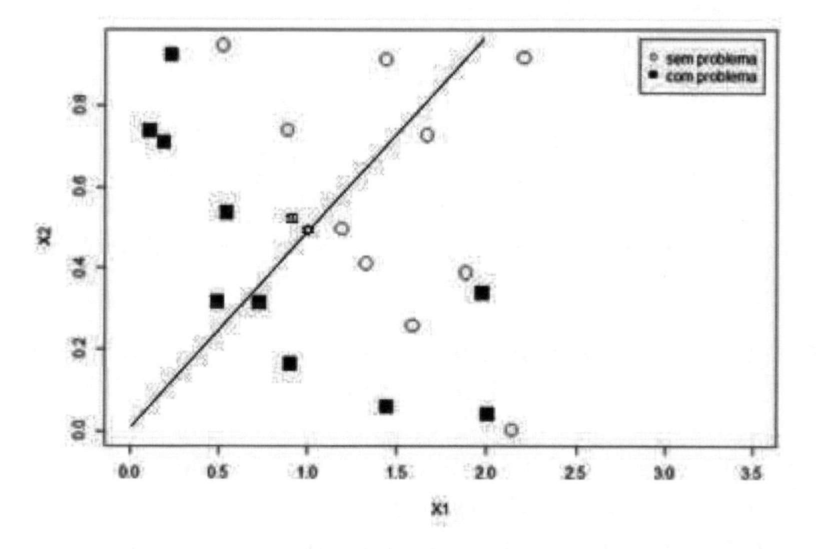

Figura 9.2: Diagrama de dispersão dos bancos

O ponto m indicado na reta Y é o ponto que determina a regra de classificação dessas populações; bancos cuja projeção está à esquerda de m são classificados como sendo da população "com problemas" e à direita como "sem problemas".

Como estamos considerando somente duas variáveis, o objetivo da análise discriminante é determinar a reta[3] que melhor separe as populações. O objetivo da análise classificatória é determinar o ponto m que define a regra de alocação.

A Figura 9.3 ilustra a distribuição de duas populações hipotéticas na variável Y em quatro situações (População 2 à esquerda, População 1 à direita). Não é necessário que essas distribuições sejam normais, como apresentado na figura, e nem que pertençam à mesma família de distribuições. Como as distribuições se sobrepõem, qualquer que seja o ponto m fixado, há a possibilidade de se classificar um objeto da População 1 como sendo da População 2 e vice-versa.

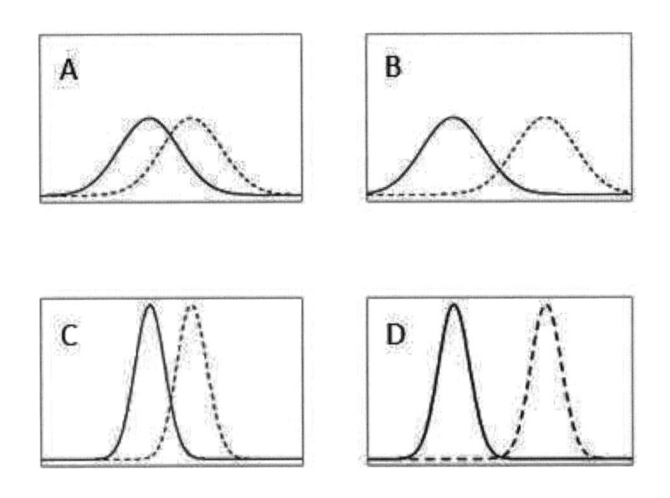

Figura 9.3: Exemplos de distribuições para a População 1 (linha tracejada) e 2 (linha contínua)

Para o caso da Figura 9.3, admita que valores superiores a um valor m sejam classificados como pertencentes à População 1 e valores inferiores a m como sendo da População 2. Uma vez que, em cada gráfico, as variâncias são as mesmas, o ponto que torna as probabilidades de classificação correta iguais é a abscissa do cruzamento das funções densidades de probabilidades, ou seja, o ponto médio entre as médias de Y das duas populações. Se movimentarmos esse ponto m para a esquerda, a probabilidade de classificar um objeto da População 1 como sendo da População 2 diminui e a probabilidade de classificar um objeto da População 2 como sendo da População 1 aumenta. Movimentando o ponto m para a direita, ocorre o oposto.

[3]Caso considerássemos mais de duas variáveis, em vez de uma reta, teríamos um hiperplano.

Consideremos agora que queiramos discriminar entre três populações. A Figura 9.4 mostra o diagrama de dispersão para dados hipotéticos. Note que uma única reta não consegue separar as três populações; com duas retas isso é possível. Nesse caso precisaríamos de um ponto de corte para cada reta e uma regra dupla de classificação. A regra mais comum, no caso de variâncias iguais, é considerar os centroides de cada população nas funções discriminantes e classificar o objeto de interesse na população cujo centroide é o mais próximo.

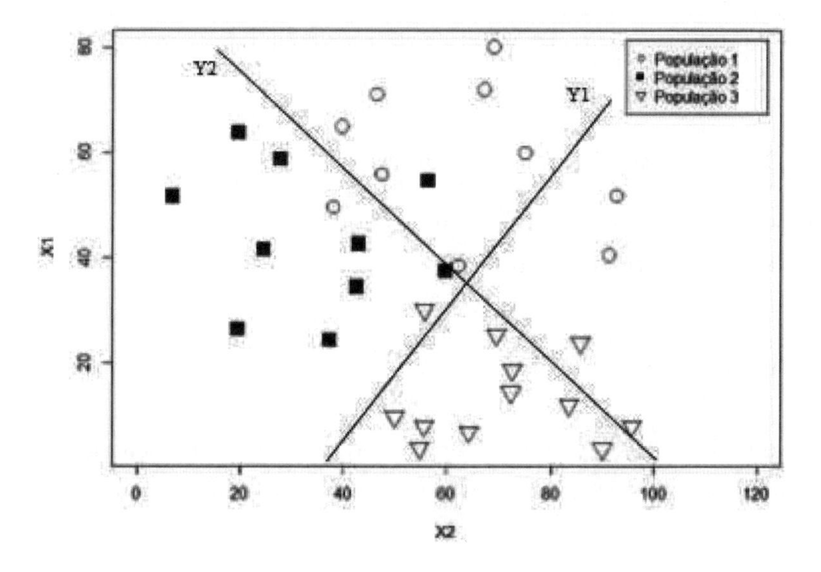

Figura 9.4: Diagrama de dispersão de três populações

9.2 Análise discriminante para duas populações

Nesta seção consideramos a discriminação e a classificação quando o número de populações envolvidas é igual a dois, como nos Problemas 1 e 2. Denotamos essas populações como $\mathcal{G}_1$ e $\mathcal{G}_2$. Na Seção 9.3 consideramos o problema mais geral de discriminação/classificação para mais do que duas populações.

Assuma que o vetor $\mathbf{x}$ de variáveis aleatórias vindo de uma das duas populações $\mathcal{G}_1$ e $\mathcal{G}_2$, cujos vetores médias e matrizes de covariâncias sejam dados por

$$\begin{aligned}\boldsymbol{\mu}_1 &= \mathrm{E}(\mathbf{x} \mid \mathcal{G}_1): \quad \text{vetor média de } \mathbf{x} \text{ em } \mathcal{G}_1,\\ \boldsymbol{\mu}_2 &= \mathrm{E}(\mathbf{x} \mid \mathcal{G}_2): \quad \text{vetor média de } \mathbf{x} \text{ em } \mathcal{G}_2,\end{aligned}$$

e

$$\begin{aligned}\boldsymbol{\Sigma}_1 &= \mathrm{Cov}(\mathbf{x} \mid \mathcal{G}_1): \quad \text{matriz de covariâncias de } \mathbf{x} \text{ em } \mathcal{G}_1,\\ \boldsymbol{\Sigma}_2 &= \mathrm{Cov}(\mathbf{x} \mid \mathcal{G}_2): \quad \text{matriz de covariâncias de } \mathbf{x} \text{ em } \mathcal{G}_2,\end{aligned}$$

sendo $\boldsymbol{\Sigma}_1$ e $\boldsymbol{\Sigma}_2$ positivas definidas.

Suponha que sejam selecionadas uma amostra de cada uma das populações, de tamanhos n_1 e n_2, respectivamente.

9.2.1 O método de Fisher

O método de Fisher baseia-se na intuição e requer como suposição que as matrizes de covariâncias do vetor $\mathbf{x}$ para as duas populações sejam iguais, ou seja, $\boldsymbol{\Sigma}_1 = \boldsymbol{\Sigma}_2 = \boldsymbol{\Sigma}$.

Considere uma combinação linear das variáveis em estudo, $Y = \boldsymbol{\alpha}^\top \mathbf{x}$. As médias de Y para as duas populações são dadas por

$$\begin{aligned}\mu_{1Y} &= \mathrm{E}(Y \mid \mathcal{G}_1) = \mathrm{E}(\boldsymbol{\alpha}^\top \mathbf{x} \mid \mathcal{G}_1) = \boldsymbol{\alpha}^\top \boldsymbol{\mu}_1\\ \mu_{2Y} &= \mathrm{E}(Y \mid \mathcal{G}_2) = \mathrm{E}(\boldsymbol{\alpha}^\top \mathbf{x} \mid \mathcal{G}_2) = \boldsymbol{\alpha}^\top \boldsymbol{\mu}_2.\end{aligned}$$

A variância de Y é

$$\sigma_Y^2 = \mathrm{Var}(\boldsymbol{\alpha}^\top \mathbf{x}) = \boldsymbol{\alpha}^\top \mathrm{Cov}(\mathbf{x}) \boldsymbol{\alpha} = \boldsymbol{\alpha}^\top \boldsymbol{\Sigma} \boldsymbol{\alpha},$$

sendo a mesma para qualquer das duas populações.

Voltando à Figura 9.3, as áreas comuns indicam regiões em que é difícil diferenciar as duas populações. Note que essas regiões diminuem quando as médias de Y para as duas populações estão distantes entre si (compare A com B e C com D) ou quando a variância de Y é pequena (compare A com C e B com D). Com isso em mente, o método de Fisher busca encontrar a melhor definição de Y (ou seja, $\boldsymbol{\alpha}$) no sentido de maximizar a distância entre as duas médias e minimizar a variância comum.

A ideia é obter a combinação linear das variáveis que melhor discrimine as duas populações; ou melhor, obter a combinação linear que maximiza a razão Δ,

$$\Delta = \frac{(\text{distância ao quadrado entre as médias de } Y)}{(\text{variância de } Y)} = \frac{(\mu_{1Y} - \mu_{2Y})^2}{\sigma_Y^2}$$

$$= \frac{(\boldsymbol{\alpha}^\top \boldsymbol{\mu}_1 - \boldsymbol{\alpha}^\top \boldsymbol{\mu}_2)^2}{\boldsymbol{\alpha}^\top \boldsymbol{\Sigma} \boldsymbol{\alpha}} = \frac{\boldsymbol{\alpha}^\top (\boldsymbol{\mu}_1 - \boldsymbol{\mu}_2)(\boldsymbol{\mu}_1 - \boldsymbol{\mu}_2)^\top \boldsymbol{\alpha}}{\boldsymbol{\alpha}^\top \boldsymbol{\Sigma} \boldsymbol{\alpha}} = \frac{(\boldsymbol{\alpha}^\top \boldsymbol{\delta})^2}{\boldsymbol{\alpha}^\top \boldsymbol{\Sigma} \boldsymbol{\alpha}},$$

em que $\boldsymbol{\delta} = (\boldsymbol{\mu}_1 - \boldsymbol{\mu}_2)$ é a diferença entre os vetores médias.

Os coeficientes da combinação linear de Fisher são obtidos por meio da aplicação direta da desigualdade de Cauchy-Schwarz (Resultado B.3 do Apêndice B), que no caso é dada por

$$(\boldsymbol{\alpha}^\top \boldsymbol{\delta})^2 = (\boldsymbol{\alpha}^\top \boldsymbol{\Sigma} \boldsymbol{\Sigma}^{-1} \boldsymbol{\delta})^2 \leq (\boldsymbol{\alpha}^\top \boldsymbol{\Sigma} \boldsymbol{\alpha})(\boldsymbol{\delta}^\top \boldsymbol{\Sigma}^{-1} \boldsymbol{\delta}).$$

Logo

$$\Delta = \frac{(\boldsymbol{\alpha}^\top \boldsymbol{\delta})^2}{\boldsymbol{\alpha}^\top \boldsymbol{\Sigma} \boldsymbol{\alpha}} \leq \boldsymbol{\delta}^\top \boldsymbol{\Sigma}^{-1} \boldsymbol{\delta}. \tag{9.1}$$

Tomando $\boldsymbol{\alpha} = c\boldsymbol{\Sigma}^{-1}\boldsymbol{\delta}$, sendo c uma constante diferente de zero, vem que

$$\frac{(\boldsymbol{\alpha}^\top \boldsymbol{\delta})^2}{\boldsymbol{\alpha}^\top \boldsymbol{\Sigma} \boldsymbol{\alpha}} = \frac{c^2(\boldsymbol{\delta}^\top \boldsymbol{\Sigma}^{-1} \boldsymbol{\delta})^2}{c^2 \boldsymbol{\delta}^\top \boldsymbol{\Sigma}^{-1} \boldsymbol{\delta}} = \boldsymbol{\delta}^\top \boldsymbol{\Sigma}^{-1} \boldsymbol{\delta},$$

ou seja, assume o limite superior da desigualdade (9.1), portanto $\boldsymbol{\alpha} = c\boldsymbol{\Sigma}^{-1}\boldsymbol{\delta}$ maximiza Δ.

Tomando $c = 1$, temos a combinação

$$Y = \boldsymbol{\alpha}^\top \mathbf{x} = (\boldsymbol{\mu}_1 - \boldsymbol{\mu}_2)^\top \boldsymbol{\Sigma}^{-1} \mathbf{x}, \tag{9.2}$$

que é chamada função discriminante linear de Fisher, ou função canônica.

Uso da função discriminante de Fisher para classificação

Consideramos agora a questão de classificação. Como a função (9.2) pode ser utilizada para classificar uma nova observação ($\mathbf{x}_0$) em uma das duas populações?

Considere y_0 como o valor da variável transformada Y para essa nova observação, isto é, $y_0 = (\boldsymbol{\mu}_1 - \boldsymbol{\mu}_2)^\top \boldsymbol{\Sigma}^{-1}\mathbf{x}_0$, e seja m o ponto médio entre as médias populacionais de Y para as populações $\mathcal{G}_1$ e $\mathcal{G}_2$,

$$\begin{aligned} m &= \frac{1}{2}(\mu_{1Y} + \mu_{2Y}) = \frac{1}{2}(\boldsymbol{\alpha}^\top \boldsymbol{\mu}_1 + \boldsymbol{\alpha}^\top \boldsymbol{\mu}_2) \\ &= \frac{1}{2}(\boldsymbol{\mu}_1 - \boldsymbol{\mu}_2)^\top \boldsymbol{\Sigma}^{-1}(\boldsymbol{\mu}_1 + \boldsymbol{\mu}_2) \\ &= \frac{1}{2}\boldsymbol{\mu}_1^\top \boldsymbol{\Sigma}^{-1}\boldsymbol{\mu}_1 - \frac{1}{2}\boldsymbol{\mu}_2^\top \boldsymbol{\Sigma}^{-1}\boldsymbol{\mu}_2. \end{aligned} \tag{9.3}$$

Temos que

$$\begin{aligned} \mathrm{E}(Y_0 \mid \mathcal{G}_1) - m &= \mathrm{E}((\boldsymbol{\mu}_1 - \boldsymbol{\mu}_2)^\top \boldsymbol{\Sigma}^{-1}\mathbf{x}_0 \mid \mathcal{G}_1) - \frac{1}{2}(\boldsymbol{\mu}_1 - \boldsymbol{\mu}_2)^\top \boldsymbol{\Sigma}^{-1}(\boldsymbol{\mu}_1 + \boldsymbol{\mu}_2) \\ &= (\boldsymbol{\mu}_1 - \boldsymbol{\mu}_2)^\top \boldsymbol{\Sigma}^{-1}\boldsymbol{\mu}_1 - \frac{1}{2}(\boldsymbol{\mu}_1 - \boldsymbol{\mu}_2)^\top \boldsymbol{\Sigma}^{-1}(\boldsymbol{\mu}_1 + \boldsymbol{\mu}_2) \\ &= \frac{1}{2}(\boldsymbol{\mu}_1 - \boldsymbol{\mu}_2)^\top \boldsymbol{\Sigma}^{-1}(\boldsymbol{\mu}_1 - \boldsymbol{\mu}_2) \geq 0. \end{aligned} \tag{9.4}$$

Analogamente,

$$\mathrm{E}(Y_0 \mid \mathcal{G}_2) - m = -\frac{1}{2}(\boldsymbol{\mu}_1 - \boldsymbol{\mu}_2)^\top \boldsymbol{\Sigma}^{-1}(\boldsymbol{\mu}_1 - \boldsymbol{\mu}_2) < 0. \tag{9.5}$$

A partir de (9.4) e (9.5) temos que, se a observação pertence à população $\mathcal{G}_1$, espera-se que y_0 seja maior ou igual a m e se pertence à população $\mathcal{G}_2$, espera-se que seja menor do que m. Essa conclusão leva à regra de alocação que consiste no seguinte:

$$\begin{cases} \text{alocar } \mathbf{x}_0 \text{ em } \mathcal{G}_1 & \text{se } y_0 = (\boldsymbol{\mu}_1 - \boldsymbol{\mu}_2)^\top \boldsymbol{\Sigma}^{-1}\mathbf{x}_0 \geq m \\ \text{alocar } \mathbf{x}_0 \text{ em } \mathcal{G}_2 & \text{se } y_0 = (\boldsymbol{\mu}_1 - \boldsymbol{\mu}_2)^\top \boldsymbol{\Sigma}^{-1}\mathbf{x}_0 < m \end{cases}$$

ou, de modo alternativo,

$$\begin{cases} \text{alocar } \mathbf{x}_0 \text{ em } \mathcal{G}_1 & \text{se } y_0 - m \geq 0 \\ \text{alocar } \mathbf{x}_0 \text{ em } \mathcal{G}_2 & \text{se } y_0 - m < 0, \end{cases},$$

ou, ainda, alocar $\mathbf{x}_0$ na população de cuja média em Y seja mais próxima. Essa distância, se tomada em Y, é a distância euclidiana e, se tomada nas variáveis originais, é a distância de Mahalanobis.

Função discriminante de Fisher amostral

Na prática os parâmetros da população não são conhecidos e são substituídos por suas estimativas amostrais $\bar{\mathbf{x}}_1, \bar{\mathbf{x}}_2$ e $\mathbf{S}_p$ que é a combinação linear de $\mathbf{S}_1$ e $\mathbf{S}_2$, ponderada pelos tamanhos amostrais menos 1. Assim, se temos amostras de n_1 e n_2 observações das populações $\mathcal{G}_1$ e $\mathcal{G}_2$, respectivamente, os estimadores dos parâmetros das populações são dados por

$$\bar{\mathbf{x}}_1 = \frac{1}{n_1}\sum_{j=1}^{n_1}\mathbf{x}_{1j}, \qquad \mathbf{S}_1 = \frac{1}{n_1-1}\sum_{j=1}^{n_1}(\mathbf{x}_{1j}-\bar{\mathbf{x}}_1)(\mathbf{x}_{1j}-\bar{\mathbf{x}}_1)^\top,$$

$$\bar{\mathbf{x}}_2 = \frac{1}{n_2}\sum_{j=1}^{n_2}\mathbf{x}_{2j}, \qquad \mathbf{S}_2 = \frac{1}{n_2-1}\sum_{j=1}^{n_2}(\mathbf{x}_{2j}-\bar{\mathbf{x}}_2)(\mathbf{x}_{2j}-\bar{\mathbf{x}}_2)^\top,$$

$$\mathbf{S}_p = \frac{n_1-1}{(n_1-1)+(n_2-1)}\mathbf{S}_1 + \frac{n_2-1}{(n_1-1)+(n_2-1)}\mathbf{S}_2$$

$$= \frac{(n_1-1)\mathbf{S}_1+(n_2-1)\mathbf{S}_2}{n_1+n_2-2}.$$

O estimador $\mathbf{S}_p$ é não viesado para $\boldsymbol{\Sigma}$ e é largamente utilizado na aplicação de técnicas estatísticas que pressupõem igualdade das matrizes de covariâncias.

Assim, na prática, a função discriminante linear de Fisher é dada por

$$y = (\bar{\mathbf{x}}_1-\bar{\mathbf{x}}_2)^\top\mathbf{S}_p^{-1}\mathbf{x}$$

e o ponto médio entre as duas médias univariadas amostrais é dado por

$$\hat{m} = \frac{1}{2}(\bar{y}_1+\bar{y}_2) = \frac{1}{2}(\bar{\mathbf{x}}_1-\bar{\mathbf{x}}_2)^\top\mathbf{S}_p^{-1}(\bar{\mathbf{x}}_1+\bar{\mathbf{x}}_2).$$

O valor máximo da razão $(\boldsymbol{\alpha}^\top\boldsymbol{\delta})^2/(\boldsymbol{\alpha}^\top\boldsymbol{\Sigma}\boldsymbol{\alpha})$ é estimado por $D_M^2 = (\bar{\mathbf{x}}_1-\bar{\mathbf{x}}_2)^\top\mathbf{S}_p^{-1}(\bar{\mathbf{x}}_1-\bar{\mathbf{x}}_2)$ que é um estimador da distância de Mahalanobis entre $\boldsymbol{\mu}_1$ e

$\boldsymbol{\mu}_2$ (ver a definição na Seção 2.4.2 do Capítulo 2) e pode ser usada para testar se $\boldsymbol{\mu}_1$ e $\boldsymbol{\mu}_2$ diferem significantemente (Johnson e Wichern, 2007).

Voltando ao Exemplo 9.1 da Tabela 9.1 e considerando somente as duas primeiras variáveis, "Liquidez imediata" e "Participação dos depósitos interfinanceiros no total operacional", podemos obter as estimativas dos vetores médias das duas populações e da matriz de covariâncias comum, que são

$$\bar{\mathbf{x}}_1 = \begin{pmatrix} 1{,}486 \\ 0{,}580 \end{pmatrix}, \quad \mathbf{S}_1 = \begin{pmatrix} 0{,}284 & -0{,}070 \\ -0{,}070 & 0{,}102 \end{pmatrix},$$

$$\bar{\mathbf{x}}_2 = \begin{pmatrix} 0{,}862 \\ 0{,}414 \end{pmatrix}, \quad \mathbf{S}_2 = \begin{pmatrix} 0{,}506 & -0{,}164 \\ -0{,}164 & 0{,}091 \end{pmatrix},$$

$$\mathbf{S}_p = \begin{pmatrix} 0{,}395 & -0{,}117 \\ -0{,}117 & 0{,}096 \end{pmatrix}.$$

Os vetores $(\bar{\mathbf{x}}_1 - \bar{\mathbf{x}}_2)$ e $(\bar{\mathbf{x}}_1 + \bar{\mathbf{x}}_2)$ e a inversa da matriz $\mathbf{S}_p$ são

$$\bar{\mathbf{x}}_1 - \bar{\mathbf{x}}_2 = \begin{pmatrix} 0{,}624 \\ 0{,}166 \end{pmatrix}, \quad \bar{\mathbf{x}}_1 + \bar{\mathbf{x}}_2 = \begin{pmatrix} 2{,}348 \\ 0{,}994 \end{pmatrix},$$

$$\mathbf{S}_p^{-1} = \begin{pmatrix} 3{,}9619 & 4{,}8285 \\ 4{,}8285 & 16{,}3014 \end{pmatrix}.$$

A função discriminante linear de Fisher é $3{,}271X_1 + 5{,}708X_2$ e o valor de $\hat{m}$ é 6,677.

A Tabela 9.2 e a Figura 9.5 mostram os valores da função discriminante para cada banco. Observe que a representação nesse eixo discrimina as duas populações bem melhor do que a representação nos eixos originais (Figura 9.2). A Tabela 9.2 mostra também as condições reais e as condições previstas para os bancos segundo a regra de classificação. Note que todos os bancos na condição 1 ("sem problemas") seriam alocados corretamente. Quanto aos bancos na condição 2 ("com problemas"), dois seriam classificados como "sem problemas": são os bancos Banerj e Banespa.

Uma observação importante é que todos esses bancos tinham sua condição conhecida e seus dados foram utilizados para determinar a função discriminante. Assim, essa alta taxa de acerto pode ter sido influenciada por esse fato. Uma maneira de contornar essa questão é a utilização de procedimentos do tipo validação cruzada, que serão abordados no final deste capítulo.

Tabela 9.2: Valores da função discriminante e classificação do Exemplo 9.1

Banco	Função discriminante	Condição	Classificado em
Banco Real	7,126	1	1
Banco Garantia	9,596	1	1
Citibank	12,464	1	1
Chase Manhattan	9,907	1	1
Unibanco	7,016	1	1
Santander Noroeste	6,737	1	1
Banco Itaú	6,679	1	1
Francês e Brasileiro	6,696	1	1
Banco Sogeral	8,380	1	1
Banco Itamarati	7,118	1	1
Banco Banorte	3,417	2	2
Banco Est. Alagoas	5,055	2	2
Banco Econômico	4,837	2	2
Banco Nacional	4,668	2	2
Banco Progresso	4,572	2	2
Banerj	6,798	2	1
Banco Rosa	6,030	2	2
Banco Open	3,883	2	2
Banespa	8,400	2	1
Banco Bamerindus	4,172	2	2

9.2.2 O método geral de classificação

Apesar da simplicidade do método de Fisher, sua aplicação é limitada, pois requer que as matrizes de covariâncias das populações sejam iguais. Em contrapartida, no método geral de classificação, é possível relaxar essa suposição, mas é necessário conhecer as distribuições dos vetores de variáveis.

A ideia é particionar o espaço amostral Ω em duas regiões, R_1 e R_2, que favoreçam as populações $\mathcal{G}_1$ e $\mathcal{G}_2$, respectivamente. Essas regiões podem ser usadas para classificar um novo objeto como pertencente a uma das duas populações (se $\mathbf{x}_0 \in R_1$, concluímos que a observação vem de $\mathcal{G}_1$, caso contrário, vem de $\mathcal{G}_2$).

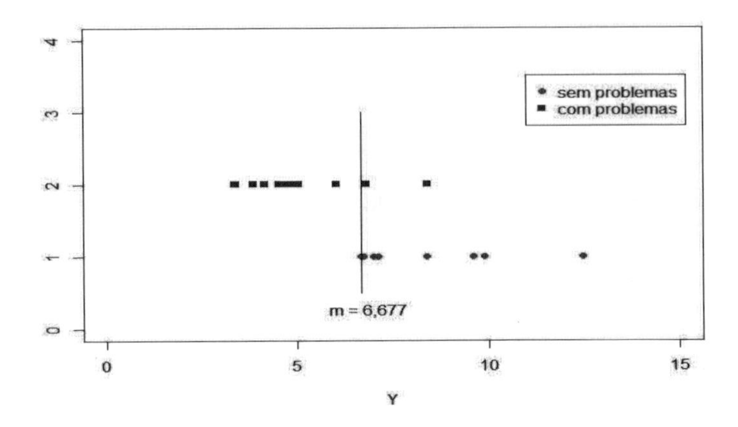

Figura 9.5: Função discriminante de Fisher do Exemplo 9.1

A questão é como determinar essas duas regiões, e, para isso, três pontos podem ser considerados:

- Pode haver sobreposição das duas populações e é possível cometer erro de classificação (classificar a observação $\mathbf{x}_0$ em $\mathcal{G}_1$ quando na verdade ela é de $\mathcal{G}_2$ e vice-versa).
- Um dos erros de classificação pode ser mais grave do que o outro; por exemplo, no Problema 1, do ponto de vista do governo, classificar um banco "sem" problemas como tendo problemas levaria a um endurecimento da fiscalização a essa instituição pelo Banco Central. O oposto poderia levar o Banco Central a relaxar na fiscalização e trazer grandes prejuízos futuros.
- Uma população pode ser muito maior do que a outra, nesse caso, a probabilidade de uma observação pertencer à população com mais elementos pode ser bem maior do que a probabilidade de ela pertencer à outra; ainda no Problema 1, sobre a fiscalização exercida pelo Banco Central, há um número muito maior de instituições com boa saúde financeira do que instituições apresentando problemas.

Esses três pontos podem ser levados em consideração no método geral de classificação. Em relação aos custos, por exemplo, pode-se incorporar na regra de alocação um valor de custo para cada tipo de erro, levando-se em conta a gravidade desses erros. A questão de uma população ser muito maior do que a outra pode ser traduzida pela inclusão de probabilidades a priori de uma observação pertencer a cada população. A maior delas poderia ter um maior valor para essa probabilidade a priori.

A ideia é levar tudo isso em consideração e obter a partição do espaço amostral que leva ao menor custo esperado do erro de classificação. Vejamos como isso pode ser feito.

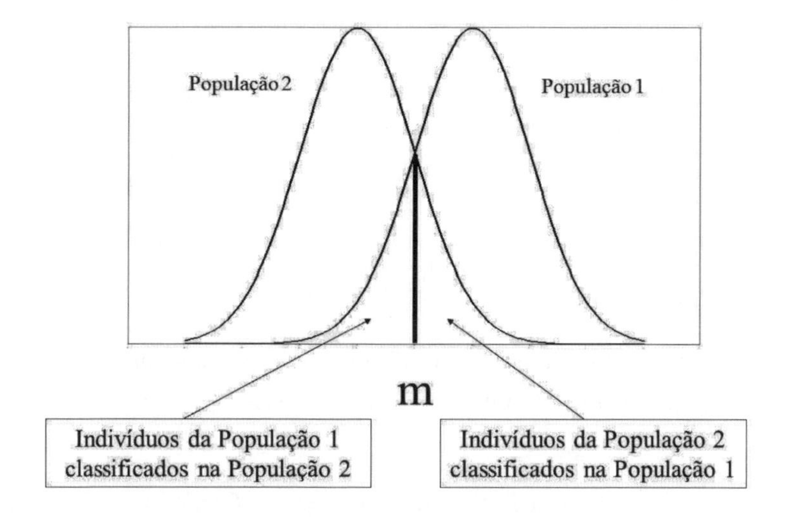

Figura 9.6: Regra de Fisher

A Figura 9.6 ilustra a distribuição de Y em duas populações e mostra o ponto de corte sugerido pelo método de Fisher. Se adotarmos esse ponto de corte, a probabilidade de classificação errada, dado que o objeto pertença à População $\mathcal{G}_1$, é a mesma de classificação errada, dado que o objeto pertença à População $\mathcal{G}_2$. Imagine uma situação na qual os tamanhos das duas populações sejam iguais, mas os custos do erro de classificação sejam diferentes, por exemplo, se o custo de classificar um elemento na População $\mathcal{G}_2$ quando ele é da População $\mathcal{G}_1$ for maior do que o outro. Para manter um controle do custo total, a probabilidade de classificar um objeto em $\mathcal{G}_2$ quando ele pertence a $\mathcal{G}_1$ deveria ser menor do que a apresentada. Isso é feito se deslocarmos o ponto de corte para a esquerda.

Outra situação seria aquela na qual os custos são iguais, mas uma das populações (por exemplo, a $\mathcal{G}_1$) é muito maior do que a outra. Nesse caso, a manutenção do ponto de corte no local indicado faria com que a taxa geral de erro fosse muito alta. Dessa forma, se o interesse for controlar a taxa de erro total, o ponto de corte também deveria ser deslocado para a esquerda.

Sejam $f_1(\mathbf{x})$ e $f_2(\mathbf{x})$ as funções densidade de probabilidade de $\mathbf{x}$ para as populações $\mathcal{G}_1$ e $\mathcal{G}_2$, respectivamente. Sejam $P(i|j)$ a probabilidade de se classificar um objeto em $\mathcal{G}_i$ quando na verdade ele é de $\mathcal{G}_j$. Essas probabilidades são

$$P(2|1) = P(\mathbf{x} \in R_2 \mid \mathcal{G}_1) = \int_{R_2=\Omega-R_1} f_1(\mathbf{x})d\mathbf{x}$$

e

$$P(1|2) = P(\mathbf{x} \in R_1 \mid \mathcal{G}_2) = \int_{R_1} f_2(\mathbf{x})d\mathbf{x}.$$

Podemos também definir as probabilidades de se classificar uma observação na população $\mathcal{G}_i$ quando ela é mesmo de $\mathcal{G}_i$, $i = 1, 2$:

$$P(1|1) = P(\mathbf{x} \in R_1 \mid \mathcal{G}_1) = \int_{R_1} f_1(\mathbf{x})d\mathbf{x}$$

e

$$P(2|2) = P(\mathbf{x} \in R_2 \mid \mathcal{G}_2) = \int_{R_2=\Omega-R_1} f_2(\mathbf{x})d\mathbf{x}.$$

Seja $p_i, i = 1, 2$, a probabilidade a priori de a observação pertencer à população $\mathcal{G}_i$. Temos que $p_1 + p_2 = 1$.

Considere os custos do erro de classificação e as probabilidades de classificação com as seguintes notações:

$c(2|1)$ é o custo de classificação de um objeto de $\mathcal{G}_1$ em $\mathcal{G}_2$.
$c(1|2)$ é o custo de classificação de um objeto de $\mathcal{G}_2$ em $\mathcal{G}_1$.

As probabilidades de classificação correta são:

$P(1,1)$ = P(observação pertencer a $\mathcal{G}_1$ e ser classificada em $\mathcal{G}_1$) $= p_1 P(1|1)$.
$P(2,2)$ = P(observação pertencer a $\mathcal{G}_2$ e ser classificada em $\mathcal{G}_2$) $= p_2 P(2|2)$.

As probabilidades de classificação incorreta são:

$P(1{,}2)$ = P(observação pertencer a $\mathcal{G}_2$ e ser classificada em $\mathcal{G}_1$) $= p_2 P(1|2)$.
$P(2{,}1)$ = P(observação pertencer a $\mathcal{G}_1$ e ser classificada em $\mathcal{G}_2$) $= p_1 P(2|1)$.

O custo esperado do erro de classificação ($CEEC$) é dado por

$$\begin{aligned} CEEC &= c(2|1)P(2{,}1) + c(1|2)P(1{,}2) \\ &= c(2|1)P(2|1)p_1 + c(1|2)P(1|2)p_2. \end{aligned}$$

Resultado 9.1 *A regra de classificação consiste em determinar R_1 e R_2 que minimizem o $CEEC$ e são dadas por*

$$R_1 : \frac{f_1(\mathbf{x})}{f_2(\mathbf{x})} \geq \frac{c(1|2)}{c(2|1)} \frac{p_2}{p_1},$$

$$R_2 : \frac{f_1(\mathbf{x})}{f_2(\mathbf{x})} < \frac{c(1|2)}{c(2|1)} \frac{p_2}{p_1}.$$

Prova: Para provar esse resultado, basta perceber que

$$\begin{aligned} CEEC &= c(2|1)p_1 P(2|1) + c(1|2)p_2 P(1|2) \\ &= c(2|1)p_1 \int_{R_2} f_1(\mathbf{x}) d\mathbf{x} + c(1|2)p_2 \int_{R_1} f_2(\mathbf{x}) d\mathbf{x} \end{aligned}$$

e escrever essa quantidade em função de R_1, ou seja,

$$CEEC = c(2|1)p_1 + \int_{R_1} \left[c(1|2)p_2 f_2(\mathbf{x}) - c(2|1)p_1 f_1(\mathbf{x}) \right] d\mathbf{x}. \quad (9.6)$$

Sabemos que p_1, p_2, $c(1|2)$, $c(2|1)$, $f_1(\mathbf{x})$ e $f_2(\mathbf{x})$ são quantidades não negativas e que somente as duas últimas dependem de $\mathbf{x}$. Assim, o $CEEC$ será mínimo quando R_1 incluir todos os valores de $\mathbf{x}$ para os quais o integrando da integral em (9.6) é menor ou igual a zero, isto é, R_1 é o conjunto de valores para os quais

$$\frac{f_1(\mathbf{x})}{f_2(\mathbf{x})} \geq \frac{c(1|2)}{c(2|1)} \frac{p_2}{p_1} \quad (9.7)$$

e R_2 é o conjunto complementar de R_1 em Ω, ou seja, os valores de $\mathbf{x}$ em que

$$\frac{f_1(\mathbf{x})}{f_2(\mathbf{x})} < \frac{c(1|2)}{c(2|1)}\frac{p_2}{p_1}.\circ \tag{9.8}$$

Se os custos são iguais em (9.7) e (9.8), a regra de alocação consiste em classificar o objeto na população cuja probabilidade a posteriori, dada por $p_i f_i(\mathbf{x})$, $i = 1{,}2$, seja a maior.

Classificação para populações normais

Consideremos agora que os vetores de variáveis aleatórias $\mathbf{x}$ de ambas as populações tenham distribuições normais multivariadas de parâmetros $\boldsymbol{\mu}_1$, $\boldsymbol{\Sigma}_1$ e $\boldsymbol{\mu}_2$, $\boldsymbol{\Sigma}_2$, respectivamente.

Para se obter a regra de classificação para esse caso, basta substituir na regra geral (9.7) e (9.8) a função densidade de probabilidade da distribuição normal multivariada, ou seja,

$$f_i(\mathbf{x}) = \frac{1}{(2\pi)^{p/2} \mid \boldsymbol{\Sigma_i} \mid^{1/2}} \exp\left\{-\frac{1}{2}(\mathbf{x} - \boldsymbol{\mu}_i)^\top \boldsymbol{\Sigma_i}^{-1}(\mathbf{x} - \boldsymbol{\mu}_i)\right\}, \ i = 1{,}2.$$

Para simplificação das expressões (9.7) e (9.8), pode-se tomar os logaritmos naturais dos termos sem que as desigualdades sejam afetadas.

Simplificando as expressões encontradas, chega-se à seguinte regra de alocação: classificar uma observação $\mathbf{x}_0$ em $\mathcal{G}_1$ se $\mathbf{x}_0$ pertencer à região R_1 dada por

$$R_1 : -\frac{1}{2}\mathbf{x}^\top \left(\boldsymbol{\Sigma}_1^{-1} - \boldsymbol{\Sigma}_2^{-1}\right)\mathbf{x} + \left(\boldsymbol{\mu}_1^\top \boldsymbol{\Sigma}_1^{-1} - \boldsymbol{\mu}_2^\top \boldsymbol{\Sigma}_2^{-1}\right)\mathbf{x} - k \geq \ln\left[\frac{c(1|2)}{c(2|1)}\frac{p_2}{p_1}\right], \tag{9.9}$$

em que

$$k = \frac{1}{2}\ln\left(\frac{\mid \boldsymbol{\Sigma}_1 \mid}{\mid \boldsymbol{\Sigma}_2 \mid}\right) + \frac{1}{2}\left(\boldsymbol{\mu}_1^\top \boldsymbol{\Sigma}_1^{-1}\boldsymbol{\mu}_1 - \boldsymbol{\mu}_2^\top \boldsymbol{\Sigma}_2^{-1}\boldsymbol{\mu}_2\right).$$

A região R_2 é dada pelo complementar de R_1 no espaço amostral.

Como na realidade os parâmetros da população são desconhecidos, a regra prática de alocação é:

$$\begin{cases} \text{alocar } \mathbf{x}_0 \text{ em } \mathcal{G}_1 \text{ se} \\ -\frac{1}{2}\mathbf{x}_0^\top(\mathbf{S}_1^{-1} - \mathbf{S}_2^{-1})\mathbf{x}_0 + (\bar{\mathbf{x}}_1^\top\mathbf{S}_1^{-1} - \bar{\mathbf{x}}_2^\top\mathbf{S}_2^{-1})\mathbf{x}_0 - \hat{k} \geq \ln\left(\frac{c(1|2)}{c(2|1)}\frac{p_2}{p_1}\right) \\ \\ \text{alocar } \mathbf{x}_0 \text{ em } \mathcal{G}_2 \text{ caso contrário;} \end{cases} \tag{9.10}$$

em que $\hat{k} = \frac{1}{2}\ln\left(\frac{|\mathbf{S}_1|}{|\mathbf{S}_2|}\right) + \frac{1}{2}\left(\bar{\mathbf{x}}_1^\top\mathbf{S}_1^{-1}\bar{\mathbf{x}}_1 - \bar{\mathbf{x}}_2^\top\mathbf{S}_2^{-1}\bar{\mathbf{x}}_2\right)$.

Essa regra é uma função quadrática de $\mathbf{x}$, conhecida como função discriminante quadrática.

Quando os custos são iguais, a expressão (9.10) pode ser reescrita como

$$\begin{cases} \text{alocar } \mathbf{x}_0 \text{ em } \mathcal{G}_1 \text{ se} \\ -\frac{1}{2}\ln(|\mathbf{S}_1|) - \frac{1}{2}(\mathbf{x}_0 - \bar{\mathbf{x}}_1)^\top\mathbf{S}_1^{-1}(\mathbf{x}_0 - \bar{\mathbf{x}}_1) + \ln p_1 \geq \\ \\ -\frac{1}{2}\ln(|\mathbf{S}_2|) - \frac{1}{2}(\mathbf{x}_0 - \bar{\mathbf{x}}_2)^\top\mathbf{S}_2^{-1}(\mathbf{x}_0 - \bar{\mathbf{x}}_2) + \ln p_2 \\ \\ \text{alocar } \mathbf{x}_0 \text{ em } \mathcal{G}_2 \text{ caso contrário;} \end{cases} \tag{9.11}$$

O termo à esquerda da desigualdade (9.11) é a função discriminante quadrática da população $\mathcal{G}_1$ e o termo à direita é a função correspondente da população $\mathcal{G}_2$. Calculando essas funções no ponto que se deseja classificar, este será alocado na população que apresentar o maior valor.

Sendo possível supor, como no método de Fisher, que as matrizes de covariâncias das duas populações sejam iguais, a expressão (9.9) tem o primeiro termo cancelado, o que leva à regra de alocação linear, que depende de

$$(\boldsymbol{\mu}_1 - \boldsymbol{\mu}_2)^\top\boldsymbol{\Sigma}^{-1}\mathbf{x} - \frac{1}{2}(\boldsymbol{\mu}_1 - \boldsymbol{\mu}_2)^\top\boldsymbol{\Sigma}^{-1}(\boldsymbol{\mu}_1 + \boldsymbol{\mu}_2)$$

e que na prática é usada como

$$\begin{cases} \text{alocar } \mathbf{x}_0 \text{ em } \mathcal{G}_1 \text{ se} \\ (\bar{\mathbf{x}}_1 - \bar{\mathbf{x}}_2)^\top\mathbf{S}_p^{-1}\mathbf{x}_0 - \frac{1}{2}(\bar{\mathbf{x}}_1 - \bar{\mathbf{x}}_2)^\top\mathbf{S}_p^{-1}(\bar{\mathbf{x}}_1 + \bar{\mathbf{x}}_2) \geq \ln\left[\frac{c(1|2)}{c(2|1)}\frac{p_2}{p_1}\right], \\ \\ \text{alocar } \mathbf{x}_0 \text{ em } \mathcal{G}_2 \text{ caso contrário.} \end{cases} \tag{9.12}$$

Usando a notação de Fisher, essa regra pode ser escrita como

$$\begin{cases} \text{alocar } \mathbf{x}_0 \text{ em } \mathcal{G}_1 \text{ se} \\ y_0 \geq m + \ln\left[\frac{c(1|2)}{c(2|1)}\frac{p_2}{p_1}\right], \\ \\ \text{alocar } \mathbf{x}_0 \text{ em } \mathcal{G}_2 \text{ caso contrário.} \end{cases}$$

com m dado em (9.3).

Analogamente ao caso quadrático, quando os custos são iguais, a expressão (9.12) pode ser reescrita como

$$\begin{cases} \text{alocar } \mathbf{x}_0 \text{ em } \mathcal{G}_1 \text{ se} \\ \bar{\mathbf{x}}_1^\top \mathbf{S}_p^{-1}\mathbf{x}_0 - \frac{1}{2}\bar{\mathbf{x}}_1^\top \mathbf{S}_p^{-1}\bar{\mathbf{x}}_1 + \ln p_1 \geq \bar{\mathbf{x}}_2^\top \mathbf{S}_p^{-1}\mathbf{x}_0 - \frac{1}{2}\bar{\mathbf{x}}_2^\top \mathbf{S}_p^{-1}\bar{\mathbf{x}}_2 + \ln p_2, \\ \\ \text{alocar } \mathbf{x}_0 \text{ em } \mathcal{G}_2 \text{ caso contrário.} \end{cases} \tag{9.13}$$

A quantidade $\ln\left[\frac{c(1|2)}{c(2|1)}\frac{p_2}{p_1}\right]$ é o quanto se desloca o ponto de corte (m) definido em (9.3), levando-se em conta os custos do erro de classificação e as probabilidades a priori das populações. Se os custos a prioris são iguais, a regra é igual à de Fisher; se $c(2|1) > c(1|2)$ a prioris são iguais, o limite é deslocado para a esquerda; se $p_2 > p_1$ e os custos forem iguais, o limite é deslocado para a direita.

Voltando aos dados do Exemplo 9.1, mas agora usando todas as quatro variáveis, os vetores médias e as matrizes de covariâncias estimadas são

$$\bar{\mathbf{x}}_1 = \begin{pmatrix} 1{,}486 \\ 0{,}580 \\ 1{,}007 \\ 0{,}273 \end{pmatrix}, \quad \mathbf{S}_1 = \begin{pmatrix} 0{,}284 & -0{,}070 & -0{,}021 & 0{,}008 \\ -0{,}070 & 0{,}102 & -0{,}004 & -0{,}022 \\ -0{,}021 & -0{,}004 & 0{,}005 & 0{,}004 \\ 0{,}008 & -0{,}022 & 0{,}004 & 0{,}031 \end{pmatrix},$$

$$\bar{\mathbf{x}}_2 = \begin{pmatrix} 0{,}862 \\ 0{,}414 \\ 1{,}082 \\ 0{,}179 \end{pmatrix}, \quad \mathbf{S}_2 = \begin{pmatrix} 0{,}505 & -0{,}164 & -0{,}051 & -0{,}012 \\ -0{,}164 & 0{,}091 & 0{,}014 & -0{,}016 \\ -0{,}051 & 0{,}014 & 0{,}030 & 0{,}002 \\ -0{,}012 & -0{,}016 & 0{,}002 & 0{,}025 \end{pmatrix},$$

$$\mathbf{S}_p = \begin{pmatrix} 0{,}395 & -0{,}117 & -0{,}036 & -0{,}002 \\ -0{,}117 & 0{,}096 & 0{,}005 & -0{,}019 \\ -0{,}036 & 0{,}005 & 0{,}017 & 0{,}003 \\ -0{,}002 & -0{,}019 & 0{,}003 & 0{,}028 \end{pmatrix}.$$

Os vetores $(\bar{\mathbf{x}}_1 - \bar{\mathbf{x}}_2)$ e $(\bar{\mathbf{x}}_1 + \bar{\mathbf{x}}_2)$ e as inversas das matrizes $\mathbf{S}_1$, $\mathbf{S}_2$ e $\mathbf{S}_p$ são

$$\bar{\mathbf{x}}_1 - \bar{\mathbf{x}}_2 = \begin{pmatrix} 0{,}624 \\ 0{,}166 \\ -0{,}075 \\ 0{,}094 \end{pmatrix}, \quad \bar{\mathbf{x}}_1 + \bar{\mathbf{x}}_2 = \begin{pmatrix} 2{,}348 \\ 0{,}994 \\ 2{,}089 \\ 0{,}452 \end{pmatrix},$$

$$\mathbf{S}_1^{-1} = \begin{pmatrix} 8{,}568 & 6{,}970 & 43{,}907 & -2{,}930 \\ 6{,}970 & 17{,}286 & 38{,}725 & 5{,}472 \\ 43{,}907 & 38{,}725 & 448{,}795 & -41{,}757 \\ -2{,}930 & 5{,}472 & -41{,}757 & 42{,}286 \end{pmatrix},$$

$$\mathbf{S}_2^{-1} = \begin{pmatrix} 8{,}141 & 16{,}302 & 5{,}304 & 13{,}916 \\ 16{,}302 & 46{,}355 & 3{,}600 & 37{,}204 \\ 5{,}304 & 3{,}600 & 40{,}563 & 1{,}605 \\ 13{,}916 & 37{,}204 & 1{,}605 & 70{,}362 \end{pmatrix},$$

$$\mathbf{S}_p^{-1} = \begin{pmatrix} 5{,}405 & 6{,}964 & 8{,}659 & 4{,}184 \\ 6{,}964 & 21{,}452 & 5{,}893 & 14{,}423 \\ 8{,}659 & 5{,}893 & 76{,}050 & -3{,}531 \\ 4{,}184 & 14{,}423 & -3{,}531 & 46{,}178 \end{pmatrix}.$$

Neste exemplo, estamos supondo que a distribuição dos dados, tanto da população $\mathcal{G}_1$ como da população $\mathcal{G}_2$, é a distribuição normal multivariada.

Se considerarmos custos de erro de classificação e probabilidades a priori iguais, a função discriminante linear é $4{,}296X_1 + 8{,}860X_2 + 0{,}444X_3 + 9{,}723X_4 - 12{,}110$ e é usada se a suposição da igualdade das matrizes de covariâncias é válida. Essa função é a mesma que a função discriminante de Fisher.

A função discriminante quadrática é $-0{,}214X_1^2 + 14{,}535X_2^2 - 204{,}116X_3^2 + 14{,}038X_4^2 + 9{,}332X_1X_2 - 38{,}603X_1X_3 + 16{,}846X_1X_4 - 35{,}125X_2X_3 + 31{,}732\,X_2X_4 + 43{,}362X_3X_4 + 38{,}194X_1 + 17{,}076X_2 + 478{,}004X_3 - 73{,}415X_4 - 273{,}776$ e deveria ser usada quando as matrizes de covariâncias são diferentes.

A Tabela 9.3 contém os valores das funções discriminantes linear e quadrática para cada banco, suas condições e populações em que seriam alocados nas duas situações. Nota-se que, no caso linear, somente um banco foi classificado erroneamente: é o Banespa, que teria sido alocado na população $\mathcal{G}_1$ (note que esse resultado é diferente daquele apresentado na Tabela 9.2, pois lá foram utilizadas somente as duas primeiras variáveis). Já no caso quadrático, os bancos mal classificados foram Banco Open e Banespa, ambos da população $\mathcal{G}_2$, alocados na população $\mathcal{G}_1$.

Tabela 9.3: Valores da função discriminante e classificação do Exemplo 9.1

Banco	Condição	Regra linear		Regra quadrática	
		Função	Grupo	Função	Grupo
Banco Real	1	3,336	1	6,329	1
Banco Garantia	1	2,701	1	4,108	1
Citibank	1	10,223	1	27,940	1
Chase Manhattan	1	5,825	1	13,043	1
Unibanco	1	1,403	1	2,861	1
Santander Noroeste	1	1,425	1	3,046	1
Banco Itaú	1	3, 146	1	6,822	1
Francês e Brasileiro	1	1,539	1	3,359	1
Banco Sogeral	1	0,635	1	1,247	1
Banco Itamarati	1	1,222	1	1,151	1
Banco Banorte	2	-4,740	2	-1,808	2
Banco Est. Alagoas	2	-3,570	2	-5,130	2
Banco Econômico	2	-2,514	2	-2,313	2
Banco Nacional	2	-1,223	2	-4,802	2
Banco Progresso	2	-2,862	2	-39,071	2
Banerj	2	-1,832	2	-1,397	2
Banco Rosa	2	-1,400	2	-3,083	2
Banco Open	2	-0,792	2	0,713	1
Banespa	2	0,945	1	1,411	1
Banco Bamerindus	2	-2,484	2	-1,175	2

O melhor resultado sob a regra de classificação linear pode ter ocorrido porque as matrizes de covariâncias amostrais das duas populações são próximas, indicando igualdade das correspondentes matrizes populacionais. Nesta ilustração a suposição de normalidade multivariada não foi verificada pois as amostras são muito pequenas (apenas dez unidades em cada amostra). Segundo Johnson e Wichern (2007), a regra quadrática é mais afetada pela falta de normalidade do que a regra linear. Por esse motivo, a regra linear pode apresentar melhores resultados do que a quadrática mesmo que as matrizes de covariâncias sejam diferentes. Lembre que a normalidade marginal (univariada) de cada uma das variáveis consideradas não garante a normalidade conjunta (multivariada). Quando essa suposição não está satisfeita, pode-se transformar as variáveis. Uma discussão ampla sobre a não observância das suposições e o uso de transformações pode ser encontrada em Oliveira (2000) e Tillmanns e Krafft (2017).

9.3 Análise discriminante em situações com mais de duas populações

Nesta seção consideramos o problema mais geral de discriminação e classificação quando o número de populações envolvidas é maior do que dois, como no Problema 3.

Seja g o número de populações, denotadas por $\mathcal{G}_1, \mathcal{G}_2, \ldots, \mathcal{G}_g$. Como uma extensão do caso anterior, considere os vetores médias das g populações denotados por $\boldsymbol{\mu}_1, \boldsymbol{\mu}_2, \ldots, \boldsymbol{\mu}_g$ e as matrizes de covariâncias por $\boldsymbol{\Sigma}_1, \boldsymbol{\Sigma}_2, \ldots, \boldsymbol{\Sigma}_g$.

Começamos pelo método de Fisher para depois tratar do método geral de classificação.

9.3.1 O método de Fisher

Como no caso de duas populações, a aplicação do método de Fisher não requer que o vetor de variáveis aleatórias $\mathbf{x}$ provenha de uma população com distribuição normal multivariada. Entretanto, a suposição de igualdade das matrizes de covariâncias continua sendo requerida, ou seja, $\boldsymbol{\Sigma}_1 = \boldsymbol{\Sigma}_2 = \ldots = \boldsymbol{\Sigma}_g = \boldsymbol{\Sigma}$.

Seja $\bar{\boldsymbol{\mu}}$ o vetor das médias dos vetores médias e $\mathbf{B}_0$ a soma de produtos cruzados dos vetores médias centrados em $\bar{\boldsymbol{\mu}}$ das g populações, isto é,

$$\bar{\boldsymbol{\mu}} = \frac{1}{g}\sum_{i=1}^{g}\boldsymbol{\mu}_i \text{ e } \mathbf{B}_0 = \sum_{i=1}^{g}(\boldsymbol{\mu}_i - \bar{\boldsymbol{\mu}})(\boldsymbol{\mu}_i - \bar{\boldsymbol{\mu}})^\top.$$

Note que, se os vetores médias forem iguais, não há diferença entre as populações e $\mathbf{B}_0 = 0$.

Considere uma combinação das variáveis em estudo, $Y = \boldsymbol{\alpha}^\top \mathbf{x}$. A média e a variância de Y para a i-ésima população são dadas por

$$\mu_{iY} = \mathrm{E}(Y \mid \mathcal{G}_i) = \boldsymbol{\alpha}^\top \mathrm{E}(\mathbf{x} \mid \mathcal{G}_i) = \boldsymbol{\alpha}^\top \boldsymbol{\mu}_i \quad \text{e}$$

$$\mathrm{Var}(Y) = \mathrm{Var}(\boldsymbol{\alpha}^\top \mathbf{x}) = \boldsymbol{\alpha}^\top \mathrm{Var}(\mathbf{x})\boldsymbol{\alpha} = \boldsymbol{\alpha}^\top \boldsymbol{\Sigma}\boldsymbol{\alpha}.$$

Defina a média das médias de Y para as g populações como

$$\bar{\mu}_Y = \frac{1}{g}\sum_{i=1}^{g} \mu_{iY} = \frac{1}{g}\sum_{i=1}^{g} \boldsymbol{\alpha}^\top \boldsymbol{\mu}_i = \boldsymbol{\alpha}^\top \left(\frac{1}{g}\sum_{i=1}^{g} \boldsymbol{\mu}_i\right) = \boldsymbol{\alpha}^\top \bar{\boldsymbol{\mu}}.$$

O raciocínio é o mesmo do caso de duas populações, isto é, obter combinações lineares que melhor discriminem as g populações, no sentido de maximizar:

$$\frac{\left(\begin{array}{c}\text{soma das distâncias ao quadrado entre as médias}\\ \text{em Y de cada população e a média global de Y}\end{array}\right)}{(\text{variância de Y})} = \frac{\sum_{i=1}^{g}(\mu_{iY} - \bar{\mu}_Y)^2}{\sigma_Y^2}$$

$$= \frac{\sum_{i=1}^{g}(\boldsymbol{\alpha}^\top \boldsymbol{\mu}_i - \boldsymbol{\alpha}^\top \bar{\boldsymbol{\mu}})^2}{\boldsymbol{\alpha}^\top \boldsymbol{\Sigma}\boldsymbol{\alpha}} = \frac{\boldsymbol{\alpha}^\top \left[\sum_{i=1}^{g}(\boldsymbol{\mu}_i - \bar{\boldsymbol{\mu}})(\boldsymbol{\mu}_i - \bar{\boldsymbol{\mu}})^\top\right]\boldsymbol{\alpha}}{\boldsymbol{\alpha}^\top \boldsymbol{\Sigma}\boldsymbol{\alpha}} = \frac{\boldsymbol{\alpha}^\top \mathbf{B}_0 \boldsymbol{\alpha}}{\boldsymbol{\alpha}^\top \boldsymbol{\Sigma}\boldsymbol{\alpha}}. \quad (9.14)$$

Teorema 9.1 *Os coeficientes da primeira função discriminante são os elementos do autovetor normalizado de* $\boldsymbol{\Sigma}^{-1}\mathbf{B}_0$*, associado ao maior autovalor dessa matriz. O vetor* $\boldsymbol{\alpha}$ *que maximiza a referida razão sujeito à restrição* $Cov(\boldsymbol{\alpha}_1^\top \mathbf{x}, \boldsymbol{\alpha}_2^\top \mathbf{x}) = 0$ *é o autovetor normalizado associado ao segundo maior autovalor de* $\boldsymbol{\Sigma}^{-1}\mathbf{B}_0$ *e a combinação linear resultante é chamada de segunda função discriminante. Assim, a* k*-ésima função discriminante é* $\boldsymbol{\alpha}_k^\top \mathbf{x}$*, em que* $\boldsymbol{\alpha}_k$ *é o correspondente* k*-ésimo autovetor normalizado sujeito à condição* $Cov(\boldsymbol{\alpha}_k^\top \mathbf{x}, \boldsymbol{\alpha}_i^\top \mathbf{x}) = 0$*,* $i < k$*.*

Prova: A demonstração desse resultado segue a mesma ideia usada para obter as componentes principais do Capítulo 3; somente as matrizes são outras.

Pela decomposição espectral de $\boldsymbol{\Sigma}$, temos que $\boldsymbol{\Sigma} = \boldsymbol{\Gamma}^\top \boldsymbol{\Lambda}\boldsymbol{\Gamma}$, em que $\boldsymbol{\Lambda}$ é a matriz diagonal dos autovalores positivos de $\boldsymbol{\Sigma}$. Seja $\boldsymbol{a}$ o vetor $\boldsymbol{\Sigma}^{1/2}\boldsymbol{\alpha}$. Então,

$$\boldsymbol{a}^\top \boldsymbol{a} = \boldsymbol{\alpha}^\top \boldsymbol{\Sigma}^{1/2}\boldsymbol{\Sigma}^{1/2}\boldsymbol{\alpha} = \boldsymbol{\alpha}^\top \boldsymbol{\Sigma}\boldsymbol{\alpha}$$

é o denominador da razão que queremos maximizar; seu numerador é

$$\boldsymbol{\alpha}^\top \mathbf{B}_0\boldsymbol{\alpha} = \boldsymbol{\alpha}^\top \boldsymbol{\Sigma}^{1/2}\boldsymbol{\Sigma}^{-1/2}\mathbf{B}_0\boldsymbol{\Sigma}^{-1/2}\boldsymbol{\Sigma}^{1/2}\boldsymbol{\alpha} = \boldsymbol{a}^\top \boldsymbol{\Sigma}^{-1/2}\mathbf{B}_0\boldsymbol{\Sigma}^{-1/2}\boldsymbol{a}.$$

Desse modo, maximizar (9.14) equivale a maximizar

$$\frac{\boldsymbol{a}^\top \boldsymbol{\Sigma}^{-1/2}\mathbf{B}_0\boldsymbol{\Sigma}^{-1/2}\boldsymbol{a}}{\boldsymbol{a}^\top \boldsymbol{a}}, \text{ para todo } \boldsymbol{a}.$$

Adaptando os resultados já apresentados no Capítulo 3, o valor máximo de (9.14) é o maior autovalor de $\boldsymbol{\Sigma}^{-1/2}\mathbf{B}_0\boldsymbol{\Sigma}^{-1/2}$, e ocorre quando $\boldsymbol{a}$ é o autovetor normalizado correspondente.

Para completar essa parte da prova basta notar que as matrizes $\boldsymbol{\Sigma}^{-1}\mathbf{B}_0$ e $\boldsymbol{\Sigma}^{-1/2}\mathbf{B}_0\boldsymbol{\Sigma}^{-1/2}$ têm os mesmos autovalores e os autovetores de $\boldsymbol{\Sigma}^{-1}\mathbf{B}_0$ são iguais a $\boldsymbol{\Sigma}^{-1/2}$ vezes os autovetores de $\boldsymbol{\Sigma}^{-1/2}\mathbf{B}_0\boldsymbol{\Sigma}^{-1/2}$ (Resultado B.15 do Apêndice B).

A prova para as outras funções discriminantes segue os mesmos resultados do Capítulo 3, com as adaptações acima. ∘

O número de funções discriminantes s é igual ao número de autovalores não nulos e é no máximo igual ao menor valor entre p, o número de variáveis observadas e $g - 1$, o número de populações menos 1.

Considere $\mathbf{y}$ o vetor de dimensão $(s \times 1)$ cujos elementos são as s funções discriminantes e $\boldsymbol{\mu}_{iY}$ o correspondente vetor média na i-ésima população. A regra de classificação consiste em alocar $\mathbf{x}$ na população $\mathcal{G}_k$ se a distância ao quadrado entre $\mathbf{y}$ e $\boldsymbol{\mu}_{kY}$ for menor que a mesma distância entre $\mathbf{y}$ e $\boldsymbol{\mu}_{iY}$, para todo $i \neq k$, ou seja, alocar $\mathbf{x}$ em $\mathcal{G}_k$ se

$$\sum_{j=1}^{s}(y_j - \mu_{kY_j})^2 = \sum_{j=1}^{s}\left[\boldsymbol{\alpha}_j^\top(\mathbf{x} - \boldsymbol{\mu}_k)\right]^2 \leq \sum_{j=1}^{s}\left[\boldsymbol{\alpha}_j^\top(\mathbf{x} - \boldsymbol{\mu}_i)\right]^2,$$

para todo $i \neq k$, em que $\boldsymbol{\alpha}_j$ é o j-ésimo autovetor normalizado de $\boldsymbol{\Sigma}^{-1}\mathbf{B}_0$.

Como $\boldsymbol{\mu}_i$ e $\boldsymbol{\Sigma}$ são, em geral, desconhecidos, são substituídos por suas estimativas amostrais obtidas de $\bar{\mathbf{x}}_1, \bar{\mathbf{x}}_2, \ldots \bar{\mathbf{x}}_g$ e $\mathbf{S}_p$, que é a combinação linear de $\mathbf{S}_1$, $\mathbf{S}_2, \ldots \mathbf{S}_g$ e são dados por

$$\bar{\mathbf{x}}_i = \frac{1}{n_i}\sum_{j=1}^{n_i}\mathbf{x}_{ij}, \quad i = 1, 2, \ldots, g$$

$$\mathbf{S}_i = \frac{1}{n_i - 1}\sum_{j=1}^{n_i}(\mathbf{x}_{ij} - \bar{\mathbf{x}}_i)(\mathbf{x}_{ij} - \bar{\mathbf{x}}_i)^\top, \quad i = 1, 2, \ldots, g$$

$$\bar{\mathbf{x}} = \frac{\sum_{i=1}^{g} n_i \bar{\mathbf{x}}_i}{\sum_{i=1}^{g} n_i} = \frac{\sum_{i=1}^{g} \sum_{j=1}^{n_1} \mathbf{x}_{ij}}{\sum_{i=1}^{g} n_i},$$

$$\hat{\mathbf{B}}_0 = \sum_{i=1}^{g} (\bar{\mathbf{x}}_i - \bar{\mathbf{x}})(\bar{\mathbf{x}}_i - \bar{\mathbf{x}})^\top,$$

$$\mathbf{W} = \sum_{i=1}^{g} (n_i - 1)\mathbf{S}_i = \sum_{i=1}^{g} \sum_{j=1}^{n_i} (\mathbf{x}_{ij} - \bar{\mathbf{x}}_i)(\mathbf{x}_{ij} - \bar{\mathbf{x}}_i)^\top$$

e $\mathbf{S}_p = \dfrac{1}{n_1 + n_2 + \ldots + n_g - g} \mathbf{W}$, que é o estimador de $\boldsymbol{\Sigma}$.

Não é necessário utilizar todas as s funções discriminantes; somente as primeiras delas poderiam ser usadas para fazer a alocação de novos objetos em uma das g populações.

9.3.2 O método geral de classificação

Seja $f_i(\mathbf{x})$ a função densidade de probabilidade associada à população $\mathcal{G}_i$, $i = 1,2,\ldots,g$. Sejam:

- p_i: a probabilidade a priori de a observação pertencer à população $\mathcal{G}_i$, $i = 1,2,\ldots,g$;
- $c(k|i)$: o custo de classificação de um objeto de $\mathcal{G}_i$ em $\mathcal{G}_k$ (para $k = i$, $c(i|i) = 0$), $i,k = 1,2,\ldots,g$;
- R_k: o conjunto dos $\mathbf{x}$ classificados em $\mathcal{G}_k$, e
- $P(k|i)$: a probabilidade de se classificar um objeto em $\mathcal{G}_k$ quando na verdade ele é de $\mathcal{G}_i$.

$$P(k|i) = \int_{R_k} f_i(\mathbf{x}) d\mathbf{x},$$

para $i,k = 1,2,\ldots,g$.

O custo esperado de erro de classificação ao classificar $\mathbf{x}$, pertencente à $\mathcal{G}_1$, em $\mathcal{G}_2, \mathcal{G}_3, \ldots$ ou $\mathcal{G}_g$ é

$$
\begin{aligned}
CEEC(1) &= P(2|1)c(2|1) + P(3|1)c(3|1) + \ldots + P(g|1)c(g|1) \\
&= \sum_{k=2}^{g} P(k|1)c(k|1).
\end{aligned}
$$

Este $CEEC$ ocorre com probabilidade p_1. Assim, o custo esperado do erro de classificação ($CEEC$) é dado por

$$
\begin{aligned}
CEEC &= p_1 CEEC(1) + p_2 CEEC(2) + \ldots + p_g CEEC(g) = \\
&= p_1 \left(\sum_{k=2}^{g} P(k|1)c(k|1) \right) + \ldots + p_g \left(\sum_{k=1}^{g-1} P(k|g)c(k|g) \right) \\
&= \sum_{i=1}^{g} p_i \left(\sum_{k=1, k\neq i}^{g} P(k|i)c(k|i) \right).
\end{aligned}
$$

A regra de classificação consiste em determinar $R_1, R_2, \ldots, R_g$ que minimizem o $CEEC$ acima. Prova-se que tal procedimento equivale a alocar $\mathbf{x}$ na população $\mathcal{G}_k$, $k = 1,2,\ldots,g$ para a qual

$$
\sum_{i=1, i\neq k}^{g} p_i f_i(\mathbf{x}) c(k|i)
$$

seja menor. Se ocorre um empate, $\mathbf{x}$ pode ser classificado em qualquer uma das populações para as quais o empate ocorre.

Supondo que todos os custos $c(k|i), k,i = 1,2,\ldots,g$, sejam iguais, basta alocar $\mathbf{x}$ na população $\mathcal{G}_k$ em que

$$
\sum_{i=1, i\neq k}^{g} p_i f_i(\mathbf{x}) \tag{9.15}
$$

seja a menor. Mas essa quantidade será menor quando o termo excluído $p_k f_k(\mathbf{x})$ for maior. Assim, a regra de classificação do $CEEC$ mínimo com custos iguais por falhas na classificação consiste em alocar $\mathbf{x}$ em $\mathcal{G}_k$ se

$$
p_k f_k(\mathbf{x}) > p_i f_i(\mathbf{x}) \text{ para todo } i \neq k,
$$

ou, alternativamente, alocar $\mathbf{x}$ em $\mathcal{G}_k$ se

$$
\ln(p_k f_k(\mathbf{x})) > \ln(p_i f_i(\mathbf{x})) \text{ para todo } i \neq k, \tag{9.16}
$$

ou seja, naquela população cuja probabilidade a posteriori aplicada aos dados do objeto de interesse é a maior.

Classificação para populações normais

Se os vetores de variáveis aleatórias $\mathbf{x}$ de todas as populações têm distribuições normais multivariadas de parâmetros $\boldsymbol{\mu}_i$ e $\boldsymbol{\Sigma}_i, i = 1, 2, \ldots, g$, ou seja,

$$f_i(\mathbf{x}) = \frac{1}{(2\pi)^{p/2}|\boldsymbol{\Sigma}|^{1/2}} \exp\left\{-\frac{1}{2}(\mathbf{x}-\boldsymbol{\mu}_i)^\top \boldsymbol{\Sigma}_i^{-1}(\mathbf{x}-\boldsymbol{\mu}_i)\right\}, \ i = 1{,}2,\ldots{,}g,$$

e tivermos ainda $c(i|i) = 0$ e $c(k|i) = 1, k \neq i; k{,}i = 1{,}2,\ldots{,}g$, temos, de (9.16), a seguinte regra:

alocar $\mathbf{x}$ em $\mathcal{G}_k$ se

$$\begin{aligned} \ln p_k f_k(\mathbf{x}) &= \ln p_k - \tfrac{p}{2}\ln(2\pi) - \tfrac{1}{2}\ln|\boldsymbol{\Sigma}_k| - \tfrac{1}{2}(\mathbf{x}-\boldsymbol{\mu}_k)^\top \boldsymbol{\Sigma}_k^{-1}(\mathbf{x}-\boldsymbol{\mu}_k) \\ &= \max_i \ \ln p_i f_i(\mathbf{x}). \end{aligned}$$

Como a constante $(p/2)\ln(2\pi)$ é a mesma para todas as populações, ela pode ser ignorada. Na prática, definimos o *escore quadrático de classificação* $Q_i(\mathbf{x})$ para a população $\mathcal{G}_i$ como sendo

$$Q_i(\mathbf{x}) = -\frac{1}{2}\ln|\mathbf{S}_i| - \frac{1}{2}(\mathbf{x} - \bar{\mathbf{x}}_i)^\top \mathbf{S}_i^{-1}(\mathbf{x} - \bar{\mathbf{x}}_i) + \ln p_i. \tag{9.17}$$

Para várias populações normais, a regra de classificação consiste em alocar $\mathbf{x}$ em $\mathcal{G}_k$ se

$$Q_k(\mathbf{x}) = \max_i Q_i(\mathbf{x}), i = 1{,}2,\ldots{,}g.$$

No caso em que as matrizes de covariâncias de todas as populações são iguais ($\boldsymbol{\Sigma}_i = \boldsymbol{\Sigma}, i = 1{,}2,\ldots{,}g$), os termos que dependem de $\boldsymbol{\Sigma}_i$ e não de $\boldsymbol{\mu}_i$ são constantes para as g populações e podem ser ignorados. Nesse caso, o *escore de classificação* passa a ser *linear* e é dado por

$$\ell_i(\mathbf{x}) = \bar{\mathbf{x}}^\top{}_i \mathbf{S}_p^{-1}\mathbf{x} - \frac{1}{2}\bar{\mathbf{x}}^\top{}_i \mathbf{S}_p^{-1}\bar{\mathbf{x}}_i + \ln p_i, \tag{9.18}$$

e a regra de classificação consiste em alocar $\mathbf{x}$ em $\mathcal{G}_k$ se

$$\ell_k(\mathbf{x}) = \max_i \ell_i(\mathbf{x}), i = 1{,}2,\ldots{,}g.$$

9.4 Avaliação da função de classificação

Vimos algumas maneiras de se obter funções discriminantes que podem ser usadas para a classificação de novos objetos, e, além dessas, outras mais existem. Assim, uma questão que se coloca é como avaliar o desempenho de uma função de classificação.

Na amostra, a população de origem de cada observação é conhecida. Então, se usarmos a função de classificação para alocar os elementos da amostra, saberemos quais deles foram classificados corretamente ou não. Assim, podemos calcular a fração de observações incorretamente classificadas, que denominamos taxa estimada de erro (TEE) e que é uma estimativa da taxa de erro verdadeira. Uma boa regra de alocação deve levar a uma baixa TEE.

Entretanto, a TEE pode ter um valor subestimado caso a mesma amostra que foi utilizada para criar a regra de alocação seja usada para avaliar seu desempenho. Para contornar esse problema, pode-se usar um procedimento de validação cruzada (*cross-validation*), sugerido por Lachenbruch e Mickey (1968). Esse procedimento consiste em dividir a amostra em pequenos grupos. Retira-se o primeiro grupo da amostra e com os restantes determina-se a função de classificação que é usada para alocar esse grupo. Devolve-se o primeiro grupo à amostra, retira-se o segundo grupo e assim por diante, até que o último grupo seja retirado. Quando cada grupo é formado por apenas uma observação, o procedimento tem o nome de *leave-one-out* (LOO). Para amostras grandes, é comum dividi-las em duas partes, treinamento e teste, criar a regra de alocação com a amostra de treinamento e avaliar o desempenho da classificação com a amostra de teste.

A TEE pode ser calculada a partir da "matriz de confusão", dada por

		classificado em				
		$\mathcal{G}_1$	$\mathcal{G}_2$	$\cdots$	$\mathcal{G}_g$	total
	$\mathcal{G}_1$	n_{11}	n_{12}	$\cdots$	n_{1g}	n_1
população	$\mathcal{G}_2$	n_{21}	n_{22}	$\cdots$	n_{2g}	n_2
verdadeira	$\vdots$	$\vdots$	$\vdots$	$\vdots$	$\vdots$	$\vdots$
	$\mathcal{G}_g$	n_{g1}	n_{g2}	$\cdots$	n_{gg}	n_g
	total	$\hat{n}_1$	$\hat{n}_2$	$\cdots$	$\hat{n}_g$	n

em que

n_{ij}: número de observações de $\mathcal{G}_i$ classificadas em $\mathcal{G}_j$;

$\hat{n}_i$: número de observações classificadas em $\mathcal{G}_i$;

n_i: número de observações de $\mathcal{G}_i$;

n: número total de observações na amostra.

A TEE é calculada então da seguinte forma:

$$TEE = \frac{n - \sum_{i=1}^{g} n_{ii}}{n}.$$

Essa taxa de erro é geral e engloba todos os tipos de erros de classificação que podem ocorrer. Como já comentado anteriormente, algum erro pode ser mais grave do que outros e é possível estimar a taxa de erro de qualquer um deles. Por exemplo, se quisermos calcular a TEE de se classificar uma observação da população $\mathcal{G}_i$ na população $\mathcal{G}_j$, teríamos

$$TEE(j|i) = \frac{n_{ij}}{n_i}.$$

Além disso podemos também calcular a TEE de se classificar uma observação da população $\mathcal{G}_i$ incorretamente. Esta seria dada por

$$TEE(i) = \frac{n_i - n_{ii}}{n_i}.$$

Retomando o Exemplo 9.1, as matrizes de confusão, para as regras linear e quadrática, simples e com o uso de validação cruzada, são apresentadas nas Tabelas 9.4 a 9.7. Como era esperado, as taxas estimadas de erro são maiores quando são calculadas sob o esquema de validação cruzada. Note também que as maiores taxas de erro ocorrem exatamente no pior erro ($TEE(1|2)$), ou seja, classificar um banco sob intervenção do Banco Central como se não tivesse problemas.

Tabela 9.4: Matriz de confusão simples do Exemplo 9.1 – regra linear

		Classificado em		
		$\mathcal{G}_1$	$\mathcal{G}_2$	Total
População	$\mathcal{G}_1$	10	0	10
verdadeira	$\mathcal{G}_2$	1	9	10
	Total	11	9	20

$TEE = 0{,}05$, $TEE(1|2) = 0{,}10$ e $TEE(2|1) = 0{,}00$.

Tabela 9.5: Matriz de confusão validação cruzada do Exemplo 9.1 – regra linear

		Classificado em		
		$\mathcal{G}_1$	$\mathcal{G}_2$	Total
População	$\mathcal{G}_1$	8	2	10
verdadeira	$\mathcal{G}_2$	2	8	10
	Total	10	10	20

$TEE = 0{,}20$, $TEE(1|2) = 0{,}20$ e $TEE(2|1) = 0{,}20$.

Tabela 9.6: Matriz de confusão simples do Exemplo 9.1 – regra quadrática

		Classificado em		
		$\mathcal{G}_1$	$\mathcal{G}_2$	Total
População	$\mathcal{G}_1$	10	0	10
verdadeira	$\mathcal{G}_2$	2	8	10
	Total	12	8	20

$TEE = 0{,}10$, $TEE(1|2) = 0{,}20$ e $TEE(2|1) = 0{,}00$.

9.5 Aplicação

Exemplo 9.2 *Retomando o Problema 3, consideramos somente as amostras dos genótipos 1, 2 e 3; a aplicação para as populações dos 9 genótipos é análoga. Utilizamos as variáveis PT (produção, em kg/ha), NFP (número médio de melões por planta), IF (índice de formato) e BRIX (teor de açúcar).*

Tabela 9.7: Matriz de confusão validação cruzada do Exemplo 9.1 – regra quadrática

		Classificado em		
		$\mathcal{G}_1$	$\mathcal{G}_2$	Total
População	$\mathcal{G}_1$	7	3	10
verdadeira	$\mathcal{G}_2$	2	8	10
	Total	9	11	20

$TEE = 0{,}25$, $TEE(1|2) = 0{,}20$ e $TEE(2|1) = 0{,}30$.

Há uma amostra de 32 observações por população, sendo os vetores médias amostrais dados por

$$\bar{\mathbf{x}}_1 = \begin{pmatrix} 1{,}203 \\ 1{,}553 \\ 1{,}125 \\ 8{,}753 \end{pmatrix}, \quad \bar{\mathbf{x}}_2 = \begin{pmatrix} 1{,}503 \\ 1{,}497 \\ 1{,}269 \\ 8{,}313 \end{pmatrix}, \quad \bar{\mathbf{x}}_3 = \begin{pmatrix} 1{,}244 \\ 1{,}431 \\ 1{,}256 \\ 8{,}438 \end{pmatrix}.$$

O teste Lambda de Wilks (veja Mardia, Kent e Bibby, 1979) de igualdade de médias apresentou os *valores-p* $< 0{,}001$ (PT); 0,398 (NFP); $< 0{,}001$ (IF) e 0,537 (BRIX), indicando que as médias das populações são significantemente diferentes para as variáveis PT e IF.

As matrizes de covariâncias estimadas para as populações e a matriz de covariâncias ponderada são dadas por:

$$\mathbf{S}_1 = \begin{pmatrix} 0{,}0732 & -0{,}0079 & 0{,}0044 & 0{,}2311 \\ -0{,}0079 & 0{,}1400 & -0{,}0114 & 0{,}0487 \\ 0{,}0044 & -0{,}0114 & 0{,}0071 & -0{,}0272 \\ 0{,}2311 & 0{,}0487 & -0{,}0272 & 2{,}5839 \end{pmatrix},$$

$$\mathbf{S}_2 = \begin{pmatrix} 0{,}0674 & -0{,}0342 & -0{,}0034 & 0{,}0916 \\ -0{,}0342 & 0{,}1435 & -0{,}0014 & 0{,}0526 \\ -0{,}0035 & -0{,}0014 & 0{,}0034 & -0{,}0570 \\ 0{,}0916 & 0{,}0526 & -0{,}0570 & 2{,}1669 \end{pmatrix},$$

$$\mathbf{S}_3 = \begin{pmatrix} 0{,}0754 & -0{,}0143 & 0{,}0007 & 0{,}2215 \\ -0{,}0143 & 0{,}1003 & -0{,}0121 & 0{,}0681 \\ 0{,}0007 & -0{,}0121 & 0{,}0071 & -0{,}0341 \\ 0{,}2215 & 0{,}0681 & -0{,}0341 & 3{,}1540 \end{pmatrix},$$

$$\mathbf{S}_p = \begin{pmatrix} 0{,}0720 & -0{,}0188 & 0{,}0006 & 0{,}1814 \\ -0{,}0188 & 0{,}1279 & -0{,}0083 & 0{,}0565 \\ 0{,}0006 & -0{,}0083 & 0{,}0059 & -0{,}0394 \\ 0{,}1814 & 0{,}0565 & -0{,}0394 & 2{,}6349 \end{pmatrix}.$$

O teste de Box (Apêndice D) de igualdade das matrizes de covariâncias apresentou *valor-p* igual a 0,237, sugerindo a utilização da regra linear para a classificação de novas unidades. Tanto esse teste quanto o de Wilks (Apêndice D) baseiam-se na distribuição normal multivariada dos dados, que foi suposta com base na inspeção dos histogramas das variáveis.

Os coeficientes das funções discriminantes, obtidas do método geral com probabilidades a priori e custos de erro de classificação iguais, são dados na Tabela 9.8.

Tabela 9.8: Coeficientes das funções discriminantes lineares do Exemplo 9.2

Variável	População $\mathcal{G}_1$	População $\mathcal{G}_2$	População $\mathcal{G}_3$
PT	5,704	10,610	5,593
NFP	27,842	29,863	28,366
IF	272,778	298,485	297,471
BRIX	6,415	6,251	6,661
Constante	-206,565	-245,658	-238,728

Os coeficientes das funções discriminantes canônicas, obtidas pelo método de Fisher, são dados na Tabela 9.9.

Note que os maiores coeficientes são os das variáveis PT e IF, exatamente as duas que apresentaram médias significantemente diferentes.

O gráfico da Figura 9.7 mostra os valores das funções canônicas para as observações e os centroides das três amostras indicados por *, cujas coordenadas são: C1 = (16,794; 5,259), C2 = (19,048; 5,020) e C3 = (18,374 ; 6,024).

Tabela 9.9: Coeficientes das funções discriminantes de Fisher do Exemplo 9.2

Variável	$f_1(\mathbf{x})$	$f_2(\mathbf{x})$
PT	1,773	-3,800
NFP	0,796	-0,957
IF	12,174	7,064
BRIX	-0,031	0,385

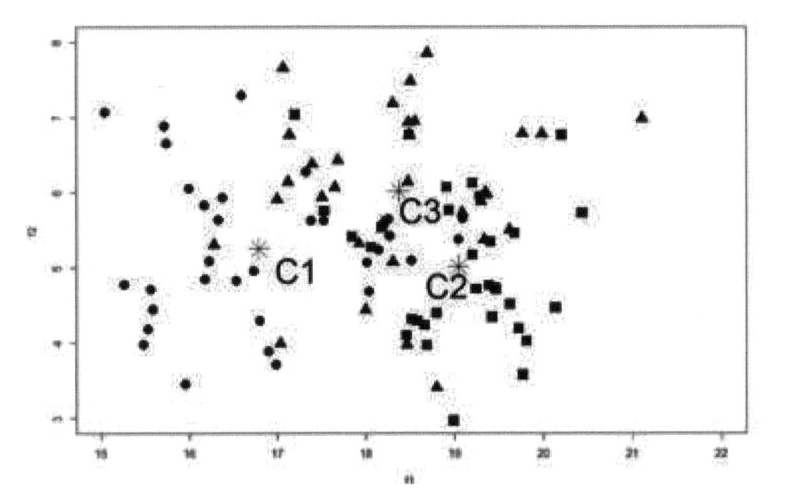

Figura 9.7: Diagrama de dispersão f_1 x f_2 do Exemplo 9.2

A Figura 9.8 apresenta os centroides das três amostras e três pontos mal classificados (A, B e D). O ponto A tem genótipo 1 e foi classificado como tendo genótipo 2; o B tem 2 e foi classificado como 3 e o D tem 3 e foi classificado como 1. A classificação é feita com base nas distâncias do ponto aos centroides: é classificado na população para a qual a distância é menor.

As matrizes de confusão, simples e por validação cruzada para o método de Fisher são apresentadas nas Tabelas 9.10 e 9.11.

Pelas taxas estimadas de erro (TEE) e pelas Tabelas 9.10 e 9.11 podemos concluir que a regra de classificação não é muito boa, sugerindo a introdução de novas variáveis, sendo que os maiores erros de classificação ocorrem na População $\mathcal{G}_3$. As populações que mais se confundem são a $\mathcal{G}_2$ e a $\mathcal{G}_3$, como também pode ser visto na Figura 9.7.

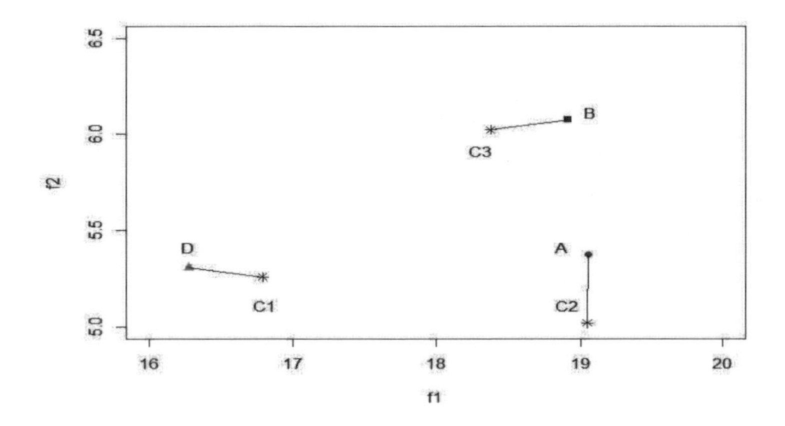

Figura 9.8: Diagrama de dispersão f_1 x f_2 do Exemplo 9.2

Tabela 9.10: Matriz de confusão simples do Exemplo 9.2 – regra de Fisher

		Classificado em			Total
		$\mathcal{G}_1$	$\mathcal{G}_2$	$\mathcal{G}_3$	
População	$\mathcal{G}_1$	23	4	5	32
verdadeira	$\mathcal{G}_2$	0	21	11	32
	$\mathcal{G}_3$	4	9	19	32
	total	27	34	35	96
Em porcentagem					
População	$\mathcal{G}_1$	71,9	12,5	15,6	100
verdadeira	$\mathcal{G}_2$	0,0	65,6	34,4	100
	$\mathcal{G}_3$	12,5	28,1	59,4	100

$TEE = 34{,}4\%$, $TEE(1) = 28{,}1\%$, $TEE(2) = 34{,}4\%$ e $TEE(3) = 40{,}6\%$.

9.6 Comentários adicionais

Neste capítulo tratamos da análise discriminante e classificatória aplicada a variáveis quantitativas. Sobre esse tópico, sugerimos a leitura de Hair et al. (2005), Sharma (1996) e Dillon e Goldstein (1984).

Para atingir os objetivos da análise discriminante e classificatória com variáveis qualitativas, há métodos apropriados, como os abordados em Hand (1981).

Tabela 9.11: Matriz de confusão *cross validation* do Exemplo 9.2 – regra de Fisher

		Classificado em			Total
		$\mathcal{G}_1$	$\mathcal{G}_2$	$\mathcal{G}_3$	
População verdadeira	$\mathcal{G}_1$	22	4	6	32
	$\mathcal{G}_2$	1	21	10	32
	$\mathcal{G}_3$	4	11	17	32
	total	27	36	33	96
		Em porcentagem			
População verdadeira	$\mathcal{G}_1$	68,8	12,5	18,8	100
	$\mathcal{G}_2$	3,1	65,6	31,3	100
	$\mathcal{G}_3$	12,5	34,4	53,1	100

$TEE = 37{,}5\%$, $TEE(1) = 31{,}2\%$, $TEE(2) = 34{,}4\%$ e $TEE(3) = 46{,}9\%$.

Dentre esses, destacamos o método baseado no modelo multinomial, métodos de núcleo (*kernel*), modelos logarítmicos, dos K vizinhos mais próximos (KNN, em inglês, K-Nearest Neighbours), a regressão logística, árvores de classificação e redes neurais artificiais, que podem também envolver variáveis mistas. Esses métodos podem ser encontrados em Hosmer, Lemeshow e Sturdivant (2013), Breiman et al. (1984), Hopfield (1984), Abe (1997), Hastie, Tibshirani e Friedman (2009), Kuhn e Johnson (2013), Berk (2016), Izbicki e Santos (2020) e James et al. (2021). Comparações entre alguns deles podem ser encontradas em Ferreira (1999), Rosa (2000), Ohtoshi (2003) e Tillmanns e Krafft (2017). Nos próximos capítulos apresentamos a regressão logística na perspectiva de um método de classificação e alguns métodos baseados em árvores de decisão/classificação.

9.7 Utilizando o R

Nesta seção apresentamos códigos escritos em R para gerar alguns resultados apresentados até aqui. São utilizados os dados exibidos na Tabela 9.1.

```
###########################
# Bibliotecas necessárias #
###########################
install.packages("readxl") # Wickham e Bryan (2019)
install.packages("MASS")   # Ripley (2021)

###############################################################
# Leitura dos dados - o formato dos dados deve ser data.frame #
###############################################################
library(readxl)
bancosd <- as.data.frame(read_excel("Bancos.xlsx"))

################################
# Análise Discriminante Linear #
################################
library(MASS)
adlcvbancos <- lda(bancosd[,3:6],grouping=bancosd[,2],CV=FALSE)
adlcvbancos

adlbancos$prior # probabilidades a priori
adlbancos$means # médias dos grupos
adlbancos$svd # valores singulares

###############################################################
# No R, os coeficientes e a constante da função discriminante #
# linear são divididos pela raiz quadrada dos valores         #
# singulares, sendo apresentados nos comandos abaixo.         #
###############################################################
adlbancos$scaling # coeficientes das variáveis da função discriminante
mediapond <- adlbancos$prior %*% adlbancos$means # médias ponderadas pelas prioris
constante <- mediapond %*% adlbancos$scaling # constante da função discriminante

################################################################
# A menos de arredondamentos, os coeficientes da função linear #
# discriminante apresentados no texto são dados pelos comandos #
# abaixo (os sinais dos coeficientes aparecem invertidos)      #
################################################################
adlbancos$scaling*sqrt(adlbancos$svd)
constante*sqrt(adlbancos$svd)

###################################################
# Classificação das observações baseada no modelo #
###################################################
adlbancos.predito <- predict(adlbancos)
adlbancos.predito
adlbancos.predito$class # Quarta coluna da Tabela 9.3
ldaconf<-table(bancosd[,2],adlbancos.predito$class) # Tabela 9.4
```

```
####################################################
# Classificação de novas observações               #
# Arquivo novos.xlsx: traz informações sobre as    #
# variáveis utilizadas na análise para novos bancos #
####################################################
novosbancos <- read_excel("novos.xlsx")
prevnovos <- predict(adlbancos, novosbancos[,2:5])
prevnovos$class # classificação das novas observações

###################################################################
# Inclusão de probabilidades a priori                             #
# adlcvbancos <- lda(bancosd[,3:6],grouping=bancosd[,2],priori=P, #
# CV=FALSE) em que P é o vetor das probabilidades. Se ele não for #
# incluído, as probabilidades a priori serão consideradas iguais #
###################################################################
```

Os comandos a seguir permitem que a classificação seja feita or meio de validação cruzada *leave-one-out* (LOO).

```
#################################################################
# Análise discriminante linear com validaçao cruzada - CV=TRUE #
#################################################################
adlcvbancos <- lda(bancosd[,3:6], grouping=bancosd[,2], CV=TRUE)
adlcvbancos$class # mostra como as unidades foram classificadas
adlcvbancos$posterior # mostra as probabilidades a posteriori
cvlbancos<-table(bancosd[,2],adlcvbancos$class) #matriz de confusão
cvlbancos # matriz de confusão com validação cruzada - Tabela 9.5
diag(prop.table(cvlbancos,1)) # proporção de acerto por grupo
sum(diag(prop.table(cvlbancos))) # proporção de acerto total
```

A seguir apresentamos comandos para realizar uma análise discriminante quadrática.

```
###################################
# Análise Discriminante Quadrática #
###################################
adqbancos <- qda(bancosd[,3:6], grouping=bancosd[,2])
adqbancos
predict(adqbancos)$class # Última coluna da Tabela 9.3

# com validação cruzada
adqcvbancos <- qda(bancosd[,3:6], grouping=bancosd[,2], CV=TRUE)
adqcvbancos
adqcvbancos$class # Classificação pelo método LOO
```

A aplicação da análise no aplicativo R para mais de duas populações segue os mesmos comandos da Seção 9.7.

9.8 Exercícios

9.1 Utilizando os indicadores financeiros X_1 e X_2 da Tabela 9.1 e considerando que a probabilidade de uma instituição com problema é igual à probabilidade de uma sem problemas, construa a tabela de classificação correta para as seguintes situações:

a) O custo de classificar uma instituição como sem problemas quando na verdade ela apresenta problemas é igual ao custo de classificar uma instituição como com problemas quando na verdade ela não os tem.

b) O custo de classificar uma instituição como sem problemas quando na verdade ela apresenta problemas é duas vezes o custo de classificar uma instituição como com problemas quando na verdade ela não os tem.

c) O custo de classificar uma instituição como sem problemas quando na verdade ela apresenta problemas é cinco vezes o custo de classificar uma instituição como com problemas quando na verdade ela não os tem.

d) O custo de classificar uma instituição como sem problemas quando na verdade ela apresenta problemas é dez vezes o custo de classificar uma instituição como com problemas quando na verdade ela não os tem.

e) Compare os resultados.

9.2 Com base no comportamento de indicadores econômico-financeiros de instituições financeiras (IF), deseja-se criar mecanismos que permitam avaliar se uma IF está sujeita a falência ou a problemas financeiros. Para tanto, coletaram-se dados contábeis de 90 IFs, de médio e grande porte, no período de agosto de 1994 (início do Plano Real) até agosto de 1998 (Oliveira, 2000). Para cada IF da amostra verificou-se se ela sofrera ou não intervenção do Banco Central (dados **Insfin2.xlsx**). Observaram-se três tipos de indicadores:

- de liquidez – referentes à disponibilidade financeira para saldar obrigações;
- de estrutura – avaliação da proporção de capital próprio e de terceiro exis-

tente na composição do passivo em relação aos ativos; e

- de rentabilidade – relação entre receita e lucro com vários itens patrimoniais.

Para a análise considerou-se o pior desempenho de cada indicador nos seis meses anteriores ao final do período de avaliação (no caso de intervenção do Banco Central, consideraram-se os seis meses anteriores à intervenção).

Indicadores de liquidez:

- Liquidez imediata (X1)
- Liquidez corrente até 90 dias (X2)

Indicadores de estrutura

- Imobilização do patrimônio líquido (X3)
- Grau de alavancagem dos recursos próprios (X4)
- Participação das exigibilidades no ativo operacional (X5)
- Participação dos depósitos interfinanceiros no total de depósitos (X6)
- Evolução do ativo operacional médio (X7)
- Participação dos créditos anormais no total das operações de créditos normais (X8)
- Representatividade dos créditos anormais em relação ao patrimônio líquido (X9)

Indicadores de rentabilidade

- Remuneração do ativo operacional médio (X10)
- Margem líquida (X11)
- Evolução do patrimônio líquido (X12)
- Rentabilidade do patrimônio líquido médio (X13)
- Taxa de retorno das aplicações (X14)

- Custo das captações (X15)
- Participação das rendas de prestação de serviços em relação às despesas administrativas (X16)
- Participação das despesas administrativas no ativo total (X17)

A variável Regime assume valor 0 nos casos de IF que não sofreram intervenção do BC e 1 nos casos de IF que sofreram intervenção do BC. Pede-se:

a) Faça uma análise descritiva nesses dados e identifique prováveis valores aberrantes.

b) Aplique uma análise discriminante aos dados buscando diferenciar IF que sofreram e que não sofreram intervenção. Avalie os resultados.

c) Descarte as variáveis que não forem importantes na discriminação e ajuste um novo modelo de análise discriminante. Avalie os resultados.

d) Reduza o número de variáveis envolvidas no problema aplicando uma análise de componentes principais aos dados. Quais as vantagens e desvantagens desta solução?

e) Se, ao invés de uma análise de componentes principais, tivéssemos utilizado uma análise fatorial, quais seriam as vantagens da solução?

f) No banco de dados, temos também as variáveis RX1, RX2, ..., RX17, que contêm o posto (*rank*) obtido por cada IF nas variáveis X1, X2, ..., X17, respectivamente. Refaça os itens de a) a d) utilizando os postos como variáveis explicativas.

g) Compare os resultados com os obtidos na análise anterior.

9.3 Retome o Exercício 2.4. Construa uma análise discriminante pra prever a qual região um país pertence utilizando as variáveis X1 a X12.

9.4 Retome o Exercício 2.10.

a) Faça uma análise discriminante considerando as informações sobre os elementos químicos com a finalidade de classificar novos fragmentos em um dos três sítios arqueológicos. Use o método de Fisher.

b) Escreva as funções canônicas resultantes da análise feita no item a).

c) Usando essas funções discriminantes, classifique um fragmento de cerâmica que apresente os seguintes valores: As = 2, Ce = 110, Cr = 150, Eu = 2, Fe = 30.000, Hf = 8, La = 50, Na = 1.500, Nd = 50, Sc = 30, Sm = 10, Th = 15, U = 5.

d) Repita a análise discriminante usando a regra quadrática.

e) Compare as matrizes de confusão das duas análises. Você usaria alguma delas na prática? Qual? Por quê?

9.5 Retome o Exercício 2.3.

a) Faça uma análise discriminante considerando as variáveis Prevalência, Mortalidade e Letalidade a fim de de classificar municípios em um dos estados, Minas Gerais ou São Paulo. Considere os métodos linear e quadrático.

b) Comente as taxas de erro nos dois métodos utilizados.

9.6 Retome o Exercício 2.11.

a) Faça uma análise discriminante considerando as variáveis Prevalência, Mortalidade e Letalidade para classificar municípios em um dos grupos da variável GrupoPop. Considere os métodos linear e quadrático.

b) Comente as taxas de erro nos dois métodos utilizados.

9.7 Retome o enunciado do Exercício 3.9.

a) Faça uma análise discriminante linear considerando as variáveis X1 a X14 com a finalidade de classificar os peixes em alguma das espécies consideradas.

b) Repita a análise, agora usando a regra quadrática.

c) Compare as análises feitas nos itens a) e b).

9.8 Retome o Exercício 2.12.

a) Faça uma análise discriminante linear considerando as características numéricas dos vinhos com a finalidade de classificar novas amostras como sendo de qualidade inferior ou superior (variável qualidade).

b) Quais são as características mais importantes para discriminar os vinhos?

c) Usando essas funções discriminantes, classifique um vinho cuja amostra apresentou os seguintes valores: f_acidez = 7,5, v_acidez = 0,5, c_acidez = 0,2, r_acucar = 2,0, cloretos = 0,070, l_SO2 = 12, t_SO2 = 20, densidade = 0,9960, pH = 3,5, sulfatos = 0,60, alcool = 10.

d) Repita a análise discriminante usando a regra quadrática.

e) Compare as matrizes de confusão das duas análises. Você usaria alguma delas na prática? Qual? Por quê?

CAPÍTULO 10

CLASSIFICAÇÃO COM REGRESSÃO LOGÍSTICA

A *Regressão Logística* (RL) foi originalmente desenvolvida para a modelagem de uma variável binária. Basicamente, o modelo prevê a probabilidade de ocorrência de uma característica de interesse. O modelo ajustado pode ser utilizado na classificação de um indivíduo como possuindo ou não essa característica.[1]

Trata-se de um modelo bastante popular em várias áreas do conhecimento, por exemplo, em finanças pode ser utilizado na concessão de um empréstimo, prevendo se um indivíduo será um bom ou um mau pagador. Em medicina, pode-se prever se um indivíduo tem ou não determinada doença, baseado em um conjunto de sintomas.

Foram desenvolvidas generalizações do modelo logístico para o caso em que as observações são classificadas em mais de duas categorias, sejam elas nominais ou ordinais. Detalhes sobre esses modelos podem ser encontrados em Hosmer, Lemeshow e Sturdivant (2013).

Exemplo 10.1 *Dispõe-se de uma amostra de 37.897 óbitos por síndrome respiratória aguda grave (SRAG) em 2020. Deseja-se criar um modelo que seja capaz de identificar quais dessas mortes são de ocorrência da COVID-19, baseado nos sintomas sentidos pelos pacientes e algumas varáveis demográficas. Foram observadas as seguintes variáveis:*

[1] Por exemplo, se a probabilidade prevista for maior que um ponto de corte, o indivíduo é classificado como possuindo a característica; caso contrário, como não a possuindo.

Óbito: *assume o valor 1 se a causa foi COVID-19 e 0 se foi em decorrência de outras causas.*

Idade: *idade completa em anos. Foram consideradas apenas as pessoas com mais de 10 anos.*

Sexo: *assume o valor 1, se a pessoa for do sexo feminino e 0, se for masculino.*

Raça: *assume o valor 1, se for branca; 2, se for preta; 3, se for amarela; 4, se for parda, e 5, se for indígena.*

Faltar: *assume o valor 1, se apresentou falta de ar; 0, se não apresentou.*

Olfpal: *assume o valor 1, se apresentou perda de olfato ou paladar; 0, se não apresentou.*

Febre: *assume o valor 1, se apresentou febre; 0, se não apresentou.*

Tosse: *assume o valor 1, se apresentou tosse; 0, se não apresentou.*

Garganta: *igual a 1, se apresentou dor de garganta; 0, se não apresentou.*

Diarreia: *assume o valor 1, se apresentou diarreia; 0, se não apresentou.*

Vômito: *assume o valor 1, se apresentou vômito; 0, se não apresentou.*

Fadiga: *assume o valor 1, se apresentou fadiga; 0, se não apresentou.*

Dorabd: *assume o valor 1, se apresentou dor abdominal; 0, se não apresentou.*

Vacina: *assume o valor 1, se foi vacinado contra gripe na última campanha de vacinação; 0, se não.*

Esses dados fazem parte de um estudo maior que reúne todos os casos de SRAG notificados no Brasil. Aqui, foram considerados apenas os casos que não apresentaram valores ausentes nas variáveis descritas. A amostra foi aleatoriamente dividida em duas partes: 27.879 observações para ajustar o modelo (amostra de desenvolvimento ou treino) e 10.000 para avaliar a capacidade preditiva do modelo (amostra de validação ou teste).

10.1 Desenvolvimento do modelo logístico

Seja $Y_i = 1$, se o indivíduo i, $i = 1,...,n$, possui uma característica de interesse e $Y_i = 0$, se ele não a possui. Associado ao indivíduo i admita a existência de um vetor de covariáveis fixas, dado por $\mathbf{x}_i$ de dimensão p. Admita também independência entre observações de indivíduos diferentes.

Seja $\pi_i = \pi(\mathbf{x}_i) = P(Y_i = 1|\mathbf{x}_i) = E(Y_i|\mathbf{x}_i)$. O modelo de regressão logística é definido por

$$\pi_i = \pi(\mathbf{x}_i) = \frac{\exp\left(\beta_0 + \mathbf{x}_i^\top \boldsymbol{\beta}\right)}{1 + \exp\left(\beta_0 + \mathbf{x}_i^\top \boldsymbol{\beta}\right)}, \tag{10.1}$$

em que β_0 e $\boldsymbol{\beta}$, de dimensão p, são os parâmetros do modelo.

A Figura 10.1 traz o padrão do comportamento da Equação (10.1) no caso de uma única variável regressora com parâmetro β positivo e negativo.

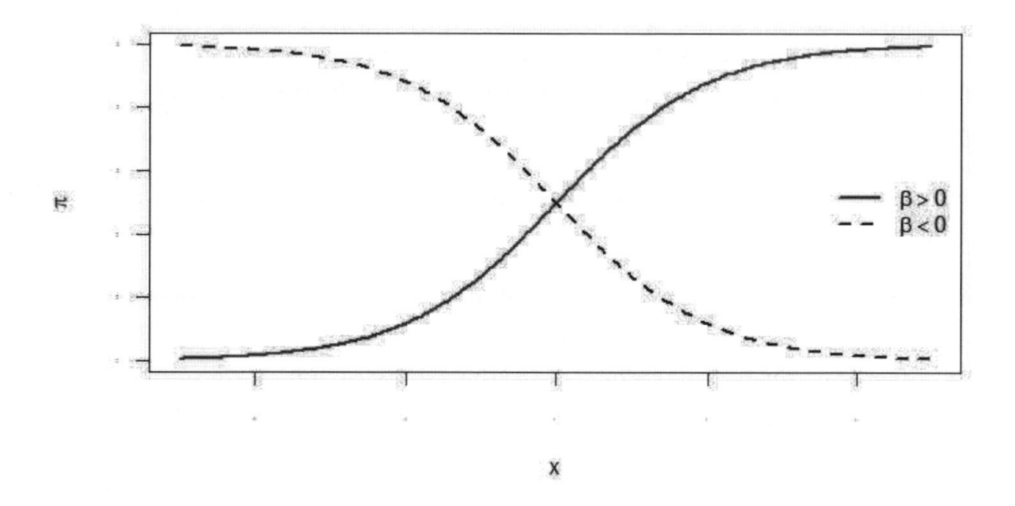

Figura 10.1: Exemplos de modelos de regressão logística

Uma maneira alternativa de apresentar o modelo logístico é dada por

$$\log\left(\frac{\pi_i}{1 - \pi_i}\right) = \beta_0 + \mathbf{x}_i^\top \boldsymbol{\beta} = \beta_0 + \beta_1 x_1 + ... + \beta_p x_p. \tag{10.2}$$

A expressão $\pi_i/(1-\pi_i)$ é denominada chance e expressa a razão entre a probabilidade de um indivíduo ter a característica e a probabilidade de ele não a possuir. Por exemplo, uma chance igual a 2 significa que a cada duas pessoas com a característica existe uma que não a tem.

Essa forma é conveniente para a interpretação dos parâmetros de um modelo de regressão logística. Note que, se $\mathbf{x}_i = \mathbf{0}$, a equação (10.2) se reduz a:

$$\log\left[\frac{\pi(\mathbf{0})}{1-\pi(\mathbf{0})}\right] = \beta_0 \Rightarrow \exp(\beta_0) = \frac{\pi(\mathbf{0})}{1-\pi(\mathbf{0})}.$$

Logo $\exp(\beta_0)$ indica a chance de um indivíduo com valor zero em todas as variáveis regressoras ter a característica de interesse. Sejam $\mathbf{x}_i^j = (x_{i1}, ..., x_{ij}, ..., x_{ip})^\top$ e $\mathbf{x}_i^{j+} = (x_{i1}, ..., x_{ij}+1, ..., x_{ip})^\top$, prova-se que

$$\exp(\beta_j) = \left[\frac{\pi(\mathbf{x}_i^{j+})}{1-\pi(\mathbf{x}_i^{j+})}\right] \Big/ \left[\frac{\pi(\mathbf{x}_i^{j})}{1-\pi(\mathbf{x}_i^{j})}\right]. \tag{10.3}$$

O segundo membro de (10.3) recebe o nome de razão de chances (RC ou *odds ratio*, em inglês). Logo $\exp(\beta_j)$ expressa a variação na chance de uma pessoa ter a característica de interesse quando se acrescenta uma unidade à j-ésima variável, mantidas as demais variáveis constantes.

Caso a j-ésima variável seja binária, $\exp(\beta_j)$ expressa a razão de chances entre os indivíduos que possuem a característica indicada pela variável e as que não a possuem.

A estimação dos parâmetros pode ser feita pelo método da máxima verossimilhança.

Há várias maneiras de verificar a qualidade do ajuste de um modelo logístico. Neste texto apresentamos o teste de Hosmer e Lemeshow. Na Seção 10.3, apresentamos outras técnicas que podem ser usadas para esse fim. Para outros testes e procedimentos de diagnóstico, indicamos Hosmer, Lemeshow e Sturdivant (2013) e Paula (2013).

10.1.1 Teste de Hosmer e Lemeshow

O teste de Hosmer e Lemeshow foi desenvolvido para avaliar a qualidade do ajuste de um modelo logístico. O procedimento consiste em comparar as proporções observadas da característica de interesse com as previstas pelo modelo.

Uma de suas versões baseia-se no seguinte procedimento:

1. Ordene a amostra segundo as probabilidades previstas pelo modelo ($\hat{\pi}_i$).

2. Divida a amostra ordenada em g grupos disjuntos, cada grupo contendo uma proporção de cerca de n/g observações, sendo n o tamanho total da amostra. O primeiro grupo contém os casos com as menores probabilidades previstas, e assim por diante, até o último grupo, que conterá os casos com as maiores probabilidades previstas.

3. Em cada grupo k, $k = 1, \ldots, g$, determine O_k, o número de observações do grupo k com a característica de interesse e $\hat{\pi}_k$ o valor médio das probabilidades previstas no grupo k.

4. Determine a estatística

$$HL = \sum_{i=1}^{g} \frac{(O_k - n_k\hat{\pi}_k)^2}{n_k\hat{\pi}_k(1 - \hat{\pi}_k)}, \tag{10.4}$$

sendo n_k o número de observações do grupo k.

Quando o número de vetores $\mathbf{x}_i$ distintos se aproxima de n, sob a hipótese de adequação do modelo logístico, a distribuição da estatística (10.4) se aproxima da distribuição qui-quadrado com $g - 2$ graus de liberdade. Rejeita-se a hipótese de adequação do modelo se $HL \geq \chi^2_{\alpha;\nu=g-2}$, em que $\chi^2_{\alpha;\nu=g-2}$ é o quantil superior $100\alpha\%$ da distribuição qui-quadrado com $\nu = g - 2$ graus de liberdade.

10.2 Ajuste do modelo do Exemplo 10.1

Partimos do princípio que o modelo ajustado será usado para classificar indivíduos que não pertençam à amostra utilizada no ajuste do modelo. Em casos como esse, quando se tem uma grande amostra, é comum, assim como descrito no Exemplo 10.1, particionar de modo aleatório a amostra em pelo menos duas subamostras: uma delas será utilizada para ajustar o modelo; essa amostra recebe o nome de amostra de desenvolvimento ou treino. A outra recebe o nome de amostra de validação ou teste. Na literatura há várias sugestões sobre o tamanho dessas amostras; em geral, sugere-se que de 20% a 30% da amostra total seja reservada para a amostra de validação.

Essa estratégia tem como finalidade simular o desempenho do modelo em uma situação real. Isso é importante porque previsões feitas nos dados da amostra de desenvolvimento tendem a ser melhores do que quando se prevê o comportamento de indivíduos que não participaram do processo de ajuste. Os procedimentos de estimação tendem a encontrar modelos que se ajustam melhor aos dados da amostra.

A Tabela 10.1 traz as estimativas dos parâmetros do modelo logístico ajustado aos dados da amostra de desenvolvimento do Exemplo 10.1. Segundo o teste de Hosmer e Lemeshow, não há evidências de que o modelo esteja mal ajustado (HL = 9,9552, g = 10 e *valor-p*= 0,2682).

As variáveis demográficas mostraram-se significantes para a previsão da probabilidade de óbito. Mantidas as demais variáveis do modelo constantes, considerando-se as mortes por SRAG, estima-se que o acréscimo de um ano na idade aumenta em 0,006 (*RC*=1,006) a chance de óbito em decorrência da COVID-19; a chance de uma mulher morrer por COVID-19 é 0,866 da chance de um homem morrer por essa causa; a chance de pardos terem óbito por COVID-19 é 28,2% maior (*RC* = 1,282) do que brancos; a chance de um indígena ter a COVID-19 como causa da morte é 5,101 a chance de um branco morrer por essa doença.

No que se refere aos sintomas, mantidas as demais variáveis constantes, o modelo ajustado indica que a presença de falta de ar, perda de olfato ou paladar, febre, tosse, dor de garganta, diarreia aumentam a chance da morte ter sido decorrência da COVID-19. A ocorrência de vômito e dor abdominal diminuem essa chance.

10.3 Classificação

Nesta seção apresentamos técnicas adequadas para avaliar a capacidade preditiva de um modelo de regressão logística.

A aplicação dos métodos a seguir na amostra de desenvolvimento traz indícios sobre a qualidade do ajuste do modelo e, ao aplicá-los à amostra de validação, avalia-se sua capacidade preditiva.

Considere a situação em que um elemento possa ser classificado como **Sim** ou **Não**, e que se deseja, por meio de um modelo de regressão logística, prever a probabilidade da categoria **Sim**. Seja $\hat{y}$ o valor previsto dessa probabilidade.

Tabela 10.1: Estimativa dos parâmetros do modelo do Exemplo 10.1

Efeito	Estimativa	EP	t	*Valor-p*	*RC*
Intercepto	0,591	0,112	5,28	<0,0001	
Idade	0,006	0,001	4,80	<0,0001	1,006
Sexo	-0,144	0,040	-3,57	0,0004	0,866
Raça (ref. Branca)					
— Preta	0,018	0,087	0,21	0,8345	1,018
— Amarela	-0,046	0,170	-0,27	0,7863	0,955
— Parda	0,249	0,044	5,71	<0,0001	1,282
— Indígena	1,629	0,717	2,27	0,0230	5,101
Faltar	0,377	0,057	6,65	<0,0001	1,457
Olfpal	0,728	0,089	8,18	<0,0001	2,070
Febre	0,603	0,042	14,21	<0,0001	1,827
Tosse	0,551	0,042	13,07	<0,0001	1,735
Garganta	0,390	0,067	5,78	<0,0001	1,477
Diarreia	0,500	0,072	6,97	<0,0001	1,649
Vomito	-0,295	0,072	-4,10	<0,0001	0,744
Fadiga	0,020	0,049	0,40	0,6894	1,020
Dorabd	-0,454	0,076	-5,95	<0,0001	0,635
Vacina	0,051	0,044	1,16	0,2483	1,053

EP: Erro padrão.

RC: Razão de chances = exp(Estimativa).

Admita que uma observação será classificada como **Sim** se $\hat{y} > \tau$, sendo τ um ponto de corte, e **Não**, se $\hat{y} \leq \tau$.

10.3.1 Curva ROC

A Tabela 10.2 descreve os resultados da regra de decisão simples aos dados de uma amostra, sendo n_{ij} o número de observações alocadas na linha i e coluna j da tabela.

Tabela 10.2: Resumo do processo de classificação a partir da regra de decisão simples

Realidade	Classificação		Total
	Sim	**Não**	
Sim	$n_{11}(\tau)$	$n_{12}(\tau)$	$n_{1+}(\tau)$
Não	$n_{21}(\tau)$	$n_{22}(\tau)$	$n_{2+}(\tau)$
Total	$n_{+1}(\tau)$	$n_{+2}(\tau)$	n

Defina a sensibilidade e a especificidade da classificação, respectivamente, como

$$\mathcal{S}(\tau) = \frac{n_{11}(\tau)}{n_{1+}(\tau)} \quad \text{e} \quad \mathcal{E}(\tau) = \frac{\mathrm{n}_{22}(\tau)}{\mathrm{n}_{2+}(\tau)}.$$

A sensibilidade representa a proporção de observações da categoria de interesse que são classificadas corretamente; já a especificidade indica a proporção de observações da segunda categoria que são classificadas corretamente. Uma boa regra de classificação deve resultar em sensibilidade e especificidade altas.

Outras medidas também úteis na avaliação de uma classificação são:

(a) Taxa de falsos positivos – proporção de observações classificadas na categoria **Sim**, que são da categoria **Não**:

$$\mathcal{F}^{+}(\tau) = \frac{n_{21}(\tau)}{n_{2+}(\tau)}.$$

(b) Taxa de falsos negativos – proporção de observações classificadas na categoria **Não**, que são da categoria **Sim**:

$$\mathcal{F}^{-}(\tau) = \frac{n_{12}(\tau)}{n_{1+}(\tau)}.$$

(c) Valor preditivo positivo – proporção de observações da categoria **Sim** entre as que foram classificadas nessa categoria:

$$\mathcal{P}^{+}(\tau) = \frac{n_{11}(\tau)}{n_{+1}(\tau)}.$$

(d) **Valor preditivo negativo** – proporção de observações da categoria **Não** entre as que foram classificadas nessa categoria:

$$\mathcal{P}^{-}(\tau) = \frac{n_{22}(\tau)}{n_{+2}(\tau)}.$$

(e) **Acurácia** – proporção de observações classificadas na categoria correta:

$$\mathcal{P}(\tau) = \frac{n_{11}(\tau) + n_{22}(\tau)}{n}.$$

As medidas (a) a (e) são úteis para avaliar a qualidade das previsões feitas a partir de um ponto de corte definido τ. A curva ROC (*receiver operating curve*) é uma maneira de avaliar a qualidade potencial de um modelo de classificação, considerando todos os possíveis pontos de corte. Considere a trinca ordenada $(\tau, 1 - \mathcal{E}(\tau), \mathcal{S}(\tau))$. A curva ROC é construída plotando-se no plano cartesiano os pontos $(1 - \mathcal{E}(\tau), \mathcal{S}(\tau))$.

A Figura 10.2 representa três configurações distintas da curva ROC. A primeira, denominada ideal, é aquela em que não se comete erro de classificação positiva, ou seja, $\mathcal{S}(\tau) = \mathcal{E}(\tau) = 1$, para qualquer $\tau > 0$. A segunda, denominada aleatória, é aquela em que a classificação é feita puramente ao acaso. A terceira representa uma curva ROC típica.

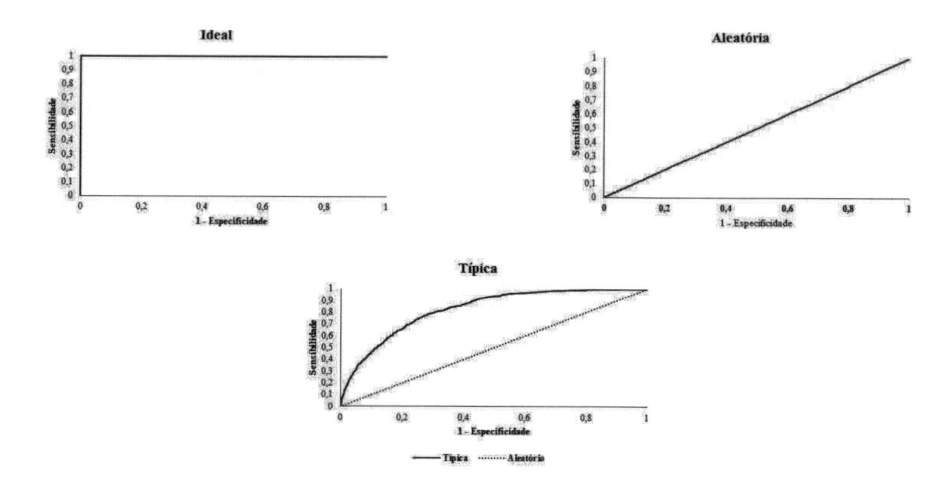

Figura 10.2: Curvas ROC

A Figura 10.3 traz a divisão da área da região[2] onde se encontra a curva ROC em três parcelas: a parcela A representa a área entre a curva ROC e a bissetriz; B, é a área entre o limite superior da figura e a curva ROC ($A + B = 0{,}5$) e 0,5 é a área abaixo da bissetriz. Quanto mais próximo estivermos de uma configuração ideal, menor será a área B. A partir desse fato, são construídas medidas para avaliar a qualidade da classificação. A área entre a curva ROC e a abscissa, por exemplo, é denominada *AUROC* (*area under ROC*). Temos que $0{,}5 \leq AUROC = A + 0{,}5 \leq 1$; valores próximos a um indicam boa classificação.

Outra medida, também bastante utilizada, é o índice de Gini (IG), dado por

$$IG = \frac{A}{A+B} = \frac{A}{0{,}5} = 2AUROC - 1.$$

Temos que $0 \leq IG \leq 1$ e que, quanto mais próximo de 1, melhor a qualidade da classificação.

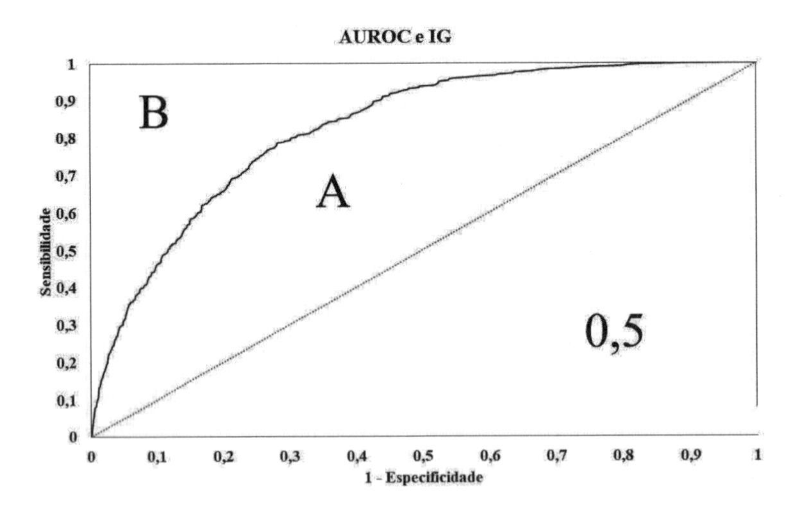

Figura 10.3: *AUROC* e *IG*

A fim de orientar a interpretação da AUROC e do índice de Gini, Hosmer, Lemeshow e Sturdivant (2013) sugerem os valores de referência apresentados na Tabela 10.3.

[2] $[0,1] \times [0,1]$.

Tabela 10.3: Valores de referência para AUROC e Gini

AUROC	Gini	Discriminação
$AUROC = 0{,}5$	$Gini = 0$	Não há
$0{,}5 < AUROC < 0{,}7$	$0 < Gini < 0{,}4$	Pobre
$0{,}7 \leq AUROC < 0{,}8$	$0{,}4 \leq Gini < 0{,}6$	Aceitável
$0{,}8 \leq AUROC < 0{,}9$	$0{,}6 \leq Gini < 0{,}8$	Excelente
$AUROC \geq 0{,}9$	$Gini \geq 0{,}8$	Excepcional

10.3.2 Estatística KS

A estatística KS consiste na comparação entre as distribuições dos valores previstos para o grupo de elementos classificados como **Sim** e o grupo classificado como **Não**. A primeira coluna da Figura 10.4 traz três situações distintas. Em cada situação, a curva da esquerda corresponde ao histograma dos valores previstos para o grupo **Não** e a da direita para o grupo **Sim**. A Situação 1 reproduz um caso em que há quase uma completa separação entre as curvas dos grupos **Não** e **Sim**; se fosse utilizado um ponto de corte próximo ao cruzamento das curvas, a acurácia na classificação estaria próxima a 100%. A Situação 3 representa o outro extremo; os histogramas praticamente se sobrepõem, indicando baixa acurácia da regra de classificação. A Situação 2 é um caso intermediário.

A segunda coluna da Figura 10.4 traz as funções distribuições acumuladas associadas aos histogramas da primeira coluna. Ao analisarmos as distâncias máximas entre as funções, percebemos que a maior distância ocorre na Situação 1, seguida pela Situação 2 e, por fim, na Situação 3, a diferença se aproxima de zero. A estatística KS corresponde a essa distância máxima entre as distribuições acumuladas dos dois grupos considerados na análise.

Utilizando a notação da seção anterior, defina a função distribuição acumulada empírica para os dados do grupo j, $j = 1$ se Grupo **Sim** e $j = 2$, se Grupo **Não**

$$F_j(\tau) = \sum_{\hat{y} \in \text{Grupoj}} \frac{I_{\hat{y} \leq \tau}}{n_{+j}}, \tag{10.5}$$

sendo $I_{\hat{y} \leq \tau} = 1$ se $\hat{y} \leq \tau$ ou $I_{\hat{y} \leq \tau} = 0$ se $\hat{y} > \tau$. A expressão (10.5) traz a proporção de observações pertencentes ao grupo j que são menores ou iguais a τ.

A estatística KS é definida por

$$KS = \sup_{\tau} \mid F_1(\tau) - F_2(\tau) \mid .$$

Temos que $0 \leq KS \leq 1$, quanto mais próximo de 1, melhor a classificação; a Situação 1 representa um caso em que essa estatística se aproxima de 1; valores próximos a zero indicam não haver diferenças nas distribuições dos escores associados aos dois grupos; a Situação 3 tem um KS próximo a zero.

Pode-se fazer uma ligação entre KS e os indicadores de qualidade vistos na seção anterior. Demonstra-se[3] que

$$KS = \sup_{\tau} \mid \mathcal{S}(\tau) + \mathcal{E}(\tau) \mid -1.$$

Assim, $KS+1$ corresponde à maior soma possível da sensibilidade e especificidade, quando se consideram todos os possíveis pontos de corte.

A estatística KS é a estatística do teste de hipóteses não paramétrico de Kolmogorov-Smirnov para comparação de duas distribuições (detalhes em Conover, 1999; e Gibbons e Chakraborti, 2021).

10.3.3 Aplicação

Avaliamos, nesta seção, o modelo apresentado na Seção 10.2. Com objetivos didáticos, apresentamos resultados para a amostra de desenvolvimento e de validação. Em uma situação prática, o desempenho preditivo é avaliado na amostra de validação.

A Figura 10.5 traz as curvas ROC construídas para as amostras de desenvolvimento e de validação utilizando o modelo descrito na Tabela 10.1. Graficamente nota-se que as curvas não estão próximas de uma situação ideal. Esse fato é corroborado pelas áreas sob a curva e índices de Gini. Obtivemos AUROC=0,6777 para a amostra de desenvolvimento e 0,6718 para a amostra de validação. Os índices de Gini foram, respectivamente, 0,3553 e 0,3437, para as amostras de desenvolvimento e de validação. Nesta aplicação, não há uma superioridade clara da amostra de desenvolvimento sobre a amostra de validação.

[3]Thomas (2009).

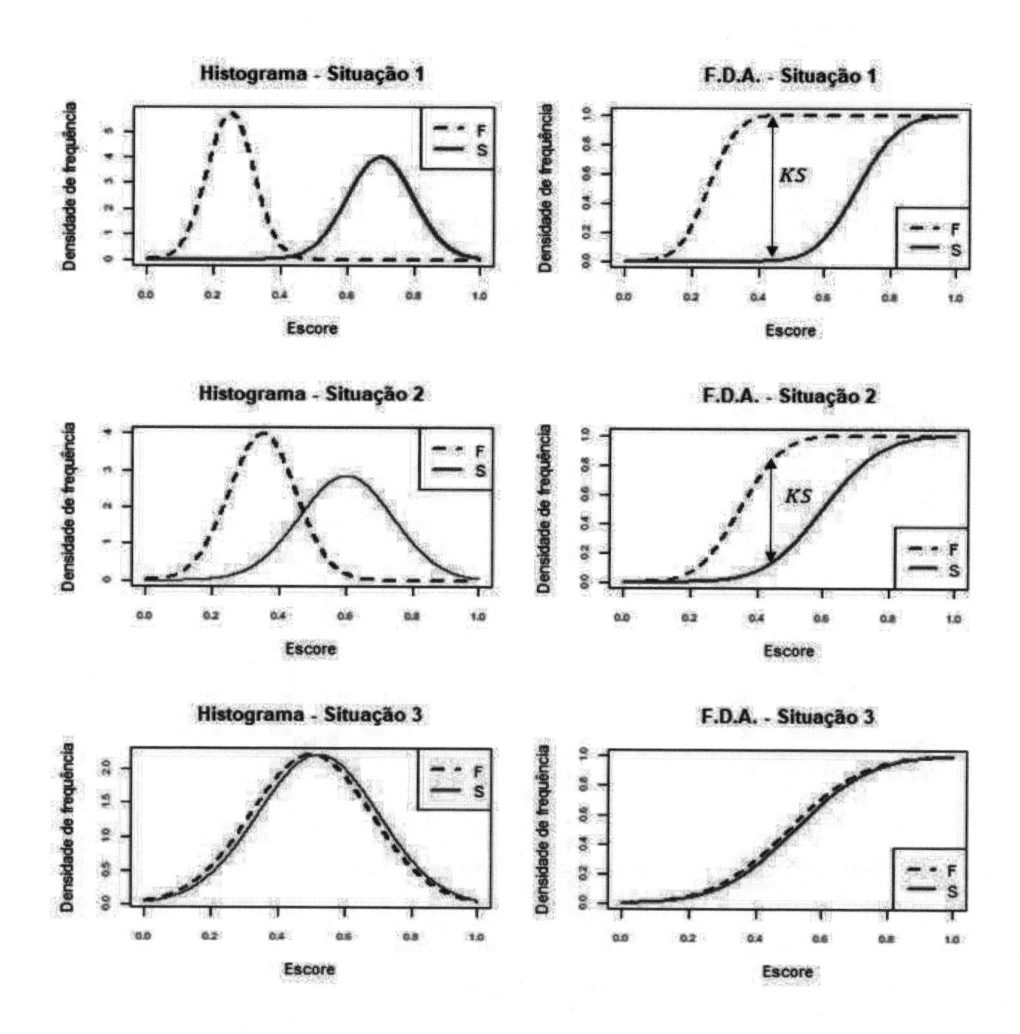

Figura 10.4: Exemplos da determinação do índice KS

Em relação à capacidade preditiva, o gráfico à direita (Figura 10.5) e as medidas AUROC e Gini calculadas para a amostra de validação sugerem baixa qualidade do modelo.

Essas conclusões são confirmadas pela estatística KS, que resultou em 0,2705 para a amostra de desenvolvimento e 0,2586 para a de validação.

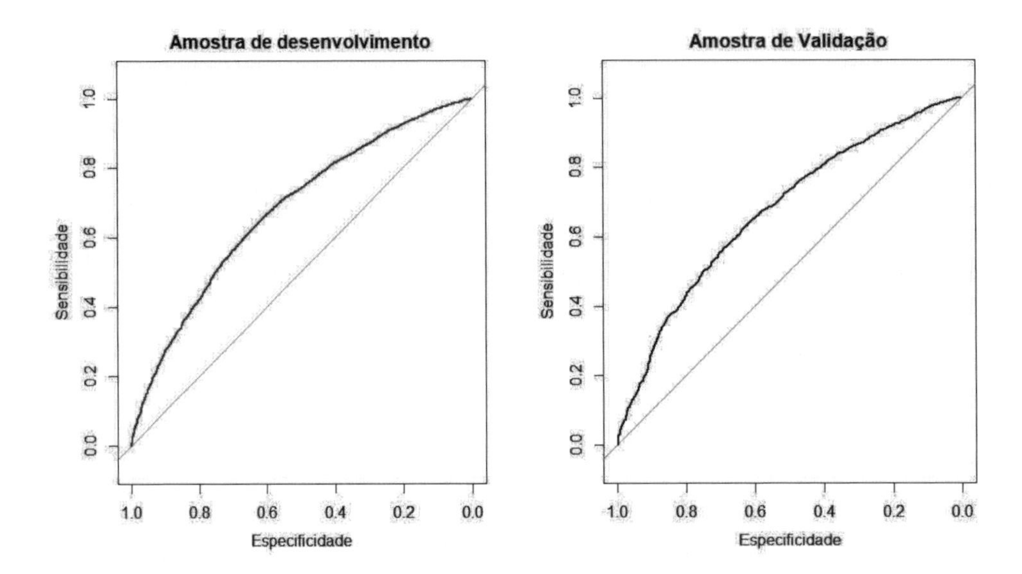

Figura 10.5: Curvas ROC para as amostras de desenvolvimento e validação do Exemplo 10.1

Escolha do ponto de corte

Determinar uma regra de classificação implica na definição de um ponto de corte, τ, de modo que, se $\hat{\pi}_i > \tau$, o óbito i será classificado como decorrente da COVID-19, caso contrário, como decorrente de outras causas. As medidas apresentadas na Seção 10.3.1 podem auxiliar nessa escolha.

Os valores previstos da probabilidade de morte por COVID-19 variaram entre 0,596 e 0,995. Na Tabela 10.4 é apresentada uma simulação do desempenho da previsão utilizando-se diferentes pontos de corte. Note que, neste exemplo, o poder preditivo positivo é muito maior do que o negativo. Isso se deve ao forte desbalanceamento da amostra. Cerca de 89% das mortes foram decorrentes da COVID-19, desse modo, a tendência é que o modelo preveja probabilidades altas para essa categoria. Nesses casos, uma escolha ingênua de 50% como ponto de corte não seria necessariamente boa.

Caso busquemos valores semelhantes de sensibilidade e especificidade, adotaríamos $\tau = 0{,}89$, resultando em 64% de sensibilidade e 62% de especificidade. Teríamos também alto poder preditivo positivo (93%), mas poder preditivo negativo muito baixo (17%) e acurária de 63%.

A escolha de τ depende dos objetivos do estudo. Há situações em que um erro de classificação é muito mais grave do que o outro, nesses casos, escolhe-se um ponto de corte em que esse erro ocorra com baixa frequência. Eventualmente, como no caso de análise discriminante, pode-se atribuir custos a uma classificação errada, desse modo a escolha do ponto de corte minimizaria esse custo. Unal (2017) e Thiele e Hirschfeld (2021) descrevem alguns critérios padronizados para a escolha do ponto de corte.

Tabela 10.4: Medidas de qualidade da classificação da amostra de validação, segundo diferentes pontos de corte do Exemplo 10.1

τ	n_{11}	n_{12}	n_{21}	n_{22}	$\mathcal{S}(\tau)$	$\mathcal{E}(\tau)$	$\mathcal{P}^+(\tau)$	$\mathcal{P}^-(\tau)$	$\mathcal{P}(\tau)$
0,59	8930	1070	0	0	1,00	0,00	0,89	-	0,89
0,61	8929	1069	1	1	1,00	0,00	0,89	0,50	0,89
0,63	8927	1068	3	2	1,00	0,00	0,89	0,40	0,89
0,65	8925	1059	5	11	1,00	0,01	0,89	0,69	0,89
0,67	8911	1055	19	15	1,00	0,01	0,89	0,44	0,89
0,69	8896	1050	34	20	1,00	0,02	0,89	0,37	0,89
0,71	8880	1043	50	27	0,99	0,03	0,89	0,35	0,89
0,73	8835	1021	95	49	0,99	0,05	0,90	0,34	0,89
0,75	8779	1001	151	69	0,98	0,06	0,90	0,31	0,88
0,77	8685	971	245	99	0,97	0,09	0,90	0,29	0,88
0,79	8455	916	475	154	0,95	0,14	0,90	0,24	0,86
0,81	8053	815	877	255	0,90	0,24	0,91	0,23	0,83
0,83	7600	717	1330	353	0,85	0,33	0,91	0,21	0,80
0,85	7198	640	1732	430	0,81	0,40	0,92	0,20	0,76
0,87	6692	556	2238	514	0,75	0,48	0,92	0,19	0,72
0,89	5676	405	3254	665	0,64	0,62	0,93	0,17	0,63
0,91	4671	294	4259	776	0,52	0,73	0,94	0,15	0,54
0,93	3393	173	5537	897	0,38	0,84	0,95	0,14	0,43
0,95	1648	80	7282	990	0,18	0,93	0,95	0,12	0,26
0,97	484	14	8446	1056	0,05	0,99	0,97	0,11	0,15
0,99	12	1	8918	1069	0,00	1,00	0,92	0,11	0,11

10.4 Comentários finais

Os modelos de regressão logística estão entre os mais populares na modelagem de variáveis binárias. Em algumas áreas de aplicação, por exemplo em análise de risco de crédito, em que se deseja prever a probabilidade de uma pessoa ser um mau pagador, esses modelos são utilizados como padrão, no sentido de que novas alternativas de modelagem devem mostrar desempenho superior a esses modelos.

Os modelos de regressão logística são uma alternativa à análise discriminante, uma vez que não pressupõem igualdade das matrizes de covariâncias entre as populações ou normalidade das variáveis preditoras, podendo ainda incluir variáveis regressoras qualitativas.

10.5 Utilizando o R

Nesta seção, são apresentados comandos do R para análise dos dados do Exemplo 10.1.

```
############################
# Bibliotecas necessárias #
############################
install.packages("pROC")              # Robin et al. (2021)
install.packages("ResourceSelection") # Lele, Keim e Solymos (2019)
```

O arquivo com a totalidade dos dados recebe o nome de SR.Rdata, tendo sido armazenado no objeto SR do R.

1) Geração das amostras de desenvolvimento e validação. Para controlar o sorteio das observações que serão alocadas nas amostras de desenvolvimento e de validação, definimos, de início, a semente geradora do processo de sorteio da amostra. O valor escolhido para semente gera as amostras utilizadas ao longo deste capítulo. Não é necessário definir esse valor a priori; a questão é que, ao não fazê-lo, os comandos a seguir gerarão amostras diferentes cada vez que forem utilizados.

```
########################################################
# Geração das amostras de desenvolvimento e validação #
# Treino_SR corresponde à amostra de desenvolvimento  #
# Teste_SR corresponde à amostra de validação         #
########################################################
# Definição da semente para o procedimento de amostragem:
set.seed(336699)
# Determinação dos 27879 casos da amostra de desenvolvimento:
indices <- sample(dim(SR)[1], size=27879)
# Definição do objeto Treino_SR com a amostra de desenvolvimento:
Treino_SR <- SR[indices, ]
# Definição do objeto Teste_SR com a amostra de validação:
Teste_SR <- SR[-indices, ]
```

2) Estimação do modelo com base na amostra de desenvolvimento

```
###############################################
# Estimação do modelo de regressão logística #
###############################################
ModLog <- glm(Obito ~ idade + sexo + factor(raca) + faltar + olfpal + febre0
+ tosse0 + garganta0 + diarreia0 + vomito0 + fadiga0 + dor_abd0 + vacina0,
data=Treino_SR, family=binomial(link="logit"))
summary(ModLog) # Geração parcial da Tabela 10.1
```

3) Teste de Hosmer e Lemeshow

```
##############################
# Teste de Hosmer e Lemeshow #
##############################
library(ResourceSelection)
hoslem.test(Treino_SR$Obito,fitted(ModLog),g=10)
```

4. Obtenção das probabilidades previstas:

```
##############################################################################
# Geração das previsões                                                      #
# ObitoPrev: probabilidade prevista de morte para amostra de desenvolvimento #
# Treino_SR_2: amostra de desenvolvimento acrescida das previsões            #
# ObitoPrev: probabilidade prevista de morte para amostra de validação       #
# Treino_SR_2: amostra de validação acrescida das previsões                  #
##############################################################################
ObitoPrev <- predict(ModLog, Treino_SR, type="response")
Treino_SR_2 <- cbind(Treino_SR, ObitoPrev)
ObitoPrev <- predict(ModLog, Teste_SR, type="response")
Teste_SR_2 <- as.data.frame(cbind(Teste_SR, ObitoPrev))
```

5. Curva ROC, AUROC,Gini e KS

```
##############################
# Curva ROC,AUROC, Gini e KS #
##############################
par(mfrow=c(1,2))
library(pROC)

# Curva ROC para a amostra de desenvolvimento-esquerda da Fig.10.5
ROC_treino <- roc(Treino_SR_2, Obito, ObitoPrev)
plot(ROC_treino, main="Amostra de desenvolvimento",
xlab="Especificidade",
ylab="Sensibilidade",
col="darkblue")
# Curva ROC para a amostra de validação - direita da Fig. 10.5
ROC_teste <- roc(Teste_SR_2, Obito, ObitoPrev)
plot(ROC_teste, main="Amostra de Validação",
xlab="Especificidade",
ylab="Sensibilidade",
col="darkblue")

# AUROC e Gini para a amostra de desenvolvimento
ROC_treino <- roc(Treino_SR_2, Obito, ObitoPrev)
AUC_Treino<-ROC_treino$auc
Gini_Treino<-2*AUC_Treino-1
# AUROC e Gini para a amostra de validação
AUC_Teste<-ROC_teste$auc
Gini_Teste<-2*AUC_Teste-1

# KS para amostra de desenvolvimento
ks.test(Treino_SR_2$ObitoPrev[Treino_SR_2$Obito==1],
Treino_SR_2$ObitoPrev[Treino_SR_2$Obito==0])
# KS para amostra de validação
ks.test(Teste_SR_2$ObitoPrev[Teste_SR_2$Obito==1],
Teste_SR_2$ObitoPrev[Teste_SR_2$Obito==0])
```

10.6 Exercícios

10.1 Retome o Exercício 6.4

a) Ajuste um modelo de regressão logística para prever o status de um cliente. Reduza o modelo. Interprete os resultados. Qual é o perfil de um bom cliente?

b) Divida o arquivo em uma amostra de desenvolvimento e uma amostra de validação. Ajuste o modelo utilizando a amostra de desenvolvimento (reduza o modelo) e avalie seu potencial preditivo utilizando a amostra de validação.

c) A cada empréstimo concedido a um mau pagador há em média um custo de 10 unidades monetárias (u.m.) e a cada empréstimo negado a um bom pagador há um custo de oportunidade da ordem de 1 u.m.. A partir da amostra de validação, sugira um ponto de corte para uma regra de concessão de empréstimo baseada na previsão do modelo ajustado pela amostra de desenvolvimento.

10.2 Retome o Exercício 6.2.

a) Construa uma nova variável tendo como categorias EA = Escoliose ausente (categoria A da variável Escoliose) e EP = Escoliose presente (juntando as categorias D e E da variável Escoliose).

b) Ajuste um modelo de regressão logística em que a variável resposta é a variável criada no item a) e as variáveis explicativas são Sexo, Peso, Altura, TipoMochila e ModoCarregar (recategorizada se necessário).

c) Construa a curva ROC e, com base nas sensibilidades e especificidades, escolha o ponte de corte para classificação.

d) Com base no ponto de corte determinado no item c), construa a matriz de confusão do modelo. Comente.

10.3 Retome o Exercício 2.12.

a) Ajuste um modelo de regressão logística tendo como resposta a variável qualidade e como variáveis explicativas as características numéricas das amostras de vinho.

b) Construa a curva ROC e, com base nas sensibilidades e especificidades, escolha o ponte de corte para classificação.

c) Com base no ponto de corte determinado no item b), construa a matriz de confusão do modelo. Compare essa matriz com as encontradas no Exercício 9.8.

10.4 Deseja-se criar modelos para prever, a partir da idade, sexo e presença de sintomas, se uma pessoa é portadora de diabetes. A Tabela 10.5 traz a descrição das variáveis presentes no arquivo **Diabetes.xlsx.**[4] Utilizando informações sobre as características dos indivíduos e presença dos sintomas:

a) Ajuste um modelo de regressão logística para prever se uma pessoa é portadora de diabetes.

b) Avalie a qualidade preditiva do modelo.

c) Proponha, baseado no modelo, uma regra de classificação e avalie a qualidade da regra proposta.

Tabela 10.5: Variáveis utilizadas para prever a presença de diabetes

Variável	Descrição
Idade	Idade em anos
Mulher	1= Sim; 0=Não
Poliuria	1= Sim; 0=Não
Polidipsia	1= Sim; 0=Não
Perda súbita de peso	1= Sim; 0=Não
Fraqueza	1= Sim; 0=Não
Polifagia	1= Sim; 0=Não
Candidíase genital	1= Sim; 0=Não
Embaçamento visual	1= Sim; 0=Não
Coceira	1= Sim; 0=Não
Irritabilidade	1= Sim; 0=Não
Cicatrização retardada	1= Sim; 0=Não
Paresia parcial	1= Sim; 0=Não
Rigidez muscular	1= Sim; 0=Não
Alopecia	1= Sim; 0=Não
Obesidade	1= Sim; 0=Não
Diabetes	1= Sim; 0=Não

[4]Disponível em: `https://www.kaggle.com/andrewmvd/early-diabetes-classification`. Acesso em: 28 fev. 2022.

10.5 Retome o Exercício 3.9.

a) Ajuste um modelo de regressão logística multinomial (Hosmer et al., 2013) tendo como resposta a espécie do peixe e como variáveis explicativas as variáveis X1 a X14.

b) Atribua a cada peixe a espécie que apresentou a maior probabilidade prevista pelo modelo em a).

c) Construa a matriz de confusão e compare-a com a obtida no Exercício 9.7.

CAPÍTULO 11

ÁRVORES DE DECISÃO

Sob o termo *árvores de decisão* (AD) reúnem-se técnicas, baseadas em algoritmos computacionais, que buscam identificar, a partir dos valores de um conjunto de variáveis regressoras, uma partição dos dados que gere grupos homogêneos em relação aos valores de uma variável resposta. Como objetivos principais dessas técnicas, destacam-se: a formação de grupos homogêneos (semelhante a uma análise de agrupamentos), a identificação de variáveis que discriminem grupos definidos a partir de uma variável qualitativa (como numa análise discriminante) ou ainda a identificação de variáveis e possíveis interações que sejam boas preditoras de uma variável resposta (como numa análise de regressão).

A origem dessa família de técnicas é o trabalho de Morgan e Sonquist (1963), que propuseram o algoritmo AID (*automatic interaction detection*). Com a popularização dos métodos computacionais, uma série de extensões foram propostas. Kass (1980), por exemplo, propõe uma extensão da técnica para os casos nos quais a variável resposta é qualitativa, conhecida como *chi-square automatic interaction detection* (CHAID). Extensões dessas técnicas podem ser encontradas na classe de modelos CART (*classification and regression trees*) (Breiman et al., 1984).

Neste texto, contempla-se tanto a situação em que a variável resposta é qualitativa (usualmente referida como **árvore de classificação**) como a situação em que essa variável é quantitativa (usualmente apresentada como **árvore de regressão**). São também tratadas situações em que, a partir de um mesmo conjunto de dados, são construídas várias árvores: *bagging* e floresta aleatória (*random forest*).

Com a popularização de técnicas voltadas à análise de grandes arquivos de dados (*big data*) e aprendizagem de máquina (*machine learning*), vários livros que abordam o tema deste capítulo foram escritos, alguns com acesso livre. Entre eles destacamos: James et al. (2021), Izbicki e Santos (2020), Berk (2016), Kuhn e Johnson (2013) e Hastie, Tibshirani e Friedman (2009).

11.1 Exemplos

Nesta seção introduzimos, por meio de exemplos, processos de geração de árvores de decisão. Consideramos um exemplo com variável resposta nominal (binária) e outro com variável resposta contínua.

11.1.1 Variável resposta binária

Exemplo 11.1 *Deseja-se explicar as diferenças existentes no voto de eleitores de municípios da Região sudeste do Brasil. Para isso, conta-se com o resultado eleitoral do segundo turno da eleição presidencial de 2002, em 1666 municípios da região. Definiu-se a variável Voto,*[1] *que assume o valor 1 se a maioria dos votos válidos do município foi dada para o candidato de oposição ao governo federal e 0 se foi para o candidato da situação.*

As variáveis regressoras refletem características socioeconômicas dos municípios. Exceto para Médico, as demais foram classificadas a partir da categorização das variáveis originais em nível Baixo (quando o valor observado para o município encontrava-se abaixo da mediana da amostra) ou Alto (nos demais casos). Valores baixos foram codificados com 0 e altos com 1. Foram consideradas as seguintes variáveis:

Alfab: *taxa de alfabetização do município em 2000; foi considerada alta para valores acima de 86,9%.*

Gini: *assume o valor 1 se o índice de Gini, construído a partir da renda domiciliar per capita dos residentes no município, foi maior ou igual a 0,539.*

---

[1] O banco de dados utilizado neste exemplo foi criado a partir de informações que constam no site IPEADATA (www.ipeadata.gov.br) e no site do IBGE (www.ibge.gov.br). Acessos em: set. 2008.

Médico: *assume o valor 1 se, em 2000, havia médicos residentes no município.*

Urbana: *assume 1, para municípios com porcentagem de população urbana, em 2000, maior que 73,7%.*

O conjunto de dados completo possui outras variáveis e sua análise é sugerida como exercício ao final deste capítulo.

O primeiro passo consiste na análise das partições dos municípios em dois grupos, obtidas a partir de cada variável regressora: um dos grupos seria formado pelos municípios que apresentam valor zero da variável regressora e o outro seria formado pelos municípios que apresentam valor 1 para essa variável. Ao escolher a *melhor* variável preditora, deve-se ter em mente que o objetivo final é a criação de grupos homogêneos em relação à variável resposta, ou seja, que a incidência de municípios que apoiam a oposição seja a mais diferente possível entre os grupos formados. Seja p_{j0} a proporção de municípios, dentre os que apresentam a j-ésima variável regressora igual a zero, que preferiram o candidato oposicionista, e p_{j1} essa mesma proporção quando se consideram municípios em que a variável regressora j assumiu o valor 1. Uma escolha razoável poderia se basear em $\mid p_{j1} - p_{j0} \mid$: a variável que maximiza esse indicador é a que define a *melhor* partição (outros critérios de qualidade são descritos nas Seções 11.4 e 11.5.

A Tabela 11.1 resume os resultados deste passo. Note que a maior diferença encontrada refere-se à variável Urbana (17,6%). Uma questão importante é saber até que ponto essa diferença é relevante. Surge então a necessidade de se criar um critério por meio do qual se aceitará ou não a formação de grupos com base na variável. Neste exemplo, um critério possível é a aplicação de um teste qui-quadrado de homogeneidade. Caso a estatística do teste seja significativa, haverá indícios de que, de fato, existam dois grupos. Note que o valor da estatística de teste foi Q_p=57,56, com *valor-p* $<$ 0,001, validando a formação desses grupos.

É comum representar os resultados desta técnica utilizando uma figura em forma de árvore (árvore de classificação, no caso de variável resposta qualitativa). A Figura 11.1 ilustra a primeira partição dos dados. No nível zero da árvore, são apresentados a proporção de municípios que deram mais votos ao candidato de oposição e o número de municípios da amostra. Em seguida, representa-se a primeira partição, dos 1666 municípios, 831 tinham baixa taxa de urbanização e 835 uma alta taxa. Dentre os municípios com baixa taxa, 57,5% votaram na oposição, enquanto que, no de alta taxa, essa porcentagem foi de 75,1%.

Tabela 11.1: Passo 1 – Determinação da primeira partição do Exemplo 11.1

		Voto na oposição		Teste	
Variável	Valor	% Sim	n	Q_p	*valor-p*
Alfab	Baixa	59,6	853	35,89	< 0,001
	Alta	73,4	813		
	Dif.	13,8			
Gini	Baixo	67,0	833	0,33	0,569
	Alto	65,7	833		
	Dif.	1,3			
Médico	Não	61,4	945	23,96	< 0,001
	Sim	72,8	721		
	Dif.	11,4			
Urbana	Baixa	57,5	831	57,56	< 0,001
	Alta	75,1	835		
	Dif.	17,6			

% Sim: porcentagem de municípios com maior número de votos na oposição;

n: número de observações;

Q_p: qui-quadrado de Pearson;

Dif.: módulo da diferença entre as duas proporções.

Parte-se, agora, da divisão dos dados nos dois grupos definidos anteriormente: o primeiro utilizando apenas os municípios com Urbana baixa e o segundo apenas com os municípios com Urbana alta. Em cada grupo avalia-se qual das variáveis regressoras restantes melhor discrimina os municípios segundo a preferência pela oposição. A Tabela 11.2 traz informações sobre esse passo. Na primeira parte da tabela (Urbana=Baixa) são apresentados os resultados dos cruzamentos das variáveis regressoras restantes com a variável resposta, para os municípios com Urbana=Baixa. Note que a maior diferença na proporção de municípios que preferiram o candidato oposicionista foi 6,4% (Q_p=3,40) referente à variável Gini, no entanto, como o *valor-p* foi 0,065, decidiu-se por não realizar mais divisões nesse ramo da árvore.

Na parte inferior da tabela, estão os resultados para os municípios com Urbana=Alta. A variável em que a diferença é maior é Médico (Dif.= 15,4%, Q_p=25,41); como seu *valor-p* é baixo (< 0,001), realizou-se mais um passo.

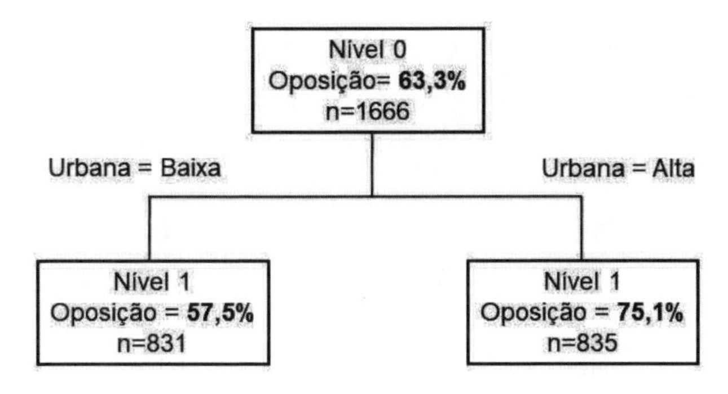

Figura 11.1: Árvore de classificação relativa ao primeiro passo do Exemplo 11.1

A Figura 11.2 ilustra a segunda partição dos dados. Agora vemos três diferentes grupos:

a. 57,5% dos municípios com baixa taxa de urbanização deram mais votos à oposição;

b. 65,8% dos 330 municípios com alta taxa de urbanização e que não possuíam médicos residentes votaram majoritariamente na oposição; e

c. 81,2% dos 505 municípios com alta taxa de urbanização e que possuíam médico residente votaram preferencialmente no candidato oposicionista.

O terceiro passo consiste na análise dos municípios dos grupos (b) e (c) acima descritos. A Tabela 11.3 traz os resultados dos cruzamentos das variáveis regressoras restantes com a variável resposta, para cada um dos grupos. Note que nenhuma associação mostrou-se significativa, o que faz com que não sejam necessárias novas subdivisões.

Tabela 11.2: Passo 2 – Segundo nível da árvore construída para o Exemplo 11.1

			Voto na oposição		Teste	
Grupo	Variável	Valor	% Sim	n	Q_p	*valor-p*
Urbana=Baixa	Alfab	Baixa	57,1	632	0,17	0,677
		Alta	58,8	199		
		Dif.	1,7			
	Gini	Baixo	61,1	365	3,40	0,065
		Alto	54,7	466		
		Dif.	6,4			
	Médico	Não	59,0	615	2,19	0,139
		Sim	53,2	216		
		Dif.	5,8			
Urbana=Alta	Alfab	Baixo	66,5	221	11,81	$< 0,001$
		Alto	78,2	614		
		Dif.	11,7			
	Gini	Baixo	71,6	468	7,01	0,008
		Alto	79,6	367		
		Dif.	8,0			
	Médico	Não	65,8	330	25,41	$< 0,001$
		Sim	81,2	505		
		Dif.	15,4			

% Sim: porcentagem de municípios com maior número de votos na oposição;

n: número de observações;

Q_p: qui-quadrado de Pearson;

Dif.: módulo da diferença entre as duas proporções.

Os grupos formados possuem diferentes proporções de municípios que votaram majoritariamente na oposição: o grupo das cidades com baixa taxa de urbanização tem a menor incidência de municípios que optaram pelo candidato oposicionista e o grupo com alta taxa de urbanização e com médicos residentes abarca uma maior proporção de municípios que votaram na oposição. Note, no entanto, que todos os grupos finais apresentaram maioria de votos para a oposição, quando o ideal seria ter grupos com proporção de votos na oposição maior que 50% e outros com proporções menores que 50%. O acréscimo de novas variáveis poderia melhorar a classificação dos municípios.

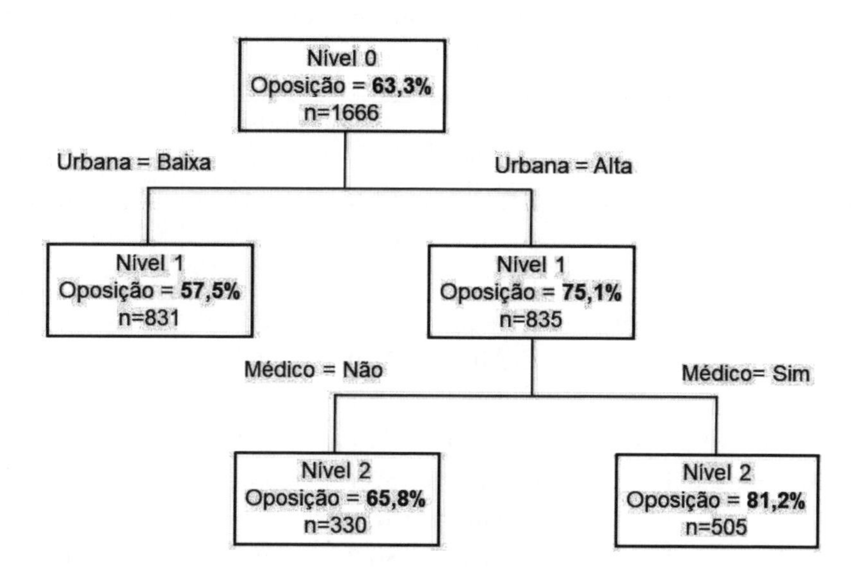

Figura 11.2: Árvore de classificação relativa ao segundo passo do Exemplo 11.1

O resultado final pode ser interpretado como uma análise de agrupamentos (como feito até agora) ou como uma análise discriminante, uma vez que podemos identificar variáveis importantes para discriminar populações.

11.1.2 Variável resposta contínua

Os dados apresentados nesta seção foram obtidos a partir de uma amostra de moradores de rua do município de São Paulo, em pesquisa realizada pela Fipe[2] em 2000, a pedido da Secretaria de Assistência Social do Município de São Paulo (FIPE, 2000).

Exemplo 11.2 *Deseja-se identificar combinações de variáveis que sejam úteis na previsão do tempo em que a pessoa se encontra em situação de rua (tempo de rua). A amostra é composta por informações de 380 moradores de rua. O tempo médio de rua é de 62 meses, com desvio padrão de 79 meses; a mediana é da ordem de 36 meses (primeiro quartil de 12 meses e terceiro quartil de 84 meses).*

[2]Fundação Instituto de Pesquisas Econômicas.

Tabela 11.3: Passo 3 – Terceiro nível da árvore construída para o Exemplo 11.1

Grupo	Variável	Valor	Voto na oposição		Teste	
			% Sim	*n*	Q_p	*valor-p*
Urbana=Alta Médico=Não	Alfab	Baixa	61,9	147	1,75	0,186
		Alta	68,9	183		
		Dif.	7,0			
	Gini	Baixo	62,8	234	3,08	0,079
		Alto	72,9	96		
		Dif.	10,1			
Urbana=Alta Médico=Sim	Alfab	Baixa	75,7	74	1,73	0,189
		Alta	82,1	431		
		Dif.	6,4			
	Gini	Baixo	80,3	234	0,20	0,651
		Alto	81,9	271		
		Dif.	1,6			

% Sim: porcentagem de municípios com maior número de votos na oposição;

n: número de observações;

Q_p: qui-quadrado de Pearson;

Dif.: módulo da diferença entre as duas proporções.

Trata-se de uma distribuição bastante assimétrica, o que levou a se definir como variável resposta o logaritmo natural do tempo (em meses) de rua dos moradores.

As variáveis regressoras utilizadas nesta aplicação são:

Sexo: *masculino ou feminino.*

Cor: *branca ou não branca.*

Esmola: *consegue dinheiro exclusivamente por meio de esmola, ou utiliza outros meios.*

Estudo: *cursou no máximo o ensino fundamental I, cursou pelo menos um ano acima do fundamental I.*

Como na seção anterior, o primeiro passo consiste na identificação da variável regressora cujas categorias melhor discriminam o tempo de rua. A diferença é que agora a variável resposta é contínua. Desse modo, é necessário estabelecer um critério de discriminação que leve essa escala em consideração. Uma possibilidade é utilizar o afastamento entre as médias observadas nos grupos definidos pelas categorias da variável regressora. Quanto maior a diferença absoluta entre essas médias, maior seria o poder de discriminação da variável. Uma outra possibilidade é a utilização de alguma estatística de teste para comparação de médias. Desse modo, leva-se em conta a variabilidade da variável resposta em cada uma das partições. No exemplo, é utilizada a estatística F para comparação de duas médias. Foi utilizada a estatística F para comparação de várias médias populacionais,[3] pois os desvios padrões são bem próximos, permitindo a suposição de homoscedasticidade. No caso, esse teste é equivalente ao teste t. Quando as variâncias são diferentes, pode-se usar o teste t apropriado ou, no caso de comparação de mais de dois grupos, sugere-se usar o teste não paramétrico de Friedman ou o de Kruskal Wallis (Conover, 1999).

A Tabela 11.4 traz um resumo do primeiro passo do algoritmo. A maior diferença está entre as médias da variável Estudo (0,44) e coincide com a situação com maior estatística F. Analogamente ao caso anterior, é necessário estabelecer um critério de validação do grupo formado. No caso, o critério utilizado foi o *valor-p* associado à estatística F. Tem-se $F = 8{,}52$ (*valor-p* $= 0{,}004$), o que valida o uso da variável Estudo da definição de grupos.

Os passos seguintes são muito semelhantes aos da seção anterior: a análise da Tabela 11.4 deve ser repetida, primeiramente, para as pessoas com escolaridade acima de fundamental I e depois para as demais pessoas da amostra. O procedimento deve ser repetido até que nenhuma diferença seja relevante.

A Figura 11.3 traz a árvore final obtida a partir dos dados. Nessa solução, considerou-se válida qualquer partição com *valor-p* inferior a 10%.

Foram criados quatro grupos de moradores de rua. Na caracterização dos grupos utilizou-se o tempo médio de rua no lugar da média dos logaritmos naturais dos tempos.[4] Os grupos identificados foram:

[3]Usualmente esse teste é estudado no tópico Análise de Variância (ANOVA) em cursos de inferência estatística.

[4]Observe que ao tempo médio não é a exponencial da média dos logaritmos dos tempos de rua ($\sum \ln(y_i)/n$).

Tabela 11.4: Passo 1 – Árvore construída para a variável Tempo de rua (em ln) do Exemplo 11.2

Variável	Valor	Média	D.P.	n	F	*valor-p*
Cor	Branca	3,27	1,51	140	0,02	0,878
	Não branca	3,30	1,46	240		
	Dif.	0,03				
Sexo	Feminino	3,08	1,66	55	1,26	0,262
	Masculino	3,32	1,45	325		
	Dif.	0,24				
Esmola	Só esmola	3,53	1,48	95	3,51	0,062
	Outras	3,21	1,47	285		
	Dif.	0,32				
Estudo	Até Fundamental I	3,50	1,40	200	8,52	0,004
	Acima de Fundam. I	3,06	1,54	180		
	Dif.	0,44				

Dif.: módulo da diferença entre as duas médias.

Grupo 1: Formado por 200 moradores de rua com baixa escolaridade – tempo médio de rua = 72 meses.

Grupo 2: Formado por 45 moradores de rua que têm escolaridade mais alta e que conseguem dinheiro exclusivamente por –meio de esmolas tempo médio de rua = 65 meses.

Grupo 3: Formado por 118 moradores de rua que têm escolaridade mais alta, não conseguem dinheiro exclusivamente por meio de esmolas e são do sexo masculino – tempo médio de rua = 48 meses.

Grupo 4: Formado por 17 moradores de rua que têm escolaridade mais alta, não conseguem dinheiro exclusivamente por meio de esmolas e são do sexo feminino – tempo médio de rua = 36 meses.

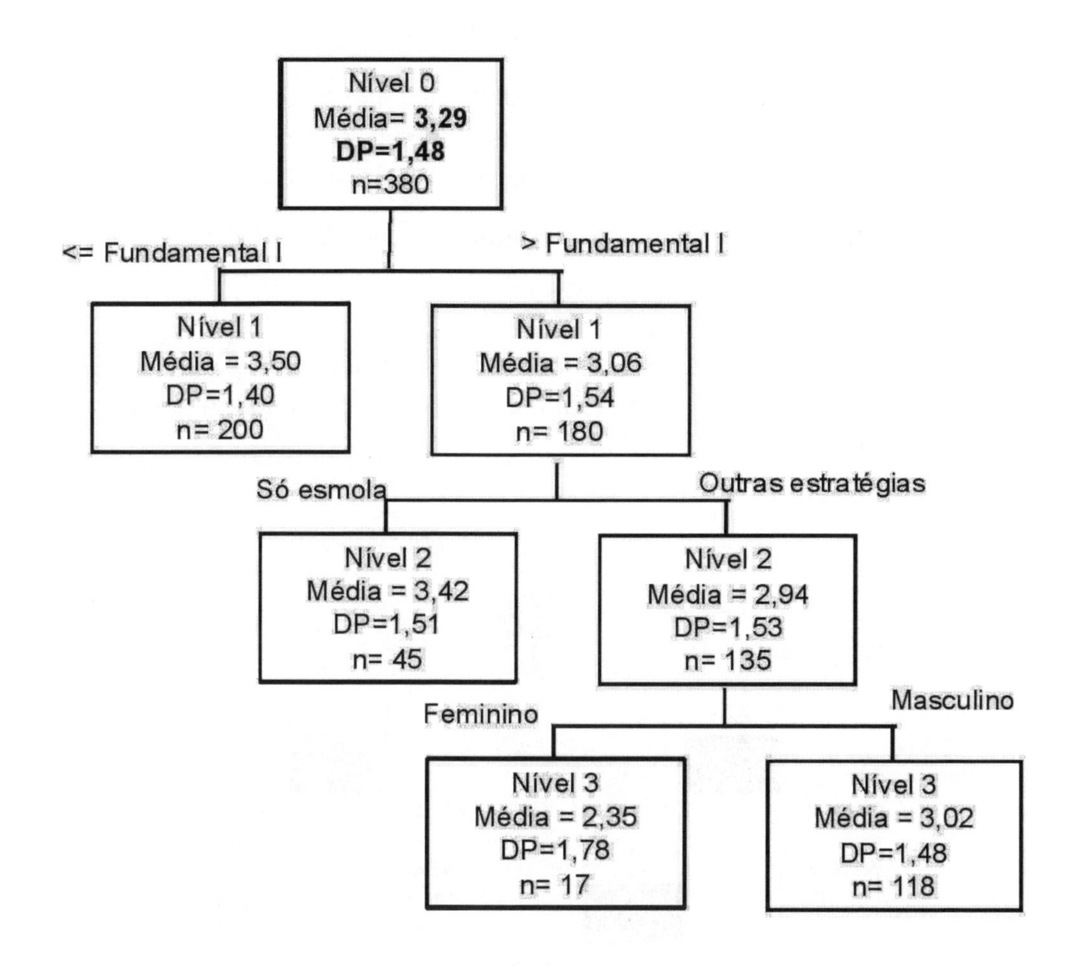

Figura 11.3: Árvore construída para o Exemplo 11.2

11.2 Terminologia

Há uma terminologia específica para uma árvore de decisão. Tomando como base a Figura 11.4, denominamos:

Raiz: nó que origina a árvore de decisão, no caso da figura, o nó 1. Também pode ser referenciado como nível zero da árvore.

Nós intermediários, galhos: nós abaixo da raiz que originam outros nós. No caso, seriam os nós 2, 3 e 5. Os nós 2 e 3 correspondem ao nível 1 da árvore; os nós 4, 5, 6 e 7, ao nível 2; e os nós 8 e 9, ao nível 3.

Nós terminais, folhas: nós que não originam novos nós. Na Figura, seriam os nós 4, 6, 7, 8 e 9.

Além disso, os nós que originam novos nós são denominados de pais e os nós originados a partir de um nó pai, de filhos. Por exemplo, o nó 2 é pai dos nós 4 e 5. Os nós 6 e 7 são filhos do nó 3.

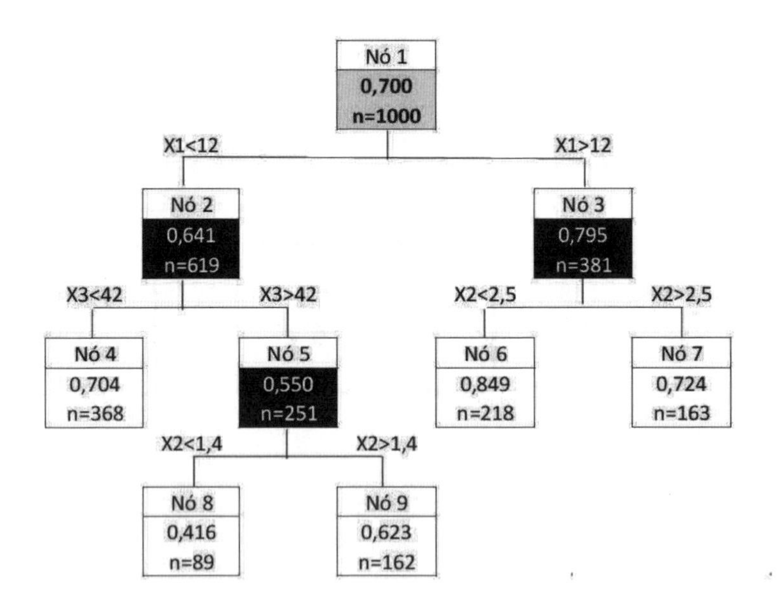

Figura 11.4: Árvore de decisão hipotética

11.3 Partições

Na Seção 8.3.2, o estudo das partições foi discutido num contexto de análise de agrupamentos. No contexto de árvores de decisão, as partições são geradas a partir do comportamento de variáveis regressoras. Por simplicidade, considere uma variável regressora X que assume 4 possíveis valores a, b, c e d. Considerando os valores assumidos por X, é possível formar 15 partições diferentes, a saber:[5]

Partição 1: $[X = a,b,c,d]$;
Partição 2: $[X = a]$ e $[X = b,c,d]$;
Partição 3: $[X = b]$ e $[X = a,c,d]$;
Partição 4: $[X = c]$ e $[X = a,b,d]$;
Partição 5: $[X = d]$ e $[X = a,b,c]$;
Partição 6: $[X = a,b]$ e $[X = c,d]$;
Partição 7: $[X = a,c]$ e $[X = b,d]$;
Partição 8: $[X = a,d]$ e $[X = b,c]$;
Partição 9: $[X = a]$ e $[X = b]$ e $[X = c,d]$;
Partição 10: $[X = a]$ e $[X = c]$ e $[X = b,d]$;
Partição 11: $[X = a]$ e $[X = d]$ e $[X = b,c]$;
Partição 12: $[X = b]$ e $[X = c]$ e $[X = a,d]$;
Partição 13: $[X = b]$ e $[X = d]$ e $[X = a,c]$;
Partição 14: $[X = c]$ e $[X = d]$ e $[X = a,b]$;
Partição 15: $[X = a]$ e $[X = b]$ e $[X = c]$ e $[X = d]$.

Dependendo da natureza da variável, nem todas as partições são desejáveis. Por exemplo, se a variável X for ordinal, talvez a partição 7 não seja aceitável. Desse modo, a busca pela *melhor* partição estaria restrita às partições 1, 2, 5, 6, 9, 11, 14 e 15. Outra restrição admitida em aplicações da técnica é que cada partição, necessariamente, gere dois grupos. Desse modo, o universo de partições possíveis se restringiria a 2, 3, 4, 5, 6, 7 e 8. Essas restrições levam à criação de conjunto admissível de partições, no qual se buscará a melhor solução.

Tipos de partições

Para a definição do conjunto admissível de partições é necessário considerar o objetivo da análise e a natureza da variável regressora. Para exemplificar, considere a variável X definida anteriormente.

[5] A notação $[X = a,b,c]$ representa os elementos da amostra que assumem os valores a, b ou c.

Por simplicidade, sem perda de generalidade, foram consideradas, nos exemplos seguintes apenas partições que levassem à formação de dois grupos (partições binárias ou dicotômicas). As partições podem ser classificadas como:

Partições livres

Todas as possíveis partições fazem parte do conjunto admissível. As partições a seguir exemplificam esse caso

Partição 2: $[X = a]$ e $[X = b, c, d]$;
Partição 3: $[X = b]$ e $[X = a, c, d]$;
Partição 4: $[X = c]$ e $[X = a, b, d]$;
Partição 5: $[X = d]$ e $[X = a, b, c]$;
Partição 6: $[X = a, b]$ e $[X = c, d]$;
Partição 7: $[X = a, c]$ e $[X = b, d]$;
Partição 8: $[X = a, d]$ e $[X = b, c]$.

Partições livres são empregadas, idealmente, no caso de variáveis regressoras qualitativas nominais.

Partições restritas

Nesse caso, nem todas as partições são admissíveis; temos como exemplos de restrição:

1. **Partições monotônicas**: a variável regressora possui pelo menos um nível ordinal de mensuração que deve ser considerado na partição; nesse caso, apenas partições que não violem essa ordem são admissíveis. Os grupos podem ser formados por combinações de classes consecutivas da variável preditora com respeito a alguma ordem fixada. Exemplo: suponha que os valores de X estejam em ordem crescente,

   Partição 2: $[X = a]$ e $[X = b, c, d]$;
   Partição 6: $[X = a,b]$ e $[X = c, d]$;
   Partição 5: $[X = a, b, c]$ e $[X = d]$.

2. **Partições circulares**: são indicadas para variáveis circulares (Mardia e Jupp, 2000), por exemplo, horário de ocorrência de eventos e ângulos; nesse caso a primeira classe é consecutiva à última classe. No caso de ângulos, temos que 1° é consecutivo a 360° (apesar do número 1 ser menor do que o número 360). Como exemplo de partição circular, considere:

Partição 2: $[X = a]$ e $[X = b, c, d]$;
Partição 6: $[X = a, b]$ e $[X = c, d]$;
Partição 5: $[X = a, b, c]$ e $[X = d]$;
Partição 8: $[X = d, a]$ e $[X = b, c]$;
Partição 4: $[X = d, a, b]$ e $[X = c]$;
Partição 3: $[X = c, d, a]$ e $[X = b]$.

3. **Partições flutuantes**: nesse caso, alguns valores da variável preditora são considerados ordenados (ou circulares) e os demais são livres; as classes que não estão sujeitas a restrições são denominadas flutuantes. No exemplo, admita que a classe $[X = d]$ seja flutuante. Temos então as seguintes partições admissíveis:

   Partição 2: $[X = a]$ e $[X = b,c,d]$;
   Partição 6: $[X = a, b]$ e $[X = c, d]$;
   Partição 5: $[X = a, b, c]$ e $[X = d]$;
   Partição 8: $[X = a, d]$ e $[X = b, c]$;
   Partição 4: $[X = a, b, d]$ e $[X = c]$.

   Esse tipo de partição é utilizado, por exemplo, quando uma das classes corresponde a uma situação de não resposta.

As partições também podem ser construídas a partir de variáveis quantitativas. Considere, por exemplo, X uma variável quantitativa. Admita uma partição binária. A partir de um valor τ, podem ser criadas duas partições: $\{X \leq \tau\}$ e $\{X > \tau\}$. Nesse caso, faz parte do processo de criação das árvores encontrar o melhor ponto de corte τ, segundo algum critério de partição.

11.3.1 Exemplo de partições politômicas

Admita uma variável regressora definida a partir dos quartis da variável IDH municipal, para os dados do Exemplo 11.1, da seguinte forma:

$$\text{IDH4} = \begin{cases} \text{Baixo,} & \text{se IDH} < 0{,}712, \\ \text{Médio-Baixo,} & \text{se } 0{,}712 \leq \text{IDH} < 0{,}754, \\ \text{Médio,} & \text{se } 0{,}754 \leq \text{IDH} < 0{,}783, \\ \text{Alto,} & \text{se IDH} \geq 0{,}783 \end{cases}$$

A variável IDH4 é ordinal, o que sugere a utilização de partições monotônicas. Considere a situação em que se permitam partições com divisões em mais de dois grupos. Nesse caso, poderiam ser formadas as seguintes partições:

P1: [IDH4 = Baixo], [IDH4 = Médio-Baixo, Médio, Alto];

P2: [IDH4 = Baixo, Médio-Baixo]. [IDH4 = Médio, Alto];

P3: [IDH4 = Baixo, Médio-Baixo, Médio] [IDH4 = Alto];

P4: [IDH4 = Baixo], [IDH4 = Médio-Baixo] e [IDH4 = Médio, Alto];

P5: [IDH4 = Baixo], [IDH4 = Médio-Baixo, Médio] e [IDH4 = Alto];

P6: [IDH4 = Baixo, Médio-Baixo], [IDH4 =Médio] e [IDH4 = Alto];

P7: [IDH4 = Baixo], [IDH4 = Médio-Baixo], [IDH4 = Médio] e [IDH4 = Alto].

Tabela 11.5: Determinação da melhor partição de IDH4

Partição	Grupos	Teste	
		Q_p	*valor-p*
P1	(Baixo) (Médio-Baixo, Médio, Alto)	17,05	$3{,}6\ 10^{-5}$
P2	(Baixo, Médio-Baixo) (Médio, Alto)	5,80	$1{,}6\ 10^{-2}$
P3	(Baixo, Médio-Baixo, Médio) (Alto)	10,32	$1{,}3\ 10^{-3}$
P4	(Baixo) (Médio-Baixo) (Médio, Alto)	17,05	$2{,}0\ 10^{-4}$
P5	(Baixo) (Médio-Baixo, Médio) (Alto)	20,79	$3{,}1\ 10^{-5}$
P6	(Baixo, Médio-Baixo) (Médio) (Alto)	10,76	$4{,}6\ 10^{-3}$
P7	(Baixo) (Médio-Baixo) (Médio) (Alto)	22,01	$6{,}5\ 10^{-5}$

A Tabela 11.5 resume o desempenho das possíveis partições. Adotando como critério de qualidade da partição a estatística do teste qui-quadrado de homogeneidade de Pearson (Q_p). Quanto menor o *valor-p* associado ao teste, melhor é a partição. Nesse caso, a melhor partição é P5.

11.4 Critérios de partição

Nesta seção discutimos alguns critérios utilizados na construção de árvores. Admita a existência de uma variável resposta Y e de p variáveis regressoras X_1, ...,

X_p. Represente o conjunto de dados por $\mathcal{D}$. Na Seção 11.4.1 abordamos o caso em que Y é uma variável quantitativa e na Seção 11.4.2 a situação em que Y é uma variável qualitativa.

11.4.1 Árvores de regressão

Abordamos a situação em que se deseja construir uma partição dos dados de modo a que, em cada uma, a previsão sobre o valor de uma variável quantitativa Y seja um único número. Além disso, cada nó da árvore pode dar origem a dois novos nós. Apresentamos a situação em que as variáveis regressoras são pelo menos ordinais, com partições monotônicas. Isso não impede que o método apresentado seja adaptado às situações em que as variáveis regressoras sejam qualitativas nominais, ou que outros tipos de partições sejam consideradas.

Consideramos que a previsão do valor de Y de uma observação pertencente a um nó é a média amostral de Y nesse nó.

Na raiz, considere a criação das seguintes partições, a partir da variável regressora X_j:

$$R_1(j,\tau_j) = \{\mathcal{D} : X_j \leq \tau_j\} \text{ e } R_2(j,\tau_j) = \{\mathcal{D} : X_j > \tau_j\}. \tag{11.1}$$

Defina a soma de quadrados associada à partição $(R_1(j,\tau_j); R_2(j,\tau_j))$ por

$$SQ_{(j,\tau_j)} = \sum_{i \in R_1(j,\tau_j)} \left(y_i - \overline{y}_{R_1(j,\tau_j)}\right)^2 + \sum_{i \in R_2(j,\tau_j)} \left(y_i - \overline{y}_{R_2(j,\tau_j)}\right)^2, \tag{11.2}$$

sendo

$$\overline{y}_{R_k(j,\tau_j)} = \sum_{i \in R_k(j,\tau_j)} \frac{y_i}{n_{kj\tau_j}},$$

em que $n_{kj\tau_j}$ é o número de observações em $R_k(j,\tau_j)$; ou seja, $y_{R_k(j,\tau_j)}$ é a média da variável resposta observada no conjunto $R_k(j,\tau_j)$.

Um critério utilizado para definição da melhor partição do nó inicial é escolher X_j e τ_j, que tornem (11.2) a menor possível. Denomine a soma de quadrados da melhor partição como soma de quadrados da partição.

Esse procedimento deve ser repetido a cada novo nó criado.

Represente as partições dos nós terminais de uma árvore, $\mathcal{A}$, por $R_k(\mathcal{A})$, $k = 1, \ldots, n_{\mathcal{A}}$, sendo $n_{\mathcal{A}}$ o número de nós terminais da árvore. Defina a soma de quadrados da partição gerada pelos nós terminais da árvore $\mathcal{A}$, ou simplesmente soma de quadrados da árvore $\mathcal{A}$, por

$$SQ(\mathcal{A}) = \sum_{k=1:i \in R_k(\mathcal{A})}^{n_{\mathcal{A}}} (y_i - \overline{y}_k)^2, \tag{11.3}$$

sendo $\overline{y}_k$ a média amostral das observações de Y que pertencem à região $R_k(\mathcal{A})$, definida a partir do nó terminal k.

$SQ(\mathcal{A})$ é uma medida do ajuste da árvore aos dados. Valores pequenos dessa soma de quadrados indicam um bom ajuste. Caso a árvore esteja sendo criada com o intuito de embasar previsões para pontos fora da amostra, nem sempre um bom ajuste levará a boas previsões. Imagine a situação em que a árvore é construída até que todos os nós terminais tenham observações de mesmo valor. Nesse caso o ajuste será perfeito, mas o uso da árvore para previsões pode não ser bom (*overfitting*). Um caso similar ocorre quando se deseja ajustar um modelo de regressão linear simples; um modelo polinomial de ordem $n-1$ resultaria em um ajuste perfeito, mas o modelo acabará tendo desempenho ruim ao ser utilizado em observações fora da amostra.

Há um dilema que envolve o tamanho de uma árvore: quanto maior o número de nós terminais, melhor o ajuste, mas as previsões realizadas a partir da árvore podem ser ruins. Há duas estratégias para definir os nós terminais da árvore: criação de um critério de qualidade a priori (critério de parada) ou por poda.

Os critérios de parada podem se basear em:

a. Número mínimo de observações a partir do qual não se fará novas partições.

b. Número mínimo de observações que um nó pode ter.

c. Valor mínimo da soma de quadrados da partição (ou de alguma outra medida de qualidade de ajuste), ou variação mínima da soma de quadrados da partição em relação a partições sucessivas.

d. Algum método inferencial, baseado, por exemplo, em testes de hipóteses como o do Exemplo 11.2.

Na Seção 11.5.2, outras regras são discutidas.

As árvores de regressão são utilizadas na análise do Exemplo 11.3.

Exemplo 11.3 *Deseja-se prever o risco de crédito de clientes de uma instituição financeira; para isso conta-se com um conjunto de dados*[6] *com uma amostra de 400 clientes, para os quais há informações sobre seu "Rating de crédito" (Y), "Saldo" (X_1) e "Renda" (X_2).*

A Figura 11.5 traz a árvore de regressão obtida para esse problema. Na construção da árvore estabeleceu-se que nenhum nó com menos de 90 observações poderia ser particionado e nenhum nó com menos de 40 observações poderia ser criado. A árvore possui 6 nós terminais, cuja descrição encontra-se na Tabela 11.6.

A primeira linha da Tabela 11.6 traz informações sobre a amostra completa. O valor médio do "Rating de crédito" é 354,94. As seis regiões são apresentadas em ordem crescente da média de rating. Utilizando essa informação, se um cliente tem valor de $X_1 < 68{,}5$, independentemente de qual seja o seu valor de X_2, terá um rating previsto de 186,87; por outro lado, se um cliente apresentar $X_1 \geq 453{,}50$ e $X_2 \geq 57{,}68$, terá uma previsão de rating de 592,73.

Uma informação interessante, obtida dos dados da Tabela 11.6, é a redução da variabilidade observada em cada região, em relação à amostra completa. Essa maior homogeneidade está ligada a uma redução no erro de previsão ao se utilizar a árvore, em relação ao uso da média geral. Nesse sentido, $SQ(\mathcal{A}) = 1.756.447{,}65$, valor bastante inferior ao observado quando não se faz a partição da amostra completa (primeira linha da tabela).

A Figura 11.6 traz uma representação da partição obtida a partir dos nós terminais no plano cartesiano. Ao utilizar uma árvore de decisão, estamos dividindo o plano cartesiano em retângulos.

Poda

Outra possibilidade de definir o tamanho de uma árvore é a poda. Seja $\mathcal{A}_0$ uma árvore com um grande número de nós terminais e seja $\mathcal{A}$ uma subárvore construída a partir de $\mathcal{A}_0$. Seja $\alpha \geq 0$. Uma função de custo associada a $\mathcal{A}$ pode

[6] Os dados foram extraídos de: https://github.com/Kulbear/ISLR-Python/blob/master/data/Credit.csv. Acesso em: 9 jun. 2021.

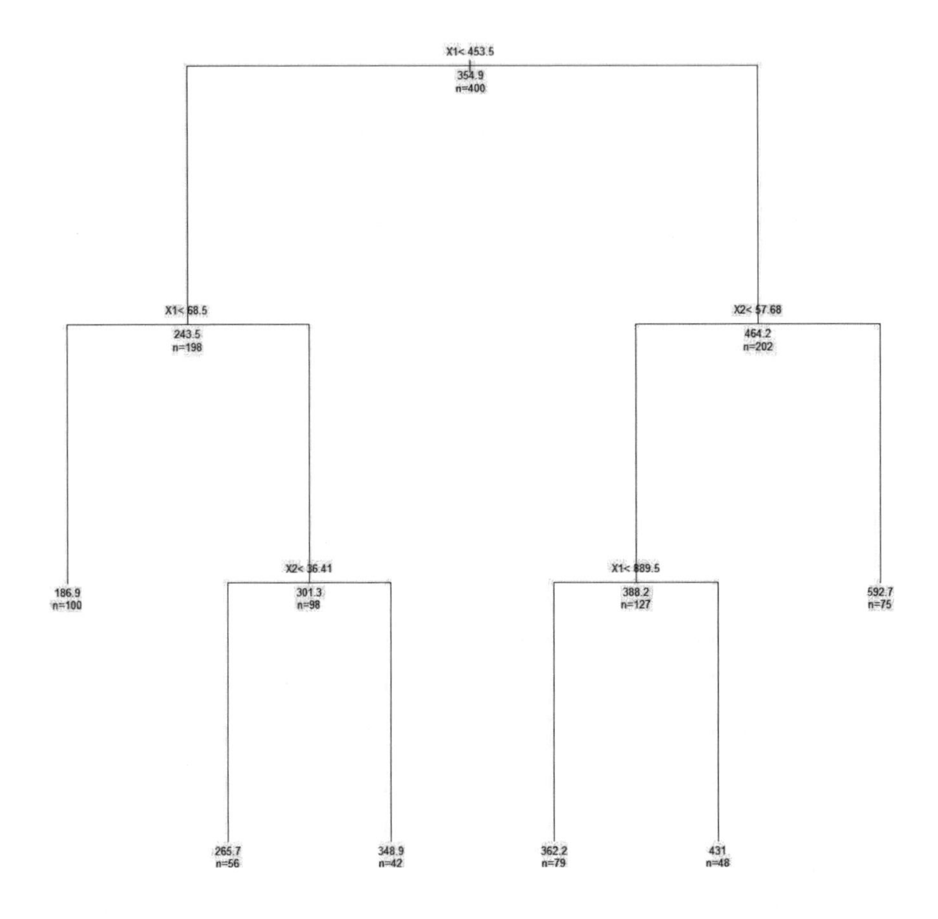

Figura 11.5: Árvore de classificação relativa ao Exemplo 11.3

ser construída como:

$$C_\alpha(\mathcal{A}) = SQ(\mathcal{A}) + \alpha n_{\mathcal{A}}.$$

Dado um valor de α, pode-se definir que a melhor árvore, $\mathcal{A} \subset \mathcal{A}_0$, é a que minimiza C_α. Note que o parâmetro α pondera o número de nós terminais da árvore: um valor elevado para α resultará em árvores pequenas; já um valor baixo resultará em árvores com melhor ajuste, no entanto, com mais nós terminais. No limite, a melhor árvore para $\alpha = 0$ é $\mathcal{A}_0$. A constante α é denominada parâmetro de afinação (tradução livre do termo em inglês *tuning*).

Tabela 11.6: Estatísticas sobre as regiões definidas a partir dos nós terminais da árvore descrita na Figura 11.5

Região	Definição	Tamanho	$\overline{Y}$	$\hat{\sigma}_y^2$	SQ
$\mathcal{D}$	Amostra completa	400	354,94	154,53	9.551.884
R1	$X_1 < 68{,}5$	100	186,87	51,84	268.779
R2	$68{,}50 \leq X_1 < 453{,}50$ e $X_2 < 36{,}41$	56	265,68	36,62	75.094
R3	$68{,}50 \leq X_1 < 453{,}50$ e $X_2 \geq 36{,}41$	42	348,86	56,67	134.877
R4	$453{,}50 \leq X_1 < 889{,}50$ e $X_2 < 57{,}68$	79	362,22	41,58	136.583
R5	$X_1 \geq 889{,}50$ e $X_2 < 57{,}68$	48	431,02	44,62	95.571
R6	$X_1 \geq 453{,}50$ e $X_2 \geq 57{,}68$	75	592,73	118,07	1.045.543

$\hat{\sigma}_y^2$ é a variância amostral, obtida dividindo-se pelo número de observações.

Regras alternativas para a poda da árvore podem se basear em critérios de informação como: dada uma árvore $\mathcal{A}_o$, a melhor subárvore é a que minimiza:

a. O critério de Akaike (AIC).

$$AIC(\mathcal{A}) = \ln\left[\frac{SQ(\mathcal{A})}{n}\right] + \frac{2n_{\mathcal{A}}}{n},$$

em que n é o tamanho da amostra.

b. O critério de Schwartz (BIC).

$$BIC(\mathcal{A}) = \ln\left[\frac{SQ(\mathcal{A})}{n}\right] + \frac{n_{\mathcal{A}}\ln(n)}{n}.$$

Uma crítica que é feita em relação a essa técnica é o risco de falta de estabilidade em seus resultados. Pequenas mudanças na amostra podem levar a um conjunto de nós terminais bem diferentes dos originais. Nas Seções 11.8.1 e 11.8.2 são apresentados métodos que lidam com esse problema.

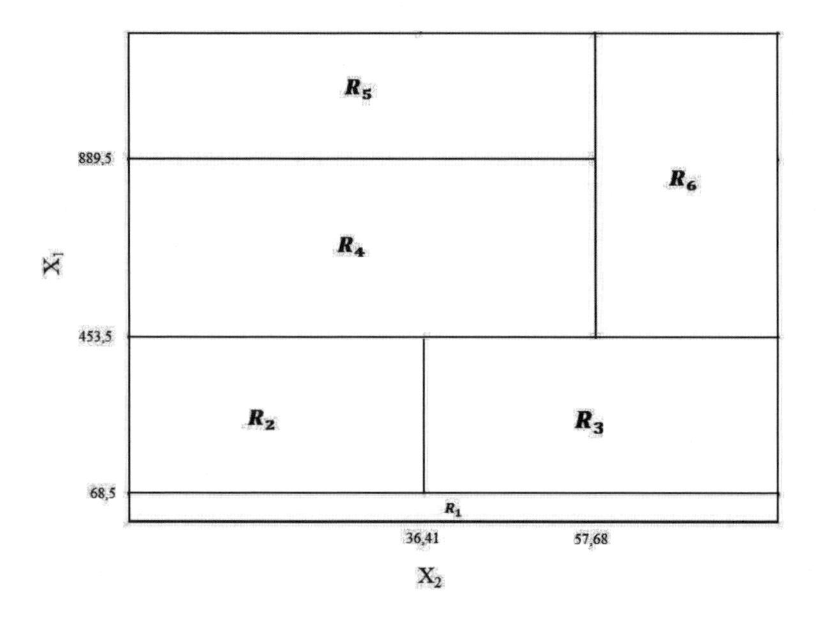

Figura 11.6: Representação dos nós terminais, em um plano cartesiano, da árvore de classificação da Figura 11.5

11.4.2 Árvores de classificação

O processo de construção de uma árvore de classificação é similar ao apresentado na Seção 11.4.1. Uma diferença fundamental é a escolha da medida de qualidade da partição.

Admita que a variável resposta Y seja qualitativa com q níveis. Admita uma partição $R_1, \ldots, R_M$ dos dados $\mathcal{D}$. Nesse caso, a previsão do valor de Y da região R_k será a categoria de Y que aparece com maior frequência na região (categoria modal).

Defina $\hat{p}_{kj}$ como a proporção de observações da região R_k que pertencem ao nível j de Y.

Admita que em R_k, a categoria mais frequente de Y seja j_k, desse modo, se um ponto pertencer a essa região, o modelo de árvore preverá que o valor de Y é j_k. Nesse caso, $\hat{p}_{kj_k}$ pode ser interpretada como a proporção de classificação correta da região R_k.

Um critério de construção da árvore pode se basear na minimização do erro de classificação, definido por

$$E_k = 1 - \hat{p}_{kj_k}.$$

O índice de Gini da região k é definido por

$$G_k = \sum_{j=1}^{q} \hat{p}_{kj}\left(1 - \hat{p}_{kj}\right) = 1 - \sum_{j=1}^{q} \hat{p}_{kj}^2.$$

É possível demonstrar que o valor mínimo de G_k é obtido quando uma das proporções for igual a um. Desse modo a minimização do índice de Gini também é um critério razoável para uma árvore de classificação.

Uma terceira alternativa é utilizar como critério a minimização do índice de Shannon, também conhecido como índice de entropia. Esse item é definido por:

$$H_k = -\sum_{j=1}^{q} \hat{p}_{kj} \ln\left(\hat{p}_{kj}\right).$$

Esse índice aproxima-se de zero quando uma das proporções se aproxima do valor 1. No cálculo de H_k considera-se $p\ln(p) = 0$ se $p = 0$.[7]

11.5 Aspectos técnicos

Nesta seção são discutidos aspectos técnicos relacionados à construção de árvores de classificação.

11.5.1 Algoritmo

Sugere-se a utilização do seguinte algoritmo:

Passo 1: Para cada variável regressora, identificar, no conjunto de partições admissíveis, a que melhor discrimina a variável resposta de acordo com algum critério de qualidade.

Passo 2: Considerando a melhor partição de cada variável preditora, selecionar aquela que forma grupos que melhor discriminam a variável resposta, segundo o critério de qualidade adotado.

[7] Note que $\lim_{p\to 0} p\ln(p) = 0$.

Passo 3: Validar a partição obtida, segundo algum critério adequado de validação (ver sugestões na Seção 11.6).

Passo 4: Caso a partição não seja válida, verificar se alguma das outras mencionadas no Passo 1 é válida. Caso nenhuma seja, encerrar. Caso seja válida (ou alguma outra o seja, nesse caso escolher a melhor delas), aplicar os Passos 1 a 4, a cada grupo obtido a partir da partição, desde que não haja outras regras de parada.

11.5.2 Critérios de parada

Os critérios de parada visam obter uma regra para interromper a partição dos nós. Além de regras baseadas nos tamanhos dos nós, apresentadas na Seção 11.4.1, outras podem ser utilizadas. Na sequência, são discutidos, separadamente, critérios para variável resposta quantitativa e dicotômica. Considere, inicialmente, o caso em que se permitem apenas partições dicotômicas.

Partições dicotômicas

- **Variável resposta quantitativa**:

  (i) Diferença mínima entre as médias dos grupos formados – Quanto maior a diferença, melhor a partição.

  (ii) SQD – Soma de quadrados dentro de grupo[8] – A melhor partição é a que minimiza esse indicador. Nesse caso, pode-se estabelecer uma variação mínima na SQD entre partições sucessivas para que uma nova partição ocorra.

  (iii) Estatística F do teste de comparação de médias – Quanto maior o valor da estatística, melhor é a partição. Pode-se, por exemplo, estabelecer uma regra baseada no *valor-p* associado à estatística F, eventualmente com alguma correção inspirada no método de Bonferroni (ver Kutner et al., 2013). Por exemplo, fixar uma significância mínima, digamos 10%; no primeiro passo, se o *valor-p* for inferior a 10% é feita a partição; no segundo passo (segundo nível da árvore), adota-se uma significância de 5%=10/2%; no nível k, adota-se $10/k$%.

[8] Definida na Seção 8.3.1.

- **Variável resposta qualitativa binária:**

  (iv) Diferença mínima entre as proporções associadas a um dos níveis da variável resposta, entre os grupos formados na partição – Quanto maior a diferença, melhor é a partição.

  (v) Estatística qui-quadrado de Pearson – Cria-se uma variável que define os grupos obtidos na partição e calcula-se a estatística qui-quadrado a partir do cruzamento entre essa variável e a variável resposta – quanto maior o valor do qui-quadrado, melhor é a partição. Pode-se proceder de modo análogo ao item (iii).

  (vi) G_k e H_k.

Partições politômicas

Os critérios apresentados devem sofrer adaptações nos casos em que se permitem partições em mais de dois grupos:

a. Os critérios (i) e (iv) podem ser substituídos por alguma medida de variabilidade entre as médias (ou proporções) da variável resposta observadas em cada grupo formado.

b. Os critérios (ii) e (iii), caso aplicados do modo como proposto, indicarão sempre a escolha da partição que forma um maior número de grupos, uma vez que o valor da SQD diminui (ou se mantém) à medida que se aumenta o número de grupos. É então necessário utilizar alguma regra de qualidade que leve em consideração o número de grupos formados, por exemplo:

   (vii) Optar pela partição cujo teste de comparação de médias apresentar menor *valor-p*.

   (viii) Utilizar algum critério de informação, por exemplo, o Akaike:

   $$AIC = \ln\left(\frac{SQD}{n}\right) + \frac{2k}{n},$$

   em que k é o número de grupos a serem formados na partição e n é o tamanho total da amostra, ou o critério de Schwartz

   $$BIC = \ln\left(\frac{SQD}{n}\right) + \frac{k\ln(n)}{n};$$

   a partição que apresentar menor AIC (ou BIC) será a escolhida.

c. O critério (v) pode apresentar problemas semelhantes aos descritos no item anterior. Soluções análogas a (vi) podem ser utilizadas.

Outros critérios, além dos sugeridos, podem ser aplicados. No caso em que a variável resposta é qualitativa e se utiliza o qui-quadrado de Pearson como critério de qualidade, tem-se a aplicação da técnica CHAID (*chi-square automatic interaction detection*), apresentada por Kass (1980).

11.6 Validação da classificação

Modelos de árvore também são utilizados em situações em que o conjunto de dados é muito grande tanto em número de observações como em número de variáveis regressoras (*big data*). Nesses casos, o próprio uso de testes de hipóteses é questionável, já que, em grandes amostras, a tendência é que diferenças mínimas tornem-se significativas. Em situações como essa é comum dividir aleatoriamente a amostra em pelo menos dois conjuntos. O primeiro, maior, denominado amostra de desenvolvimento, é utilizado para a criação da árvore. Previsões feitas a partir da árvore gerada pela amostra de desenvolvimento são feitas para o segundo conjunto de dados, amostra de validação; essas previsões são comparadas com os verdadeiros valores da variável resposta. Esse processo tenta simular o desempenho do modelo de classificação em uma situação em que as observações não participaram do processo de estimação. De um modo geral, a tendência é que o desempenho de modelos em amostras de desenvolvimento seja melhor do que nas de classificação. Isso ocorre pois o processo de construção de um modelo leva ao melhor ajuste para os dados utilizados na estimação. Como discutido na Seção 10.3, um bom ajuste não implica, necessariamente, em boa qualidade preditiva, assim, ao aplicar o modelo à amostra de validação, simula-se o uso do modelo na previsão de novas observações.

No contexto de árvores de decisão, temos nos nós terminais a proporção de elementos classificados em uma categoria de interesse, ou, caso a variável resposta seja quantitativa, a média dessa variável observada nesse nó. Considere esse valor, $\hat{y}$, como um escore ou valor previsto da variável resposta Y.

Assim como na Seção 10.3, ao adotar uma regra de decisão em que, se $\hat{y} > \tau$, a observação é classificada na categoria de interesse e, caso contrário, é classificada na outra categoria, as medidas $AUROC$, índice de Gini e KS podem ser empregadas para avaliar a qualidade preditiva do modelo.

11.7 Comentários adicionais

11.7.1 Uso da técnica na construção de modelos de regressão

As árvores de classificação podem ser úteis numa etapa preliminar de construção de um modelo de regressão. Tome, por exemplo, a árvore apresentada na Figura 11.3; o tempo médio de rua se altera na medida em que combinamos as variáveis Esmola e Sexo, para aqueles com grau de estudo maior, o que não acontece com as pessoas com menor grau de estudo. Isso sugere a existência de efeitos de interação entre essas variáveis, que deveriam ser levados em conta num eventual modelo de regressão.

11.7.2 Limitações da técnica

Apesar de sua simplicidade e caráter descritivo, a aplicação da técnica possui algumas limitações, entre elas:

a. Necessidade de grandes amostras. Para garantir a qualidade dos resultados, é necessário ter um número razoável de observações em cada etapa do processo de criação, o que só pode ser garantido com grandes amostras.

b. Assim como modelos de regressão apresentam problemas na presença de multicolinearidade entre as variáveis preditoras, o mesmo acontece na criação de árvores de classificação. Caso existam correlações fortes entre as variáveis regressoras, é possível que diferentes configurações de árvores levem a resultados de qualidades similares.

c. Os resultados podem ser prejudicados quando a variável resposta é fortemente assimétrica. Isso ocorre principalmente quando o critério de qualidade da partição baseia-se no cálculo da média amostral ou de medidas de variabilidade que sofrem grande influência de assimetrias. Nesses casos, sugere-se, quando possível, trabalhar com uma variável resposta transformada (como foi feito no Exemplo 11.2).

d. Por razões similares às apresentadas no item c, a existência de valores aberrantes pode trazer prejuízos aos resultados da análise.

11.8 Métodos agregados

A agregação dos resultados obtidos a partir de diferentes modelos para realizar uma predição, aplicados a um mesmo conjunto de dados, é um tópico comum no tratamento de grandes bases de dados. Tais métodos são denominados *ensemble*. Em geral, os resultados obtidos possuem uma capacidade preditiva melhor do que a aplicação de um único modelo isoladamente.

Neste texto, dois métodos, derivados da modelagem de árvores, serão apresentados: *bagging* e florestas aleatórias.

11.8.1 *Bagging – Bootstrap aggregation*

As árvores de regressão (ou de classificação) podem sofrer problemas de instabilidade. Imagine uma situação em que, ao particionar um nó, haja pouca diferença na qualidade das partições baseadas em duas ou mais variáveis regressoras diferentes; a árvore obtida, caso se escolhesse uma outra variável, poderia, potencialmente, ser tão boa ou melhor do que a de fato obtida. Pequenas mudanças na amostra podem levar a estruturas de árvores bastante diferentes.

Uma maneira de contornar esse problema[9] é usar métodos de reamostragem na construção de árvores. Seja $\mathcal{D}$ o conjunto de dados original. Retire B amostras com reposição de tamanho n (amostra bootstrap) de $\mathcal{D}$. Para cada amostra, encontre a árvore de regressão (ou de classificação). Não pode a árvore.

Admita que se queira prever o valor da variável resposta para uma determinada configuração das variáveis regressoras, $\mathbf{x}$. Denomine $\hat{y}_b(\mathbf{x})$ a previsão do valor de Y feita a partir da árvore construída para a b-ésima amostra. Nesse caso, o valor previsto de Y pode ser dado pela média de $\hat{y}_b(\mathbf{x})$, no caso de árvore de regressão ou pela moda de $\hat{y}_b(\mathbf{x})$, $b = 1, \ldots, B$.

É possível demostrar que esse método reduz a variância das previsões.

Breiman (1996) sugere utilizar $B = 50$.

Prova-se que, em geral, cada amostra bootstrap é formada por aproximadamente 63% dos dados disponíveis. Os elementos não selecionados – amostra fora-da-cesta (*out-of-bag sample*) – podem ser utilizados para testar a eficiência

[9] Sugerida por Breiman (1996).

do modelo em fazer previsões. Estimativas do erro de classificação das amostras fora-da-cesta podem ser consolidadas para se ter uma avaliação do erro de classificação do modelo.

11.8.2 Floresta aleatória

Apesar dos resultados obtidos a partir do procedimento de *bagging* serem, em geral, melhores do que os obtidos a partir de uma única árvore, ainda há um problema. Por se trabalhar sempre com o mesmo conjunto de variáveis, é possível que as árvores obtidas em diferentes amostras bootstrap tenham alguma semelhança. O ideal seria que as árvores fossem independentes. O procedimento floresta aleatória[10] busca minimizar esse problema.

Admita a presença de p variáveis preditoras. Escolha um valor $m < p$; alguns autores recomendam $m \approx \sqrt{p}$, no caso de classificação, e $p/3$, no caso de árvores de regressão. Ao fazer a divisão de cada nó de uma amostra bootstrap, considere apenas m variáveis preditoras, sorteadas aleatoriamente das p variáveis originais. Cada nó utilizará um conjunto diferente de variáveis.

Esse procedimento é particularmente útil em casos em que há muitas variáveis para definição das partições. Em um modelo de árvore simples, é possível que parte das informações contidas em algumas variáveis não sejam contempladas na criação dos nós terminais. Essa técnica minimiza a chance de que algo desse tipo aconteça, controlando, eventualmente, perda de informação devido a multicolinearidades.

11.9 Aplicação

Exemplo 11.4 *Cortez et al. (2009) pretendiam prever avaliações subjetivas feitas sobre a qualidade de diferentes amostras de vinho verde tinto, a partir de características físico químicas dessas bebidas. Foram consideradas 1.599 amostras de vinho, cada amostra recebeu uma nota entre 0 e 10 (quanto maior a nota, melhor o vinho). A Tabela 11.7 descreve as variáveis envolvidas nesse problema. Nosso objetivo será construir modelos para prever a qualidade dos vinhos.*

---

[10]Desenvolvido por Breiman (2001).

Tabela 11.7: Variáveis utilizadas no Exemplo 11.4

Código	Variável
f_acidez	acidez fixa
v_acidez	acidez volátil
c_acidez	acidez cítrica
r_acucar	açucar residual
cloretos	cloretos
l_SO2	dióxido de enxofre livre
t_SO2	dióxido de enxofre total
densidade	densidade
pH	pH
sulfatos	sulfatos
alcool	teor de álcool
qual_ord	avaliação da qualidade em uma nota de 0 a 10
qualidade	0, se de qualidade inferior (qual.ord $\leq$ 5) ou 1, se de qualidade superior (qual.ord>5)

Das 1.599 observações originais, 1099 foram sorteadas para comporem uma amostra de desenvolvimento, utilizada para estimar os modelos, e 500 para uma amostra de validação, utilizada para avaliar a qualidade preditiva do modelo.

Na Seçao 11.9.1 analisamos a variável qual_ord, que traz a nota atribuída às amostras de vinhos. Na Seção 11.9.2 a análise é feita sobre a variável qualidade. Os comandos para geração desses resultados encontram-se na Seção 11.10.

11.9.1 Árvore de regressão

A árvore de regressão obtida para a análise da variável qual_ord é apresentada na Figura 11.7. A Tabela 11.7 descreve os nós terminais.

A partir da raiz, a árvore é composta por no máximo quatro níveis. Quatro variáveis foram utilizadas na geração da partição final: álcool, acidez fixa, acidez volátil e sulfatos. O nó terminal em que se encontram os vinhos que tiveram, em média, melhor classificação (folha 11) contém vinhos com nível alcoólico de pelo menos 11,55 e sulfatos de pelo menos 0,59. Há, nessa árvore, 119 vinhos, que correspondem a 11% do total da amostra de desenvolvimento. O nó terminal que possui os vinhos com, em média, piores classificações é a folha 6, que contém vinhos com teor alcoólico entre 10,55 e 11,25, sulfatos menores que 0,59 e acidez volátil de pelo menos 0,97.

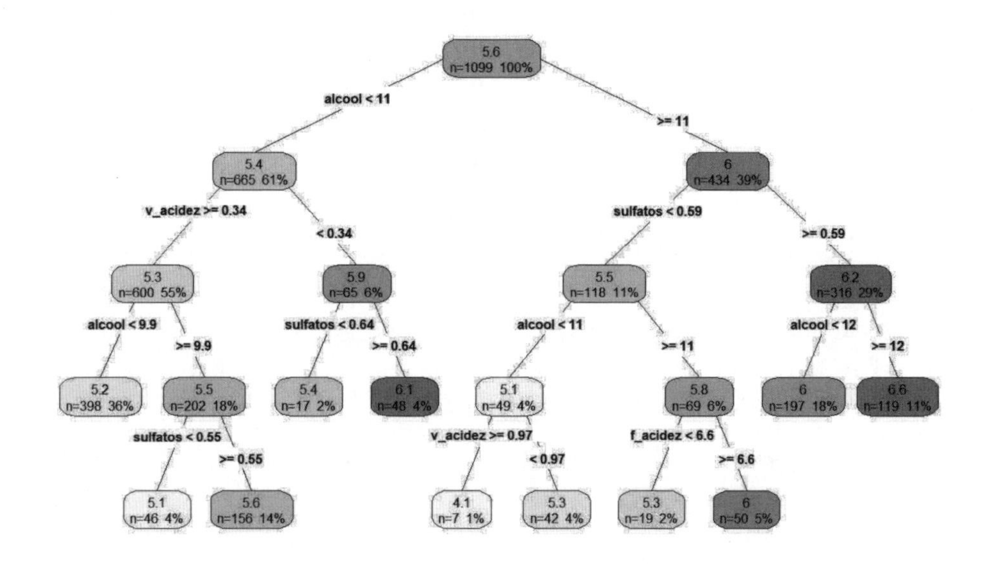

Figura 11.7: Árvore de regressão para a amostra de desenvolvimento do Exemplo 11.4

Em seguida, foram aplicados os métodos *bagging* e *floresta aleatória* aos dados. Para comparar a qualidade das previsões feitas a partir desses três métodos, foram utilizadas as seguintes medidas:

$$EQM = \sum_{i=1}^{n_v} \frac{(y_i - \hat{y}_i)^2}{n_v}, \quad EAM = \sum_{i=1}^{n_v} \frac{|y_i - \hat{y}_i|}{n_v} \quad \text{e} \quad EAMR = \sum_{i=1}^{n_v} \left| \frac{y_i - \hat{y}_i}{y_i} \right| \frac{1}{n_v},$$

sendo n_v o tamanho da amostra de validação, y_i o valor observado da variável qual_ord para o indivíduo i da amostra de validação, $\hat{y}_i$ o valor previsto de qual_ord para o indivíduo i da amostra de validação, EQM é o erro quadrático médio, EAM é o erro absoluto médio e $EAMR$ o erro absoluto médio relativo. Cabe ressaltar que o cálculo do $EAMR$ só é possível porque, na amostra, não há valores de y_i iguais a zero.

Tabela 11.8: Nós terminais da árvore de regressão construída a partir de uma amostra de desenvolvimento para o Exemplo 11.4

	Nível da árvore						
Folhas	I	II	III	IV	Média	N	%
1	A $<$ 10,55	V $\geq$ 0,34	A $<$ 9,85		5,2	398	36
2	A $<$ 10,55	V $\geq$ 0,34	A $\geq$ 9,85	S $<$ 0,55	5,1	46	4
3	A $<$ 10,55	V $\geq$ 0,34	A $\geq$ 9,85	S $\geq$ 0,55	5,6	156	14
4	A $<$ 10,55	V $<$ 0,34	S $<$ 0,64		5,4	17	2
5	A $<$ 10,55	V $<$ 0,34	S $\geq$ 0,64		6,1	48	4
6	A $\geq$ 10,55	S $<$ 0,59	A $<$ 11,25	V $\geq$ 0,97	4,1	7	1
7	A $\geq$ 10,55	S $<$ 0,59	A $<$ 11,25	V $<$ 0,97	5,3	42	4
8	A $\geq$ 10,55	S $<$ 0,59	A $\geq$ 11,25	F $<$ 6,6	5,3	19	2
9	A $\geq$ 10,55	S $<$ 0,59	A $\geq$ 11,25	F $\geq$ 6,6	6,0	50	5
10	A $\geq$ 10,55	S $\geq$ 0,59	A $<$ 11,55		6,0	197	18
11	A $\geq$ 10,55	S $\geq$ 0,59	A $\geq$ 11,55		6,6	119	11

A: Álcool V: Acidez volátil F: Acidez fixa S: Sulfatos

A Tabela 11.9 apresenta essas medidas de qualidade de previsão. As medidas indicam uma melhora na previsão à medida que adotamos modelos mais complexos. O erro absoluto médio relativo parte de 9,4%, no modelo de árvore de regressão, para cerca de 7,9%, no modelo de floresta aleatória. Segundo esses critérios, conclui-se, **para este conjunto de dados**, que o modelo de floresta aleatória é o que produz melhores previsões.

Tabela 11.9: Medidas de qualidade preditiva para os modelos de árvore de regressão, *bagging* e floresta aleatória para os dados da amostra de validação do Exemplo 11.4

Indicador	Árvore de regressão	*Bagging*	Floresta aleatória
EQM	0,469	0,402	0,334
EAM	0,518	0,493	0,431
$EAMR$	0,094	0,090	0,079

11.9.2 Árvore de classificação

A Figura 11.8 traz a árvore de classificação construída, a partir da amostra de desenvolvimento, para a variável qualidade. Foram gerados nove nós terminais com a geração de no máximo cinco níveis, a partir da raiz.

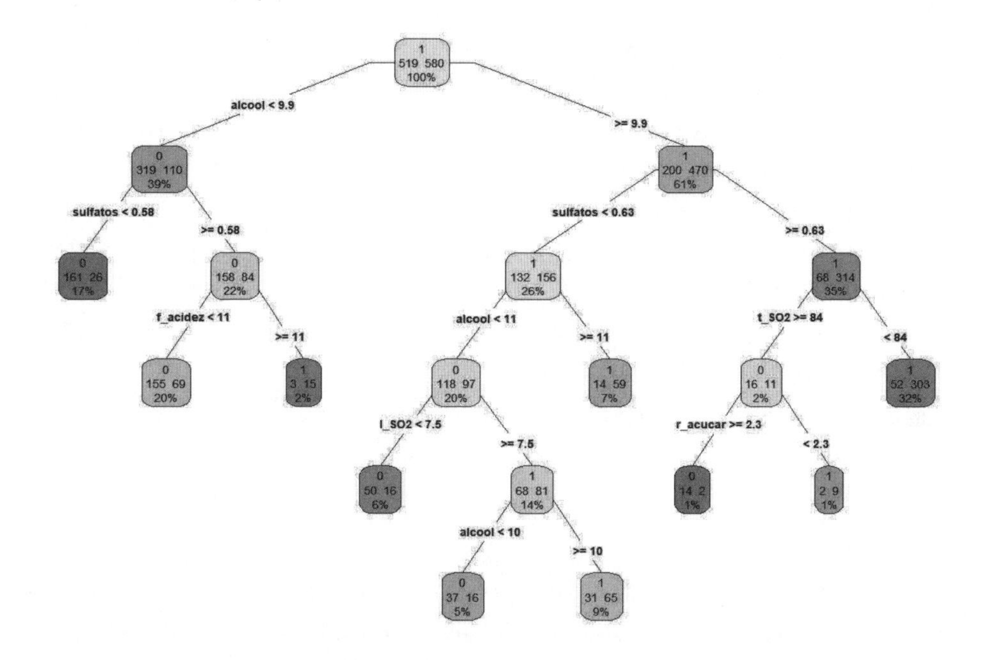

Figura 11.8: Árvore de classificação para a amostra de desenvolvimento do Exemplo 11.4

A Tabela 11.10 descreve os nós terminais. As partições foram formadas pelas variáveis álcool, sulfatos, acidez, t_SO2, l_SO2 e r_açucar. A folha 10 é a que apresenta a maior quantidade de vinhos de qualidade superior, 85%; ela é formada por vinhos com teor alcoólico de pelo menos 9,85, com pelo menos 0,63 de sulfatos e dióxido de enxofre total de no máximo 84; esse nó agrega 355 observações, o que corresponde a 32% da amostra de desenvolvimento. Os nós 8 e 1 são os que possuem as menores quantidades de vinhos de qualidade superior. O nó 1, em particular, reúne 187 vinhos (17% do total) e é formado por vinhos com teor alcoólico inferior a 9,85 e nível de sulfatos inferior a 0,58.

Tabela 11.10: Nós terminais da árvore de classificação construída para a amostra de desenvolvimento do Exemplo 11.4

	Nível da árvore					Qualidade	
Folha	I	II	III	IV	V	Sup	% Sup
1 (17%)	A<9,85	S<0,58				26	14%
2 (20%)	A<9,85	S≥0,58	F<11			69	31%
3 (2%)	A<9,85	S≥0,58	F≥11			15	83%
4 (6%)	A≥9,85	S<0,63	A<11,45	lS<7,5		16	24%
5 (5%)	A≥9,85	S<0,63	A<11,45	lS≥7,5	A<10,15	16	30%
6 (9%)	A≥9,85	S<0,63	A<11,45	lS≥7,5	A≥10,15	65	68%
7 (7%)	A≥9,85	S<0,63	A≥11,45			59	81%
8 (1%)	A≥9,85	S≥0,63	tS≥84	rA≥2,3		2	13%
9 (1%)	A≥9,85	S≥0,63	tS≥84	rA<2,3		9	82%
10 (32%)	A≥9,85	S≥0,63	tS<84			303	85%

A: Álcool S: Sulfatos F: Acidez fixa

tS: t_SO2 lS: l_SO2 rA: r_açucar

A Figura 11.9 traz as curvas ROC obtidas a partir das classificações realizadas com a árvore de classificação, pelo método *bagging* e pelo método floresta aleatória. Visualmente, percebe-se uma superioridade dos métodos *bagging* e floresta aleatória. Essa conclusão se confirma ao analisar as informações da Tabela 11.11. Percebe-se um baixo desempenho da árvore de classificação em relação às demais técnicas. **Para esses dados**, utilizando essas medidas, o método floresta aleatória é o que apresenta melhor capacidade preditiva.

Tabela 11.11: Medidas de qualidade preditiva para os modelos de árvore de classificação, *bagging* e floresta aleatória para os dados da amostra de validação do Exemplo 11.4

Índice	Árvore de classificação	*Bagging*	Floresta aleatória
Auroc	0,769	0,856	0,882
Gini	0,537	0,713	0,765
KS	0,463	0,541	0,593

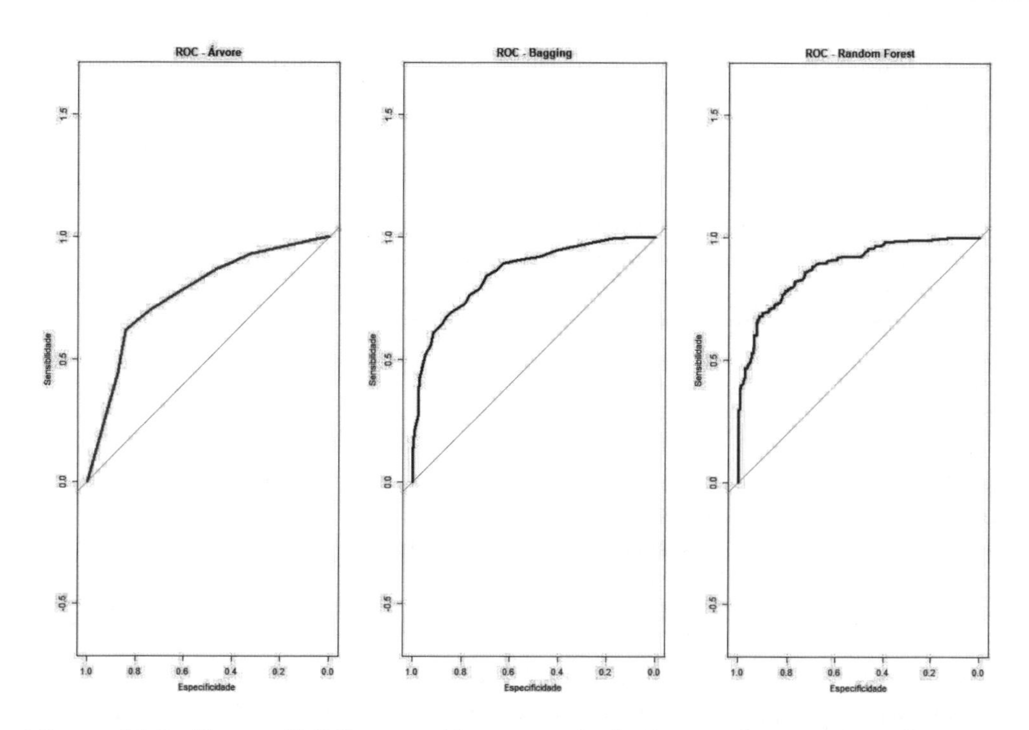

Figura 11.9: Curvas ROC costruídas a partir da árvore de regressão, *bagging* e floresta aleatória, para os dados da amostra de validação do Exemplo 11.4

11.10 Utilizando o R

Nesta seção apresentamos os comandos em R utilizados para gerar os resultados apresentados na Seção 11.9. Além das bibliotecas de comandos *readxl* e *pRoc*, já utilizadas em capítulos anteriores, é necessário instalar novas bibliotecas, a saber:

a. rpart: constrói árvores de decisão (Therneau e Atkinson, 2019).

b. rpart.plot: desenha a árvore gerada pelo comando rplot (Milborrow, 2021).

c. ipred: realiza o procedimento *bagging*.

d. randomForest: realiza o procedimento Random Forest.

```
############################
# Bibliotecas necessárias #
############################
install.packages("readxl")       # Wickham e Bryan (2019)
install.packages("pROC")         # Robin et al. (2021)
```

```
install.packages("rpart")        # Therneau e Atkinson (2019)
install.packages("rpart.plot")   # Milborrow (2021)
install.packages("ipred")        # Peters e Hothorn (2021)
install.packages("randomForest") # Liaw e Wiener (2018)

##########################################################
# Leitura dos dados e partição do arquivo em amostra de #
# desenvolvimento e de validação                         #
##########################################################
library(readxl)
vinho <- read_excel("vinho-tinto.xlsx")

set.seed(9)
n <- dim(vinho)[1]
indices <- sample(n, size=1099)
Desenv <- vinho[indices, ] # Amostra de desenvolvimento
Valida <- vinho[-indices, ] # Amostra de validação
```

Os comandos seguintes são utilizados para a construção da árvore de regressão e classificação e avaliação dos resultados por meio da curva ROC, Auroc, índice de Gini e estatística KS.

11.10.1 Árvores de regressão

```
#######################
# Árvore de regressão #
#######################
library(rpart)
library(rpart.plot)

Arvore <- rpart(qual_ord ~ f_acidez + v_acidez + c_acidez + r_acucar
          + cloretos + l_SO2 + t_SO2 + densidade + pH + sulfatos +
          alcool, data=Desenv)
rpart.plot(Arvore,type=4,extra=101,fallen.leaves=FALSE) # Figura 11.7

# Resumo do processo de formação da árvore
summary(Arvore)
# Geração das previsões na amostra de validação
Valida$PrevArv <- predict(Arvore, Valida)
# EQM, EAM, EAMR - segunda coluna na Tabela 11.9
Media <- mean(Valida$qual_ord)
EQM <- mean((Valida$qual_ord-Valida$PrevArv)^2)
EAM <- mean(abs(Valida$qual_ord-Valida$PrevArv))
EAMR <- mean(abs(Valida$qual_ord-Valida$PrevArv)/Valida$qual_ord)
```

Bagging e avaliação dos resultados por meio de EQM, EAM e $EAMR$:

```
###########
# Bagging #
###########
library(ipred)
Bag <- bagging(qual_ord ~ f_acidez + v_acidez + c_acidez + r_acucar
       + cloretos + l_SO2 + t_SO2 + densidade + pH + sulfatos +
       alcool, data=Desenv)

# Geração das previsões na amostra de validação
Valida$PrevBag <- predict(Bag, Valida)

# EQM, EAM, EAMR - terceira coluna na Tabela 11.9
# Atenção, como o procedimento baseia-se em amostragens, é possível que
# os valores obtidos difiram dos apresentados na Tabela 11.9, embora a
# ordem de grandeza deva se manter
Media <- mean(Valida$qual_ord)
EQM <- mean((Valida$qual_ord-Valida$PrevBag)^2)
EAM <- mean(abs(Valida$qual_ord-Valida$PrevBag))
EAMP <- mean(abs(Valida$qual_ord-Valida$PrevBag)/Valida$qual_ord)
```

Geração da floresta aleatória e de estatísticas para avaliação dos resultados:

```
#################
# Random Forest #
#################
library(randomForest)

rfD <- randomForest(qual_ord ~ f_acidez + v_acidez + c_acidez + r_acucar
       + cloretos + l_SO2 + t_SO2 + densidade + pH + sulfatos +
       alcool, data=Desenv)
# Geração das previsões na amostra de validação
Valida$PrevRF <- predict(rfD, Valida)

# EQM, EAM, EAMR - quarta coluna da Tabela 11.9
# Atenção, como o procedimento baseia-se em amostragens, é possível que
# os valores obtidos difiram dos apresentados na Tabela 11.9, embora a
# ordem de grandeza deva se manter
Media <- mean(Valida$qual_ord)
EQM <- mean((Valida$qual_ord-Valida$PrevRF)^2)
EAM <- mean(abs(Valida$qual_ord-Valida$PrevRF))
EAMP <- mean(abs(Valida$qual_ord-Valida$PrevRF)/Valida$qual_ord)
```

11.10.2 Árvores de classificação

Na sequência são apresentados os comandos para a análise da variável *qualidade.*

```
############################
# Árvore de classificação #
############################
library(rpart)
library(rpart.plot)

Arvore <- rpart(factor(qualidade) ~ f_acidez + v_acidez + c_acidez + r_acucar
      + cloretos + l_SO2 + t_SO2 + densidade + pH + sulfatos +
      alcool, data=Desenv)

rpart.plot(Arvore,type=4,extra=101,fallen.leaves=FALSE) # Figura 11.8

# Resumo do processo de formação da árvore
summary(Arvore)

# Geração das previsões na amostra de validação
A <- as.data.frame(cbind(predict(Arvore, Valida, type="prob"), Valida$qualidade))
colnames(A) <- c("Baixa","Alta","Qualidade")

# Curva ROC - Primeira coluna da Figura 11.9
library(pROC)
ROCArvore <- roc(A, Qualidade, Alta)
plot(ROCArvore, main="ROC - Árvore",
xlab = "Especificidade",
ylab = "Sensibilidade",
col = "red", lwd=3,
xlim = c(1,0), ylim=c(0,1))

# Auroc, Gini e KS - segunda coluna da Tabela 11.11
ROCArvore$auc
2*ROCArvore$auc-1
ks.test(A$Alta[A$Qualidade==1], A$Alta[A$Qualidade==0])
```

Bagging e avaliação dos resultados por meio da curva ROC, Auroc, índice de Gini e estatística KS:

```
library(ipred)
Bag <- bagging(factor(qualidade) ~ f_acidez + v_acidez + c_acidez + r_acucar
      + cloretos + l_SO2 + t_SO2 + densidade + pH + sulfatos +
      alcool, data=Desenv)
```

```
# Geração das previsões na amostra de validação
A <- as.data.frame(cbind(predict(Bag, Valida, type="prob"), Valida$qualidade))
colnames(A) <- c("Baixa","Alta","Qualidade")

# ROC, Auroc, Gini e KS - terceira coluna da Tabela 11.11
# Atenção, como o procedimento baseia-se em amostragens, é possível que
# os resultados obtidos difiram levemente dos apresentados na
# Tabela 11.11 e Figura 11.9.

# Curva ROC - Segunda coluna da Figura 11.9
library(pROC)
ROCBag <- roc(A, Qualidade, Alta)
plot(ROCBag, main="ROC - Bagging",
xlab = "Especificidade",
ylab = "Sensibilidade",
col = "red", lwd=3,
xlim = c(1,0), ylim=c(0,1))

# Terceira coluna da Tabela 11.11
ROCBag$auc
2*ROCBag$auc-1
ks.test(A$Alta[A$Qualidade==1],A$Alta[A$Qualidade==0])
```

Geração da floresta aleatória e de estatísticas para avaliação dos resultados:

```
#################
# Random Forest #
#################
library(randomForest)
rfD <- randomForest(factor(qualidade) ~ f_acidez + v_acidez + c_acidez
       + r_acucar + cloretos + l_SO2 + t_SO2 + densidade + pH + sulfatos
       + alcool, data=Desenv)

# Geração das previsões na amostra de validação
A <- as.data.frame(cbind(predict(rfD, Valida, type="prob"), Valida$qualidade))
colnames(A) <- c("Baixa","Alta","Qualidade")

# ROC, Auroc, Gini e KS - quarta coluna da Tabela 11.11
# Atenção, como o procedimento baseia-se em amostragens, é possível que
# os resultados obtidos difiram levemente dos apresentados na
# Tabela 11.11 e Figura 11.9.

# Curva ROC - Terceira coluna da Figura 11.9
library(pROC)
ROCRF <- roc(A, Qualidade, Alta)
```

```
plot(ROCRF, main="ROC - Random Forest",
xlab = "Especificidade",
ylab = "Sensibilidade",
col = "red", lwd=3,
xlim = c(1,0), ylim=c(0,1))

# Quarta coluna da Tabela 11.11
ROCRF$auc
2*ROCRF$auc-1
ks.test(A$Alta[A$Qualidade==1],A$Alta[A$Qualidade==0])
```

11.11 Exercícios

11.1 O arquivo **Eleições_SE_2002.xlsx** traz os dados completos do Exemplo 11.1. A Tabela 11.12 traz a descrição das variáveis.

a) Construa um modelo de regressão logística para prever se a oposição é a vencedora em um município (variável OposicaoGanha). Analise o modelo ajustado e verifique sua qualidade preditiva.

b) Construa uma árvore de classificação para prever a variável OposicaoGanha. Analise a capacidade preditiva do modelo final.

c) Compare a qualidade preditiva dos modelos obtidos nos itens anteriores.

d) Construa uma variável que expresse a proporção de votos na oposição e construa uma árvore de regressão para prevê-la. Verifique por meios convenientes a qualidade preditiva do seu modelo.

e) Utilize o modelo ajustado em d) para prever se a oposição ganha em um município. Avalie a qualidade preditiva desse método.

11.2 Retome o Exercício 10.1:

a) Refaça-o utilizando árvores de decisão.

b) Refaça os itens b) e c) utilizando *bagging*.

c) Refaça os itens b) e c) utilizando florestas aleatórias.

d) Baseado na amostra de validação, compare a capacidade preditiva dos métodos: regressão logística, árvores de decisão, *bagging* e florestas aleatórias.

Tabela 11.12: Descrição das variáveis do Exercício 11.1

Variável	Descrição
UF	Unidade da federação
Nome	Nome do município
CodMunic	Código do município
Oposicao	Votos recebidos pelo candidato da oposição
Situacao	Votos recebidos pelo candidato da situação
OposicaGanha	= 1 se oposiçao ganha; = 0, se situação ganha
IDHM	IDH Municipal
IDHR	IDH Renda
IDHL	IDH Longevidade
IDHE	IDH Educação
Alfab91	Prop.alfab. entre pessoas com 15 anos ou + em 1991
Alfab00	Prop.alfab. entre pessoas com 15 anos ou + em 2000
Medico91	Razão entre o total de médicos residentes no município e o total de habitantes, em 1991
Medico00	Razão entre o total de médicos residentes no município e o total de habitantes, em 2000
DistBrasilia	Distância entre o município e Brasília (em km)
DistCapital	Distância entre o município e a capital do estado (km)
Pop2000	População em 2000
Popmasc2000	População masculina em 2000
PocentagemHomens	% de homens na população, em 2000

11.3 Retome o Exercício 6.2.

a) Construa uma árvore de classificação com as mesmas variáveis usadas no item b) do Exercício 10.2.

b) Quais são as variáveis mais importantes para essa classificação?

c) Compare os resultados dessa análise com aqueles encontrados no Exercício 10.2. Qual das duas análises você escolheria? Por quê?

11.4 Refaça o Exercício 10.4 utilizando árvores de classificação, *bagging* e florestas aleatórias. Compare o desempenho desses modelos com o do modelo logístico.

APÊNDICE A

CONJUNTOS DE DADOS

Neste apêndice apresentamos os conjuntos de dados utilizados nos exercícios.[1]

A.1 Arquivo BancoAlemao.xlsx

O arquivo traz informações sobre o status de crédito de clientes de um banco alemão. É um arquivo de dados bastante utilizado em artigos acadêmicos para ilustrar o desempenho de técnicas de aprendizado de máquina. Ele traz informações sobre o crédito concedido a mil clientes. Dados disponíveis em: `https://online.stat.psu.edu/stat857/node/215/`. Acesso em: 25 out. 2021.

Utilizado nos Exercícios 6.4, 10.1 e 11.2.

As variáveis disponíveis são descritas na Tabela A.1.

[1]Os arquivos disponibilizados no site da Blucher, na página do livro.

Tabela A.1: Variáveis disponíveis

<table>
<tr><th>Variável</th><th>Descrição</th></tr>
<tr><td>Y Status</td><td>1=Bom, 0=Mau</td></tr>
<tr><td>X1 Saldo na conta</td><td>1=Negativo, 2=<$200, 3≥$200, 4=Sem conta</td></tr>
<tr><td>X2 Duração do crédito</td><td>em meses</td></tr>
<tr><td>X3 Histórico de crédito</td><td>0=Todos os créditos pagos</td></tr>
<tr><td></td><td>1=Todos os créditos com o banco pagos</td></tr>
<tr><td></td><td>2=Créditos existentes pagos até agora</td></tr>
<tr><td></td><td>3=Atraso no pagamento em créditos passados</td></tr>
<tr><td></td><td>4=Crítico/Possui créditos com outros bancos</td></tr>
<tr><td>X4 Motivo do crédito</td><td>0=Carro zero, 1=Carro usado, 2=Móvel,</td></tr>
<tr><td></td><td>3=Rádio/TV, 4=Aparelhos domésticos</td></tr>
<tr><td></td><td>5=Reparos, 6=Educação, 7=Viagem/Férias,</td></tr>
<tr><td></td><td>8=Cursos, 9=Negócios, 10=Outros</td></tr>
<tr><td>X5 Valor do crédito</td><td>em unidades monetárias</td></tr>
<tr><td>X6 Investimentos</td><td>1=< $100, 2=$100 |- $500, 3=$500 |- 1000,</td></tr>
<tr><td></td><td>4= $1000 |-, 5= Desconhecido/Não tem</td></tr>
<tr><td>X7 Tempo no emprego</td><td>1=Desempregado, 2=0|-1,</td></tr>
<tr><td>atual (em anos)</td><td>3= 1|- 4, 4=4|-7, 5=7|-</td></tr>
<tr><td>X8 Taxa de parcelamento</td><td>em percentual do rendimento disponível</td></tr>
<tr><td>X9 Sexo e estado civil</td><td>1=M-divorciado/separado</td></tr>
<tr><td></td><td>2=F-divorciada/separada/casada</td></tr>
<tr><td></td><td>3=M-solteiro, 4=M-casado/viúvo, 5=F-solteira</td></tr>
<tr><td>X10 Fiadores/codevedores</td><td>1=Nenhum, 2=Codevedor, 3=Fiador</td></tr>
<tr><td>X11 Tempo na residência atual</td><td>1 a 4</td></tr>
<tr><td>X12 Ativo mais valioso que possui</td><td>1 a 4</td></tr>
<tr><td>X13 Idade (anos)</td><td>em anos</td></tr>
<tr><td>X14 Créditos concorrentes</td><td>1=Bancos, 2=Lojas, 3=Nenhum</td></tr>
<tr><td>X15 Habitação</td><td>1=Alugada, 2=Própria, 3=Cedida</td></tr>
<tr><td>X16 Número de créditos no banco</td><td>número</td></tr>
<tr><td>X17 Ocupação</td><td>1=Desempregado/não qualificado/não residente</td></tr>
<tr><td></td><td>2=Não qualificado/residente, 3=Qualificado</td></tr>
<tr><td></td><td>5=Gestor/autônomo/altamente qualificado</td></tr>
<tr><td>X18 Responsáveis pela manutenção</td><td>número de pessoas</td></tr>
<tr><td>X19 Telefone</td><td>1=Não registrado, 2=Registrado</td></tr>
<tr><td>X20 Trabalhador estrangeiro</td><td>1=Sim, 2=Não</td></tr>
</table>

Tabela A.2: Itens da escala de bem-estar financeiro

Variável	Descrição
FWB1_1	Eu poderia lidar com uma grande despesa inesperada
FWB1_2	Estou garantindo meu futuro financeiro
FWB1_3	Por causa da minha situação financeira ... Eu nunca terei as coisas que quero na vida
FWB1_4	Posso aproveitar a vida por causa da maneira como estou administrando meu dinheiro
FWB1_5	Estou apenas sobrevivendo financeiramente
FWB1_6	Estou preocupado que o dinheiro que tenho ou economizarei não vai durar
FWB2_1	Dar um presente ... iria prejudicar minhas finanças durante o mês
FWB2_2	Eu tenho dinheiro sobrando no final do mês
FWB2_3	Estou atrasado com minhas finanças
FWB2_4	Minhas finanças controlam minha vida

A.2 Arquivo BemEstarFin.xlsx

O arquivo **BemEstarFin.xlsx** traz dados da pesquisa National Financial Well-Being Survey, que tinha como um de seus objetivos avaliar o bem-estar financeiro de uma população. Disponível em: `https://www.consumerfinance.gov/data-research/financial-well-being-survey-data/`. Acesso em: 9 dez. 2021.

Utilizado nos Exercícios 3.4, 4.4 e 8.2.

A Tabela A.2 traz os itens de uma escala de bem-estar financeiro utilizada nos exercícios deste livro. Quanto maior o valor atribuído ao item, maior a concordância com a frase.

A.3 Arquivo CapitaisDem.xlsx

O arquivo **CapitaisDem.xlsx** contém características demográficas das capitais brasileiras. Disponível em: `https://www.ibge.gov.br/cidades-e-estados/`. Acesso em: 20 jan. 2022.

Tabela A.3: Características demográficas das capitais dos estados brasileiros

Variável	Descrição
Capital	Nome da capital
Região	Região do Brasil
Densidade	Densidade demográfica, habitantes por km quadrado em 2010
Escolarização	Percentual de pessoas de 6 a 14 anos matriculadas em 2010
IDHM	Índice de desenvolvimento humano municipal em 2010
Mortalidade	Mortalidade infantil, óbitos por 1000 nascidos vivos em 2019
PIB	Produto interno bruto per capita em 2019

Utilizado nos Exercícios 2.7, 3.6, 5.6 e 8.6.

A Tabela A.3 mostra as características consideradas.

A.4 Arquivo Carros.xlsx

O arquivo **Carros.xlsx** contém características de alguns automóveis. Disponível em: `https://www.carrosnaweb.com.br/catalogo.asp`. Acesso em: 27 jul. 2020.

Utilizado nos Exercícios 2.8, 5.7 e 8.7.

A Tabela A.4 mostra as características consideradas.

A.5 Arquivo Celular.xlsx

O arquivo **Celular.xlsx** contém características de alguns aparelhos celulares. Disponível em: `https://www.tudocelular.com/compare`. Acesso em: 23 jul. 2021.

Utilizado nos Exercícios 2.9, 5.8, 7.2 e 8.8.

A Tabela A.5 exibe as características consideradas.

Tabela A.4: Características de automóveis

Variável	Descrição
Nome	Nome abreviado do carro
Modelo	Modelo do carro
Cilindrada	Volume interno dos cilindros do motor em cm cúbicos
Desempenho	Velocidade máxima atingida em km/hora
Consumo	Consumo urbano em km/l de gasolina
Autonomia	Número de km por tanque de gasolina
Potência	Potência máxima em cv a aproximadamente 6000 rpm
Aceleração	Tempo para chegar de 0 a 100 km/h, em segundos

Tabela A.5: Características de celulares

Variável	Descrição
Código	Rótulo do aparelho
Nome	Nome do aparelho
Peso	Peso do aparelho em gramas
Ram	Memória RAM em GB
Memória	Memória máxima em GB
Pixel	Densidade de pixels em ppi
Hardware	Nota média da avaliação do hardware (de 0 a 10)
Tela	Nota média da avaliação da tela (de 0 a 10)
Câmera	Nota média da avaliação da câmera (de 0 a 10)
Desempenho	Nota média da avaliação do desempenho (de 0 a 10)

Nota: Quanto maior a nota, melhor a avaliação.

A.6 Arquivo Ceramica.xlsx

O arquivo **Ceramica.xlsx** contém frações de massa de elementos químicos em amostras de fragmentos cerâmicos encontrados em três sítios arqueológicos: Prado, localizado na Fazenda Engenho Velho, na cidade de Perdizes (MG); Água Limpa, localizado na confluência de três fazendas, na cidade de Monte Alto (SP); e Rezende, localizado na Fazenda Paiolão, na cidade de Centralina (MG). A base de

Tabela A.6: Fração de massa de elementos químicos em fragmentos de cerâmica

Variável	Descrição
Amostra	Identificação do fragmento
Sitio	Nome do sítio arqueológico
As	Fração de massa de Arsênio
Ce	Fração de massa de Cério
Cr	Fração de massa de Cromo
Eu	Fração de massa de Európio
Fe	Fração de massa de Ferro
Hf	Fração de massa de Háfnio
La	Fração de massa de Lantânio
Na	Fração de massa de Sódio
Nd	Fração de massa de Neodímio
Sc	Fração de massa de Escândio
Sm	Fração de massa de Samário
Th	Fração de massa de Tório
U	Fração de massa de Urânio

dados é do Grupo de Estudos Arqueométricos do Instituto de Pesquisas Energéticas e Nucleares (IPEN).

Utilizado nos Exercícios 2.10, 3.7, 8.9 e 9.4.

A Tabela A.6 mostra as características consideradas.

A.7 Arquivo Covid19MGSP.xlsx

O arquivo **Covid19MGSP.xlsx** contém dados sobre casos de Covid-19 nos municípios dos estados de Minas Gerais e São Paulo acumulados até o dia 1 de outubro de 2020, bem como algumas variáveis demográficas. Disponível em: `https://www.seade.gov.br`, `https://www.ibge.gov.br` e `https://www.br.undp.org`. Acessos em: 2 out. 2020.

Utilizado nos Exercícios 2.3, 3.2 e 9.5. A Tabela A.7 mostra a descrição das variáveis contidas no banco de dados.

Tabela A.7: Variáveis sobre Covid-19 por município dos estados de Minas Gerais e São Paulo

Variável	Descrição
Município	Nome do município
Casos	Casos de Covid-19 notificados até 01/10/2020
Óbitos	Óbitos por Covid-19 notificados até 01/10/2020
População	População estimada em 2020
IDHM	Índice de Desenvolvimento Humano Municipal em 2010
IDHR	Índice de Desenvolvimento Humano Renda em 2010
IDHL	Índice de Desenvolvimento Humano Longevidade em 2010
IDHE	Índice de Desenvolvimento Humano Educação em 2010
Prevalência	Casos de Covid-19 por 100.000 habitantes até 01/10/2020
Mortalidade	Óbitos por Covid-19 por 100.000 habitantes até 01/10/2020
Letalidade	Óbitos por Covid-19 por 100 casos até 01/10/2020

A.8 Arquivo Covid19SP.xlsx

O arquivo **Covid19SP.xlsx** contém dados sobre casos de Covid-19 nos municípios do estado de São Paulo acumulados até o dia 18 de julho de 2021, bem como algumas variáveis demográficas. Disponível em: `https://www.seade.gov.br`, `https://www.ibge.gov.br` e `https://www.br.undp.org`. Acessos em: 21 set. 2021.

Utilizado nos Exercícios 2.11, 3.8, 6.1, 7.3, 8.10 e 9.6.

A Tabela A.8 mostra a descrição das variáveis contidas no banco de dados.

A.9 Arquivo: Diabetes.xlsx

O diagnóstico precoce de doenças crônicas é importante para prevenir problemas de saúde. A diabetes, em particular, é uma doença com alta prevalência na população e que se caracteriza por ser silenciosa, ou seja, desenvolve-se lentamente sem que o portador a perceba. O arquivo de dados **Diabtes.xlsx** traz informações sobre características e sintomas presentes em 520 pacientes,

Tabela A.8: Variáveis sobre Covid-9 por município do estado de São Paulo

Variável	Descrição
Código	Código do município (codificação própria)
Município	Nome do município
GrupoPop	Grupo por faixa da população (P1 a P4)
Casos	Casos de Covid-19 notificados até 18/6/2021
Óbitos	Óbitos por Covid-19 notificados até 18/6/2021
População	População estimada em 2021
IDHM	Índice de Desenvolvimento Humano Municipal em 2010
IDHR	Índice de Desenvolvimento Humano Renda em 2010
IDHL	Índice de Desenvolvimento Humano Longevidade em 2010
IDHE	Índice de Desenvolvimento Humano Educação em 2010
Prevalência	Casos de Covid-19 por 1.000 habitantes até 18/6/2021
Mortalidade	Óbitos por Covid-19 por 10.000 habitantes até 18/6/2021
Letalidade	Óbitos por Covid-19 por 100 casos até 18/6/2021
HabDom	Número médio de habitantes por domicílio
GrauUrb	Grau de urbanização, em porcentagem

dos quais 320 eram diabéticos. Os dados são provevinientes do Sylhet Diabetes Hospital, localizado em Sylhet, Bangladesh, e estão disponíveis em: `https://www.kaggle.com/andrewmvd/early-diabetes-classification`. Acesso em: 28 fev. 2022. Foram analisados em Islam, Ferdousi, Rahman e Bushra (2020).

Utilizado nos Exercícios 10.4 e 11.4.

A Tabela A.9 descreve as variáveis contidas neste arquivo de dados.

A.10 Arquivo Eleições_SE_2002.xlsx

O arquivo **Eleições_SE_2002.xlsx** traz informações sobre os resultados do segundo turno das eleições presidenciais de 2002 e características de municípios da Região Sudeste do Brasil. O arquivo foi construído a partir de informações extraídas do site IPEADATA (`www.ipeadata.gov.br`) e do site do IBGE (`www.ibge.gov.br`). Acessos em: set. 2008. A Tabela A.10 resume as informações do

Tabela A.9: Variáveis utilizadas para prever a presença de diabetes

Variável	Descrição
Idade	Idade em anos
Mulher	1= Sim; 0=Não
Poliuria	1= Sim; 0=Não
Polidipsia	1= Sim; 0=Não
Perda súbita de peso	1= Sim; 0=Não
Fraqueza	1= Sim; 0=Não
Polifagia	1= Sim; 0=Não
Candidíase genital	1= Sim; 0=Não
Embaçamento visual	1= Sim; 0=Não
Coceira	1= Sim; 0=Não
Irritabilidade	1= Sim; 0=Não
Cicatrização retardada	1= Sim; 0=Não
Paresia parcial	1= Sim; 0=Não
Rigidez muscular	1= Sim; 0=Não
Alopecia	1= Sim; 0=Não
Obesidade	1= Sim; 0=Não
Diabetes	1= Sim; 0=Não

arquivo.

Utilizado no Exercício 11.1.

A.11 Arquivo ExpVida.xlsx

O arquivo **ExpVida.xlsx** traz informações sobre a expectativa de 195 países entre 1950 e 2015, em intervalos de 5 anos.

O arquivo de dados foi construído a partir de informações do site: `https://www.gapminder.org/data/`. Acesso em: 29 dez. 2021.

Utilizado no Exercício 8.5.

Tabela A.10: Descrição das variáveis do Exercício 11.1

Variável	Descrição
UF	Unidade da federação
Nome	Nome do município
CodMunic	Código do município
Oposicao	Votos recebidos pelo candidato da oposição
Situacao	Votos recebidos pelo candidato da situação
OposicaGanha	= 1 se oposiçao ganha; = 0, se situação ganha
IDHM	IDH Municipal
IDHR	IDH Renda
IDHL	IDH Longevidade
IDHE	IDH Educação
Alfab91	Prop.alfab. entre pessoas com 15 anos ou + em 1991
Alfab00	Prop.alfab. entre pessoas com 15 anos ou + em 2000
Medico91	Razão entre o total de médicos residentes no município e o total de habitantes, em 1991
Medico00	Razão entre o total de médicos residentes no município e o total de habitantes, em 2000
DistBrasilia	Distância entre o município e Brasília (em km)
DistCapital	Distância entre o município e a capital do estado (km)
Pop2000	População em 2000
Popmasc2000	População masculina em 2000
PocentagemHomens	% de homens na população, em 2000

A.12 Arquivo ILE2020.xlsx

O ambiente institucional de um país interfere na estratégia e desempenho das empresas. Para avaliar esse ambiente, várias entidades internacionais criaram índices comparativos entre os países. Um deles é o Índice de Liberdade Econômica (ILE) publicado anualmente pela Fundação Heritage e o *The Wall Street Journal*. O índice é calculado por meio da avaliação de doze itens que procuram mensurar o grau de liberdade concedido aos agentes econômicos. Cada item é classificado em uma escala de 0 a 100, e, quanto maior for a avaliação, mais liberdade econômica é reconhecida institucionalmente. Detalhes sobre a construção dos itens podem ser encontrados em: `https://www.heritage.org/index/pdf/2020/book/methodology.pdf`. Acesso em: 20 abr. 2023.

O arquivo **ILE2020.xlsx** resume as informações sobre a pesquisa realizada em 2020. Foi extraído de: `http://www.heritage.org/index/about`. Acesso em: 2 fev. 2021. A Tabela A.11 resume as informações contidas nesse arquivo.

Esses dados foram utilizados nos exercícios 2.4, 3.1 e 9.3.

Tabela A.11: Variáveis sobre liberdade econômica

Variável	Descrição
ID	Identificação
País	Nome do país (em inglês)
Região	Região
Classif	Classificação do país (quanto menor, maior é a liberdade econômica)
ClassifReg	Classificação do país por região
ILE	Índice de Liberdade Econômica
X1	Direitos de propriedade (quanto maior, mais direitos)
X2	Efetividade judicial (quanto maior, mais efetiva é a justiça)
X3	Integridade governamental (quanto maior, mais íntegro é o governo)
X4	Carga fiscal (quanto maior, mais justa é considerada a carga fiscal)
X5	Gastos governamentais (quanto maior, melhor é a estrutura de gastos)
X6	Saúde fiscal (quanto maior, melhor é a saúde fiscal)
X7	Liberdade de negócios (quanto maior, maior é a liberdade de negócios)
X8	Liberdade de trabalho (quanto maior, maior é a liberdade de trabalho)
X9	Liberdade monetária (quanto maior, maior é a liberdade monetária)
X10	Liberdade comercial (quanto maior, maior é a liberdade comercial)
X11	Liberdade de investimentos (quanto maior, maior é a liberdade)
X12	Liberdade financeira (quanto maior, maior é a liberdade financeira)

A.13 Arquivo Insfin2.xlsx

A partir de 1994, com o início do Plano Real, o Banco Central interviu em várias instituições financeiras (IF). O arquivo **Insfin2.xlsx** foi obtido em Oliveira (2000). Ele traz informações sobre indicadores econômico-financeiros de noventa instituições financeiras, de médio e grande porte, no período de agosto de 1994 (início do Plano Real) até agosto de 1998. Registrou-se se cada IF sofreu ou não intervenção do Banco Central no período.

Estão disponibilizados o pior desempenho de cada indicador nos seis meses anteriores ao final do período de avaliação. No caso de intervenção do Banco Central, consideraram-se os seis meses anteriores à intervenção.

Os indicadores estão organizados segundo o seguinte critério:

- de liquidez – referentes à disponibilidade financeira para saldar obrigações;
- de estrutura – avaliação da proporção de capital próprio e de terceiros existente na composição do passivo em relação aos ativos; e
- de rentabilidade – relação entre receita e lucro com vários itens patrimoniais.

Utilizado nos Exercícios 9.1 e 9.2.

A Tabela A.12 mostra as características consideradas.

A.14 Arquivo Mochila.xlsx

O arquivo **Mochila.xlsx** contém dados provenientes do projeto "Caracterização Postural de Crianças de 7 e 8 Anos das Escolas Municipais da Cidade de Amparo/SP", realizado na Faculdade de Medicina da Universidade de São Paulo pela Dra. Patrícia Jundi Penha (Chiann et al., 2006).

Utilizado nos Exercícios 6.2, 10.2 e 11.3.

A Tabela A.13 traz a descrição das variáveis avaliadas.

A.15 Arquivo Notebook.xlsx

O site Laptop Mag regularmente avalia marcas de *laptops* disponíveis no mercado americano. O arquivo *Notebook.xlsx* traz um resumo das avaliações realizadas em 2020, convertidas para uma escala de 0 a 10. Para cada marca avaliada, estão dispostas as avaliações médias dos atributos Qualidade, Design, Suporte, Inovação e Variedade.

Tabela A.12: Variáveis sobre instituições financeiras

Variável	Descrição
Indicadores de liquidez	
X1	Liquidez imediata
X2	Liquidez corrente até 90 dias
Indicadores de estrutura	
X3	Imobilização do patrimônio líquido
X4	Grau de alavancagem dos recursos próprios
X5	Participação das exigibilidades no ativo operacional
X6	Participação dos depósitos interfinanceiros no total de depósitos
X7	Evolução do ativo operacional médio
X8	Participação dos créditos anormais no total das operações de créditos normais
X9	Representatividade dos créditos anormais em relação ao patrimônio líquido
Indicadores de rentabilidade	
X10	Remuneração do ativo operacional médio
X11	Margem líquida
X12	Evolução do patrimônio líquido
X13	Rentabilidade do patrimônio líquido médio
X14	Taxa de retorno das aplicações
X15	Custo das captações
X16	Participação das rendas de prestação de serviços em relação às despesas administrativas
X17	Participação das despesas administrativas no ativo total

Arquivo disponível em: `https://www.laptopmag.com/articles/laptop-brand-ratings`. Acesso em: 4 out. 2021.

Utilizado no exercício 5.2.

Tabela A.13: Características de mochilas e de escoliose

Variável	Descrição
Sexo	Sexo da criança – M: masculino, F: feminino
Peso	Peso da criança em quilogramas
Altura	Altura da criança em metros
TipoMochila	Tipo da mochila – E: escapular, L: lateral, C: carrinho
ModoCarregar	Modo de carregar a mochila – 1: dois ombros, 2: um ombro, 3: no tronco, 4: mão direita, 5: mão esquerda, 6: outros
Escoliose	Lado da escoliose – D: direito, E: esquerdo, A: ausente

A.16 Arquivo Otolito.xlsx

O arquivo **Otolito.xlsx** contém dados provenientes do projeto "Estudo dos Otólitos Sagitta na Discriminação das Espécies de Peixes", submetido ao CEA Centro de Estatística Aplicada do IME-USP. Os otólitos são concreções calcárias do ouvido dos peixes. O considerado neste trabalho é o Sagitta. O objetivo era classificar peixes em alguma espécie tendo como base medidas relativas dos otólitos. Barroso, L.P., Sandoval, M.C., Correia, L.A. e Paschoalinoto, R. São Paulo, IME-USP, 1988. RAE-SEA-8817.

Utilizado nos Exercícios 3.9, 4.7, 9.7 e 10.5.

A Tabela A.14 traz a descrição das variáveis avaliadas.

Tabela A.14: Medidas relativas de otólitos

Variável	Descrição
Espécie	Espécie do peixe
X1 a X14	Proporções das medidas em relação ao comprimento do otólito

Tabela A.15: Características físico-químicas avaliadas em amostras de pizzas

Variável	Descrição
Marca	Marca da pizza
Agua	Quantidade de água por 100 gramas
Prot	Quantidade de proteína por 100 gramas
Fat	Quantidade de gordura por 100 gramas
Cinza	Quantidade de cinzas por 100 gramas
Na	Quantidade de sódio por 100 gramas
Carb	Quantidade de carboidratos por 100 gramas
Cal	Quantidade de calorias por 100 gramas

A.17 Arquivo: Pizza.xlsx

Disponível em: `https://data.world/sdhilip/pizza-datasets`. Acesso em: 9 dez. 2021.

Utilizado nos Exercícios 2.5, 4.3, 5.3 e 8.1.

Apresenta informações sobre os valores de características físico-químicas avaliadas em amostras de dez marcas de pizzas. A Tabela A.15 traz a descrição das características avaliadas.

A.18 Arquivo PublicDoutor.xlsx

Periodicamente, a CAPES avalia a produção intelectual dos docentes de instituições de ensino e pesquisa envolvidos em cursos de pós-graduação stricto senso oferecidos no Brasil. A arquivo **PublicDoutor.xlsx** traz o número médio de publicações por docente, nos triênios 1998-2001 e 2007-2010 de parte dos cursos de pós-graduação do país. As informações estão classificadas segundo a área de conhecimento do programa de pós-graduação e o tipo de publicação.

Foram consideradas as seguintes áreas de conhecimento:

agr: Ciências Agrárias; bio: Ciências Biológicas, sau: Ciências da Saúde,

ext: Ciências Exatas e da Terra, hum: Ciências Humanas, sap: Ciências Sociais Aplicadas,

eng: Engenharias e lla: Linguística, Letras e Artes.

Para cada área estavam disponíveis as quantidades dos seguintes tipos de publicações:

I: artigos internacionais, N: artigos nacionais, L: livros,

C: capítulos de livros e A: anais de congressos.

Utilizado no Exercício 5.5.

A.19 Arquivo Stress.xlsx

O arquivo **Stress.xlsx** contém dados provenientes do projeto "Stress e Basquetebol de Alto Nível e Categorias Menores", submetido ao CEA Centro de Estatística Aplicada do IME-USP. Os atletas de basquete responderam um questionário com frases, indicando em que grau a situação descrita na frase causava *stress* (Barroso e Rosa, 2000).

Utilizado nos Exercícios 4.8 e 4.9.

A Tabela A.16 traz as frases consideradas.

Tabela A.16: Frases avaliadas segundo o *stress* causado

Variável	Descrição
X1	Necessidade de sempre jogar bem
X2	Perder
X3	Autocobrança exagerada
X4	Pensamentos negativos sobre sua carreira
X5	Perder jogo praticamente ganho
X6	Repetir os mesmos erros
X7	Cometer erros que provocam a derrota da equipe
X8	Adversário desleal
X9	Arbitragem prejudica você
X10	Falta de humildade de um companheiro de equipe
X11	Pessoas com pensamento negativo
X12	Companheiro desleal
X13	Diferenças de tratamento na equipe
X14	Falta de confiança por parte do técnico

Escala de resposta de 0 a 6, quanto maior o valor, maior o *stress*.

A.20 Arquivo Tumor.xlsx

O arquivo **Tumor.xlsx** traz dados provenientes de um estudo observacional realizado na Clínica Ginecológica do Departamento de Obstetrícia do Hospital das Clínicas da Faculdade de Medicina da Universidade de São Paulo pelo Dr. João Bosco Ramos Borges entre novembro de 1995 e outubro de 1997. No arquivo constam o comprimento, largura e espessura de tumores de mama identificados em 66 pacientes.

A.21 Arquivo VinhoTinto.xlsx

O arquivo **VinhoTinto.xlsx** contém características de amostras de vinho tinto disponíveis em: `https://www.kaggle.com/uciml/red-wine-quality-cortez-et-`

al-2009/version/2. Acesso em: 3 fev. 2022.

Utilizado nos Exercícios 2.12, 3.10, 8.11, 9.8 e 10.3.

A Tabela A.17 mostra as características consideradas.

Tabela A.17: Características de amostras de vinho tinto

Variável	Descrição
f_acidez	Acidez fixa
v_acidez	Acidez volátil
c_acidez	Acidez cítrica
r_acucar	Açúcar residual
cloretos	Cloretos
l_SO2	Dióxido de enxofre livre
t_SO2	Dióxido de enxofre total
densidade	Densidade
pH	pH
sulfatos	Sulfatos
alcool	Álcool
qual_ord	Avaliação da qualidade em nota de 0 a 10 (quanto maior, melhor)
qualidade	0 = inferior (qual_ord $\neq 5$), 1 = superior (qual_ord ≤ 5)

A.22 Arquivo: WVS6.xlsx

A World Value Survey (WVS) é uma pesquisa realizada periodicamente em vários países do mundo. A sexta onda da pesquisa foi aplicada entre 2010 e 2014 em 59 países. Disponível em: https://www.worldvaluessurvey.org/WVSDocumentationWV6.jsp. Acesso em: 15 dez. 2019.

Utilizado nos Exercícios 2.6, 3.5, 4.5, 5.4 e 8.3.

A partir dos dados dessa pesquisa, foram construídas escalas para mensurar a confiança que a população desses países tinha com algumas instituições (quanto maior o valor dessas escalas, maior é a confiança da população na instituição). As escalas apresentadas no arquivo são apresentadas na Tabela A.18.

Tabela A.18: Escalas de confiança

Variável	Descrição
Politica	Confiança nas instituições políticas (de 0 a 100)
Imprensa	Confiança na imprensa (de 0 a 10)
Justica	Confiança nas instituições de segurança e justiça (de 0 a 10)
ONG	Confiança em organizações não governamentais (de 0 a 50)
Empresas	Confiança em bancos e grandes empresas (de 0 a 10)

A.23 Arquivo: WVS6b.xlsx

Esse conjunto de dados foi construído a partir da pesquisa mencionada na Seção A.22.

Utilizado nos Exercícios 4.6 e 8.4.

A aba **Dicionário WVS**, traz um resumo das perguntas que originaram os dados. As variáveis V131 a V139 refletem as opiniões dos entrevistados sobre quais seriam as características essenciais de uma democracia (quanto maior o valor, mais importante é a característica). Essas perguntas são reproduzidas na Tabela A.19.

Tabela A.19: Características importantes em uma democracia

Variável	Descrição
V131	O governo cobra impostos dos ricos e dá dinheiro aos pobres
V132	Autoridades religiosas interpretam as leis
V133	O povo escolhe seus líderes em eleições livres
V134	O povo recebe seguro-desemprego do governo
V135	As forças armadas assumem o governo quando ele for incompetente
V136	Direitos do cidadão protegem a liberdade do povo contra a opressão
V137	O Estado faz com que a renda das pessoas seja igual
V138	As pessoas obedecem aos seus governantes
V139	As mulheres têm os mesmos direitos que os homens

APÊNDICE B

TÓPICOS DE ÁLGEBRA LINEAR E ÁLGEBRA MATRICIAL

Neste apêndice resumimos uma série de resultados sobre vetores e álgebra matricial utilizados no decorrer do texto. Mais detalhes sobre os resultados podem ser encontrados em Johnson e Wichern (2007), Mardia, Kent e Bibby (1979) e Dillon e Goldstein (1984), por exemplo.

B.1 Vetores

Considere $\mathbf{a} = \begin{pmatrix} a_1 \\ \vdots \\ a_p \end{pmatrix} = [a_i] = [a_i]_p$ e $\mathbf{b} = \begin{pmatrix} b_1 \\ \vdots \\ b_p \end{pmatrix} = [b_i] = [b_i]_p$ dois vetores-coluna p-dimensionais.

Adotamos as seguintes definições:

- Vetor nulo: $\mathbf{a} = \mathbf{0}$ se $a_i = 0,\ i = 1, \ldots, p$.
- Vetor unitário: $\mathbf{a} = \mathbf{1}$ se $a_i = 1,\ i = 1, \ldots, p$.

Podemos definir as seguintes operações:

- **Transposição de vetor**: $\mathbf{a}^\top = (a_1, \ldots, a_p)$.

- **Multiplicação por escalar**: se α é um escalar, então $\alpha\mathbf{a} = [\alpha a_i]$.

- **Adição de vetores**: a soma de dois vetores de mesma dimensão é dada por $\mathbf{a} + \mathbf{b} = [a_i + b_i]$. O gráfico (2) da Figura B.1 traz a ilustração geométrica da soma de vetores e o gráfico (3) ilustra a subtração de vetores.

- **Norma de um vetor**: a norma ou comprimento de um vetor é dada por $\|\mathbf{a}\| = \sqrt{\mathbf{a}^\top\mathbf{a}}$.

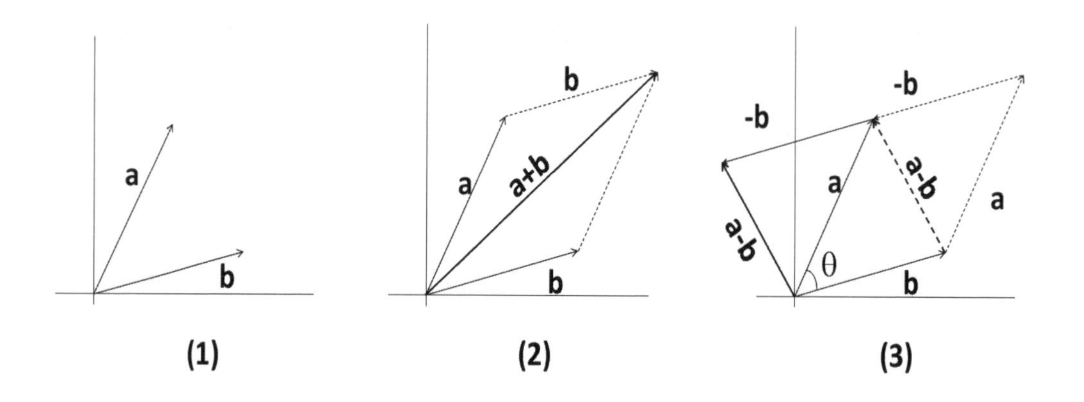

Figura B.1: Ilustração geométrica da soma e da diferença de vetores.

Definição B.1 *Define-se o* **produto interno** *entre dois vetores p-dimensionais como*

$$\mathbf{a}^\top\mathbf{b} = \sum_{i=1}^{p} a_i b_i.$$

Resultado B.1 *Se θ é o ângulo formado entre os vetores* **a** *e* **b**, *não nulos, pode-se mostrar que*

$$\cos(\theta) = \frac{\mathbf{a}^\top\mathbf{b}}{\sqrt{\mathbf{a}^\top\mathbf{a}}\sqrt{\mathbf{b}^\top\mathbf{b}}} = \frac{\mathbf{a}^\top\mathbf{b}}{\|\mathbf{a}\|\ \|\mathbf{b}\|}.$$

Destaque-se que, como consequência,

$$\mathbf{a}^\top\mathbf{b} = \|\mathbf{a}\|\ \|\mathbf{b}\| \cos(\theta).$$

Resultado B.2 Interpretação geométrica do coeficiente de correlação. *Admita dois vetores n-dimensionais* $\dot{\mathbf{x}} = [x_i - \overline{x}]$ *e* $\dot{\mathbf{y}} = [y_i - \overline{y}]$, *não nulos. Aplicando o Resultado B.1, temos que o cosseno do ângulo formado entre esses vetores é*

$$\cos(\boldsymbol{\theta}) = \frac{\dot{\mathbf{x}}^\top \dot{\mathbf{y}}}{\sqrt{\dot{\mathbf{x}}^\top \dot{\mathbf{x}}}\sqrt{\dot{\mathbf{y}}^\top \dot{\mathbf{y}}}} = \frac{\sum_{i=1}^{n}(x_i - \overline{x})(y_i - \overline{y})}{\sqrt{\sum_{i=1}^{n}(x_i - \overline{x})^2}\sqrt{\sum_{i=1}^{n}(y_i - \overline{y})^2}} = r_{xy},$$

sendo r_{xy} *o coeficiente de correlação entre as componentes do vetores* $\dot{\mathbf{x}}$ *e* $\dot{\mathbf{y}}$.

Resultado B.3 *(Desigualdade de Cauchy-Schwarz). Sejam* $\mathbf{a} = [a_i]$ *e* $\mathbf{b} = [b_i]$ *dois vetores-coluna p-dimensionais. Então*

$$(\mathbf{a}^\top \mathbf{b})^2 \leq (\mathbf{a}^\top \mathbf{a})(\mathbf{b}^\top \mathbf{b}),$$

ou seja,

$$\left(\sum_{i=1}^{p} a_i b_i\right)^2 \leq \left(\sum_{i=1}^{p} a_i^2\right)\left(\sum_{i=1}^{p} b_i^2\right).$$

Definição B.2 *Sejam* $\alpha_1, \ldots, \alpha_n$ *números reais e* $\mathbf{a}_1, \ldots, \mathbf{a}_n$ *vetores p-dimensionais, não nulos. Dizemos que esses vetores são* **linearmente independentes** *se*

$$\sum_{i=1}^{n} \alpha_i \mathbf{a}_i = 0 \Longleftrightarrow \alpha_i = 0, \; i = 1, \ldots, n.$$

Caso os vetores não satisfaçam essa condição, dizemos que eles são **linearmente dependentes**.

Resultado B.4 *Sejam* $\mathbf{a}_1, \ldots, \mathbf{a}_n$ *vetores p-dimensionais* **linearmente dependentes**, *ou seja, existe pelo menos um escalar* $\alpha_i \neq 0$ *tal que* $\sum_{i=1}^{n} \alpha_i \mathbf{a}_i = 0$. *Admita, sem perda de generalidade, que* $\alpha_1 \neq 0$. *Então,*

$$\mathbf{a}_1 = \sum_{i=2}^{n} \beta_i \mathbf{a}_i, \; \text{com } \beta_i = -\frac{\alpha_i}{\alpha_1}, \; i = 2, \ldots, n;$$

ou seja, o vetor $\mathbf{a}_1$ *pode ser obtido como combinação linear dos demais vetores.*

B.2 Matrizes

Definição B.3 *Sejam* $\mathbf{A} = \begin{pmatrix} a_{11} & a_{12} & \cdots & a_{1q} \\ a_{21} & a_{22} & \cdots & a_{2q} \\ \vdots & \vdots & \ddots & \vdots \\ a_{p1} & a_{p2} & \cdots & a_{pq} \end{pmatrix} = [a_{ij}]_{p \times q}$,

$\mathbf{B} = \begin{pmatrix} b_{11} & b_{12} & \cdots & b_{1r} \\ b_{21} & b_{22} & \cdots & b_{2r} \\ \vdots & \vdots & \ddots & \vdots \\ b_{q1} & b_{q2} & \cdots & b_{qr} \end{pmatrix} = [b_{ij}]_{q \times r}$ *e* $\mathbf{C} = \begin{pmatrix} c_{11} & c_{12} & \cdots & c_{1q} \\ c_{21} & c_{22} & \cdots & c_{2q} \\ \vdots & \vdots & \ddots & \vdots \\ c_{p1} & c_{p2} & \cdots & c_{pq} \end{pmatrix} =$ $[c_{ij}]_{p \times q}$.

Definem-se:

a. Matriz transposta*: a matriz transposta de* $\mathbf{A}$ *é dada por*

$$\mathbf{A}^\top = \begin{pmatrix} a_{11} & a_{21} & \cdots & a_{p1} \\ a_{12} & a_{22} & \cdots & a_{p2} \\ \vdots & \vdots & \ddots & \vdots \\ a_{1q} & a_{2q} & \cdots & a_{pq} \end{pmatrix}$$

.

b. Adição de matrizes*:* $\mathbf{A}+\mathbf{C} = [a_{ij} + c_{ij}]_{p \times q}$ *– note que as matrizes precisam ter a mesma dimensão.*

c. Multiplicação de matrizes*:* $\mathbf{AB} = [\sum_{k=1}^{q} a_{ik} b_{kj}]_{p \times r}$ *– é necessário que o número de colunas de* $\mathbf{A}$ *seja igual ao número de linhas de* $\mathbf{B}$.

d. *O* **posto** *de uma matriz (posto(*$\mathbf{A}$*)) é definido pelo número de linhas (ou colunas) linearmente independentes das demais.*

e. *A matriz* $\mathbf{A}$ *é dita ser de* **posto completo** *se posto(*$\mathbf{A}$*)* $=$ *min(p,q).*

f. *A matriz* $\mathbf{A}$ *é dita ser de* **posto incompleto** *se posto(*$\mathbf{A}$*)* $<$ *min(p,q).*

g. *A matriz* $\mathbf{A}$ *é dita ser uma* **matriz quadrada** *de dimensão* p *se* $p = q$.

h. *A matriz* $\mathbf{A}$ *é dita ser* **simétrica** *se* $\mathbf{A}^\top = \mathbf{A}$, *com* $p = q$, *ou seja,* $a_{ij} = a_{ji}$.

i. *A* **matriz identidade** *de ordem p é definida como* $\mathbf{I}_p = [a_{ij}]_{p\times p}$, *com* $a_{ij} = \begin{cases} 0 & se\ i \neq j \\ 1 & se\ i = j \end{cases}$. *Quando não houver dúvidas a respeito da dimensão da matriz, utilizamos* $\mathbf{I}_p = \mathbf{I}$.

Resultado B.5 *Sejam* $\mathbf{A}$ *e* $\mathbf{B}$ *matrizes:*

a. *Se* $\mathbf{A}$ *e* $\mathbf{B}$ *têm mesma dimensão, então* $(\mathbf{A}+\mathbf{B})^\top = \mathbf{A}^\top + \mathbf{B}^\top$.

b. *Se* $\mathbf{A}$ *tem dimensão* $(p\times q)$ *e* $\mathbf{B}$ *tem dimensão* $(q\times p)$, *então* $(\mathbf{AB})^\top = \mathbf{B}^\top\mathbf{A}^\top$.

c. *Se* $\mathbf{A}$ *é particionada como*

$$\mathbf{A} = \begin{pmatrix} \mathbf{A}_{11} & \mathbf{A}_{12} \\ \mathbf{A}_{21} & \mathbf{A}_{22} \end{pmatrix}, \quad \text{então} \quad \mathbf{A}^\top = \begin{pmatrix} \mathbf{A}_{11}^\top & \mathbf{A}_{21}^\top \\ \mathbf{A}_{12}^\top & \mathbf{A}_{22}^\top \end{pmatrix}.$$

Definição B.4 *Considere que* $\mathbf{A} = [a_{ij}]_{p\times p}$ *seja uma matriz quadrada de dimensão p. Definem-se:*

a. *Traço da matriz:* $tr(\mathbf{A}) = \sum_{i=1}^{p} a_{ii}$.

b. *Determinante da matriz* $\mathbf{A}$, *quando* $p = 2$: $\mid \mathbf{A} \mid = a_{11}a_{22} - a_{12}a_{21}$.

c. *Seja* $\mathbf{A}_{ij}$ *a matriz quadrada de dimensão* $p-1$ *obtida eliminando-se a linha i e a coluna j da matriz* $\mathbf{A}$. *O determinante de* $\mathbf{A}$ *é dado por*

$$\mid \mathbf{A} \mid = \begin{cases} a_{11}, & se\ p = 1 \\ \sum_{j=1}^{p}(-1)^{i+j}a_{ij} \mid \mathbf{A}_{ij} \mid & se\ p > 1 \\ para\ algum\ i\ fixado, i = 1,\ldots,p. & \end{cases}$$

d. *Uma matriz quadrada* $\mathbf{A}$ *é não singular se* $\mid \mathbf{A} \mid \neq 0$, *caso contrário* $\mathbf{A}$ *é dita singular.*

e. *Se* $\mathbf{A}$ *tem posto completo, então sua* **matriz inversa** *é definida por* $\mathbf{A}^{-1}$, *que satisfaz* $\mathbf{A}\mathbf{A}^{-1} = \mathbf{I}_p$, *equivalentemente* $\mathbf{A}^{-1}\mathbf{A} = \mathbf{I}_p$.

f. $\mathbf{A}$ *é uma* **matriz diagonal** *se* $a_{ij} = 0$, *sempre que* $i \neq j$.

g. $\mathbf{A}$ *é uma* **matriz positiva definida** *se para qualquer vetor p-dimensional,* $\mathbf{x} \neq \mathbf{0}$, $\mathbf{x}^\top\mathbf{A}\mathbf{x} > 0$.

h. $\mathbf{A}$ *é uma* **matriz positiva semidefinida** *se para qualquer vetor p-dimensional,* $\mathbf{x} \neq \mathbf{0}$, $\mathbf{x}^\top \mathbf{A} \mathbf{x} \geq 0$.

i. $\mathbf{A}$ *é uma* **matriz negativa definida** *se para qualquer vetor p-dimensional,* $\mathbf{x} \neq \mathbf{0}$, $\mathbf{x}^\top \mathbf{A} \mathbf{x} < 0$.

j. $\mathbf{A}$ *é uma* **matriz negativa semidefinida** *se para qualquer vetor p-dimensional,* $\mathbf{x} \neq \mathbf{0}$, $\mathbf{x}^\top \mathbf{A} \mathbf{x} \leq 0$.

Resultado B.6 *Sejam* α *um escalar e* $\mathbf{A}$ *e* $\mathbf{B}$ *matrizes quadradas de dimensão* p, *então*

a. $tr(\alpha) = \alpha$.

b. $tr(\alpha \mathbf{A}) = \alpha tr(\mathbf{A})$.

c. $tr(\mathbf{A}^\top) = tr(\mathbf{A})$.

d. $tr(\mathbf{A} + \mathbf{B}) = tr(\mathbf{A}) + tr(\mathbf{B})$.

e. $tr(\mathbf{AB}) = tr(\mathbf{BA})$.

f. $tr(\mathbf{B}^{-1}\mathbf{AB}) = tr(\mathbf{A})$, *se a inversa de* $\mathbf{B}$ *existe.*

g. $\mid \alpha \mathbf{A} \mid = \alpha^p \mid \mathbf{A} \mid$.

h. $\mid \mathbf{A}^\top \mid = \mid \mathbf{A} \mid$.

i. $\mid \mathbf{AB} \mid = \mid \mathbf{A} \mid \mid \mathbf{B} \mid$.

j. *se* $\mathbf{A}$ *tem posto completo, então* $\mid \mathbf{A}^{-1} \mid = \mid \mathbf{A} \mid^{-1}$.

k. *se* $\mathbf{A}$ *tem posto completo, então* $(\mathbf{A}^\top)^{-1} = (\mathbf{A}^{-1})^\top$.

l. *se* $\mathbf{A}$ *e* $\mathbf{B}$ *têm posto completo, então* $(\mathbf{AB})^{-1} = \mathbf{B}^{-1}\mathbf{A}^{-1}$.

m. $\mathbf{A}$ *tem posto incompleto se e somente se* $\mid \mathbf{A} \mid = 0$.

n. *se* $\mathbf{A}$ *é uma matriz positiva definida, então* $\mid \mathbf{A} \mid > 0$.

Resultado B.7 *Dizemos que uma matriz quadrada de posto completo* $\mathbf{A}$ *é ortogonal se* $\mathbf{A}^{-1} = \mathbf{A}^\top$. *Temos, então, que*

$$\mathbf{A}^\top \mathbf{A} = \mathbf{A}\mathbf{A}^\top = \mathbf{I}.$$

Resultado B.8 *Sejam* $\mathbf{A}_{11}$ *e* $\mathbf{A}_{22}$ *matrizes quadradas de posto completo. Então*

$$\begin{vmatrix} \mathbf{A}_{11} & \mathbf{A}_{12} \\ \mathbf{A}_{21} & \mathbf{A}_{22} \end{vmatrix} = \mid \mathbf{A}_{11} \mid \ \mid \mathbf{A}_{22} - \mathbf{A}_{21}\mathbf{A}_{11}^{-1}\mathbf{A}_{12} \mid = \mid \mathbf{A}_{22} \mid \ \mid \mathbf{A}_{11} - \mathbf{A}_{12}\mathbf{A}_{22}^{-1}\mathbf{A}_{21} \mid .$$

Resultado B.9 *Sejam* $\mathbf{A}$ *uma matriz de dimensão* $(p \times p)$ *não singular,* $\mathbf{B}$ *de dimensão* $(p \times q)$ *e* $\mathbf{C}$ *de dimensão* $(q \times p)$*. Então*

$$\mid \mathbf{A} + \mathbf{BC} \mid = \mid \mathbf{A} \mid \ \mid \mathbf{I}_p + \mathbf{A}^{-1}\mathbf{BC} \mid = \mid \mathbf{A} \mid \ \mid \mathbf{I}_q + \mathbf{CA}^{-1}\mathbf{B} \mid .$$

Resultado B.10 *Sejam* $\mathbf{A}$ *uma matriz de dimensão* $(p \times p)$*,* $\mathbf{B}$ *de dimensão* $(q \times q)$*,* $\mathbf{C}$ *de dimensão* $(p \times q)$ *e* $\mathbf{D}$ *de dimensão* $(q \times p)$*. Se todas as matrizes inversas necessárias existem, então*

$$(\mathbf{A} + \mathbf{CBD})^{-1} = \mathbf{A}^{-1} - \mathbf{A}^{-1}\mathbf{C}(\mathbf{B}^{-1} + \mathbf{DA}^{-1}\mathbf{C})^{-1}\mathbf{DA}^{-1}.$$

Resultado B.11 *Se todas as matrizes inversas necessárias existem e considerando*

$$\mathbf{A} = \begin{pmatrix} \mathbf{A}_{11} & \mathbf{A}_{12} \\ \mathbf{A}_{21} & \mathbf{A}_{22} \end{pmatrix},$$

então

$$\mathbf{A}^{-1} = \begin{pmatrix} \mathbf{A}^{11} & \mathbf{A}^{12} \\ \mathbf{A}^{21} & \mathbf{A}^{22} \end{pmatrix},$$

em que

$$\begin{aligned} &\mathbf{A}^{11} = (\mathbf{A}_{11} - \mathbf{A}_{12}\mathbf{A}_{22}^{-1}\mathbf{A}_{21})^{-1} \\ &\mathbf{A}^{12} = -\mathbf{A}^{11}\mathbf{A}_{12}\mathbf{A}_{22}^{-1} = -\mathbf{A}_{11}^{-1}\mathbf{A}_{12}\mathbf{A}^{22} \\ &\mathbf{A}^{21} = -\mathbf{A}_{22}^{-1}\mathbf{A}_{21}\mathbf{A}^{11} = -\mathbf{A}^{22}\mathbf{A}_{21}\mathbf{A}_{11}^{-1} \\ &\mathbf{A}^{22} = (\mathbf{A}_{22} - \mathbf{A}_{21}\mathbf{A}_{11}^{-1}\mathbf{A}_{12})^{-1}. \end{aligned}$$

Definição B.5 *Sejam* $\mathbf{A} = [a_{ij}]$ *e* $\mathbf{B} = [b_{ij}]$ *matrizes de dimensão* $(m \times n)$ *e* $(p \times q)$*, respectivamente. O* **produto de Kronecker***, indicado por* $\mathbf{A} \otimes \mathbf{B}$*, é uma matriz de dimensão* $(mp \times nq)$*, definida por*

$$\mathbf{A} \otimes \mathbf{B} = [a_{ij}\mathbf{B}] = \begin{pmatrix} a_{11}\mathbf{B} & a_{12}\mathbf{B} & \dots & a_{1n}\mathbf{B} \\ \vdots & \vdots & & \vdots \\ a_{m1}\mathbf{B} & a_{m2}\mathbf{B} & \dots & a_{mn}\mathbf{B} \end{pmatrix}.$$

Definição B.6 *Seja* $\mathbf{A}$ *uma matriz de dimensão* $(m \times n)$ *e* $a(i)$ *a* i*-ésima coluna de* $\mathbf{A}$*. O vetor* $vec(\mathbf{A})$ *é um vetor de dimensão* $(mn \times 1)$ *definido por*

$$vec(\mathbf{A}) = \begin{pmatrix} a(1) \\ a(2) \\ \vdots \\ a(n) \end{pmatrix}.$$

Resultado B.12 *Sejam* $\mathbf{A}$, $\mathbf{B}$, $\mathbf{C}$, $\mathbf{D}$ *matrizes,* $\mathbf{x}$, $\mathbf{y}$ *vetores e* α *um escalar, então*

a. $\alpha(\mathbf{A} \otimes \mathbf{B}) = (\alpha\mathbf{A}) \otimes \mathbf{B} = \mathbf{A} \otimes (\alpha\mathbf{B})$.

b. $\mathbf{A} \otimes (\mathbf{B} \otimes \mathbf{C}) = (\mathbf{A} \otimes \mathbf{B}) \otimes \mathbf{C} = \mathbf{A} \otimes \mathbf{B} \otimes \mathbf{C}$.

c. $(\mathbf{A} \otimes \mathbf{B})^\top = \mathbf{A}^\top \otimes \mathbf{B}^\top$.

d. $(\mathbf{A} \otimes \mathbf{B})(\mathbf{C} \otimes \mathbf{D}) = (\mathbf{AC}) \otimes (\mathbf{BD})$, *se as dimensões forem adequadas.*

e. $(\mathbf{A} \otimes \mathbf{B})^{-1} = \mathbf{A}^{-1} \otimes \mathbf{B}^{-1}$.

f. $(\mathbf{A} + \mathbf{B}) \otimes \mathbf{C} = (\mathbf{A} \otimes \mathbf{C}) + (\mathbf{B} \otimes \mathbf{C})$.

g. $\mathbf{A} \otimes (\mathbf{B} + \mathbf{C}) = (\mathbf{A} \otimes \mathbf{B}) + (\mathbf{A} \otimes \mathbf{C})$.

h. *se* $\mathbf{A}$ *tem dimensão* $(p \times p)$ *e* $\mathbf{B}$ *tem dimensão* $(q \times q)$*, então*
$\mid \mathbf{A} \otimes \mathbf{B} \mid = \mid \mathbf{A} \mid^q \mid \mathbf{B} \mid^p$.

i. *se* $\mathbf{ABC}$ *existe, então* $vec(\mathbf{ABC}) = (\mathbf{C}^\top \otimes \mathbf{A})vec(\mathbf{B})$.

j. $\mathbf{x} \otimes \mathbf{y} = vec(\mathbf{y}\mathbf{x}^\top)$.

k. $\mathbf{x} \otimes \mathbf{y}^\top = \mathbf{x}\mathbf{y}^\top = \mathbf{y}^\top \otimes \mathbf{x}$.

l. $(vec(\mathbf{A}))^\top vec(\mathbf{B}) = \mathrm{tr}(\mathbf{A}^\top\mathbf{B})$ *se as dimensões forem adequadas.*

m. $(vec(\mathbf{A}))^\top(\mathbf{B} \otimes \mathbf{C})vec(\mathbf{D}) = \mathrm{tr}(\mathbf{A}^\top\mathbf{CDB}^\top)$, *se as dimensões forem adequadas.*

Resultado B.13 *Seja* $\mathbf{A}$ *uma matriz quadrada de dimensão* p*. Os autovalores de* $\mathbf{A}$*, denotados por* $\lambda_1, \ldots, \lambda_p$*, são as raízes da equação* $|\mathbf{A} - \lambda\mathbf{I}| = 0$*. Para cada* $i = 1, \ldots, p$*, existe um vetor não nulo* $\boldsymbol{\alpha}_i$*, que satisfaz* $\mathbf{A}\boldsymbol{\alpha}_i = \lambda_i\boldsymbol{\alpha}_i$*. O vetor* $\boldsymbol{\alpha}_i$ *é chamado autovetor de* $\mathbf{A}$ *associado ao autovalor* λ_i*.*

A equação $|\mathbf{A} - \lambda\mathbf{I}| = 0$ é denominada equação característica.

Note que se a é um escalar e $\boldsymbol{\alpha}_i$ é um autovetor de $\mathbf{A}$, então $a\boldsymbol{\alpha}_i$ também é um autovetor de $\mathbf{A}$. Em geral, utilizam-se autovetores normalizados (de comprimento 1). Isso pode ser obtido a partir de qualquer autovetor $\boldsymbol{\alpha}_i$, tomando-se

$$\frac{\boldsymbol{\alpha}}{|| \boldsymbol{\alpha} ||}.$$

Resultado B.14 *Sejam λ_i, $i = 1, \ldots, p$ os autovalores da matriz quadrada, $\mathbf{A}$, de dimensão p. Então*

a. $tr(\mathbf{A}) = \sum_{i=1}^{p} \lambda_i$.

b. $| \mathbf{A} | = \prod_{i=1}^{p} \lambda_i$.

c. *$posto(\mathbf{A})$ = número de autovalores não nulos de $\mathbf{A}$.*

d. *$\mathbf{A}$ é positiva definida se e somente se $\lambda_i > 0$ para todo $i = 1, \ldots, p$.*

e. *se $\mathbf{A}$ é positiva definida, então ela tem posto completo.*

Resultado B.15 *Sejam $\mathbf{A}$ e $\mathbf{B}$ matrizes com dimensão $(n \times p)$ e $(p \times n)$, respectivamente. Então os autovalores não nulos de $\mathbf{AB}$ coincidem com os autovalores não nulos de $\mathbf{BA}$ e, se $\mathbf{e}$ é um autovetor associado ao autovalor λ de $\mathbf{AB}$, então $\mathbf{f} = \mathbf{Be}$ é um autovetor de $\mathbf{BA}$.*

Prova: Mardia, Kent e Bibby (1979, p. 468).

Corolário B.1 *Sejam $\mathbf{A}$ $(n \times p)$, $\mathbf{B}$ $(q \times n)$, $\mathbf{a}$ $(p \times 1)$ e $\mathbf{b}$ $(q \times 1)$, então, o posto da matriz $\mathbf{Aab}^\top\mathbf{B}$ é, no máximo, 1 e, caso seja um, o autovalor não nulo é dado por $\mathbf{b}^\top\mathbf{BAa}$, com autovetor $\mathbf{Aa}$.*

Prova: Mardia, Kent e Bibby (1979, p. 468).

Resultado B.16 *Decomposição espectral. Seja* $\mathbf{A}$ *uma matriz simétrica de dimensão* $(p \times p)$*. A matriz* $\mathbf{A}$ *pode ser escrita como*

$$\mathbf{A} = \mathbf{\Gamma}\mathbf{\Lambda}\mathbf{\Gamma}^\top,$$

em que $\mathbf{\Lambda}$ *é a matriz diagonal dos autovalores* $(\lambda_1, \ldots, \lambda_p)$ *de* $\mathbf{A}$ *e* $\mathbf{\Gamma}$ *é uma matriz ortogonal cujas colunas são os autovetores ortogonais normalizados* $(\boldsymbol{\alpha}_1, \ldots, \boldsymbol{\alpha}_p)$ *de* $\mathbf{A}$.

A matriz $\mathbf{A}$ *pode ser escrita como* $\mathbf{A} = \sum_{i=1}^{p} \lambda_i \boldsymbol{\alpha}_i \boldsymbol{\alpha}_i^\top$.

Resultado B.17 *Seja* $\mathbf{A}$ *uma matriz simétrica, de posto completo e de dimensão* $(p \times p)$*. Seja* $\mathbf{A} = \mathbf{\Gamma}\mathbf{\Lambda}\mathbf{\Gamma}^\top$ *sua decomposição espectral, então a matriz* $\mathbf{\Gamma}$ *é ortogonal.*

Resultado B.18 *Seja* $\mathbf{A}$ *uma matriz simétrica, de posto completo e de dimensão* $(p \times p)$*. Seja* $\mathbf{A} = \mathbf{\Gamma}\mathbf{\Lambda}\mathbf{\Gamma}^\top$ *sua decomposição espectral, então*

$$\mathbf{A}^{-1} = \mathbf{\Gamma}\mathbf{\Lambda}^{-1}\mathbf{\Gamma}^\top.$$

Resultado B.19 *(Matriz raiz-quadrada). Seja* $\mathbf{A}$ *uma matriz simétrica, positiva definida, de posto completo e de dimensão* $(p \times p)$*. Seja* $\mathbf{A} = \mathbf{\Gamma}\mathbf{\Lambda}\mathbf{\Gamma}^\top$*, sua decomposição espectral, então*

$$\mathbf{A} = \mathbf{A}^{1/2}\mathbf{A}^{1/2},$$

com $\mathbf{A}^{1/2} = \mathbf{\Gamma}\mathbf{\Lambda}^{1/2}\mathbf{\Gamma}^\top$*, na qual* $\mathbf{\Lambda}^{1/2}$ *é uma matriz diagonal cujos elementos da diagonal principal são as raízes quadradas dos autovalores de* $\mathbf{A}$.

Resultado B.20 *Seja* $\mathbf{A}$ *uma matriz simétrica de dimensão* $(p \times p)$ *e*

$$\mathbf{A} = \mathbf{\Gamma}\mathbf{\Lambda}\mathbf{\Gamma}^\top,$$

sua decomposição espectral com autovalores dados por $\lambda_1 \geq \ldots \geq \lambda_p$ *e autovetores dados respectivamente por* $\boldsymbol{\alpha}_1, \ldots, \boldsymbol{\alpha}_p$*. Para qualquer vetor p-dimensional* $\boldsymbol{l}$*, temos que*

$$\frac{\boldsymbol{l}^\top \mathbf{A} \boldsymbol{l}}{\boldsymbol{l}^\top \boldsymbol{l}} \leq \lambda_1$$

e, além disso, o máximo é atingido quando $\boldsymbol{l} = \boldsymbol{\alpha}_1$.

Prova: Para mostrar esse resultado, considere a decomposição espectral da matriz $\mathbf{A}$, isto é,

$$\mathbf{A} = \mathbf{\Gamma}\mathbf{\Lambda}\mathbf{\Gamma}^\top.$$

Pode-se escrever a matriz $\mathbf{A}^{1/2}$ como $\mathbf{A}^{1/2} = \mathbf{\Gamma}\mathbf{\Lambda}^{1/2}\mathbf{\Gamma}^\top$. Considere ainda que o vetor $\mathbf{m}$ seja dado por $\mathbf{m} = \mathbf{\Gamma}^\top \boldsymbol{l}$. Assim,

$$\frac{\boldsymbol{l}^\top \mathbf{A}\boldsymbol{l}}{\boldsymbol{l}^\top \boldsymbol{l}} = \frac{\boldsymbol{l}^\top \mathbf{A}^{1/2}\mathbf{A}^{1/2}\boldsymbol{l}}{\boldsymbol{l}^\top \boldsymbol{l}} = \frac{\boldsymbol{l}^\top \mathbf{\Gamma}\mathbf{\Lambda}^{1/2}\mathbf{\Gamma}^\top\mathbf{\Gamma}\mathbf{\Lambda}^{1/2}\mathbf{\Gamma}^\top \boldsymbol{l}}{\boldsymbol{l}^\top \mathbf{\Gamma}\mathbf{\Gamma}^\top \boldsymbol{l}} = \frac{\mathbf{m}^\top \mathbf{\Lambda}\mathbf{m}}{\mathbf{m}^\top \mathbf{m}}$$

$$= \frac{\sum_{i=1}^p \lambda_i m_i^2}{\sum_{i=1}^p m_i^2} \leq \lambda_1 \frac{\sum_{i=1}^p m_i^2}{\sum_{i=1}^p m_i^2} = \lambda_1,$$

ou seja, λ_1 é o supremo de $\dfrac{\boldsymbol{l}^\top \mathbf{A}\boldsymbol{l}}{\boldsymbol{l}^\top \boldsymbol{l}}$.

Considere agora que $\boldsymbol{l} = \boldsymbol{\alpha}_1$. Nesse caso

$$\frac{\boldsymbol{l}^\top \mathbf{A}\boldsymbol{l}}{\boldsymbol{l}^\top \boldsymbol{l}} = \frac{\boldsymbol{\alpha}_1^\top \mathbf{A}\boldsymbol{\alpha}_1}{\boldsymbol{\alpha}_1^\top \boldsymbol{\alpha}_1} = \frac{\boldsymbol{\alpha}_1^\top \lambda_1 \boldsymbol{\alpha}_1}{\boldsymbol{\alpha}_1^\top \boldsymbol{\alpha}_1} = \lambda_1,$$

ou seja, o valor máximo ocorre quando $\boldsymbol{l} = \boldsymbol{\alpha}_1$. ∘

Resultado B.21 *Seja* $\mathbf{A}$ *uma matriz simétrica de dimensão* $(p \times p)$ *e* $\mathbf{A} = \mathbf{\Gamma}\mathbf{\Lambda}\mathbf{\Gamma}^\top$ *sua decomposição espectral com autovalores dados por* $\lambda_1 \geq \ldots \geq \lambda_p$ *e autovetores dados respectivamente por* $\boldsymbol{\alpha}_1, \ldots, \boldsymbol{\alpha}_p$. *Sejam* $\boldsymbol{l}_1, \ldots, \boldsymbol{l}_p$ *vetores ortogonais, temos que*

$$\frac{\boldsymbol{l}_k^\top \mathbf{A}\boldsymbol{l}_k}{\boldsymbol{l}_k^\top \boldsymbol{l}_k} \leq \lambda_k,$$

$k = 2, \ldots, p$ *e, além disso, o máximo é atingido quando* $\boldsymbol{l}_k = \boldsymbol{\alpha}_k$.

Prova: Para a componente k, temos, a partir do fato de ser ortogonal a todas as anteriores, que $\boldsymbol{\alpha}_i^\top \boldsymbol{l}_k = m_{ik} = 0$, para todo $i < k$, e que, portanto,

$$\frac{\boldsymbol{l}_k^\top \mathbf{A}\boldsymbol{l}_k}{\boldsymbol{l}_k^\top \boldsymbol{l}_k} = \frac{\sum_{i=1}^p \lambda_i m_{ik}^2}{\sum_{i=1}^p m_{ik}^2} = \frac{\sum_{i=k}^p \lambda_i m_{ik}^2}{\sum_{i=k}^p m_{ik}^2} \leq \lambda_k \frac{\sum_{i=k}^p m_{ik}^2}{\sum_{i=k}^p m_{ik}^2} = \lambda_k,$$

que ocorre quando $\boldsymbol{l}_k = \boldsymbol{\alpha}_k$. ∘

Resultado B.22 *(Decomposição em valores singulares). Seja* $\mathbf{A}$ *uma matriz de dimensão* $(n \times p)$, *de posto* q. *Essa matriz pode ser escrita como*

$$\mathbf{A} = \mathbf{U}\mathbf{\Delta}\mathbf{V}^\top,$$

sendo

$\boldsymbol{\Delta}$ *uma matriz diagonal de dimensão q, na qual o i-ésimo termo da diagonal principal é dado por* δ_i*, sendo* $\delta_1^2 \leq \cdots \leq \delta_q^2$ *os autovalores de* $\mathbf{A}^\top\mathbf{A}$ *diferentes de zero (note que esses autovalores coincidem com os de* $\mathbf{A}\mathbf{A}^\top$*).*

$\mathbf{U}$ *uma matriz ortogonal (*$\mathbf{U}^\top\mathbf{U} = \mathbf{I}_q$*), de dimensão* $(n \times q)$*, sendo que a coluna j dessa matriz é o autovetor ortogonal normalizado (*u_j*) de* $\mathbf{A}\mathbf{A}^\top$ *correspondente ao autovalor* δ_j^2*.*

$\mathbf{V}$ *uma matriz ortogonal (*$\mathbf{V}^\top\mathbf{V} = \mathbf{I}_q$*), de dimensão* $(p \times q)$*, sendo que a coluna k dessa matriz é o autovetor ortogonal normalizado (*v_k*) de* $\mathbf{A}^\top\mathbf{A}$ *correspondente ao autovalor* δ_k^2*.*

A matriz $\mathbf{A}$ *pode ser escrita como* $\mathbf{A} = \sum_{i=1}^q \delta_i u_i v_i^\top$*.*

Observações:

a. $\mathbf{A}\mathbf{A}^\top = \mathbf{U}\boldsymbol{\Delta}^2\mathbf{U}^\top$ e $\mathbf{A}^\top\mathbf{A} = \mathbf{V}\boldsymbol{\Delta}^2\mathbf{V}^\top$.

b. $\delta_1 \leq \cdots \leq \delta_q$ são denominados valores singulares de $\mathbf{A}$.

c. As colunas de $\mathbf{U}$ são denominadas vetores singulares de $\mathbf{A}$ à esquerda e as colunas de $\mathbf{V}$ de vetores singulares de $\mathbf{A}$ à direita.

Resultado B.23 *Sejam* $\mathbf{A}$ *e* $\mathbf{B}$ *matrizes simétricas, sendo* $\mathbf{B}$ *positiva definida. Então o valor máximo (ou mínimo) de* $\mathbf{x}^\top\mathbf{A}\mathbf{x}$ *sujeito a* $\mathbf{x}^\top\mathbf{B}\mathbf{x} = 1$ *é o maior (menor) autovalor de* $\mathbf{B}^{-1}\mathbf{A}$ *e é observado quando* $\mathbf{x}$ *é o respectivo autovetor.*

Prova: Mardia, Kent e Bibby (1979, p. 479).

Lema B.1 *Considere* $\mathbf{y}$ $(p \times 1)$ *e* $\mathbf{w}$ $(q \times 1)$ *com matrizes de covariâncias, positivas definidas, dadas por* $\boldsymbol{\Sigma}_{yy}$ *e* $\boldsymbol{\Sigma}_{ww}$*, respectivamente,* $\text{Cov}(\mathbf{y}, \mathbf{w}) = \boldsymbol{\Sigma}_{yw}$ *e* $m = min(p,q)$*. Seja* $\mathbf{A} = \boldsymbol{\Sigma}_{yy}^{-1/2}\boldsymbol{\Sigma}_{yw}\boldsymbol{\Sigma}_{ww}^{-1}\boldsymbol{\Sigma}_{wy}\boldsymbol{\Sigma}_{yy}^{-1/2}$*, com* $\varrho_1^2 \geq \cdots \varrho_m^2$ *seus m maiores autovalores e* $\mathbf{e}_1, \cdots, \mathbf{e}_m$ *seus respectivos autovetores. Então,* $\varrho_1^2 \geq \cdots \varrho_m^2$ *coincidem com os m maiores autovalores de* $\mathbf{B} = \boldsymbol{\Sigma}_{ww}^{-1/2}\boldsymbol{\Sigma}_{wy}\boldsymbol{\Sigma}_{yy}^{-1}\boldsymbol{\Sigma}_{yw}\boldsymbol{\Sigma}_{ww}^{-1/2}$ *e, se* $\mathbf{f}_1, \cdots, \mathbf{f}_m$ *são os respectivos autovetores, temos que* $\mathbf{f}_i \propto \boldsymbol{\Sigma}_{ww}^{-1/2}\boldsymbol{\Sigma}_{wy}\boldsymbol{\Sigma}_{yy}^{-1/2}\mathbf{e}_i$*.*

Prova: Sem perda de generalidade, assuma $p \leq q$. Sejam λ_i, $i = 1, \cdots, p$, os autovalores de $\mathbf{A}$ e $\mathbf{e}_i$, os respectivos autovetores, então

$$\boldsymbol{\Sigma}_{yy}^{-1/2}\boldsymbol{\Sigma}_{yw}\boldsymbol{\Sigma}_{ww}^{-1}\boldsymbol{\Sigma}_{wy}\boldsymbol{\Sigma}_{yy}^{-1/2}\mathbf{e}_i = \lambda_i\mathbf{e}_i, \tag{B.1}$$

assim,

$$\left(\boldsymbol{\Sigma}_{ww}^{-1/2}\boldsymbol{\Sigma}_{wy}\boldsymbol{\Sigma}_{yy}^{-1/2}\right)\boldsymbol{\Sigma}_{yy}^{-1/2}\boldsymbol{\Sigma}_{yw}\boldsymbol{\Sigma}_{ww}^{-1}\boldsymbol{\Sigma}_{wy}\boldsymbol{\Sigma}_{yy}^{-1/2}\mathbf{e}_i = \lambda_i\left(\boldsymbol{\Sigma}_{ww}^{-1/2}\boldsymbol{\Sigma}_{wy}\boldsymbol{\Sigma}_{yy}^{-1/2}\right)\mathbf{e}_i.$$

Portanto,

$$\boldsymbol{\Sigma}_{ww}^{-1/2}\boldsymbol{\Sigma}_{wy}\boldsymbol{\Sigma}_{yy}^{-1}\boldsymbol{\Sigma}_{yw}\boldsymbol{\Sigma}_{ww}^{-1/2}\left(\boldsymbol{\Sigma}_{ww}^{-1/2}\boldsymbol{\Sigma}_{wy}\boldsymbol{\Sigma}_{yy}^{-1/2}\mathbf{e}_i\right) = \lambda_i\left(\boldsymbol{\Sigma}_{ww}^{-1/2}\boldsymbol{\Sigma}_{wy}\boldsymbol{\Sigma}_{yy}^{-1/2}\mathbf{e}_i\right).$$

Seja $\mathbf{f}_i \propto \boldsymbol{\Sigma}_{ww}^{-1/2}\boldsymbol{\Sigma}_{wy}\boldsymbol{\Sigma}_{yy}^{-1/2}\mathbf{e}_i$, temos então

$$\boldsymbol{\Sigma}_{ww}^{-1/2}\boldsymbol{\Sigma}_{wy}\boldsymbol{\Sigma}_{yy}^{-1}\boldsymbol{\Sigma}_{yw}\boldsymbol{\Sigma}_{ww}^{-1/2}\mathbf{f}_i = \lambda_i\mathbf{f}_i.$$

O que prova o resultado. ∘

Resultado B.24 *Sejam* $\mathbf{y} = (Y_1, ..., Y_p)^\top$ *e* $\mathbf{w} = (W_1, ..., W_q)^\top$ *vetores aleatórios com* $\mathrm{E}(\mathbf{y}) = \boldsymbol{\mu}_y$, $\mathrm{E}(\mathbf{w}) = \boldsymbol{\mu}_w$, $\mathrm{Cov}(\mathbf{y}) = \boldsymbol{\Sigma}_{yy}$, $\mathrm{Cov}(\mathbf{w}) = \boldsymbol{\Sigma}_{ww}$ *e* $\mathrm{Cov}(\mathbf{y}, \mathbf{w}) = \boldsymbol{\Sigma}_{yw} = \boldsymbol{\Sigma}_{wy}^\top = \mathrm{Cov}^\top(\mathbf{w},\mathbf{y})$. *Seja* $m = max(p,q)$. *Sejam* $U_j = \boldsymbol{\alpha}_j^\top\mathbf{y}$ *e* $V_j = \boldsymbol{\beta}_j^\top\mathbf{w}$, $j = 1, \cdots, m$, *com* $\boldsymbol{\alpha}_j$ *e* $\boldsymbol{\beta}_j$ *sendo vetores colunas* p *e* q *dimensionais, respectivamente. Seja também*

$$\varrho_j = \max_{\boldsymbol{\alpha}_j,\boldsymbol{\beta}_j} \mathrm{Corr}(U_j, V_j) = \max_{\boldsymbol{\alpha}_j,\boldsymbol{\beta}_j} \frac{\boldsymbol{\alpha}_j^\top\boldsymbol{\Sigma}_{yw}\boldsymbol{\beta}_j}{\sqrt{\boldsymbol{\alpha}_j^\top\boldsymbol{\Sigma}_{yy}\boldsymbol{\alpha}_j}\sqrt{\boldsymbol{\beta}_j^\top\boldsymbol{\Sigma}_{ww}\boldsymbol{\beta}_j}},$$

sujeita às restrições: $\boldsymbol{\alpha}_j^\top\boldsymbol{\Sigma}_{yy}\boldsymbol{\alpha}_k = \boldsymbol{\beta}_j^\top\boldsymbol{\Sigma}_{ww}\boldsymbol{\beta}_k = \boldsymbol{\alpha}_j^\top\boldsymbol{\Sigma}_{yw}\boldsymbol{\beta}_k = \boldsymbol{\beta}_j^\top\boldsymbol{\Sigma}_{wy}\boldsymbol{\alpha}_k = 0$, $j < k$, $k = 2, \cdots, m$, *então* $\boldsymbol{\alpha}_j = \boldsymbol{\Sigma}_{yy}^{-1/2}\mathbf{e}_j$ *e* $\boldsymbol{\beta}_j = \boldsymbol{\Sigma}_{ww}^{-1/2}\mathbf{f}_j$, $j = 1,...m$. *Além disso,* $\mathrm{Corr}(U_j, V_j) = \varrho_j$, *em que* $\varrho_1^2 \geq \cdots \geq \varrho_m^2$ *são os autovalores de* $\boldsymbol{\Sigma}_{yy}^{-1/2}\boldsymbol{\Sigma}_{yw}\boldsymbol{\Sigma}_{ww}^{-1}\boldsymbol{\Sigma}_{wy}\boldsymbol{\Sigma}_{yy}^{-1/2}$ *e* $\mathbf{e}_1, \ldots, \mathbf{e}_p$ *os respectivos autovetores. Temos também que* $\varrho_1^2 \geq \cdots \geq \rho_m^2$ *são os autovalores de* $\boldsymbol{\Sigma}_{ww}^{-1/2}\boldsymbol{\Sigma}_{wy}\boldsymbol{\Sigma}_{yy}^{-1}\boldsymbol{\Sigma}_{yw}\boldsymbol{\Sigma}_{ww}^{-1/2}$ *e* $\mathbf{f}_1, \ldots, \mathbf{f}_q$ *os respectivos autovetores. Note que as restrições garantem também que* $\mathrm{Cov}(U_i,U_j) = \mathrm{Cov}(U_i,V_j) = \mathrm{Cov}(V_i,V_j) = 0$, $i \neq j$.

Prova: ϱ_1 maximiza $\mathrm{Corr}(U_1, V_1)$.

Sejam $\mathbf{a} = \boldsymbol{\Sigma}_{yy}^{1/2}\boldsymbol{\alpha}$ e $\mathbf{b} = \boldsymbol{\Sigma}_{ww}^{1/2}\boldsymbol{\beta}$, consequentemente, $\boldsymbol{\alpha} = \boldsymbol{\Sigma}_{yy}^{-1/2}\mathbf{a}$ e $\boldsymbol{\beta} = \boldsymbol{\Sigma}_{ww}^{-1/2}\mathbf{b}$.

Assim,

$$\text{Corr}(\boldsymbol{\alpha}^\top \mathbf{y}; \boldsymbol{\beta}^\top \mathbf{w}) = \frac{\boldsymbol{\alpha}^\top \boldsymbol{\Sigma}_{yw} \boldsymbol{\beta}}{\sqrt{\boldsymbol{\alpha}^\top \boldsymbol{\Sigma}_{yy} \boldsymbol{\alpha}} \sqrt{\boldsymbol{\beta}^\top \boldsymbol{\Sigma}_{ww} \boldsymbol{\beta}}} = \frac{\mathbf{a}^\top \boldsymbol{\Sigma}_{yy}^{-1/2} \boldsymbol{\Sigma}_{yw} \boldsymbol{\Sigma}_{ww}^{-1/2} \mathbf{b}}{\sqrt{\mathbf{a}^\top \mathbf{a}} \sqrt{\mathbf{b}^\top \mathbf{b}}}. \quad \text{(B.2)}$$

Inicialmente, fixamos $\boldsymbol{\beta}$ e maximizamos (B.2) em $\boldsymbol{\alpha}$. A seguir, igualamos $\boldsymbol{\alpha}$ ao valor que torna (B.2) máximo ($\boldsymbol{\alpha}_1$) e encontramos o valor do vetor $\boldsymbol{\beta}$ que maximiza essa expressão.

Parte a: Encontrar $\boldsymbol{\alpha}_1$ que maximiza (B.2), fixado $\boldsymbol{\beta}$.

Utilizando o Resultado B.3 vem que

$$\left(\mathbf{a}^\top \boldsymbol{\Sigma}_{yy}^{-1/2} \boldsymbol{\Sigma}_{yw} \boldsymbol{\Sigma}_{ww}^{-1/2}\right) \mathbf{b} \leq \sqrt{\mathbf{a}^\top \mathbf{A} \mathbf{a}} \sqrt{\mathbf{b}^\top \mathbf{b}}, \quad \text{(B.3)}$$

na qual, $\mathbf{A} = \boldsymbol{\Sigma}_{yy}^{-1/2} \boldsymbol{\Sigma}_{yw} \boldsymbol{\Sigma}_{ww}^{-1} \boldsymbol{\Sigma}_{wy} \boldsymbol{\Sigma}_{yy}^{-1/2}$. A partir do Resultado B.21 vem que

$$\mathbf{a}^\top \mathbf{A} \mathbf{a} \leq \varrho_1^2 \mathbf{a}^\top \mathbf{a}, \quad \text{(B.4)}$$

sendo ϱ_1^2 o maior autovalor de $\mathbf{A}$. A igualdade em (B.4) é obtida quando $\mathbf{a} = \mathbf{e}_1$, sendo $\mathbf{e}_1$ o autovetor normalizado de $\mathbf{A}$ correspondente a ϱ_1^2; substituindo em (B.3) vem

$$\left(\mathbf{a}^\top \boldsymbol{\Sigma}_{yy}^{-1/2} \boldsymbol{\Sigma}_{yw} \boldsymbol{\Sigma}_{ww}^{-1/2}\right) \mathbf{b} \leq \varrho_1 \sqrt{\mathbf{b}^\top \mathbf{b}}.$$

Assim, $\boldsymbol{\alpha}_1 = \boldsymbol{\Sigma}_{yy}^{-1/2} \mathbf{e}_1$.

Parte b: Assumir $\boldsymbol{\alpha} = \boldsymbol{\alpha}_1$ e encontrar o valor de $\boldsymbol{\beta}$ que maximiza (B.2).

Podemos reescrever (B.3) como

$$\mathbf{a}^\top \left(\boldsymbol{\Sigma}_{yy}^{-1/2} \boldsymbol{\Sigma}_{yw} \boldsymbol{\Sigma}_{ww}^{-1/2} \mathbf{b}\right) \leq \sqrt{\mathbf{a}^\top \mathbf{a}} \sqrt{\mathbf{b}^\top \mathbf{B} \mathbf{b}},$$

sendo $\mathbf{B} = \boldsymbol{\Sigma}_{ww}^{-1/2} \boldsymbol{\Sigma}_{wy} \boldsymbol{\Sigma}_{yy}^{-1} \boldsymbol{\Sigma}_{yw} \boldsymbol{\Sigma}_{ww}^{-1/2}$. Tomando $\mathbf{a} = \mathbf{e}_1$, vem que

$$\mathbf{a}^\top \left(\boldsymbol{\Sigma}_{yy}^{-1/2} \boldsymbol{\Sigma}_{yw} \boldsymbol{\Sigma}_{ww}^{-1/2} \mathbf{b}\right) \leq \sqrt{\mathbf{b}^\top \mathbf{B} \mathbf{b}}.$$

Analogamente ao que foi feito anteriormente, pode-se provar que

$$\mathbf{a}^\top \boldsymbol{\Sigma}_{yy}^{-1/2} \boldsymbol{\Sigma}_{yw} \boldsymbol{\Sigma}_{ww}^{-1/2} \mathbf{b} \leq \varrho_1$$

e, aplicando o Lema B.1, vem que o máximo ocorre quando $\boldsymbol{\beta}_1 = \boldsymbol{\Sigma}_{ww}^{-1/2} \mathbf{f}_1$, em que $\mathbf{f}_1$ é autovetor de $\mathbf{B}$. Pelo Lema B.1 vem que $\mathbf{f}_i \propto \boldsymbol{\Sigma}_{ww}^{-1/2} \boldsymbol{\Sigma}_{wy} \boldsymbol{\Sigma}_{yy}^{-1/2}$ e, consequentemente,

$$\boldsymbol{\beta}_1 \propto \boldsymbol{\Sigma}_{ww}^{-1} \boldsymbol{\Sigma}_{wy} \boldsymbol{\Sigma}_{yy}^{-1/2} \mathbf{e}_1.$$

Parte c: O resultado segue impondo $\text{Cov}(U_1, \boldsymbol{\alpha}^\top \mathbf{y}) = 0$ e aplicando sucessivamente o Resultado B.21. ∘

Corolário B.2 *Nas condições do Resultado B.24, se* $\varrho_j = \text{Corr}(U_j, V_j)$ *e* $\varrho_1 \geq \cdots \geq \varrho_m$, *temos que* ϱ_j^2, $j = 1, \cdots, m$ *são os autovalores de* $\boldsymbol{\Sigma}_{yy}^{-1}\boldsymbol{\Sigma}_{yw}\boldsymbol{\Sigma}_{ww}^{-1}\boldsymbol{\Sigma}_{wy}$, *que coincidem com os autovalores de* $\boldsymbol{\Sigma}_{ww}^{-1}\boldsymbol{\Sigma}_{wy}\boldsymbol{\Sigma}_{yy}^{-1}\boldsymbol{\Sigma}_{yw}$. *Além disso,* $\boldsymbol{\alpha}_j$ *é o autovetor de* $\boldsymbol{\Sigma}_{yy}^{-1}\boldsymbol{\Sigma}_{yw}\boldsymbol{\Sigma}_{ww}^{-1}\boldsymbol{\Sigma}_{wy}$ *associado ao autovalor* ϱ_j^2 *e* $\boldsymbol{\beta}_j$ *é o autovetor de* $\boldsymbol{\Sigma}_{ww}^{-1}\boldsymbol{\Sigma}_{wy}\boldsymbol{\Sigma}_{yy}^{-1}\boldsymbol{\Sigma}_{yw}$ *associado a* ϱ_j^2.

Prova: Retomando (B.1) temos

$$\boldsymbol{\Sigma}_{yy}^{-1/2}\boldsymbol{\Sigma}_{yw}\boldsymbol{\Sigma}_{ww}^{-1}\boldsymbol{\Sigma}_{wy}\boldsymbol{\Sigma}_{yy}^{-1/2}\mathbf{e}_i = \varrho_j^2\mathbf{e}_i.$$

Como $\mathbf{e}_i = \boldsymbol{\Sigma}_{yy}^{1/2}\boldsymbol{\alpha}_i$, vem que

$$\boldsymbol{\Sigma}_{yy}^{-1/2}\boldsymbol{\Sigma}_{yw}\boldsymbol{\Sigma}_{ww}^{-1}\boldsymbol{\Sigma}_{wy}\boldsymbol{\alpha}_i = \varrho_j^2\boldsymbol{\Sigma}_{yy}^{1/2}\boldsymbol{\alpha}_i,$$

pré-multiplicando por $\boldsymbol{\Sigma}_{yy}^{-1/2}$ vem

$$\boldsymbol{\Sigma}_{yy}^{-1}\boldsymbol{\Sigma}_{yw}\boldsymbol{\Sigma}_{ww}^{-1}\boldsymbol{\Sigma}_{wy}\boldsymbol{\alpha}_i = \lambda_i\boldsymbol{\alpha}_i.$$

Logo $\boldsymbol{\alpha}_i$ é autovetor de $\boldsymbol{\Sigma}_{yy}^{-1}\boldsymbol{\Sigma}_{yw}\boldsymbol{\Sigma}_{ww}^{-1}\boldsymbol{\Sigma}_{wy}$, associado ao autovalor λ_i. A segunda parte da demonstração é análoga a esta. ∘

APÊNDICE C

VETORES ALEATÓRIOS

Neste apêndice resumimos uma série de resultados utilizados no decorrer do texto. Mais detalhes sobre os resultados podem ser encontrados em Johnson e Wichern (2007), Mardia, Kent e Bibby (1979) e Dillon e Goldstein (1984), por exemplo.

Definição C.1 *Seja* $\mathbf{x} = (X_1, \ldots, X_p)^\top$ *um vetor aleatório com* $\mathrm{E}(X_i) = \mu_i$, $\mathrm{Var}(X_i) = \sigma_i^2$, $\mathrm{Cov}\,(X_i, X_j) = \sigma_{ij}$ *e* $\mathrm{Corr}\,(X_i, X_j) = \rho_{ij}$. *Definimos*

a. *Vetor média de* $\mathbf{x}$: $\boldsymbol{\mu} = (\mu_1, \cdots, \mu_p)^\top$.

b. *Matriz de covariâncias de* $\mathbf{x}$:

$$\boldsymbol{\Sigma} = \begin{pmatrix} \sigma_1^2 & \sigma_{12} & \cdots & \sigma_{1p} \\ \sigma_{21} & \sigma_2^2 & \cdots & \sigma_{2p} \\ \vdots & \vdots & \ddots & \vdots \\ \sigma_{p1} & \sigma_{p2} & \cdots & \sigma_p^2 \end{pmatrix},$$

em que $\sigma_{ij} = \sigma_{ji}$, *para* $i,j = 1, \ldots, p$, *ou seja,* $\boldsymbol{\Sigma}$ *é simétrica.*

c. *Matriz de correlações de* $\mathbf{x}$:

$$\boldsymbol{\rho} = \begin{pmatrix} \rho_1^2 & \rho_{12} & \cdots & \rho_{1p} \\ \rho_{21} & \rho_2^2 & \cdots & \rho_{2p} \\ \vdots & \vdots & \ddots & \vdots \\ \rho_{p1} & \rho_{p2} & \cdots & \rho_p^2 \end{pmatrix},$$

em que $\rho_{ij} = \rho_{ji}$, *para* $i,j = 1, \ldots, p$, *ou seja,* $\boldsymbol{\rho}$ *é simétrica.*

A seguir, apresentamos alguns resultados sobre esperança e covariância de vetores aleatórios.

Resultado C.1 *Sejam* $\mathbf{x}$ *e* $\mathbf{y}$ *vetores aleatórios de dimensão* p *com vetores médias* $\boldsymbol{\mu}_x$ *e* $\boldsymbol{\mu}_y$*, respectivamente, e com* $\mathrm{Cov}(\mathbf{x}) = \boldsymbol{\Sigma}_x$ *e* $\mathrm{Cov}(\mathbf{y}) = \boldsymbol{\Sigma}_y$*. Sejam* $\mathbf{a}$ *e* $\mathbf{b}$ *vetores de constantes de dimensão* p *e* $\mathbf{A}$ *uma matriz de constantes de dimensão* $(m \times p)$*. Então*

a. $\mathrm{E}\left(\mathbf{a}^\top\mathbf{x} + \mathbf{b}^\top\mathbf{y}\right) = \mathbf{a}^\top\boldsymbol{\mu}_x + \mathbf{b}^\top\boldsymbol{\mu}_y$.

b. $\mathrm{Cov}\,(\mathbf{A}\mathbf{x}) = \mathbf{A}\boldsymbol{\Sigma}_x\mathbf{A}^\top$.

Definição C.2 *Dizemos que um vetor aleatório* p*-dimensional* $\mathbf{x}$ *segue uma distribuição normal multivariada com vetor média* $\boldsymbol{\mu}$ *e matriz de covariâncias* $\boldsymbol{\Sigma}$*, positiva definida, se sua função densidade de probabilidade for dada por*

$$p(\mathbf{x};\boldsymbol{\mu},\boldsymbol{\Sigma}) = \frac{1}{(2\pi)^{p/2}|\boldsymbol{\Sigma}|^{1/2}}\exp\left\{-\frac{1}{2}(\mathbf{x}-\boldsymbol{\mu})^\top\boldsymbol{\Sigma}^{-1}(\mathbf{x}-\boldsymbol{\mu})\right\}.$$

Denota-se $\mathbf{x} \sim N_p\,(\boldsymbol{\mu};\boldsymbol{\Sigma})$.

Resultado C.2 *Seja* $\mathbf{x} \sim N_p\,(\boldsymbol{\mu};\boldsymbol{\Sigma})$, $\mathbf{a}$ *um vetor* p*-dimensional de constantes e* $\mathbf{A}$ *uma matriz de dimensão* $(m \times p)$ *de constantes, então*

a. $\mathbf{a}^\top\mathbf{x} \sim N\left(\mathbf{a}^\top\boldsymbol{\mu};\mathbf{a}^\top\boldsymbol{\Sigma}\mathbf{a}\right)$.

b. $\mathbf{x} + \mathbf{a} \sim N_p\,(\boldsymbol{\mu} + \mathbf{a};\boldsymbol{\Sigma})$.

c. $\mathbf{A}\mathbf{x} \sim N_m\left(\mathbf{A}\boldsymbol{\mu};\mathbf{A}\boldsymbol{\Sigma}\mathbf{A}^\top\right)$.

Resultado C.3 *Seja* $\mathbf{x} = \left(\mathbf{x}_1^\top,\mathbf{x}_2^\top\right)^\top$*, com* $\mathbf{x}_1$, $\mathbf{x}_2$ *de dimensão* $(m \times 1)$ *e* $(q \times 1)$*, respectivamente, e* $p = m + q$*. Assuma que* $\mathbf{x} \sim N_p\,(\boldsymbol{\mu};\boldsymbol{\Sigma})$*, com*

$$\boldsymbol{\mu} = \begin{pmatrix}\boldsymbol{\mu}_1\\ \boldsymbol{\mu}_2\end{pmatrix} \quad \boldsymbol{\Sigma} = \begin{pmatrix}\boldsymbol{\Sigma}_{11} & \boldsymbol{\Sigma}_{12}\\ \boldsymbol{\Sigma}_{21} & \boldsymbol{\Sigma}_{22}\end{pmatrix},$$

sendo que $\boldsymbol{\mu}_1$, $\boldsymbol{\mu}_2$, $\boldsymbol{\Sigma}_{11}$, $\boldsymbol{\Sigma}_{22}$ *e* $\boldsymbol{\Sigma}_{12} = \boldsymbol{\Sigma}_{21}^\top$ *são, respectivamente, de dimensão* $(m \times 1)$, $(q \times 1)$, $(m \times m)$, $(q \times q)$ *e* $(m \times q)$*, então*

a. $\mathbf{x}_1 \sim N_m\,(\boldsymbol{\mu}_1;\boldsymbol{\Sigma}_{11})$ *e* $\mathbf{x}_2 \sim N_q\,(\boldsymbol{\mu}_2;\boldsymbol{\Sigma}_{22})$.

b. $\mathbf{x}_1$ *e* $\mathbf{x}_2$ *são independentes se e somente se* $\boldsymbol{\Sigma}_{12} = \mathbf{0}$.

c. *A distribuição condicional de* $\mathbf{x}_1$ *dado* $\mathbf{x}_2 = \mathbf{a}$ *é normal* m*–variada com*

$$\mathrm{E}\,(\mathbf{x}_1|\mathbf{x}_2 = \mathbf{a}) = \boldsymbol{\mu}_1 + \boldsymbol{\Sigma}_{12}\boldsymbol{\Sigma}_{22}^{-1}(\mathbf{a} - \boldsymbol{\mu}_2)$$

$$\mathrm{Cov}\,(\mathbf{x}_1|\mathbf{x}_2 = \mathbf{a}) = \boldsymbol{\Sigma}_{11} - \boldsymbol{\Sigma}_{12}\boldsymbol{\Sigma}_{22}^{-1}\boldsymbol{\Sigma}_{21}.$$

Resultado C.4 *Se* $\mathbf{x} \sim N_p(\boldsymbol{\mu}, \boldsymbol{\Sigma})$, *com* $|\boldsymbol{\Sigma}| > 0$, *então*

$$(\mathbf{x} - \boldsymbol{\mu})^\top \boldsymbol{\Sigma}^{-1}(\mathbf{x} - \boldsymbol{\mu}) \sim \chi^2_p.$$

APÊNDICE D

TESTES DE HIPÓTESES MULTIVARIADOS

Não é objetivo deste livro explorar aspectos inferenciais ligados às distribuições de probabilidades multivariadas. No entanto, alguns testes de hipóteses complementam e enriquecem a aplicação de técnicas multivaridas. Nesse sentido, listamos alguns desses testes neste apêndice. Detalhes teóricos sobre sua construção devem ser procurados na literatura citada, em particular em Mardia, Kent e Bibby (1979), Dillon e Goldstein (1984) e Johnson e Wichern (2007).

D.1 Testes para um vetor média de população normal multivariada

Seja $\mathbf{x}_1, \ldots, \mathbf{x}_n$ uma amostra de vetores aleatórios independentes com distribuição $\mathbf{x}_i \sim N_p(\boldsymbol{\mu}; \boldsymbol{\Sigma})$. Sejam também $\overline{\mathbf{x}}$ e $\mathbf{S}$, respectivamente, o vetor média amostral e a matriz de covariâncias amostrais relativos a esses dados.

Assuma que as hipóteses de interesse sejam $\mathrm{H}_0 : \boldsymbol{\mu} = \boldsymbol{\mu}_0$ contra $\mathrm{H}_1 : \boldsymbol{\mu} \neq \boldsymbol{\mu}_0$, sendo $\boldsymbol{\mu}_0$ um vetor de constantes e $\boldsymbol{\Sigma}$ desconhecida.

Uma maneira de realizar esse teste é utilizar a estatística (D.1)

$$T_1^2 = (\overline{\mathbf{x}} - \boldsymbol{\mu}_0)^\top \left[\frac{\mathbf{S}}{n}\right]^{-1} (\overline{\mathbf{x}} - \boldsymbol{\mu}_0). \tag{D.1}$$

Sob a hipótese nula

$$\frac{n-p}{(n-1)p}T_1^2 \overset{\mathrm{H}_0}{\sim} F(p, n-p),$$

sendo $F(a, b)$ a distribuição F de Snedecor com a e b graus de liberdade. Rejeita-se a hipótese nula se $T_1^2 \geq [(n-1)p/(n-p)]F(\alpha; p, n-p)$ para o nível de significância α, em que $F(\alpha; p, n-p)$ é o quantil superior $100\alpha\%$ da distribuição $F(p, n-p)$.

D.2 Testes para a comparação de vetores médias de duas populações normais multivariadas

Sejam $\mathbf{x}_{11}, \ldots, \mathbf{x}_{1n_1}$ e $\mathbf{x}_{21}, \ldots, \mathbf{x}_{2n_2}$, duas amostras independentes de vetores multivariados p-dimensionais independentes com $\mathbf{x}_{ji} \sim N_p\left(\boldsymbol{\mu}_j; \boldsymbol{\Sigma}_j\right)$. Sejam $\overline{\mathbf{x}}_j$ e $\mathbf{S}_j$, respectivamente, o vetor média amostral e a matriz de covariâncias amostrais relativos aos dados da população j. Admita que se deseja testar $\mathrm{H}_0 : \boldsymbol{\mu}_1 - \boldsymbol{\mu}_2 = \boldsymbol{\Delta}$ contra $\mathrm{H}_1 : \boldsymbol{\mu}_1 - \boldsymbol{\mu}_2 \neq \boldsymbol{\Delta}$, sendo $\boldsymbol{\Delta}_0$ um vetor de constantes.

D.2.1 Caso $\boldsymbol{\Sigma}_1 = \boldsymbol{\Sigma}_2$

Seja $\overline{\mathbf{d}} = \overline{\mathbf{x}}_1 - \overline{\mathbf{x}}_2$. Quando as matrizes de covariâncias populacionais são iguais, as hipóteses podem ser testadas por meio da estatística de teste (D.2).

$$T^2 = \left(\overline{\mathbf{d}} - \boldsymbol{\Delta}\right)^\top \left[\mathbf{S}_p\left(\frac{1}{n_1} + \frac{1}{n_2}\right)\right]^{-1} \left(\overline{\mathbf{d}} - \boldsymbol{\Delta}\right), \tag{D.2}$$

com

$$\mathbf{S}_p = \frac{(n_1-1)\mathbf{S}_1 + (n_2-1)\mathbf{S}_2}{n_1 + n_2 - 2}.$$

A estatística T^2 é conhecida como T^2 de Hotelling para comparação de dois vetores médias; sob a hipótese nula, prova-se que

$$T^2 \overset{\mathrm{H}_0}{\sim} \frac{p(n_1+n_2-2)}{(n_1+n_2-p-1)}F(p,n_1+n_2-p-1),$$

sendo $F(a, b)$ a distribuição F de Snedecor com a e b graus de liberdade. Rejeita-se a hipótese nula se $T^2 \geq [(n_1+n_2-2)p/(n_1+n_2-p-1)]F(\alpha; p, n_1+n_2-p-1)$ para o nível de significância α, em que $F(\alpha; p, n_1+n_2-p-1)$ é o quantil superior $100\alpha\%$ da distribuição $F(p, n_1+n_2-p-1)$.

D.2.2 Caso $\mathbf{\Sigma}_1 \neq \mathbf{\Sigma}_2$

No caso em que as matrizes de covariâncias populacionais diferem, sugere-se o uso da estatística (D.3) para realizar o teste de hipóteses.

$$T_b^2 = \left(\overline{\mathbf{d}} - \mathbf{\Delta}\right)^\top \left(\frac{\mathbf{S}_1}{n_1} + \frac{\mathbf{S}_2}{n_2}\right)^{-1} \left(\overline{\mathbf{d}} - \mathbf{\Delta}\right). \tag{D.3}$$

Para grandes amostras, pode-se utilizar

$$T_b^2 \overset{\mathrm{H}_0}{\sim} \chi_p^2,$$

sendo χ_p^2 a distribuição qui-quadrado com p graus de liberdade. A hipótese nula deve ser rejeitada se $T_b^2 \geq \chi^2_{(\alpha;p)}$ para o nível de significância α, em que $\chi^2_{(\alpha;p)}$ é o quantil superior $100\alpha\%$ da distribuição χ_p^2.

D.2.3 Comentários

A rejeição da hipótese nula indica que os vetores médias populacionais diferem em pelo menos uma coordenada. Isso pode levar a testes univariados adicionais, preferencialmente com controle do nível de significância global, para verificar em que coordenada há indícios de existência de diferenças significantes.

D.3 Comparação de vetores médias de várias populações normais

Seja $\mathbf{x}_{j1}, \ldots, \mathbf{x}_{jn_j}$ uma amostra de observações independentes da distribuição normal com média $\boldsymbol{\mu}_j$ e matriz de covariâncias $\mathbf{\Sigma}$, $j = 1, \ldots, g$. Admita independência entre as observações de diferentes populações. Deseja-se testar $\mathrm{H}_0 : \boldsymbol{\mu}_1 = \ldots = \boldsymbol{\mu}_g$ contra a hipótese alternativa de que pelo menos um vetor média difere dos demais. O teste a ser apresentado pode ser visto como uma extensão do teste F obtido em uma análise de variâncias (ANOVA) univariada. Em muitos textos ele é apresentado como MANOVA (-)*multivariate analysis of variance*).

D.3.1 Teste de Wilks

Considere as matrizes

$$\mathbf{E} = \sum_{j=1}^{g} n_j \left(\overline{\mathbf{x}}_j - \overline{\mathbf{x}}\right)\left(\overline{\mathbf{x}}_j - \overline{\mathbf{x}}\right)^\top \text{ e } \mathbf{D} = \sum_{\mathrm{j=1}}^{\mathrm{g}} \sum_{\mathrm{i=1}}^{\mathrm{n_j}} \left(\mathbf{x}_{\mathrm{ji}} - \overline{\mathbf{x}}\right)\left(\mathbf{x}_{\mathrm{ji}} - \overline{\mathbf{x}}\right)^\top,$$

com $\overline{\mathbf{x}} = (\sum_{j=1}^{g} \sum_{i=1}^{n_j} \mathbf{x}_{ji})/n$, $n = \sum_{j=1}^{g} n_j$. Elas correspondem, respectivamente, às somas de quadrado entre e dentro de grupo numa análise de variância univariada. Uma maneira de verificar essa hipótese é utilizar a estatística de Wilks, dada por:

$$\Lambda = \frac{\mid \mathbf{D} \mid}{\mid \mathbf{D} + \mathbf{E} \mid}.$$

Prova-se, sob a hipótese nula e se $min(p, g-1) \leq 2$, que

$$F = \left(\frac{1 + \Lambda^{1/b}}{\Lambda^{1/b}}\right)\left[\frac{ab - c}{p(g-1)}\right] \overset{\mathrm{H_0}}{\sim} F(p(g-1),\, ab - c),$$

com

$$a = n - g - \frac{p - g + 2}{2},$$

$$b = \begin{cases} \sqrt{\frac{p^2(g-1)^2 - 4}{p^2 + (g-1)^2 - 5}}; & \text{se} \quad p^2 + (g-1)^2 - 5 > 0, \\ 1; & \text{se} \quad p^2 + (g-1)^2 - 5 \leq 0 \text{ e,} \end{cases}$$

$$c = \frac{p(g-1) - 2}{2}.$$

Rejeita-se a hipótese nula se $F \geq F(\alpha; p(g-1), ab - c)$ para o nível de significância α, em que $F(\alpha; p(g-1), ab - c)$ é o quantil superior $100\alpha\%$ da distribuição $F(p(g-1), ab - c)$.

Outro modo de realizar o teste é utilizar que sob $\mathrm{H_0}$ e para grandes amostras

$$\lambda = -\left(n - 1 - \frac{p + g}{2}\right) \ln \Lambda \sim \chi^2_{p(g-1)}.$$

Rejeita-se a hipótese nula se $\lambda \geq \chi^2_{(\alpha; p(g-1))}$ para o nível de significância α, em que $\chi^2_{(\alpha; p(g-1))}$ é o quantil superior $100\alpha\%$ da distribuição $\chi^2_{p(g-1)}$.

Alternativamente, a hipótese nula pode ser testada utilizando-se outras estatísticas de teste.

D.3.2 Teste de Lawley e Hotelling

A estatística de teste é dada por

$$T = \operatorname{tr}\left(\mathbf{D}\mathbf{E}^{-1}\right).$$

Prova-se que

$$\frac{2(su+1)}{s^2(2t+s+1)}T$$

tem uma distribuição que, sob a hipótese nula, se aproxima da distribuição F de Snedecor com $s(2t+s+1)$ e $2(su+1)$ graus de liberdade, com

$$s = \min(p, g-1), \quad t = \frac{\mid p-g-1 \mid -1}{2} \text{ e } u = \frac{n-g-p-1}{2}.$$

A hipótese H_0 é rejeitada se $[2(su+1)/s^2(2t+s+1)]T \geq F(\alpha; s(2t+s+1), 2(su+1))$ para o nível de significância α, em que $F(\alpha; s(2t+s+1), 2(su+1))$ é o quantil superior $100\alpha\%$ da distribuição $F(s(2t+s+1), 2(su+1))$.

D.3.3 Teste de Pillai

Seja

$$V = \operatorname{tr}\left[\mathbf{D}\left(\mathbf{D}+\mathbf{E}\right)^{-1}\right].$$

Prova-se que

$$\left(\frac{2u+s+1}{2t+s+1}\right)\left(\frac{V}{s-V}\right),$$

sob a hipótese nula, tem uma distribuição que se aproxima da distribuição F de Snedecor com $s(2t+s+1)$ e $s(2u+s+1)$ graus de liberdade.

Rejeita-se a hipótese nula se $[(2u+s+1)V]/[(2t+s+1)(s-V)] \geq F(\alpha; s(2t+s+1), s(2u+s+1))$ para o nível de significância α, em que $F(\alpha; s(2t+s+1), s(2u+s+1))$ é o quantil superior $100\alpha\%$ da distribuição $F(s(2t+s+1), s(2u+s+1))$.

D.4 Comparação de matrizes de covariâncias

Admita $\mathbf{x}_{j1}, \ldots, \mathbf{x}_{jn_j}$ uma amostra de observações independentes da distribuição normal com média $\boldsymbol{\mu}_j$ e matriz de covariâncias $\boldsymbol{\Sigma}_j$, $j = 1, \ldots, g$. Admita independência entre as observações de diferentes populações.

Deseja-se testar $H_0 : \mathbf{\Sigma}_1 = \cdots = \mathbf{\Sigma}_g$, contra a hipótese de que pelo menos uma das matrizes de covariâncias difere das demais.

D.4.1 Teste da razão de verossimilhanças

Sejam

$$\hat{\mathbf{\Sigma}}_j = \frac{n_j - 1}{n_j}\mathbf{S}_j, \quad \text{e} \quad \hat{\mathbf{\Sigma}} = \frac{\sum_{j=1}^{g} n_j \hat{\mathbf{\Sigma}}_j}{n}.$$

A estatística do teste da razão de verossimilhanças é dada por

$$\Lambda = \frac{\prod_{j=1}^{g} \mid \hat{\mathbf{\Sigma}}_j \mid^{n_j/2}}{\mid \hat{\mathbf{\Sigma}} \mid^{n/2}}.$$

Sob a hipótese nula e para grandes amostras $-2\ln(\Lambda)$ tem distribuição aproximadamente qui-quadrado com $(g-1)p(p+1)/2$ graus de liberdade. Rejeita-se a hipótese nula se $-2\ln(\Lambda) \geq \chi^2_{(\alpha;(g-1)p(p+1)/2)}$ para o nível de significância α, em que $\chi^2_{(\alpha;(g-1)p(p+1)/2)}$ é o quantil inferior $100\alpha\%$ da distribuição $\chi^2_{(g-1)p(p+1)/2}$.

D.4.2 Teste de M de Box

A estatística do teste M de Box é dada por

$$M = (n-g)\ln \mid \mathbf{S}_p \mid - \sum_{j=1}^{g}(n_j - 1) \mid \mathbf{S}_j \mid,$$

com

$$\mathbf{S}_p = \frac{\sum_{j=1}^{g}(n_j - 1)\mathbf{S}_j}{n-g}.$$

Admita

$$A = 1 - \frac{2p^2 + 3p - 1}{6(p+1)(g-1)}\left(\sum_{j=1}^{g}\frac{1}{n_j - 1} - \frac{1}{n-g}\right).$$

Prova-se que, sob H_0, a distribuição de AM aproxima-se da distribuição qui-quadrado com $(g-1)p(p+1)/2$ graus de liberdade.

Rejeita-se a hipótese nula se $AM \geq \chi^2_{(\alpha;(g-1)p(p+1)/2)}$ para o nível de significância α, em que $\chi^2_{(\alpha;(g-1)p(p+1)/2)}$ é o quantil superior $100\alpha\%$ da distribuição $\chi^2_{(g-1)p(p+1)/2}$.

Seja

$$B = \frac{1 - a_1 - \frac{a}{b}}{a}.$$

Outra aproximação, válida quando a hipótese nula é verdadeira, é $BM \overset{\mathrm{H_0}}{\sim} F(a,b)$ com

$$a = \frac{p(p+1)(g-1)}{2}, \quad b = \frac{a+2}{a_2 - a_1^2},$$

sendo

$$a_1 = 1 - A, \quad a_2 = \frac{(p-1)(p+2)}{6(g-1)} \left[\sum_{j=1}^{g} \frac{1}{(n_j - 1)^2} - \frac{1}{(n-g)^2} \right].$$

Rejeita-se a hipótese nula se $BM \geq F(\alpha; a, b)$ para o nível de significância α, em que $F(\alpha; a, b)$ é o quantil superior $100\alpha\%$ da distribuição $F(a, b)$.

APÊNDICE E

CONSTRUÇÃO E AVALIAÇÃO DE ESCALAS

Este apêndice traz informações sobre a construção e avaliação de escalas. Trata-se de um assunto que não está diretamente relacionado à análise mutivariada, mas que é central em várias áreas do conhecimento, principalmente em ciências humanas e psicologia.

A inclusão desse tema se justifica na medida em que é muito comum o uso de técnicas multivariadas na análise de escalas de avaliação; desse modo, pretendemos fornecer ao leitor uma visão geral sobre o tema. Mais detalhes sobre o assunto podem ser encontrados em Pedhazur e Schmelkin (1991).

Este apêndice foi, exceto por pequenos ajustes, originalmente publicado como um capítulo[1] do livro Gorenstein, Wang e Hungerbühler (2016).

E.1 O processo de mensuração

Podemos definir uma medida ao resultado do processo de atribuir um número, ou rótulo a um objeto (pessoa, serviço etc.), segundo certas regras, conforme ilustra o Exemplo E.1.

Exemplo E.1 *Deseja-se avaliar a temperatura corporal de uma pessoa. Há três alternativas em consideração:*

[1] Artes e Barroso (2016).

Regra 1: A temperatura pode ser mensurada por meio de uma escala Celsius.

Regra 2: Magnitude – Baixa, Normal ou Alta.

Regra 3: Estado febril – Sim ou Não.

Cada regra pode ser adequada ou não, de acordo com os objetivos do avaliador. De qualquer modo, o ato de medir implica na criação de variáveis.

Todo o processo de criação de medidas deve ter em mente a utilização que se dará às variáveis criadas. Por exemplo, aferir o desempenho de um aluno por meio de um conceito (A, B, C, D) pode ser adequado para saber se o aluno deve ser promovido e o seu grau de domínio da matéria, mas pode não ser uma medida adequada se o objetivo for identificar os melhores alunos para a concessão de um prêmio.

E.1.1 Níveis de mensuração

Comparando as alternativas propostas no Exemplo E.1, nota-se que elas diferem quanto a sua natureza. A Regra 1 tem um poder de discriminação maior do que a Regra 3. O poder de discriminação de uma variável está ligado ao seu nível de mensuração. Basicamente, podemos classificar as variáveis de acordo com quatro níveis de mensuração:

a. **Nominal**: quando os possíveis valores não possuem uma ordenação natural. Por exemplo, podemos estar interessados na etnia de um paciente. Nesse caso, a única asserção que se pode fazer sobre as possíveis respostas é que uma difere da outra.

b. **Ordinal**: se as possíveis respostas possuem uma ordenação natural, sem que, no entanto, as distâncias entre categorias consecutivas tenham necessariamente o mesmo significado. Por exemplo, classificar o desempenho de uma pessoa num teste de memória como Excepcional, Bom, Suficiente e Ruim. Nada garante que a distância que separa um indivíduo com desempenho Excepcional de um Bom seja a mesma que separa um com desempenho Suficiente de um Ruim. Podemos apenas dizer que Excepcional é melhor que Bom, que é melhor que Suficiente, que, por sua vez, é melhor que Ruim.

c. **Intervalar**: trata-se de uma variável numérica, na qual diferenças iguais entre as respostas têm o mesmo significado, mas em que a multiplicação/divisão de valores não tem necessariamente um significado prático. Por exemplo, quando comparamos uma temperatura de 10°C com 30°C, podemos dizer que a diferença entre elas é de 20°C, mas não que 30°C seja três vezes mais quente que 10°C. Outro exemplo: admita que estejamos interessados em estudar a direção do vento; se tomamos como origem o norte e temos um vento a 10° e outro a 30°, a diferença entre eles é 20°, mas não podemos dizer que um é o triplo do outro, pois, se tomarmos como origem o leste, o ângulo de 10° torna-se 100° e o de 30° torna-se 120°, no entanto, novamente a diferença entre eles é 20°, só que agora, ao dividirmos um pelo outro, não encontramos mais o fator 3. Em geral, diz-se que quando uma variável tem uma escala intervalar o zero da escala é arbitrário, o que impede o uso de multiplicações e divisões.

d. **Razão**: a escala razão é a que tem potencialmente maior poder de discriminação. Nessa escala, todas as operações matemáticas fazem sentido. Por exemplo, se uma régua de 30 cm tem o dobro do tamanho de uma régua de 15 cm, isso se mantém mesmo se passarmos a medi-la em outra escala (por exemplo, polegadas).

Quando uma variável tem um nível de mensuração máximo nominal ou ordinal, temos uma escala de medida não métrica. Já quando o nível de mensuração é de pelo menos intervalar, a escala passa a ser classificada como métrica.

E.1.2 A natureza da medida

Muitas vezes, em ciências naturais, a variável (conceito de interesse) é diretamente observável, por exemplo, velocidade, temperatura, taxa de colesterol no sangue etc. Problemas de mensuração, nesses casos, referem-se principalmente à qualidade dos instrumentos de medida, uma vez que não há dúvidas sobre o que são os conceitos (variáveis) de interesse. Já em certas áreas do conhecimento há uma maior quantidade de conceitos abstratos (constructos), por exemplo, satisfação com o emprego, ansiedade, depressão, motivação, status socioeconômico etc. Nesses casos, os problemas de mensuração adquirem um caráter diferente. Geralmente, é preciso observar diferentes características e utilizar alguma regra – escala – para chegar a um único escore associado à intensidade do conceito.

A primeira dificuldade com que se defronta o pesquisador dessas áreas é a própria definição do constructo de interesse (o que é satisfação, por exemplo), depois disso, em criar escalas que o mensurem e, por fim, certificar-se de que a escala mede o conceito de forma adequada.

Por exemplo, o psiquiatra necessita avaliar constructos complexos, que não podem ser mensurados a partir de uma única característica ou pergunta. Perguntar ao paciente se ele está deprimido não basta para saber o grau da depressão, ou mesmo se esse é o diagnóstico correto. Nesses casos, é necessário observar uma série de evidências para se chegar a um diagnóstico mais preciso. A construção de uma escala como a Beck[2] (depressão) ou a IDATE-T[3] (traços de ansiedade) pode ser feita a partir de um procedimento denominado **operacionalização de constructo**.

E.1.3 Operacionalização de constructo e construção de escalas

A correta definição de um constructo é essencial para o início do processo de mensuração. Em geral, essa definição depende de uma profunda compreensão teórica do conceito de interesse, de modo a estabelecer o seu efeito sobre uma série de variáveis ou comportamentos. Spector (1992) e Gil (2008), por exemplo, trazem algumas ideias sobre essa questão.

Operacionalizar um constructo significa encontrar variáveis diretamente mensuráveis ou observáveis –itens – que individualmente ou em conjunto expressem a intensidade com que o constructo incide sobre o objeto que está sendo avaliado.[4] Os Exemplos E.2 e E.3 ilustram esse processo.

Exemplo E.2 *Deseja-se medir o* ***potencial de crescimento*** *de um funcionário numa empresa. Claramente, trata-se de um conceito abstrato. Incialmente é necessário encontrar variáveis (itens) que estejam ligadas ao constructo; por exemplo: "Experiência anterior", "Escolaridade", "Profissão" etc. A hipótese subjacente à escolha das variáveis é que o constructo seja uma parte comum a todas elas. Na Figura E.1 está esquematizado o processo de operacionalização. O constructo está representado pelo círculo e as variáveis diretamente observáveis por retângulos. Em termos simplificados, busca-se encontrar um número*

[2]Ver Beck et al. (1961).

[3]Ver Spielberger, Gorsuch e Lushene (1970) e Biaggio e Natalício (1979).

[4]Ver Gil (2008) para mais detalhes.

suficiente de variáveis (retângulos) que conjuntamente mensurem boa parte do constructo (círculo). Cada uma dessas variáveis isoladamente não mede apenas o constructo, mas quando analisadas conjuntamente fornecem um bom panorama da intensidade da presença do constructo no indivíduo.

No Exemplo E.2 poderíamos incluir também a *Capacidade intelectual* como um dos itens relacionados ao conceito de interesse. No entanto, esse item também é um constructo abstrato e, consequentemente, também precisaria passar por um processo de operacionalização.

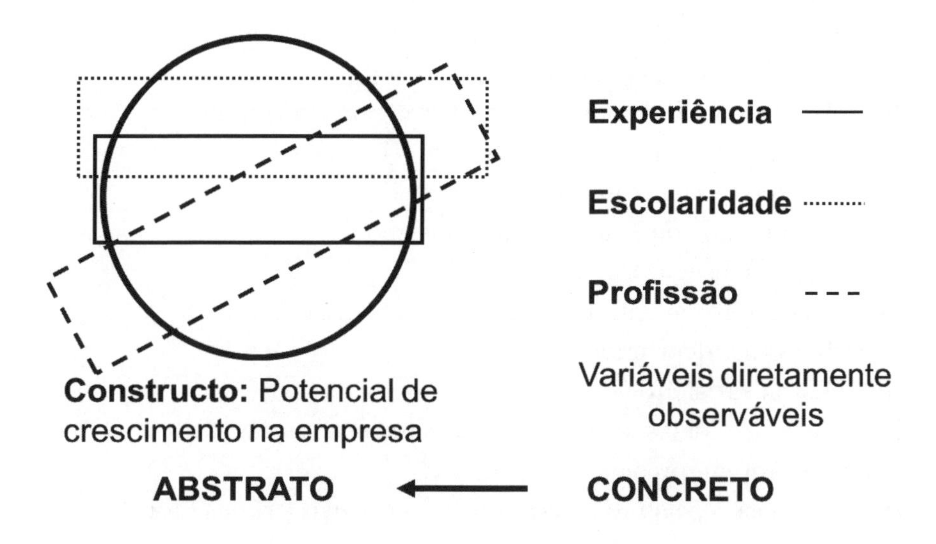

Figura E.1: Operacionalização de um constructo

Exemplo E.3 *A Tabela E.1 resume o resultado da operacionalização do constructo* **Traços de ansiedade**, *utilizando a escala IDATE-T.* [5] *A ansiedade é o elemento comum a todas as características descritas nas frases; espera-se que uma pessoa altamente ansiosa tenda a discordar das frases 1, 6, 7, 10, 13, 16 e 19 (itens positivos) e a concordar com as demais (itens negativos).*

A partir do conhecimento teórico do conceito de interesse, espera-se que seja possível estabelecer uma lista de características observáveis que, uma vez conhecidas, permitam uma boa caracterização do constructo. Por exemplo, as vinte

[5]Comentários sobre essa escala podem ser encontrados na Seção 4.2 do Capítulo 4.

Tabela E.1: Itens da escala IDATE-T

Item	Descrição
1	Sinto-me bem
2	Canso-me facilmente
3	Tenho vontade de chorar
4	Gostaria de ser tão feliz como as outras pessoas parecem ser
5	Perco oportunidades porque não consigo tomar decisões rápidas
6	Sinto-me descansado
7	Sinto-me calmo, ponderado e senhor de mim mesmo
8	Sinto que as dificuldades estão se acumulando de tal forma que não as consigo resolver
9	Preocupo-me demais com as coisas sem importância
10	Sou feliz
11	Deixo-me afetar muito pelas coisas
12	Não tenho confiança em mim mesmo
13	Sinto-me seguro
14	Evito ter que enfrentar crises e problemas
15	Sinto-me deprimido
16	Estou satisfeito
17	Às vezes ideias sem importância me entram na cabeça e ficam me preocupando
18	Levo as coisas tão a sério que não consigo tirá-las da cabeça
19	Sou uma pessoa estável
20	Fico tenso e perturbado quando penso em problemas do momento

componentes da escala IDATE-T buscam abarcar toda acomplexidade do constructo "Traços de ansiedade".

No Exemplo E.3, os itens são frases que descrevem diferentes comportamentos de um paciente. Em ciências humanas e em psiquiatria/psicologia, é muito comum operacionalizar constructos com essa estratégia. Deve-se tomar especial cuidado com a construção das frases; recomenda-se o uso de frases curtas, formuladas numa linguagem simples, direta e sem ambiguidades, que leve em conta o nível cultural do respondente. Cada frase deve tratar de um único aspecto; por exemplo, pode ser difícil avaliar um item como "Sinto-me seguro e feliz", uma vez que se refere a duas sensações diferentes: de felicidade e de segurança; o indicado seria criar dois itens distintos, como os itens 10 e 13 da Tabela E.1. Além disso, sugere-se o uso de itens positivos (1, 6, 7, 10, 13, 16 e 19 da Tabela E.1) e negativos (demais itens da Tabela E.1), para evitar que o respondente adote um padrão de resposta. Mais detalhes sobre esse tema podem ser obtidos no apêndice de Likert (1932) e Spector (1992), por exemplo.

Recomenda-se, numa primeira etapa da operacionalização de um constructo, a definição de um número elevado de frases permitindo que, após um processo de validação, algumas que se provem redundantes ou pouco relacionadas ao constructo sejam eliminadas.

Uma vez identificadas as características que compõem o constructo, surge a questão de como medi-las. No exemplo do **potencial de xrescimento na empresa**, a Renda pode ser medida em unidades monetárias, faixas de renda, ou simplesmente se é alta ou baixa. Já os itens da Tabela E.1 podem ser avaliados por meio de uma resposta dicotômica (Sim/Não) até uma nota de zero a dez, por exemplo, sendo zero a ausência total da característica e dez a presença total da característica. Uma vez resolvido esse problema, surge a questão de como agregar respostas obtidas para todas as variáveis de modo a criar uma medida única do constructo. O próximo passo da operacionalização do constructo passa a ser a criação de escalas, assunto da próxima seção.

E.1.4 Escalas

Na escala IDATE-T (Tabela E.1), o respondente avalia cada item de acordo com o que ele geralmente sente, segundo a seguinte regra:

1 – Quase nunca

2 – Às vezes

3 – Frequentemente

4 – Quase sempre

Por convenção, na construção do escore da escala IDATE-T, as respostas aos itens positivos são invertidas, desse modo, se R_i é a resposta dada ao item i, para a construção da escala, utiliza-se

$$X_i = \begin{cases} R_i, & \text{se o item } i \text{ for negativo} \\ 5 - R_i, & \text{se o item } i \text{ for positivo} \end{cases} \quad \text{(E.1)}$$

Desse modo, quanto maior a intensidade do constructo, é esperado que maior seja o valor de X_i. A partir desse ponto, sempre que falarmos sobre as respostas aos itens da escala IDATE-T, estaremos nos referindo às variáveis X_i. É importante salientar que cada item separadamente não é suficiente para avaliar a intensidade dos "Traços de ansiedade" de uma pessoa; para isso, é importante conhecer a configuração de suas respostas. A partir dessa configuração espera-se chegar a uma avaliação única sobre a intensidade do constructo.

Potencialmente, há várias maneiras de resumir a configuração de respostas. Por exemplo:

a. Q_1: $X_1 + \cdots + X_{20}$, escala aditiva, que assume valores entre 20 e 80; quanto maior o valor da escala, maior será a presença de "Traços de ansiedade" no respondente.

b. Q_2: $Q_1/20$, assumindo valores entre 1 e 4. Trata-se de uma escala similar à Q_1, só que agora temos um valor médio como resposta.

c. Q_3: $4 - \sqrt[20]{\prod_{i=1}^{20} (4 - X_i)}$, que varia de 0 a 4. Note que esta escala pode ser vista como mais rigorosa do que as anteriores, na medida em que, se um respondente atribuir escore 4 a pelo menos um item, a escala receberá o valor máximo.

d Q_4: número de itens que tiveram respostas 3 ou 4. Nesse caso, teríamos uma escala razão, assumindo valores entre 0 e 20, que representa o número de itens percebidos com alta frequência pelo respondente.

A questão é saber se todas essas alternativas são adequadas para avaliar o constructo de interesse. Antes de entrar na discussão sobre avaliação da escala, é necessária uma discussão sobre o nível de mensuração de escalas como Q_1 a Q_3.

Pode-se argumentar que a resposta dada a cada item é medida com nível de mensuração ordinal. Isso, em princípio, invalidaria qualquer operação aritmética, uma vez que não faz sentido somar *Quase nunca* e *Frequentemente*, por exemplo. Além disso, como já dissemos, as diferenças entre categorias consecutivas não são necessariamente as mesmas no que tange à percepção do entrevistado. Há uma série de pesquisadores que questionam esse tipo de manipulação e mesmo a aplicação de métodos estatísticos que não tenham sido desenvolvidos especificamente para variáveis qualitativas.[6]

De modo pragmático, pode-se contra-argumentar dizendo que, se uma pessoa tem alta avaliação em boa parte dos itens, ela acabará tendo uma soma alta e existirá evidência que de fato o constructo está presente com certa intensidade. Raciocínio análogo pode ser feito em relação a quem tem avaliações baixas para a maioria dos itens. Além disso, pode-se argumentar que esse tipo de escala vem sendo utilizado com algum sucesso há muito tempo.

Spector (1992), referindo-se a uma escala aditiva, toca nesse problema. Um ponto que ele levanta é que o interesse não está em cada item separadamente, mas sim, no exemplo, ao conjunto de vinte respostas. Referindo-se a uma escala aditiva, ele indica algumas propriedades que buscam justificar a construção de uma escala como a Q_1. São elas:

1. Uma escala deve conter muitos itens cujas respostas serão somadas.

2. Cada item deve expressar uma característica que pode variar de forma quantitativa e contínua. Tome, por exemplo, o item 2 da escala IDATE-T; pode-se supor a existência de uma variável contínua, Z, que expressa o nível de cansaço de uma pessoa. O problema é que não conseguimos observá-la com precisão. Ao julgar se *Quase nunca* nos sentimos cansados (1), *Às vezes* nos sentimos cansados (2), *Frequentemente* (3) ou *Quase sempre* (4) nos sentimos cansados, estamos expressando de maneira imprecisa o real valor dessa variável. Do ponto de vista matemático poderíamos modelar essa situação como

$$Q_2 = \begin{cases} 1, & \text{se } Z < z_1, \\ 2, & \text{se } z_1 \leq Z < z_2, \\ 3, & \text{se } z_2 \leq Z < z_3, \\ 4, & \text{se } Z \geq z_3 \end{cases}, \text{ com } z_1 \leq z_2 \leq z_3.$$

3. Os itens não formam um teste de múltipla escolha, em que sempre existe uma resposta certa.

[6]Ver, por exemplo, a discussão sobre o tema em Pedhazur e Schmelkin (1991, p. 26-28).

4. Cada item é uma afirmação para a qual são oferecidas várias possibilidades de avaliação (em geral entre quatro e sete) e os respondentes devem escolher aquela que melhor representa sua resposta.

A escala IDATE-T coincide com Q_1 e uma possível categorização de seus resultados é que valores entre:

a) 20 e 34 indicam baixa ansiedade;

b) 35 e 49 indicam ansiedade moderada;

c) 50 e 64 indicam alta ansiedade; e

d) 65 e 80 ansiedade muito alta.

Escalas aditivas formadas por itens ordinais, como a IDATE-T, são denominadas escalas de Likert, em homenagem a Rensis Likert que propôs esse tipo de construção de escala em Likert, (1932). Nesse artigo, o autor compara escalas formadas por itens que admitiam cinco possibilidades de respostas ordinais (escala Likert de 5 pontos), por exemplo: Aprovo Fortemente/Aprovo/Indeciso/Desaprovo/Desaprovo Fortemente com outros tipos de escalas construídas de maneira mais complexas e encontra uma alta concordância nos resultados.

Uma vez de posse de uma proposta de operacionalização de um constructo, é necessário avaliar com que qualidade a escala proposta mede o constructo.

E.1.5 Avaliação de uma escala

Uma boa escala satisfaz duas propriedades centrais: deve de fato medir o constructo de interesse (escala válida) e, além disso, medi-lo com pouco erro (escala fidedigna ou confiável). A Figura E.2 apresenta quatro diferentes escalas criadas para medir um constructo (elipses representam constructos e retângulos as variáveis diretamente observáveis). Temos que:

a) Escala 1 – retângulo formado por linhas contínuas – válida e fidedigna – mede o constructo de interesse e com pouco erro.

b) Escala 2 – retângulo formado por linhas pontilhadas – válida, mas com baixa fidedignidade, uma vez que mede o constructo, mas com muito erro.[7]

[7]Existe uma controvérsia sobre a possibilidade de considerar uma escala com baixa fidedigni-

c) Escala 3 – retângulo formado por linhas tracejadas – não válida para o constructo de interesse, mas é fidedigna, uma vez que seus itens estão medindo um outro constructo com pouco erro.

d) Escala 4 – retângulo formado por linhas duplas – não válida nem fidedigna.

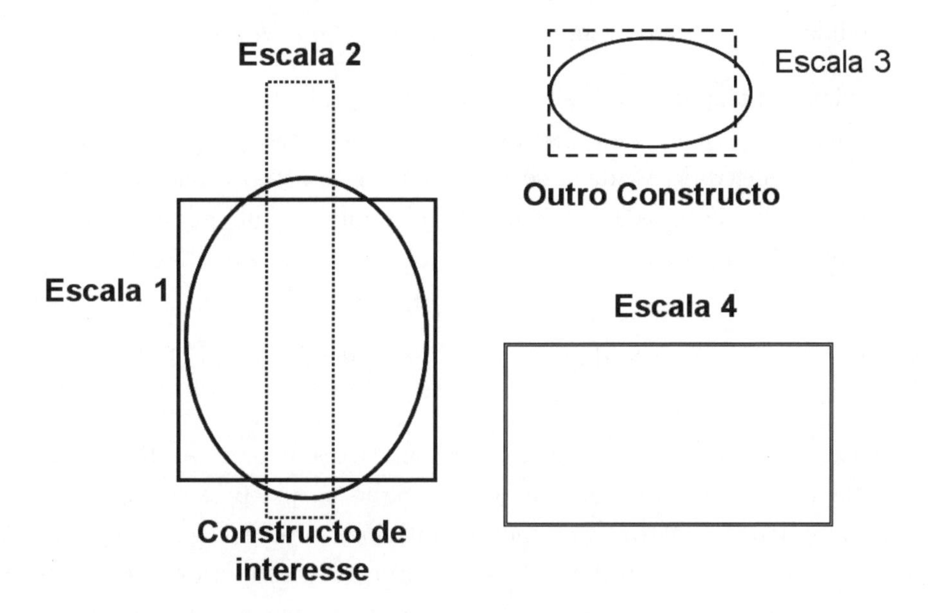

Figura E.2: Propriedades de escalas

E.2 Erros de medida

Na avaliação de escalas, dois tipos de erros de medida têm um papel de destaque:

Erros não sistemáticos: são erros que ocorrem de maneira aleatória; nesse sentido, são imprevisíveis. Tome como exemplo o caso de uma balança calibrada. O valor mostrado no instrumento se desvia do real por algum

dade como válida. É possível existir uma escala que mede o constructo de interesse com muito erro (portanto, segundo as definições adotadas, válida e pouco fidedigna). Escalas desse tipo não têm utilidade na prática, devendo, de um modo geral, ser descartadas. Obviamente, uma escala sem nenhum grau de confiabilidade não poderá ser válida. Alguns autores, inclusive, consideram a confiabilidade uma condição necessária para a validade. Discussões sobre esse tema podem ser encontradas em Moss (1994) e Li (2003), por exemplo.

erro aleatório que dependerá apenas da precisão do instrumento. Tendo uma medida em mãos é impossível saber se o valor observado está acima ou abaixo do real. Podemos representar esse erro por meio do seguinte modelo:

$$Y = \mu + \varepsilon, \tag{E.2}$$

em que Y é o valor observado, μ é o valor livre de erro (valor verdadeiro da medida) e ε é o erro de medida, com $\mathrm{E}(\varepsilon) = 0$ e $\mathrm{Var}(\varepsilon) = \sigma^2$.

Erros sistemáticos: trata-se de erros previsíveis que estão ligados a viéses de medida. Por exemplo, se utilizamos uma balança descalibrada na qual o valor registrado tenda a se desviar do real sempre na mesma direção e intensidade, teremos um tipo de erro sistemático, que pode, eventualmente, ser modelado por:

$$Y = \mu + \delta + \varepsilon, \tag{E.3}$$

sendo δ o viés de medida e Y, μ e ε como definidos em (E.2).

Um exemplo interessante de erro sistemático em ciências humanas refere-se à coleta de informações sobre a renda. Sabe-se que pessoas com alto poder aquisitivo tendem a declarar rendimentos inferiores aos reais e pessoas com poder mais baixo tendem a declarar rendimentos um pouco superiores, o que acarreta vícios na tomada da informação. Note que esse caso não pode ser modelado através de (E.3), uma vez que o viés não é o mesmo para todas as medidas.

Retome o exemplo da balança. Uma maneira de avaliar a qualidade das medidas feitas pela balança é observar, várias vezes, o valor registrado pelo instrumento para objetos de pesos conhecidos. Caso haja uma tendência de sobre-estimação ou subestimação da medida, estaremos diante de um erro sistemático. Grosso modo, erros sistemáticos estão mais ligados a problemas de validação do instrumento, podendo ser avaliados através de medidas de tendência central (por exemplo, a diferença entre as médias das observações e o peso real do objeto).

Uma fonte de viés importante ao se avaliar comportamentos e opiniões é a tendência a responder buscando ser politicamente correto, atendendo a alguma pressão de grupo ou buscando fornecer uma resposta mais agradável ao interlocutor; por exemplo, ao avaliar uma frase como “A maconha deve ser liberada”, algumas pessoas podem ser levadas a manifestar alta concordância ou discordância, não por ser sua opinião, mas para não parecer ser liberal demais ou de menos. Já outras pessoas, diante do item “A ideia de fazer mal a mim mesma passou pela minha cabeça", [8] podem tender a atribuir um escore que indique que esse fenômeno ocorre com uma intensidade menor do que na realidade sente, uma vez que o comportamento expresso na frase é socialmente condenado.

Quando lidamos com constructos abstratos, erros sistemáticos podem ser de pouco interesse, desde que eles ocorram sempre numa mesma direção (sobre ou subestimar a medida) e para todas as pessoas para as quais a escala será aplicada, uma vez que tal tipo de erro tende a não afetar a ordenação dos resultados. Assim, se uma pessoa tem uma maior incidência do constructo do que outra, ela tenderá a apresentar um valor maior na escala, mesmo na presença de erros sistemáticos.

E.3 Fidedignidade de escalas

Uma escala (medida/instrumento) é confiável (fidedigna) quando, ao ser aplicada em indivíduos com mesmo nível de um constructo, resulta em valores próximos. Uma maneira equivalente de definir esse conceito é utilizar a componente de erro não sistemático, ε, de (E.2) e (E.3). Quando a magnitude desse erro é pequena, temos um instrumento confiável.

Uma maneira eficiente de avaliar o erro não sistemático de uma escala é repetir o procedimento de mensuração e avaliar as diferenças observadas nos resultados. Por exemplo, se estamos interessados em medir a confiabilidade de medidas geradas por uma balança, podemos avaliar várias vezes o peso de um objeto, nesse caso, o desvio padrão das repetições pode ser uma medida de confiabilidade. Quanto menor o desvio padrão, mais parecidos são os resultados da pesagem, indicando uma alta confiabilidade (reprodutibilidade).

E.3.1 Repetição

Repetir significa realizar a mensuração sob as mesmas condições, garantindo-se que o constructo de interesse não se altere entre mensurações sucessivas. Isso pode ser simples quando se mede constructos concretos, por exemplo, peso, distância, tamanho, temperatura etc. Nesse caso, desde que o ato de medir não altere o objeto medido, basta submeter o objeto repetidamente ao instrumento. Em constructos abstratos, no entanto, isso pode não ser tão simples.

[8] Item extraído da Escala de Depressão Pós-Parto de Edinburgh (Cox et al., 1987).

Ao aplicar repetidamente uma escala a uma mesma pessoa, estamos sujeitos a dois riscos. O primeiro diz respeito a um eventual aprendizado. Admita que uma pessoa foi submetida a um teste psicotécnico e que, para avaliar a fidedignidade do teste, pedimos que ela refaça o teste logo em seguida. Na segunda vez que o teste é feito, a pessoa pode ter uma facilidade maior na execução das tarefas, uma vez que ela pode ter *aprendido* a executar os exercícios na primeira vez que realizou os testes. Nesse caso, a repetição traria embutido um erro não sistemático devido ao aprendizado. Por outro lado, quando o tempo entre duas aplicações da escala for muito alto, pode acontecer de o constructo ter se alterado.

Quando são feitas duas mensurações, é comum denominar a primeira de *teste* e a segunda de *reteste.*

Outro risco associado à repetição é uma alteração no constructo devida à aplicação do teste. Suponha que se deseja estudar o nível de cidadania de uma população e que para isso, sejam construídas escalas para avaliar o quanto as pessoas praticam ações ligadas à cidadania. Admita que o estudo tenha o formato de painel, no qual uma amostra de pessoas deverá responder a um mesmo questionário a cada dois meses, ao longo de um ano. Pode acontecer de essas pessoas passarem a praticar mais essas ações apenas por terem sido alertadas sobre elas ao longo do estudo. Desse modo, a repetição da medida pode provocar uma alteração no constructo, assim, ao final do estudo, se houver indicações de um aumento no grau de cidadania da população, não será possível saber se o aumento de fato ocorreu na sociedade ou se é apenas o efeito do processo de mensuração sobre a amostra.

E.3.2 Teoria clássica da mensuração

O valor efetivamente observado ao aplicarmos uma escala, y, é uma medida imperfeita de um constructo, estando sujeito a erros. Admita que μ seja o verdadeiro valor que a escala deveria indicar para um constructo. O *Modelo do Escore Verdadeiro de Spearman* é dado pela relação (E.2). Desse modo, σ^2 seria uma medida de fidedignidade da escala (quanto menor a variância, mais confiável é a escala).

Uma variação importante do modelo de Spearman é dada por

$$Y = V + \varepsilon,$$

sendo V uma **variável aleatória** que indica o valor verdadeiro da escala para um dado nível do constructo e ε o erro de medida. Admite-se que a média (valor esperado) de V seja igual a μ (representa-se como $E(V) = \mu$) e que sua variância seja σ_V^2 (indica-se: $Var(V) = \sigma_V^2$); além disso, $E(\varepsilon) = 0$ e $Var(\varepsilon) = \sigma^2$. Supõe-se que V e ε são não correlacionados. Segundo esse modelo podemos decompor a variância da medida em

$$\text{Var}(Y) = \sigma_Y^2 = \sigma_V^2 + \sigma^2.$$

Nesse caso, a confiabilidade da escala estará associada à correlação existente entre Y e V. Temos então:[9]

$$\rho_{VY} = Corr(V,Y) = \frac{Cov(V,Y)}{\sigma_V \sigma_Y} = \frac{\sigma_V}{\sigma_Y}. \quad \text{(E.4)}$$

Define-se a confiabilidade da escala, ρ^2, como

$$\rho^2 = \rho_{VY}^2 = \frac{\sigma_V^2}{\sigma_Y^2} = 1 - \frac{\sigma^2}{\sigma_Y^2}. \quad \text{(E.5)}$$

Por se tratar do quadrado de uma correlação, $0 \leq \rho^2 \leq 1$. Observe que σ^2/σ_Y^2 indica a proporção da variabilidade da medida devida ao erro de mensuração; quanto maior essa proporção, maior a magnitude dos erros de medida e, portanto, menor a confiabilidade (reprodutibilidade) da escala.

Apresentamos, neste texto, as medidas de confiabilidade em sua forma paramétrica. Na prática, os parâmetros devem ser estimados a partir dos dados. Em geral, utilizam-se os estimadores usuais: variância amostral, covariância amostral, correlação de Pearson etc.

Medidas paralelas

Duas medidas Y_1 e Y_2 de um mesmo constructo são paralelas se:

$$Y_1 = \tilde{V} + \varepsilon_1 \quad \text{e} \quad Y_2 = \tilde{V} + \varepsilon_2, \quad \text{(E.6)}$$

desde que:

[9]Ver a prova na Seção E.6.

a) Os erros tenham a mesma variância ($Var(\varepsilon_1) = Var(\varepsilon_2)$) – isso significa que a magnitude dos erros é a mesma nas duas medidas.

b) Os erros sejam não correlacionados – desvios observados em uma medida não têm correlação com desvios observados na outras.

c) As correlações entre o valor verdadeiro ($\tilde{V}$) e os erros de medida sejam zero.

Quando a condição (a) não é satisfeita, mas as demais são, dizemos que as medidas são tau-equivalentes (ver Webb, Shavelson e Haertel, 2006, p. 3, por exemplo).

Note que Y_1 e Y_2 são escalas que têm exatamente a mesma confiabilidade. A Figura E.3 ilustra uma situação em que há duas medidas paralelas.

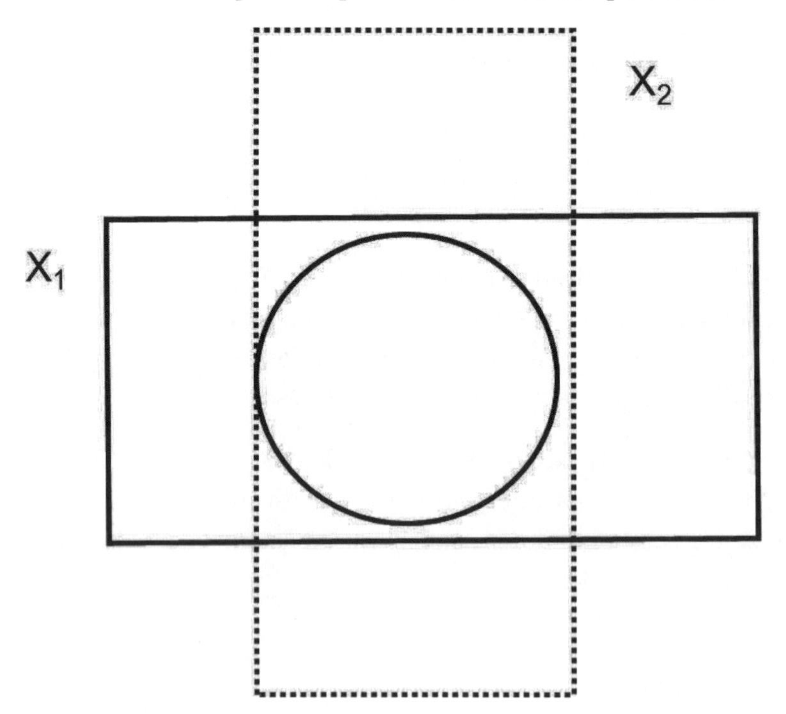

Figura E.3: Representação de dois testes paralelos

Se Y_1 e Y_2 são medidas paralelas, então,

$$r_{12} = \text{Corr}(Y_1, Y_2) = \frac{\text{Cov}(\tilde{V} + \epsilon_1, \tilde{V} + \epsilon_2)}{\sigma_{Y_1}\sigma_{Y_2}} = \frac{\sigma^2_{\tilde{V}}}{\sigma^2_Y}, \tag{E.7}$$

com $\sigma^2_Y = \sigma^2_{Y_1} = \sigma^2_{Y_2}$ e $\text{Var}(\tilde{V}) = \sigma^2_{\tilde{V}}$, ou seja, a correlação entre duas medidas paralelas é uma medida da confiabilidade da escala.

Uma maneira de gerar medidas paralelas é repetir a mensuração dos dados num esquema de *teste/reteste*, em que se garanta que não haja aprendizado nem alteração do constructo de interesse. Nesse caso, a correlação entre as duas medidas é o grau de confiabilidade da escala.

E.3.3 Escalas aditivas

Uma escala é aditiva se o seu valor é obtido a partir da soma dos escores associados a um conjunto de itens. A escala IDATE-T é um exemplo de escala aditiva. O valor da escala, y, é dado pela soma das respostas de cada um de seus vinte itens. Temos

$$Y = Y_1 + \cdots + Y_{20},$$

em que Y_i é o escore associado ao item i da escala. A Figura E.4 traz a representação gráfica dessa situação. Em casos como esse, o constructo tem um grau de complexidade que faz com que seja difícil medi-lo por meio de uma única pergunta. Assim, a medida é feita pela composição de um conjunto de itens que têm em comum o fato de estarem associados a ele. No caso da escala IDATE-T, cada item sozinho é incapaz de medir eficientemente o grau de ansiedade da pessoa, mas o conjunto de respostas reflete esse constructo.

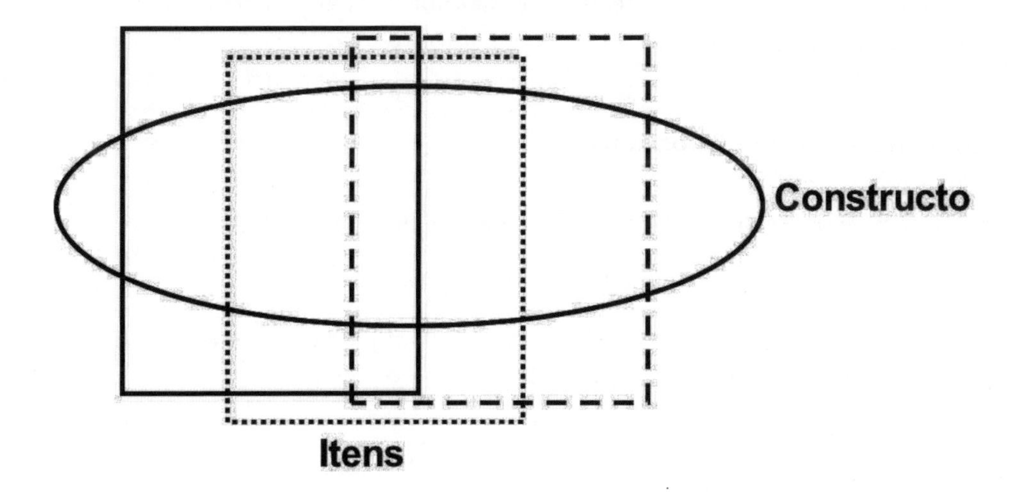

Figura E.4: Escala composta por itens

Estimativa *Split-half*

O ponto de partida para estimar a confiabilidade por meio do método *split-half* é dividir o conjunto de itens em dois subconjuntos de mesmo tamanho. Cada subconjunto é tratado como compondo uma escala aditiva. Sejam Y_1 e Y_2 os valores associados a cada (sub) escala. Retome (E.6), com $\tilde{V} = V/2$, temos

$$Y = Y_1 + Y_2 = V + \varepsilon,$$

com $\text{Var}(\varepsilon) = \sigma_{12}^2$. Admitindo que Y_1 e Y_2 sejam medidas paralelas, prova-se[10] que a confiabilidade da escala Y é

$$r_{YV}^2 = \frac{2r_{12}}{1 + r_{12}} \tag{E.8}$$

sendo r_{12} o coeficiente de correlação entre Y_1 e Y_2. A expressão (E.8) é conhecida como *fórmula de Spearman-Brown.*[11]

O método *split-half* é uma alternativa ao método teste-reteste que contorna as limitações desse método e que permite a utilização de toda a amostra disponível para a aferição da confiabilidade da escala, com a vantagem de não ser necessário aplicar o mesmo teste duas vezes para a mesma pessoa.

Um problema com a aplicação do método *split-half* está na divisão dos itens em dois conjuntos. Há $\binom{n}{2}$ maneiras de fazê-la, e cada uma pode levar a resultados diferentes. O coeficiente Alfa de Cronbach (Cronbach, 1951) busca dar uma solução a esse problema.

Coeficiente Alfa de Cronbach

Seja Y_i o escore associado ao item i de uma escala aditiva. Assuma que

$$Y_i = V/k + \varepsilon_i, \tag{E.9}$$

com $E(V) = \mu$, $E(\varepsilon_i) = 0$ e $Var(Y_i) = \sigma_i^2$.[12] O valor da escala é obtido como a soma dos escores associados aos itens:

$$Y = Y_1 + \ldots + Y_k.$$

[10] Ver a Seção E.6.

[11] Ver Cronbach (1951) e Traub (1994) para mais detalhes.

[12] Traub (1994) menciona outras suposições pelas quais o coeficiente Alfa é uma medida de confiabilidade.

Temos que

$$\text{Var}(Y) = \sigma_Y^2 = \sum_{i=1}^{k} \sigma_i^2 + \sum_{i \neq j} \sigma_{ij},$$

na qual $\sigma_{ij} = Cov(Y_i,Y_j)$.

Quando a escala é consistente e todos os itens medem de fato o constructo – em especial, sejam medidas paralelas –, espera-se uma alta correlação entre as respostas dadas aos itens; consequentemente, altos valores para as covariâncias σ_{ij}, assim, o coeficiente Alfa é definido como

$$\alpha = \frac{k}{k-1} \frac{\sum_{i \neq j} \sigma_{ij}}{\sigma_Y^2} = \frac{k}{k-1} \left(1 - \frac{\sum_{i=1}^{k} \sigma_i^2}{\sigma_Y^2} \right).$$

Quanto maior seu valor, maior será a confiabilidade da escala. Por se basear nos itens que compõem a escala, o coeficiente Alfa de Cronbach também é conhecido como uma medida de confiabilidade interna. O coeficiente Alfa é atribuído a Lee Cronbach, pelo seu artigo de 1951 (Cronbach, 1951), no entanto, esse coeficiente já aparece em Guttman (1945) como coeficiente L_3.

Quando os itens da escala são dicotômicos (1 se uma característica é observada ou 0, se não), o coeficiente Alfa corresponde ao coeficiente KR_{20} (Kuder e Richardson, 1937). Na verdade, em seu artigo de 1951, Cronbach chega ao coeficiente Alfa a partir de uma adaptação do coeficiente KR_{20} para dados não dicotômicos.

Uma propriedade interessante desse coeficiente é que ele coincide com a média de todas as possíveis estimativas *split-half* de confiabilidade, reforçando o fato de ser uma medida de confiabilidade da escala.[13]

Traub (1994, p. 87) afirma que o coeficiente Alfa é a confiabilidade de uma escala se os itens que a compõe são de fato medidas paralelas (ou tau-equivalentes), caso contrário, o valor observado será menor ou igual à confiabilidade da escala. Rae (2007) ressalta que é muito difícil encontrar na prática escalas em que todos os itens satisfazem essa condição. Em Peterson e Kim (2013) são apresentadas várias referências que reforçam essa afirmação.

Valores negativos do coeficiente Alfa podem ser encontrados, caso haja itens que se correlacionam negativamente.

[13] Esse resultado foi demonstrado por Cronbach (1951) no artigo em que apresentou o coeficiente Alfa.

Admita que as variâncias dos itens sejam de fato iguais. Nesse caso, o coeficiente α é dado por

$$\alpha = \frac{k\overline{\rho}}{1 + (k-1)\,\overline{\rho}}, \tag{E.10}$$

sendo $\overline{\rho}$ a média dos coeficientes de correlação entre dois itens. A expressão (E.10) é conhecida como fórmula generalizada de Spearman-Brown.

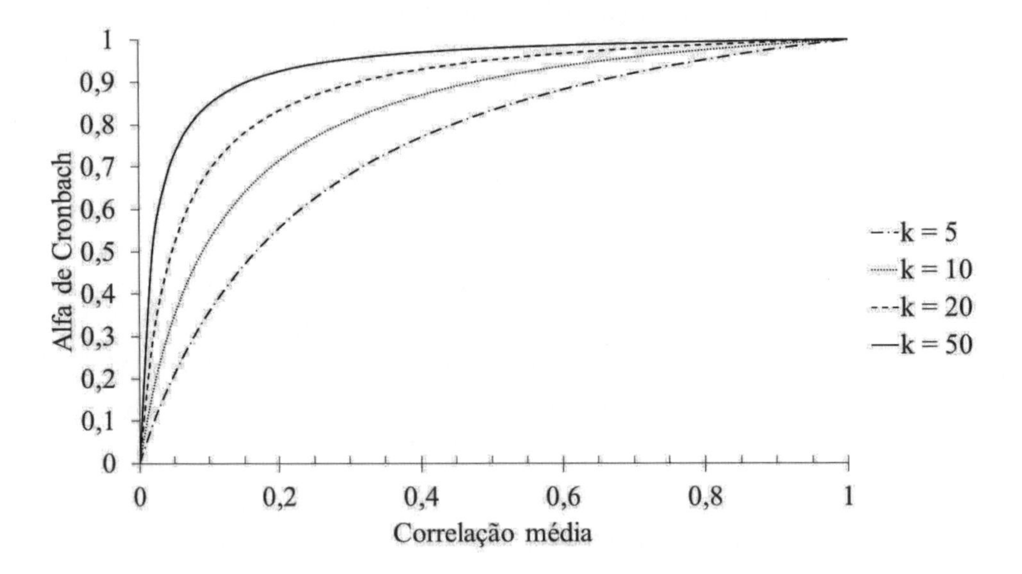

Figura E.5: Coeficiente Alfa de Cronbach em função da correlação entre os itens e do número de itens da escala

A Figura E.5, construída a partir de (E.10), traz o valor esperado do coeficiente Alfa quando se varia a correlação média entre os itens e o número de itens da escala. Cada linha refere-se a um tamanho (k) diferente de escala. Para uma mesma correlação, quanto maior o número de itens, maior será o coeficiente Alfa. Isso significa que, em princípio, podemos construir uma escala com qualquer valor de confiabilidade simplesmente aumentando o número de itens. Obviamente, se a correlação entre os itens for muito baixa, será necessária a construção de uma escala tão longa que talvez não tenha aplicabilidade.

Outra propriedade que pode ser intuída a partir da Figura E.5 é que a utilização de itens com alta correlação entre si leva à construção de uma escala confiável com um número relativamente pequeno de itens.

A partir de (E.10), chega-se em

$$k = \frac{\alpha(1-\overline{\rho})}{\overline{\rho}(1-\alpha)}.$$

Caso seja possível especular sobre o valor de $\overline{\rho}$, é possível prever o número de itens necessário para construir uma escala com um determinado valor de α.

Vários autores criticam o uso do coeficiente Alfa (ver Yang e Green, 2011, por exemplo). Basicamente as críticas recaem nos seguintes fato:

- a suposição de que os itens sejam medidas paralelas[14] é muito forte;
- trata-se de uma medida que tende a subestimar a confiabilidade;
- há escalas que são multidimensionais;
- nem sempre é possível garantir que os itens medem o constructo com a mesma precisão;
- é esperada a independência entre os erros associados aos itens.

Peterson e Kim (2013) apresentam os resultados de um levantamento feito em 327 artigos em que escalas eram avaliadas pelo coeficiente Alfa e por outras medidas, baseadas em modelagem de equações estruturais, supostamente mais adequadas. A conclusão é que a diferença de resultados, em geral, é muito pequena. Os resultados de Peterson e Kim (2013) contrariam alguns resultados descritos em Yang e Green (2011) que relatam situações nas quais a subestimação da confiabilidade chega a 19%.

Problemas de sobre-estimação podem ocorrer caso os erros associados aos itens sejam correlacionados. Por exemplo, imagine uma escala em que os itens descrevem a intensidade de sintomas e, à medida que uma pessoa responde a escala, ela tenda a exagerar ou minimizar a intensidade do que sente. Isso também pode acontecer em escalas em que a pessoa é obrigada a tomar uma posição e tende a responder de modo coerente com essa posição. Imagine, por exemplo, uma escala sobre posicionamento político em que se pergunta no início se a pessoa se julga de direita, centro ou esquerda; caso ela se declare de esquerda (ou direita), poderá tender a julgar uma série de comportamentos segundo o que se espera de

[14]Ou tau-equivalentes – ver Webb, Shavelson e Haertel (2006), por exemplo.

alguém nessa posição, e não necessariamente como ela sente ou age. Cuidados podem ser tomados para minimizar esse efeito na elaboração do questionário, controlando a ordem das perguntas e, eventualmente, aleatorizando a ordem dos itens ao se aplicar uma escala.

De um modo geral, uma vez satisfeita a suposição de que os itens sejam medidas paralelas, o coeficiente Alfa é uma boa alternativa para estimação da confiabilidade. Nos casos em que as medidas não são paralelas e os erros associados aos itens são não correlacionados, o coeficiente Alfa tende a subestimar a confiabilidade; nesse contexto, se ele for alto, teremos uma escala confiável, caso contrário, outros métodos de estimação podem ser utilizados.

Outra crítica que pode ser feita ao coeficiente Alfa é que, quando aplicado a uma escala formada por itens ordinais, não faz sentido o cálculo da covariância/correlação entre os escores atribuídos aos itens, uma vez que esse nível de mensuração não admite as operações matemáticas usuais. Isso impediria o cálculo de Alfa. Zumbo, Gadermann e Zeisser (2007) apresentam uma versão do coeficiente Alfa baseada na correlação policórica[15] no lugar da correlação de Pearson. Em um estudo de simulação e em uma aplicação a dados reais, observa-se que o coeficiente Alfa na versão ordinal apresentou resultados melhores que o coeficiente usual. Resultados semelhantes são obtidos em Gadermann, Guhn e Zumbo (2012). Neste último trabalho os autores indicam o uso de uma macro no ambiente R[16] para cálculo desse coeficiente.

Peterson e Kim (2013), Yang e Green (2011) e Osburn (2000) apresentam uma lista de referências para outros coeficientes desenvolvidos para a avaliação da confiabilidade de uma escala.

E.3.4 Análise de itens

A partir do coeficiente Alfa, é possível avaliar não só a confiabilidade da escala, mas se todos os itens que a formam contribuem para a construção de uma escala mais fidedigna.

A escala IDATE-T foi aplicada a uma grande amostra de alunos da Universidade de São Paulo (Gorenstein et al., 1999). Considerando apenas uma amostra de 790 alunos do curso de Letras, obtivemos um valor de 0,893 para o Alfa de

[15]Ver o capítulo sobre análise fatorial, neste livro.
[16]R Core Team (2014).

Cronbach, o que indica uma boa confiabilidade da escala. Um passo adicional na análise é verificar o que aconteceria com esse indicador se cada um dos itens fosse retirado e os demais fossem mantidos. A Tabela E.2 traz esses resultados.[17]

Tabela E.2: Análise de itens da escala IDATE-T, a partir de uma amostra de 790 universitários

Item	Descrição	Alfa de Cronbach se o item for excluído
1	Sinto-me bem*	0,888
2	Canso-me facilmente	0,891
3	Tenho vontade de chorar	0,889
4	Gostaria de ser tão feliz como outras pessoas parecem ser	0,889
5	Perco oportunidades porque não consigo tomar decisões rápidas	0,890
6	Sinto-me descansado*	0,891
7	Sinto-me calmo, ponderado e senhor de mim mesmo*	0,886
8	Sinto que as dificuldades estão se acumulando de tal forma que não as consigo resolver	0,887
9	Preocupo-me demais com as coisas sem importância	0,889
10	Sou feliz*	0,886
11	Deixo-me afetar muito pelas coisas	0,887
12	Não tenho confiança em mim mesmo	0,888
13	Sinto-me seguro*	0,885
14	Evito ter que enfrentar crises e problemas	0,897
15	Sinto-me deprimido	0,885
16	Estou satisfeito*	0,884
17	Às vezes ideias sem importância me entram na cabeça e ficam me preocupando	0,888
18	Levo coisas tão a sério que não consigo tirá-las da cabeça	0,885
19	Sou uma pessoa estável*	0,887
20	Fico tenso e perturbado quando penso em problemas do momento	0,888

∗ Item com respostas invertidas.

[17]Os cálculos foram efetuados com auxílio do pacote estatístico SPSS, versão 22.

A exclusão do item 14 traz, em princípio, um aumento no coeficiente Alfa para 0,897. Logicamente trata-se de uma variação muito pequena para deduzirmos que há problemas de confiabilidade em relação a esse item em particular. Caso a diferença fosse relevante, haveria indícios de problemas com o item quando se aplica a escala a essa determinada população.

Esse tipo de análise pode ser especialmente útil no processo de criação de uma nova escala, quando se tem uma grande quantidade de itens e é necessário verificar se todos são de fato relevantes. A análise de itens pode sugerir itens que não contribuem para uma maior confiabilidade da escala. Obviamente, a decisão de remoção de um item de uma escala não pode ser automática e, preferencialmente, nem baseada em sua aplicação em uma única amostra de indivíduos. A exclusão de um item deve ter suporte na teoria.

E.3.5 Coeficiente alfa estratificado

Admita a situação em que os itens da escala não sejam paralelos, mas que possam ser agrupados em g conjuntos de itens paralelos, cada um formando uma subescala. Nesse caso, o escore da escala, Y, pode ser obtido por

$$Y = \sum_{i=1}^{g} Y_i, \text{ com } Y_i = \sum_{j=1}^{k_i} Y_{ij},$$

na qual Y_{ij} representa a resposta dada ao item j da subescala i, sendo que os itens Y_{ij} e Y_{ik} são paralelos. Além disso, $k = \sum_{i=1}^{g} k_i$ e $Var(Y_i) = \sigma^2_{Y_i}$. Nessa situação o item alfa estratificado é definido por

$$\alpha_e = 1 - \frac{\sigma^2_{Y_i}(1 - \alpha_i)}{\sigma^2_Y},$$

com α_i indicando o valor do coeficiente Alfa de Cronbach calculado a partir de Y_{ij}, $j = 1, \ldots, k_i$, para a subescala i.

E.3.6 Coeficiente $\mathrm{L_2}$

O coeficiente $\mathrm{L_2}$ de Guttman (Guttman, 1945) é definido por

$$L_2 = 1 - \frac{\sum_{i=1}^{k} \sigma_i^2}{\sigma_Y^2} + \frac{\sqrt{\frac{k}{k-1} \frac{\sum_{i \neq j} \sigma_{ij}}{\sigma_Y^2}}}{\sigma_Y^2}.$$

Esse coeficiente, assim como o Alfa de Cronbach, também é, em geral, um limite inferior para a confiabilidade da escala. No entanto, tem vantagens em relação ao Alfa, uma vez que

$$\alpha \leq L_2 \leq \rho^2.$$

E.3.7 Comentários

Há uma série de medidas de confiabilidade obtidas a partir da aplicação de uma análise fatorial ou uma análise fatorial confirmatória aos itens de uma escala. Uma vantagem da aplicação dessas técnicas é que sempre é possível trabalhar com matrizes de correlações adequadas ao nível de mensuração dos itens da escala.[18] Carmines e Zeller (1979) e Zinbarg et al. (2005) apresentam alguns desses coeficientes.

Pacotes estatísticos como o SPSS e SAS trazem rotinas que permitem o cálculo do coeficiente Alfa e que realizam uma análise de itens. Além deles, a rotina Lambda4 (Hunt, 2013) construída para o ambiente R (R Core Team, 2014) fornece várias medidas de confiabilidade.

E.4 Validade de escala

Se, por um lado, a confiabilidade é uma característica necessária para uma boa escala, ela, certamente, não é suficiente. Medir algo com pouco erro não significa que estamos medindo o constructo que gostaríamos de medir. Um passo importante no estudo de escalas é determinar até que ponto ela é válida – ou seja, até que ponto ela realmente mede o conceito a que se propõe medir.

[18]Ver o capítulo sobre análise fatorial neste livro.

Assim como na confiabilidade, a questão não é dizer se uma escala é ou não válida, mas, sim, em que medida ela é válida. A validade é uma característica que depende do uso que se fará da escala e da população à qual ela será aplicada. Uma escala pode ser válida para pessoas com certo nível educacional e não válida para pessoas de outro nível. Escalas desenvolvidas em um país devem passar por um processo de validação antes de ser aplicadas num país diferente; deve-se tomar cuidado com traduções e com a própria compreensão dos itens da escala. Com o passar do tempo uma escala válida para uma população pode deixar de ser válida, seja por mudanças culturais ou pelo uso de palavras que caem em desuso, por exemplo. Em resumo, o processo de validação de uma escala deve ser contínuo.

Em relação ao uso, considere que se queira medir o tempo de realização de uma prova. Eventualmente um relógio analógico mede o tempo suficientemente bem para determinar o momento final de uma prova com duas horas de duração. Imagine agora que se deseja observar o tempo de reação de um paciente a um estímulo visual (em ms); nesse caso, a precisão de um relógio analógico pode não ser suficiente para a avaliação, ou seja, o relógio analógico não seria válido nesse caso, sendo necessária uma medida mais acurada de tempo, embora fosse válido no primeiro caso. Na verdade, valida-se o uso do instrumento (relógio/escala) tendo em mente um determinado objetivo.

Problemas de validação de escala são, em geral, mais complexos do que de avaliação de sua fidedignidade. Coeficientes como o Alfa de Cronbach baseiam-se apenas nos valores observados dos itens da escala para uma amostra de pessoas. Já para a validação da amostra são necessárias informações que extrapolam a escala em si.

Há várias maneiras de se avaliar o grau de validade de uma escala. Destacamos as que julgamos mais importantes na sequência deste texto.

E.4.1 Validade de conteúdo (*content validity*)

Está ligada a avaliar em que extensão os itens que compõem a escala de fato cobrem toda a complexidade do constructo de interesse. Um modo de aferir isso é apresentar a escala para um grupo de especialistas (juízes) e perguntar-lhes o que a escala está medindo. Caso haja consenso quanto à definição do constructo, a escala será considerada válida (validade aparente).

Pode-se também perguntar aos especialistas se os itens da escala cobrem toda a complexidade do constructo. Esse tipo de validação requer um bom entendimento teórico do constructo e suas diversas dimensões. Está intimamente ligado ao processo de operacionalização do constructo.

O problema desse tipo de validação é que pode sofrer críticas pelo grau de subjetividade envolvido e pelos critérios de escolha dos juízes. A aceitação da validade da escala dependerá da reputação dos juízes.

E.4.2 Validade de critério (*criterion validity*)

Avaliada a partir da comparação entre a escala e alguma outra variável/escala (critério) que reflita o constructo de interesse. Diversos autores[19] identificam dois tipos de validade de critério: validade preditiva e concorrente.

A **validade preditiva** (*predictive validity*) refere-se à capacidade da escala de prever o estado futuro do sujeito a quem a escala foi aplicada. Por exemplo, testes feitos a eventuais receptores de órgãos para prever o sucesso de um transplante – a validade é feita comparando-se os resultados do teste com o resultado do transplante; testes de admissão, nos quais se pretende avaliar a capacidade do candidato de ser bem-sucedido em seu trabalho caso seja contratado. Nunnaly e Bernstein (1994) colocam nessa mesma categoria testes aplicados a adultos para prever eventos ocorridos na infância. A qualidade da aferição desse tipo de validade está ligada ao intervalo de tempo entre a aplicação da escala e a verificação da variável usada para teste; por exemplo, se a nota no Enem[20] é um teste válido para a seleção de candidatos a uma universidade, pode-se esperar uma correlação razoável entre essa nota e uma medida de desempenho observada ao final do primeiro semestre do curso; no entanto, à medida que o curso avança, é de se esperar que essa correlação diminua.

Uma maneira de avaliar esse tipo de validade é correlacionar os resultados da escala com os valores obtidos de uma outra escala que seja válida para o constructo de interesse (padrão ouro). Alta correlação indica que a escala é válida. Quando

[19]Carmines e Zeller (1979), Pedhazur e Schmelkin (1991), Litwin (1995), Pasquali (2009). DeVellis (2012) e Judge (2013), entre outros.

[20]Exame Nacional do Ensino Médio – prova nacional utilizada para a seleção de alunos em algumas instituições de ensino superior. Detalhes em: http://portal.inep.gov.br/enem. Acesso em: 11 jun. 2014.

os dados da escala e do padrão-ouro são coletados no mesmo momento, estamos avaliando a **validade concorrente** (*concurrent validity*) do teste. O problema é que nem sempre é fácil encontrar esse padrão-ouro.

E.4.3 Validade de constructo (*construct validity*)

Segundo Litwin (1995), este tipo de validação está relacionado ao uso da escala na prática. Busca-se avaliar se há sinais de que a escala realmente está medindo o constructo de modo eficiente.

Admita que se deseje avaliar uma nova escala de depressão. O ponto de partida para a realização de uma validade de constructo poderia ser elencar comportamentos ou sinais que diferenciem uma pessoa com alto grau de depressão de uma com baixo grau. Em seguida, aplica-se a escala a um ou mais grupos de pessoas e correlaciona-se o valor da escala com os comportamentos que foram elencados. Caso pessoas com alto valor na escala tenham comportamentos associados a pessoas com alto nível de depressão e valores baixos com comportamentos de pessoas com baixo nível de depressão, haverá evidências de que, de fato, a escala mede o que se propõe.

Outra possibilidade seria aplicar a escala a grupos de indivíduos que sabidamente diferem quanto ao constructo. Retomando o exemplo da escala de depressão, podemos aplicá-la a um grupo de pacientes sabidamente deprimidos e a outro que certamente não têm depressão; caso os escores caminhem em direções diferentes, teremos mais evidências de que a escala consegue identificar esses grupos.

Esse tipo de validação baseia-se no acúmulo de evidências de que de fato a escala mede o que se propõe. Essas evidências baseiam-se em hipóteses teóricas sobre sinais exteriores sobre o grau do constructo presente na população para a qual a escala foi criada.

Litwin (1995) acrescenta dois termos à validade de constructo:

- **Validade convergente** – quando se obtêm altas correlações entre a escala de interesse e outras medidas do mesmo constructo, ou quando se encontram diferenças significativas entre grupos que sabidamente diferem quanto ao constructo de interesse.

- **Validade divergente (ou discriminante)** – quando se encontra baixa correlação entre a escala de interesse e escalas que medem constructos diferentes daquele para o qual a escala foi construída.

E.5 Comentários finais

A construção e análise das propriedades de uma escala são temas relevantes para o usuário de escalas de avaliação. O processo de validação e de verificação da fidedignidade de uma escala é algo que deve ser feito continuamente. Mudanças na população-alvo podem fazer com que uma escala considerada adequada deixe de ser. Palavras e expressões que caem em desuso, por exemplo, podem exigir alterações nos itens da escala. O uso de termos simples e de uma linguagem direta na construção dos itens pode minimizar esse problema.

Deve-se ter em mente que a confiabilidade e a validade não são características intrínsecas das escalas. Elas dependem da população, momento e contexto em que são aplicadas. Uma escala deve ser sempre avaliada levando-se em conta seu uso.

As referências bibliográficas apresentadas complementam e aprofundam os temas discutidos neste texto. Dentre elas destacam-se os livros Carmines e Zeller (1979), Pedhazur e Schmelkin (1991), Spector (1992), Traub (1994), Nunnally e Bernstein (1994), Gil (2008) e DeVellis (2012).

E.6 Demonstrações de resultados do capítulo

1) Prova que $\rho_{VY} = \sigma_V / \sigma_Y$**:**

$$\rho_{VY} = Corr\,(V{,}Y) = \frac{Cov\,(V{,}Y)}{\sigma_V \sigma_Y}$$

mas

$$Cov\,(V{,}Y) = Cov\,(V{,}V + \varepsilon) = \sigma_V^2,$$

então, $\rho_{VY} = \sigma_V / \sigma_Y \circ$.

2) Prova da fórmula de Spearman-Brown

Temos que

$$Y = Y_1 + Y_2 = V + \varepsilon.$$

então,

$$\sigma_Y^2 = \sigma_{Y_1}^2 + \sigma_{Y_2}^2 + 2\sigma_{Y_1}\sigma_{Y_2}\rho_{12} = 2\sigma_{y_1}^2\left(1 + r_{12}\right),$$

com r_{12} sendo o coeficiente de correlação entre Y_1 e Y_2. No entanto, Y_1 e Y_2 são medidas paralelas, logo

$$Y_i = \frac{V}{2} + \varepsilon_i,$$

com $Var\left(\varepsilon_i\right) = \frac{\sigma^2}{2}$, temos que $\sigma_{Y_1}^2 = Var\left(Y_1\right) = Var\left(Y_2\right) = \sigma_{Y_2}^2$ e

$$\sigma_{Y_i}^2 = \frac{\sigma_V^2}{4} + \frac{\sigma^2}{2},$$

como Y_1 e Y_2 são medidas paralelas, aplicando (4) vem

$$r_{12} = \frac{\frac{\sigma_V^2}{4}}{\sigma_{Y_1}^2} \Rightarrow \sigma_V^2 = 4r_{12}\sigma_{Y_1}^2,$$

logo, a confiabilidade é dada por:

$$\rho^2 = \frac{\sigma_V^2}{\sigma_Y^2} = \frac{4r_{12}\sigma_{Y_1}^2}{2\sigma_{Y_1}^2\left(1 + r_{12}\right)} = \frac{2r_{12}}{1 + r_{12}} \circ$$

BIBLIOGRAFIA

Abdessemed, L.; Escofier, B. Analyse factorielle multiple de tableaux de frequencies; comparaison avec l'analyse canonique des correspondances. *Journal de la Societé de Statistique de Paris*, v. 137, p. 3-18, 1996.

Abe, S. *Neural networks and fuzzy systems: theory and applications.* Norwell: Kluwer Academic Publishers, 1997. 258 p.

Aggarwal, C. C. *Outlier analysis.* 2. ed. Cham: Springer, 2017. 465p.

Anderson, T. W. *An introduction to multivariate statistical analysis.* 2. ed. New York: John Wiley & Sons, 2003. 721 p.

Andrade, L.; Gorenstein, C.; Vieira Filho, A. H. G.; Tung, T. C.; Artes, R. Psychometric properties of the Portuguese version of the State-Trait Anxiety Inventory applied to college students: factor analysis and relation to the Beck Depression Inventory. *Brazilian Journal of Medical and Biological Research*, v. 34, p. 367-374, 2001.

Araujo, F. C.; Estéban, S. D. Posicionamento de marcas no mercado brasileiro de cervejas através de uma abordagem de mapas perceptuais e análise de clusters. *E-Locução,* v. 7, n. 14, p. 42-65, 2018.

Artes, R.; Barroso, L. P. Introdução estatística à avaliação de escalas. In: Gorenstein, C.; Wang, Y.-P.; Hungerbühler, I. *Instrumentos de avaliação em saúde mental.* 1. ed, Porto Alegre: Artmed, 2016. p. 26-36.

Baltar, V. T.; Barroso, L. P.; Greenacre, M. J.; Pereira, J. C. R. Relations between the scientific knowledge areas and the economic activity sectors to characterize the Brazilian Health Innovation System. *Anais do IX Seminario de la APEC - Associación de Investigadores y Estudiantes Brasileños en Cataluña*, 2001. p. 379-386.

Barlow, R. E.; Bartholomew, D. J.; Bremner, J. M.; Brunk, H. D. *Statistical inference under order restrictions: the theory and application of isotonic regression.* New York: Wiley, 1972. 388 p.

Barroso, L. P.; Artes, R.; Kurauti, D. A. *Relatório de análise estatística sobre o projeto: contribuição ao estudo da cultura organizacional e eficácia organizacional.* São Paulo: IME-USP, 1991. RAE-SEA-9114.

Barroso, L. P.; Gabriel, A. E. P. A. *Relatório de análise estatística sobre o projeto: modernização na agricultura uruguaia: o novo agricultor familiar.* São Paulo: IME-USP, 1996. RAE-CEA-9616.

Barroso, L. P.; Rosa, P. *Stress e basquetebol de alto nível e categorias menores.* São Paulo: IME-USP, 2000. RAE-CEA-00P02.

Barroso, L. P.; Sandoval, M. C.; Correia, L. A.; Paschoalinoto, R. *Estudo dos Otólitos Sagitta na discriminação das espécies de peixes.* São Paulo: IME-USP. 1988. RAE-SEA-8817.

Beck, A. T.; Ward, C. H.; Mendelson, M.; Mock, J.; Erbaugh, J. An inventory for measuring depression. *Archives of General Psychiatry*, v. 4, p. 561-571, 1961.

Bécue-Bertaut, M.; Pagès, J. A principal axes methos for comparing contingency tables: MFACT. *Computational Statistics and Data Analysis*, v. 45, p. 481-503, 2004.

Benzécri, J. P. *Analyse des données: analyse des correspondances.* Vol. 1. Paris: Dunod, 1973. 675p.

Benzécri, J. P. Analyse de l'inertie intraclasse par l'analyse d'un tableau de contingence. *Les Cahiers de l'Analyse des Données*, v. 8, p. 351-358, 1983.

Berk, R. A. *Statistical learning from a regression perspective.* 2. ed. New York: Springer, 2016.

Beh, E. J. Simple correspondence analysis: a bibliographic review. *International Statistical Review*, v. 72, n. 2, p. 257-284, 2004.

Biaggio, A. M. B.; Natalício, L. *Manual para o inventário de ansiedade traço-estado (IDATE)*. Rio de Janeiro: Centro Editor de Psicologia Aplicada-CEPA, 1979.

Bollen, K. A. *Strutural equations with latent variable.* New York: John Wiley & Sons, 1989 513 p.

Bouveyron, C.; Celeux, G.; Murphy, T. B.; Raftery, A. E. *Model-based clustering and classification for data science: with applications in R (Vol. 50).* Cambridge: Cambridge University Press, 2019. 427 p.

Bray, J.R. e Curtis, J.T. (1957). An ordination of the upland forest communities of southern Wisconsin. *Ecological Monographs*, **27**, 325-349.

Breiman, L. Bagging predictors. *Machine learning*, v. 24, p. 123-140, 1996.

Breiman, L. Random forest. *Machine learning*, v. 45, p. 5-32, 2001.

Breiman, L.; Friedman, J. H.; Olshen, R. A.; Stone, C. J. *Classification and regression trees.* Belmont: Wadsworth International, 1984. 368 p.

Burt, C. *The vector of the mind: an introduction to factor analysis in psychology.* New York: McMillan, 1941.

Bussab, W. O.; Dini, N. P. Pesquisa de emprego e desemprego SEADE/DIEESE: regiões homogêneas da Grande São Paulo. *São Paulo em Perspectiva*, v. 1, p. 5-11, 1985.

Bussab, W. O.; Miazaki, E. S.; Andrade, D. F. *Introdução à análise de agrupamentos.* São Paulo: ABE, 1990. 105 p.

Bussab, W. O.; Morettin, P. A. *Estatística básica.* São Paulo: Saraiva, 2012. 540 p.

Carmines, E. G.; Zeller, R. A. *Reliability and validity assesment.* Thousand Oaks: SAGE University Press, 1979. (Quantitative Applications in the Social Sciences). 17 p.

Carvalho, P. R. *Estudo comparativo dos algoritmos hierárquicos de análise de agrupamentos em resultados experimentais.* Dissertação (Mestrado) – Instituto de Pesquisas Energéticas e Nucleares (Ipen), 2018.

Cazes, P.; Moreau, J. Analysis of a contingency table in which the rows and the columns have a graph structure. In: Diday, E.; Lechevalier, Y. (Ed.). *Symbolic-numeric data analysis and learning.* New York: Nova Science Publishers, 1991. p. 271-280.

Cazes, P.; Moreau, J. Correspondence analysis of a contingency table whose files and columns have a bistochastic graph structure. In: Moreau, J.; Doudin, P. A.; Cazes, P. (Ed.). *Correspondence analysis and close techniques. New approaches for data statistical analysis.* Berlin: Springer, 2000. p. 87-103.

Chernoff, H. The use of faces to represent statistiscal assoziation. *Journal of the American Statistical Asociation*, v. 68, p. 361-368, 1973.

Chiann, C.; Magalhães, M. N.; Choi, D. Y. C.; Pereira, T. A. *Caracterização postural de crianças de 7 a 8 anos das escolas municipais da cidade de Amparo/SP.* São Paulo: IME-USP, 2006. RAE-CEA-06P24.

Chu, S.-C.; Roddick, J. F.; Pan, J. S. (2002). An efficent k-medoids-based algorithm using previous medoid index, triangular inequality, elimination criteria and partial distance search. In: Kambayashi, Y.; Winiwarter, W.; Arikawa, W. (Ed.). *Dawak 2002.* LNCS 2454. 63-72. Disponível em: `http://link.springer.de/link/service/series/0558/papers/2454/24540063.pdf`. Acesso em: 28 mar. 2003.

Conover, W. J. *Practical nonparametric statistics.* 3. ed. New York: John Wiley & Sons, 1999. 608 p.

Cortez, P.; Cerdeira, A.; Almeida, F.; Matos, T.; Reis, J. Modeling wine preferences by data mining from physicochemical properties. *Decision Support Systems*, v. 47, n. 4, p. 547-553, 2009.

Cox, T. F.; Cox, M. A. A. *Multidimensional scalling.* 2. ed. London: Chapman & Hall, 2001. 328 p.

Cox, J. L.; Holden, J. M.; Sagovsky, R. Detection of postnatal depression: development of the 10-item Edinburgh Postnatal Depression Scale. *British Journal of Psychiatry*, v. 150, p. 782-786, 1987.

Cronbach, L. J. Coefficient alpha and the internal structure of tests. *Psychometrika*. v. 16, p. 297-334, 1951.

DeVellis, R. F. *Scale development: theory and applications*. 3. ed. Los Angeles: SAGE Publications, Inc. 2012. (Applied Social Research Methods). 26 p.

Dillon, W. R.; Goldstein, M. *Multivariate analysis: methods and applications*. New York: John Wiley & Sons, 1984. 608 p.

Drasgow, F. Polychoric and polyserial correlations. In: Kotz, S.; Johnson, N. (Ed.). *Encyclopedia of Statistics*. Volume 7. Wiley, 1986. p. 68-74.

Escofier, B. *Analyse des correspondances*. Rennes: Presses Universitaires de Rennes, 2003. 234 p.

Escofier, B.; Drouet, D. Analyse des differences entre plusieurs tableaus de fréquence. *Les Cahiers de l'Analyse des Données*, v. 8, p. 491-499, 1983.

Escofier, B.; Pagès, J. *Analyses factorielles simples et multiples: objectifs, méthodes et interprétation*. 5. ed. Paris: Dunod, 2016. 392 p.

Everitt, B. S.; Landau, S.; Leese, M.; Stahl, D. *Cluster analysis*. West Susex: Wiley, 2011. 330 p.

Ferreira, C. A. *Comparação da capacidade preditiva da regressão logística, CART e redes neurais*. Dissertação (Mestrado) – Universidade Federal de Minas Gerais, 1999.

Ferreira, D. F. *Estatística multivariada*. 3. ed. Lavras: Editora UFLA, 2011. 624 p.

FIPE (2000). *Levantamento censitário e caracterização socio-econômica da população moradora de rua na cidade de São Paulo*. Relatório Técnico. Disponível em: https://www.prefeitura.sp.gov.br/cidade/secretarias/upload/00-publicacao_de_editais/2000.pdf. Acesso em: 15 nov. 2021.

Gabriel, K. R. The Biplot-graphic display of matrices with application to principal component analysis. *Biometrika*, v. 58, p. 453-467, 1971.

Gadermann, A. M.; Guhn, M.; Zumbo, B. D. Estimating ordinal reliability for Likert-type and ordinal item response data: a conceptual, empirical, and practical guide. *Practical Assessment, Research & Evaluation*, v. 17, 2012. Disponível em: `https://scholarworks.umass.edu/pare/vol17/iss1/3/`. Acesso em: 10 ago. 2021.

Gibbons, J. D.; Chakraborti, S. *Nonparametric statistical inference*. 6. ed. Boca Raton: CRC Press, 2021. 694 p.

Gil, A. C. *Métodos e técnicas de pesquisa social*. 6. ed. São Paulo: Atlas, 2008. 200 p.

Glahn, H. R. Canonical correlation and its relationship ro discriminant analysis and multiple regression. *Journal of the Atmospheric Sciences*, v. 25, p. 23-31, 1968.

González, I.; Déjean, S. *CCA: Canonical Correlation Analysis*. 2021. Disponível em: `https://CRAN.R-project.org/package=CCA`. Acesso em: 19 nov. 2021.

Gorenstein, C.; Andrade, L.; Vieira Filho, A. H. G.; Tung, T. C.; Artes, R. Psychometric properties of the Portuguese version of the Beck depression inventory on Brazilian college students. *Journal of Clinical Psychology*, v. 55, p. 553-562, 1999.

Gorenstein, C.; Wang, Y. P.; Hungerbühler, I. *Instrumentos de avaliação em saúde mental*. 1. ed. Porto Alegre: Artmed, 2016. 500 p.

Gower, J.; Hand, D. *Biplots*. London: Academic Press, 1996. 277 p.

Greenacre, M. J. *Theory and applications of correspondence analysis*. London: Academic Press, 1984.

Greenacre, M. J. *Correspondence analysis in practice*. 2. ed. London: Academic Press, 2007. 280 p.

Greenacre, M. J. *Biplots in practice.* Bilbao: Fundacion BBVA, 2010. Disponível em: https://www.fbbva.es/wp-content/uploads/2017/05/dat/DE_2010_biplots_in_practice.pdf. Acessa em: 19 out. 2020.

Greenacre, M.; Nenadic, O.; Friendly, M. *ca: Simple, multiple and joint correspondence analysis.* 2020. Disponível em: https://CRAN.R-project.org/package=ca. Acesso em: 19 nov. 2021.

Greenacre, M. J.; Underhill, L. G. Scaling a data matrix in a low dimensional Euclidean space. In: Hawkings, D. M. (ed.). *Topics in applied multivariate analysis.* Cambridge University Press, 1982. p. 183-268.

Guttman, L. A basis for analyzing test-retest reliability. *Psychometrika*, v. 10, p. 255-282, 1945.

Hair Jr., J.F.; Anderson, R. E.; Tatham, R. L.; Black, W. C. *Multivariate data analysis.* 6. ed. Upper Saddle River: Prentice Hall, 2005. 928 p.

Hand, D. J. *Discrimination and classification.* New York: John Wiley & Sons, 1981. 218 p.

Hastie, T.; Tibshirani, R.; Friedman, J. *The elements of statistical learning: data mining, inference, and prediction.* 2. ed. New York: Springer, 2009. Disponível em: http://web.stanford.edu/~hastie/ElemStatLearn. Acesso em: 1 jun. 2021.

Hawkins, D. M. *Topics in multivariate analysis.* Cambridge: Cambridge University Press, 1982. 362 p.

Hennig, C.; Meila, M.; Murtagh, F.; Rocci, R. (ed.). *Handbook of cluster analysis.* Boca Raton: CRC Press, 2015. 773 p.

Hopfield, J. J. Neurons with graded response have collective computational properties like those of two-state neurons. *Proceedings of the National Academy of Sciences*, v. 81, p. 3088-3092, 1984.

Hosmer, D. W.; Lemeshow, S.; Sturdivant, R. X. *Applied logistic regression.* 3. ed. New York: John Wiley & Sons, 2013. 397 p.

Hotelling, H. Analysis of a complex of statistical variables into principal components. *Journal of Educational Psychology*, v. 24, p. 417-441, 1933a. Disponível em: https://doi.org/10.1037/h0070888. Acesso em: 23 abr. 2023.

Hotelling, H. Analysis of a complex of statistical variables into principal components. *Journal of Educational Psychology*, v. 24, p. 498-520, 1933b. Disponível em: https://doi.org/10.1037/h0070888. Acesso em: 23 abr. 2023.

Hotelling, H. Relations between two sets of variables. *Biometrika*, v. 28, p. 231-247, 1936.

Huff, D. L.; Mahajan, V.; Black, W. C. Facial representation of multivariate data. *Journal of Marketing*, v. 45, p. 53-59, 1981.

Hunt, T. *Lambda4: Collection of Internal Consistency Reliability Coefficients*. 2013. Disponível em: `http://CRAN.R-project.org/web/packages/Lambda4/index.html`. Acesso em: 5 jun. 2014.

Islam M. M. F.; Ferdousi, R.; Rahman S.; Bushra, H. Y. Likelihood prediction of diabetes at early stage using data mining techniques. In: Gupta, M.; Konar, D.; Bhattacharyya, S.; Biswas, S. (ed.). *Computer vision and machine intelligence in medical image analysis*. Advances in Intelligent Systems and Computing Series, v. 992. Singapore: Springer, 2020. p. 113-125. Disponível em: `https://doi.org/10.1007/978-981-13-8798-2_12`. Acesso em: 23 abr. 2023.

Izbicki, R.; Santos, T. M. *Aprendizado de máquina: uma abordagem estatística*. São Carlos: UFSCAR, 2020. Disponível em: `http://www.rizbicki.ufscar.br/AME.pdf`. Acesso em: 1 jun. 2021.

Jain, A. K.; Dubes, R. C. *Algorithms for clustering data*. New Jersey: Prentice Hall, 1992. 320 p.

James, G.; Witten, D.; Hastie, T.; Tibshirani, R. *An introduction to statistical learning: with applications in R*. 2. ed. New York: Springer, 2021.

Johnson, D. E. *Applied multivariate methods for data analysis*. Pacific Grove: Duxbury Press, 1998. 425 p.

Johnson, R. A.; Wichern, D. W. *Applied multivariate statistical analysis*. 6. ed. Essex: Pearson, 2007. 800 p.

Judge, T. A. *Measurement and statistical issues in human resource management.* 2013. Disponível em: `http://www.timothy-judge.com/documents/PRIMERSTATS.pdf`. Acesso em: 20 maio 2014.

Kaiser, H. F. The varimax criterion for analytic rotation in factor analysis. *Psychometrika*, v. 23, p. 187-200, 1958.

Kaiser, H. F. A second generation Little Jiff. *Psychometrika*, v. 35, p. 401-415, 1970.

Kaiser, H. F.; Rice, J. Little Jiff Mark IV. *Education and Psychological Measurement*, v. 34, p. 111-117, 1974.

Kass, G. V. An exploratory technique for investigating large quantities of categorical data. *Journal of the Royal Statistical Society, Series C, Applied Statistics*, v. 29, p. 119-127, 1980.

Kaufman, L.; Rousseeuw, P. J. *Finding groups in data: an introduction to cluster analysis.* New York: John Wiley & Sons, 1990. 342 p.

Kuder, G. F.; Richardson, M. W. The theory of the estimation of test reliability. *Psychometrika*, v. 2, p. 151-160, 1937.

Kuhn, M.; Johnson, K. *Applied predictive modeling applied.* New York: Springer, 2013. 595 p.

Kutner, M. H.; Nachsheim, C. J.; Neter, J.; Li, W. *Applied linear statistical models.* 5. ed. New York: McGraw-Hill, 2013.

Lachenbruch, P. A.; Mickey, M. R. Estimation of error rates in discriminant analysis. *Technometrics*, v. 10, p. 1-11, 1968.

Lawley, D. N. The estimation of factor loadings by the method of maximum likelihood. *Proceedings of the Royall Society of Edinburg, A*, v. 60, p. 331-338, 1940.

Lebart, L.; Morineaus, A.; Warwick, K. M. *Multivariate descriptive statistical analysis: correspondence analysis related techniques for large matrices.* New York: Wiley, 1984. 231 p.

Lebart, L.; Salem, A.; Berry, E. *Exploring textual data.* Kluwer Dordrecht, 1998, p. 181-199.

Lele, S. R.; Keim, J. L.; Solymos, P. *ResourceSelection: Resource selection (probability) functions for use-availability data.* 2019. Disponível em: https://CRAN.R-project.org/package=ResourceSelection. Acesso em: 19 nov. 2021.

Levine, M. S. *Canonical analysis and factor comparison.* Bervely Hills: SAGE Pub, 1977.

Li, H. The resolution of some paradoxes related to reliability and validity. *Journal of Educational and Behavioral Statistics*, v. 28, p. 89-95, 2003.

Liaw, A.; Wiener, M. *randomForest: Breiman and Cutler's random forests for classification and regression.* 2018. Disponível em: https://CRAN.R-project.org/package=randomForest. Acesso em: 19 nov. 2021.

Likert, R. A technique for the measurement of attitudes. *Archives of Psychology*, v. 22, p. 5-55, 1932.

Litwin, M. S. *How to measure survey reliability and validity.* Thousand Oaks: SAGE University Press, 1995.

Long, J. S. *Confirmatory factor analysis.* Beverly Hills: SAGE Pub, 1983.

Maechler, M.; Rousseeuw, P.; Struyf, A.; Hubert, M.; Hornik, K. *cluster: cluster analysis extended Rosseeuw et al.* 2021. Disponível em: https://CRAN.R-project.org/package=cluster. Acesso em: 19 nov. 2021.

Mardia, K. V.; Jupp, P. E. *Directional statistics.* Wiley: West Sussex, 2000.

Mardia, K. V.; Kent, J. T.; Bibby, J. M. *Multivariate analysis.* London: Academic Press, 1979. 518 p.

Milborrow, S. *rpart.plot: Plot 'rpart' models: an enhanced version of 'plot.rpart'.* R package version 3.1.0. 2021. Disponível em: https://CRAN.R-project.org/package=rpart.plot. Acesso em: 19 nov. 2021.

Morettin, P. A.; Singer, J. M. *Estatística e ciência de dados.* Rio de Janeiro: LTC, 2022. 1064 p.

Morgan, J. A.; Sonquist, J. N. Problems in the analysis of survey data and a proposal. *Journal of the American Statistical Association*, v. 58, p. 415-434, 1963.

Moss, P. A. Can there be validity without reliability? *Educational Researcher*, v. 23, p. 5-12, 1994.

Nakazawa, M. *fmsb: Functions for medical statistics book with some demographic data.* 2021. Disponível em: `https://CRAN.R-project.org/package=fmsb`. Acesso em: 18 nov. 2021.

Nunnaly, J. C.; Bernstein, I. H. *Psychometric theory.* 3. ed. New York: McGraw-Hill, 1994. 752 p.

Ohtoshi, C. *Uma comparação de regressão logística, árvores de classificação e redes neurais: analisando dados de crédito.* Dissertação (Mestrado) – Instituto de Matemática e Estatística - USP, São Paulo, 2003.

Oliveira, R. B. S. *Detecção de problemas em instituições financeiras utilizando modelos estatísticos.* Dissertação (Mestrado) – Instituto de Matemática e Estatística - USP, São Paulo, 2000.

Olson, V. Maximum likelihood estimator of the polychoric correlation coefficient. *Psychometrika*, v. 44, n. 4, p. 443-460, 1979.

Osburn, H. G. Coefficient alpha and related internal consistency reliability coefficients. *Psychological Methods*, v. 5, p. 343-355, 2000.

Ossani, P. C.; Cirillo, M. A. Análise multivariada (brazilian Portuguese). 2021. Disponível em: `https://CRAN.R-project.org/package=MVar.pt`. Acesso em: 18 nov. 2021.

Pagès, J.; Bécue-Bertaut, M. Multiple factor analysis for contingency tables. *CARME 2003: Multiple Correspondence Analysis and Related Methods*, Barcelona, 2004.

Pasquali, L. Psicometria. *Revista da Escola de Enfermagem da USP*, v. 43, p. 992-999, 2009.

Paula, G. A. *Modelos de regressão com apoio computacional.* São Paulo: IME-USP, 2013. Disponível em: https://www.ime.usp.br/~giapaula/texto_2013.pdf. Acesso em: 2 jul. 2021.

Paulino, C. D.; Pestana, D.; Branco, J.; Singer, J.; Barroso, L.; Bussab, W. *Glossário inglês-português de estatística.* 2. ed. Sociedade Portuguesa de Estatística e Associação Brasileira de Estatística, 2011.

Pearson, K. On lines and planes of closest fit to systems of points in space. *Philosophical Magazine*, v. 2, p. 559-572, 1901.

Pedhazur, E. J.; Schmelkin, L. P. *Measurement, design and analysis: an integrated approach.* Hillsdale: Lawrence Erlbaum Associates pub, 1991. 840 p.

Peña, D. *Análisis de datos multivariantes.* Madrid: McGraw-Hill, 2002. 539 p.

Peña, D.; Rodríguez, J. Descriptive measures of multivariate scatter and linear dependence. *Journal of Multivariate Analysis*, v. 85, p. 361-374, 2003.

Peters, A.; Hothorn, T. *ipred: Improved predictors.* 2021. Disponível em: https://CRAN.R-project.org/package=ipred. Acesso em: 19 nov. 2021.

Peterson, R. A.; Kim, Y. On the relationship between coefficient alpha and composite reliability. *Journal of Applied Psychology*, v. 98, p. 194-198, 2013.

PNS *Pesquisa Nacional de Saúde.* IBGE - Instituto Brasileiro de Geografia e Estatística, 2013.

PNUD *Atlas do Desenvolvimento Humano no Brasil.* 2000. Disponível em: http://www.pnud.org.br/atlas. Acesso em: 20 dez. 2008.

R Core Team. *R: A language and environment for statistical computing.* Viena: R Foundation for Statistical Computing, 2014. Disponível em: http://www.R-project.org. Acesso em: 24 abr. 2023.

Rae, G. A note on using stratified alpha to estimate the composite reliability of a test composed of interrelated nonhomogeneous items. *Psychological Methods*, v. 12, p. 177-184, 2007.

Rencher, A. C.; Christensen, W. F. *Methods of multivariate analysis.* 3. ed. Willey: Hoboken, 2012. 800 p.

Reis, E. *Estatística multivariada aplicada.* Lisboa: Edições Sílabo, 1997. 343 p.

Revelle, W. *psych: Procedures for psychological, psychometric, and personality research.* 2021. Disponível em: `https://CRAN.R-project.org/package=psych`. Acesso em: 18 nov. 2021.

Reyment, R.; Jöreskog, K. G. *Applied factor analysis in the natural sciences.* Cambridge: Cambridge University Press, 1996. 384 p.

Ripley, B. (2021). *MASS: Support functions and datasets for venables and Ripley's MASS.* Disponível em: `https://CRAN.R-project.org/package=MASS`. Acesso em: 19 nov. 2021.

Robin, X.; Turck, N.; Hainard, A.; Tiberti, N.; Lisacek, F.; Sanchez, J.; Müller, M. *pROC: Display and analyze ROC curves.* Disponível em: `https://CRAN.R-project.org/package=pROC`. Acesso em: 19 nov. 2021.

Rosa, P. T. M. *Modelos de "credit scoring": regressão logística, CHAID e REAL.* Dissertação (Mestrado) – Instituto de Matemática e Estatística - USP, São Paulo. 2000.

Rousseeuw, P. J. Silhouettes: a graphical aid to the interpretation and validation of cluster analysis. *Journal of Computational and Applied Mathematics*, v. 20, p. 53-65, 1987.

Rummel, R. J. *Applied factor analysis.* Evanston: Northwestern University Press, 1970. 617 p.

Santos, N. M. B. F. Cultura e desempenho organizacional: um estudo empírico em empresas brasileiras do setor têxtil. *Revista de Administração Contemporânea*, v. 2, n. 1, p. 47-66, 1998.

Saunders, J. Cluster analysis. *Journal of Marketing Management*, v. 10, p. 13-28, 1994.

Sharma, S. *Applied multivariate techniques.* New York: John Wiley & Sons, 1996. 512 p.

Spearman, C. General intelligence objectivelly determined and measured. *American Journal of Psychology*, v. 15, p. 201-293, 1904.

S-plus *S-plus 6 for Windows Guide to Statistics.* Volume 2. Seatle: Insightful Corporation, 2001.

Spector, P. E. *Summated rating scale construction: an introduction.* Newbury park: SAGE Publications, Inc., 1992. (Quantitative Applications in the Social Sciences, 07-082).

Spielberger, C. D.; Gorsuch, R. L.; Lushene, R. D. *STAI: Manual for the State - Trait Anxiety Invetory.* Palo Alto: Consulting Psychologists Press, 1970.

Tanaka, N. I.; Matos, B. C. H. *Relatório de análise estatística sobre o projeto: parâmetros para a descrição de peças arqueológicas na superfície de terrenos arados.* São Paulo: IME-USP, 2000. RAE-CEA-00P17.

Therneau, T.; Atkinson, B. *rpart: Recursive Partitioning and Regression Trees.* 2019. Disponível em: `https://CRAN.R-project.org/package=rpart`. Acesso em 19 nov. 2021.

Thiele, C. e Hirschfeld, G. cutpointr: Improved Estimation and Validation of Optimal Cutpoints in R. *Journal of Statistical Software*, v. 98, 1-27, 2021. Disponível em: `https://www.jstatsoft.org/article/view/v098i11`. Acesso em 06 jan. 2022.

Thomas, L. *Consumer Credit Models: Pricing, Profit and Portfolios.* Oxford: Oxford University Press, 2009. 400 p.

Thompson, B. *Canonical Correlation Analysis: Uses and Inpterpretation.* Beverly Hills: SAGE Pub, 1984.

Thurstone, L.L. *The Vectors of Mind.* Chicago: University Chicago Press, 1935. 266 p.

Thurstone, L.L. *Multiple Factor Analysis.* Chicago: University Chicago Press, 1947. 535 p.

Tillmanns, S. e Krafft, M. Logistic Regression and Discriminant Analysis. In *Handbook of Market Research.* Springer, 2017. p. 1-39.

Traub, R.E. *Reliability for the Social Sciences: Theory and Applications.* Vol 3. Thousand Oaks: SAGE Pub, 1994.

Unal I. Defining an Optimal Cut-Point Value in ROC Analysis: An Alternative Approach. *Computational and mathematical methods in medicine*, p. 1-14, 2017. Disponível em: `https://www.ncbi.nlm.nih.gov/pmc/articles/PMC5470053/`. Acesso em 06 jan. 2022.

Vincent, D. The orgin and development of factor analysis. *Journal of the Royal Statistical Society, Series C, Applied Statistics*, v. 2, p. 107-117, 1953. doi:10.2307/29857

Vincenzi, M.A. *Imputação de Dados Categorizados.* Relatório de Iniciação Científica - IME, Universidade de São Paulo, 2002. CNPq.

Webb, N.M., Shavelson, R.J. e Haertel, E.H. Reliability coefficients and generalizability theory. Em Rao, C.R. e Sinharay, S. ed. *Handbook of Statistics*, v. 26, Psychometrics. Amsterdam: Elsevier, 2006. p. 81-124.

Wei, T e Simko, V. *corrplot: Visualization of a Correlation Matrix.* 2021. Disponível em: `https://CRAN.R-project.org/package=corrplot`. Acesso em 18 nov. 2021.

Wickham, H. e Bryan, J. *readxl: Read Excel Files.* 2019. Disponível em: `https://CRAN.R-project.org/package=readxl`. Acesso em 19 nov. 2021.

Wierzchoń, S.T. e Kłopotek, M.A. *Modern Algorithms of Cluster Analysis.* Cham: Springer, 2018. 433 p.

Wolf, H.P. *aplpack: Another Plot Package: 'Bagplots', 'Iconplots', 'Summaryplots', Slider Functions and Others.* 2021. Disponível em: `https://CRAN.R-project.org/package=aplpack`. Acesso em 18 nov. 2021.

Yamamoto, R.H. *AID: uma técnica de análise de agrupamentos com variável resposta.* Relatório de Iniciação Científica - IME, Universidade de São Paulo, 2002. Fapesp.

Yang, Y. e Green, S.B. Coefficient Alpha: a reliability coefficient for the 21st century? *Journal of Psychoeducational Assesment*, v. 29, p. 377-392, 2011.

Zar, J.H. *Biostatistical Analysis.* 3. ed, Upper Saddle River: Prentice-Hall, 1996. 662 p.

Zinbarg, R.E., Revelle, W., Yovel, I. e Li, W. Cronbach's α, Revelles's β, and McDonald's ω_H: their relationship with each other and two alternative conceptualizations of reliability. *Psychometrika*, v. 70, p. 123-133, 2005

Zumbo, B.D., Gadermann, A.M. e Zeisser, C. Ordinal versions of coefficients alpha and theta for Likert rating scales. *Journal of Modern Applied Statistical Methods*, v. 6, p. 21-29, 2007.